U0431202

实变函数论

Theory of Functions of A Real Variable

徐森林　薛春华　编著

清华大学出版社
北京

内 容 简 介

全书共分4章.第1章主要介绍集合论的基本知识、几个重要的集类.着重用势研究实函数.详细论证了Baire定理,并给出了它的应用.第2章和第3章比较完整地阐明一般测度理论和积分理论.突出描述了Lebesgue测度与Lebesgue积分理论,以及Lebesgue-Stieltjes测度与Lebesgue-Stieltjes积分理论.第4章引进了Banach空间($\mathscr{L}^p$,$\|\cdot\|_p$)($p\geqslant 1$)和Hilbert空间($\mathscr{L}^2$,$\langle,\rangle$)并证明了一些重要定理.书中配备了大量的例题、练习题和复习题,可以训练学生分析问题和解决问题的能力,帮助他们打下分析数学和测度论方面扎实的数学基础.

本书可作为综合性大学、理工科大学和师范类院校的基础数学、应用数学、概率统计和计算数学专业的教材或自学参考书.

图书在版编目(CIP)数据

实变函数论/徐森林,薛春华编著.—北京:清华大学出版社,2009.8(2025.1重印)
ISBN 978-7-302-19532-0

Ⅰ.实… Ⅱ.①徐… ②薛… Ⅲ.函数-高等学校-教材 Ⅳ.O174

中国版本图书馆CIP数据核字(2009)第018075号

责任编辑: 刘 颖 陈 明
责任校对: 王淑云
责任印制: 刘 菲

出版发行: 清华大学出版社
网 址: https://www.tup.com.cn, https://www.wqxuetang.com
地 址: 北京清华大学学研大厦A座 **邮 编:** 100084
社 总 机: 010-83470000 **邮 购:** 010-62786544
投稿与读者服务: 010-62776969, c-service@tup.tsinghua.edu.cn
质量反馈: 010-62772015, zhiliang@tup.tsinghua.edu.cn
印 装 者: 天津鑫丰华印务有限公司
经 销: 全国新华书店
开 本: 185mm×230mm **印 张:** 27 **字 数:** 585千字
版 次: 2009年8月第1版 **印 次:** 2025年1月第7次印刷
定 价: 82.00元

产品编号:027322-02

前言

FOREWORD

在近三十多年中，作者曾多次讲授“实变函数”课程，先采用复旦大学夏道行教授等编著的《实变函数论与泛函分析》，后又采用北京大学周民强教授编著的《实变函数》作为教材．这两本书各有其特点和侧重面．复旦的书侧重于一般的测度理论和积分理论，这有利于概率统计专业学生对后续知识的学习和研究；北大的书侧重于分析数学能力的训练，尤其是书中配有一定难度的习题，能引起爱好数学的学生的兴趣并激起他们极大的学习热情，且能增强他们做难题的能力，激励他们对数学进行深入的学习和研究．本书博采两家之长处，力求为数学和概率统计专业的学生提供丰富的精神食粮．

全书共分 4 章．第 1 章主要介绍集合论的基本知识、几个重要的集类．着重用势研究实函数．由于势的引入，许多函数(例如凸(凹)函数、单调函数、有界变差函数、绝对连续函数)的性质(如连续性、可导性等)、连续函数的可导点集的结构、连续函数列的极限函数的性质以及导函数连续点集的稠密性等均可被深入研究清楚．在第 1 章中，还研究了 Borel 集类、Cantor 疏朗三分集和 Cantor 函数，并证明了重要的 Baire 定理和闭集上连续函数的延拓定理．这些知识和定理有着广泛的应用，也是培养学生分析能力的基础．

第 2 章和第 3 章比较完整地论述了一般测度理论和积分理论，并详细描述了 Lebesgue 测度与 Lebesgue 积分理论，以及 Lebesgue-Stieltjes 测度与 Lebesgue-Stieltjes 积分理论，使读者学过之后既能有抽象的理论水平，具备高观点，又能掌握大量的具体的实例，不致飘在空中．这两章内容极为丰富．在引进几乎处处收敛、依测度收敛等概念后，证明了重要的 Д. Ф. Егоров 定理、H. H. Лузин 定理、Lebesgue 控制收敛定理、Levi 引理、Fatou 引理、Vitali 覆盖定理和 Fubini 定理，还讨论了 Lebesgue 积分和 Riemann 积分之间的联系和区别．应用绝对连续函数的知识，还给出了 Newton-Leibniz 公式成立的充要条件．同时给出了条件弱于数学分析中的分部积分、积分第一(第二)中值公式、换元公式的论证．Hausdorff 测度和 Hausdorff 维数的知识在近代微分几何、分形几何中都有广泛的应用．这部分内容不必在正课中讲授，可作为学生的课外阅读材料，是为了开阔他们的视野．

第 4 章，在 $\mathscr{L}^p(p\geqslant 1)$空间上引入模 $\|\cdot\|_p$，使其成为 Banach 空间；在 $\mathscr{L}^2$空间上引入内积$\langle,\rangle$，使其成为 Hilbert 空间．并研究该空间中函数列的收敛(即 p 次幂平均收敛)性、完备性和可分性．特别地，还研究了 $\mathscr{L}^2$ 中的规范正交系及其封闭性、完全性，为进一步学习泛函分析及其他高层次的数学知识打下了坚实的基础．

阅读本书，可以分三个不同的水平和层次．第一个层次是只要熟读书中内容和例题，已可达到相当高的水平；第二个层次是将练习题和部分复习题做好，其中有些题具有相当的难度，经此训练，读者可成为高水平的大学生；第三个层次是为少数优等生设置的，他们除了要做一般的练习题外，还必须努力去完成书中各章后面复习题中所有的难题. 这样可以训练读者的独立思考和独立研究能力，也是数学创新思维的源泉. 中国科学技术大学数学系771班的李岩岩就是做实变难题的典型代表，他凭自己坚实的实变功底在偏微分方程方向作出了杰出的贡献，发表了高水平论文110余篇，是世界上论文高引率作者之一. 他曾在2002年国际数学家大会上作过45分钟报告.

在本书的编写过程中，作者参考和引用了书后所列文献中的一些内容和习题. 在此向各书的作者致谢.

实变函数是培养学生研究能力的一门极其重要的基础课. 也是数学系最难的一门基础课. 为了让更多的学生学好这门课，我们将尽快出版一本实变函数指导书，给出本书中难题的解答.

在编写本书的过程中，得到了中国科学技术大学数学系领导和教师们的热情鼓励和大力支持，作者谨在此对他们表示诚挚的感谢.

还要特别感谢的是清华大学出版社的刘颖博士和陈明博士，他们为本书的出版提供了热情的帮助和建设性的意见.

徐森林　薛春华

2008年3月于北京

目录

CONTENTS

第 1 章

集合运算、集合的势、集类

集合论自 19 世纪 80 年代由德国数学家 G. Cantor 创立以来，其基本概念和方法已渗透到 20 世纪的各个数学领域，并被普遍地采用. 对特定的集合按某种要求作分解与组合，是实变函数论中一种基本论证方法.

用势(基数)研究实函数是实变函数与数学分析思考问题的最大区别之处，也是实变函数比数学分析研究函数更细致、更深刻之处. 实变函数的许多结论在数学分析中是意想不到的.

考虑集合族形成的环、代数、σ 环、σ 代数、单调类等集类是研究测度理论与积分理论的需要，它是概率统计中的基础知识. 读者必须熟练掌握才能有抽象思维的能力.

为提高读者独立思考与独立研究能力. 我们列举大量例题，其中有些题目很难，并给出各种不同的证法，意在为读者打开思路、开阔视野.

1.1 集合运算及其性质

通常，将具有某种特定性质的具体或抽象的对象的全体称作**集合**，或简称**集**. 其中每个对象称为该集合的**元素**，或**点**，或**成员**.

我们常用大写字母 $A,B,X,Y,\cdots$ 表示集，而用小写字母 $a,b,x,y,\cdots$ 表示元素. 对于集 X，用 $x\in X$ 表示 x 为 X 的一个元素，称 x **属于** X；用 $x\notin X$ 表示 x 不为 X 的元素，称 x **不属于** X. 二者必居其一.

表示一个集合一般有两种方式：一种是穷举法，即将该集合的所有元素都列举出来. 如

$$X=\{x_1,x_2,\cdots,x_n\}$$

为 n 元集. 另一种是将具有某性质 P 的元素全体记为

$$X=\{x\mid x\text{ 具有性质 P}\}.$$

因此，$x\in X\Leftrightarrow x$ 具有性质 P；$x\notin X\Leftrightarrow x$ 不具有性质 P.

如果 $x\in A$ 蕴涵着 $x\in B$，则称 A **含于** B，记作 $A\subset B$；或称 B **包含** A，记作 $B\supset A$，A 称为 B 的**子集**. 显然，空集 $\varnothing\subset A$(因为 $\varnothing$ 中无元素)，即 $\varnothing$ 为任何集合的子集.

如果 $A\subset B$ 且 $B\subset A$，则称集合 A 与 B **相等**，记作 $A=B$. 此时，A 与 B 的元素完全相同.

如果 $A\subsetneqq B$(即 $x\in A$ 蕴涵 $x\in B$，且 $\exists x_0\in B$ 但 $x_0\notin A$，其中 $\exists$ 表示"存在")，则称 A 为 B 的**真子集**.

例 1.1.1 $\varnothing$为空集，该集中无元素. $\{a\}$表示独(单)点集. $\{a_1,a_2,\cdots,a_n\}$为 n 元集.

$$\mathbb{N}=\{1,2,\cdots,n,\cdots\}$$

为自然数集.

$$\mathbb{Z}=\{0,\pm 1,\pm 2,\cdots,\pm n,\cdots\}$$

为整数集.

$$\mathbb{Q}=\left\{\frac{p}{q}\,\middle|\,p\in\mathbb{Z},q\in\mathbb{N}\right\}=\{\pm x\mid x\text{ 为有限小数或无限循环小数}\}$$

为有理数集.

$$\begin{aligned}\mathbb{R}&=\{\pm x\mid x=\alpha_0.\alpha_1\alpha_2\cdots\alpha_n\cdots\text{ 为小数}\}\\&=\{x\mid x\text{ 为有理数或无理数(无限不循环小数)}\}\end{aligned}$$

为实数集.

$$\mathbb{C}=\{x+\mathrm{i}y\mid x,y\in\mathbb{R},\mathrm{i}=\sqrt{-1}\text{ 为虚数单位},\mathrm{i}^2=-1\}$$

为复数集.

$$\mathbb{H}=\{x_1+x_2\mathrm{i}+x_3\mathrm{j}+x_4\mathrm{k}\mid x_1,x_2,x_3,x_4\in\mathbb{R}\}$$

为 4 元数集，其中 $\mathrm{i}^2=\mathrm{j}^2=\mathrm{k}^2=-1,\mathrm{ij}=\mathrm{k}=-\mathrm{ji},\mathrm{jk}=\mathrm{i}=-\mathrm{kj},\mathrm{ki}=\mathrm{j}=-\mathrm{ik}$.

显然，$\mathrm{k}\in\mathbb{H},\mathrm{k}\notin\mathbb{C}$；$\mathrm{i}\in\mathbb{C},\mathrm{i}\notin\mathbb{R}$；$\sqrt{2}\in\mathbb{R},\sqrt{2}\notin\mathbb{Q}$；$\frac{1}{2}\in\mathbb{Q},\frac{1}{2}\notin\mathbb{Z}$；$0\in\mathbb{Z},0\notin\mathbb{N}$.

因此

$$\mathbb{N}\subsetneqq\mathbb{Z}\subsetneqq\mathbb{Q}\subsetneqq\mathbb{R}\subsetneqq\mathbb{C}\subsetneqq\mathbb{H}.$$

集合的各种运算，就是由旧集合构造新集合.

集合的并

$$A\cup B=\{x\in A\text{ 或 }x\in B\}$$

为 A 与 B 的全体(图 1.1.1).

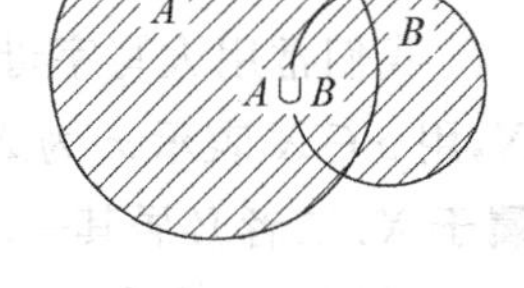

图 1.1.1

$$\bigcup_{i=1}^{n}A_i=\{x\mid\exists i_0,\ 1\leqslant i_0\leqslant n,\ \text{ s.t. }\ x\in A_{i_0}\}$$

为 $A_1,A_2,\cdots,A_n$ 的全体，其中 s. t. 为"such that"的缩写，表示"使得".

$$\bigcup_{i=1}^{\infty}A_i=\{x\mid\exists i_0\in\mathbb{N},\ \text{ s.t. }\ x\in A_{i_0}\}$$

为 $A_1,A_2,\cdots,A_n,\cdots$的全体.

$$\bigcup_{\alpha\in\Gamma}A_\alpha=\{x\mid\exists\alpha_0\in\Gamma,\ \text{ s.t. }\ x\in A_{\alpha_0}\}$$

为 $A_\alpha(\alpha\in\Gamma)$ 的全体,其中 Γ 为指标集. 对固定的 $\alpha\in\Gamma$,A_α 为集合.

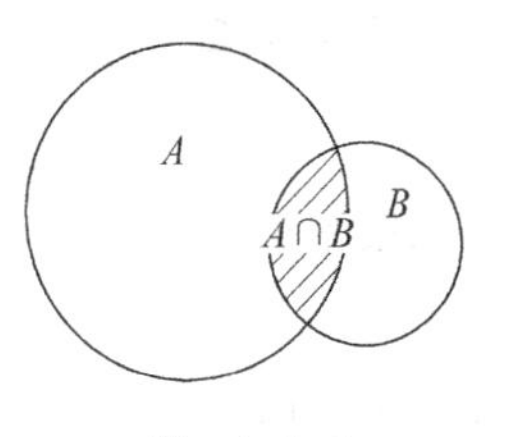

图 1.1.2

集合的**交**

$$A\cap B=\{x\mid x\in A \text{ 且 } x\in B\}$$

为 A 与 B 的公共元素的全体(图 1.1.2).

$$\bigcap_{i=1}^{n}A_i=\{x\mid x\in A_i,i=1,2,\cdots,n\}$$

为 $A_1,A_2,\cdots,A_n$ 的公共元素的全体.

$$\bigcap_{i=1}^{\infty}A_i=\{x\mid x\in A_i,i=1,2,\cdots\}=\{x\mid x\in A_i,\forall i\in\mathbb{N}\}$$

为 $A_1,A_2,\cdots,A_n,\cdots$的公共元素的全体($\forall$ 表示“任何”).

$$\bigcap_{\alpha\in\Gamma}A_\alpha=\{x\mid x\in A_\alpha,\forall\alpha\in\Gamma\}$$

为 $A_\alpha(\alpha\in\Gamma)$的公共元素的全体.

如果 $A\cap B=\varnothing$,则称 A 与 B **不相交**;如果 $A\cap B\neq\varnothing$,则称 A 与 B **相交**.

集合的**差**

$$A-B(\text{或 } A\backslash B)=\{x\mid x\in A \text{ 但 } x\notin B\}$$

为在 A 中而不在 B 中的一切元素的集合(图 1.1.3).

特别地,如果 $B\subset X$,则称

$$B^c=X-B=\{x\mid x\in X,\text{但 } x\notin B\}$$

为 B 在**全集** X 中的**余**(或**补**)**集**(图 1.1.4).

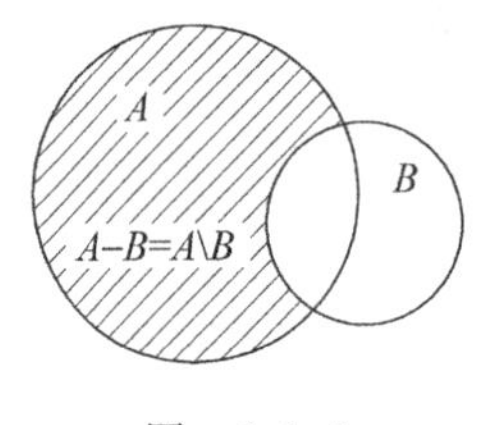

图 1.1.3

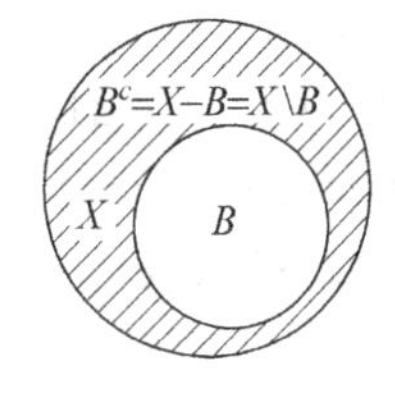

图 1.1.4

集合的**直积**

$X\times Y=\{(x,y)\mid x\in X,y\in Y\}$,

$\bigtimes_{i=1}^{n}X_i=X_1\times X_2\times\cdots\times X_n=\{(x_1,x_2,\cdots,x_n)\mid x_i\in X_i,i=1,2,\cdots,n\}$,

$\bigtimes_{i=1}^{\infty}X_i=\{(x_1,x_2,\cdots,x_i,\cdots)\mid x_i\in X_i,i\in\mathbb{N}\}$,

$\bigtimes_{\alpha\in\Gamma}X_\alpha=\left\{\bigtimes_{\alpha\in\Gamma}x_\alpha\mid x_\alpha\in X_\alpha,\alpha\in\Gamma\right\}$.

例 1.1.2 $\mathbb{Q}^c=\mathbb{R}-\mathbb{Q}$ 为无理数集.

$$\mathbb{R}^2=\mathbb{R}\times\mathbb{R}=\{(x_1,x_2)\mid x_1,x_2\in\mathbb{R}\}$$

为二维平面.

$$\mathbb{R}^3=\mathbb{R}\times\mathbb{R}\times\mathbb{R}=\{(x_1,x_2,x_3)\mid x_1,x_2,x_3\in\mathbb{R}\}$$

为三维空间.

$$\mathbb{R}^n=\underbrace{\mathbb{R}\times\mathbb{R}\times\cdots\times\mathbb{R}}_{n\text{个}}=\{(x_1,x_2,\cdots,x_n)\mid x_i\in\mathbb{R},i=1,2,\cdots,n\}$$

为 n 维 Euclid 空间

$$\mathbb{Q}^n=\underbrace{\mathbb{Q}\times\mathbb{Q}\times\cdots\times\mathbb{Q}}_{n\text{个}}=\{(x_1,x_2,\cdots,x_n)\mid x_i\in\mathbb{Q},i=1,2,\cdots,n\}$$

为$\mathbb{R}^n$ 中的有理点集.

$(\mathbb{Q}^n)^c=\mathbb{R}^n-\mathbb{Q}^n$ 为$\mathbb{R}^n$ 中的无理(非有理)点集.

类似可定义

$$\mathbb{R}^\infty=\{(x_1,x_2,\cdots,x_i,\cdots)\mid x_i\in\mathbb{R},i\in\mathbb{N}\}.$$

例 1.1.3 (1) 设 $f:\mathbb{R}\to\mathbb{R}$ 为实函数,则

$$\{x\mid a\leqslant f(x)<b\}=\{x\mid f(x)\geqslant a\}\cap\{x\mid f(x)<b\}.$$

(2) 设 $f:[a,b]\to\mathbb{R}$ 为实函数,则

$$\bigcup_{n=1}^{\infty}\left\{x\in[a,b]\,\middle|\,|f(x)|>\frac{1}{n}\right\}=\{x\in[a,b]\mid f(x)\neq 0\}$$

证明 (1) $x_0\in\{x|f(x)\geqslant a\}\cap\{x|f(x)<b\}$

$\Leftrightarrow x_0\in\{x|f(x)\geqslant a\}$ 且 $x_0\in\{x|f(x)<b\}$

$\Leftrightarrow f(x_0)\geqslant a$ 且 $f(x_0)<b$

$\Leftrightarrow a\leqslant f(x_0)<b$

$\Leftrightarrow x_0\in\{x|a\leqslant f(x)<b\}$.

这就证明了

$$\{x\mid a\leqslant f(x)<b\}=\{x\mid f(x)\geqslant a\}\cap\{x\mid f(x)<b\}.$$

(2) $x_0\in\bigcup\limits_{n=1}^{\infty}\left\{x\in[a,b]\,\middle|\,|f(x)|>\frac{1}{n}\right\}$

$\Leftrightarrow\exists\, n_0\in\mathbb{N}$, s. t. $x_0\in\left\{x\in[a,b]\,\middle|\,|f(x)|>\frac{1}{n_0}\right\}$

$\Leftrightarrow\exists\, n_0\in\mathbb{N}$, s. t. $|f(x_0)|>\frac{1}{n_0}$,即 $f(x_0)\neq 0$

$\Leftrightarrow x_0\in\{x\in[a,b]|f(x)\neq 0\}$.

这就证明了

$$\bigcup_{n=1}^{\infty}\left\{x\in[a,b]\,\middle|\,|f(x)|>\frac{1}{n}\right\}=\{x\in[a,b]\mid f(x)\neq 0\}.$$

□

定理 1.1.1 (1)交换律：$A\cup B=B\cup A, A\cap B=B\cap A$.

(2) 结合律：$A\cup(B\cup C)=(A\cup B)\cup C, A\cap(B\cap C)=(A\cap B)\cap C$.

(3) 分配律：$A\cap(B\cup C)=(A\cap B)\cup(A\cap C), A\cup(B\cap C)=(A\cup B)\cap(A\cup C)$.

更一般地，有

$$A\cap\left(\bigcup_{\alpha\in\Gamma}B_\alpha\right)=\bigcup_{\alpha\in\Gamma}(A\cap B_\alpha),\qquad A\cup\left(\bigcap_{\alpha\in\Gamma}B_\alpha\right)=\bigcap_{\alpha\in\Gamma}(A\cup B_\alpha).$$

(4) 此外，若设 $A,B\subset X$，还有

$$A\cup A^c=X,\quad A\cap A^c=\varnothing,\quad (A^c)^c=A,$$
$$X^c=\varnothing,\quad \varnothing^c=X,\quad A-B=A\cap B^c,$$
$$A\supset B\Leftrightarrow A^c\subset B^c,\quad A\cap B=\varnothing\Leftrightarrow A\subset B^c.$$

证明 只证(3)中第 3 式. 由

$$\begin{aligned}x\in A\cap\left(\bigcup_{\alpha\in\Gamma}B_\alpha\right)&\Leftrightarrow x\in A\text{ 且 }x\in\bigcup_{\alpha\in\Gamma}B_\alpha\\&\Leftrightarrow x\in A\text{ 且 }\exists\alpha_0\in\Gamma,\text{s. t.}\quad x\in B_{\alpha_0}\\&\Leftrightarrow\exists\alpha_0\in\Gamma,\text{s. t.}\quad x\in A\cap B_{\alpha_0}\\&\Leftrightarrow x\in\bigcup_{\alpha\in\Gamma}(A\cap B_\alpha)\end{aligned}$$

知

$$A\cap\left(\bigcup_{\alpha\in\Gamma}B_\alpha\right)=\bigcup_{\alpha\in\Gamma}(A\cap B_\alpha).$$

其余各式请读者自行验证. □

定理 1.1.2(de Morgan 公式)

$$X-\bigcup_{\alpha\in\Gamma}A_\alpha=\bigcap_{\alpha\in\Gamma}(X-A_\alpha),\qquad X-\bigcap_{\alpha\in\Gamma}A_\alpha=\bigcup_{\alpha\in\Gamma}(X-A_\alpha).$$

如果 $A_\alpha\subset X(\forall\alpha\in\Gamma)$，$X$ 为全空间，上述两式变为

$$\left(\bigcup_{\alpha\in\Gamma}A_\alpha\right)^c=\bigcap_{\alpha\in\Gamma}A_\alpha^c,\qquad\left(\bigcap_{\alpha\in\Gamma}A_\alpha\right)^c=\bigcup_{\alpha\in\Gamma}A_\alpha^c.$$

证明 只证第 2 式，第 1 式留作习题. 由

$$\begin{aligned}x\in X-\bigcap_{\alpha\in\Gamma}A_\alpha&\Leftrightarrow x\in X,x\notin\bigcap_{\alpha\in\Gamma}A_\alpha\\&\Leftrightarrow x\in X,\exists\alpha_0\in\Gamma,\text{s. t.}\quad x\notin A_{\alpha_0}\\&\Leftrightarrow\exists\alpha_0\in\Gamma,\text{s. t.}\quad x\in X-A_{\alpha_0}\\&\Leftrightarrow x\in\bigcup_{\alpha\in\Gamma}(X-A_\alpha),\end{aligned}$$

知

$$X-\bigcap_{\alpha\in\Gamma}A_\alpha=\bigcup_{\alpha\in\Gamma}(X-A_\alpha).$$

□

集合 A 与 B 的**对称差集**(图 1.1.5)

$$A\triangle B=(A-B)\cup(B-A).$$

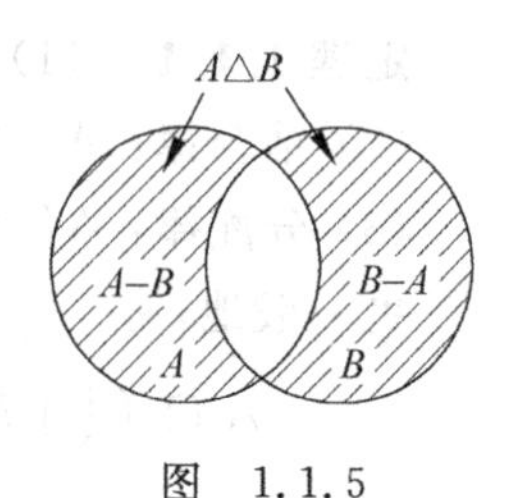

图 1.1.5

定理 1.1.3 (1)$A\cup B=(A\cap B)\cup(A\triangle B)$.

(2) $A\triangle\varnothing=A, A\triangle A=\varnothing, A\triangle A^c=X, A\triangle X=A^c$.

(3) 交换律:$A\triangle B=B\triangle A$.

(4) 结合律:$(A\triangle B)\triangle C=A\triangle(B\triangle C)$.

(5) 交与对称差满足分配律:

$$A\cap(B\triangle C)=(A\cap B)\triangle(A\cap C).$$

(6) $A^c\triangle B^c=A\triangle B$.

(7) 对 $\forall A,B,\exists_1$(存在惟一)E, s.t. $E\triangle A=B$.

证明 (1) $x\in A\cup B\Leftrightarrow x\in A$ 或 $x\in B$

$\Leftrightarrow x\in A\cap B$ 或 $x\in A-B$ 或 $x\in B-A$

$\Leftrightarrow x\in(A\cap B)\cup(A-B)\cup(B-A)$

$\Leftrightarrow x\in(A\cap B)\cup(A\triangle B)$,

即

$$A\cup B=(A\cap B)\cup(A\triangle B).$$

(4) $x\in A-B\triangle C\Leftrightarrow x\in A$; $x\notin B\triangle C=(B-C)\cup(C-B)$

$\Leftrightarrow x\in A$; $x\in B\cap C$,或 $x\notin B$ 且 $x\notin C$

$\Leftrightarrow x\in A-B-C$ 或 $x\in A\cap B\cap C$

$\Leftrightarrow x\in(A-B-C)\cup(A\cap B\cap C)$,

即

$$A-B\triangle C=(A-B-C)\cup(A\cap B\cap C).$$

于是

$$\begin{aligned}A\triangle(B\triangle C)&=(A-B\triangle C)\cup(B\triangle C-A)\\&=(A-B-C)\cup(A\cap B\cap C)\cup(B-C-A)\cup(C-B-A)\\&=(A-B-C)\cup(B-A-C)\cup(C-A-B)\cup(A\cap B\cap C)\\&=((A-B)\cup(B-A)-C)\cup(C-A\triangle B)\\&=(A\triangle B-C)\cup(C-A\triangle B)\\&=(A\triangle B)\triangle C.\end{aligned}$$

即

$$A\triangle(B\triangle C)=(A\triangle B)\triangle C.$$

(5) $x \in A \cap (B-C) \Leftrightarrow x \in A$ 且 $x \in B-C$

$\Leftrightarrow x \in A$ 且 $x \in B, x \notin C$

$\Leftrightarrow x \in A \cap B$ 且 $x \notin A \cap C$

$\Leftrightarrow x \in (A \cap B)-(A \cap C)$,

即

$$A \cap (B-C) = (A \cap B)-(A \cap C).$$

根据定理 1.1.1 第 5 式和上式得到

$$\begin{aligned} A \cap (B \triangle C) &= A \cap ((B-C) \cup (C-B)) \\ &= (A \cap (B-C)) \cup (A \cap (C-B)) \\ &= (A \cap B - A \cap C) \cup (A \cap C - A \cap B) \\ &= (A \cap B) \triangle (A \cap C). \end{aligned}$$

(6) $x \in A^c - B^c \Leftrightarrow x \in A^c, x \notin B^c$

$\Leftrightarrow x \notin A, x \in B$

$\Leftrightarrow x \in B-A$,

即

$$A^c - B^c = B - A.$$

于是

$$\begin{aligned} A^c \triangle B^c &= (A^c - B^c) \cup (B^c - A^c) \\ &= (B-A) \cup (A-B) \\ &= (A-B) \cup (B-A) \\ &= A \triangle B. \end{aligned}$$

(7) 若 $E \triangle A = B$,则

$$E = E \triangle \varnothing = E \triangle (A \triangle A) = (E \triangle A) \triangle A = B \triangle A.$$

反之,令 $E = B \triangle A$,则

$$E \triangle A = (B \triangle A) \triangle A = B \triangle (A \triangle A) = B \triangle \varnothing = B.$$

所以,$\exists_1 E$, s. t. $\quad E \triangle A = B$.

(2),(3)两式显然,请读者自行验证. □

上面给出了集合的初等运算:并、交、差、余(或补)、对称差等运算.在测度理论和积分理论中,还需要引进集合列$\{A_k\}$的**上极限集(或上限集)**

$$\begin{aligned} \overline{\lim_{k \to +\infty}} A_k = \limsup_{k \to +\infty} A_k &\xlongequal{\text{def}} \{x \mid \exists \text{ 无穷个 } k, \text{s. t.} \quad x \in A_k\} \\ &= \{x \mid \text{对 } \forall n \in \mathbb{N}, \exists k \geqslant n, \text{s. t.} \quad x \in A_k\} \end{aligned}$$

和$\{A_k\}$的**下极限集(或下限集)**

$$\varliminf_{k\to+\infty} A_k=\liminf_{k\to+\infty} A_k \stackrel{\text{def}}{=\!=}\{x \mid \text{只有有限个 } k, \text{s.t. } x\notin A_k\}$$

$$=\{x \mid \exists n_0\in\mathbb{N}, \text{当 } k\geqslant n_0 \text{ 时}, x\in A_k\}.$$

显然

$$\bigcap_{k=1}^{\infty} A_k \subset \varliminf_{k\to+\infty} A_k \subset \varlimsup_{k\to+\infty} A_k \subset \bigcup_{k=1}^{\infty} A_k.$$

如果$\varlimsup\limits_{k\to+\infty} A_k=\varliminf\limits_{k\to+\infty} A_k$,则称集列$\{A_k\}$**有极限**,或是**收敛的**. 记此极限为

$$\lim_{k\to+\infty} A_k\left(=\varlimsup_{k\to+\infty} A_k=\varliminf_{k\to+\infty} A_k\right).$$

定理 1.1.4(用可数交、可数并表示上、下极限集) 设$\{A_k\}$为集列,则

(1) $\varlimsup\limits_{k\to+\infty} A_k=\bigcap\limits_{n=1}^{\infty}\bigcup\limits_{k=n}^{\infty} A_k$.

(2) $\varliminf\limits_{k\to+\infty} A_k=\bigcup\limits_{n=1}^{\infty}\bigcap\limits_{k=n}^{\infty} A_k$.

证明 (1) $x\in\varlimsup\limits_{k\to+\infty} A_k \Leftrightarrow \exists$ 无穷个 k, s.t. $x\in A_k$

$$\Leftrightarrow \text{对 } \forall n\in\mathbb{N}, x\in\bigcup_{k=n}^{\infty} A_k$$

$$\Leftrightarrow x\in\bigcap_{n=1}^{\infty}\bigcup_{k=n}^{\infty} A_k,$$

即

$$\varlimsup_{k\to+\infty} A_k=\bigcap_{n=1}^{\infty}\bigcup_{k=n}^{\infty} A_k.$$

(2) $x\in\varliminf\limits_{k\to+\infty} A_k \Leftrightarrow \exists n_0\in\mathbb{N}$, 当 $k\geqslant n_0$ 时, $x\in A_k$

$$\Leftrightarrow \exists n_0\in\mathbb{N}, \quad \text{s.t.} \quad x\in\bigcap_{k=n_0}^{\infty} A_k$$

$$\Leftrightarrow x\in\bigcup_{n=1}^{\infty}\bigcap_{k=n}^{\infty} A_k,$$

即

$$\varliminf_{k\to+\infty} A_k=\bigcup_{n=1}^{\infty}\bigcap_{k=n}^{\infty} A_k.$$ □

定理 1.1.5 设$\{A_k\}$为单调增(减)集列,即

$$A_1\subset A_2\subset\cdots\subset A_k\subset A_{k+1}\subset\cdots \quad (A_1\supset A_2\supset\cdots\supset A_k\supset A_{k+1}\supset\cdots),$$

则

$$\lim_{k\to+\infty} A_k = \bigcup_{k=1}^{\infty} A_k\Big(\bigcap_{k=1}^{\infty} A_k\Big).$$

证明 证法 1 对单调增集列,由定理 1.1.4 知

$$\begin{aligned}\overline{\lim_{k\to+\infty}} A_k &= \bigcap_{n=1}^{\infty}\bigcup_{k=n}^{\infty} A_k = \bigcap_{n=1}^{\infty}\bigcup_{k=1}^{\infty} A_k = \bigcup_{k=1}^{\infty} A_k \\ &= \bigcup_{n=1}^{\infty} A_n = \bigcup_{n=1}^{\infty}\bigcap_{k=n}^{\infty} A_k = \underline{\lim_{k\to+\infty}} A_k.\end{aligned}$$

所以

$$\lim_{k\to+\infty} A_k = \bigcup_{k=1}^{\infty} A_k.$$

对单调减集列,由定理 1.1.4 知

$$\begin{aligned}\overline{\lim_{k\to+\infty}} A_k &= \bigcap_{n=1}^{\infty}\bigcup_{k=n}^{\infty} A_k = \bigcap_{n=1}^{\infty} A_n \\ &= \bigcap_{k=1}^{\infty} A_k = \bigcup_{n=1}^{\infty}\bigcap_{k=1}^{\infty} A_k = \bigcup_{n=1}^{\infty}\bigcap_{k=n}^{\infty} A_k = \underline{\lim_{k\to+\infty}} A_k.\end{aligned}$$

所以

$$\lim_{k\to+\infty} A_k = \bigcap_{k=1}^{\infty} A_k.$$

证法 2 由于 $\underline{\lim\limits_{k\to+\infty}} A_k \subset \overline{\lim\limits_{k\to+\infty}} A_k$,故只须证明 $\underline{\lim\limits_{k\to+\infty}} A_k \supset \overline{\lim\limits_{k\to+\infty}} A_k$.事实上,由于

$$\begin{aligned} x \in \overline{\lim_{k\to+\infty}} A_k &\Leftrightarrow \exists \text{ 无穷个 } k, \text{ s.t. } x \in A_k \\ &\Rightarrow \exists n_0 \in \mathbb{N}, \quad \text{s.t.} \quad \text{当 } k \geqslant n_0 \text{ 时}, x \in A_k(\text{由}\{A_k\}\text{ 单调增(减)}) \\ &\Leftrightarrow x \in \underline{\lim_{k\to+\infty}} A_k,\end{aligned}$$

所以

$$\overline{\lim_{k\to+\infty}} A_k \subset \underline{\lim_{k\to+\infty}} A_k.$$

于是

$$\begin{aligned}\overline{\lim_{k\to+\infty}} A_k &= \underline{\lim_{k\to+\infty}} A_k \\ &= \{x \mid \exists n_0 \in \mathbb{N}, \text{当 } k \geqslant n_0 \text{ 时}, x \in A_k\} \\ &= \begin{cases} \bigcup\limits_{k=1}^{\infty} A_k, & \text{当}\{A_k\}\text{ 单调增}, \\ \bigcap\limits_{k=1}^{\infty} A_k, & \text{当}\{A_k\}\text{ 单调减}. \end{cases}\end{aligned}$$

即

$$\lim_{k\to+\infty} A_k = \begin{cases} \bigcup_{k=1}^{\infty} A_k, & 当\{A_k\}单调增, \\ \bigcap_{k=1}^{\infty} A_k, & 当\{A_k\}单调减. \end{cases}$$

□

定理 1.1.6 (1) $X-\overline{\lim_{k\to+\infty}} A_k=\underline{\lim_{k\to+\infty}}(X-A_k)$.

(2) $X-\underline{\lim_{k\to+\infty}} A_k=\overline{\lim_{k\to+\infty}}(X-A_k)$.

证明 证法 1 (1) $X-\overline{\lim_{k\to+\infty}} A_k \xlongequal{定理 1.1.4(1)} X-\bigcap_{n=1}^{\infty}\bigcup_{k=n}^{\infty} A_k$

$$\xlongequal{\text{de Morgan}} \bigcup_{n=1}^{\infty}\left(X-\bigcup_{k=n}^{\infty} A_k\right) \xlongequal{\text{de Morgan}} \bigcup_{n=1}^{\infty}\bigcap_{k=n}^{\infty}(X-A_k)$$

$$\xlongequal{定理 1.1.4(2)} \underline{\lim_{k\to+\infty}}(X-A_k).$$

(2) $X-\underline{\lim_{k\to+\infty}} A_k = X-\bigcup_{n=1}^{\infty}\bigcap_{k=n}^{\infty} A_k$

$$=\bigcap_{n=1}^{\infty}\left(X-\bigcap_{k=n}^{\infty} A_k\right)=\bigcap_{n=1}^{\infty}\bigcup_{k=n}^{\infty}(X-A_k)$$

$$=\overline{\lim_{k\to+\infty}}(X-A_k).$$

证法 2 (1) $x\in X-\overline{\lim_{k\to+\infty}} A_k \Leftrightarrow x\in X, x\notin \overline{\lim_{k\to+\infty}} A_k$

$\Leftrightarrow x\in X$ 且 $\nexists$(不存在)无穷个 k, s. t. $x\in A_k$

$\Leftrightarrow x\in X$ 且 $\exists n_0\in\mathbb{N}$, 当 $k\geqslant n_0$ 时, $x\notin A_k$

$\Leftrightarrow \exists n_0\in\mathbb{N}$, 当 $k\geqslant n_0$ 时, $x\in X-A_k$

$\Leftrightarrow x\in \underline{\lim_{k\to+\infty}}(X-A_k)$,

即

$$X-\overline{\lim_{k\to+\infty}} A_k=\underline{\lim_{k\to+\infty}}(X-A_k).$$

(2) $x\in X-\underline{\lim_{k\to+\infty}} A_k \Leftrightarrow x\in X$ 且 $x\notin \underline{\lim_{k\to+\infty}} A_k$

$\Leftrightarrow x\in X$ 且对 $\forall n_0\in\mathbb{N}$, $\exists k\geqslant n_0$, s. t. $x\notin A_k$

$\Leftrightarrow \forall n_0\in\mathbb{N}$, $\exists k\geqslant n_0$, s. t. $x\in X-A_k$

$\Leftrightarrow x\in \overline{\lim_{k\to+\infty}}(X-A_k)$,

即

$$X-\varliminf_{k\to+\infty} A_k=\varlimsup_{k\to+\infty}(X-A_k).$$ □

例 1.1.4　设 $A_k=\{a_k\}$，当 $i\neq j$ 时，$a_i\neq a_j$. 显然，$\{A_k\}$为非增又非减的集列，但

$$\varliminf_{k\to+\infty} A_k=\{x\mid \exists\, n_0\in\mathbb{N}，当\ k\geqslant n_0\ 时，x\in A_k\}=\varnothing,$$

$$\varlimsup_{k\to+\infty} A_k=\{x\mid \exists\ 无穷个\ k，\text{s. t. }\ x\in A_k\}=\varnothing,$$

故

$$\lim_{k\to+\infty} A_k=\varnothing.$$

例 1.1.5　设 E,F 为集合，作集列$\{A_k\}$，其中

$$A_k=\begin{cases}E, & k\ 为奇数,\\ F, & k\ 为偶数.\end{cases}$$

显然，由上、下极限集的定义得到

$$\varlimsup_{k\to+\infty} A_k=E\cup F,\quad \varliminf_{k\to+\infty} A_k=E\cap F.$$

于是

$$\begin{aligned}集列\{A_k\}收敛&\Leftrightarrow E\cup F=\varlimsup_{k\to+\infty} A_k=\varliminf_{k\to+\infty} A_k=E\cap F\\ &\Leftrightarrow E=F.\end{aligned}$$

例 1.1.6　设 $A_k=\left[\dfrac{1}{k},3+(-1)^k\right]$，$k=1,2,\cdots$. 由上、下极限集的定义，得到

$$\varliminf_{k\to+\infty} A_k=(0,2],\quad \varlimsup_{k\to+\infty} A_k=(0,4].$$

由于 $\varliminf\limits_{k\to+\infty} A_k\neq\varlimsup\limits_{k\to+\infty} A_k$，故 $\lim\limits_{k\to+\infty} A_k$ 不存在.

例 1.1.7　设 $f_k: E\to\mathbb{R}\ (k=1,2,\cdots)$为递增函数列，即

$$f_1(x)\leqslant f_2(x)\leqslant\cdots\leqslant f_k(x)\leqslant\cdots,$$

且 $\lim\limits_{k\to+\infty} f_k(x)=f(x)(\forall\, x\in E)$. 对固定的 $c\in\mathbb{R}$，$\{x\mid f_k(x)>c\}(k=1,2,\cdots)$为递增集列. 于是

$$\{x\mid f(x)>c\}=\bigcup_{k=1}^{\infty}\{x\mid f_k(x)>c\}=\lim_{k\to+\infty}\{x\mid f_k(x)>c\}.$$

例 1.1.8　设 $f_k,f: \mathbb{R}\to\mathbb{R}$ 为实函数$(k=1,2,\cdots)$，则

$$\begin{aligned}D&=\{x\mid f_k(x)\not\to f(x)\}\\ &=\bigcup_{n=1}^{\infty}\left\{\exists\ 无穷个\ k\in\mathbb{N},\text{s. t. }\ |f_k(x)-f(x)|\geqslant\frac{1}{n}\right\}\\ &=\bigcup_{n=1}^{\infty}\varlimsup_{k\to+\infty}\left\{x\,\middle|\,|f_k(x)-f(x)|\geqslant\frac{1}{n}\right\}\end{aligned}$$

$$\xlongequal{\text{定理 1.1.4(1)}} \bigcup_{n=1}^{\infty}\bigcap_{N=1}^{\infty}\bigcup_{k=N}^{\infty}\left\{x \,\middle|\, |f_k(x)-f(x)|\geqslant\frac{1}{n}\right\}.$$

为引进映射的像集和逆像集,我们先给出映射的定义.

定义 1.1.1 设 X,Y 为非空集合,$f: X\to Y, x\overset{\text{惟一}}{\longmapsto} y=f(x)$为(单值)**映射**.

如果对 $\forall y\in Y,\exists x\in X$, s. t. $y=f(x)$,则称 f 为**满(映)射**,或**从 X 到 Y 上的映射**(简称**在上映射**).

如果 $f(x_1)=f(x_2)$必有 $x_1=x_2$(或 $x_1\neq x_2$ 必有 $f(x_1)\neq f(x_2)$),则称 f 为**单射**.

如果 f 既为满射又为单射,则称它为**双射**或**一一映射**,此时,f 的逆映射 f^{-1}也为一一映射,且 $f^{-1}(y)=x\longleftrightarrow y=f(x)$.

设 $A\subset X$,称

$$f(A)=\{f(x)\mid x\in A\}\subset Y$$

为 A 在 f 下的**像集**($f(\varnothing)\xlongequal{\text{def}}\varnothing$).显然,$f(X)$为 f 的**值域**.

设 $B\subset Y$,称

$$f^{-1}(B)=\{x\in X\mid f(x)\in B\}\subset X$$

为 B 关于 f 的**原像**.显然 $f^{-1}(Y)=X$.

因此,当 f 为单射时,$f: X\to f(X)$为一一映射.

由 A 经 f 得到 $f(A)$和由 B 经 f^{-1}得到 $f^{-1}(B)$都是从旧集合得到新集合的方法.

定理 1.1.7 设 $f: X\to Y$ 为映射,则:

(1) $f\left(\bigcup\limits_{\alpha\in\Gamma}A_\alpha\right)=\bigcup\limits_{\alpha\in\Gamma}f(A_\alpha)$.

(2) $f\left(\bigcap\limits_{\alpha\in\Gamma}A_\alpha\right)\subset\bigcap\limits_{\alpha\in\Gamma}f(A_\alpha)$,但 $f\left(\bigcap\limits_{\alpha\in\Gamma}A_\alpha\right)\supset\bigcap\limits_{\alpha\in\Gamma}f(A_\alpha)$不必成立.

(3) 若 $B_1\subset B_2$,则 $f^{-1}(B_1)\subset f^{-1}(B_2)$.

(4) $f^{-1}\left(\bigcup\limits_{\beta\in\Lambda}B_\beta\right)=\bigcup\limits_{\beta\in\Lambda}f^{-1}(B_\beta)$.

(5) $f^{-1}(B^c)=(f^{-1}(B))^c$.

证明 (1) $y\in f\left(\bigcup\limits_{\alpha\in\Gamma}A_\alpha\right)\Leftrightarrow\exists x\in\bigcup\limits_{\alpha\in\Gamma}A_\alpha$, s. t. $y=f(x)$

$$\Leftrightarrow\exists\alpha_0\in\Gamma,\exists x\in A_{\alpha_0},\text{ s. t. }\quad y=f(x)$$

$$\Leftrightarrow\exists\alpha_0\in\Gamma,\text{ s. t. }\quad y\in f(A_{\alpha_0})$$

$$\Leftrightarrow y\in\bigcup_{\alpha\in\Gamma}f(A_\alpha),$$

即

$$f\left(\bigcup_{\alpha\in\Gamma}A_\alpha\right)=\bigcup_{\alpha\in\Gamma}f(A_\alpha).$$

(2) $y\in f\left(\bigcap\limits_{\alpha\in\Gamma}A_\alpha\right)\Leftrightarrow\exists\, x\in\bigcap\limits_{\alpha\in\Gamma}A_\alpha$, s. t. $\quad y=f(x)$

$\Leftrightarrow\exists\, x\in A_\alpha(\forall\,\alpha\in\Gamma)$, s. t. $\quad y=f(x)$

$\Rightarrow\forall\,\alpha\in\Gamma$, s. t. $\quad y\in f(A_\alpha)$

$\Leftrightarrow y\in\bigcap\limits_{\alpha\in\Gamma}f(A_\alpha)$,

即

$$f\left(\bigcap_{\alpha\in\Gamma}A_\alpha\right)\subset\bigcap_{\alpha\in\Gamma}f(A_\alpha).$$

但 $f\left(\bigcap\limits_{\alpha\in\Gamma}A_\alpha\right)\supset\bigcap\limits_{\alpha\in\Gamma}f(A_\alpha)$ 不必成立.举反例如下:$A_1=[0,1],A_2=[2,3],f\big|_{A_1}=0=f\big|_{A_2}$,则

$$f(A_1\cap A_2)=f(\varnothing)=\varnothing\not\supset\{0\}=f(A_1)\cap f(A_2).$$

(3) 由 $B_1\subset B_2$,有

$$f^{-1}(B_1)=\{x\mid f(x)\in B_1\}\subset\{x\mid f(x)\in B_2\}=f^{-1}(B_2).$$

(4) $x\in f^{-1}\left(\bigcup\limits_{\beta\in\Lambda}B_\beta\right)\Leftrightarrow f(x)\in\bigcup\limits_{\beta\in\Lambda}B_\beta$

$\Leftrightarrow\exists\,\beta_0\in\Lambda$, s. t. $\quad f(x)\in B_{\beta_0}$

$\Leftrightarrow\exists\,\beta_0\in\Lambda$, s. t. $\quad x\in f^{-1}(B_{\beta_0})$

$\Leftrightarrow x\in\bigcup\limits_{\beta\in\Lambda}f^{-1}(B_\beta)$,

即

$$f^{-1}\left(\bigcup_{\beta\in\Lambda}B_\beta\right)=\bigcup_{\beta\in\Lambda}f^{-1}(B_\beta).$$

(5) $x\in f^{-1}(B^c)\Leftrightarrow f(x)\in B^c$

$\Leftrightarrow f(x)\notin B$

$\Leftrightarrow x\notin f^{-1}(B)$

$\Leftrightarrow x\in(f^{-1}(B))^c$,

即

$$f^{-1}(B^c)=(f^{-1}(B))^c. \qquad\square$$

定义 1.1.2 如果 $Y=\mathbb{R}$,则称 $f: X\to Y=\mathbb{R}$ 为**实函数**.

现定义一类实变函数中特别简单,但却是最重要的函数——特征函数.它在积分的定义和积分理论中起到了非常关键的作用.

设 $A\subset X$,我们称

$$\chi_A: X\to\mathbb{R},$$

$$x\mapsto\chi_A(x)\overset{\text{def}}{=\!=}\begin{cases}1, & x\in A,\\ 0, & x\in X-A(\text{或 }x\notin A)\end{cases}$$

为定义在 X 上的关于它的子集 A 的**特征函数**. 它在一定意义上刻画了 A 本身的特征：

$$x \in A \Leftrightarrow \chi_A(x) = 1.$$

定理 1.1.8 (1) $A=B \Leftrightarrow \chi_A=\chi_B$；

$A \neq B \Leftrightarrow \chi_A \neq \chi_B$；

$A \triangle B \Leftrightarrow \{x \mid \chi_A(x) \neq \chi_B(x)\}$.

(2) $A \subset B \Leftrightarrow \chi_A(x) \leqslant \chi_B(x), \forall x \in X$.

(3) $\chi_{A \cup B}(x)=\chi_A(x)+\chi_B(x)-\chi_{A \cap B}(x)$.

(4) $\chi_{A \cap B}(x)=\chi_A(x) \cdot \chi_B(x)$.

(5) $\chi_{A-B}(x)=\chi_A(x)[1-\chi_B(x)]$.

(6) $\chi_{A \triangle B}(x)=|\chi_A(x)-\chi_B(x)|$.

证明 (1) $A=B \Leftrightarrow x \in A$ 等价于 $x \in B$

$\Leftrightarrow \chi_A(x)=1$ 等价于 $\chi_B(x)=1$

$\Leftrightarrow \chi_A=\chi_B$.

$\chi_A \neq \chi_B \Leftrightarrow \exists x_0 \in X$, s. t. $\chi_A(x_0) \neq \chi_B(x_0)$

$\Leftrightarrow \exists x_0 \in X$, s. t. $\chi_A(x_0)=0$ 且 $\chi_B(x_0)=1$，或者 $\chi_A(x_0)=1$ 且 $\chi_B(x_0)=0$

$\Leftrightarrow \exists x_0 \in X$, s. t. $x_0 \notin A$ 且 $x_0 \in B$，或者 $x_0 \in A$ 且 $x_0 \notin B$

$\Leftrightarrow A \neq B$.

$x \in A \triangle B=(A-B) \cup (B-A)$

$\Leftrightarrow x \in A-B$ 或 $x \in B-A$

$\Leftrightarrow x \in A, x \notin B$，或 $x \in B, x \notin A$

$\Leftrightarrow \chi_A(x)=1, \chi_B(x)=0$，或 $\chi_B(x)=1, \chi_A(x)=0$

$\Leftrightarrow \chi_A(x) \neq \chi_B(x)$，

即

$$A \triangle B=\{x \mid \chi_A(x) \neq \chi_B(x)\}.$$

(2) $A \subset B \Leftrightarrow$ 对 $\forall x \in X, x \in A$ 必有 $x \in B$

$\Leftrightarrow$ 对 $\forall x \in X, \chi_A(x)=1$ 必有 $\chi_B(x)=1$

$\Leftrightarrow \chi_A(x) \leqslant \chi_B(x), \forall x \in X$.

(3) 当 $x \in A \cap B \subset A \cup B$ 时，有

$$\chi_A(x)+\chi_B(x)-\chi_{A \cap B}(x)=1+1-1=1=\chi_{A \cup B}(x).$$

当 $x \in A-B$($\Leftrightarrow x \in A, x \notin B \Rightarrow x \notin A \cap B, x \in A \cup B$)时，有

$$\chi_A(x)+\chi_B(x)-\chi_{A\cap B}(x)=1+0-0=1=\chi_{A\cup B}(x).$$

当 $x\in B-A$ 时,同理有

$$\chi_A(x)+\chi_B(x)-\chi_{A\cap B}(x)=0+1-0=1=\chi_{A\cup B}(x).$$

当 $x\in(A\cup B)^c$ 时,有

$$\chi_A(x)+\chi_B(x)-\chi_{A\cap B}(x)=0+0-0=0=\chi_{A\cup B}(x).$$

(4) 当 $x\in A\cap B$ 时,有 $x\in A$ 且 $x\in B$,故

$$\chi_{A\cap B}(x)=1=1\cdot 1=\chi_A(x)\cdot\chi_B(x);$$

当 $x\notin A\cap B$ 时,必有 $x\notin A$,则

$$\chi_{A\cap B}(x)=0=0\cdot\chi_B(x)=\chi_A(x)\cdot\chi_B(x);$$

或 $x\notin B$,则

$$\chi_{A\cap B}(x)=0=\chi_A(x)\cdot 0=\chi_A(x)\cdot\chi_B(x).$$

(5) 当 $x\in A-B$ 时,即 $x\in A,x\notin B$,有

$$\chi_{A-B}(x)=1=1\cdot(1-0)=\chi_A(x)[1-\chi_B(x)];$$

当 $x\notin A-B$ 时,必有 $x\notin A$,则

$$\chi_{A-B}(x)=0=0\cdot[1-\chi_B(x)]=\chi_A(x)[1-\chi_B(x)];$$

或 $x\in A$,且 $x\in B$,则

$$\chi_{A-B}(x)=0=1\cdot(1-1)=\chi_A(x)[1-\chi_B(x)].$$

(6)

$$\chi_{A\triangle B}(x)=\begin{cases}0=|0-0|, & 当\ x\in(A\cup B)^c,\\ 0=|1-1|, & 当\ x\in A\cap B,\\ 1=|1-0|, & 当\ x\in A-B,\\ 1=|0-1|, & 当\ x\in B-A\end{cases}$$

$$=|\chi_A(x)-\chi_B(x)|.$$

□

练习题 1.1

1. 证明:de Morgan 公式中的第 1 式

$$X-\bigcup_{\alpha\in\Gamma}A_\alpha=\bigcap_{\alpha\in\Gamma}(X-A_\alpha).$$

2. 设 $\{A_\alpha\}(\alpha=1,2,\cdots)$ 为一集列.

(1) 令 $B_1=A_1,B_n=A_n-\bigcup\limits_{i=1}^{n-1}A_i(n\geqslant 2)$. 证明:$\{B_n\}(n=1,2,\cdots)$ 为一个彼此不相交

的集列，并且

$$\bigcup_{i=1}^{n} A_i = \bigcup_{i=1}^{n} B_i, \quad n=1,2,\cdots;$$

$$\bigcup_{i=1}^{\infty} A_i = \bigcup_{i=1}^{\infty} B_i.$$

(2) 如果$\{A_n\}(n=1,2,\cdots)$为单调减(即 $A_1 \supset A_2 \supset \cdots \supset A_n \supset \cdots$)的集列，证明：

$$A_1 = (A_1 - A_2) \cup (A_2 - A_3) \cup \cdots (A_n - A_{n+1}) \cup \cdots \cup \left(\bigcap_{i=1}^{\infty} A_i\right).$$

并且其中各项互不相交.

3. 设$\{A_n\}$和$\{B_n\}(n=1,2,\cdots)$为两个集列.

(1) 证明：$\bigcup_{n=1}^{\infty}(A_n \cap B_n) \subset \left(\bigcup_{n=1}^{\infty} A_n\right) \cap \left(\bigcup_{n=1}^{\infty} B_n\right)$.

(2) 举例说明：$\bigcup_{n=1}^{\infty}(A_n \cap B_n) \not\supset \left(\bigcup_{n=1}^{\infty} A_n\right) \cap \left(\bigcup_{n=1}^{\infty} B_n\right)$.

(3) 如果$\{A_n\}$和$\{B_n\}(n=1,2,\cdots)$都是单调增的集列，证明：

$$\bigcup_{n=1}^{\infty}(A_n \cap B_n) = \left(\bigcup_{n=1}^{\infty} A_n\right) \cap \left(\bigcup_{n=1}^{\infty} B_n\right).$$

4. 设 A,B,E 为全集 X 中的子集，证明：

$$B = (E \cap A)^c \cap (E^c \cup A) \Leftrightarrow B^c = E.$$

5. 设 $A_{2n-1}=\left(0,\frac{1}{n}\right)$，$A_{2n}=(0,n)$，$n=1,2,\cdots$，求 $\overline{\lim_{n\to+\infty}} A_n$ 和 $\underline{\lim_{n\to+\infty}} A_n$.

6. 设 $f(x)$为 E 上的一个实函数，c 为任何实数，

$$E(f>c)=\{x\in E \mid f(x)>c\}, \qquad E(f\leqslant c)=\{x\in E \mid f(x)\leqslant c\},$$

其他记法类推. 证明：

(1) $E(f>c)\cup E(f\leqslant c)=E$.

(2) $E(f\geqslant c)=E(f>c)\cup E(f=c)$.

(3) 当 $c<d$ 时，$E(f>c)\cap E(f\leqslant d)=E(c<f\leqslant d)$.

(4) 当 $c\geqslant 0$ 时，$E(f^2>c)=E(f>\sqrt{c})\cup E(f<-\sqrt{c})$.

(5) 当 $f\geqslant g$ 时，$E(f>c)\supset E(g>c)$.

(6) $E(f\geqslant c)=\bigcup_{n=1}^{\infty} E(c\leqslant f<c+n)$.

(7) $E(f<c)=\bigcup_{n=1}^{\infty} E\left(f\leqslant c-\frac{1}{n}\right)$.

7. 设$\{f_n\}(n=1,2,\cdots)$为 E 上的实函数列，且单调增，即

$$f_1(x)\leqslant f_2(x)\leqslant\cdots\leqslant f_n(x)\leqslant\cdots, \quad \forall x\in E,$$

并且 $\lim\limits_{n\to+\infty} f_n(x)=f(x)$. 证明：对任何实数 c，

(1) $E(f>c)=\bigcup\limits_{n=1}^{\infty} E(f_n>c)=\lim\limits_{n\to+\infty} E(f_n>c)$.

(2) $E(f\leqslant c)=\bigcap\limits_{n=1}^{\infty} E(f_n\leqslant c)=\lim\limits_{n\to+\infty} E(f_n\leqslant c)$.

8. 设$\{f_i(\boldsymbol{x})\}(i=1,2,\cdots)$为定义在$\mathbb{R}^n$上的实函数列，试用点集

$$\left\{\boldsymbol{x}\in\mathbb{R}^n \,\middle|\, f_i(\boldsymbol{x})\geqslant\frac{1}{j}\right\},\quad i,j=1,2,\cdots$$

表示点集$\left\{\boldsymbol{x}\in\mathbb{R}^n \,\middle|\, \overline{\lim\limits_{i\to+\infty}} f_i(\boldsymbol{x})>0\right\}$.

9. 设 $f: X\to Y, A\subset X, B\subset Y$. 试问：下列等式成立吗？并说明理由.

(1) $f^{-1}(Y-B)=f^{-1}(Y)-f^{-1}(B)$.

(2) $f(X-A)=f(X)-f(A)$.

10. 设 X 为固定的集合，$A\subset X$，$\chi_A(x)$为集合 A 的特征函数. 证明：

(1) $A=X\Leftrightarrow\chi_A(x)\equiv1$；$A=\varnothing\Leftrightarrow\chi_A(x)\equiv0$.

(2) $A\subset B\Leftrightarrow\chi_A(x)\leqslant\chi_B(x), \forall x\in X$；$A=B\Leftrightarrow\chi_A(x)=\chi_B(x), \forall x\in X$.

(3) $\chi_{\bigcup\limits_{\alpha\in\Gamma} A_\alpha}(x)=\max\limits_{\alpha\in\Gamma}\chi_{A_\alpha}(x)$；$\chi_{\bigcap\limits_{\alpha\in\Gamma} A_\alpha}(x)=\min\limits_{\alpha\in\Gamma}\chi_{A_\alpha}(x)$.

(4) 设$\{A_n\}(n=1,2,\cdots)$为一集列，则

$$\lim_{n\to+\infty} A_n \text{ 存在} \Leftrightarrow \lim_{n\to+\infty}\chi_{A_n}(x) \text{ 存在}.$$

而且当极限存在时，有

$$\chi_{\lim\limits_{n\to+\infty} A_n}(x)=\lim_{n\to+\infty}\chi_{A_n}(x).$$

11. 设$\{f_n\}(n=1,2,\cdots)$为定义在$[a,b]$上的实函数列，$E\subset[a,b]$，且有

$$\lim_{n\to+\infty} f_n(x)=\chi_{[a,b]-E}(x).$$

若令

$$E_n=\left\{x\in[a,b] \,\middle|\, f_n(x)\geqslant\frac{1}{2}\right\},$$

求集合 $\lim\limits_{n\to+\infty} E_n$.

1.2　集合的势(基数)、用势研究实函数

这一节考虑集合的“数目”的概念. 大家熟悉的是有限集. 例如：

空集$\varnothing$，无元素或 0 个元素或集合的数目为 0；

独(单)点集$\{a_1\}$,1个元素或数目为1;

二元集$\{a_1,a_2\}$,2个元素或数目为2;

n元集$\{a_1,a_2,\cdots,a_n\}$,n个元素或数目为n.

关于无限集,如果计算它的“数目”,绝大多数人就不大了解.非负整数集$\{0\}\cup\mathbb{N}$与自然数集$\mathbb{N}$到底哪个“数目”多?从表面上看,$\mathbb{N}$为$\{0\}\cup\mathbb{N}$的一个真子集,应该$\{0\}\cup\mathbb{N}$比$\mathbb{N}$的“数目”多.但是,通过映射

$$f:\{0\}\cup\mathbb{N}\to\mathbb{N},\quad n\mapsto f(n)=n+2,$$

$\{0\}\cup\mathbb{N}$却与$\mathbb{N}$的一个真子集$\mathbb{N}+1=\{2,3,\cdots\}$一一对应.这表示也有一定的理由说明$\mathbb{N}$的“数目”比$\{0\}\cup\mathbb{N}$的“数目”多.事实上,我们通过映射

$$g:\{0\}\cup\mathbb{N}\to\mathbb{N}\quad n\mapsto g(n)=n+1$$

建立$\{0\}\cup\mathbb{N}$与$\mathbb{N}$之间的一一对应.这在有限集情形是绝对做不到的.也就是说,一个有限集绝对不可能与它的一个真子集形成一一对应!因此,我们有必要对“数目”的概念深化、精确化,引进集合的势或基数的确切定义.

定义 1.2.1 若存在一个从集合A到B上的一一映射

$$\varphi:A\to B,$$

则称集合A与B是**对等**的.记作$A\overset{\varphi}{\sim}B$,简记为$A\sim B$.

显然,$\sim$具有反身性($A\overset{\mathrm{Id}_A}{\sim}A$,$\mathrm{Id}_A$为$A$上的恒同(等)映射,即$\mathrm{Id}_A(x)=x,\forall x\in A$);对称性(若$A\overset{\varphi}{\sim}B$,则$B\overset{\varphi^{-1}}{\sim}A$);传递性(若$A\overset{\varphi}{\sim}B$,$B\overset{\psi}{\sim}C$,则$A\overset{\psi\circ\varphi}{\sim}C$).因此,$\sim$是一种等价关系.在此等价关系下,将集合族划分成若干等价类.凡属同一等价类中的集合彼此对等(即一一对应);凡不属同一等价类中的集合彼此不对等(即不一一对应).

如果$A\sim B$,则称A与B的“数目”是相同的.记作$\overline{\overline{A}}=\overline{\overline{B}}$,而$\overline{\overline{A}}$表示$A$的“数目”或**势**,或**基数**.易见,这个势或基数是与A对等集合组成的等价类的共同属性.势或基数是有限集的数目概念的推广.

凡与自然数集$\mathbb{N}$对等的集合称为**可数(列)集**($\mathbb{N}$就是这个等价类中的一个典型代表).它们的势或基数记为$\aleph_0$,即$\overline{\overline{\mathbb{N}}}=\aleph_0$(读作“阿列夫零”).显然,可数集$A$可表示为

$$A=\{a_1,a_2,\cdots,a_n,\cdots\}$$

(可依次排列,且要完全排完!).

有限集与可数集统称为**至多可数(列)集**.不是至多可数集的集合称为**不可数集**.

凡与$(0,1]$对等的集合的势(基数)称为**连续势(连续基数)**,记为$\aleph$(读作“阿列夫”).

如果$A\sim B_1\subset B$,则称$\overline{\overline{A}}\leqslant\overline{\overline{B}}$(或$\overline{\overline{B}}\geqslant\overline{\overline{A}}$).

如果 $\overline{\overline{A}}\leqslant\overline{\overline{B}}$ 且 $\overline{\overline{A}}\neq\overline{\overline{B}}$,则称 $\overline{\overline{A}}<\overline{\overline{B}}$(或 $\overline{\overline{B}}>\overline{\overline{A}}$).

如果 $\overline{\overline{A}}\leqslant\overline{\overline{B}}$,且 $\overline{\overline{B}}\leqslant\overline{\overline{A}}$,则由下面的 Cantor-Bernstein 定理知,$\overline{\overline{A}}=\overline{\overline{B}}$.

定理 1.2.1($\aleph_0$为最小无限势) 无限集 A 必含可数真子集.

证明 任取 $x_0\in A$,由 A 为无限集,必有 $A-\{x_0\}\neq\varnothing$. 再取 $x_1\in A-\{x_0\}$. 假设已选出 $\{x_0,x_1,\cdots,x_n\}$,因为 A 为无限集,所以,$A-\{x_0,x_1,\cdots,x_n\}\neq\varnothing$. 于是,又可选出 $x_{n+1}\in A-\{x_0,x_1,\cdots,x_n\}$. 这样,我们选得一个集合$\{x_1,x_2,\cdots,x_n,\cdots\}$. 它是 A 的一个可数真子集($x_0\in A-\{x_1,x_2,\cdots,x_n,\cdots\}$). □

无限集 A 有可数真子集表明,在众多的无限集中,最小势(基数)为$\aleph_0$.

有限集肯定不能与其真子集建立一一对应(不对等). 但令人惊奇的是,无限集却能与其真子集建立一一对应(对等).

定理 1.2.2(无限集的特征) A 为无限集$\Leftrightarrow A$ 与其真子集对等.

证明 ($\Leftarrow$)(反证)假设 A 为有限集,而有限集不与其任何真子集对等,这与 A 与其真子集对等相矛盾.

($\Rightarrow$)由定理 1.2.1 知

$$\varphi\colon A\to A-\{x_0\},$$
$$x\mapsto\varphi(x)=\begin{cases}x_{n+1}, & x=x_n,n=0,1,2,\cdots,\\ x, & x\neq x_n,n=0,1,2,\cdots\end{cases}$$

为一一映射,故 $A\overset{\varphi}{\sim}A-\{x_0\}$($A$ 的真子集). □

定理 1.2.3(不可数集的特征) A 为不可数集$\Leftrightarrow A$ 为无限集,且对 A 的任何可数集 B,必有 $A\sim A-B$.

证明 ($\Leftarrow$)(反证)假设 A 不为不可数集,即 A 为至多可数集. 又因 A 为无限集,故 A 为可数集. 令 $B=A$,则由右边的条件知,$A\sim A-A=\varnothing$,矛盾. 所以,A 为不可数集.

($\Rightarrow$)设 A 为不可数集,则 A 为无限集,且对 A 的任何可数子集 B,显然 $A-B$ 为不可数集(否则,$A=(A-B)\cup B$ 为可数集). 由定理 1.2.1,$A-B$ 必有可数子集 C. 记

$$B=\{b_1,b_2,\cdots\},\qquad C=\{c_1,c_2,\cdots\},$$
$$E=B\cup C=\{b_1,c_1,b_2,c_2,\cdots\}.$$

于是

$$\varphi\colon A=(A-B)\cup B=(A-B-C)\cup(B\cup C)$$
$$\to A-B=(A-B-C)\cup C,$$
$$x\mapsto\varphi(x)=\begin{cases}c_{2k-1}, & x=b_k, & k=1,2,\cdots,\\ c_{2k}, & x=c_k, & k=1,2,\cdots,\\ x, & x\neq b_k,c_k, & k=1,2,\cdots\end{cases}$$

为一一映射,从而 $A\sim A-B$. □

为了研究是否存在最大势的集合. 我们考虑集合 A 的一切子集所构成的集类

$$\mathscr{J}(A) = 2^A = \{B \mid B \subset A\}.$$

例如，$2^{\varnothing}=\{\varnothing\}$， $\overline{\overline{\varnothing}}=0<1=\overline{\overline{\{\varnothing\}}}=\overline{\overline{2^{\varnothing}}}=2^{\overline{\overline{\varnothing}}}$，

$$2^{\{a_1,a_2,\cdots,a_n\}} = \{\varnothing,\{a_i\}_{i=1}^n,\cdots,\{a_1,a_2,\cdots,a_n\}\},$$

$$\overline{\overline{\{a_1,a_2,\cdots,a_n\}}} = n < 2^n = (1+1)^n = \mathrm{C}_n^0 + \mathrm{C}_n^1 + \cdots + \mathrm{C}_n^n = 2^{\overline{\overline{\{a_1,a_2,\cdots,a_n\}}}}.$$

更一般地，我们有下面的结论.

定理 1.2.4（无最大势） 设 A 为集合，则 $\overline{\overline{A}}<2^{\overline{\overline{A}}}\stackrel{\text{def}}{=}\overline{\overline{2^A}}$.

证明 由 $A\sim\{\{a\}\mid a\in A\}\subset 2^A$ 知 $\overline{\overline{A}}\leqslant\overline{\overline{2^A}}$. 现证 $A\nsim 2^A$，故 $\overline{\overline{A}}<\overline{\overline{2^A}}$.

（反证）假设 $A\sim 2^A$，即存在一一映射 $\varphi: A\to 2^A$. 我们作“坏”元素集合

$$B = \{x \in A \mid x \notin \varphi(x)\}.$$

于是，有 $x_B\in A$, s. t. $\varphi(x_B)=B\in 2^A$.

(1) 若 $x_B\in B$，则由 B 的定义可知，$x_B\notin\varphi(x_B)=B$，矛盾.

(2) 若 $x_B\notin B$，则由 B 的定义可知，$x_B\in\varphi(x_B)=B$，矛盾.

这说明 A 与 2^A 之间并不存在一一映射，即 $A\nsim 2^A$. □

证明集合 A 与 B 对等（即 $A\sim B$ 或 $\overline{\overline{A}}=\overline{\overline{B}}$），有两个重要的方法：

(1) 直接方法：构造一一映射 $\varphi: A\to B$；

(2) 间接方法：应用 Cantor-Bernstein 定理.

为建立 Cantor-Bernstein 定理，先证下面的引理.

引理 1.2.1（集合在映射下的分解定理，Banach） 若有映射

$$f: X \to Y, \quad g: Y \to X,$$

则存在分解

$$X = A \cup \widetilde{A}, \quad Y = B \cup \widetilde{B},$$

其中 $f(A)=B$, $g(\widetilde{B})=\widetilde{A}$, $A\cap\widetilde{A}=\varnothing$, $B\cap\widetilde{B}=\varnothing$.

证明 设

$$\mathscr{A} = \{E \subset X \mid E \cap g(Y - f(E)) = \varnothing\},$$

显然，$\varnothing\in\mathscr{A}$. 再令 $A=\bigcup\limits_{E\in\mathscr{A}}E$. 先证 $A\in\mathscr{A}$. 事实上，对 $\forall E\in\mathscr{A}$，由于 $E\subset A$，故

$$E \cap g(Y - f(E)) = \varnothing.$$

由此可知，$E\cap g(Y-f(A))=\varnothing$（因 $f(E)\subset f(A)$）. 从而有

$$\begin{aligned} A \cap g(Y - f(A)) &= \Big(\bigcup_{E\in\mathscr{A}} E\Big) \cap g(Y - f(A)) \\ &= \bigcup_{E\in\mathscr{A}} (E \cap g(Y - f(A))) \\ &= \bigcup_{E\in\mathscr{A}} \varnothing = \varnothing. \end{aligned}$$

所以，$A\in\mathscr{A}$，且 A 是 $\mathscr{A}$ 中关于包含关系的最大元.

令 $f(A)=B,\widetilde{B}=Y-B,\widetilde{A}=g(\widetilde{B})$. 首先，有

$$Y = B \cup \widetilde{B}, \quad B \cap \widetilde{B} = \varnothing.$$

其次，由于 $A\cap\widetilde{A}=A\cap g(\widetilde{B})=A\cap g(Y-B)=A\cap g(Y-f(A))=\varnothing$(因 $A\in\mathscr{A}$)，故又可得 $A\cup\widetilde{A}=X$. 事实上，若不然，则 $\exists x_0\in X$, s. t. $x_0\notin A\cup\widetilde{A}$. 作 $A_0=A\cup\{x_0\}$. 由 $B=f(A)\subset f(A_0)$ 推得 $\widetilde{B}=Y-B\supset Y-f(A_0)$. 从而

$$\widetilde{A} = g(\widetilde{B}) \supset g(Y - f(A_0)).$$

根据上述结果，有

$$\varnothing = A \cap \widetilde{A} \supset A \cap g(Y - f(A_0)),$$

故

$$A \cap g(Y - f(A_0)) = \varnothing.$$

再注意到

$$x_0 \notin A \cup \widetilde{A} \Rightarrow x_0 \notin \widetilde{A} \Rightarrow x_0 \notin g(Y - f(A_0)).$$

于是得到

$$A_0 \cap g(Y - f(A_0)) = (A \cup \{x_0\}) \cap g(Y - f(A_0)) = \varnothing,$$

即 $A_0\in\mathscr{A}$. 这与 A 为 $\mathscr{A}$ 中的最大元相矛盾. □

定理 1.2.5(Cantor-Bernstein) 若 $X\sim Y_1\subset Y, Y\sim X_1\subset X$，则 $X\sim Y$. 换言之，若 $\overline{\overline{X}}\leqslant\overline{\overline{Y}},\overline{\overline{Y}}\leqslant\overline{\overline{X}}$，则 $\overline{\overline{X}}=\overline{\overline{Y}}$.

证明 证法 1 定理条件表明，存在单射 $f: X\to Y$ 与单射 $g: Y\to X$. 根据引理 1.2.1(映射分解定理)，有

$$X = A \cup \widetilde{A}, Y = B \cup \widetilde{B},$$
$$f(A) = B, \widetilde{B} = Y - B, g(\widetilde{B}) = \widetilde{A}, A \cap \widetilde{A} = \varnothing, B \cap \widetilde{B} = \varnothing.$$

注意到 $f: A\to B$ 和 $g^{-1}: \widetilde{A}\to\widetilde{B}$ 都为一一映射. 因而，可作一一映射

$$F: X \to Y,$$

$$x \mapsto F(x) = \begin{cases} f(x), & x \in A, \\ g^{-1}(x), & x \in \widetilde{A}. \end{cases}$$

这就证明了 $X\overset{F}{\sim}Y$.

证法 2 定理条件表明，存在一一映射

$$\varphi_1: X \to Y_1 \subset Y,$$

又存在一一映射

$$\varphi_2: Y \to X_1 \subset X.$$

记 $X_2=\varphi_2(Y_1)$. 显然

$$\varphi_2: Y_1 \to X_2 = \varphi(Y_1)$$

为一一映射，即

$$X \overset{\varphi_1}{\sim} Y_1 \overset{\varphi_2}{\sim} X_2 (\subset X_1).$$

因此

$$\varphi=\varphi_2\circ\varphi_1: X\to X_2$$

为一一映射.因为 $X_1\subset X$,故 $X_3=\varphi(X_1)\subset X_2$,即

$$X_1\overset{\varphi}{\sim}X_3\subset X_2.$$

依次类推,我们得到一列子集

$$X\supset X_1\supset X_2\supset X_3\supset\cdots\supset X_n\supset\cdots.$$

而在同一映射 φ 之下,有

$$X\sim X_2\sim X_4\sim\cdots,\qquad X_1\sim X_3\sim X_5\sim\cdots.$$

由于 φ 为一一映射,易见

$$\begin{aligned}&X-X_1\sim X_2-X_3,\\&X_1-X_2\sim X_3-X_4,\\&\vdots,\\&X_n-X_{n+1}\sim X_{n+2}-X_{n+3},\\&\vdots\end{aligned}$$

我们可以分别将 X 和 X_1 分解为一系列互不相交的子集之并:

$$X=(X-X_1)\cup(X_1-X_2)\cup(X_2-X_3)\cup\cdots\cup\left(\bigcap_{i=1}^{\infty}X_i\right),$$

$$X_1=(X_1-X_2)\cup(X_2-X_3)\cup(X_3-X_4)\cup\cdots\cup\left(\bigcap_{i=1}^{\infty}X_i\right).$$

可以将上述分解改写为

$$X=\left(\bigcap_{i=1}^{\infty}X_i\right)\cup(X-X_1)\cup(X_1-X_2)\cup(X_2-X_3)\cup(X_3-X_4)\cup\cdots,$$

$$X_1=\left(\bigcap_{i=1}^{\infty}X_i\right)\cup(X_2-X_3)\cup(X_1-X_2)\cup(X_4-X_5)\cup(X_3-X_4)\cup\cdots.$$

由于 $X-X_1\overset{\varphi}{\sim}X_2-X_3,X_{2n}-X_{2n+1}\overset{\varphi}{\sim}X_{2n+2}-X_{2n+3}(n=1,2,\cdots)$,以及 $\bigcap\limits_{i=1}^{\infty}X_i,X_{2n-1}-X_{2n}$ $(n=1,2,\cdots)$ 中的每个集都由恒同映射与自身对等.于是,就得到 $X\sim X_1$.又因为 $X_1\sim Y$,所以 $X\sim Y$. □

推论 1.2.1(夹逼定理) 设 $X\subset Y\subset Z$,且 $X\sim Z$,则 $X\sim Y\sim Z$.换言之,若 $X\subset Y\subset Z$,且 $\overline{\overline{X}}=\overline{\overline{Z}}$,则 $\overline{\overline{Y}}=\overline{\overline{X}}=\overline{\overline{Z}}$.

证明 因为 $\overline{\overline{X}}=\overline{\overline{Z}}$,$X\subset Y\subset Z$,所以 $\overline{\overline{X}}\leqslant\overline{\overline{Y}}\leqslant\overline{\overline{Z}}=\overline{\overline{X}}$.根据定理 1.2.5(Cantor-Bernstein 定理),$\overline{\overline{Y}}=\overline{\overline{X}}=\overline{\overline{Z}}$. □

定理 1.2.6(至多可数集的简单性质)

(1) 至多可数集 A 的子集 B 为至多可数集.

(2) 设 $A_1,A_2,\cdots,A_n$ 为至多可数集,则 $\bigcup\limits_{i=1}^{n}A_i$ 为至多可数集.如果 $A_1,A_2,\cdots,A_n$ 中至少有一个为可数集,则 $\bigcup\limits_{i=1}^{n}A_i$ 为可数集.

(3) 设 $A_1,A_2,\cdots,A_i,\cdots$ 为至多可数集,则 $\bigcup\limits_{i=1}^{\infty}A_i$ 仍为至多可数集.如果 $A_1,A_2,\cdots,A_i,\cdots$ 中至少有一个为可数集,则 $\bigcup\limits_{i=1}^{\infty}A_i$ 为可数集.

(4) 设 $A_1,A_2,\cdots,A_n$ 为可数集,则 $A_1\times A_2\times\cdots\times A_n$ 也为可数集.

(5) 由有限个自然数构成的有序组的全体 A 为可数集.

证明 (1) 设 $A=\{a_1,a_2,\cdots,a_n,\cdots\}$.由 $B\subset A$,则

$$B=\{a_{n_1},a_{n_2},\cdots\mid n_1<n_2<\cdots\}$$

为至多可数集(上述表示中包括 A 与 B 只含有限项的情形).

(2) 设

$$\begin{aligned}A_1&=\{a_{11},a_{12},a_{13},\cdots\},\\A_2&=\{a_{21},a_{22},a_{23},\cdots\},\\A_3&=\{a_{31},a_{32},a_{33},\cdots\},\\&\vdots\\A_n&=\{a_{n1},a_{n2},a_{n3},\cdots\}.\end{aligned}$$

按上图斜线将 $\bigcup\limits_{i=1}^{n}A_i$ 中元素排列为(有重复者取第一个,如果某个 A_i 为有限集,则排到其元素排完而不再参排)

$$\bigcup_{i=1}^{n}A_i=\{a_{11},a_{21},a_{12},a_{31},a_{22},a_{13},\cdots\},$$

故它为至多可数集.如果 $A_1,A_2,\cdots,A_n$ 中至少有一个为可数集,则 $\bigcup\limits_{i=1}^{n}A_i$ 为可数集.

(3) 设

$$\begin{aligned}A_1&=\{a_{11},a_{12},a_{13},\cdots\},\\A_2&=\{a_{21},a_{22},a_{23},\cdots\},\\A_3&=\{a_{31},a_{32},a_{33},\cdots\},\\&\vdots\\A_i&=\{a_{i1},a_{i2},a_{i3},\cdots\},\\&\vdots\end{aligned}$$

按上图斜线将 $\bigcup\limits_{i=1}^{\infty}A_i$ 中元素排列为(有重复者取第一个,如果 A_i 为有限集,则排到其元素排

完而不再参排)

$$\bigcup_{i=1}^{\infty} A_i = \{a_{11}, a_{21}, a_{12}, a_{31}, a_{22}, a_{13}, \cdots\},$$

故它为至多可数集.如果 $A_1, A_2, \cdots, A_i, \cdots$ 中至少有一个为可数集,则 $\bigcup\limits_{i=1}^{\infty} A_i$ 为可数集.

(4) 证法 1 设

$$A_j = \{a_j^1, a_j^2, \cdots a_j^i, \cdots\}, \quad j = 1, 2, \cdots, n.$$

我们按 $i_1 + i_2 + \cdots + i_n = m$ 从小到大排列(而上标之和同为 m 的点按任意次序排列)将

$$A_1 \times A_2 \times \cdots \times A_n = \{(a_1^{i_1}, a_2^{i_2}, \cdots, a_n^{i_n}) \mid a_j^{i_j} \in A_j, j = 1, 2, \cdots, n\}$$

中的元素全部排完.因此,$A_1 \times A_2 \times \cdots \times A_n$ 为可数集.

证法 2(归纳法) 当 $n=1$ 时,由已知,A_1 为可数集.假设当 $n=k$ 时,$A_1 \times A_2 \times \cdots \times A_k$ 为可数集.则当 $n=k+1$ 时,有

$$A_1 \times A_2 \times \cdots \times A_{k+1} = (A_1 \times A_2 \times \cdots \times A_k) \times A_{k+1} \overset{\text{归纳}}{\sim} \mathbb{N} \times \mathbb{N} \overset{\text{例1.2.1(2)}}{\sim} \mathbb{N},$$

即 $A_1 \times A_2 \times \cdots \times A_{k+1}$ 为可数集.

综合上述,得到 $A_1 \times A_2 \times \cdots \times A_n$ 为可数集.

(5) 根据(3),(4)立得由有限个自然数构成的有序组

$$A = \bigcup_{n=1}^{\infty} \{(i_1, i_2, \cdots, i_n) \mid i_j \in \mathbb{N}, j = 1, 2, \cdots, n\}$$

为可数集. □

例 1.2.1 (1) $\mathbb{N} \sim 2\mathbb{N} = \{2n \mid n \in \mathbb{N}\}$.

(2) $\mathbb{N} \times \mathbb{N} \sim \mathbb{N}$.

证明 (1) 因为 $\varphi: \mathbb{N} \to 2\mathbb{N}, n \mapsto \varphi(n) = 2n$ 为一一映射,故 $\mathbb{N} \sim 2\mathbb{N}$.

(2) 证法 1 由于 $\varphi: \mathbb{N} \times \mathbb{N} \to \mathbb{N}, (i,j) \mapsto n = f(i,j) = 2^{i-1}(2j-1)$ 为一一映射,故 $\mathbb{N} \times \mathbb{N} \sim \mathbb{N}$.这是因为任一自然数均可惟一地表示为

$$n = 2^{i-1}(2j-1), \quad i, j \in \mathbb{N}.$$

证法 2 按图

$$\begin{array}{cccc} (1,1) & (1,2) & (1,3), & \cdots \\ (2,1) & (2,2) & (2,3), & \cdots \\ (3,1) & (3,2) & (3,3), & \cdots \\ \vdots & & & \end{array}$$

中斜线排列知,$\mathbb{N} \times \mathbb{N}$ 为可数集,即 $\mathbb{N} \times \mathbb{N} \sim \mathbb{N}$. □

例 1.2.2 $\mathbb{Q}$ 为可数集.

证明 按图

$$\begin{array}{ccccc} \frac{1}{1} & \frac{2}{1} & \frac{3}{1} & \frac{4}{1} & \cdots \\ \frac{1}{2} & \frac{2}{2} & \frac{3}{2} & \frac{4}{2} & \cdots \\ \frac{1}{3} & \frac{2}{3} & \frac{3}{3} & \frac{4}{3} & \cdots \\ \vdots & & & & \end{array}$$

中斜线并把每个位置元素分别取正负将$\mathbb{Q}$排列为$\left(\text{有重复者,如}\frac{1}{1},\frac{2}{2},\cdots,\text{只排第一个}\right)$

$$0,\frac{1}{1},-\frac{1}{1},\frac{1}{2}-\frac{1}{2},\frac{2}{1},-\frac{2}{1},\frac{1}{3},-\frac{1}{3},\frac{3}{1},-\frac{3}{1},\cdots.$$

所以,$\mathbb{Q}$为可数集. □

例 1.2.3 $\mathbb{R}^n$中互不相交的开集(见引理 1.4.1)族$\mathscr{A}$为至多可数集.

证明 令

$$\begin{aligned} &\varphi: \mathscr{A} \to \mathbb{Q}^n \\ &\quad U \mapsto \varphi(U) = \boldsymbol{r} = (r_1, r_2, \cdots, r_n) \in \mathbb{Q}^n \cap U. \end{aligned}$$

显然,若$\varphi(U_1)=\boldsymbol{r}=\varphi(U_2)$,则$\boldsymbol{r}\in\mathbb{Q}^n\cap U_1$,$\boldsymbol{r}\in\mathbb{Q}^n\cap U_2$,从而$\boldsymbol{r}\in U_1\cap U_2$.由题设,必有$U_1=U_2$.这就证明了$\varphi$为单射,所以

$$\overline{\overline{\mathscr{A}}} \leqslant \overline{\overline{\mathbb{Q}^n}} = \aleph_0,$$

即$\mathscr{A}$为至多可数集. □

例 1.2.4 设

$$S^n = \{(x_1, x_2, \cdots, x_{n+1}) \in \mathbb{R}^{n+1} \mid x_1^2 + x_2^2 + \cdots + x_{n+1}^2 = 1\} \subset \mathbb{R}^{n+1}$$

为单位球面,

$$\mathbb{R}^n = \{(x_1, x_2, \cdots, x_n, 0) \in \mathbb{R}^{n+1} \mid x_i \in \mathbb{R}, i = 1, 2, \cdots, n\} \subset \mathbb{R}^{n+1}$$

为n维坐标平面,则

$$\overline{\overline{S^n}} = \overline{\overline{\mathbb{R}^n}}.$$

证明 证法1 作北极投影(图 1.2.1)

$$\begin{aligned} &\varphi_1: S^n - \{P_0(0, \cdots, 0, 1) \in \mathbb{R}^{n+1}\} \to \mathbb{R}^n, \\ &\quad \boldsymbol{x} \mapsto \varphi_1(\boldsymbol{x}) = (y_1, y_2, \cdots, y_n, 0), \end{aligned}$$

使得P_0,$\boldsymbol{x}=(x_1,x_2,\cdots,x_{n+1})$和$\boldsymbol{y}$在一条直线上,即$\exists t\in(0,1]$,s. t.

$$\boldsymbol{x} = (1-t)P_0 + t\varphi_1(\boldsymbol{x}) = (1-t)P_0 + t\boldsymbol{y}.$$

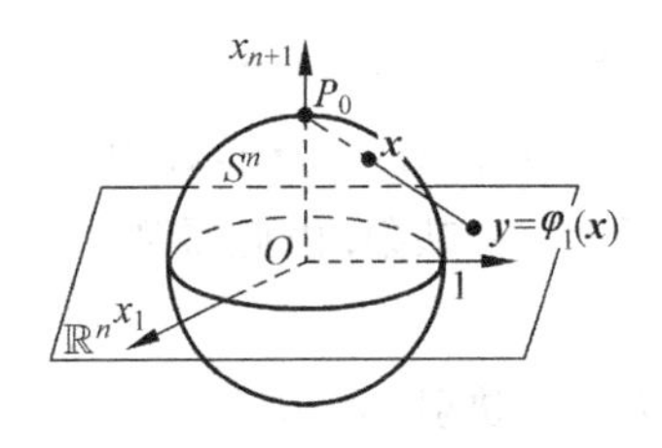

图 1.2.1

特别有

$$x_{n+1} = (1-t)\cdot 1 + t\cdot 0 = 1-t,$$

$$t = 1 - x_{n+1}.$$

于是

$$\boldsymbol{y} = \varphi_1(\boldsymbol{x}) = \frac{\boldsymbol{x} - (1-t)P_0}{t} = \frac{\boldsymbol{x} - x_{n+1}P_0}{1 - x_{n+1}} = \left(\frac{x_1}{1-x_{n+1}}, \frac{x_2}{1-x_{n+1}}, \cdots, \frac{x_n}{1-x_{n+1}}, 0\right),$$

$$y_1^2 + y_2^2 + \cdots + y_n^2 = \frac{x_1^2 + x_2^2 + \cdots + x_n^2}{(1-x_{n+1})^2} = \frac{1 - x_{n+1}^2}{(1-x_{n+1})^2} = \frac{1 + x_{n+1}}{1 - x_{n+1}},$$

$$1 - t = x_{n+1} = \frac{y_1^2 + y_2^2 + \cdots + y_n^2 - 1}{1 + y_1^2 + y_2^2 + \cdots + y_n^2}, \quad t = \frac{2}{1 + y_1^2 + y_2^2 + \cdots + y_n^2},$$

$$\begin{aligned}\boldsymbol{x} &= (1-t)P_0 + t\boldsymbol{y} = \frac{y_1^2 + y_2^2 + \cdots + y_n^2 - 1}{1 + y_1^2 + y_2^2 + \cdots + y_n^2}P_0 + \frac{2}{1 + y_1^2 + y_2^2 + \cdots + y_n^2}\boldsymbol{y} \\ &= \left(\frac{2y_1}{1 + y_1^2 + y_2^2 + \cdots + y_n^2}, \cdots, \frac{2}{1 + y_1^2 + y_2^2 + \cdots + y_n^2}, \frac{y_1^2 + y_2^2 + \cdots + y_n^2 - 1}{1 + y_1^2 + y_2^2 + \cdots + y_n^2}\right) \\ &= \varphi_1^{-1}(\boldsymbol{y}),\end{aligned}$$

则 φ_1 为一一映射.

取 $P_m \in S^n - \{P_0\}, m = 1, 2, \cdots$ 为彼此不同的可数个点. 显然,

$$\varphi_2: S^n \to S^n - \{P_0\},$$

$$\boldsymbol{x} \mapsto \varphi_2(\boldsymbol{x}) = \begin{cases} P_{m+1}, & \boldsymbol{x} = P_m, \quad m = 0, 1, 2, \cdots, \\ \boldsymbol{x}, & \boldsymbol{x} \neq P_m, \quad m = 0, 1, 2, \cdots \end{cases}$$

也为一一映射. 于是

$$\varphi = \varphi_1 \circ \varphi_2 : S^n \to \mathbb{R}^n$$

为所求的一一映射,故 $\overline{\overline{S^n}} = \overline{\overline{\mathbb{R}^n}}$.

证法 2 由证法 1 知,$\varphi_1^{-1}: \mathbb{R}^n \to S^n - \{P_0\} \subset S^n$ 为一一映射.

另一方面,由于

$$\begin{aligned} S_+^n &= \{(x_1, x_2, \cdots, x_{n+1}) \in S^n \mid x_{n+1} \geqslant 0\} \\ &\to \{(x_1, x_2, \cdots, x_n, 0) \mid x_i \in \mathbb{R}, i = 1, 2, \cdots, n, x_1^2 + x_2^2 + \cdots + x_n^2 \leqslant 1\} = A \end{aligned}$$

和

$$\begin{aligned} S_-^n &= \{(x_1, x_2, \cdots, x_{n+1}) \in S^n \mid x_{n+1} < 0\} \\ &\to \{(x_1, x_2, \cdots, x_n, 0) \mid x_i \in \mathbb{R}, i = 1, 2, \cdots, n, (x_1 - 2)^2 + x_2^2 + \cdots + x_n^2 < 1\} = B \end{aligned}$$

都为一一映射. 由此得到

$$S^n = S_+^n \cup S_-^n \to A \cup B \subset \mathbb{R}^n$$

为一一映射.

根据 Cantor-Bernstein 定理 1.2.5, $\overline{\overline{S^n}} = \overline{\overline{\mathbb{R}^n}}$. □

例 1.2.5 $(0,1] = \{x \in \mathbb{R} \mid 0 < x \leqslant 1\}$ 为不可数集.

证明 证法 1 (反证)假设$(0,1]$不是不可数集,则无限集$(0,1]$为可数集,从而$[0,1]=$

$\{0\}\cup(0,1]$也为可数集.记

$$[0,1]=\{x_1,x_2,\cdots,x_n,\cdots\}.$$

将$[0,1]$三等分,则必有一等分$[a_1,b_1]$不含 x_1.再将$[a_1,b_1]$三等分,同样必有一等分$[a_2,b_2]$不含 x_2.依次类推,可得到一串递降闭区间套:

$$[0,1]\supset[a_1,b_1]\supset[a_2,b_2]\supset\cdots\supset[a_n,b_n]\supset\cdots,$$

使得$b_n-a_n=\frac{1}{3^n}$,且$[a_n,b_n]$不含 x_n(图 1.2.2).根据闭区间套原理,$\exists_1 x_0\in\bigcap_{n=1}^{\infty}[a_n,b_n]\subset[0,1]$.从$[a_n,b_n]$的构造知,$x_0\neq x_n,n=1,2,\cdots$,故 $x_0\notin\{x_1,x_2,\cdots,x_n,\cdots\}=[0,1]$,这与 $x_0\in[0,1]$ 相矛盾.

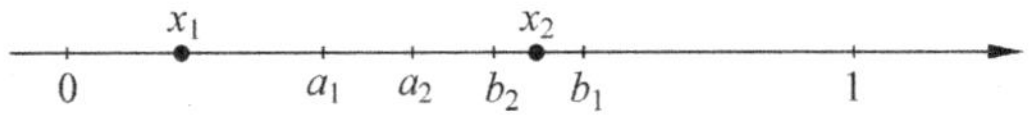

图　1.2.2

证法 2　(反证)假设$(0,1]$不是不可数集,则无限集$(0,1]$为可数集.于是,$(0,1]$中的数可排列为$\{t_1,t_2,\cdots,t_i,\cdots\}$,其中

$$t_1=0.t_{11}\ t_{12}\ t_{13}\ t_{14}\cdots,$$
$$t_2=0.t_{21}\ t_{22}\ t_{23}\ t_{24}\cdots,$$
$$t_3=0.t_{31}\ t_{32}\ t_{33}\ t_{34}\cdots,$$
$$\vdots$$

而 t_{ij}都是 0,1,2,…,9 十个数字中的一个,并且对每个 i,数列$\{t_{ij}\mid j=1,2,\cdots\}$中有无限个不为 0(即 t_i 若有两种表示,则用一种,如 0.5 采用 0.499…,而不用 0.5 表示).

作十进制小数

$$\alpha=0.\alpha_1\alpha_2\alpha_3\cdots,$$

其中 $\alpha_i\neq t_{ii},\alpha_i\neq0,i=1,2,\cdots$(若 $t_{ii}=1$,令 $\alpha_i=2$; 若 $t_{ii}\neq1$,令 $\alpha_i=1$).于是,$\alpha\in(0,1]$,但$\alpha\neq t_i,\forall i=1,2,\cdots$(因 $\alpha_i\neq t_{ii}$).所以,α 没有被排列出来,矛盾.

证法 3　对于$(0,1]$中的数,采用二进制小数表示法:

$$x=0.\alpha_1\alpha_2\cdots\alpha_n\cdots$$

或

$$x=\sum_{n=1}^{\infty}\frac{\alpha_n}{2^n},$$

其中 $\alpha_n=0$ 或 1,并在表示式中有无穷个 $\alpha_n=1$$\left(\text{例如},\frac{1}{2}=\frac{1}{2^2}+\frac{1}{2^3}+\cdots,\text{而不写成}\frac{1}{2}=\frac{1}{2}+\frac{0}{2^2}+\frac{0}{2^3}+\cdots\right)$.显然,$(0,1]$与全体二进制小数一一对应.

在上述表示式中,若将 $\alpha_n=0$ 的项舍去,则得

$$x=\sum_{i=1}^{\infty}\frac{1}{2^{n_i}},$$

这里，$\{n_i\}$为严格增的自然数数列. 再令

$$k_1=n_1,k_i=n_i-n_{i-1},\quad i=2,3,\cdots,$$

则$\{k_i\}$为自然数数列. 记自然数数列的全体为

$$\mathbb{N}^\infty=\{(k_1,k_2,\cdots,k_i,\cdots)\mid k_i\in\mathbb{N},i=1,2,\cdots\},$$

易见，$\mathbb{N}^\infty$与$(0,1]$一一对应(事实上，由连分数理论知，

$$(k_1,k_2,\cdots,k_i,\cdots)\mapsto x=\cfrac{1}{k_1+\cfrac{1}{k_2+\cfrac{1}{k_3+\ddots}}}$$

为$\mathbb{N}^\infty$与$(0,1)$中无理数之间的一一对应. 因此，$\mathbb{N}^\infty$与$(0,1]$也一一对应).

(反证)假设$(0,1]$不是不可数集，则无限集$(0,1]$为可数集，故$\mathbb{N}^\infty$也为可数集，即$\mathbb{N}^\infty$中元素可排列为$\{k^{(1)},k^{(2)},\cdots,k^{(i)},\cdots\}$，其中

$$\begin{aligned}k^{(1)}&=(k_1^{(1)},k_2^{(1)},\cdots,k_i^{(1)},\cdots),\\k^{(2)}&=(k_1^{(2)},k_2^{(2)},\cdots,k_i^{(2)},\cdots),\\&\ \vdots\\k^{(i)}&=(k_1^{(i)},k_2^{(i)},\cdots,k_i^{(i)},\cdots),\\&\ \vdots\end{aligned}$$

显然，$(k_1^{(1)}+1,k_2^{(2)}+1,\cdots,k_i^{(i)}+1,\cdots)\in\mathbb{N}^\infty$未被排列出来(否则，$\exists\, i$, s. t. $(k_1^{(1)}+1,k_2^{(2)}+1,\cdots,k_i^{(i)}+1,\cdots)=(k_1^{(i)},k_2^{(i)},\cdots,k_i^{(i)},\cdots)$，从而，$k_i^{(i)}+1=k_i^{(i)}$，矛盾)，这与$\mathbb{N}^\infty$中元素可排列为$(k^{(1)},k^{(2)},\cdots,k^{(i)},\cdots)$相矛盾.

证法 4　由例 1.2.9 和定理 1.2.4 知，

$$\overline{\overline{(0,1]}}=\aleph=2^{\aleph_0}>\aleph_0.$$

因此，$(0,1]$为不可数集. □

例 1.2.6　$\mathbb{N}^\infty$，(a,b)，$(a,b]$，$[a,b)$，$[a,b]$(其中$a<b$)，$(-\infty,a)$，$(a,+\infty)$，$(-\infty,+\infty)$，$(-\infty,a]$，$[a,+\infty)$都与$(0,1]$对等，它们的势记为$\aleph$.

证明　由例 1.2.5 证法 3 知，$\mathbb{N}^\infty\sim(0,1]$.

由

$$\varphi:(0,1)\to(-\infty,+\infty),$$
$$x\mapsto\varphi(x)=\tan\frac{2x-1}{2}\pi$$

为一一映射知，$(0,1)\sim(-\infty,+\infty)$.

由

$$\psi:(a,b)\to(c,d),$$

$$x \mapsto \psi(x) = \frac{d-c}{b-a}(x-a)+c$$

为一一映射知，$(a,b)\sim(c,d)$. 其中 $a<b, c<d$.

由 $[a,b]\xrightarrow{\mathrm{Id}_{[a,b]}}[a,b]\subset(-\infty,+\infty)$ 及 $(-\infty,+\infty)\sim(a,b)\subset[a,b]$，根据 Cantor-Bernstein 定理 1.2.5，$[a,b]\sim(-\infty,+\infty)$.

类似可证，$(a,b]$，$[a,b)$，$(-\infty,a)$，$(a,+\infty)$，$(-\infty,a]$，$[a,+\infty)$ 都对等于 $(-\infty,+\infty)$. 当然，它们彼此之间也可直接建立一一对应关系. 例如，取 (a,b) 中可数点列 $(x_1,x_2,\cdots,x_n,\cdots)$，令

$$\theta\colon (a,b)\to[a,b],$$

$$x\mapsto\theta(x)=\begin{cases}a, & x=x_1,\\ b, & x=x_2,\\ x_{n-2}, & x=x_n,\quad n=3,4,\cdots\\ x, & x\neq x_n,\quad n=1,2,\cdots.\end{cases}$$

显然，θ 为一一映射，故 $(a,b)\sim[a,b]$. □

例 1.2.7 (1) 无理数全体 $\mathbb{R}-\mathbb{Q}$ 的势为 $\overline{\overline{\mathbb{R}-\mathbb{Q}}}=\aleph$.

(2) 实数列全体 $\mathbb{R}^\infty=\{(x_1,x_2,\cdots,x_n,\cdots)\mid x_n\in\mathbb{R}, n=1,2,\cdots\}$ 的势为 $\aleph$，即 $\overline{\overline{\mathbb{R}^\infty}}=\aleph$.

(3) $\mathbb{R}^n$ 的势为 $\aleph$，即 $\overline{\overline{\mathbb{R}^n}}=\aleph$.

证明 (1) 证法 1 根据例 1.2.6 和定理 1.2.3 知

$$\overline{\overline{\mathbb{R}-\mathbb{Q}}}=\overline{\overline{(\mathbb{R}-\mathbb{Q})\cup\mathbb{Q}}}=\overline{\overline{\mathbb{R}}}=\aleph.$$

证法 2 应用定理 1.2.3 必要性中的证法，令 $\mathbb{Q}=\{r_1,r_2,\cdots,r_k,\cdots\}$，则

$$\varphi\colon\mathbb{R}\to\mathbb{R}-\mathbb{Q},$$

$$x\mapsto\varphi(x)=\begin{cases}(2k-1)\sqrt{2}, & x=k\sqrt{2},\\ 2k\sqrt{2}, & x=r_k\\ x, & x\neq k\sqrt{2},r_k,\quad k=1,2,\cdots\end{cases}$$

为一一映射，从而

$$\overline{\overline{\mathbb{R}-\mathbb{Q}}}=\overline{\overline{\mathbb{R}}}=\aleph.$$

(2) 记

$$(0,1)^\infty=\{x=(x_1,x_2,\cdots,x_k,\cdots)\in\mathbb{R}^\infty\mid x_k\in(0,1),k\in\mathbb{N}\}.$$

显然

$$\varphi\colon(0,1)^\infty\to\mathbb{R}^\infty,$$

$$x\mapsto\varphi(x)=\left(\tan\frac{2x_1-1}{2}\pi,\cdots,\tan\frac{2x_k-1}{2}\pi,\cdots\right)$$

为一一映射. 我们先证

$$\overline{\overline{(0,1)^\infty}}=\aleph,$$

于是

$$\overline{\overline{\mathbb{R}^{\infty}}} = \overline{\overline{(0,1)^{\infty}}} = \aleph.$$

事实上

$$\overline{\overline{(0,1)^{\infty}}} \geqslant \overline{\overline{\{x=(a,\cdots,a,\cdots) \mid a \in (0,1)\}}} = \overline{\overline{(0,1)}} = \aleph.$$

反之,对$\forall\, x=(x_1,x_2,\cdots,x_k,\cdots)\in(0,1)^{\infty}$,按十进制无限小数表示(含无限项不为0) x_k 为

$$x_1 = 0.\, x_{11}x_{12}x_{13}\cdots x_{1k}\cdots,$$

$$x_2 = 0.\, x_{21}x_{22}x_{23}\cdots x_{2k}\cdots,$$

$$x_3 = 0.\, x_{31}x_{32}x_{33}\cdots x_{3k}\cdots,$$

$$\vdots$$

易见

$$\psi: (0,1)^{\infty} \to (0,1),$$

$$x \mapsto \psi(x) = 0.\, x_{11}x_{21}x_{12}\cdots x_{n1}x_{(n-1)2}\cdots x_{1n}\cdots$$

(有无限个 $x_{ij}\neq 0$)为单射($x=(x_1,x_2,\cdots,x_k,\cdots)\neq(y_1,y_2,\cdots,y_k,\cdots)=y\Leftrightarrow\psi(x)\neq\psi(y)$).于是

$$\overline{\overline{(0,1)^{\infty}}} \leqslant \overline{\overline{(0,1)}} = \aleph.$$

根据 Cantor-Bernstein 定理 1.2.5,$\overline{\overline{(0,1)^{\infty}}}=\overline{\overline{(0,1)}}=\aleph$.

(3) 证法 1　由(2)知

$$\overline{\overline{\mathbb{R}^n}} = \overline{\overline{\{(x_1,x_2,\cdots,x_n,0,\cdots) \mid x_i \in \mathbb{R},\, i=1,2,\cdots,n\}}} \leqslant \overline{\overline{\mathbb{R}^{\infty}}} = \aleph.$$

另一方面

$$\aleph = \overline{\overline{\mathbb{R}^1}} = \overline{\overline{\{(x_1,0,\cdots,0) \in \mathbb{R}^n \mid x_1 \in \mathbb{R}\}}} \leqslant \overline{\overline{\mathbb{R}^n}}.$$

根据 Cantor-Bernstein 定理 1.2.5,$\overline{\overline{\mathbb{R}^n}}=\aleph$.

证法 2　仿照(2)的证明得到$\overline{\overline{\mathbb{R}^n}}=\overline{\overline{(0,1)^n}}=\aleph$. □

注　从表面上看,$\mathbb{R}^1$"小"而$\mathbb{R}^{\infty}$"大",但$\overline{\overline{\mathbb{R}^1}}=\overline{\overline{\mathbb{R}^{\infty}}}=\aleph$和 Cantor-Bernstein 定理知,凡"介于"$\mathbb{R}^1$ 与$\mathbb{R}^{\infty}$之间的集合 A,其势 $\overline{\overline{A}}=\aleph$. $\mathbb{R}^1$ 与$\mathbb{R}^{\infty}$之间的"间隙"给 $\overline{\overline{A}}=\aleph$的证明留出了很大的余地.

例 1.2.8　(1) 设 $\overline{\overline{A_n}}=\aleph, n=1,2,\cdots$,则 $\overline{\overline{\bigcup_{n=1}^{\infty} A_n}}=\aleph$.

(2) 设 $\overline{\overline{A_\alpha}}=\aleph, \alpha\in\Gamma$,且 $\overline{\overline{\Gamma}}=\aleph$,则 $\overline{\overline{\bigcup_{\alpha\in\Gamma} A_\alpha}}=\aleph$.

证明　(1) 由

$$\aleph = \overline{\overline{A_1}} \leqslant \overline{\overline{\bigcup_{n=1}^{\infty} A_n}} \leqslant \overline{\overline{\bigcup_{n=1}^{\infty} (n,n+1]}} = \overline{\overline{(1,+\infty)}} = \aleph$$

和 Cantor-Bernstein 定理 1.2.5,得到$\overline{\overline{\bigcup_{n=1}^{\infty} A_n}}=\aleph$.

(2) 由

$$\aleph=\overline{\overline{A}}_1\leqslant\overline{\overline{\bigcup_{\alpha\in\Gamma} A_\alpha}}\leqslant\overline{\overline{\bigcup_{x\in\mathbb{R}}\{x\}\times\mathbb{R}}}=\overline{\overline{\mathbb{R}^2}}=\aleph$$

和 Cantor-Bernstein 定理 1.2.5,得到$\overline{\overline{\bigcup_{\alpha\in\Gamma} A_\alpha}}=\aleph$. □

定义 1.2.2(势(基数)的运算) 如果 $\overline{\overline{A}}_i=\alpha_i, i=1,2,\cdots,n$; $A_i\cap A_j=\varnothing, \forall i\neq j$,则

$$\overline{\overline{\bigcup_{i=1}^{n} A_i}}\stackrel{\text{def}}{=}\alpha_1+\alpha_2+\cdots+\alpha_n=\sum_{i=1}^{n}\alpha_i.$$

如果 $\overline{\overline{A}}_i=\alpha_i, i=1,2,\cdots, A_i\cap A_j=\varnothing, \forall i\neq j$,则

$$\overline{\overline{\bigcup_{i=1}^{\infty} A_i}}\stackrel{\text{def}}{=}\alpha_1+\alpha_2+\cdots+\alpha_n+\cdots=\sum_{i=1}^{\infty}\alpha_i$$

如果 $\overline{\overline{A}}_i=\alpha_i, i=1,2,\cdots,n$,则

$$\overline{\overline{A_1\times A_2\times\cdots\times A_n}}\stackrel{\text{def}}{=}\alpha_1\cdot\alpha_2\cdot\cdots\cdot\alpha_n.$$

特别地

$$\overline{\overline{A^n}}=\overline{\overline{\underbrace{A\times A\times\cdots\times A}_{n\text{个}}}}\stackrel{\text{def}}{=}\underbrace{\alpha\cdot\alpha\cdot\cdots\cdot\alpha}_{n\text{个}}=\alpha^n,$$

其中 $\overline{\overline{A}}=\alpha$. 等等.

例如

$$\underbrace{\aleph_0+\cdots+\aleph_0}_{n\text{个}}=\aleph_0, \sum_{n=1}^{\infty}\aleph_0=\aleph_0, \aleph_0^n=\aleph_0,$$

但是,$\aleph_0^\infty=\aleph>\aleph_0$(例 1.2.6 与定理 1.2.4).

$\sum_{i\in\Gamma}\aleph_i=\aleph$,其中 $1\leqslant\overline{\overline{\Gamma}}\leqslant\aleph$(例 1.2.8(2)).

定义 1.2.3 记映射族组成的集合为

$$B^A=\{f\mid f: A\to B\text{ 为映射}\}.$$

如果 $\overline{\overline{A}}=\alpha, \overline{\overline{B}}=\beta$,则

$$\overline{\overline{B^A}}\stackrel{\text{def}}{=}\beta^\alpha.$$

例如,$A=\{1,2,\cdots,n\}, B=\{0,1\}$,则 B^A 的总数恰为 2^n.

定理 1.2.7 设 $\overline{\overline{A}}=\alpha$,则$\overline{\overline{2^A}}=2^\alpha=2^{\overline{\overline{A}}}$.

证明 $2^{\overline{\overline{A}}}=\overline{\overline{\{0,1\}^A}}=\overline{\overline{\{f\mid f: A\to\{0,1\}\}}}$

$=\overline{\overline{\{\chi_E\mid\chi_E: A\to\{0,1\}, E\subset A\}}}$

$=\overline{\overline{\{E\mid E\subset A\}}}=\overline{\overline{2^A}}$. □

例 1.2.9 $\aleph=2^{\aleph_0}=\overline{\overline{\{0,1\}^\infty}}$.

证明 证法 1 易见

$$\varphi:\ \{0,1\}^{\mathbb{N}}\to[0,1),$$
$$f\mapsto\varphi(f)=\sum_{n=1}^{\infty}\frac{f(n)}{3^n}\text{(三进制小数)}$$

为单射,故

$$2^{\aleph_0}=\overline{\overline{\{0,1\}^{\mathbb{N}}}}\leqslant\overline{\overline{[0,1)}}=\overline{\overline{(0,1]}}=\aleph.$$

另一方面,对 $\forall x\in(0,1]$,用二进制小数(必须出现无穷个 1)表示为

$$x=\sum_{n=1}^{\infty}\frac{a_n}{2^n},\quad a_n=0,1.$$

现定义 $\psi:(0,1]\to\{0,1\}^{\mathbb{N}}$,$x\mapsto\psi(x)=f$,s. t.

$$f(n)=a_n,\quad\forall n\in\mathbb{N}.$$

易知,ψ 为单射,故

$$\aleph=\overline{\overline{(0,1]}}\leqslant\overline{\overline{\{0,1\}^{\mathbb{N}}}}=2^{\aleph_0}.$$

综上所述,$\aleph=2^{\aleph_0}$.

证法 2 易见

$$\varphi:\ \{0,1\}^{\mathbb{N}}\to\{0,1\}^\infty=\{(a_1,a_2,\cdots,a_n,\cdots)\mid a_n=0\text{ 或 }1\},$$
$$f\mapsto\varphi(f)=(f(1),f(2),\cdots,f(n),\cdots)$$

为一一映射.

设 $A=\{x=(a_1,a_2,\cdots,a_n,\cdots)\in\{0,1\}^\infty\mid\exists n_0\in\mathbb{N}$,当 $n\geqslant n_0$ 时,$a_n=0\}$,它为可数集.于是

$$\psi:\ \{0,1\}^\infty-A\to(0,1],$$
$$x=(a_1,a_2,\cdots,a_n,\cdots)\mapsto\psi(x)=\sum_{n=1}^{\infty}\frac{a_n}{2^n}$$

为一一映射. 根据定理 1.2.3,得到

$$2^{\aleph_0}=\overline{\overline{\{0,1\}^{\mathbb{N}}}}=\overline{\overline{\{0,1\}^\infty}}=\overline{\overline{\{0,1\}^\infty-A}}=\overline{\overline{(0,1]}}=\aleph.$$

□

例 1.2.10 设 $2\leqslant\overline{\overline{A_i}}\leqslant\aleph,i=1,2,\cdots$,则 $\overline{\overline{\bigtimes_{i=1}^{\infty}A_i}}=\aleph$.

证明 不妨设 $\{0,1\}\subset A_i\subset\mathbb{R}$,则

$$\{0,1\}^\infty\subset\bigtimes_{i=1}^{\infty}A_i\subset\mathbb{R}^\infty.$$

根据例 1.2.9 和例 1.2.7(2)以及 Cantor-Bernstein 定理得到

$$\aleph=\overline{\overline{\{0,1\}^\infty}}\leqslant\overline{\overline{\bigtimes_{i=1}^{\infty}A_i}}\leqslant\overline{\overline{\mathbb{R}^\infty}}=\aleph.$$

于是,$\overline{\overline{\bigtimes_{i=1}^{\infty}A_i}}=\aleph$.

□

注 1.2.1 由定理 1.2.4 和例 1.2.9 推得$\aleph_0 < 2^{\aleph_0} = \aleph$. 而$\aleph_0$和$\aleph$是两个重要的无限势. 我们自然要问：$\aleph_0$和$\aleph$之间是否还有其他势？所谓连续统假设，就是著名猜测：$\aleph_0$和$\aleph$之间不存在其他势. 在现今的 Z-F 集合论公理系统里，Godel 在其 1940 年发表的论文中指出了连续统假设的相容性(即不能证明连续统假设的不真). 而在 1963 年，Cohn 又证明了它的独立性(即不能用其他公理给予证明).

势是深刻研究实函数的工具，而实函数的许多性质的讨论，在数学分析中由于未引进势的概念，难以得到进展.

例 1.2.11 $\mathbb{R}^1$ 上单调函数 f 的不连续点的集合 D_f 为至多可数集.

证明 证法 1 设 f 为单调增函数，显然

$$x_0 \in D_f \Leftrightarrow f(x_0^-) = \lim_{x \to x_0^-} f(x) < \lim_{x \to x_0^+} f(x) = f(x_0^+)$$

$$\Leftrightarrow (f(x_0^-), f(x_0^+)) \text{ 为开区间.}$$

易见，当 $x_1, x_2 \in D_f, x_1 \neq x_2$ 时，有

$$(f(x_1^-), f(x_1^+)) \cap (f(x_2^-), f(x_2^+)) = \varnothing.$$

于是

$$\mathscr{A} = \{(f(x^-), f(x^+)) \mid x \in D_f\}$$

为 Y 轴上互不相交的开区间族，并且$\overline{\overline{D_f}} = \overline{\overline{\mathscr{A}}}$. 根据例 1.2.3 知，$\mathscr{A}$ 为至多可数集，从而 D_f 为至多可数集.

证法 2 设 $x_i \in [a,b], f(x_i^+) - f(x_i^-) \geqslant \dfrac{1}{n}, i = 1, 2, \cdots, m$，则

$$m \cdot \frac{1}{n} \leqslant \sum_{i=1}^{m} [f(x_i^+) - f(x_i^-)] \leqslant f(b^-) - f(a^+),$$

故 $m \leqslant n[f(b^-) - f(a^+)]$(定数)，从而

$$\left\{x \in [a,b] \mid f(x^+) - f(x^-) \geqslant \frac{1}{n}\right\}$$

为有限集. 因此

$$D_f = \bigcup_{k \in \mathbb{Z}} \bigcup_{n=1}^{\infty} \left\{x \in [k, k+1] \,\middle|\, f(x^+) - f(x^-) \geqslant \frac{1}{n}\right\}$$

为至多可数集.

当 f 为单调减函数时，仿上证明得到 D_f 为至多可数集. 亦可由

$$D_f = D_{-f}$$

为至多可数集(因 $-f$ 为单调增函数)得证. □

例 1.2.12 设 $f: \mathbb{R}^1 \to \mathbb{R}$ 为实函数，则集合

$$A = \{x \in \mathbb{R}^1 \mid f \text{ 在点 } x \text{ 不连续但右极限 } f(x^+) \text{ 存在有限}\}$$

为至多可数集.

证明 令

$$S=\{x\in\mathbb{R}^1 \mid f(x^+)\text{ 存在有限}\},$$

并对 $\forall n\in\mathbb{N}$，作集合

$$E_n=\left\{x\in\mathbb{R}^1 \mid \exists\delta_n>0,\text{当 } x',x''\in(x-\delta_n,x+\delta_n)\text{ 时，有 }\left|f(x')-f(x'')\right|<\frac{1}{n}\right\}.$$

显然，$\bigcap\limits_{n=1}^{\infty}E_n$ 为 f 的连续点集. 下面证明 $S-E_n$ 为至多可数集，从而

$$A=S-\bigcap_{n=1}^{\infty}E_n \xlongequal{\text{de Morgan}} \bigcup_{n=1}^{\infty}(S-E_n)$$

为至多可数集.

取定任一 $n\in\mathbb{N}$，并设 $x\in S-E_n$. 由 S 的定义知，$\exists\delta_x>0$, s. t.

$$|f(x')-f(x^+)|<\frac{1}{2n},\quad x'\in(x,x+\delta_x).$$

从而，当 $x',x''\in(x,x+\delta_x)$ 时，就有

$$|f(x')-f(x'')|\leqslant|f(x')-f(x^+)|+|f(x^+)-f(x'')|<\frac{1}{2n}+\frac{1}{2n}=\frac{1}{n}.$$

根据 E_n 的定义，这说明 $(x,x+\delta_x)\subset E_n$. 由此知 $S-E_n$ 中每一个点 x 是开区间 $(x,x+\delta_x)$ 的左端点，且

$$(x,x+\delta_x)\cap(S-E_n)=\varnothing.$$

因此，当 $x_1,x_2\in S-E_n$，且 $x_1\neq x_2$ 时，有

$$(x_1,x_1+\delta_{x_1})\cap(x_2,x_2+\delta_{x_2})=\varnothing$$

(否则，$x_1\in(x_2,x_2+\delta_2)\subset E_n$ 或 $x_2\in(x_1,x_1+\delta_{x_1})\subset E_n$，这与 $x_1,x_2\in S-E_n$ 相矛盾). 由例 1.2.3，区间族

$$\{(x,x+\delta_x)\mid x\in S-E_n\}$$

为至多可数集. 从而，$S-E_n$ 为至多可数集. □

例 1.2.13 设 $f:(a,b)\to\mathbb{R}$ 为实函数，则集合

$$E=\{x\in(a,b)\mid\text{左导数 } f'_-(x)\text{ 及右导数 } f'_+(x)\text{ 都存在(包括 }\pm\infty\text{) 而不相等}\}$$

为至多可数集.

证明 令

$$A=\{x\in(a,b)\mid f'_-(x)>f'_+(x)\}$$

$$B=\{x\in(a,b)\mid f'_-(x)<f'_+(x)\}.$$

现证 A,B 都为至多可数集，从而 $E=A\cup B$ 也为至多可数集.

对 $\forall x\in A$，选有理数 r_x, s. t. $f'_+(x)<r_x<f'_-(x)$. 再选有理数 s_x,t_x 满足

$$a<s_x<t_x<b,$$

s. t.

$$\frac{f(y)-f(x)}{y-x}>r_x,\quad s_x<y<x,$$

以及

$$\frac{f(y)-f(x)}{y-x}<r_x, \quad x<y<t_x.$$

两个不等式统一为

$$f(y)-f(x)<r_x(y-x),$$

其中 $y\neq x$，且 $s_x<y<t_x$. 因此

$$\boldsymbol{\varphi}: A\to\mathbb{Q}^3,$$
$$x\mapsto\boldsymbol{\varphi}(x)=(r_x,s_x,t_x)$$

为单射. 事实上，假设 $x_1,x_2\in A$，$x_1\neq x_2$，但

$$(r_{x_1},s_{x_1},t_{x_1})=\boldsymbol{\varphi}(x_1)=\boldsymbol{\varphi}(x_2)=(r_{x_2},s_{x_2},t_{x_2}),$$

则 $(s_{x_1},t_{x_1})=(s_{x_2},t_{x_2})$，且均含 x_1,x_2. 于是，同时有

$$f(x_2)-f(x_1)<r_{x_1}(x_2-x_1),$$
$$f(x_1)-f(x_2)<r_{x_2}(x_1-x_2).$$

从 $r_{x_1}=r_{x_2}$ 立知

$$r_{x_1}(x_2-x_1)=r_{x_2}(x_2-x_1)<f(x_2)-f(x_1)<r_{x_1}(x_2-x_1),$$

这就得到了矛盾.

$\boldsymbol{\varphi}$ 为单射表明 A 与 $\mathbb{Q}^3$ 的一个子集对等，而 $\mathbb{Q}^3$ 为可数集，故 A 为至多可数集.

同理 B 为至多可数集(或用 $-f$ 代替 f，再应用上述结论即可). □

例 1.2.14 设 $f:(a,b)\to\mathbb{R}$ 为凸(凹)函数，即对 $\forall\, x_1,x_2\in(a,b)$，$\forall\, t\in(a,b)$，有

$$f((1-t)x_1+tx_2)\leqslant(1-t)f(x_1)+tf(x_2)$$
$$(f((1-t)x_1+tx_2)\geqslant(1-t)f(x_1)+tf(x_2)),$$

则 f 的不可导的点的集合为至多可数集.

证明 因为

$f:(a,b)\to\mathbb{R}$ 为凸函数

$\Leftrightarrow\forall\, x_1,x_2,x_3\in(a,b)$，$x_1<x_2<x_3$，下面不等式

$$\frac{f(x_2)-f(x_1)}{x_2-x_1}\leqslant\frac{f(x_3)-f(x_1)}{x_3-x_1}\leqslant\frac{f(x_3)-f(x_2)}{x_3-x_2}$$

中任何两个组成的不等式成立(图 1.2.3).

因此，对 $x<x_2'<x_2$，有

$$\frac{f(x'_2)-f(x)}{x'_2-x}\leqslant\frac{f(x_2)-f(x)}{x_2-x}.$$

于是，再由 $\frac{f(x_2')-f(x)}{x_2'-x}$ 当 $x_2'\to x^+$ 时，为 x_2' 的减函数得到

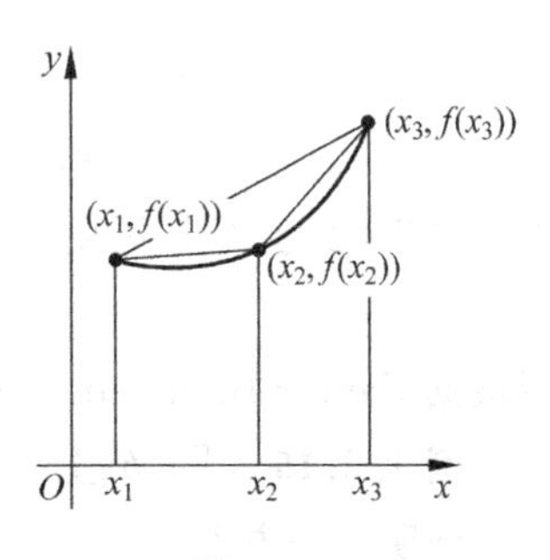

图 1.2.3

$$f'_+(x) = \lim_{x'_2 \to x^+} \frac{f(x'_2) - f(x)}{x'_2 - x} \leqslant \frac{f(x_2) - f(x)}{x_2 - x}.$$

同理，$f'_-(x)$存在，且有

$$-\infty < f'_-(x) \leqslant f'_+(x) < +\infty.$$

根据例 1.2.13，(a,b)上的凸函数 f 的不可导的点的集合为至多可数集.

对于凹函数 f 类似证明，或用$-f$ 代替 f，再应用上述结论即可. □

例 1.2.15 $[a,b]$上连续函数的全体 $C[a,b]=C^0([a,b],\mathbb{R})$的势为$\aleph=2^{\aleph_0}$.

证明 证法 1 易知

$$\overline{\overline{C[a,b]}} \geqslant \overline{\overline{\{f \mid f(x) = C \in \mathbb{R}, \forall x \in [a,b]\}}} = \aleph.$$

另一方面，记$\mathbb{Q} \cap [a,b]=\{r_1,r_2,\cdots,r_n,\cdots\}$，令

$$\varphi\colon C[a,b] \to \mathbb{R}^\infty,$$

$$f \mapsto \varphi(f) \overset{\text{def}}{=\!=} (f(r_1),f(r_2),\cdots,f(r_n),\cdots),$$

则显然 φ 为单射. 事实上，

$$(f_1(r_1),f_1(r_2),\cdots,f_1(r_n),\cdots) = \varphi(f_1) = \varphi(f_2) = (f_2(r_1),f_2(r_2),\cdots,f_2(r_n),\cdots)$$

$$\Leftrightarrow f_1(r_n) = f_2(r_n), \quad \forall n \in \mathbb{N}$$

$$\Leftrightarrow f_1 = f_2.$$

其中$(\Rightarrow)\ \forall x\in[a,b]$，取 $r_{n_k} \in \mathbb{Q} \cap [a,b]$，$r_{n_k} \to x(k\to+\infty)$，则由 $f_1,f_2\in C[a,b]$得到

$$f_1(x) = \lim_{k\to+\infty} f_1(r_{n_k}) = \lim_{k\to+\infty} f_2(r_{n_k}) = f_2(x),$$

即 $f_1=f_2$. 因此

$$\overline{\overline{C[a,b]}} \leqslant \overline{\overline{\mathbb{R}^\infty}} = \aleph.$$

再根据 Cantor-Bernstein 定理 1.2.5，$\overline{\overline{C[a,b]}}=\aleph$.

证法 2 易知

$$\overline{\overline{C[a,b]}} \geqslant \overline{\overline{\{f \mid f(x) = C \in \mathbb{R}, \forall x \in [a,b]\}}} = \aleph.$$

另一方面，令

$$\varphi\colon C[a,b] \to 2^{\mathbb{Q}\times\mathbb{Q}} = 2^{\mathbb{Q}^2},$$

$$f \mapsto \varphi(f) \overset{\text{def}}{=\!=} \{(s,t) \in \mathbb{Q}\times\mathbb{Q} \mid s \in [a,b], t \leqslant f(s)\}.$$

不难看出，ψ 为单射. 因此

$$\overline{\overline{C[a,b]}} \leqslant \overline{\overline{2^{\mathbb{Q}\times\mathbb{Q}}}} = \overline{\overline{2^{\mathbb{N}}}} = 2^{\aleph_0} = \aleph.$$

再根据 Cantor-Bernstein 定理 1.2.5，$\overline{\overline{C[a,b]}}=\aleph$. □

例 1.2.16 $[a,b]$上一切实函数的全体$\mathbb{R}[a,b]$的势为$\aleph^\aleph=2^\aleph(>\aleph)$.

证明 一方面

$$\overline{\overline{\mathbb{R}[a,b]}} \geqslant \overline{\overline{\{\chi_E \mid E\subset[a,b]\}}} = \overline{\overline{\{E \mid E\subset[a,b]\}}} = 2^\aleph.$$

另一方面，令

$$\varphi\colon \mathbb{R}[a,b] \to 2^{\mathbb{R}\times\mathbb{R}},$$

$$f \mapsto \varphi(f) \overset{\text{def}}{=\!=} \{(s,f(s)) \mid s \in [a,b]\}(f \text{ 的图形}).$$

显然,φ 为单射($f_1=f_2 \Leftrightarrow$图形 $\varphi(f_1)=\varphi(f_2)$).因此

$$\overline{\overline{\mathbb{R}[a,b]}} \leqslant \overline{\overline{2^{\mathbb{R}\times\mathbb{R}}}} = 2^{\aleph}.$$

根据 Cantor-Bernstein 定理 1.2.5,$\overline{\overline{\mathbb{R}[a,b]}}=2^{\aleph}$. □

例 1.2.17 设 $f\colon \mathbb{R}\to\mathbb{R}$ 为实函数,令

$$f_{\max} = \{f(x) \mid x \in \mathbb{R} \text{ 为 } f \text{ 的极大值点}\},$$

$$f_{\min} = \{f(x) \mid x \in \mathbb{R} \text{ 为 } f \text{ 的极小值点}\},$$

则 $f_{\max}$与 $f_{\min}$都为至多可数集.

证明 证法1 设 x 为 f 的极小值点,选区间(α_x,β_x),s. t. $x\in(\alpha_x,\beta_x)$,$\alpha_x,\beta_x\in\mathbb{Q}$,且 $f(u)\geqslant f(x)$,$\forall u\in(\alpha_x,\beta_x)$.由极小值的性质知

$$\varphi\colon f_{\min} \to \mathbb{Q}\times\mathbb{Q},$$

$$y=f(x) \mapsto (\alpha_x,\beta_x)$$

(对极小值 y,只选一个 x,关于 x 也只选一个(α_x,β_x)!)为单射.于是

$$\overline{\overline{f_{\min}}} \leqslant \overline{\overline{\mathbb{Q}\times\mathbb{Q}}} = \aleph_0,$$

故 $f_{\min}$为至多可数集.

同理可证 $f_{\max}$为至多可数集(或用$-f$ 代替 f 并应用上述结论).

证法2 记

$$R_i = \left\{y \mid \exists x_0, \text{s. t. } \quad y=f(x_0) \text{ 为} \left(x_0-\frac{1}{i},x_0+\frac{1}{i}\right)\text{中的最小值}\right\},$$

显然,$f_{\min} = \bigcup\limits_{i=1}^{\infty} R_i$.

先证 R_i 为至多可数集.为此,作映射

$$\varphi_i\colon R_i \to \mathbb{Q},$$

$$y=f(x_0) \mapsto \varphi_i(y) = r \in \mathbb{Q}\cap\left(x_0-\frac{1}{2i},x_0+\frac{1}{2i}\right).$$

易证 φ_i 为单射.

事实上,如果

$$\varphi_i(y)=r=r'=\varphi_i(y'),\ y=f(x_0),\ y'=f(x'_0),$$

而

$$r\in\mathbb{Q}\cap\left(x_0-\frac{1}{2i},x_0+\frac{1}{2i}\right),\ r'\in\mathbb{Q}\cap\left(x'_0-\frac{1}{2i},x'_0+\frac{1}{2i}\right).$$

于是

$$|x_0-x'_0| \leqslant |x_0-r|+|r'-x'_0| < \frac{1}{2i}+\frac{1}{2i}=\frac{1}{i}$$

再根据最小值性知

$$f(x_0)\leqslant f(x'_0)\quad 且\quad f(x_0)\geqslant f(x'_0).$$

这就蕴涵着

$$y=f(x_0)=f(x'_0)=y'.$$

所以，φ_i 为单射，且 $\overline{\overline{R_i}}\leqslant\overline{\overline{\mathbb{Q}}}=\aleph_0$. 由此与定理 1.2.6(3)立即知

$$\overline{\overline{f_{\min}}}=\overline{\overline{\bigcup_{i=1}^{\infty}R_i}}\leqslant\aleph_0,$$

即 $f_{\min}$ 为至多可数集.

证法 3　令 $B_n=\{x_0\mid\forall x,若|x-x_0|<\frac{1}{n},则\ f(x)\geqslant f(x_0)\}$，则

$$\bigcup_{n=1}^{\infty}B_n=\mathbb{R}.$$

于是

$$E=f(\mathbb{R})=f\left(\bigcup_{n=1}^{\infty}B_n\right)=\bigcup_{n=1}^{\infty}f(B_n).$$

只须证 $f(B_n)$为可数集，则 E 为至多可数集. 又

$$f(B_n)=f\left(\bigcup_{m=1}^{\infty}(B_n\cap(-m,m))\right)=\bigcup_{m=1}^{\infty}f(B_n\cap(-m,m)),$$

将$(-m,m)$平均分成 $2nm+1$ 个小区间：

$$\left(-m,-m+\frac{2m}{2nm+1}\right],\cdots,\left(m-\frac{2m}{2nm+1},m\right).$$

若 $x_1,x_2\in B_n\cap\left(-m+\frac{2mk}{2nm+1},-m+\frac{2m(k+1)}{2nm+1}\right]$，即 $x_1,x_2\in B_n$ 且 $|x_1-x_2|\leqslant\frac{2m}{2nm+1}<\frac{1}{n}$，则

$$f(x_1)\geqslant f(x_2),\quad f(x_2)\geqslant f(x_1),\quad f(x_1)=f(x_2).$$

从而

$$f(B_n\cap(-m,m))$$

中至多含有 $2nm+1$ 个不同元素. 因此

$$f(B_n)=\bigcup_{m=1}^{\infty}f(B_n\cap(-m,m))$$

为至多可数集. □

例 1.2.18　设 f 在$\mathbb{R}$上为连续函数，并且$\mathbb{R}$中每一点都是 f 的极值点. 证明：f 在$\mathbb{R}$上为常值函数.

证明　证法 1　(反证)假设 f 不是常值函数，则 $\exists a,b\in\mathbb{R}$, s. t. $f(a)\neq f(b)$，不妨设 $f(a)<f(b)$. 由连续函数的介值定理知，$[f(a),f(b)]\subset f(\mathbb{R})$. 于是

$$\overline{\overline{f(\mathbb{R})}} \geqslant \overline{\overline{[f(a),f(b)]}} = \aleph.$$

另一方面,由题设和例 1.2.17 的结论有

$$f(\mathbb{R}) = f_{\max} \cup f_{\min} = \aleph_0 < \aleph,$$

矛盾.

证法 2　(反证)假设 f 在$\mathbb{R}$上不是常值函数,则 $\exists a_1, b_1 \in \mathbb{R}$, s. t. $f(a_1) \neq f(b_1)$. 不妨设 $f(a_1) < f(b_1)$. 因为 f 连续,故由介值定理,$\exists c \in (a_1, b_1)$, s. t.

$$f(a_1) < f(c) = \frac{f(a_1)+f(b_1)}{2} < f(b_1).$$

若 $b_1 - c \leqslant \frac{b_1 - a_1}{2}$,则令 $a_2 = c$,取 b_2 满足 $a_2 = c < b_2 < b_1$,且

$$f(a_1) < f(a_2) = f(c) < f(b_2) < f(b_1);$$

若 $c - a_1 < \frac{b_1 - a_1}{2}$,则令 $b_2 = c$,取 a_2 满足 $a_1 < a_2 < c = b_2$,且

$$f(a_1) < f(a_2) < f(c) = f(b_2).$$

无论哪种情形,都有 $f(a_2) < f(b_2)$. 在$[a_2, b_2]$上重复上述做法,并依次类推下去,得一闭区间套

$$[a_1, b_1] \supset [a_2, b_2] \supset \cdots \supset [a_n, b_n] \supset \cdots,$$

$$0 < b_n - a_n \leqslant \frac{b_1 - a_1}{2^n} \to 0 (n \to +\infty).$$

根据闭区间套原理,$\exists_1 x_0 \in \bigcap_{n=1}^{\infty} [a_n, b_n]$. 由上述选法,易见 $x_0 \in \bigcap_{n=1}^{\infty} (a_n, b_n)$,且 $\lim_{n\to+\infty} a_n = x_0 = \lim_{n\to+\infty} b_n$. 再由 f 连续,$f(a_n)$严格增收敛于 $f(x_0)$,$f(b_n)$严格减收敛于 $f(x_0)$. 因此

$$f(a_n) < f(x_0) < f(b_n)$$

即 x_0 不为 f 的极值点,这与$\mathbb{R}$中每一点都是 f 的极值点相矛盾. □

注 1.2.2　类似论证(参阅[12]475 页题 7.1.56,题 7.1.57),读者可将例 1.2.17 和例 1.2.18 推广为

(1) 设 $f: \mathbb{R}^n \to \mathbb{R}$ 为 n 元函数,令

$$f_{\max} = \{f(\boldsymbol{x}) \mid \boldsymbol{x} \in \mathbb{R}^n \text{ 为 } f \text{ 的极大值点}\},$$
$$f_{\min} = \{f(\boldsymbol{x}) \mid \boldsymbol{x} \in \mathbb{R}^n \text{ 为 } f \text{ 的极小值点}\},$$

证明: $f_{\max}$和 $f_{\min}$都为至多可数集.

(2) 设 $f: \mathbb{R}^n \to \mathbb{R}$ 为连续函数,并且$\mathbb{R}^n$中每一点都是 f 的极值点. 证明: f 在$\mathbb{R}^n$上为常值函数.

例 1.2.19　例 1.2.5 证法 3,例 1.2.10,例 1.2.9,例 1.2.16 分别证明了

$$\aleph_0^{\aleph_0} = \aleph_0^{\infty} = \aleph, \aleph^{\aleph_0} = \aleph^{\infty} = \aleph, 2^{\aleph_0} = \aleph, \aleph^{\aleph} = 2^{\aleph}.$$

此外,还可证明: $\aleph_0^{\aleph_0} = \aleph$, $\aleph_0^{\aleph} = 2^{\aleph}$.

证明　由

$$\aleph = 2^{\aleph_0} \leqslant \aleph_0^{\aleph_0} \leqslant \aleph^{\aleph_0} = \aleph$$

和 Cantor-Bernstein 定理 1.2.5 知，$\aleph_0^{\aleph_0}=\aleph$.

由

$$2^{\aleph}\leqslant\aleph_0^{\aleph}\leqslant\aleph^{\aleph}=2^{\aleph}$$

和 Cantor-Bernstein 定理 1.2.5 知，$\aleph_0^{\aleph}=2^{\aleph}$. □

例 1.2.20 设 $\overline{\overline{A}}=\aleph$. 如果 $A=A_1\cup A_2$，证明：$\overline{\overline{A_1}}=\aleph$ 或 $\overline{\overline{A_2}}=\aleph$.

证明 证法 1 由于 $\overline{\overline{A}}=\aleph$，则存在一一映射

$$\varphi:A\to\mathbb{R}^2,\quad a\mapsto\varphi(a)=(x_1,x_2).$$

记 $\varphi(A_1)=U_1$，$\varphi(A_2)=U_2$. 有

$$\mathbb{R}^2=\varphi(A)=\varphi(A_1)\cup\varphi(A_2)=U_1\cup U_2.$$

假设 $\overline{\overline{U_1}}=\overline{\overline{A_1}}<\aleph$，$\overline{\overline{U_2}}=\overline{\overline{A_2}}<\aleph$. 设

$$P_1:\mathbb{R}^2\to X_1(x_1\text{ 轴}),\quad P_1(x_1,x_2)=(x_1,0),$$

$$P_2:\mathbb{R}^2\to X_2(x_2\text{ 轴}),\quad P_2(x_1,x_2)=(0,x_2).$$

则 $\overline{\overline{P_1(U_1)}}\leqslant\overline{\overline{U_1}}<\aleph$，$\overline{\overline{P_2(U_2)}}\leqslant\overline{\overline{U_2}}<\aleph$，从而 $\exists\, x_1^*,x_2^*\in\mathbb{R}$，s. t.

$$(x_1^*,0)\notin P_1(U_1),\quad (0,x_2^*)\notin P_2(U_2).$$

由此得到

$$(x_1^*,x_2^*)\notin U_1\cup U_2=\mathbb{R}^2,$$

矛盾.

证法 2 由于 $\overline{\overline{A}}=\aleph$，则存在一一映射

$$\varphi:\mathbb{R}^2\to A.$$

记直线 $L_{x_1}=\{(x_1,x_2)\mid x_2\in\mathbb{R}\}$. 如果 $\overline{\overline{A_1}}<\aleph$，由 $\overline{\overline{L_{x_1}}}=\aleph$，则 $\exists$ 点 $P_{x_1}\in L_{x_1}$，s. t. $\varphi(P_{x_1})\notin A_1$. 从而，$\varphi(P_{x_1})\in A_2$. 于是

$$\aleph=\overline{\overline{\{P_{x_1}\mid x_1\in\mathbb{R}\}}}=\overline{\overline{\varphi(\{P_{x_1}\mid x_1\in\mathbb{R}\})}}\leqslant\overline{\overline{A_2}}\leqslant\overline{\overline{A}}=\aleph.$$

根据 Cantor-Bernstein 定理 1.2.5，立得

$$\overline{\overline{A_2}}=\aleph.$$

□

例 1.2.21 设 $A=\bigcup\limits_{n=1}^{\infty}A_n$，$\overline{\overline{A}}=\aleph$，则 $\exists\, n_0\in\mathbb{N}$，s. t. $\overline{\overline{A_{n_0}}}=\aleph$.

证明 （反证）假设 $\overline{\overline{A_n}}<\aleph$，$n=1,2,\cdots$. 由于 $\overline{\overline{A}}=\aleph$，则存在一一映射

$$\varphi:A\to\mathbb{R}^\infty,$$

$$a\mapsto\varphi(a)=(x_1,x_2,\cdots,x_n,\cdots).$$

记 $\varphi(A_n)=U_n$，$n=1,2,\cdots$. 于是，有

$$\mathbb{R}^\infty=\varphi(A)=\varphi\Big(\bigcup_{n=1}^{\infty}A_n\Big)=\bigcup_{n=1}^{\infty}\varphi(A_n)=\bigcup_{n=1}^{\infty}U_n.$$

又记 $X_n=\{(0,\cdots,0,x_n,0,\cdots)\mid x_n\in\mathbb{R}\}$，

$$P_n:\mathbb{R}^\infty\to X_n,$$

$$x=(x_1,x_2,\cdots,x_n,\cdots)\mapsto P_n(x)=(0,\cdots,0,x_n,0,\cdots),\ n=1,2,\cdots.$$

显然

$$\overline{\overline{P_n(U_n)}} \leqslant \overline{\overline{U}}_n = \overline{\overline{A}}_n < \aleph,$$

而　$\overline{\overline{X}}_n = \aleph$，故 $\exists x_n^* \in \mathbb{R}$，s. t.

$$(0,\cdots,0,x_n^*,0,\cdots) \notin P_n(U_n), \quad n = 1,2,\cdots.$$

即对 $\forall x_i (i \neq n)$，有

$$(x_1,x_2,\cdots,x_{n-1},x_n^*,x_{n+1},\cdots) \notin U_n, \quad n = 1,2,\cdots.$$

从而

$$(x_1^*,x_2^*,\cdots,x_n^*,\cdots) \notin \bigcup_{n=1}^{\infty} U_n = \mathbb{R}^{\infty},$$

矛盾. □

练习题 1.2

1. 设 A,B,C 为集合. 证明：

(1) 若 $A-B \sim B-A$，则 $A \sim B$.

(2) 若 $A \subset B$，且 $A \sim (A \cup C)$，则 $B \sim B \cup C$.

2. (1) 作 $\mathbb{R}-\mathbb{Q}$ 与 $\mathbb{R}$ 之间的一一映射.

(2) 作 $(0,1] \times (0,1]$ 与 $(0,1]$ 之间的一一映射.

3. 证明：(1) 任一可数集的所有有限子集全体为可数集(对照例 1.2.9).

(2) g 进制有限小数全体为可数集. 无限循环小数全体也为可数集.

(3) 对于有理数，施行 $+,-,\times,\div,\sqrt{\quad},\sqrt[3]{\quad},\cdots,\sqrt[n]{n},\cdots$ 有限次运算所得到的一切数的全体为可数集.

(4) $\mathbb{R}^n$ 中以有理点(即坐标都为有理数的点)为中心、以正有理数为半径的圆的全体为可数集.

4. 设 $a_0,a_1,\cdots,a_n \in \mathbb{Z}$，$a_n \neq 0$. 如果复数 $z \in \mathbb{C}$ 为整系数代数方程

$$a_n z^n + a_{n-1} z^{n-1} + \cdots + a_1 z + a_0 = 0$$

的根，则称 z 为**代数数**. $\mathbb{C}$ 中非代数数称为**超越数**. 证明：代数数全体为可数集；超越数全体的势为 $\aleph$.

5. 设 $E \subset \mathbb{R}$，证明：集合

$$A = \{x = (x_1,x_2,\cdots,x_n,\cdots) \in \mathbb{R}^{\infty} \mid x_n \in E, n = 1,2,\cdots\}$$

的势 $\overline{\overline{A}} \leqslant \aleph$.

6. 证明：不存在集合 A，使得 2^A 为可数集.

7. 设 A 为非独点集的集合，$A \times A \sim A$. 如果 $\overline{\overline{B}} \leqslant \overline{\overline{A}}$，证明：$A \cup B \sim A$. 如果 A 为独点集时，讨论 $A \cup B \sim A$ 是否成立？

8. 设 $\mathscr{L}=\{l \mid l$ 为$\mathbb{R}^2$ 中的直线，如果$(x,y)\in l$，且 $x\in\mathbb{Q}$，则必有 $y\in\mathbb{Q}\}$. 证明：$\overline{\overline{\mathscr{L}}}=\aleph$.

9. 证明：$[a,b]$区间上右连续的单调函数的全体的势为$\aleph$. 又$[a,b]$区间上单调函数的势如何？

1.3 集类. 环、σ 环、代数、σ 代数、单调类

在研究测度论时要用到集合论方面的知识，特别要介绍几个重要的集类.

设 X 为取定的集合，以 X 的某些子集为元素所成的集称为 X 上的**集类**. 而 X 称为**基本空间**. 集类用花体大写字母或希腊字母表示. 例如：$\mathscr{A},\mathscr{B},\mathscr{C},\mathscr{D},\mathscr{E},\mathscr{F},\mathscr{R}$；$\tau,\mu,\nu$ 等.

定义 1.3.1 设 X 为一个集合，$\mathscr{R}$ 为 X 上的一个非空集类，如果对 $\forall E_1,E_2\in\mathscr{R}$，都有

$$E_1\cup E_2\in\mathscr{R},\quad E_1-E_2\in\mathscr{R},$$

则称 $\mathscr{R}$ 为 X 上的一个**环**. 特别地，如果还有 $X\in\mathscr{R}$，就称 $\mathscr{R}$ 为 X 上的一个**代数**，或称为**域**.

如果对任何 $E,F\in\mathscr{R}$，有 $E-F\in\mathscr{R}$；且对任何一列 $E_i\in\mathscr{R}(i=1,2,\cdots)$，都有

$$\bigcup_{i=1}^{\infty}E_i\in\mathscr{R},$$

则称 $\mathscr{R}$ 为 X 上的一个**σ 环**. 如果还有 $X\in\mathscr{R}$，则称 $\mathscr{R}$ 为 X 上的**σ 代数**，或称为 **σ 域**.

设 $\mathscr{R}$ 为 X 上的 σ 代数，对 $\forall E_1,E_2\in\mathscr{R}$，取 $E_i=E_2(i\geqslant 3)$，则 $E_1\cup E_2=\bigcup\limits_{i=1}^{\infty}E_i\in\mathscr{R}$，$E_1-E_2\in\mathscr{R}$. 所以，$\sigma$ 环必为环，σ 代数必为代数.

由定义可知，环是对集的“$\cup$”及“$-$”运算封闭的非空集类. 而代数是对“余或补”运算也封闭的环(因为 $\mathscr{R}$ 为非空集类，故有 $E\in\mathscr{R}$，从而 $E^c=X-E\in\mathscr{R}$). σ 环是对集的“$\bigcup\limits_{i=1}^{\infty}$”及“$-$”运算封闭的非空集类. 而 σ 代数是对“余或补”运算也封闭的 σ 环.

定理 1.3.1 设 $\mathscr{R}$ 为环，则

(1) 空集$\varnothing\in\mathscr{R}$.

(2) $\mathscr{R}$ 对“$\cap$”运算封闭.

(3) 如果 $E_i\in\mathscr{R}(i=1,2,\cdots,n)$，则 $\bigcup\limits_{i=1}^{n}E_i\in\mathscr{R}$.

设 $\mathscr{R}_\alpha(\alpha\in\Gamma)$ 为环(代数)，则

(4) $\bigcap\limits_{\alpha\in\Gamma}\mathscr{R}_\alpha$ 仍为环(代数).

证明 (1) 因环 $\mathscr{R}$ 为非空集类，故 $\exists E\in\mathscr{R}$，根据环的定义有$\varnothing=E-E\in\mathscr{R}$.

(2) 设 $E_1,E_2\in\mathscr{R}$，则

$$E_1\cap E_2=(E_1\cup E_2)-(E_1-E_2)-(E_2-E_1)\in\mathscr{R}.$$

(3) 由环对“$\cup$”封闭和归纳法立即推得.

(4) 设 $E_1,E_2\in\mathscr{R}_\alpha(\alpha\in\Gamma)$，由 $\mathscr{R}_\alpha$ 都为环，故 $E_1\cup E_2\in\mathscr{R}_\alpha$，$E_1-E_2\in\mathscr{R}_\alpha(\alpha\in\Gamma)$，从

而 $E_1 \cup E_2 \in \bigcap\limits_{\alpha\in\Gamma} \mathscr{R}_\alpha$，$E_1 - E_2 \in \bigcap\limits_{\alpha\in\Gamma} \mathscr{R}_\alpha$，即 $\bigcap\limits_{\alpha\in\Gamma} \mathscr{R}_\alpha$ 为环. 进一步，如果 $\mathscr{R}_\alpha(\alpha \in \Gamma)$ 为代数，则 $X \in \mathscr{R}_\alpha(\alpha \in \Gamma)$，即 $X \in \bigcap\limits_{\alpha\in\Gamma} \mathscr{R}_\alpha$. 这说明了 $\bigcap\limits_{\alpha\in\Gamma} \mathscr{R}_\alpha$ 为代数. □

定理 1.3.2 设 $\mathscr{R}$ 为 σ 环，则：

(1) $\mathscr{R}$ 为环.

(2) $\mathscr{R}$ 对"$\bigcap\limits_{i=1}^{\infty}$"运算封闭.

(3) $\mathscr{R}$ 对"$\overline{\lim\limits_{k\to+\infty}}$"，"$\underline{\lim\limits_{k\to+\infty}}$"，"$\lim\limits_{k\to+\infty}$"运算封闭.

设 $\mathscr{R}_\alpha(\alpha \in \Gamma)$ 为 σ 环（σ 代数），则：

(4) $\bigcap\limits_{\alpha\in\Gamma} \mathscr{R}_\alpha$ 仍为 σ 环（σ 代数）.

证明 (1) 由定理 1.3.1 前面的叙述，σ 环必为环. 或者由 $\varnothing = E - E \in \mathscr{R}$，当 $E_1, E_2 \in \mathscr{R}$ 时，有

$$E_1 \cup E_2 = \bigcup_{i=1}^{\infty} E_i \in \mathscr{R},$$

其中 $E_i = \varnothing(i \geqslant 3)$. 从而，$\mathscr{R}$ 为环.

(2) 从

$$\bigcap_{i=1}^{\infty} E_i = \bigcup_{i=1}^{\infty} E_i - \bigcup_{i=1}^{\infty} \Big(\bigcup_{j=1}^{\infty} E_j - E_i\Big) \in \mathscr{R}$$

可看出 $\mathscr{R}$ 对"$\bigcap\limits_{i=1}^{\infty}$"运算封闭.

(3) 设 $E_k \in \mathscr{R}$，$k = 1, 2, \cdots$. 根据(2)，定理 1.1.4 和 $\mathscr{R}$ 为 σ 环知

$$\overline{\lim_{k\to+\infty}} E_k = \bigcap_{n=1}^{\infty} \bigcup_{k=n}^{\infty} E_k \in \mathscr{R}, \quad \underline{\lim_{k\to+\infty}} E_k = \bigcup_{n=1}^{\infty} \bigcap_{k=n}^{\infty} E_k \in \mathscr{R}.$$

因此，$\mathscr{R}$ 对"$\overline{\lim\limits_{k\to+\infty}}$"，"$\underline{\lim\limits_{k\to+\infty}}$"，"$\lim\limits_{k\to+\infty}$"封闭.

(4) 类似定理 1.3.1(4) 的证明. □

例 1.3.1 设 X 为任意集合，X 的所有子集全体所成的集类 $\mathscr{A} = 2^X$ 为 σ 代数（当然也为代数）.

例 1.3.2 设 X 为任意集合，X 的有限子集（包括空集 $\varnothing$）全体所成的集类 $\mathscr{A}$ 为一个环. 当且仅当 X 为有限集时，$\mathscr{A}$ 为代数.

例 1.3.3 设 X 为任意集合，X 的至多可数集的全体所成的集类 $\mathscr{A}$ 为一个 σ 环. 当且仅当 X 为至多可数集时，$\mathscr{A}$ 为 σ 代数.

例 1.3.4 环、σ 环、代数、σ 代数之间的关系如图 1.3.1 所示.

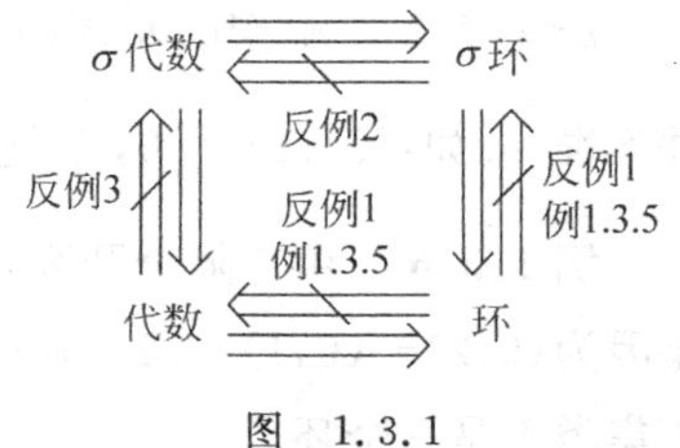

图 1.3.1

反例 1 设$\mathbb{N}$为自然数集，$\mathbb{N}$的有限子集全体所成的集类$\mathscr{A}$为一个环. 显然，$\mathbb{N}\notin\mathscr{A}$，故$\mathscr{A}$不是一个代数. 又因 $\bigcup_{i=1}^{\infty}\{i\}=\mathbb{N}\notin\mathscr{A}$，故$\mathscr{A}$不是一个$\sigma$代数.

反例 2 设$\mathbb{R}$为实数集(它是不可数集，即不是至多可数集)，$\mathbb{R}$的至多可数的子集的全体所成的集类$\mathscr{A}$为σ环. 显然，$\mathbb{R}\notin\mathscr{A}$，故$\mathscr{A}$不是一个$\sigma$代数.

反例 3 设$\mathbb{N}$为自然数集，$\mathbb{N}$的有限子集及其余集的全体所成的集类$\mathscr{A}$为一个代数($\mathbb{N}=\varnothing^c\in\mathscr{A}$). 显然，$\bigcup_{i=1}^{\infty}\{2i\}=\{2i\mid i\in\mathbb{N}\}\notin\mathscr{A}$，故$\mathscr{A}$不是一个$\sigma$环，从而不是一个$\sigma$代数.

例 1.3.5 设$\mathbb{R}^1=\mathbb{R}$为实数集，则由$\mathbb{R}^1$中的有限个左开右闭的有限区间的并集

$$A=\bigcup_{i=1}^{n}(a_i,b_i]$$

的全体所成的集类$\mathscr{R}_0$为一个环，但不是代数，也不是σ环.

证明 显然，$\mathscr{R}_0$对运算"$\cup$"是封闭的. 再证$\mathscr{R}_0$对运算"$-$"也是封闭的. 首先，$\varnothing=(a,a]\in\mathscr{R}_0$. 而任何两个左开右闭区间$(a,b]$，$(c,d]$的差$(a,b]-(c,d]$只可能发生如下 3 种情况：①空集；②左开右闭的区间；③两个不相交的左开右闭区间的并. 任何情况都表明$(a,b]-(c,d]\in\mathscr{R}_0$. 于是，对$\mathscr{R}_0$中任何

$$A=\bigcup_{i=1}^{n}(a_i,b_i],\quad B=\bigcup_{j=1}^{m}(c_j,d_j],$$

有

$$A-B=\bigcup_{i=1}^{n}(a_i,b_i]-\bigcup_{j=1}^{m}(c_j,d_j]=\bigcup_{i=1}^{n}((a_i,b_i]-(c_m,d_m])-\bigcup_{j=1}^{m-1}(c_j,d_j].$$

从 $\bigcup_{i=1}^{n}((a_i,b_i]-(c_m,d_m])\in\mathscr{R}_0$ 和数学归纳法知，$A-B\in\mathscr{R}_0$. 而

$$A\cup B=\Big(\bigcup_{i=1}^{n}(a_i,b_i)\Big)\cup\Big(\bigcup_{j=1}^{m}(c_j,d_j]\Big)\in\mathscr{R}_0$$

是显然的. 因此，$\mathscr{R}_0$为一个环.

因为$\mathbb{R}^1=\bigcup_{i\in\mathbb{Z}}(i,i+1]\notin\mathscr{R}_0$，故$\mathscr{R}_0$不是代数，也不是$\sigma$环. □

注 1.3.1 $\mathscr{R}_0$中的元素都可表示成有限个两两不相交的左开右闭区间的并，但表示法并不惟一. 如：$(0,1]=\left(0,\frac{1}{2}\right]\cup\left(\frac{1}{2},1\right]=\left(0,\frac{1}{3}\right]\cup\left(\frac{1}{3},1\right]$.

例 1.3.6 由有限个开区间(或闭区间)的并集的全体所组成的集类并不是一个环. 这是因为$(0,2)-(0,1)=[1,2)$(或$[0,2]-[0,1]=(1,2]$)不是有限个开(或闭)区间的并，故该集类不是一个环.

例 1.3.7　当 $a\leqslant b,c\leqslant d$ 时,称

$$\{(x,y)\mid a<x\leqslant b,c<y\leqslant d\}=(a,b]\times(c,d]\subset\mathbb{R}^2$$

为左下开右上闭的区间(或矩形).类似例 1.3.5,由有限个左下开右上闭的区间(矩形)的并集全体所成的集类 $\mathscr{R}_0$ 是一个环.但不是代数,也不是 σ 环.

对于 n 维 Euclid 空间$\mathbb{R}^n$,由有限个形如

$$\{(x_1,x_2,\cdots,x_n)\mid a_i<x_i\leqslant b_i,i=1,2,\cdots,n\}=\mathop{\times}_{i=1}^{n}(a_i,b_i]\subset\mathbb{R}^n$$

的区间的并集全体所成的集类 $\mathscr{R}_0$ 是一个环.但不是代数,也不是 σ 环.

上面给出了一些环、代数、σ 环、σ 代数的具体例子,只须仔细验证它们.下面定理 1.3.3 指出,从一个已知集类(它不必为环(或代数,或 σ 环、或 σ 代数)出发可以构造一个包含此已知集类的最小环(或代数,或 σ 环、或 σ 代数)).

定理 1.3.3　设 $\mathscr{E}$ 为由集合 X 的某些子集组成的集类,则存在惟一的环(或代数、或 σ 环、或 σ 代数)$\mathscr{R}$,使得

(1) $\mathscr{E}\subset\mathscr{R}$;

(2) 任何包含 $\mathscr{E}$ 的环(或代数、或 σ 环、或 σ 代数)$\mathscr{R}'$必有 $\mathscr{R}\subset\mathscr{R}'$.换言之,$\mathscr{R}$ 是包含 $\mathscr{E}$ 的最小环(或代数、或 σ 环、或 σ 代数).

证明　首先,X 的子集全体 2^X 是一个环(或代数、或 σ 环、或 σ 代数).当然,$\mathscr{E}\subset 2^X$.因此,包含 $\mathscr{E}$ 的环(或代数、或 σ 环、或 σ 代数)确实是存在的.取环(或代数、或 σ 环、或 σ 代数)族

$$\mu=\{\mathscr{R}'\mid\mathscr{E}\subset\mathscr{R}'\subset 2^X,\mathscr{R}'\text{ 为环(或代数、或 }\sigma\text{ 环、或 }\sigma\text{ 代数)}\}.$$

根据定理 1.3.1(4)(或定理 1.3.2(4)),

$$\mathscr{R}=\bigcap_{\mathscr{R}'\in\mu}\mathscr{R}'$$

为环(或代数、或 σ 环、或 σ 代数).显然,还有 $\mathscr{E}\subset\mathscr{R}$.由 $\mathscr{R}$ 的定义知,性质(2)成立.

如果环(或代数、或 σ 环、或 σ 代数)$\widetilde{\mathscr{R}}$ 也满足(1),(2),则 $\widetilde{\mathscr{R}}\subset\mathscr{R}$.因为 $\mathscr{R}$ 满足(1),(2),故 $\mathscr{R}\subset\widetilde{\mathscr{R}}$.因此,$\widetilde{\mathscr{R}}=\mathscr{R}$.这就证明了满足(1),(2)的环(或代数、或 σ 环、或 σ 代数)是惟一的.　□

定义 1.3.2　定理 1.3.3 中的环(或代数、或 σ 环、或 σ 代数)$\mathscr{R}$ 称为**由集类$\mathscr{E}$所生成**(或**张成**)**的环**(或**代数**、或**σ 环**、或**σ 代数**),并用 $\mathscr{R}(\mathscr{E})$(或 $\mathscr{A}(\mathscr{E})$,或 $\mathscr{R}_\sigma(\mathscr{E})$,或 $\mathscr{A}_\sigma(\mathscr{E})$)表示.

注 1.3.2　设 $\mathscr{E}$ 为非空集类.易见,$\mathscr{R}(\mathscr{E})$就是由 $\mathscr{E}$ 中任取有限个元素 $E_1,E_2,\cdots,E_n$ 经过有限次"$\cup$","$-$"运算后所得的集的全体.

显然,$\mathscr{A}(\mathscr{E})=\mathscr{R}(\mathscr{E}\cup\{X\})$.也就是说,$\mathscr{A}(\mathscr{E})$是由 $\mathscr{E}\cup\{X\}$ 中任取有限个元素 $E_1,E_2,\cdots,E_n$ 经过有限次"$\cup$","$-$"运算后所得的集的全体.

类似地,$\mathscr{R}_\sigma(\mathscr{E})$ 就是由 $\mathscr{E}$ 中任取至多可数个元素 $E_1,E_2,\cdots,E_n,\cdots$ 经过至多可数次"$\bigcup\limits_{n=1}^{\infty}$","$-$"运算后所得的集的全体.

显然，$\mathscr{A}_\sigma(\mathscr{E})=\mathscr{R}_\sigma(\mathscr{E}\cup\{X\})$. 也就是说，$\mathscr{A}_\sigma(\mathscr{E})$是由$\mathscr{E}\cup\{X\}$中任取至多可数个元素$E_1$，$E_2,\cdots,E_n,\cdots$经过至多可数次"$\bigcup\limits_{n=1}^{\infty}$"，"$-$"运算后所得的集的全体.

上面对$\mathscr{R}(\mathscr{E})$，$\mathscr{A}(\mathscr{E})$，$\mathscr{R}_\sigma(\mathscr{E})$，$\mathscr{A}_\sigma(\mathscr{E})$的元素的构造在理论上似乎叙述清楚了. 但是，仔细琢磨一下，$\mathscr{R}(\mathscr{E})$，$\mathscr{A}(\mathscr{E})$，$\mathscr{R}_\sigma(\mathscr{E})$，$\mathscr{A}_\sigma(\mathscr{E})$中到底有什么元素未必完全清楚.

定理 1.3.4 $\mathscr{R}_\sigma(\mathscr{E})=\mathscr{R}_\sigma(\mathscr{R}(\mathscr{E}))$.

证明 因为$\mathscr{R}_\sigma(\mathscr{E})\supset\mathscr{E}$，所以$\mathscr{R}_\sigma(\mathscr{E})\supset\mathscr{R}(\mathscr{E})$. 由此推得$\mathscr{R}_\sigma(\mathscr{E})\supset\mathscr{R}_\sigma(\mathscr{R}(\mathscr{E}))$.

反之，由于$\mathscr{E}\subset\mathscr{R}(\mathscr{E})$，所以$\mathscr{R}_\sigma(\mathscr{E})\subset\mathscr{R}_\sigma(\mathscr{R}(\mathscr{E}))$. 这就证明了

$$\mathscr{R}_\sigma(\mathscr{E})=\mathscr{R}_\sigma(\mathscr{R}(\mathscr{E})).$$ □

注 1.3.3 根据定理 1.1.4 知，σ环$\mathscr{R}_\sigma(\mathscr{E})$对$\overline{\lim\limits_{k\to+\infty}}$，$\underline{\lim\limits_{k\to+\infty}}$，$\lim\limits_{k\to+\infty}$封闭.

例 1.3.8 设X为一个非空集合，$\mathscr{E}$为X的单元素（独点）子集全体所成的集类. 则$\mathscr{R}(\mathscr{E})$就是X的有限子集（包括空集）全体所成的集类（见例 1.3.2），它是一个环.

$\mathscr{R}_\sigma(\mathscr{E})$就是$X$的至多可数子集全体所成的集类（见例 1.3.3），它是一个σ环.

如果X为有限集，则$\mathscr{R}(\mathscr{E})=\mathscr{A}(\mathscr{E})=\mathscr{R}_\sigma(\mathscr{E})=\mathscr{A}_\sigma(\mathscr{E})$，它是$X$的有限子集全体所成的集类，它是$\sigma$代数.

如果$X=\{a_n\mid n\in\mathbb{N}\}$为可数集，则$\mathscr{R}(\mathscr{E})$为$X$的有限子集全体所成的集类，这是一个环，不是代数，也不是σ环，更不是σ代数. 而$\mathscr{R}_\sigma(\mathscr{E})=\mathscr{A}_\sigma(\mathscr{E})$是$X$的至多可数子集的全体所成的集类，它是$\sigma$环，是代数，是$\sigma$代数. 易见，$X$的有限子集及其余集的全体所成的集类就是$\mathscr{A}(\mathscr{E})$，它是一个代数. 但不是$\sigma$环$\left(\bigcup\limits_{n=1}^{\infty}\{a_{2n}\}=\{a_{2n}\mid n\in\mathbb{N}\}\notin\mathscr{A}(\mathscr{E})\right)$，更不是$\sigma$代数.

如果X为不可数集，则$\mathscr{R}(\mathscr{E})$是X的有限子集的全体所成的集类，它是一个环，不是代数，不是σ环，更不是σ代数. $\mathscr{R}_\sigma(\mathscr{E})$是$X$的至多可数子集的全体所成的集类，它是$\sigma$环，但不是$\sigma$代数. $\mathscr{A}(\mathscr{E})$是X的有限子集及其余集的全体所成的集类. 它是代数，但不是σ环$\left(\text{因为}X\text{的可数子集}\bigcup\limits_{n=1}^{\infty}\{a_n\}=\{a_n\mid n\in\mathbb{N}\}\notin\mathscr{A}(\mathscr{E})\right)$，更不是$\sigma$代数. $\mathscr{A}_\sigma(\mathscr{E})$是$X$的至多可数子集及其余集的全体（未必是$X$的所有子集形成的集类！例如：$X=\mathbb{R}$，则$(-\infty,0)\notin\mathscr{A}_\sigma(\mathscr{E})$）所成的集类. 它是$\sigma$代数.

例 1.3.9 设$\mathscr{P}$为$\mathbb{R}^1$上左开右闭区间$(a,b]$（$-\infty<a<b<+\infty$）全体所成的集类，则$\mathscr{R}(\mathscr{P})=\mathscr{R}_0$（例 1.3.5）.

$\mathscr{A}(\mathscr{P})=\mathscr{R}(\mathscr{P}\cup\{\mathbb{R}^1\})$（有限个左开右闭区间的并及其余集所形成的集类）.

显然，$\mathscr{R}_\sigma(\mathscr{P})=\mathscr{A}_\sigma(\mathscr{P})=\mathscr{R}_\sigma(\mathscr{R}_0)=\mathscr{A}_\sigma(\mathscr{R}_0)$（因为$\mathbb{R}^1=\bigcup\limits_{i\in\mathbb{Z}}(i,i+1]$）. 注意：$(-\infty,0]=\bigcup\limits_{n=1}^{\infty}(-n,-n+1]\in\mathscr{R}_\sigma(\mathscr{P})-\mathscr{R}(\mathscr{P})$，所以$\mathscr{R}(\mathscr{P})\subsetneqq\mathscr{R}_\sigma(\mathscr{P})$.

现在，我们来给出σ代数的一个等价定义.

定理 1.3.5　设 X 为非空集合，$\mathscr{R}$ 为 X 上的一个集类，则 $\mathscr{R}$ 为 σ 代数 $\Leftrightarrow$ (1) $\varnothing \in \mathscr{R}$；

(2) 若 $E \in \mathscr{R}$，则 $E^c \in \mathscr{R}$；

(3) 若 $E_i \in \mathscr{R}, i = 1,2,\cdots$，则 $\bigcup\limits_{i=1}^{\infty} E_i \in \mathscr{R}$.

证明　($\Rightarrow$) 因为 $\mathscr{R}$ 为 σ 代数，故 $\mathscr{R}$ 为非空集类，从而 $\exists E \in \mathscr{R}$. 由此得到 $\varnothing = E - E \in \mathscr{R}$. 这就证明了(1).

因为 $\mathscr{R}$ 为 σ 代数，故 $X \in \mathscr{R}$. 如果 $E \in \mathscr{R}$，根据 $\mathscr{R}$ 为环，所以 $E^c = X - E \in \mathscr{R}$. 这就证明了(2).

(3) 就是 σ 代数定义的第 1 条.

($\Leftarrow$) 从右边条件(1)，(2)立知，$X = \varnothing^c \in \mathscr{R}$. 右边条件(3)就是 σ 代数定义中的第 1 个条件.

如果 $E_1, E_2 \in \mathscr{R}$，由右边条件(2)知，$E_1^c, E_2^c \in \mathscr{R}$. 于是，由(1)，(2)，(3)得到

$$
\begin{aligned}
E_1 - E_2 &= E_1 \cap E_2^c = ((E_1 \cap E_2^c)^c)^c = (E_1^c \cup E_2)^c \\
&= (E_1^c \cup E_2 \cup \varnothing \cup \varnothing \cup \cdots)^c \in \mathscr{R}.
\end{aligned}
$$

综上所知，$\mathscr{R}$ 为 σ 代数.　□

最后，我们引进单调类的概念，并用它来给出 $\mathscr{R}_\sigma(\mathscr{E})$ 的某种描述.

定义 1.3.3　设 $\mathscr{M}$ 为由 X 的某些子集所成的集类、如果对 $\mathscr{M}$ 中任何单调集列 $\{E_n\}$，都必有 $\lim\limits_{n\to+\infty} E_n \in \mathscr{M}$，则称 $\mathscr{M}$ 为**单调类**. 因此，单调类就是对单调集列的极限运算封闭的集类.

例 1.3.10　设 $X = \mathbb{R}^1$，则 $\mathscr{M} = \{[0,1],[2,3]\}$ 为单调类($\mathscr{M}$ 中任何单调类 $\{E_n\}$，必有 $n_0 \in \mathbb{N}$，当 $n > n_0$ 时，有 $E_n = [0,1]$. 因此，$\lim\limits_{n\to+\infty} E_n = [0,1] \in \mathscr{M}$；或者，必有 $n_0 \in \mathbb{N}$，当 $n > n_0$ 时，有 $E_n = [2,3]$. 因此，$\lim\limits_{n\to+\infty} E_n = [2,3] \in \mathscr{M}$). 但 $\mathscr{M}$ 对"$\cup$"不封闭($[0,1] \cup [2,3] \notin \mathscr{M}$)，故 $\mathscr{M}$ 不为环.

定理 1.3.6　设 $\mathscr{M}_\alpha$ 为单调类，$\alpha \in \Gamma$，则 $\bigcap\limits_{\alpha\in\Gamma} \mathscr{M}_\alpha$ 也为单调类.

证明　设 $\{E_n\}$ 为 $\bigcap\limits_{\alpha\in\Gamma} \mathscr{M}_\alpha$ 中的单调集列，则它也是 $\mathscr{M}_\alpha$ 中的单调集列. 根据定义 1.3.3，$\lim\limits_{n\to+\infty} E_n \in \mathscr{M}_\alpha (\alpha \in \Gamma)$. 所以，$\lim\limits_{n\to+\infty} E_n \in \bigcap\limits_{\alpha\in\Gamma} \mathscr{M}_\alpha$. 这就证明了 $\bigcap\limits_{\alpha\in\Gamma} \mathscr{M}_\alpha$ 也为单调类.　□

类似定理 1.3.3，有下面的定理.

定理 1.3.7　设 $\mathscr{E}$ 是由集合 X 的某些子集所成的集类，则存在惟一的单调类 $\mathscr{M}$，使得

(1) $\mathscr{E} \subset \mathscr{M}$；

(2) 任何包含 $\mathscr{E}$ 的单调类 $\mathscr{M}'$，必有 $\mathscr{M} \subset \mathscr{M}'$.

换言之，$\mathscr{M}$ 是包含 $\mathscr{E}$ 的最小单调类.

证明　首先，X 的子集的全体 2^X 是一个单调类，当然，$\mathscr{E} \subset 2^X$. 因此，包含 $\mathscr{E}$ 的单调类确实是存在的. 取单调类族

$$
\Gamma = \{\mathscr{M}' \mid \mathscr{E} \subset \mathscr{M}' \subset 2^X, \mathscr{M}' \text{ 为单调类}\}.
$$

根据定理 1.3.6，$\mathscr{M}=\bigcap\limits_{\mathscr{M}'\in\Gamma}\mathscr{M}'$ 为单调类. 显然，还有 $\mathscr{E}\subset\mathscr{M}$，故 $\mathscr{M}$ 满足(1). 由 $\mathscr{M}$ 的定义知，性质(2) 成立.

如果单调类 $\widetilde{\mathscr{M}}$ 也满足(1)，(2)，则 $\widetilde{\mathscr{M}}\subset\mathscr{M}$. 因为 $\mathscr{M}$ 满足(1)，(2)，故 $\mathscr{M}\subset\widetilde{\mathscr{M}}$. 所以，$\widetilde{\mathscr{M}}=\mathscr{M}$. 这就证明了满足(1)，(2)的单调类是惟一的. □

定义 1.3.4 定理 1.3.7 中的单调类 $\mathscr{M}$ 称为**由集类 $\mathscr{E}$ 所张成的单调类**. 记作 $\mathscr{M}(\mathscr{E})$.

定理 1.3.8 设 $\mathscr{M}$ 为集合 X 的集类. 则

$$\mathscr{M}\text{ 为 }\sigma\text{ 环}\Leftrightarrow\mathscr{M}\text{ 为单调环}.$$

证明 (⇒) 由 σ 环定义知，σ 环 $\mathscr{M}$ 对"$\bigcup\limits_{n=1}^{\infty}$"运算封闭. 再由定理 1.3.2(2)，$\sigma$ 环 $\mathscr{M}$ 对"$\bigcap\limits_{n=1}^{\infty}$"运算也封闭. 再根据定理 1.1.5，$\mathscr{M}$ 中的单调增(减) 集列 $\{E_n\}$ 的极限 $\lim\limits_{n\to+\infty}E_n=\bigcup\limits_{n=1}^{\infty}E_n\left(\bigcap\limits_{n=1}^{\infty}E_n\right)\in\mathscr{M}$. 由定义 1.3.3 知，$\mathscr{M}$ 为单调类，又因为 $\mathscr{M}$ 为 σ 环，所以 $\mathscr{M}$ 为单调环.

(⇐)设 $\mathscr{M}$ 为单调环，即 $\mathscr{M}$ 既是单调类又是环. 要证 $\mathscr{M}$ 为 σ 环，只须证 $\mathscr{M}$ 对"$\bigcup\limits_{n=1}^{\infty}$"运算封闭. 事实上，对 $\forall E_n\in\mathscr{M}(n=1,2,\cdots)$，由于 $\mathscr{M}$ 为一个环，所以 $\bigcup\limits_{i=1}^{n}E_i\in\mathscr{M}$. 而 $\left\{\bigcup\limits_{i=1}^{n}E_i\,\middle|\,n\in\mathbb{N}\right\}$ 为单调增集列，因此

$$\bigcup_{n=1}^{\infty}E_n=\bigcup_{n=1}^{\infty}\left(\bigcup_{i=1}^{n}E_i\right)\xlongequal{\text{定理 1.1.5}}\lim_{n\to+\infty}\bigcup_{i=1}^{n}E_i\overset{\text{单调类}}{\in}\mathscr{M}.$$ □

定理 1.3.9 设 $\mathscr{E}$ 为集合 X 的某些子集所成的环，则

$$\mathscr{R}_\sigma(\mathscr{E})=\mathscr{M}(\mathscr{E}).$$

证明 因为 $\mathscr{R}_\sigma(\mathscr{E})$是包含 $\mathscr{E}$ 的 σ 环，根据定理 1.3.8，它是单调类. 但 $\mathscr{M}(\mathscr{E})$是包含 $\mathscr{E}$ 的最小单调类，所以 $\mathscr{M}(\mathscr{E})\subset\mathscr{R}_\sigma(\mathscr{E})$.

下面可以证明 $\mathscr{M}(\mathscr{E})$为环. 于是，$\mathscr{M}(\mathscr{E})$为一个单调环. 根据定理 1.3.8，$\mathscr{M}(\mathscr{E})$为 σ 环. 但 $\mathscr{R}_\sigma(\mathscr{E})$是包含 $\mathscr{E}$ 的最小 σ 环，因此 $\mathscr{R}_\sigma(\mathscr{E})\subset\mathscr{M}(\mathscr{E})$. 这就证明了 $\mathscr{R}_\sigma(\mathscr{E})=\mathscr{M}(\mathscr{E})$.

现在来证明 $\mathscr{M}(\mathscr{E})$为一个环. 对 $\forall E\subset X$，作集类

$$\mathscr{K}(E)=\{F\mid F\in\mathscr{M}(\mathscr{E}),\text{且 }F-E,E-F,E\cup F\in\mathscr{M}(\mathscr{E})\}.$$

先证 $\mathscr{K}(E)$为单调类. 事实上，设$\{F_n\}$为 $\mathscr{K}(E)$中的任一单调集列. 因为 $F_n-E,E-F_n,E\cup F_n\in\mathscr{M}(\mathscr{E})$，且$\{F_n-E\}$，$\{E-F_n\}$，$\{E\cup F_n\}$都仍为单调集列. 于是

$$\lim_{n\to+\infty}F_n-E=\lim_{n\to+\infty}(F_n-E)\in\mathscr{M}(\mathscr{E}),$$

$$E-\lim_{n\to+\infty}F_n=\lim_{n\to+\infty}(E-F_n)\in\mathscr{M}(\mathscr{E}),$$

$$E\cup\lim_{n\to+\infty}F_n=\lim_{n\to+\infty}(E\cup F_n)\in\mathscr{M}(\mathscr{E}).$$

由此与$\{F_n\}$为 $\mathscr{M}(\mathscr{E})$中的单调集列知，$\lim\limits_{n\to+\infty}F_n\in\mathscr{M}(\mathscr{E})$，$\lim\limits_{n\to+\infty}F_n\in\mathscr{K}(E)$. 这就证明了 $\mathscr{K}(E)$为

单调类.

特别,当 $E\in\mathscr{E}\subset\mathscr{M}(\mathscr{E})$ 时,由于 $\mathscr{E}$ 为环,故 $\mathscr{E}\subset\mathscr{K}(E)\subset\mathscr{M}(\mathscr{E})$. 又因为 $\mathscr{K}(E)$ 为包含 $\mathscr{E}$ 的单调类,从而 $\mathscr{M}(\mathscr{E})\subset\mathscr{K}(E)$. 因此,$\mathscr{K}(E)=\mathscr{M}(\mathscr{E})$. 这就表明:当 $E\in\mathscr{E}$ 时,对 $\forall F\in\mathscr{M}(\mathscr{E})$,总有 $F-E,E-F,E\cup F\in\mathscr{M}(\mathscr{E})$.

对 $\forall E\in\mathscr{M}(\mathscr{E})$,根据上述证明,当 $F\in\mathscr{E}$ 时,$E-F,F-E,E\cup F\in\mathscr{M}(\mathscr{E})$,从而 $\mathscr{E}\subset\mathscr{K}(E)\subset\mathscr{M}(\mathscr{E})$. 但 $\mathscr{K}(E)$ 为包含 $\mathscr{E}$ 的单调类,所以,包含 $\mathscr{E}$ 的最小单调类 $\mathscr{M}(\mathscr{E})\subset\mathscr{K}(E)$. 由此得到 $\mathscr{K}(E)=\mathscr{M}(\mathscr{E})$.

对 $\forall E,F\in\mathscr{M}(\mathscr{E})=\mathscr{K}(E)$,由 $F\in\mathscr{K}(E)$ 知,$F-E,E-F,E\cup F\in\mathscr{M}(\mathscr{E})$. 这就证明了 $\mathscr{M}(E)$ 为环. □

推论 1.3.1 设 $\mathscr{M},\mathscr{E}$ 为集合 X 上的两个集类. 如果 $\mathscr{M}$ 为单调类,$\mathscr{E}$ 为环,且 $\mathscr{M}\supset\mathscr{E}$,则 $\mathscr{M}\supset\mathscr{R}_\sigma(\mathscr{E})$.

证明 因为 $\mathscr{E}$ 为环,根据定理 1.3.9,$\mathscr{M}(\mathscr{E})=\mathscr{R}_\sigma(\mathscr{E})$. 再由 $\mathscr{M}$ 为包含 $\mathscr{E}$ 的单调类,而 $\mathscr{M}(\mathscr{E})$ 为包含 $\mathscr{E}$ 的最小单调类. 从定理 1.3.7 和定义 1.3.4 知,$\mathscr{M}\supset\mathscr{M}(\mathscr{E})=\mathscr{R}_\sigma(\mathscr{E})$. □

例 1.3.11 设 $\mathscr{E}$ 为集合 X 上的一个非空集类. 证明:对 $\forall F\in\mathscr{R}_\sigma(\mathscr{E})$,必 $\exists E_i\in\mathscr{E}(i=1,2,\cdots)$,s. t. $F\subset\bigcup\limits_{i=1}^{\infty}E_i$.

证明 设 X 上的集类

$$\mathscr{R}=\{F\mid F\subset X,\exists E_i\in\mathscr{E},\quad i=1,2,\cdots,\text{s. t.}\quad F\subset\bigcup_{i=1}^{\infty}E_i\},$$

则 $\mathscr{R}$ 为 X 上的一个 σ 环. 事实上,对 $\forall F_i\in\mathscr{R},i=1,2,\cdots$,必有 $F_{ij}\in\mathscr{R},j=1,2,\cdots$,s. t. $F_i\subset\bigcup\limits_{j=1}^{\infty}E_{ij}$. 于是

$$F_1-F_2\subset F_1\subset\bigcup_{j=1}^{\infty}E_{1j},\quad F_1-F_2\in\mathscr{R},$$

$$\bigcup_{i=1}^{\infty}F_i\subset\bigcup_{i=1}^{\infty}\left(\bigcup_{j=1}^{\infty}E_{ij}\right),\quad \bigcup_{i=1}^{\infty}F_i\in\mathscr{R}.$$

因此,$\mathscr{R}$ 为 X 上包含 $\mathscr{E}$ 的一个 σ 环. 又因为 $\mathscr{R}_\sigma(\mathscr{E})$ 为包含 $\mathscr{E}$ 的最小 σ 环,故 $\mathscr{R}_\sigma(\mathscr{E})\subset\mathscr{R}$. 从而,对 $\forall F\in\mathscr{R}_\sigma(\mathscr{E})$,必 $\exists E_i\in\mathscr{E},i=1,2,\cdots$,s. t. $F\subset\bigcup\limits_{i=1}^{\infty}E_i$. □

注 1.3.4 定理 1.3.4、定理 1.3.9、推论 1.3.1、例 1.3.3 以及例 1.3.11 中关于环、代数、σ 环、σ 代数与单调类证明中关于"最小性"的证法值得读者熟练地掌握和应用.

练习题 1.3

1. 设 X 为集合,$\mathscr{E}$ 为 X 上的非空集类. 在下列各种情况下分别求出 $\mathscr{R}(\mathscr{E}),\mathscr{A}(\mathscr{E})$:

(1) $\mathscr{E}=\{E_1,E_2,\cdots,E_n\}$.

(2) $X=\mathbb{R}^1$(实数直线),$\mathscr{E}=\{(a,b)\mid -\infty<a<b<+\infty\}$.

(3) $X=\mathbb{R}^1$,$\mathscr{E}=\{(-\infty,a)\mid a\in\mathbb{R}\}$.

2. 设$\mathscr{E}=\{(a,b)\mid -\infty<a<b<+\infty\}$与$\mathscr{R}_0=\left\{\bigcup\limits_{i=1}^{n}(a_i,b_i]\mid -\infty<a_i\leqslant b_i<+\infty,n\in\mathbb{N}\right\}$为$\mathbb{R}^1$上的两个集类.证明:分别由$\mathscr{E}$与$\mathscr{R}_0$张成的$\sigma$环是一致的,

$$\mathscr{R}_\sigma(\mathscr{E})=\mathscr{R}_\sigma(\mathscr{R}_0)=\mathscr{B}\quad(\text{Borel 集类}).$$

3. 设$\mathscr{R}$为集合X上的一个非空集类.证明:

(1) $\mathscr{R}$为环$\Leftrightarrow$(2) $\mathscr{R}$对任意有限个互不相交集的"$\cup$"运算与"$-$"运算封闭

$\Leftrightarrow$(3) $\mathscr{R}$对"$\triangle$"、"$\cap$"、"$-$"运算封闭.

4. 设$\mathscr{R}$为集合X上的一个非空集类.证明:

$\mathscr{R}$为代数$\Leftrightarrow\mathscr{R}$对"$\cup$"、"$\cap$"、"余"运算封闭.

5. 设X为集合,$A\subset X$.$\mathscr{R}$为X上某些子集所成的环.记

$$\mathscr{R}\cap A=\{E\cap A\mid E\in\mathscr{R}\},\quad \mathscr{R}_\sigma(\mathscr{R})\cap A=\{E\cap A\mid E\in\mathscr{R}_\sigma(\mathscr{R})\}.$$

证明:

$$\mathscr{R}_\sigma(\mathscr{R})\cap A=\mathscr{R}_\sigma(\mathscr{R}\cap A).$$

当$\mathscr{R}$为代数或$A\in\mathscr{R}$时,$\mathscr{R}_\sigma(\mathscr{R})\cap A$为$A$上的$\sigma$代数.

6. 设X为集合,$\mathscr{R}$与$\mathscr{M}$都为X上的环,且有:

(1) $\mathscr{M}\supset\mathscr{R}$;

(2) 当$E_1,E_2,\cdots,E_n\cdots$为$\mathscr{M}$中一列互不相交的元素时,$\bigcup\limits_{n=1}^{\infty}E_n\in\mathscr{M}$.

证明:$\mathscr{M}\supset\mathscr{R}_\sigma(\mathscr{R})$.

7. 设$\mathscr{R}$为$\mathbb{R}^1$上的一个环,$\mathbb{R}^2=\{(x,y)\mid x,y\in\mathbb{R}\}$.对$\forall E\in\mathscr{R}$,令

$$\widetilde{E}=\{(x,y)\mid x\in E,y\in\mathbb{R}\}\subset\mathbb{R}^2,\qquad \widetilde{\mathscr{R}}=\{\widetilde{E}\mid E\in\mathscr{R}\}.$$

试求出$\mathscr{R}_\sigma(\widetilde{\mathscr{R}})$与$\mathscr{R}_\sigma(\mathscr{R})$的关系.

1.4 $\mathbb{R}^n$ 中的拓扑——开集、闭集、G_δ 集、F_σ 集、Borel 集

设

$$\mathbb{R}^n=\{\boldsymbol{x}=(x_1,x_2,\cdots,x_n)\mid x_i\in\mathbb{R},i=1,2,\cdots,n\}$$

为n维 Euclid 空间.

$$\rho_0^n(\boldsymbol{x},\boldsymbol{y})=\langle\boldsymbol{x}-\boldsymbol{y},\boldsymbol{x}-\boldsymbol{y}\rangle^{\frac{1}{2}}=\|\boldsymbol{x}-\boldsymbol{y}\|=\left[\sum_{i=1}^{n}(x_i-y_i)^2\right]^{\frac{1}{2}}$$

为$\boldsymbol{x}=(x_1,x_2,\cdots,x_n)$与$\boldsymbol{y}=(y_1,y_2,\cdots,y_n)$的距离.

$$B(\boldsymbol{x}^0;\delta)=\{\boldsymbol{x}\in\mathbb{R}^n \mid \rho_0^n(\boldsymbol{x},\boldsymbol{x}^0)=\|\boldsymbol{x}-\boldsymbol{x}^0\|<\delta\}$$

为以 $\boldsymbol{x}^0$ 为中心，$\delta>0$ 为半径的开球体.

$$\overline{B(\boldsymbol{x}^0;\delta)}=\{\boldsymbol{x}\in\mathbb{R}^n \mid \rho_0^n(\boldsymbol{x},\boldsymbol{x}^0)=\|\boldsymbol{x}-\boldsymbol{x}^0\|\leqslant\delta\}$$

为以 $\boldsymbol{x}^0$ 为中心，$\delta>0$ 为半径的闭球体.

$$S(\boldsymbol{x}^0;\delta)=\{\boldsymbol{x}\in\mathbb{R}^n \mid \rho_0^n(\boldsymbol{x},\boldsymbol{x}^0)=\|\boldsymbol{x}-\boldsymbol{x}^0\|=\delta\}$$

为以 $\boldsymbol{x}^0$ 为中心，$\delta>0$ 为半径的球面.

引理 1.4.1　$\mathbb{R}^n$ 中的子集族

$$\mathscr{T}=\{G \mid \forall\,\boldsymbol{x}\in G,\exists\,\delta=\delta(\boldsymbol{x})>0,\text{s. t.}\quad B(\boldsymbol{x};\delta)\subset G\}$$

具有 3 条性质：

(1) $\varnothing,\mathbb{R}^n\in\mathscr{T}$；

(2) 若 $G_1,G_2\in\mathscr{T}$，则 $G_1\cap G_2\in\mathscr{T}$；

(3) 若 $G_\alpha\in\mathscr{T},\alpha\in\Gamma$（指标集），则 $\bigcup\limits_{\alpha\in\Gamma}G_\alpha\in\mathscr{T}$. 或者，$\forall\,\mathscr{T}'\subset\mathscr{T}$，必有 $\bigcup\limits_{G\in\mathscr{T}'}G\in\mathscr{T}$.

证明　(1) 因为 $\varnothing$ 不含点，它自然满足 $\mathscr{T}$ 中的条件，故 $\varnothing\in\mathscr{T}$. 对 $\forall\,\boldsymbol{x}\in\mathbb{R}^n$，必有 $B(\boldsymbol{x};1)\subset\mathbb{R}^n$，所以 $\mathbb{R}^n\in\mathscr{T}$.

(2) ① 由(1)，$G_1\cap G_2=\varnothing\in\mathscr{T}$.

② $G_1\cap G_2\neq\varnothing$，则对 $\forall\,\boldsymbol{x}\in G_1\cap G_2$，必有 $\boldsymbol{x}\in G_1,\boldsymbol{x}\in G_2$. 于是，$\exists\,\delta_i>0$, s. t. $B(\boldsymbol{x};\delta_i)\subset G_i$，$i=1,2$. 记 $\delta=\min\{\delta_1,\delta_2\}>0$，则 $B(\boldsymbol{x};\delta)\subset B(\boldsymbol{x};\delta_1)\cap B(\boldsymbol{x};\delta_2)\subset G_1\cap G_2$. 从而，$G_1\cap G_2\in\mathscr{T}$.

(3) 对 $\forall\,\boldsymbol{x}\in\bigcup\limits_{\alpha\in\Gamma}G_\alpha$，必有 $\alpha_0\in\Gamma$, s. t. $\boldsymbol{x}\in G_{\alpha_0}\in\mathscr{T}$，所以，$\exists\,\delta>0$, s. t. $B(\boldsymbol{x};\delta)\subset G_{\alpha_0}\subset\bigcup\limits_{\alpha\in\Gamma}G_\alpha$. 这就证明了 $\bigcup\limits_{\alpha\in\Gamma}G_\alpha\in\mathscr{T}$. □

根据引理 1.4.1，$\mathscr{T}$ 为 $\mathbb{R}^n$ 上的一个拓扑，$(\mathbb{R}^n,\mathscr{T})$ 成为 $\mathbb{R}^n$ 上的一个拓扑空间（参阅复习题 20）. 自然，$G\in\mathscr{T}$ 称为该拓扑空间 $(\mathbb{R}^n,\mathscr{T})$ 上的一个**开集**. 而开集 G 的余(补)集 G^c 称为该拓扑空间的一个**闭集**. 易见，开球体 $B(\boldsymbol{x};\delta)$ 为开集，闭球体 $\overline{B(\boldsymbol{x};\delta)}$ 和球面 $S(\boldsymbol{x};\delta)$ 都为闭集.

由归纳法立知，若 $G_1,G_2,\cdots,G_m\in\mathscr{T}$，则 $\bigcap\limits_{k=1}^{m}G_k\in\mathscr{T}$.

引理 1.4.2　设

$$\mathscr{F}=\{F\subset\mathbb{R}^n \mid F^c\in\mathscr{T}\}$$

为所有闭集形成的 $(\mathbb{R}^n,\mathscr{T})$ 的闭集族，它也具有（与开集族对偶的）3 条性质：

(1) $\varnothing,\mathbb{R}^n\in\mathscr{F}$；

(2) 若 $F_1,F_2\in\mathscr{F}$，则 $F_1\cup F_2\in\mathscr{F}$；

(3) 若 $F_\alpha\in\mathscr{F},\alpha\in\Gamma$，则 $\bigcap\limits_{\alpha\in\Gamma}F_\alpha\in\mathscr{F}$. 或者，$\forall\,\mathscr{F}'\subset\mathscr{F}$，必有 $\bigcap\limits_{F\in\mathscr{F}'}F\in\mathscr{F}$.

证明 (1) 显然，由$\varnothing^c=\mathbb{R}^n\in\mathscr{T}$，$(\mathbb{R}^n)^c=\varnothing\in\mathscr{T}$立知$\varnothing,\mathbb{R}^n\in\mathscr{F}$.

(2) 根据$F_i^c\in\mathscr{T}$，$i=1,2$，de Morgan 公式以及引理 1.4.1(2)，有

$$(F_1\cup F_2)^c=F_1^c\cap F_2^c\in\mathscr{T}.$$

因此，$F_1\cup F_2\in\mathscr{F}$.

(3) 根据$F_\alpha^c\in\mathscr{T}$，$\alpha\in\Gamma$，de Morgan 公式以及引理 1.4.1(3)，有

$$\Big(\bigcap_{\alpha\in\Gamma}F_\alpha\Big)^c=\bigcup_{\alpha\in\Gamma}F_\alpha^c\in\mathscr{T}.$$

因此，$\bigcap\limits_{\alpha\in\Gamma}F_\alpha\in\mathscr{F}$. □

由归纳法立知，若$F_1,F_2,\cdots,F_m\in\mathscr{F}$，则$\bigcup\limits_{k=1}^{m}F_k\in\mathscr{F}$.

定义 1.4.1 设$E\subset\mathbb{R}^n$，$\boldsymbol{x}\in\mathbb{R}^n$(注意：$\boldsymbol{x}$不必属于$E$!). 如果对$\boldsymbol{x}$的任何开邻域$G$(即含$\boldsymbol{x}$的开集)，必有

$$(G-\{\boldsymbol{x}\})\cap E=G\cap(E-\{\boldsymbol{x}\})\neq\varnothing$$

(即G中含异于$\boldsymbol{x}$的E中的点)，则称$\boldsymbol{x}$为E的**聚点**或**极限点**.

E的聚点的全体记为E'，称作E的**导集**. $\overline{E}=E\cup E'$称为E的**闭包**，$\boldsymbol{x}\in E-E'$称为E的**孤立点**(即孤立点就是E中不是聚点的点). 这等价于：存在$\boldsymbol{x}$的某个开邻域G_0使

$$(G_0-\{\boldsymbol{x}\})\cap E=G_0\cap(E-\{\boldsymbol{x}\})=\varnothing.$$

也等价于，$\exists\,\delta_0>0$，s. t.

$$(B(\boldsymbol{x},\delta_0)-\{\boldsymbol{x}\})\cap E=B(\boldsymbol{x};\delta_0)\cap(E-\{\boldsymbol{x}\})=\varnothing.$$

引理 1.4.3 (1) $\boldsymbol{x}$为E的聚点

$\Leftrightarrow$(2) $\forall\,\delta>0$，$(B(\boldsymbol{x};\delta)-\{\boldsymbol{x}\})\cap E\neq\varnothing$

$\Leftrightarrow$(3) 存在E中互异点列$\boldsymbol{x}^k\to\boldsymbol{x}(k\to+\infty)$，或$\lim\limits_{k\to+\infty}\boldsymbol{x}^k=\boldsymbol{x}$，或$\lim\limits_{k\to+\infty}\|\boldsymbol{x}^k-\boldsymbol{x}\|=0$

$\Leftrightarrow$(4) 对$\boldsymbol{x}$的任何开邻域G，它必含有E中无穷个相异点.

证明 (1)$\Rightarrow$(2)$\Rightarrow$(3)$\Rightarrow$(4)$\Rightarrow$(1). 下面只证(2)$\Rightarrow$(3)，其他显然.

(2)$\Rightarrow$(3)由(2)，$\exists\,\boldsymbol{x}^1\in(B(\boldsymbol{x};1)-\{\boldsymbol{x}\})\cap E$. 然后，取$\boldsymbol{x}^2\in\left(B\left(\boldsymbol{x};\min\left\{\frac{1}{2},\rho_0^n(\boldsymbol{x},\boldsymbol{x}^1)\right\}\right)-\{\boldsymbol{x}\}\right)\cap E$. 依次类推，得到

$$\boldsymbol{x}^k\in B\left(\boldsymbol{x};\min\left\{\frac{1}{k},\rho_0^n(\boldsymbol{x},\boldsymbol{x}^{k-1})\right\}\right)\cap E,k=1,2,\cdots.$$

易见，$\{\boldsymbol{x}^k\}$为E中互异点列，且$\boldsymbol{x}^k\to\boldsymbol{x}(k\to+\infty)$. □

引理 1.4.4 $(E_1\cup E_2)'=E_1'\cup E_2'$.

证明 因为$E_i\subset E_1\cup E_2$，$i=1,2$，所以根据聚点的定义有$E_i'\subset(E_1\cup E_2)'$，$i=1,2$. 从而有$E_1'\cup E_2'\subset(E_1\cup E_2)'$.

另一方面，若 $\boldsymbol{x}\notin E_1'\cup E_2'$，即 $\boldsymbol{x}\notin E_1'$ 且 $\boldsymbol{x}\notin E_2'$. 根据聚点的定义，存在 $\boldsymbol{x}$ 的开邻域 G_1,G_2，使

$$(G_1-\{\boldsymbol{x}\})\cap E_1=\varnothing,\quad (G_2-\{\boldsymbol{x}\})\cap E_2=\varnothing.$$

因此，$G=G_1\cap G_2$ 为 $\boldsymbol{x}$ 的(更小的)开邻域，使得

$$\begin{aligned}(G-\{\boldsymbol{x}\})\cap(E_1\cup E_2)&=((G-\{\boldsymbol{x}\})\cap E_1)\cup((G-\{\boldsymbol{x}\})\cap E_2)\\&=\varnothing\cup\varnothing=\varnothing,\end{aligned}$$

从而 $x\notin(E_1\cup E_2)'$. 这就证明了 $E_1'\cup E_2'\supset(E_1\cup E_2)'$.

综上知，$(E_1\cup E_2)'=E_1'\cup E_2'$. □

引理 1.4.5　(1) $E\subset\mathbb{R}^n$ 为闭集$\Leftrightarrow$(2) $E'\subset E$

$\Leftrightarrow$(3) $\overline{E}=E$

$\Leftrightarrow$(4) 对 $\forall\,\boldsymbol{x}^k\in E,\boldsymbol{x}^k\to\boldsymbol{x}(k\to+\infty)$，必有 $\boldsymbol{x}\in E$.

证明　(1)$\Rightarrow$(2)因为 E 为闭集，所以 E^c 为开集. 于是，对 $\forall\,\boldsymbol{x}\in E^c$，由于 E^c 为 $\boldsymbol{x}$ 的开邻域，且 $(E^c-\{\boldsymbol{x}\})\cap E=\varnothing$，所以 $\boldsymbol{x}\notin E'$. 从而，$E'\subset E$.

(1)$\Leftarrow$(2) 设 $E'\subset E$. 对 $\forall\,\boldsymbol{x}\in E^c$，则 $\boldsymbol{x}\notin E'$，即存在 $\boldsymbol{x}$ 的开邻域 G，使 $(G-\{\boldsymbol{x}\})\cap E=\varnothing$. 由于 $\boldsymbol{x}\in E^c$，故 $\boldsymbol{x}\notin E$. 从而，$G\cap E=\varnothing$，$\boldsymbol{x}\in G\subset E^c$. 这就证明了 E^c 为开集，而 E 为闭集.

(2)$\Rightarrow$(3) 由 $E\subset\overline{E}=E\cup E'\subset E\cup E=E$ 知 $\overline{E}=E$.

(2)$\Leftarrow$(3) 由 $E\cup E'=\overline{E}=E$ 立知 $E'\subset E$.

(1)$\Rightarrow$(4) 因为 E 为闭集，故 E^c 为开集. (反证)假设 $\boldsymbol{x}\notin E$，即 $\boldsymbol{x}\in E^c$. E^c 为 $\boldsymbol{x}$ 的开邻域. 又因 $\boldsymbol{x}^k\in E$，故 $\boldsymbol{x}^k\notin E^c(\forall\,k\in\mathbb{N})$. 再由题设 $\boldsymbol{x}^k\to\boldsymbol{x}(k\to+\infty)$，则 $\exists\,K\in\mathbb{N}$，当 $k>K$ 时，$\boldsymbol{x}^k\in E^c$，矛盾. 这就证明了 $\boldsymbol{x}\in E$.

(1)$\Leftarrow$(4) (反证)假设 E 不为闭集，从而 E^c 不为开集. 于是，$\exists\,\boldsymbol{x}\in E^c$，对 $\forall\,k\in\mathbb{N}$，$B\left(\boldsymbol{x};\dfrac{1}{k}\right)$中必有 $\boldsymbol{x}^k\in E$. 显然，$\rho_0^n(\boldsymbol{x}^k,\boldsymbol{x})=\|\boldsymbol{x}^k-\boldsymbol{x}\|<\dfrac{1}{k}\to0(k\to+\infty)$，即 $\boldsymbol{x}^k\to\boldsymbol{x}(k\to+\infty)$. 由(4)，$\boldsymbol{x}\in E$，这与 $\boldsymbol{x}\in E^c$(从而 $\boldsymbol{x}\notin E$)相矛盾. □

定理 1.4.1(Bolzano-Weierstrass)　$\mathbb{R}^n$ 中任何有界无限点集 E 至少有一聚点.

证明　取定一个边平行坐标轴的 n 维闭正方体 $I\supset E$. 将 I 作 2^n 等分，则至少有一等分 I^1(闭正方体)含 E 的无限个点. 选一点 $\boldsymbol{x}^1\in I^1\cap E$. 再将 I^1 作 2^n 等分，则至少有一等分 I^2(闭正方体)含 E 的无限个点，取不同于 $\boldsymbol{x}^1$ 的一点 $\boldsymbol{x}^2\in I^2\cap E$. 依次类推，得到彼此不同的 $\boldsymbol{x}^k\in I^k\cap E$. 对 $\forall\,i=1,2,\cdots,n$，根据$\mathbb{R}^1$ 中的闭区间套原理，$\exists_1\,x_i^0\in\bigcap\limits_{i=1}^{\infty}I_i^k$($I_i^k$ 为相应于 I^k 的第 i 个分量闭区间). 显然，$\boldsymbol{x}^0=(x_1^0,x_2^0,\cdots,x_n^0)$ 为 E 的聚点. □

注 1.4.1　应用$\mathbb{R}^1$ 中的 Bolzano-Weierstrass 定理也可以证明定理 1.4.1.

定理 1.4.2(Cantor 闭集套原理)　设$\{F_k\}$为$\mathbb{R}^n$ 中的非空有界递降($F_1\supset F_2\supset\cdots\supset F_k\supset\cdots$)的闭集列，则

$$\bigcap_{k=1}^{\infty} F_k \neq \varnothing.$$

若 F_k 的直径 $\mathrm{diam}F_k = \sup\{\rho_0^n(\boldsymbol{x}',\boldsymbol{x}'') = \|\boldsymbol{x}'-\boldsymbol{x}''\| \mid \boldsymbol{x}',\boldsymbol{x}'' \in F_k\} \to 0(k\to+\infty)$,则 $\exists_1 \boldsymbol{x}^0 \in \bigcap_{k=1}^{\infty} F_k$(这是$\mathbb{R}^1$ 中闭区间套原理的推广).

证明 若$\{F_k\}$中有无穷个相同的集合,由于

$$F_1 \supset F_2 \supset \cdots \supset F_k \supset \cdots,$$

故$\exists k_0 \in \mathbb{N}$,s.t. 当 $k \geqslant k_0$ 时,有 $F_k = F_{k_0}$. 此时

$$\bigcap_{k=1}^{\infty} F_k = F_{k_0} \neq \varnothing.$$

现在不妨设对$\forall k \in \mathbb{N}$,F_{k+1}为 F_k 的真子集,则

$$F_k - F_{k+1} \neq \varnothing, \forall k \in \mathbb{N}.$$

我们选 $\boldsymbol{x}^k \in F_k - F_{k+1}, k \in \mathbb{N}$,则$\{\boldsymbol{x}^k\}$为$\mathbb{R}^n$ 中的有界互异点列. 根据 Bolzano-Weierstrass 定理可知,必 $\exists \boldsymbol{x}^{k_i} \to \boldsymbol{x} \in \mathbb{R}^n(i\to+\infty)$. 由于$\{F_k\}$为递降闭集列,则 $\boldsymbol{x} \in F_k, k=1,2,\cdots$,即 $\boldsymbol{x} \in \bigcap_{k=1}^{\infty} F_k$.

再证惟一性. 若 $\boldsymbol{x}^0, \boldsymbol{y}^0 \in \bigcap_{k=1}^{\infty} F_k$,则 $\boldsymbol{x}^0, \boldsymbol{y}^0 \in F_k, \forall k \in \mathbb{N}$,且

$$0 \leqslant \|\boldsymbol{x}^0 - \boldsymbol{y}^0\| \leqslant \mathrm{diam}F_k \to 0(k\to+\infty),$$

所以,$0 \leqslant \|\boldsymbol{x}^0-\boldsymbol{y}^0\| \leqslant 0$,$\|\boldsymbol{x}^0-\boldsymbol{y}^0\|=0$,$\boldsymbol{x}^0=\boldsymbol{y}^0$. □

注 1.4.2 定理 1.4.2 中,"有界"条件不可缺. 反例: $F_k=[k,+\infty)^n$, $\bigcap_{k=1}^{\infty} F_k = \varnothing$.

定义 1.4.2 设 $E \subset \mathbb{R}^n$,μ 为$\mathbb{R}^n$ 中的一个开集族. 如果 $E \subset \bigcup_{G\in\mu} G$,即对$\forall \boldsymbol{x} \in E$,必$\exists G \in \mu$,s.t. $x \in G$,则称 μ 为 E 的一个**开覆盖**.

设 μ 为 E 的一个开覆盖,若 $\mu' \subset \mu$ 仍为 E 的一个开覆盖,则称 μ' 为 μ 的一个**子(开)覆盖**.

如果 $E \subset \mathbb{R}^n$ 的任何开覆盖均含有限子覆盖,则称 E 为**紧(致)集(合)**.

定理 1.4.3(Heine-Borel 有限(子)覆盖定理) $E \subset \mathbb{R}^n$ 为紧集$\Leftrightarrow E \subset \mathbb{R}^n$ 为有界闭集.

证明 ($\Rightarrow$)显然,$\mu=\{B(\boldsymbol{0};k) \mid k \in \mathbb{N}\}$为紧集 E 的一个开覆盖,故必有有限子覆盖$\{B(\boldsymbol{0};k_1), B(\boldsymbol{0};k_2), \cdots, B(\boldsymbol{0};k_l)\}$. 令 $k_0=\max\{k_1,k_2,\cdots,k_l\}$,则 $B(\boldsymbol{0};k_0) \supset E$,从而 E 有界.

$\forall \boldsymbol{x}^0 \in E'$,若 $\boldsymbol{x}^0 \notin E$,则

$$\nu = \left\{ B\left(\boldsymbol{x};\frac{\rho_0^n(\boldsymbol{x},\boldsymbol{x}^0)}{2}\right) \middle| \boldsymbol{x} \in E \right\}$$

为紧集 E 的一个开覆盖,故必有有限子覆盖 $\left\{B\left(\boldsymbol{x}^i;\frac{\rho_0^n(\boldsymbol{x}^i,\boldsymbol{x}^0)}{2}\right)\middle| i=1,2,\cdots,l\right\}$. 于是,$\boldsymbol{x}^0\notin E'$,这显然与已知 $\boldsymbol{x}^0\in E'$ 相矛盾.

($\Leftarrow$)设 $E\subset\mathbb{R}^n$ 为有界闭集. 取闭正方体 $I\supset E$. 又设 μ 为 E 的任一开覆盖.(反证)假设 μ 无有限子覆盖,将 I 2^n 等分,必有一等分 I_1(闭正方体)使得 μ 关于 $I_1\cap E$ 无有限子覆盖. 再将 I_1 2^n 等分,必有一等分 I_2(闭正方体)使得 μ 关于 $I_2\cap E$ 无有限子覆盖. 依次类推得到一个有界递降闭集列 $\{I_k\cap E\mid k\in\mathbb{N}\}$. 根据 Cantor 闭集套原理,$\exists\, x^0\in\bigcap\limits_{k=1}^{\infty}(I_k\cap E)$. 由 E 为闭集,显然,$\boldsymbol{x}^0\in\overline{E}=E$. 因为 μ 为 E 的开覆盖,故必有开集 $G_0\in\mu$,使得 $\boldsymbol{x}^0\in G_0$. 于是,存在充分大的 $k_0\in\mathbb{N}$,使得 $\boldsymbol{x}^0\in I_{k_0}\subset G_0$. 由此看出,一个 $G_0\in\mu$ 就将 I_{k_0}(从而 $I_{k_0}\cap E$)覆盖住了,这与 I_{k_0} 的构造,$I_{k_0}\cap E$ 不被 μ 中有限个元素覆盖相矛盾. 这就证明了 μ 有有限子覆盖,从而 E 为紧集(图 1.4.1). □

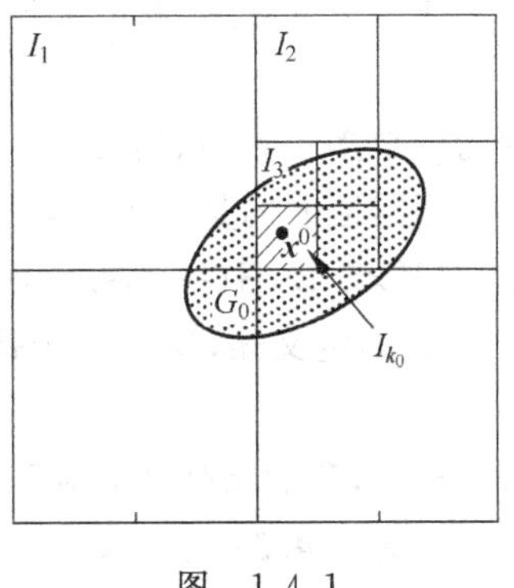

图 1.4.1

引理 1.4.6 (1) $(\mathbb{R}^n,\mathscr{T})$ 为 T_2 或 Hausdorff 空间(即 $\forall\,\boldsymbol{p},\boldsymbol{q}\in\mathbb{R}^n$,$\boldsymbol{p}\neq\boldsymbol{q}$,必有 $\boldsymbol{p}$ 的开邻域 $U_{\boldsymbol{p}}$ 和 $\boldsymbol{q}$ 的开邻域 $U_{\boldsymbol{q}}$,使得 $U_{\boldsymbol{p}}\cap U_{\boldsymbol{q}}=\varnothing$).

(2) $(\mathbb{R}^n,\mathscr{T})$ 为 A_2(具有可数拓扑基)空间,即存在至多可数个集组成的开集族 μ,使得对 $\forall\, G\in\mathscr{T}$,有

$$G=\bigcup_{U\in\mu'\subset\mu}U(G\text{ 为 }\mu\text{ 中若干元素的并}).$$

此时,称 μ 为 $(\mathbb{R}^n,\mathscr{T})$ 的可数拓扑基.

证明 (1) 令

$$U_{\boldsymbol{p}}=B\left(\boldsymbol{p};\frac{\rho_0^n(\boldsymbol{p},\boldsymbol{q})}{2}\right),\quad U_{\boldsymbol{q}}=B\left(\boldsymbol{q};\frac{\rho_0^n(\boldsymbol{p},\boldsymbol{q})}{2}\right),$$

则 $U_{\boldsymbol{p}}$ 与 $U_{\boldsymbol{q}}$ 分别为 $\boldsymbol{p}$ 与 $\boldsymbol{q}$ 的不相交的开邻域,因此 $(\mathbb{R}^n,\mathscr{T})$ 为 T_2 空间.

(2) 显然,

$$\mu=\left\{B\left(\boldsymbol{x};\frac{1}{k}\right)\middle|\boldsymbol{x}\in\mathbb{Q}^n\subset\mathbb{R}^n,\quad k\in\mathbb{N}\right\}$$

为可数族,且对 $\forall\, G\in\mathscr{T}$, $\forall\,\boldsymbol{x}\in G$, $\exists\,\delta>0$, s. t. $B(\boldsymbol{x};\delta)\subset G$.

现取有理点 $\boldsymbol{x}'\in\mathbb{Q}^n$, s. t. $\|\boldsymbol{x}'-\boldsymbol{x}\|<\frac{1}{k}$,其中 $k>\frac{2}{\delta}\left(\text{即}\frac{1}{k}<\frac{\delta}{2}\right)$. 从而,有

$$\boldsymbol{x}\in B\left(\boldsymbol{x}';\frac{1}{k}\right)\subset B(\boldsymbol{x};\delta)\subset G.$$

易见

$$\bigcup_{\boldsymbol{x}\in G}B\left(\boldsymbol{x}';\frac{1}{k}\right)=G.$$

因而，μ 为$(\mathbb{R}^n,\mathscr{T})$的可数拓扑基，从而$(\mathbb{R}^n,\mathscr{T})$为 A_2 空间. □

定理 1.4.4 (Lindelöf)$\mathbb{R}^n$ 中的点集 E 的任何开覆盖 ν 都含有一个至多可数的子覆盖.

证明 根据引理 1.4.6，必有$(\mathbb{R}^n,\mathscr{T})$的可数拓扑基 μ. 显然

$$\mu' = \{B \mid B \in \mu, \exists G \in \nu, \text{s.t.} \quad B \subset G\}$$

为 μ 的一个子族.

对于 $\forall B' \in \mu'$，取定 ν 的一个元素 $G(B') \supset B'$. 并令

$$\nu' = \{G(B') \mid B' \in \mu'\} \subset \nu.$$

因为 μ 至多可数，从而 μ' 和 ν' 也都至多可数.

还需证明的是 ν' 为 ν 关于 E 的一个子覆盖. 因而，ν 有一个至多可数的子覆盖 ν'. 事实上，对 $\forall \boldsymbol{x} \in E$，$\exists G \in \nu$，s. t. $\boldsymbol{x} \in G$. 因为 μ 为$(\mathbb{R}^n,\mathscr{T})$的一个可数拓扑基，$\exists B \in \mu$，s. t. $\boldsymbol{x} \in B \subset G$. 从 μ' 的定义知，$B \in \mu'$. 于是，$\boldsymbol{x} \in B \subset G(B) \in \nu'$. 这就证明了 ν' 为 ν 关于 E 的一个子覆盖. □

现在，我们来仔细研究开集.

定义 1.4.3 设 $E \subset \mathbb{R}^n$，$\boldsymbol{x} \in E$. 如果存在 $\boldsymbol{x}$ 的开邻域 $G \subset E$，则称 $\boldsymbol{x}$ 为 E 的**内点**. E 的内点的全体记为 $\mathring{E}$ 或 E° 或 E^i 或 Int A(上标 i 与 Int 为 interior 的缩写，表示"内部")，称为 E 的**内点集**或**内核**；E^c 的内点称为 E 的**外点**，而$(E^c)^\circ$为 E 的**外点集**；如果在 $\boldsymbol{x} \in \mathbb{R}^n$ 的任何开邻域中既含 E 的点，又含 E^c 的点，则称 $\boldsymbol{x}$ 为 E 的**边界点**. E 的边界点的全体称为 E 的**边界**，记为∂E 或 E^b(b 为 boundary 的缩写，表示"边界"). 显然

$$\partial E = \partial E^c, \qquad \mathbb{R}^n = E^\circ \cup (E^c)^\circ \cup \partial E,$$

其中 E°，$(E^c)^\circ$，∂E 为$\mathbb{R}^n$ 的三个互不相交的部分(图 1.4.2).

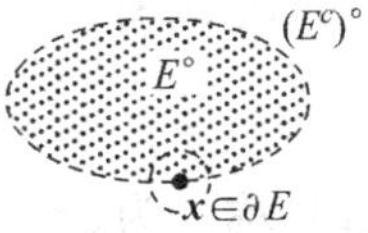

图 1.4.2

显然，内部 E°为开集($\forall x \in E^\circ$，则 $\exists \boldsymbol{x}$ 的开邻域 $G_x \subset E$，则 $\boldsymbol{x} \in G_x \subset E^\circ$. 从而

$$E^\circ = \bigcup_{x \in E^\circ} \{\boldsymbol{x}\} \subset \bigcup_{x \in E^\circ} G_x \subset E^\circ,$$

$$E^\circ = \bigcup_{x \in E^\circ} G_x$$

为开集).

引理 1.4.7 E 为开集$\Leftrightarrow E = E^\circ$.

证明 ($\Rightarrow$)设 E 为开集，则对 $\forall \boldsymbol{x} \in E$，取 $\boldsymbol{x}$ 的开邻域 $G_x = E$，则 $G_x = E \subset E$，故 $\boldsymbol{x}$ 为 E 的内点，从而 $E = E^\circ$.

($\Leftarrow$)根据本引理上面的论述知，$E = E^\circ$为开集. □

定理 1.4.5($\mathbb{R}^n$ 中开集的构造) (1) $\mathbb{R}^1$ 中非空开集 G 是至多可数个互不相交的(形如$(-\infty,a)$，$(a,b)(b,+\infty)$的)开区间的并集. 显然，反之亦真.

(2) $\mathbb{R}^n$ 中的非空开集 G 是可数个互不相交的半开半闭 n 维正方体的并集.

证明　(1) 设 $G\subset\mathbb{R}^1$ 为开集. 对 $\forall a\in G$, $\exists\delta>0$, s. t. $(a-\delta,a+\delta)\subset G$, 令

$$a' = \inf\{x \mid (x,a)\subset G\},\quad a'' = \sup\{x \mid (a,x)\subset G\}$$

(这里 a' 可为 $-\infty$, a'' 可为 $+\infty$). 显然, $a'<a<a''$ 且 $(a',a'')\subset G$. 这是因为对 $\forall z\in(a',a'')$. 不妨设 $a'<z<a$. 根据 inf 的定义, 必 $\exists x\in(a',z)$ 且有 $(x,a)\subset G$, 故 $z\in(x,a)\subset G$. 我们称这样的开区间 (a',a'') 为 G 的一个**构成区间**, 记作 I_a(图 1.4.3).

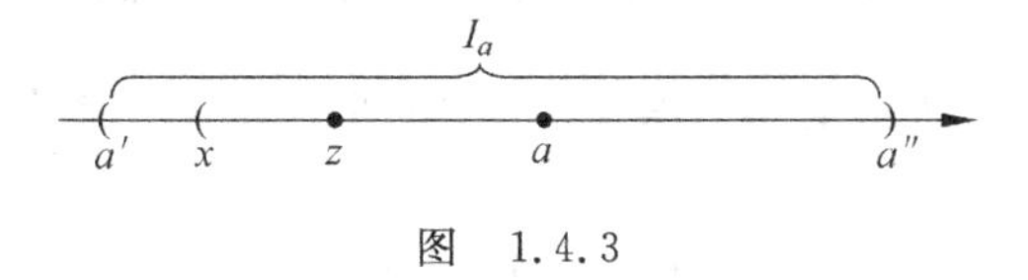

图　1.4.3

如果 $I_a=(a',a'')$, $I_b=(b',b'')$ 为 G 的构成区间, 则可以证明它们或者重合或者不相交(绝不会相交而不重合). 为此, 不妨设 $a<b$. 若

$$I_a\cap I_b\neq\varnothing,$$

则有 $b'<a''$. 于是, 令

$$c'=\min\{a',b'\},\qquad c''=\max\{a'',b''\},$$

则 $(c',c'')=(a',a'')\cup(b',b'')$. 取 $x\in I_a\cap I_b$(图 1.4.4), 则 $I_x=(c',c'')$ 为构成区间, 且

$$(c',c'')=(a',a'')=(b',b'').$$

最后, 由例 1.2.3 知, G 的互不相交的构成区间是至多可数的.

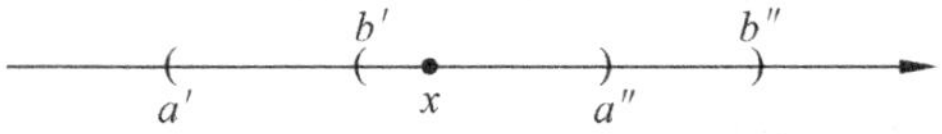

b'　　b''

a'　　x　　a''

图　1.4.4

(2) (见图 1.4.5) 先将 $\mathbb{R}^n$ 用格点(坐标皆为整数)分为可数个边长为 1 的半开闭正方体, 其全体为 Γ_0. 再将 Γ_0 中的每个正方体的每一边二等分, 则每个正方体就可分为 2^n 个边长为 $\frac{1}{2}$ 的半开闭正方体, 记 Γ_0 中如此作成的子正方体的全体为 Γ_1. 继续按此方法二等分下去, 可得到边长为 $\frac{1}{2^k}$ 的半开闭小正方体族组成 Γ_k, 且此种正方体是 Γ_{k+1} 中相应的 2^k 个互不相交的边长为 $\frac{1}{2^{k+1}}$ 的更小的半开闭正方体的并集.

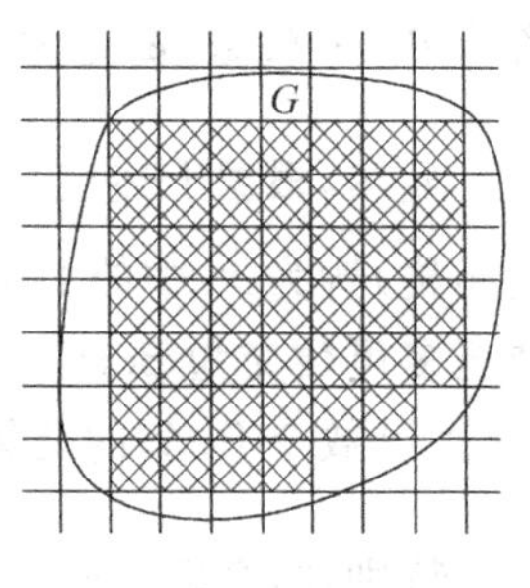

图　1.4.5

现将 Γ_0 中凡含于 G 内的半开闭正方体取出来, 记其全体为 $\mathscr{H}_0$. 再将 Γ_1 中含于

$$G-\bigcup_{J\in\mathscr{H}_0}J$$

(J 为半开闭二进方体)内的半开闭正方体取出来,记其全体为 $\mathscr{H}_1$. 依次类推,$\mathscr{H}_k$ 为 Γ_k 中含于

$$G-\bigcup_{i=1}^{k-1}\bigcup_{J\in\mathscr{H}_i}J$$

内的半开闭正方体的全体. 显然,由 $\mathscr{H}_k(k=0,1,2,\cdots)$ 中的半开闭正方体构成之集是可数的.

因为 G 为开集,所以对 $\forall\,\boldsymbol{x}\in G$, $\exists\,\delta>0$, s. t. $B(\boldsymbol{x};\delta)\subset G$. 而 Γ_k 中半开闭正方体之直径 $\frac{\sqrt{2}}{2^k}\to 0(k\to+\infty)$. 从而,$\boldsymbol{x}$ 最终必落入某个 Γ_{k_0} 中的半开闭正方体中. 这说明

$$G=\bigcup_{i=1}^{\infty}\bigcup_{J\in\mathscr{H}_i}J.$$

其中 J 为半开闭二进方体. □

定义 1.4.4 若 $E\subset\mathbb{R}^n$ 为至多可数个开集的交集,则称它为 **G_δ(型)集**; 若 $E\subset\mathbb{R}^n$ 为至多可数个闭集的并集,则称它为 **F_σ(型)集**.

由定义和 de Morgan 公式立知

$$E\text{ 为 }\mathrm{G}_\delta\text{ 集}\Leftrightarrow E^c\text{ 为 }\mathrm{F}_\sigma\text{ 集}.$$

从定义还可看出,开集 $G=\bigcap_{i=1}^{\infty}G_i$ 为 G_δ 集; 闭集 $F=\bigcup_{i=1}^{\infty}F_i$ 为 F_σ 集; 至多可数个 G_δ 集的交 $\bigcap_{i=1}^{\infty}\left(\bigcap_{j=1}^{\infty}G_{ij}\right)=\bigcap_{i,j=1}^{\infty}G_{ij}$ 仍为 G_δ 集(其中 G_{ij} 都为开集); 至多可数个 F_σ 集的并 $\bigcup_{i=1}^{\infty}\left(\bigcup_{j=1}^{\infty}F_{ij}\right)=\bigcup_{i,j=1}^{\infty}F_{ij}$ 仍为 F_σ 集(其中 F_{ij} 都为闭集).

定义 1.4.5 由$\mathbb{R}^n$ 中一切开集构成的开集族($\mathbb{R}^n$ 中的通常的拓扑)$\mathscr{T}$所生成的 σ 代数称为 **Borel 代数**,简记为 $\mathscr{B}(=\mathscr{A}_\sigma(\mathscr{T}))$. $\mathscr{B}$ 中的元素称为 **Borel 集**.

显然,根据上述定义知,开集,闭集 $F=\mathbb{R}^n-F^c$,G_δ 集 $\bigcap_{i=1}^{\infty}G_i$($G_i$ 为开集),F_σ 集 $\bigcup_{i=1}^{\infty}F_i$($F_i$ 为闭集)皆为$\mathbb{R}^n$ 中的 Borel 集; 任一 Borel 集的余集为 Borel 集; Borel 集列的至多可数并或至多可数交为 Borel 集; 根据定理 1.1.4,Borel 集列的上(下)极限集皆为 Borel 集; $\mathrm{F}_{\sigma\delta}$集(至多可数个 F_σ 集的交集)为 Borel 集,$\mathrm{G}_{\delta\sigma}$集(至多可数个 G_δ 集的并集)为 Borel 集.

特别地,至多可数集 $A=\{a_i\mid i\in\mathbb{N}\}=\bigcup_{i=1}^{\infty}\{a_i\}$ 为 Borel 集; 有理点集$\mathbb{Q}$ 和无理点集 $\mathbb{R}-\mathbb{Q}$ 都为 Borel 集.

易见,$\mathscr{B}=\mathscr{R}_\sigma(\mathscr{R}_0)=\mathscr{A}_\sigma(\mathscr{R}_0)$,其中 $\mathscr{R}_0$ 见例 1.3.5.

定理 1.4.6 设 $\mathscr{R}_0=\left\{\bigcup_{i=1}^{n}(a_i,b_i]\,\middle|\,-\infty<a_i\leqslant b_i<+\infty\right\}$,则

$$\overline{\overline{\mathscr{B}}}=\overline{\overline{\mathscr{A}_\sigma(\mathscr{R}_0)}}=\overline{\overline{\mathscr{R}_\sigma(\mathscr{R}_0)}}=\aleph.$$

更一般地，设 $\mathscr{R}$ 为$\mathbb{R}$上的集类，其势$\overline{\overline{\mathscr{R}}}=\aleph$，则包含 $\mathscr{R}$ 的最小 σ 环 $\mathscr{R}_\sigma(\mathscr{R})$ 有$\overline{\overline{\mathscr{R}_\sigma(\mathscr{R})}}=\aleph$.

证明　第 1 步，最小良序集的构造.

由良序定理(参阅[9]7.3 节)，任何集合都可良序化. 将实数集$\mathbb{R}$良序化(用 $b\leqslant a$ 表示 b 先 a 后)，仍记为$\mathbb{R}$. 令 $A=\{a\in\mathbb{R}\mid$至多可数个 $b\in\mathbb{R}$ 满足 $b\leqslant a\}$. 设$\mathbb{R}$的最小元为 a_0，则 $a_0\in A$，因此，$A\neq\varnothing$. 下证$\aleph_0<\overline{\overline{A}}\leqslant\aleph$.(反证)若$\overline{\overline{A}}\leqslant\aleph_0$，则$\mathbb{R}-A\neq\varnothing$. 因$\mathbb{R}$为良序集，故$\mathbb{R}-A$中有最小元 a_1. 显然，由 A 的定义知 $a_1\in A$，这与 $a_1\in\mathbb{R}-A$，$a_1\notin A$ 相矛盾. 称 A 为最小良序集.

第 2 步，$\mathscr{R}_\sigma(\mathscr{R})$的结构.

利用超限归纳法构造集族$\{\mathscr{R}_a\mid a\in A\}$. 令 $\mathscr{R}_{a_0}=\mathscr{R}$. 设对 $\lambda\in A$，$\mathscr{R}$ 已定义，则对 λ 的后继元$\lambda+1$，定义

$$\mathscr{R}_{\lambda+1}=\left\{\bigcup_{i=1}^{\infty}E_i,E_1-E_2\mid E_i\in\mathscr{R}_\lambda,i=1,2,\cdots\right\}.$$

如此对每个 $a\in A$，$\mathscr{R}_a$ 均可定义好. 下证$\bigcup\limits_{a\in A}\mathscr{R}_a$ 为 σ 环.

(i) 任取 $G_n\in\bigcup\limits_{a\in A}\mathscr{R}_a$，则必有 $\mathscr{R}_{a_n}(a_n\in A)$，s. t. $G_n\in\mathscr{R}_{a_n}$，$n=1,2,\cdots$. 因 A 不可数，而

$$\{c\in\mathbb{R}\mid\exists n_0\in\mathbb{N},\text{s. t. }c\leqslant a_{n_0}\}$$

为至多可数集，故

$$A-\{c\in\mathbb{R}\mid\exists n_0\in\mathbb{N},\text{s. t. }c\leqslant a_{n_0}\}\neq\varnothing,$$

它必有最小元 $b\in A$. 显然，$\mathscr{R}_{a_n}\subset\mathscr{R}_b$，$n=1,2,\cdots$，

$$\bigcup_{n=1}^{\infty}G_n\in\mathscr{R}_{b+1}\subset\bigcup_{a\in A}\mathscr{R}_a(\text{注意 }b+1\in A).$$

(ii) 任取 $G_i,G_j\in\bigcup\limits_{a\in A}\mathscr{R}_a$，$G_i\in\mathscr{R}_{a_i}$，$G_j\in\mathscr{R}_{a_j}$. 不妨设 $a_i\leqslant a_j$. 于是，$G_i,G_j\in\mathscr{R}_{a_j}$，故 $G_i-G_j\in\mathscr{R}_{a_j+1}\subset\bigcup\limits_{a\in A}\mathscr{R}_a$.

综上所述知$\bigcup\limits_{a\in A}\mathscr{R}_a$ 为 σ 环. 因此，由 $\mathscr{R}_\sigma(\mathscr{R})$的最小性知

$$\mathscr{R}_\sigma(\mathscr{R})\subset\bigcup_{a\in A}\mathscr{R}_a.$$

另一方面，从$\bigcup\limits_{a\in A}\mathscr{R}_a$ 的构造步骤立知

$$\bigcup_{a\in A}\mathscr{R}_a\subset\mathscr{R}_\sigma(\mathscr{R}).$$

所以

$$\mathscr{R}_\sigma(\mathscr{R})=\bigcup_{a\in A}\mathscr{R}_a.$$

第 3 步，$\overline{\overline{\mathscr{R}_\sigma(\mathscr{R})}}=\aleph$.

仍用超限归纳法可证，对 $\forall a\in A$，$\overline{\overline{\mathscr{R}_a}}=\aleph$. 事实上，显然有 $\overline{\overline{\mathscr{R}_{a_0}}}=\overline{\overline{\mathscr{R}}}=\aleph$. 设对 $\lambda\in A$，有$\overline{\overline{\mathscr{R}_\lambda}}=\aleph$，则根据第 2 步中 $\mathscr{R}_\lambda$ 构造 $\mathscr{R}_{\lambda+1}$的过程可看出$\overline{\overline{\mathscr{R}_{\lambda+1}}}=\aleph$.

因为 $\mathscr{R}\subset\mathscr{R}_\sigma(\mathscr{R})=\bigcup\limits_{\alpha\in A}\mathscr{R}_\alpha$，所以

$$\aleph=\overline{\overline{\mathscr{R}}}\leqslant\overline{\overline{\mathscr{R}_\sigma(\mathscr{R})}}=\overline{\overline{\bigcup_{\alpha\in A}\mathscr{R}_\alpha}}\leqslant\overline{\overline{A}}\cdot\aleph\leqslant\aleph\cdot\aleph=\aleph.$$

根据 Cantor-Bernstein 定理 1.2.5 得到

$$\overline{\overline{\mathscr{R}_\sigma(\mathscr{R})}}=\aleph.$$

□

例 1.4.1 设 $\mathscr{T}=\{G\mid G\subset\mathbb{R}^1$ 为开集$\}$，$\mathscr{F}=\{F\mid F\subset\mathbb{R}^1$ 为闭集$\}$，证明：$\overline{\overline{\mathscr{T}}}=\overline{\overline{\mathscr{F}}}=\aleph$.

证明 证法 1 由 $\mathscr{T}\subset\mathscr{B}=\mathscr{A}_\sigma(\mathscr{R}_0)$ 和定理 1.4.6 推得

$$\aleph=\overline{\overline{\{(-\infty,a)\mid a\in\mathbb{R}\}}}\leqslant\overline{\overline{\mathscr{T}}}\leqslant\overline{\overline{\mathscr{B}}}=\aleph,$$

再根据 Cantor-Bernstein 定理 1.2.5，有

$$\overline{\overline{\mathscr{T}}}=\aleph.$$

因为 $G\leftrightarrow G^c$，所以 $\mathscr{T}\sim\mathscr{F}$，故

$$\overline{\overline{\mathscr{F}}}=\overline{\overline{\mathscr{T}}}=\aleph.$$

证法 2 记可数集

$$\mathbb{Q}\times\mathbb{Q}=\{(\alpha_1,\beta_1),(\alpha_2,\beta_2),\cdots,(\alpha_n,\beta_n),\cdots\}.$$

显然

$$\varphi:\mathscr{T}\to\{0,1\}^\infty=\{(a_1,a_2,\cdots,a_n,\cdots)\mid a_n=0\text{ 或 }1\},$$
$$G=\bigcup_{\substack{(\alpha,\beta)\subset G\\ \alpha,\beta\in\mathbb{Q}\\ \alpha<\beta}}(\alpha,\beta)\mapsto(a_1,a_2,\cdots,a_n,\cdots),$$

其中

$$a_n=\begin{cases}1, & (\alpha_n,\beta_n)\subset G,\\ 0, & (\alpha_n,\beta_n)\not\subset G.\end{cases}$$

易见，φ 为单射. 于是

$$\aleph=\overline{\overline{\{(-\infty,a)\mid a\in\mathbb{R}\}}}\leqslant\overline{\overline{\mathscr{T}}}\leqslant\overline{\overline{\{0,1\}^\infty}}=2^{\aleph_0}=\aleph.$$

根据 Cantor-Bernstein 定理 1.2.5，$\overline{\overline{\mathscr{T}}}=\aleph$.

□

例 1.4.2 设 $\mathscr{T}=\{G\mid G\subset\mathbb{R}^n$ 为开集$\}$，$\mathscr{F}=\{F\mid F\subset\mathbb{R}^n$ 为闭集$\}$. 证明：$\overline{\overline{\mathscr{T}}}=\overline{\overline{\mathscr{F}}}=\aleph$.

证明 记可数集

$$\begin{aligned}\mathscr{V}&=\{B(\boldsymbol{x};r)\mid\boldsymbol{x}\in\mathbb{Q}^n,r\in\mathbb{Q}^+\}\\&=\{B(\boldsymbol{x}^1;r_1),B(\boldsymbol{x}^2;r_2),\cdots,B(\boldsymbol{x}^m;r_m),\cdots\}.\end{aligned}$$

显然，

$$\varphi:\mathscr{T}\to\{0,1\}^\infty=\{(a_1,a_2,\cdots,a_m,\cdots)\mid a_m=0\text{ 或 }1\}$$

$$G = \bigcup_{\substack{B(\boldsymbol{x};\, r)\subset G \\ (\boldsymbol{x},r)\in \mathbb{Q}^n\times\mathbb{Q}^+}} B(\boldsymbol{x};\, r) \mapsto (a_1, a_2, \cdots, a_m, \cdots),$$

其中

$$a_m = \begin{cases} 1, & B(\boldsymbol{x}^m;\, r_m) \subset G, \\ 0, & B(\boldsymbol{x}^m;\, r_m) \not\subset G. \end{cases}$$

易见,φ 为单射. 于是

$$\aleph = \overline{\overline{\{B(\boldsymbol{0};\, r) \mid r \in \mathbb{R}^+\}}} \leqslant \overline{\overline{\mathscr{T}}} \leqslant \overline{\overline{\{0,1\}^\infty}} = 2^{\aleph_0} = \aleph.$$

根据 Cantor-Bernstein 定理 1.2.5,$\overline{\overline{\mathscr{T}}} = \aleph$. 且

$$\begin{aligned} \overline{\overline{\mathscr{F}}} &= \overline{\overline{\{F \mid F \subset \mathbb{R}^n \text{ 为闭集}\}}} = \overline{\overline{\{F^c \mid F \subset \mathbb{R}^n \text{ 为闭集}\}}} \\ &= \overline{\overline{\{G \mid G \subset \mathbb{R}^n \text{ 为开集}\}}} = \overline{\overline{\mathscr{T}}} = \aleph. \end{aligned}$$

应用定理 1.4.5(2)也可证明$\overline{\overline{\mathscr{T}}} = \aleph$. □

现在,我们来研究实函数与开集、闭集、F_σ 集、G_δ 集、Borel 集之间的关系.

例 1.4.3 设实函数 f 在 $B_E(\boldsymbol{x}^0;\, \delta_0) = E \cap B(\boldsymbol{x}^0;\, \delta_0) \subset \mathbb{R}^n$ 上有定义,我们称($0<\delta<\delta_0$)

$$\begin{aligned} \omega_E(\boldsymbol{x}^0) &= \lim_{\delta\to 0^+} \omega_E(\boldsymbol{x}^0;\, \delta) \\ &= \lim_{\delta\to 0^+} \sup\{\mid f(\boldsymbol{x}') - f(\boldsymbol{x}'') \mid \mid \boldsymbol{x}', \boldsymbol{x}'' \in B_E(\boldsymbol{x}^0;\, \delta)\} \end{aligned}$$

为 f 在点 $\boldsymbol{x}^0 \in E$ 处的**振幅**. 特别当 $E \subset \mathbb{R}^n$ 为开集时,简记为 $\omega(\boldsymbol{x}^0)$.

如果 $E \subset \mathbb{R}^n$ 为开集,f 定义在 E 上,则对任意固定的 $t \in \mathbb{R}$,点集

$$E_t = \{\boldsymbol{x} \in E \mid \omega(\boldsymbol{x}) < t\} \text{ 与} \{\boldsymbol{x} \in E \mid \omega(\boldsymbol{x}) > t\}$$

为开集. 而

$$\{\boldsymbol{x} \in E \mid \omega(\boldsymbol{x}) \geqslant t\} \text{ 与} \{\boldsymbol{x} \in E \mid \omega(\boldsymbol{x}) \leqslant t\}$$

为闭集.

证明 如果 $E_t = \varnothing \in \mathscr{T}$,则 E_t 为开集.

如果 $E_t \neq \varnothing$. 对 $\forall\, \boldsymbol{x}^0 \in E_t$,因 $\omega(\boldsymbol{x}^0) < t$,故 $\exists\, \delta_1 \in (0, \delta_0)$, s. t. $B(\boldsymbol{x}^0;\, \delta_1) \subset E$,且有

$$\sup\{\mid f(\boldsymbol{x}') - f(\boldsymbol{x}'') \mid \mid \boldsymbol{x}', \boldsymbol{x}'' \in B(\boldsymbol{x}^0;\, \delta_1)\} \leqslant t_1 < t.$$

现对 $\forall\, \boldsymbol{x} \in B(\boldsymbol{x}^0;\, \delta_1)$,可选 $\delta_2 > 0$, s. t. $B(\boldsymbol{x};\, \delta_2) \subset B(\boldsymbol{x}^0;\, \delta_1)$. 显然,有

$$\sup\{\mid f(\boldsymbol{x}') - f(\boldsymbol{x}'') \mid \mid \boldsymbol{x}', \boldsymbol{x}'' \in B(\boldsymbol{x};\, \delta_2)\} \leqslant t_1 < t.$$

由此可知

$$\omega(\boldsymbol{x}) \leqslant t_1 < t, \qquad B(\boldsymbol{x}^0;\, \delta_1) \subset E_t.$$

这就证明了 E_t 为$(\mathbb{R}^n, \mathscr{T})$中的开集.

类似可证$\{\boldsymbol{x} \in E \mid \omega(\boldsymbol{x}) > t\}$为开集. 而

$$\{\boldsymbol{x} \in E \mid \omega(\boldsymbol{x}) \geqslant t\} = \mathbb{R}^n - \{\boldsymbol{x} \in E \mid \omega(\boldsymbol{x}) < t\},$$

$$\{\boldsymbol{x}\in E \mid \omega(\boldsymbol{x})\leqslant t\}=\mathbb{R}^n-\{\boldsymbol{x}\in E \mid \omega(\boldsymbol{x})>t\}$$

为闭集. □

定义 1.4.6 设 $E\subset\mathbb{R}^n$，f：$E\to\mathbb{R}$ 为实函数，$\boldsymbol{x}^0\in E$. 如果对 $\forall\,\varepsilon>0$，$\exists\,\delta>0$，s. t. 当 $\boldsymbol{x}\in E\cap B(\boldsymbol{x}^0;\delta)$ 时，有

$$|f(\boldsymbol{x})-f(\boldsymbol{x}^0)|<\varepsilon,$$

则称 f 在点 $\boldsymbol{x}^0$ 处**连续**；称 $\boldsymbol{x}^0$ 为 f 的一个**连续点**（当 $\boldsymbol{x}^0\in E-E'$，即 $\boldsymbol{x}^0$ 为 E 的孤立点时，对充分小的 δ，$\boldsymbol{x}\in E\cap B(\boldsymbol{x}^0;\delta)$，有 $|f(\boldsymbol{x})-f(\boldsymbol{x}^0)|=|f(\boldsymbol{x}^0)-f(\boldsymbol{x}^0)|=0<\varepsilon$）. 如果 E 中任一点皆为 f 的连续点，则称 **f 在 E 上连续**. 并记 $C^0(E,\mathbb{R})=C(E,\mathbb{R})$（简记为 $C^0(E)=C(E)$）为 E 上连续函数的全体.

容易看出，如果 f,g 在 $\boldsymbol{x}^0\in E$ 连续，则 $f\pm g$，$\lambda f(\lambda\in\mathbb{R})$，$fg$ 以及 $\dfrac{f}{g}(g(x^0)\neq 0)$ 在 $\boldsymbol{x}^0$ 也连续. 且有如下定理（参阅[14]中定理 7.4.3，定理 7.4.5，[15]中定理 13.2.1）.

定理 1.4.7(1)（最值定理）设 $E\subset\mathbb{R}^n$ 为紧集（$\Leftrightarrow$有界闭集），$f\in C(E)$，则 $\exists\,\boldsymbol{x}^1,\boldsymbol{x}^2\in E$，s. t.

$$f(\boldsymbol{x}^1)=\sup\{f(\boldsymbol{x})\mid \boldsymbol{x}\in E\}=\max\{f(\boldsymbol{x})\mid \boldsymbol{x}\in E\},$$
$$f(\boldsymbol{x}^2)=\inf\{f(\boldsymbol{x})\mid \boldsymbol{x}\in E\}=\min\{f(\boldsymbol{x})\mid \boldsymbol{x}\in E\}.$$

(2) 设 $E\subset\mathbb{R}^n$ 为紧集，$f\in C(E)$，则 f 在 E 上一致连续，即对 $\forall\,\varepsilon>0$，$\exists\,\delta>0$，当 $\boldsymbol{x}',\boldsymbol{x}''\in E$，$\rho(\boldsymbol{x}',\boldsymbol{x}'')=\|\boldsymbol{x}'-\boldsymbol{x}''\|<\delta$ 时，有

$$|f(\boldsymbol{x}')-f(\boldsymbol{x}'')|<\varepsilon.$$

(3) 设 $E\subset\mathbb{R}^n$，$f_k\in C(E)$，且 $f_k\rightrightarrows f$（$\{f_k\}$ 在 E 上一致收敛于 f，即 $\forall\,\varepsilon>0$，$\exists\,K=K(\varepsilon)\in\mathbb{N}$，当 $k>K$ 时，有

$$|f_k(\boldsymbol{x})-f(\boldsymbol{x})|<\varepsilon,\quad \forall\,\boldsymbol{x}\in E),$$

则 $f\in C(E,\mathbb{R})$.

定义 1.4.7 设 $E\subset\mathbb{R}^n$，$\mathscr{T}$ 为 $\mathbb{R}^n$ 上的通常拓扑，则由下面的引理 1.4.8，有

$$\begin{aligned}\mathscr{T}_E&=\{H\subset E\mid H=E\cap G,G\in\mathscr{T}\}\\&=\{H\subset E\mid \forall\,\boldsymbol{x}\in H,\exists\,\delta>0,\text{s. t. }E\cap B(\boldsymbol{x},\delta)\subset H\}\\&=\{H\subset E\mid \forall\,\boldsymbol{x}\in H,\exists\,\delta>0,\text{s. t. }B_E(\boldsymbol{x},\delta)\subset H\}\end{aligned}$$

（其中 $B_E(\boldsymbol{x};\delta)=E\cap B(\boldsymbol{x};\delta)=\{\boldsymbol{y}\in E\,|\,\rho(\boldsymbol{y},\boldsymbol{x})<\delta\}$）为 E 上的一个拓扑. 于是，$(E,\mathscr{T}_E)$ 为一个拓扑空间，称为 $(\mathbb{R}^n,\mathscr{T})$ 的**子拓扑空间**.

引理 1.4.8 $\mathscr{T}_E$ 为 E 上的一个拓扑.

证明 因为

(1) $\varnothing_E=E\cap\varnothing_{\mathbb{R}^n}\in\mathscr{T}_E$，$E=E\cap\mathbb{R}^n\in\mathscr{T}_E$；

(2) 若 $H_1,H_2\in\mathscr{T}_E$，即 $H_1=E\cap G_1$，$H_2=E\cap G_2$，$G_1\in\mathscr{T}$，$G_2\in\mathscr{T}$，则

$$H_1\cap H_2=(E\cap G_1)\cap(E\cap G_2)=E\cap(G_1\cap G_2)\in\mathscr{T}_E;$$

(3) 若 $H_\alpha\in\mathscr{T}_E$，$\alpha\in\Gamma$，即 $H_\alpha=E\cap G_\alpha$，$G_\alpha\in\mathscr{T}$，$\alpha\in\Gamma$，则

$$\bigcup_{\alpha\in\Gamma} H_\alpha = \bigcup_{\alpha\in\Gamma}(E\cap G_\alpha) = E\cap\left(\bigcup_{\alpha\in\Gamma} G_\alpha\right)\in\mathscr{T}_E,$$

所以，$\mathscr{T}_E$ 为 E 上的一个拓扑. □

例 1.4.4　设 $E\subset\mathbb{R}^n$，$f\colon E\to\mathbb{R}$ 为连续函数，则对 $\forall t\in\mathbb{R}$，

$$E_t = \{\boldsymbol{x}\in E \mid f(\boldsymbol{x})>t\}$$

为$(E,\mathscr{T}_E)$中的开集（当 $E\subset\mathbb{R}^n$ 为开集时，E_t 也为$(\mathbb{R}^n,\mathscr{T})$中的开集）.

$$F_t = \{\boldsymbol{x}\in E \mid f(\boldsymbol{x})\geqslant t\}$$

为$(E,\mathscr{T}_E)$中的闭集（当 $E\subset\mathbb{R}^n$ 为闭集时，F_t 也为$(\mathbb{R}^n,\mathscr{T})$中的闭集）.

类似地，$\{\boldsymbol{x}\in E\mid f(\boldsymbol{x})<t\}$和$\{\boldsymbol{x}\in E\mid f(\boldsymbol{x})\leqslant t\}$分别为$(E,\mathscr{T}_E)$中的开集和闭集.

证明　(1) $\forall\,\boldsymbol{x}\in E_t$，则 $f(\boldsymbol{x})>t$. 由 f 连续，$\exists\,\delta_x>0$，s. t.

$$f(\boldsymbol{y})>t,\quad \forall\,\boldsymbol{y}\in B_E(\boldsymbol{x};\,\delta_x) = E\cap B(\boldsymbol{x};\,\delta_x),$$

所以，$\boldsymbol{x}\in B_E(\boldsymbol{x};\,\delta_x)\subset E_t$，从而 E_t 为$(E,\mathscr{T}_E)$中的开集. 并且

$$\begin{aligned}E_t &= \bigcup_{x\in E_t} B_E(\boldsymbol{x};\,\delta_x) = \bigcup_{x\in E_t}(E\cap B(\boldsymbol{x};\,\delta_x))\\ &= E\cap\left(\bigcup_{x\in E_t} B(\boldsymbol{x};\,\delta_x)\right) = E\cap G_t,\end{aligned}$$

其中 $G_t=\bigcup_{x\in E_t}B(\boldsymbol{x};\,\delta_x)$为$(\mathbb{R}^n,\mathscr{T})$中的开集. 这也说明了 E_t 为$(\mathbb{R}^n,\mathscr{T}_E)$中的开集.

类似可证$\{\boldsymbol{x}\in E\mid f(\boldsymbol{x})<t\}$为$(E,\mathscr{T}_E)$中的开集. 或者由上述结果知

$$\{\boldsymbol{x}\in E\mid f(\boldsymbol{x})<t\} = \{\boldsymbol{x}\in E\mid -f(\boldsymbol{x})>-t\}$$

为$(E,\mathscr{T}_E)$中的开集.

(2) $F_t=\{\boldsymbol{x}\in E\mid f(\boldsymbol{x})\geqslant t\}=E-\{\boldsymbol{x}\in E\mid f(\boldsymbol{x})<t\}$

为$(E,\mathscr{T}_E)$中的闭集. 或者从 $\boldsymbol{x}^m\in F_t$，$\boldsymbol{x}^0=\lim\limits_{m\to+\infty}\boldsymbol{x}^m$ 立即得到

$$\begin{aligned}&f(\boldsymbol{x}^m)\geqslant t,\\ &f(\boldsymbol{x}^0) = \lim_{m\to+\infty} f(\boldsymbol{x}^m)\geqslant t,\quad \boldsymbol{x}^0\in F_t.\end{aligned}$$

由此可断言，F_t 为$(E,\mathscr{T}_E)$中的闭集.

类似可证，$\{\boldsymbol{x}\in E\mid f(\boldsymbol{x})\leqslant t\}$为$(E,\mathscr{T}_E)$中的闭集. 或者由上述结果知

$$\{\boldsymbol{x}\in E\mid f(\boldsymbol{x})\leqslant t\} = \{\boldsymbol{x}\in E\mid -f(\boldsymbol{x})\geqslant -t\}$$

为$(E,\mathscr{T}_E)$中的闭集. □

例 1.4.5（函数在点 $\boldsymbol{x}^0$ 连续的充要条件）　设 $E\subset\mathbb{R}^n$，$f\colon E\to\mathbb{R}$，则

$$f\text{ 在 }\boldsymbol{x}^0\text{ 连续}\Leftrightarrow\omega_E(\boldsymbol{x}^0)=0.$$

证明　($\Rightarrow$) f 在 $\boldsymbol{x}^0$ 连续，即 $\forall\,\varepsilon>0$，$\exists\,\delta>0$，当 $\boldsymbol{x}\in B_E(\boldsymbol{x}^0;\,\delta)$时，有

$$|f(\boldsymbol{x})-f(\boldsymbol{x}^0)|<\frac{\varepsilon}{4}.$$

因此，当 $\boldsymbol{x}'$，$\boldsymbol{x}''\in B_E(\boldsymbol{x}^0;\,\delta)$时，有

$$|f(\boldsymbol{x}')-f(\boldsymbol{x}'')|\leqslant|f(\boldsymbol{x}')-f(\boldsymbol{x}^0)|+|f(\boldsymbol{x}^0)-f(\boldsymbol{x}'')|<\frac{\varepsilon}{4}+\frac{\varepsilon}{4}=\frac{\varepsilon}{2},$$

$$\sup\{|f(\boldsymbol{x}')-f(\boldsymbol{x}'')|\,\Big|\,\boldsymbol{x}',\boldsymbol{x}''\in B_E(\boldsymbol{x}^0,\delta)\}\leqslant\frac{\varepsilon}{2}<\varepsilon.$$

于是

$$\omega_E(\boldsymbol{x}^0)=\lim_{\delta\to 0^+}\sup\{|f(\boldsymbol{x}')-f(\boldsymbol{x}'')|\,\Big|\,\boldsymbol{x}',\boldsymbol{x}''\in B_E(\boldsymbol{x}^0;\delta)\}=0.$$

(⇐)设

$$\omega_E(\boldsymbol{x}^0)=\lim_{\delta\to 0^+}\sup\{|f(\boldsymbol{x}')-f(\boldsymbol{x}'')|\,\Big|\,\boldsymbol{x}',\boldsymbol{x}''\in B_E(\boldsymbol{x}^0;\delta)\}=0,$$

即对 $\forall\,\varepsilon>0$，$\exists\,\eta>0$，当 $0<\delta<\eta$ 时，有

$$\sup\{|f(\boldsymbol{x}')-f(\boldsymbol{x}'')|\,\Big|\,\boldsymbol{x}',\boldsymbol{x}''\in B_E(\boldsymbol{x}^0;\delta)\}<\varepsilon.$$

特别当 $\boldsymbol{x}'=\boldsymbol{x}$，$\boldsymbol{x}''=\boldsymbol{x}^0$ 时，有

$$|f(\boldsymbol{x})-f(\boldsymbol{x}^0)|<\varepsilon,\quad \forall\,\boldsymbol{x}\in B_E(\boldsymbol{x}^0;\delta).$$

这就证明了 f 在点 $\boldsymbol{x}^0$ 处连续. □

例 1.4.6(函数连续点集的结构) 设 $G\subset\mathbb{R}^n$ 为开集，$f\colon G\to\mathbb{R}$ 为实函数，则 f 的连续点集为 G_δ 集，因此，它也为 Borel 集.

证明 由例 1.4.5 知

$$f\text{ 在 }\boldsymbol{x}^0\in G\text{ 连续}\Leftrightarrow\omega(\boldsymbol{x}^0)=0.$$

因此，f 的连续点集可表示为

$$\bigcap_{k=1}^{\infty}\left\{\boldsymbol{x}\in G\,\Big|\,\omega(\boldsymbol{x})<\frac{1}{k}\right\}.$$

根据例 1.4.3，$\left\{\boldsymbol{x}\in G\,\Big|\,\omega(\boldsymbol{x})<\frac{1}{k}\right\}$ 为 G(也是 $(\mathbb{R}^n,\mathscr{T})$)中的开集，所以 f 的连续点集为 G_δ 集.

□

例 1.4.7(连续函数可导点集的结构) 设 $f\colon\mathbb{R}^1\to\mathbb{R}$ 为连续函数，则 f 的可导点集为 $F_{\sigma\delta}$ 集(可数个 F_σ 集的交集).

证明 根据 de Morgan 公式，有

$$\Big(\bigcap_{i=1}^{\infty}\bigcup_{j=1}^{\infty}F_{ij}\Big)^c=\bigcup_{i=1}^{\infty}\Big(\bigcup_{j=1}^{\infty}F_{ij}\Big)^c=\bigcup_{i=1}^{\infty}\bigcap_{j=1}^{\infty}F_{ij}^c.$$

因此

f 的可导点集为 $F_{\sigma\delta}$ 集 ⇔ f 的不可导点集为 $G_{\delta\sigma}$ 集(可数个 G_δ 集的并集).

应用上、下导数 $\left(\overline{\lim_{x\to a}}\dfrac{f(x)-f(a)}{x-a},\ \underline{\lim_{x\to a}}\dfrac{f(x)-f(a)}{x-a}\right)$ 的概念，f 的不可导点集为下面三个集合的并：

$$\begin{aligned}A&=\left\{a\,\Big|\,\underline{\lim_{x\to a}}\frac{f(x)-f(a)}{x-a}<\overline{\lim_{x\to a}}\frac{f(x)-f(a)}{x-a}\right\}\\&=\bigcup_{r,R\in\mathbb{Q}}\left\{a\,\Big|\,\underline{\lim_{x\to a}}\frac{f(x)-f(a)}{x-a}\leqslant r<R\leqslant\overline{\lim_{x\to a}}\frac{f(x)-f(a)}{x-a}\right\}\end{aligned}$$

$$=\bigcup_{\substack{r,R\in\mathbb{Q}\\ r<R}}\left(\left\{a\,\middle|\,\underline{\lim}_{x\to a}\frac{f(x)-f(a)}{x-a}\leqslant r\right\}\cap\left\{a\,\middle|\,\overline{\lim}_{x\to a}\frac{f(x)-f(a)}{x-a}\geqslant R\right\}\right),$$

$$B=\left\{a\,\middle|\,\overline{\lim}_{x\to a}\frac{f(x)-f(a)}{x-a}=+\infty\right\}=\bigcap_{r\in\mathbb{Q}}\left\{a\,\middle|\,\overline{\lim}_{x\to a}\frac{f(x)-f(a)}{x-a}\geqslant r\right\},$$

$$C=\left\{a\,\middle|\,\underline{\lim}_{x\to a}\frac{f(x)-f(a)}{x-a}=-\infty\right\}=\bigcap_{r\in\mathbb{Q}}\left\{a\,\middle|\,\underline{\lim}_{x\to a}\frac{f(x)-f(a)}{x-a}\leqslant r\right\}.$$

另一方面，对任何固定的 $n,k\in\mathbb{N}$，由 f 的连续性知

$$\left\{a\,\middle|\,\exists x,\text{s. t.}\quad 0<|x-a|<\frac{1}{n},\text{且}\frac{f(x)-f(a)}{x-a}>t-\frac{1}{k}\right\}$$

为开集. 从而

$$\left\{a\,\middle|\,\overline{\lim}_{x\to a}\frac{f(x)-f(a)}{x-a}\geqslant t\right\}$$

$$=\bigcap_{k=1}^{\infty}\bigcap_{n=1}^{\infty}\left\{a\,\middle|\,\exists x,\text{s. t.}\,0<|x-a|<\frac{1}{n},\text{且}\frac{f(x)-f(a)}{x-a}>t-\frac{1}{k}\right\}$$

为 G_δ 集.

同理可证

$$\left\{a\,\middle|\,\underline{\lim}_{x\to a}\frac{f(x)-f(a)}{x-a}\leqslant t\right\}$$

亦为 G_δ 集. 或者从前面结果知

$$\left\{a\,\middle|\,\underline{\lim}_{x\to a}\frac{f(x)-f(a)}{x-a}\leqslant t\right\}=\left\{a\,\middle|\,\overline{\lim}_{x\to a}\frac{-f(x)-(-f(a))}{x-a}\geqslant -t\right\}$$

为 G_δ 集.

于是，f 的不可导点集 $A\cup B\cup C$ 为至多可数个 G_δ 集的并集，即为 $G_{\delta\sigma}$ 集. □

练习题 1.4

1. 设 $E\subset\mathbb{R}^n$，证明：E° 与 $(E^c)^\circ$ 都为开集，E 的边界 $\partial E=E^b$ 都为闭集.

2. (1) 设 $E_i\subset\mathbb{R}^n$，$i=1,2,\cdots,k$. 证明：$\bigcup_{i=1}^{k}E_i'=\left(\bigcup_{i=1}^{k}E_i\right)'$；$\bigcup_{i=1}^{k}\overline{E_i}=\overline{\bigcup_{i=1}^{k}E_i}$.

(2) 设 $E_i\subset\mathbb{R}^n$，$i=1,2,\cdots,k$. 证明：

$$\bigcup_{i=1}^{\infty}E'_i\subset\left(\bigcup_{i=1}^{\infty}E_i\right)';\quad\bigcup_{i=1}^{\infty}\overline{E_i}\subset\overline{\bigcup_{i=1}^{\infty}E_i}.$$

进而是否有

$$\bigcup_{i=1}^{\infty}E'_i=\left(\bigcup_{i=1}^{\infty}E_i\right)',\qquad\bigcup_{i=1}^{\infty}\overline{E_i}=\overline{\bigcup_{i=1}^{\infty}E_i}.$$

3. 记 $A^1=A'$，$A^2=(A^1)'$，$\cdots$，$A^{n+1}=(A^n)'$. 试作集合 A，使 $A^n(n=1,2,\cdots)$ 彼此相异.

4. 设 $E\subset\mathbb{R}^n$ 为孤立点集，证明：E 为至多可数集.

5. 证明：$\mathbb{R}^n$ 中每个闭集为 G_δ 集；每个开集为 F_σ 集.

6. 证明：(1) $\mathbb{R}^n$ 中完全集(即 $E=E'$)全体所成的集类的势为$\aleph$.

(2) $\mathbb{R}^n$ 中紧致集全体所成的集类的势为$\aleph$.

(3) $\mathbb{R}^n$ 中孤立点集全体所成的集类的势为$\aleph$.

(4) $\mathbb{R}^n$ 中至多可数子集全体所成的集类的势为$\aleph$.

7. 设 $f:\mathbb{R}^1\to\mathbb{R}$ 为单调增的函数，证明：点集

$$E=\{x\mid 对\ \forall\delta>0,有\ f(x+\delta)-f(x-\delta)>0\}$$

为$\mathbb{R}^1$ 中的闭集.

8. 证明：$F\subset\mathbb{R}^n$ 为有界闭集$\Leftrightarrow$对 F 的任何无限子集 E，必有 $E'\cap F\neq\varnothing$.

9. 设$\{F_\alpha\}$为$\mathbb{R}^n$ 中有界闭集族，若任取其中有限个 $F_{\alpha_1},F_{\alpha_2},\cdots,F_{\alpha_k}$，都有 $\bigcap\limits_{i=1}^{k}F_{\alpha_i}\neq\varnothing$. 证明：$\bigcap\limits_{\alpha}F_\alpha\neq\varnothing$.

10. 设$\{F_\alpha\}$为$\mathbb{R}^n$ 中有界闭集族，$G\subset\mathbb{R}^n$ 为开集，且有 $\bigcap\limits_{\alpha}F_\alpha\subset G$.

证明：$\{F_\alpha\}$中存在 $F_{\alpha_1},F_{\alpha_2},\cdots,F_{\alpha_k}$，使得 $\bigcap\limits_{i=1}^{k}F_{\alpha_i}\subset G$.

11. 设 $f:\mathbb{R}^1\to\mathbb{R}$ 为实函数. 证明：

f 为连续函数$\Leftrightarrow$对 $\forall t\in\mathbb{R}$，点集$\{x\mid f(x)\leqslant t\}$与$\{x\mid f(x)\geqslant t\}$都为闭集.

12. 设 $f:\mathbb{R}^1\to\mathbb{R}$ 为可导函数. 证明：

f'为连续函数$\Leftrightarrow$对 $\forall t\in\mathbb{R}$，点集$\{x\in\mathbb{R}^1\mid f'(x)=t\}$为闭集.

13. 设 $f_n:\mathbb{R}^1\to\mathbb{R}\ (n\in\mathbb{N})$为连续函数列. 证明：

$$\left\{x\ \middle|\ \varliminf_{n\to+\infty}f_n(x)>0\right\}$$

为 F_σ 集.

14. 设 $f:\mathbb{R}^1\to\mathbb{R}$ 为实函数. 证明：点集

$$\left\{x\ \middle|\ \lim_{y\to x}f(y)\ 存在有限\right\}$$

为 G_δ 集.

15. 证明：开区间(a,b)不能表示为至多可数个两两不相交的闭集之并.

16. 设 $G_1,G_2\subset\mathbb{R}^n$ 为两个不相交的开集. 证明：$G_1\cap\overline{G_2}=\varnothing$.

17. 设 $G\subset\mathbb{R}^n$. 如果 $\forall E\subset\mathbb{R}^n$，有 $G\cap\overline{E}\subset\overline{G\cap E}$. 证明：$G$ 为开集.

18. 设 $E\subset\mathbb{R}^n$，$E\neq\varnothing,\mathbb{R}^n$. 证明：$E$ 的边界$\partial E\neq\varnothing$.

19. 设 $F\subset\mathbb{R}^1$ 为闭集，F^c 的构成区间(假定都是有限的)中心点的集合为 E. 证明：$E'\subset F'$.

20. 设$\{F_\alpha \mid \alpha\in\mu\}$为$\mathbb{R}^n$中的闭集族,且对$\forall\,\alpha,\beta\in\mu$,有$F_\alpha\subset F_\beta$或$F_\beta\subset F_\alpha$.证明:$F_0=\bigcup\limits_{\alpha\in\mu}F_\alpha$为$\mathrm{F}_\sigma$集.

21. 设$G\subset\mathbb{R}^n$为开集.试构造$\mathbb{R}^n$上的连续函数列$g_k(\boldsymbol{x})(k=1,2,\cdots)$,s.t.

$$\lim_{k\to+\infty} g_k(\boldsymbol{x})=\chi_G(\boldsymbol{x}),\quad \forall\,\boldsymbol{x}\in\mathbb{R}^n.$$

22. 设$F\subset\mathbb{R}^n$为闭集.试构造$\mathbb{R}^n$上的连续函数列$f_k(\boldsymbol{x})(k=1,2,\cdots)$,s.t.

$$\lim_{k\to+\infty} f_k(\boldsymbol{x})=\chi_F(\boldsymbol{x}),\quad \forall\,x\in\mathbb{R}^n.$$

23. 设$E\subset\mathbb{R}^n$.证明:$\chi_E(\boldsymbol{x})$为$\mathbb{R}^n$上连续函数列的极限$\Leftrightarrow E$同时为G_δ集与F_σ集.

24. 设$E\subset\mathbb{R}^1$非空,$f(x)$为E上的实值函数,满足Lipschitz条件

$$|f(x)-f(y)|\leqslant M|x-y|,\quad x,y\in E.$$

证明:可将$f(x)$延拓到$\mathbb{R}^1$,使它满足上述Lipschitz条件.

25. 设$E\subset[0,1]$,且f在E上连续.试构造定义在$[0,1]$上的函数$g(x)$,以E中的点为连续点,且$g(x)\big|_{x\in E}=f(x)$.

26. 设$F\subset\mathbb{R}^1$为闭集.试构造$\mathbb{R}^1$上单调增的函数$f(x)$,使得$f\in C^1(\mathbb{R}^1)$(即f为$\mathbb{R}^1$上的连续可导函数),且$F=\{x\in\mathbb{R}^1 \mid f'(x)=0\}$.

27. 设$f:\mathbb{R}^1\to\mathbb{R}$在有理点上取值为无理数,在无理点上取值为有理数.证明:f不为连续函数.

28. 设$f_i(i=1,2,\cdots)$为紧致集(即有界闭集)$F\subset\mathbb{R}^n$上的非负连续函数列,且

$$f_i(\boldsymbol{x})\geqslant f_j(\boldsymbol{x}),\quad \forall\,\boldsymbol{x}\in F,\quad i\leqslant j;$$
$$\lim_{i\to+\infty} f_i(\boldsymbol{x})=0,\quad \forall\,\boldsymbol{x}\in F.$$

证明:$\{f_i\}$在F上一致收敛于0.

29. 设f在$[a,b]$上为连续函数,D为$[a,b]$中的可数子集.如果对$\forall\,x\in[a,b]-D$,都$\exists\,\delta=\delta(x)>0$,s.t. $f(y)>f(x)$,$\forall\,y\in(x,x+\delta(x))$.证明:$f(x)$在$[a,b]$上严格增.

30. 设$f:[a,b]\to\mathbb{R}$为实函数.证明:f在$[a,b]$上的连续点集全体为Borel集.

31. 设A,B为$\mathbb{R}^1$中的点集.试证明:$(A\times B)'=(\overline{A}\times B')\cup(A'\times\overline{B})$.

1.5 Baire定理及其应用

关于G_δ集和F_σ集有重要的Baire定理.它对实函数的深入研究非常有用.

定理1.5.1(Baire)　设$E\subset\mathbb{R}^n$为F_σ集,即$E=\bigcup\limits_{k=1}^{\infty}F_k$,$F_k(k\in\mathbb{N})$皆为闭集.如果每个$F_k(k\in\mathbb{N})$皆无内点,则$E$也无内点.或者$E$有内点,必存在某个$F_{k_0}$包含内点.

由de Morgan公式立知,它等价于:设$G_k(k\in\mathbb{N})$为$\mathbb{R}^n$中的稠密(即$\overline{G}_k=\mathbb{R}^n$)开集,则

G_δ 集 $\bigcap\limits_{k=1}^{\infty} G_k$ 在$\mathbb{R}^n$ 中也稠密.

证明 证法1 (反证)反设 E 有内点 $\boldsymbol{x}^0$,则 $\exists\,\delta_0>0$, s. t. $\overline{B(\boldsymbol{x}^0;\delta_0)}\subset E$. 因为 F_1 无内点,故 $\exists\,\boldsymbol{x}^1\in B(\boldsymbol{x}^0;\delta_0)-F_1$. 又因 F_1 为闭集,所以可取 $\delta_1\in(0,1)$, s. t. $\overline{B(\boldsymbol{x}^1;\delta_1)}\cap F_1=\varnothing$,同时有 $\overline{B(\boldsymbol{x}^1;\delta_1)}\subset B(\boldsymbol{x}^0;\delta_0)$. 再从 $\overline{B(\boldsymbol{x}^1;\delta_1)}$ 出发将类似的推理应用于 F_2,则可得 $\overline{B(\boldsymbol{x}^2;\delta_2)}$, s. t. $\overline{B(\boldsymbol{x}^2;\delta_2)}\cap F_2=\varnothing$, $\overline{B(\boldsymbol{x}^2;\delta_2)}\subset B(\boldsymbol{x}^1;\delta_1)$,其中 $\delta_2\in\left(0,\frac{1}{2}\right)$. 依次类推可得到点列 $\{\boldsymbol{x}^k\}$ 与正数 $\{\delta_k\}$, s. t. 对 $\forall\,k\in\mathbb{N}$,有

$$\overline{B(\boldsymbol{x}^k;\delta_k)}\subset B(\boldsymbol{x}^{k-1};\delta_{k-1}),\qquad \overline{B(\boldsymbol{x}^k;\delta_k)}\cap F_k=\varnothing,$$

其中 $\delta_k\in\left(0,\frac{1}{k}\right)$. 根据 Cantor 闭集套原理,$\exists_1\,\boldsymbol{x}\in\bigcap\limits_{k=1}^{\infty}\overline{B(\boldsymbol{x}^k;\delta_k)}$. 显然 $\boldsymbol{x}\notin F_k$, $\forall\,k\in\mathbb{N}$. 所以,$\boldsymbol{x}\notin\bigcup\limits_{k=1}^{\infty}F_k=E$,这与 $\boldsymbol{x}\in\overline{B(\boldsymbol{x}^k;\delta_k)}\subset\overline{B(\boldsymbol{x}^0;\delta_0)}\subset E$ 相矛盾.

也可直接证明如下:当 $l>k$ 时,有 $\boldsymbol{x}^l\in B(\boldsymbol{x}^k;\delta_k)$,故

$$\|\boldsymbol{x}^l-\boldsymbol{x}^k\|<\delta_k<\frac{1}{k},$$

这说明$\{\boldsymbol{x}^k\}$为$\mathbb{R}^n$ 中的基本列(Cauchy 列),从而它是收敛列. 即 $\exists\,\boldsymbol{x}\in\mathbb{R}^n$, s. t. $\lim\limits_{k\to+\infty}\|\boldsymbol{x}^k-\boldsymbol{x}\|=0$.

此外,从不等式

$$\|\boldsymbol{x}^k-\boldsymbol{x}\|\leqslant\|\boldsymbol{x}^k-\boldsymbol{x}^l\|+\|\boldsymbol{x}^l-\boldsymbol{x}\|<\delta_k+\|\boldsymbol{x}^l-\boldsymbol{x}\|,\quad l>k$$

立即可知(令 $l\to+\infty$) $\|\boldsymbol{x}^k-\boldsymbol{x}\|\leqslant\delta_k$. 从而,$\boldsymbol{x}\in\overline{B(\boldsymbol{x}^k;\delta_k)}$ 且对 $\forall\,k\in\mathbb{N}$, $\boldsymbol{x}\notin F_k$. 这与 $\boldsymbol{x}\in E=\bigcup\limits_{k=1}^{\infty}F_k$ 相矛盾.

证法2 $\forall\,\boldsymbol{x}\in\mathbb{R}^n$, U 为 $\boldsymbol{x}$ 的任何开邻域. 因为 G_1 为$\mathbb{R}^n$ 中的稠密集,故 $\exists\,\boldsymbol{x}^1\in U\cap G_1$ 及 $\delta_1\in(0,1)$, s. t. $\overline{B(\boldsymbol{x}^1;\delta_1)}\subset U\cap G_1$. 又因 G_2 为$\mathbb{R}^n$ 中的稠密集,$\exists\,\boldsymbol{x}^2\in B(\boldsymbol{x}^1;\delta_1)\cap G_1\cap G_2$ 及 $\delta_2\in\left(0,\frac{1}{2}\right)$, s. t. $\overline{B(\boldsymbol{x}^2;\delta_2)}\subset B(\boldsymbol{x}^1;\delta_1)\cap G_1\cap G_2$. 依次类推,$\exists\,\boldsymbol{x}^k\in B(\boldsymbol{x}^{k-1};\delta_{k-1})\cap G_1\cap\cdots\cap G_k$ 及 $\delta_k\in\left(0,\frac{1}{k}\right)$, s. t. $\overline{B(\boldsymbol{x}^k;\delta_k)}\subset B(\boldsymbol{x}^{k-1};\delta_{k-1})\cap G_1\cap\cdots\cap G_k$, $k=3,4,\cdots$. 根据闭集套原理,$\exists_1\,\boldsymbol{x}^0\in\bigcap\limits_{k=1}^{\infty}\overline{B(\boldsymbol{x}^k;\delta_k)}\subset U\cap\left(\bigcap\limits_{k=1}^{\infty}G_k\right)$. 这就证明了 $\bigcap\limits_{k=1}^{\infty}G_k$ 在$\mathbb{R}^n$ 中也是稠密的.

根据 de Morgan 公式,等价命题由

$$G_k\text{ 稠密}\Leftrightarrow G_k^c\text{ 无内点},$$

以及

$$\bigcap_{k=1}^{\infty}G_k\text{ 稠密}\Leftrightarrow\left(\bigcap_{k=1}^{\infty}G_k\right)^c=\bigcup_{k=1}^{\infty}G_k^c\text{ 无内点},$$

立即得到. □

定义 1.5.1　设 X 为非空集合，ρ: $X\times X\to\mathbb{R}$ 为映射，满足：对 $\forall x,y,z\in X$，有

(1) $\rho(x,y)\geqslant 0$. $\rho(x,y)=0\Leftrightarrow x=y$(正定性)；

(2) $\rho(x,y)=\rho(y,x)$(对称性)；

(3) $\rho(x,y)\leqslant\rho(x,z)+\rho(z,x)$(三角(点)不等式).

则称 ρ 为 X 上的一个**度量**或**距离**. (X,ρ)称为 X 上的一个**度量空间**或**距离空间**.

显然，X 上的子集族

$$\mathscr{T}_\rho=\{G\mid\forall x\in G,\exists\delta=\delta(x)>0,\text{s. t. }B(x;\delta)\subset G\}$$

满足引理 1.4.1 中 $\mathscr{T}$ 满足的三个条件，并称 $\mathscr{T}_\rho$ 为 X 上由 ρ **诱导的拓扑**. $(X,\mathscr{T}_\rho)$称为 X 上由 ρ **诱导的拓扑空间**. $G\in\mathscr{T}_\rho$ 称为$(X,\mathscr{T}_\rho)$的**开集**，开集 G 的余集 G^c 称为其**闭集**.

如果$\{x_k|k\in\mathbb{N}\}\subset X$，$x_0\in X$，$\rho(x_k,x_0)\to 0(k\to+\infty)$，则称点列$\{x_k|k\in\mathbb{N}\}$收敛于 x_0.

类似$(\mathbb{R}^n,\mathscr{T})$可引进聚点、孤立点、闭包等等.

定义 1.5.2　设(X,ρ)为度量空间，如果对 $\forall\varepsilon>0$，必 $\exists N\in\mathbb{N}$，当 $m,n>N$ 时，有

$$\rho(x_m,x_n)<\varepsilon,$$

则称点列$\{x_k\}\subset X$ 为一个**基本点列**或 **Cauchy 点列**.

如果对(X,ρ)中的任何基本点列$\{x_k\}$(或 Cauchy 点列)是收敛的(收敛于 $x_0\in X$)，则称(X,ρ)为**完备度量空间**.

显然，完备度量空间的闭子空间仍是完备度量空间. $(\mathbb{R}^n,\rho)$为完备度量空间.

完全类似定理 1.5.1，可以得到一般的 Baire 定理.

定理 1.5.2(一般 Baire 定理)　设(X,ρ)为完备度量空间，X 的子集 E 为 F_σ 集，即 $E=\bigcup\limits_{k=1}^{\infty}F_k$，$F_k(k\in\mathbb{N})$皆为闭集. 如果每个 $F_k(k\in\mathbb{N})$皆无内点，则 E 也无内点. 或者 E 有内点，必有某个 F_{k_0} 有内点.

由 de Morgan 公式立知，它等价于：设 $G_k(k\in\mathbb{N})$为$(X,\mathscr{T}_\rho)$中的稠密(即 $\overline{G}_k=X$)开集，则 G_δ 集 $\bigcap\limits_{k=1}^{\infty}G_k$ 在$(X,\mathscr{T}_\rho)$中也稠密.

例 1.5.1　(1) 有(无)理点集$\mathbb{Q}^n(\mathbb{R}^n-\mathbb{Q}^n)$为 $F_\sigma(G_\delta)$集.

(2) 有(无)理点集$\mathbb{Q}^n(\mathbb{R}^n-\mathbb{Q}^n)$不为 $G_\delta(F_\sigma)$集.

证明　(1) 因$\mathbb{Q}$为可数集，故可记

$$\mathbb{Q}^n=\{\boldsymbol{r}_k\mid k\in\mathbb{N}\}.$$

而单(独)点集$\{\boldsymbol{r}_k\}$显然为$(\mathbb{R}^n,\mathscr{T})$的闭集. 于是，$\mathbb{Q}^n=\bigcup\limits_{k=1}^{\infty}\{\boldsymbol{r}_k\}$为 F_σ 集. $\mathbb{R}^n-\mathbb{Q}^n=\left(\bigcup\limits_{k=1}^{\infty}\{\boldsymbol{r}_k\}\right)^c$ $\xlongequal{\text{de Morgan}}\bigcap\limits_{k=1}^{\infty}\{\boldsymbol{r}_k\}^c=\bigcap\limits_{k=1}^{\infty}(\mathbb{R}^n-\{\boldsymbol{r}_k\})$为 G_δ 集.

(2) (反证)假设$\mathbb{Q}^n$ 为 G_δ 集，即$\mathbb{Q}^n=\bigcap\limits_{i=1}^{\infty}G_i$，其中，$G_i(i\in\mathbb{N})$为$(\mathbb{R}^n,\mathscr{T})$中的开集，则有

$$\begin{aligned}\mathbb{R}^n &= (\mathbb{R}^n - \mathbb{Q}^n) \cup \mathbb{Q}^n \\ &= \left(\bigcap_{i=1}^{\infty} G_i\right)^c \cup \{\boldsymbol{r}_k \mid k \in \mathbb{N}\} \\ &= \bigcup_{i=1}^{\infty} G_i^c \cup \{\boldsymbol{r}_k \mid k \in \mathbb{N}\},\end{aligned}$$

其中 G_i^c 与 $\{r_k\}$ 皆为无内点的闭集，从而 $\mathbb{R}^n$ 为至多可数个无内点的闭集的并集. 根据 Baire 定理 1.5.1，$\mathbb{R}^n$ 无内点，这与 $\mathbb{R}^n$ 的点全为内点相矛盾. 因此，$\mathbb{Q}^n$ 不为 G_δ 集（$\overset{\text{de Morgan}}{\Longleftrightarrow}$ $\mathbb{R}^n - \mathbb{Q}^n$ 不为 F_σ 集）. □

例 1.5.2 不存在函数 $f: \mathbb{R} \to \mathbb{R}$，使得 f 在所有有理点处连续，而在所有无理点处不连续.

证明 证法 1 （反证）假设 $\exists f: \mathbb{R} \to \mathbb{R}$ 在 $\mathbb{Q}$ 的每一点处连续，而在 $\mathbb{R} - \mathbb{Q}$ 的每一点处不连续. 根据例 1.4.6，f 的连续点集 $\mathbb{Q}$ 为 G_δ 集，这与例 1.5.1(2)，$\mathbb{Q}$ 不为 G_δ 集相矛盾.

证法 2 （反证）假设 $\exists f: \mathbb{R} \to \mathbb{R}$ 在所有的有理点连续，而在所有的无理点不连续. 根据例 1.4.3，显然

$$\begin{aligned}E_n &= \left\{x \in \mathbb{R} \mid f \text{ 在 } x \text{ 的振幅 } \omega(x) \geqslant \frac{1}{n}\right\} \\ &= \mathbb{R} - \left\{x \in \mathbb{R} \mid f \text{ 在 } x \text{ 的振幅 } \omega(x) < \frac{1}{n}\right\}\end{aligned}$$

为闭集，且 $E_n \subset \mathbb{R} - \mathbb{Q}$ 无内点. 另一方面，设可数集

$$\mathbb{Q} = \{r_1, r_2, \cdots, r_n, \cdots\},$$

则单(独)点集 $\{r_n\}$ 也是无内点的闭集. 于是

$$\mathbb{R} = \mathbb{Q} \cup (\mathbb{R} - \mathbb{Q}) = \left(\bigcup_{n=1}^{\infty} \{r_n\}\right) \cup \left(\bigcup_{n=1}^{\infty} E_n\right).$$

根据 Baire 定理 1.5.1，$\mathbb{R}$ 无内点，但显然 $\mathbb{R}$ 中任一点都是内点，矛盾.

证法 3 （反证）假设 $\exists f: \mathbb{R} \to \mathbb{R}$ 在所有的有理点连续，而在所有的无理点不连续. 设

$$\mathbb{Q} = \{r_1, r_2, \cdots, r_n, \cdots\},$$

取 $r_1^* \in \mathbb{Q} - \{r_1\}$，因 f 在 r_1^* 连续，故 $\exists \delta_1 > 0$，s. t.，$r_1 \notin [r_1^* - \delta_1, r_1^* + \delta_1]$，$2\delta_1 < \frac{1}{2}$，且有

$$|f(x) - f(r_1^*)| < \frac{1}{2}, \quad x \in [r_1^* - \delta_1, r_1^* + \delta_1].$$

再取 $r_2^* \in (r_1^* - \delta_1, r_1^* + \delta_1) \cap (\mathbb{Q} - \{r_1, r_2, r_1^*\})$. 由 f 在 r_2^* 连续，$\exists \delta_2 > 0$，s. t. $r_1, r_2, r_1^* \notin [r_2^* - \delta_2, r_2^* + \delta_2] \subset (r_1^* - \delta_1, r_1^* + \delta_1)$，$2\delta_2 < \frac{1}{2^2}$，且有

$$|f(x) - f(r_2^*)| < \frac{1}{2^2}, \quad x \in [r_2^* - \delta_2, r_2^* + \delta_2].$$

如此继续下去，可取

$$r_n^* \in (r_{n-1}^* - \delta_{n-1}, r_{n-1}^* + \delta_{n-1}) \cap (\mathbb{Q} - \{r_1, r_2, \cdots, r_n, r_1^*, r_2^*, \cdots, r_{n-1}^*\}).$$

再由 f 在 r_n^* 连续，$\exists \delta_n > 0$, s. t.

$$r_1, r_2 \cdots, r_n, r_1^*, r_2^*, \cdots, r_{n-1}^* \notin [r_n^* - \delta_n, r_n^* + \delta_n] \subset (r_{n-1}^* - \delta_{n-1}, r_{n-1}^* + \delta_{n-1}),$$

$$2\delta_n < \frac{1}{2^n},$$

且有

$$|f(x) - f(r_n^*)| < \frac{1}{2^n}, \quad x \in [r_n^* - \delta_n, r_n^* + \delta_n].$$

根据闭区间套原理，$\exists_1 x_0 \in \bigcap_{n=1}^{\infty} [r_n^* - \delta_n, r_n^* + \delta_n]$. 易证 x_0 为无理点，$\omega(x_0) = 0$，即 f 在无理点 x_0 连续，这与假设矛盾.

证法 4 （反证）假设 $\exists f: \mathbb{R} \to \mathbb{R}$ 在所有有理点连续，而在所有无理点不连续. 任取无理数 r，令

$$g(x) = f(x + r), \quad r \in \mathbb{R}.$$

先选 $r_1 \in \mathbb{Q}$，由 f 在 r_1 连续，$\exists \delta_1 \in (0,1)$, s. t. f 在开区间 $(r_1 - \delta_1, r_1 + \delta_1)$ 上的振幅

$$\omega_f(r_1, \delta_1) = \sup\{|f(x') - f(x'')| \mid x', x'' \in B(r_1; \delta_1)\} < 1;$$

选 $y_1 \in (r_1 + r - \delta_1, r_1 + r + \delta_1) \cap \mathbb{Q}$，即 $x_1 = y_1 - r \in (r_1 - \delta_1, r_1 + \delta_1)$，且 $g(x) = f(x + r)$ 在 x_1（即 f 在 $y_1 = x_1 + r$）连续，故 $\exists \eta_1 \in (0,1)$, s. t.

$$[a_1, b_1] = [x_1 - \eta_1, x_1 + \eta_1] \subset (r_1 - \delta_1, r_1 + \delta_1).$$

当然

$$\omega_g(x_1, \eta_1) < 1.$$

再选 $r_2 \in (a_1, b_1) \cap \mathbb{Q}$，由 f 在 r_2 连续，$\exists \delta_2 \in \left(0, \frac{1}{2}\right)$, s. t. f 在开区间 $(r_2 - \delta_2, r_2 + \delta_2)$ 上的振幅

$$\omega_f(r_2, \delta_2) < \frac{1}{2}.$$

再选 $y_2 \in (r_2 + r - \delta_2, r_2 + r + \delta_2) \cap \mathbb{Q}$，即 $x_2 = y_2 - r \in (r_2 - \delta_2, r_2 + \delta_2)$，且 $g(x) = f(x + r)$ 在 x_2（即 f 在 $y_2 = x_2 + r$）连续，故 $\exists \eta_2 \in \left(0, \frac{1}{2}\right)$, s. t. $[a_2, b_2] = [x_2 - \eta_2, x_2 + \eta_2] \subset (r_2 - \delta_2, r_2 + \delta_2)$. 当然

$$\omega_g(x_2, \eta_2) < \frac{1}{2}.$$

依次类推，得到一个递降的闭区间套

$$[a_1, b_1] \supset [a_2, b_2] \supset \cdots \supset [a_n, b_n] \supset \cdots,$$

$$0 < b_n - a_n = 2\eta_n < \frac{1}{2^{n-2}}, \quad \lim_{n \to +\infty} (b_n - a_n) = 0.$$

$$\omega_f(r_n,\delta_n)<\frac{1}{2^{n-1}},\quad \omega_g(x_n,\eta_n)<\frac{1}{2^{n-1}}.$$

根据闭区间套原理，$\exists_1 \xi \in \bigcap_{n=1}^{\infty}[a_n,b_n]$. 显然，$\omega_f(\xi)=0$，$\omega_g(\xi)=0$，即 ξ 为 f 与 g 的公共连续点. 因此，f 在 ξ 与 $\xi+r$ 都连续. 但显然 ξ 与 $\xi+r$ 中至少有一个为无理点. 这与 f 在无理点处不连续相矛盾. □

注 1.5.1 例 1.5.2 中证法 1 与证法 2 都用到了 Baire 定理 1.5.1，而证法 3 与证法 4 都用到闭区间套原理. 这两类证法表面上不同，但由于 Baire 定理的证明需用到闭集套原理，因此，它们的证明思路一脉相通，其实质是完全一样的.

此外，自然会问：是否 $\exists f:\mathbb{R}\to\mathbb{R}$ 在所有有理点处不连续，而在所有无理点处连续？

如果上述函数不存在，应使用反证法加以证明，但例 1.5.2 中 4 个证法都不能借鉴. 事实上，由于无理点集 $\mathbb{R}-\mathbb{Q}$ 为 G_δ 集(例 1.5.1(1))，故例 1.5.2 证法 1 不能借鉴：由于 $\mathbb{R}-\mathbb{Q}$ 不为可数集，所以例 1.5.2 的证法 2,3,4 也不能借鉴. 这促使我们放弃"上述函数不存在"的猜想，转而考虑上述函数是存在的，那就应该举出一个在有理点处处不连续，而在无理点处处连续的函数. 于是考虑下面函数.

例 1.5.3 Riemann 函数 $R:\mathbb{R}\to\mathbb{R}$，

$$R(x)=\begin{cases}\dfrac{1}{p}, x=\dfrac{q}{p}\in\mathbb{Q}, q\in\mathbb{Z}, p\in\mathbb{N}, p\text{ 与 }q\text{ 无大于 1 的公因子},\\ 0, x\in\mathbb{R}-\mathbb{Q}\end{cases}$$

在所有有理点处不连续，而在所有无理点处连续. 且

$$\lim_{x\to x_0}R(x)=0,\quad x_0\in\mathbb{R}.$$

证明 设 $x_0\in\mathbb{R}$. 对 $\forall\varepsilon>0$，记 $[a]$ 为 a 的整数部分，显然

$$A=\left\{x=\frac{q}{p}\in\mathbb{Q}\cap(x_0-1,x_0+1)\,\middle|\,p=1,2,\cdots,\left[\frac{1}{\varepsilon}\right], p\text{ 与 }q\text{ 无大于 1 的公因子}\right\}$$

为有限集，令 $\delta=\min\{1,\rho(x,x_0)\mid x\in A-\{x_0\}\}$，则当 $x\in(x_0-\delta,x_0+\delta)$ 时，有

$$\begin{aligned}|R(x)-0|&=R(x)\\&=\begin{cases}\dfrac{1}{p}, x\in\mathbb{Q}\cap(x_0-\delta,x_0+\delta),\\ 0, x\in(\mathbb{R}-\mathbb{Q})\cap(x_0-\delta,x_0+\delta)\end{cases}\\&\leqslant\frac{1}{\left[\frac{1}{\varepsilon}\right]+1}<\varepsilon.\end{aligned}$$

所以

$$\lim_{x\to x_0}R(x)=0\begin{cases}\neq\dfrac{1}{p}, & x_0=\dfrac{1}{p}\in\mathbb{Q},\\ =R(x_0), & x_0\in\mathbb{R}-\mathbb{Q}.\end{cases}$$

这就表明 $R(x)$ 在所有有理点不连续，而在所有无理点连续. □

例 1.5.4（连续函数列的极限函数的性质）　设 $f_i:\mathbb{R}^n\to\mathbb{R}$ 为连续函数，$i\in\mathbb{N}$，且

$$\lim_{i\to+\infty} f_i(x) = f(x), \quad \forall x\in\mathbb{R},$$

则：

(1) 若 $G\subset\mathbb{R}$ 为开集，则 $f^{-1}(G)$ 为 F_σ 集；

(2) f 的连续点集在 $\mathbb{R}^n$ 中为稠密的 G_δ 集（$\Leftrightarrow f$ 的不连续点集 $D(f)$ 在 $\mathbb{R}^n$ 中为无内点的 F_σ 集）.

证明　(1) 由于 $\mathbb{R}$ 中的开集 G 为至多可数个构成区间的并 $\{(a_i,b_i)\mid i=1,2,\cdots\}$. 考虑构成区间 (a,b). 由例 1.4.4 知

$$\{\boldsymbol{x}\in\mathbb{R}^n \mid f_i(\boldsymbol{x})\geqslant a+\varepsilon\}$$

为 $(\mathbb{R}^n,\mathscr{T})$ 中的闭集，从而

$$\{\boldsymbol{x}\in\mathbb{R}^n \mid f(\boldsymbol{x})>a\} = \bigcup_{\varepsilon\in\mathbb{Q}^+}\bigcup_{k=1}^{\infty}\bigcap_{i=k}^{\infty}\{\boldsymbol{x}\in\mathbb{R}^n \mid f_i(\boldsymbol{x})\geqslant a+\varepsilon\}$$

为 F_σ 集. 同理可证

$$\{\boldsymbol{x}\in\mathbb{R}^n \mid f(\boldsymbol{x})<b\}$$

也为 F_σ 集. 因此，它们的交集

$$\begin{aligned} f^{-1}((a,b)) &= \{\boldsymbol{x}\in\mathbb{R}^n \mid a<f(\boldsymbol{x})<b\} \\ &= \{\boldsymbol{x}\in\mathbb{R}^n \mid f(\boldsymbol{x})>a\}\cap\{\boldsymbol{x}\in\mathbb{R}^n \mid f(\boldsymbol{x})<b\} \end{aligned}$$

为 F_σ 集. 于是

$$f^{-1}(G) = f^{-1}\Big(\bigcup_{i=1}^{\infty}(a_i,b_i)\Big) = \bigcup_{i=1}^{\infty} f^{-1}((a_i,b_i))$$

亦为 F_σ 集.

(2) $a\in D(f)\Leftrightarrow \exists\, p,q\in\mathbb{Q}$，　s. t.

$$p<f(a)<q \quad (\Leftrightarrow a\in f^{-1}((p,q))\Leftrightarrow a\notin f^{-1}(\mathbb{R}-(p,q))).$$

而且存在点列 $\{a_i\}$，$i=1,2,\cdots$，s. t.

$$\begin{aligned} &\lim_{i\to+\infty} a_i = a, \quad f(a_i)\notin(p,q)\big(\lim_{i\to+\infty} a_i = a, a_i\notin f^{-1}((p,q))\big) \\ &\Leftrightarrow \lim_{i\to+\infty} a_i = a, a_i\in f^{-1}(\mathbb{R}-(p,q)) \\ &\Leftrightarrow a\in \overline{f^{-1}(\mathbb{R}-(p,q))} - f^{-1}(\mathbb{R}-(p,q)). \end{aligned}$$

所以

$$D(f) = \bigcup_{\substack{p,q\in\mathbb{Q}\\ p<q}}\big[\overline{f^{-1}(\mathbb{R}-(p,q))} - f^{-1}(\mathbb{R}-(p,q))\big].$$

由(1)和 de Morgan 公式可知，$f^{-1}(\mathbb{R}-(p,q))$ 为 G_δ 集. 再从 de Morgan 公式推得

$$\overline{f^{-1}(\mathbb{R}-(p,q))} - f^{-1}(\mathbb{R}-(p,q))$$

为 F_σ 集. 易知它是无内点的集合. 从而，$D(f)$ 也为 F_σ 集，它是至多可数个无内点的闭集的

并. 根据 Baire 定理 1.5.1, $D(f)$ 也无内点. □

例 1.5.5 设 $f:\mathbb{R}\to\mathbb{R}$ 处处可导,则 f' 的连续点集在 $\mathbb{R}$ 中是稠密的 G_δ 集. 特别地, f' 在 $\mathbb{R}$ 中必有连续点.

证明 显然

$$f_n(x)=\frac{f\left(x+\frac{1}{n}\right)-f(x)}{\frac{1}{n}}$$

为 $\mathbb{R}$ 上的连续函数列,由例 1.5.4 知

$$f'(x)=\lim_{n\to+\infty}\frac{f\left(x+\frac{1}{n}\right)-f(x)}{\frac{1}{n}}$$

的连续点集在 $\mathbb{R}$ 中是稠密的 G_δ 集. 特别地, f' 在 $\mathbb{R}$ 中必有连续点. □

例 1.5.6 (1) 证明:不存在函数 $f(x)$,其导函数 $f'(x)$ 在无理点不连续,而在有理点连续.

证明 证法 1 (反证)假设存在函数 $f(x)$,其导函数 $f'(x)$ 的连续点集为 $\mathbb{Q}$,根据例 1.5.5, $\mathbb{Q}$ 为 G_δ 集,这与例 1.5.1(2)中 $\mathbb{Q}$ 不为 G_δ 集相矛盾.

证法 2 由例 1.5.2 知,不存在 $f(x)$,使其导函数 $f'(x)$ 的连续点集为 $\mathbb{Q}$.

(2) 构造 $[0,1]$ 上的一个可导函数 $g(x)$,使其导函数 $g'(x)$ 在无理点连续,而在有理点不连续.

解 自然会想到例 1.5.3,如果有 $g(x)$, s. t.

$$g'(x)=R(x)=\begin{cases}\frac{1}{p}, & x=\frac{q}{p}\in\mathbb{Q}, q\in\mathbb{Z}, p\in\mathbb{N}, p\text{ 与 }q\text{ 无大于 1 的公因子},\\ 0, & x\in\mathbb{R}-\mathbb{Q},\end{cases}$$

根据 Lagrange 中值定理, $g(x)$ 满足 Lipschitz 条件,故 $g(x)$ 绝对连续. 再由定理 3.8.7 或习题 3.8.17,有

$$g(x)=\int_0^x R(t)\mathrm{d}t+g(0)=g(0).$$

从而 $g(x)\equiv g(0)$. 此时, $R(x)=g'(x)=0$, $\forall x\in[0,1]$,这与 $R(x)=\frac{1}{p}\neq 0$, $\forall x\in\mathbb{Q}$ 相矛盾.

换个思路来构造 $g(x)$. 我们定义

$$\varphi(x)=\begin{cases}x^2\sin\frac{1}{x}, & x\neq 0,\\ 0, & x=0.\end{cases}$$

则

$$\varphi'(x)=\begin{cases}2x\sin\dfrac{1}{x}-\cos\dfrac{1}{x}, & x\neq 0,\\ 0, & x=0\end{cases}$$

在 $x\neq 0$ 处连续，而在 $x=0$ 处不连续.

设$\{r_n\}$为$[0,1]$中的全体有理数. 令

$$g(x)=\sum_{n=1}^{\infty}\frac{1}{2^n}\varphi(x-r_n).$$

显然，由$\left|\dfrac{1}{2^n}\varphi'(x-r_n)\right|\leqslant\dfrac{3}{2^n}$知，级数$\sum\limits_{n=1}^{\infty}\dfrac{1}{2^n}\varphi'(x-r_n)$在$[0,1]$上一致收敛. 因而

$$g'(x)=\sum_{n=1}^{\infty}\frac{1}{2^n}\varphi'(x-r_n),\quad x\in[0,1].$$

于是，$g'(x)$在$[0,1]$中的任一无理点连续，而在任一有理点不连续. □

例 1.5.7 Dirichlet 函数

$$D(x)=\begin{cases}1, & x\in\mathbb{Q},\\ 0, & x\in\mathbb{R}-\mathbb{Q}\end{cases}$$

不是一个连续函数列的极限.

证明 证法 1 (反证)假设 $D(x)$为一个连续函数列的极限，由例 1.5.4，$D(x)$的连续点集在$\mathbb{R}$中是稠密的，这与 $D(x)$的连续点集显然为空集相矛盾.

证法 2 (反证)假设 $D(x)$为连续函数列的极限，根据例 1.5.4，得

$$\mathbb{R}-\mathbb{Q}=D^{-1}\left(\left(-\frac{1}{2},\frac{1}{2}\right)\right)$$

为 F_σ 集，记为$\bigcup\limits_{n=1}^{\infty}E_n$，其中 E_n 为闭集. 于是

$$\mathbb{R}=(\mathbb{R}-\mathbb{Q})\cup\mathbb{Q}=\left(\bigcup_{n=1}^{\infty}E_n\right)\cup\left(\bigcup_{n=1}^{\infty}\{r_n\}\right)$$

也为 F_σ 集，且 E_n，$\{r_n\}$都无内点. 根据 Baire 定理 1.5.1，$\mathbb{R}$ 无内点，这与$\mathbb{R}$ 全由内点组成相矛盾.

证法 3 (反证)假设存在$\mathbb{R}$ 上的连续函数列 $f_n(x)$收敛于 $D(x)$，即 $\lim\limits_{n\to+\infty}f_n(x)=D(x)$，$x\in\mathbb{R}$. 取无理数 s_1，由 $\lim\limits_{n\to+\infty}f_n(s_1)=D(s_1)=0$，$\exists N_1\in\mathbb{N}$，s. t.

$$|f_{N_1}(s_1)|<\frac{1}{2}.$$

再由 f_{N_1} 的连续性知必有以 s_1 为内点的闭区间$[a_1,b_1]$，s. t.

$$|f_{N_1}(x)|<\frac{1}{2},\quad x\in[a_1,b_1].$$

取有理数 $r_1\in(a_1,b_1)$，由 $\lim\limits_{n\to+\infty}f_n(r_1)=D(r_1)=1$，$\exists N_2\in\mathbb{N}$，$N_2>N_1$，s. t.

$$|f_{N_2}(r_1)-1|<\frac{1}{2}.$$

再由 f_{N_2} 的连续性，必有以 r_1 为内点的闭区间 $[a_2,b_2]\subset[a_1,b_1]$，s.t.

$$|f_{N_2}(x)-1|<\frac{1}{2},\quad x\in[a_2,b_2].$$

取无理数 $s_2\in[a_2,b_2]$，同理可得 $N_3>N_2$ 及 $[a_3,b_3]\subset[a_2,b_2]$，s.t.

$$|f_{N_3}(x)|<\frac{1}{2^2},\quad x\in[a_3,b_3].$$

取有理数 $r_2\in(a_3,b_3)$，必有 $N_4>N_3$ 及 $[a_4,b_4]\subset[a_3,b_3]$，s.t.

$$|f_{N_4}(x)-1|<\frac{1}{2^2},\quad x\in[a_4,b_4].$$

如此得到 $N_1<N_2<\cdots<N_{2k-1}<N_{2k}<\cdots$ 及 $[a_1,b_1]\supset[a_2,b_2]\supset\cdots\supset[a_n,b_n]\supset\cdots$，s.t.

$$\begin{cases}|f_{N_{2k-1}}(x)|<\dfrac{1}{2^k}, & x\in[a_{2k-1},b_{2k-1}],\\[2mm] |f_{N_{2k}}(x)-1|<\dfrac{1}{2^k}, & x\in[a_{2k},b_{2k}].\end{cases}$$

显然，$\bigcap\limits_{i=1}^{\infty}[a_i,b_i]\neq\varnothing$. 取 $x_0\in\bigcap\limits_{i=1}^{\infty}[a_i,b_i]$，则从上面不等式，有

$$\begin{cases}|f_{N_{2k-1}}(x_0)|<\dfrac{1}{2^k},\\[2mm] |f_{N_{2k}}(x_0)-1|<\dfrac{1}{2^k}, & k\in\mathbb{N}.\end{cases}$$

令 $k\to+\infty$，并由 $\lim\limits_{n\to+\infty}f_n(x_0)=D(x_0)$ 得到

$$\begin{cases}|D(x_0)|\leqslant 0,\\ |D(x_0)-1|\leqslant 0.\end{cases}$$

于是，一方面 $D(x_0)=0$；另一方面 $D(x_0)=1$，矛盾. □

注 1.5.2 例 1.5.7 中的证法 1 与证法 2 都用到 Baire 定理，因此似乎论述很简单. 但如果加上应用闭集套原理的 Baire 定理的证明过程，就并不简单了. 例 1.5.6 的证法 3 虽然繁而难，但它是直接应用反证法和闭区间套原理等数学分析功夫论证的，这是数学研究者必备的基本功.

另外，我们还看到，直接应用 Baire 定理解决问题证明思路特别敏捷；凡能应用 Baire 定理证明的问题，必能用闭集套原理证明.

例 1.5.8 设函数 f 在 $[0,+\infty)$ 上连续，对 $\forall\, r>0$，有 $\lim\limits_{n\to+\infty}f(nr)=0$，则 $\lim\limits_{x\to+\infty}f(x)=0$.

证明 证法 1 $\forall\,\varepsilon>0$，显然

$$A_n=\{r>0\mid |f(nr)|\leqslant\varepsilon\}$$

为闭集，$B_k=\bigcap\limits_{n>k}A_n$ 也为闭集.

$\forall r\in(0,+\infty)$,因为 $\lim\limits_{n\to+\infty}f(nr)=0$,所以 $\exists k\in\mathbb{N}$,当 $n>k$ 时,$|f(nr)|\leqslant\varepsilon$,$r\in A_n$. 于是,$r\in B_k$,因此 $(0,+\infty)=\bigcup\limits_{k=1}^{\infty}B_k$. 根据 Baire 定理 1.5.1,$\exists[a,b](a<b)$ 与 B_{k_0},s. t. $[a,b]\subset B_{k_0}$.

取 $l\geqslant\max\left\{k_0+1,\dfrac{a}{b-a}\right\}$,当 $n\geqslant l$ 时,有

$$n\geqslant l\geqslant\frac{a}{b-a},\quad 即\ n(b-a)\geqslant a,\quad nb\geqslant(n+1)a(图\ 1.5.1).$$

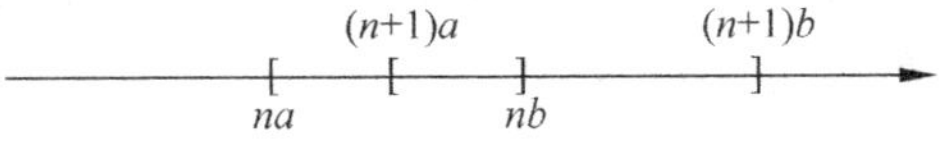

$(n+1)a$ $(n+1)b$ na nb

图 1.5.1

于是,对 $\forall x\geqslant la$,即 $x\in[la,+\infty)\subset\bigcup\limits_{n>k_0}[na,nb]$,$x\in[n_0a,n_0b]$,$n_0>k_0$. $x=n_0r$,$r\in[a,b]\subset B_{k_0}=\bigcap\limits_{n>k_0}A_n$,$r\in A_n(\forall n>k_0)$. 因此

$$|f(x)|=|f(n_0r)|\leqslant\varepsilon.$$

这就证明了

$$\lim_{x\to+\infty}f(x)=0.$$

证法 2 (反证)假设 $\lim\limits_{x\to+\infty}f(x)\neq0$,则 $\exists\varepsilon_0>0$ 及数列 $\{x_n\}$,s. t. $x_n\to+\infty(n\to+\infty)$,且 $|f(x_n)|>\varepsilon_0$. 记 $A_k=\{r>0\mid 当\ n>k\ 时,|f(nr)|\leqslant\varepsilon_0\}$.

先证 A_k 无内点. 否则 A_k 有内点 r,则 $\exists\delta>0$,s. t. $(r-\delta,r+\delta)\subset A_k$. 于是,$\exists k_0\in\mathbb{N}$,s. t.

$$\frac{k_0+1}{k_0}=1+\frac{1}{k_0}<\frac{r+\delta}{r-\delta},\quad 即(k_0+1)(r-\delta)<k_0(r+\delta).$$

从而

$$[k_0(r-\delta),k_0(r+\delta)]\cap[(k_0+1)(r-\delta),(k_0+1)(r+\delta)].$$

令 $n_0=\max\{k,k_0\}$,则 $\forall x>n_0r$,均 $\exists n\geqslant n_0\geqslant k$,$\tilde{r}\in(r-\delta,r+\delta)\subset A_k$,s. t. $x=n\tilde{r}$,从而

$$|f(x)|=|f(n\tilde{r})|\leqslant\varepsilon_0.$$

这与 $|f(x_n)|>\varepsilon_0(x_n\to+\infty)$ 相矛盾. 所以 A_k 无内点.

再证 A_k 为闭集. 由于 $A_k^c=\{r\mid\exists n>k,\text{s. t. }|f(nr)>\varepsilon_0\}$. 对 $r\in A_k^c$,由 $|f(nr)|>\varepsilon_0$ 可知,$\exists\delta>0$,s. t. $x\in(nr-\delta,nr+\delta)$ 时,$|f(x)|>\varepsilon_0$,故 $\left(r-\dfrac{\delta}{n},r+\dfrac{\delta}{n}\right)\subset A_k^c$. 所以,$A_k^c$ 为开集,从而 A_k 为闭集.

最后,由题设知(见证法 1),$(0,+\infty)=\bigcup\limits_{k=1}^{\infty}A_k$. 根据 Baire 定理 1.5.1,$(0,+\infty)$ 必无内

点，这与$(0,+\infty)$的每一点都为内点相矛盾.

证法 3 （反证）假设$\lim\limits_{x\to+\infty} f(x)\neq 0$，则$\exists\,\varepsilon_0>0$及$x_n\to+\infty(n\to+\infty)$，满足$|f(x_n)|\geqslant 2\varepsilon_0$，由$f$的连续性知，$\exists\,\delta_n>0$，s. t. 当$x\in[x_n-\delta_n,x_n+\delta_n]$时，$|f(x)|\geqslant\varepsilon_0$. 令$[a_1,b_1]=[x_1-\delta_1,x_1+\delta_1]$（不妨一般性，设$a_1>0$）. 当$k\geqslant k_1\geqslant\dfrac{a_1}{b_1-a_1}$时，显然$kb_1>(k+1)a_1$，故

$$[ka_1,kb_1]\cap[(k+1)a_1,(k+1)b_1]\neq\varnothing.$$

于是，$\forall\,x\geqslant k_1a_1$，必$\exists\,k\in\mathbb{N}$，s. t. $x\in[ka_1,kb_1]$，即$\exists\,r\in[a_1,b_1]$，s. t. $kr=x$. 由$x_n\to+\infty$ $(n\to+\infty)$可知，$\exists\,N_1\in\mathbb{N}$，当$n\geqslant N_1$时，$x_n>k_1a_1$. 考虑$x_{N_1}$，由上述可知. $\exists\,l_1$，s. t. $x_{N_1}\in[l_1a_1,l_1b_1]$，故可取到$[a_2,b_2]\subset[a_1,b_1]$，s. t.

$$[l_1a_2,l_1b_2]\subset[x_{N_1}-\delta_{N_1},x_{N_1}+\delta_{N_1}]\cap[l_1a_1,l_1b_1].$$

同样，取$k_2\geqslant\dfrac{a_2}{b_2-a_2}$，则$\exists\,x_{N_2}>\max\left\{k_2a_2,\dfrac{b_2}{a_1}x_{N_1}\right\}$及$\exists\,l_2$，s. t. $x_{N_2}\in[l_2a_2,l_2b_2]$. 故可取$[a_3,b_3]\subset[a_2,b_2]$，s. t. $x_{N_2}\in[l_2a_3,l_2b_3]\subset[x_{N_2}-\delta_{N_2},x_{N_2}+\delta_{N_2}]\cap[l_2a_2,l_2b_2]$，且

$$l_2\geqslant\frac{x_{N_2}}{b_3}\geqslant\frac{x_{N_2}}{b_2}>\frac{x_{N_1}}{a_1}\geqslant l_1.$$

重复上述过程，得到

$$[a_1,b_1]\supset[a_2,b_2]\supset\cdots\supset[a_i,b_i]\supset\cdots,$$
$$l_1<l_2<\cdots<l_{i-1}<l_i<\cdots,$$

满足

$$[l_{i-1}a_i,l_{i-1}b_i]\subset[x_{N_{i-1}}-\delta_{N_{i-1}},x_{N_{i-1}}+\delta_{N_{i-1}}]\cap[l_{i-1}a_{i-1},l_{i-1}b_{i-1}].$$

由区间套原理，$\exists\,r\in\bigcap\limits_{i=1}^{\infty}[a_i,b_i]$. 因为

$$l_{i-1}r\in[l_{i-1}a_i,l_{i-1}b_i]\subset[x_{N_{i-1}}-\delta_{N_{i-1}},x_{N_{i-1}}+\delta_{N_{i-1}}]\cap[l_{i-1}a_{i-1},l_{i-1}b_{i-1}],$$
$$\lim_{i\to+\infty}l_i=+\infty,\quad |f(l_{i-1}r)|\geqslant\varepsilon_0,\quad \lim_{i\to+\infty}f(l_ir)\neq 0,$$

这与$\lim\limits_{i\to+\infty}f(l_ir)=\lim\limits_{n\to+\infty}f(nr)=0$相矛盾. 从而$\lim\limits_{x\to+\infty}f(x)=0$. □

例 1.5.9 设$f(x)$在(a,b)上无穷次可导，且 Taylor 级数在每个$x\in(a,b)$上有正收敛半径. 证明：$f(x)$在(a,b)的某个子区间(α,β)上是解析的，即$f(x)$在$\forall\,x_0\in(\alpha,\beta)$处是解析的（指$f$的 Taylor 级数在$x_0$的某个开邻域中收敛到$f(x)$）.

证明 由题设$\dfrac{1}{R(x)}=\varlimsup\limits_{n\to+\infty}\left|\dfrac{f^{(n)}(x)}{n!}\right|^{\frac{1}{n}}<+\infty$，故

$$|f^{(n)}(x)|\leqslant n![\mu(x)]^n,\ \forall\,x\in(a,b),$$

其中$\mu(x)=\sup\limits_{n\in\mathbb{N}}\left\{\left|\dfrac{f^{(n)}(x)}{n!}\right|^{\frac{1}{n}}\right\}\in(0,+\infty)$. 记

$$E_m=\{x\in(a,b)\mid 0<\mu(x)\leqslant m+1\},$$

则$(a,b)=\bigcup\limits_{m=0}^{\infty}E_m$. 于是,$[a,b]=\bigcup\limits_{m=1}^{\infty}\overline{E}_m$. 由 Baire 定理 1.5.1,$\exists m_0$, s. t. $\overline{E}_m$ 有内点,即 $\exists(\alpha,\beta)\subset(a,b)$, s. t. $(\alpha,\beta)\subset\overline{E}_m$,故 E_m 在(α,β)中稠密. 由于$|f^{(n)}(x)|\leqslant n!\,(m+1)^n$, $\forall x\in E_m$,所以从 $f^{(n)}(x)$的连续性知,有

$$|f^{(n)}(x)|\leqslant n!(m+1)^n,\quad \forall x\in(\alpha,\beta),$$

即

$$0\leqslant\frac{1}{R(x)}\leqslant m+1,\quad \forall x\in(\alpha,\beta),$$

$$R(x)\geqslant\frac{1}{m+1},\quad \forall x\in(\alpha,\beta).$$

这表明 $f(x)$在(α,β)是解析的. □

例 1.5.10 设 $F\subset\mathbb{R}^n$ 为闭集,$G_i(i\in\mathbb{N})$为$\mathbb{R}^n$ 中的开集列,且有$\overline{G_i\cap F}=F(i\in\mathbb{N})$. 证明:

$$\overline{\left(\bigcap_{i=1}^{\infty}G_i\right)\cap F}=F.$$

证明 证法 1 令 $F_i=G_i^c\cap F$,易见 F_i 为$\mathbb{R}^n$ 中的闭集,且由$\overline{G_i\cap F}=F$(即 $G_i\cap F$ 在 F 中稠密)可知 $F_i=G_i^c\cap F$ 在 F 中无内点. 因为 F 为完备度量空间$(\mathbb{R}^n,\rho_0^n)$中的闭集,所以 F 作为$(\mathbb{R}^n,\rho_0^n)$的子度量空间也是完备的. 根据一般 Baire 定理 1.5.2,$\bigcup\limits_{i=1}^{\infty}F_i=\bigcup\limits_{i=1}^{\infty}(G_i^c\cap F)=\left(\bigcup\limits_{i=1}^{\infty}G_i^c\right)\cap F=\left(\bigcap\limits_{i=1}^{\infty}G_i\right)^c\cap F$ 在 F 中无内点,故$\forall \boldsymbol{x}_0\in F$,$\exists \boldsymbol{x}_k\in\left(\bigcap\limits_{n=1}^{\infty}G_n\right)\cap F$,$k\in\mathbb{N}$, s. t. $\boldsymbol{x}_k\to\boldsymbol{x}_0(k\to+\infty)$. 因此,$\boldsymbol{x}_0\in\overline{\left(\bigcap\limits_{i=1}^{\infty}G_i\right)\cap F}$. 从而

$$\overline{\left(\bigcap_{i=1}^{\infty}G_i\right)\cap F}\supset F\underset{F\text{为闭集}}{\supset}\overline{\left(\bigcap_{i=1}^{\infty}G_i\right)\cap F},$$

$$\overline{\left(\bigcap_{i=1}^{\infty}G_i\right)\cap F}=F.$$ □

证法 2 因为$\left(\bigcap\limits_{i=1}^{\infty}G_i\right)\cap F\subset F$(闭集),故$\overline{\left(\bigcap\limits_{i=1}^{\infty}G_i\right)\cap F}\subset\overline{F}=F$.

相反地,对$\forall t\in F$,$\forall\delta>0$,因为 $G_1\cap F$ 在 F 中稠密,故$\exists x_1\in G_1\cap F\cap(t-\delta,t+\delta)$. 由此又知,$\exists\delta_1$, s. t. $0<\delta_1<\min\{\delta,1\}$且$[x_1-\delta_1,x_1+\delta_1]\subset G_1\cap(t-\delta,t+\delta)$. 又由 $G_2\cap F$ 在 F 中稠密可知,$\exists x_2\in G_2\cap F\cap(x_1-\delta_1,x_1+\delta_1)$,还有$[x_2-\delta_2,x_2+\delta_2]\subset G_2\cap(x_1-\delta_1,x_1+\delta_1)$且 $0<\delta_2<\min\left\{\delta_1,\frac{1}{2}\right\}$. 继续此过程可得$\{x_n\}$, s. t. $\lim\limits_{n\to+\infty}x_n=x_0$,$x_0\in\left(\bigcap\limits_{i=1}^{\infty}G_i\right)\cap F\cap(t-\delta,t+\delta)$. 从而,$t\in\overline{\left(\bigcap\limits_{i=1}^{\infty}G_i\right)\cap F}$,$F\subset\overline{\left(\bigcap\limits_{i=1}^{\infty}G_i\right)\cap F}$,$\overline{\left(\bigcap\limits_{i=1}^{\infty}G_i\right)\cap F}=F$. □

练习题 1.5

1. 证明：不存在满足下列条件的函数 $f(x,y)$：

(1) $f(x,y)$为$\mathbb{R}^2$ 上的连续函数.

(2) 偏导数$\frac{\partial}{\partial x}f(x,y)$，$\frac{\partial}{\partial y}f(x,y)$在$\mathbb{R}^2$ 上处处存在有限.

(3) $f(x,y)$在$\mathbb{R}^2$ 的任一点上都不可微.

2. 设 $f(x)$为定义在$[0,1]$上的连续函数. 令

$$f_1'(x) = f(x), f_2'(x) = f_1(x), \cdots, f_k'(x) = f_{k-1}(x), \cdots.$$

如果对$\forall x\in[0,1]$，$\exists k\in\mathbb{N}$，s. t. $f_k(x)=0$. 证明：$f(x)=0$，$\forall x\in[0.1]$.

1.6 闭集上连续函数的延拓定理、Cantor 疏朗三分集、Cantor 函数

定义 1.6.1 设 $\boldsymbol{x}\in\mathbb{R}^n$，$E\subset\mathbb{R}^n$ 为非空集合，称

$$\rho_0^n(\boldsymbol{x},E) = \inf\{\rho_0^n(\boldsymbol{x},\boldsymbol{y}) = \|\boldsymbol{x}-\boldsymbol{y}\| \mid \boldsymbol{y}\in E\}$$

为点 $\boldsymbol{x}$ 到 $\boldsymbol{E}$ 的距离.

如果 E_1，E_2 为$\mathbb{R}^n$ 中的非空集合，则称

$$\rho_0^n(E_1,E_2) = \inf\{\rho_0^n(\boldsymbol{x},\boldsymbol{y}) = \|\boldsymbol{x}-\boldsymbol{y}\| \mid \boldsymbol{x}\in E_1,\boldsymbol{y}\in E_2\}$$

为 $\boldsymbol{E_1}$ 与 $\boldsymbol{E_2}$ 之间的距离.

显然

$$\rho_0^n(E_1,E_2) = \inf\{\rho_0^n(\boldsymbol{x},E_2) \mid \boldsymbol{x}\in E_1\} = \inf\{\rho_0^n(E_1,\boldsymbol{y}) \mid \boldsymbol{y}\in E_2\}.$$

$$\boldsymbol{x}\in E \Rightarrow \rho_0^n(\boldsymbol{x},E) = \inf\{\rho_0^n(\boldsymbol{x},\boldsymbol{y}) \mid \boldsymbol{y}\in E\} = \rho_0^n(\boldsymbol{x},\boldsymbol{x}) = 0.$$

但反之不真. 例如：$E=(0,1]$，$x=0\notin(0,1]=E$，$\rho_0^n(x,E)=0$.

$$x\in\bar{E} \Leftrightarrow \rho_0^n(x,E) = 0.$$

例 1.6.1 设

$$E_1 = \{(x,0) \mid x\in\mathbb{R}\}\subset\mathbb{R}^2, \qquad E_2 = \left\{\left(x,\frac{1}{x}\right) \,\middle|\, x\neq 0\right\}\subset\mathbb{R}^2.$$

易证 $\rho_0^n(E_1,E_2)=0$. 事实上，取$(x,0)\in E_1$，$\left(x,\frac{1}{x}\right)\in E_2$，则由

$$0\leqslant \rho_0^n(E_1,E_2) \leqslant \rho_0^n\left((x,0),\left(x,\frac{1}{x}\right)\right) = \sqrt{(x-x)^2+\left(0-\frac{1}{x}\right)^2}$$

$$= \frac{1}{|x|} \to 0\,(x\to+\infty),$$

得到 $0\leqslant\rho_0^n(E_1,E_2)\leqslant 0$, $\rho_0^n(E_1,E_2)=0$，但 $E_1\cap E_2=\varnothing$.

引理 1.6.1　设 $F\subset\mathbb{R}^n$ 为非空闭集，且 $\boldsymbol{x}^0\in\mathbb{R}^n$，则 $\exists\,\boldsymbol{y}^0\in F$, s. t.

$$\rho_0^n(\boldsymbol{x}^0,F)=\rho_0^n(\boldsymbol{x}^0,\boldsymbol{y}^0)=\|\boldsymbol{x}^0-\boldsymbol{y}^0\|.$$

证明　由距离 $\rho_0^n(\boldsymbol{x}^0,F)$ 的定义，$\exists\,\boldsymbol{y}^k\in F$, s. t.

$$\rho_0^n(\boldsymbol{x}^0,F)=\lim_{k\to+\infty}\rho_0^n(\boldsymbol{x}^0,\boldsymbol{y}^k)=\lim_{k\to+\infty}\|\boldsymbol{x}^0-\boldsymbol{y}^k\|.$$

显然，$\{\boldsymbol{y}^k\}$ 为有界点集. 根据 Bolzano-Weierstrass 定理 1.4.1，必有 $\boldsymbol{y}^{k_i}\to\boldsymbol{y}^0\ (i\to+\infty)$，所以 $\boldsymbol{y}^0\in\overline{F}=F$（因 F 为闭集），并且

$$\rho_0^n(\boldsymbol{x}^0,F)=\lim_{i\to+\infty}\rho_0^n(\boldsymbol{x}^0,\boldsymbol{y}^{k_i})=\rho_0^n(\boldsymbol{x}^0,\boldsymbol{y}^0)=\|\boldsymbol{x}^0-\boldsymbol{y}^0\|.$$

□

引理 1.6.2　设 $F_1,F_2\subset\mathbb{R}^n$ 为两个非空闭集，且其中至少有一个是有界的，则 $\exists\,\boldsymbol{x}^0\in F_1$, $\exists\,\boldsymbol{y}^0\in F_2$, s. t.

$$\rho_0^n(F_1,F_2)=\rho_0^n(\boldsymbol{x}^0,\boldsymbol{y}^0)=\|\boldsymbol{x}^0-\boldsymbol{y}^0\|.$$

证明　根据 $\rho_0^n(F_1,F_2)$ 的定义，$\exists\,\boldsymbol{x}^k\in F_1$, $\exists\,\boldsymbol{y}^k\in F_2$, s. t.

$$\rho_0^n(F_1,F_2)=\lim_{k\to+\infty}\rho_0^n(\boldsymbol{x}^k,\boldsymbol{y}^k).$$

因为 F_1,F_2 中至少有一个有界，故 $\{\boldsymbol{x}^k\}$, $\{\boldsymbol{y}^k\}$ 都是有界点列. 根据 Bolzano-Weierstrass 定理 1.4.1，必有子点列 $\{\boldsymbol{x}^{k_i}\}$, $\{\boldsymbol{y}^{k_i}\}$ 分别收敛于 $\boldsymbol{x}^0$, $\boldsymbol{y}^0$. 于是

$$\rho_0^n(F_1,F_2)=\lim_{i\to+\infty}\rho_0^n(\boldsymbol{x}^{k_i},\boldsymbol{y}^{k_i})=\rho_0^n(\boldsymbol{x}^0,\boldsymbol{y}^0)=\|\boldsymbol{x}^0-\boldsymbol{y}^0\|.$$

□

注 1.6.1　例 1.6.1 表明引理 1.6.2 中的条件“至少有一个是有界的”不可缺.

引理 1.6.3　设 $E\subset\mathbb{R}^n$ 为非空集合，则 $\rho_0^n(\boldsymbol{x},E)$ 作为 $\boldsymbol{x}$ 的函数在 $\mathbb{R}^n$ 上是一致连续的.

证明　设 $\boldsymbol{x},\boldsymbol{y}\in\mathbb{R}^n$，根据 $\rho_0^n(\boldsymbol{y},E)$ 的定义，对 $\forall\,\varepsilon>0$，必 $\exists\,\boldsymbol{z}\in E$, s. t. $\rho_0^n(\boldsymbol{y},\boldsymbol{z})<\rho_0^n(\boldsymbol{y},E)+\varepsilon$，从而有

$$\rho_0^n(\boldsymbol{x},E)\leqslant\rho_0^n(\boldsymbol{x},\boldsymbol{z})\leqslant\rho_0^n(\boldsymbol{x},\boldsymbol{y})+\rho_0^n(\boldsymbol{y},\boldsymbol{z})<\rho_0^n(\boldsymbol{x},\boldsymbol{y})+\rho_0^n(\boldsymbol{y},E)+\varepsilon.$$

令 $\varepsilon\to0^+$，得到

$$\rho_0^n(\boldsymbol{x},E)\leqslant\rho_0^n(\boldsymbol{x},\boldsymbol{y})+\rho_0^n(\boldsymbol{y},E),$$

$$\rho_0^n(\boldsymbol{x},E)-\rho_0^n(\boldsymbol{y},E)\leqslant\rho_0^n(\boldsymbol{x},\boldsymbol{y}).$$

同理可证

$$\rho_0^n(\boldsymbol{y},E)-\rho_0^n(\boldsymbol{x},E)\leqslant\rho_0^n(\boldsymbol{y},\boldsymbol{x})=\rho_0^n(\boldsymbol{x},\boldsymbol{y}).$$

所以

$$|\rho_0^n(\boldsymbol{x},E)-\rho_0^n(\boldsymbol{y},E)|\leqslant\rho_0^n(\boldsymbol{x},\boldsymbol{y}).$$

由此推出 $\rho_0^n(\boldsymbol{x},E)$ 作为 $\boldsymbol{x}$ 的函数在 $\mathbb{R}^n$ 上是一致连续的.　□

例 1.6.2　设 $F_0,F_1\subset\mathbb{R}^n$ 为两个互不相交的非空闭集，则存在连续函数 $f\colon\mathbb{R}^n\to\mathbb{R}$, s. t.

(1) $0\leqslant f(\boldsymbol{x})\leqslant 1$, $\forall\,\boldsymbol{x}\in\mathbb{R}^n$；

(2) $F_0=\{\boldsymbol{x}\in\mathbb{R}^n\mid f(\boldsymbol{x})=0\}$, $F_1=\{\boldsymbol{x}\in\mathbb{R}^n\mid f(\boldsymbol{x})=1\}$.

证明　易见

$$f(\boldsymbol{x}) = \frac{\rho_0^n(\boldsymbol{x}, F_0)}{\rho_0^n(\boldsymbol{x}, F_0) + \rho_0^n(\boldsymbol{x}, F_1)}$$

为所求的连续函数. □

注 1.6.2 我们可以构造 C^∞(即具有各阶连续偏导数的)函数 $f: \mathbb{R}^n \to \mathbb{R}$,使它满足例 1.6.2 中的(1)和(2)(参阅[11]44 页,推论 2).

定理 1.6.1 $(\mathbb{R}^n, \mathcal{T})$为**正规空间**,即$\mathbb{R}^n$ 中任何两个不相交的闭集 A 和 B 必有不相交的开邻域.

证明 证法 1 令 $f: \mathbb{R}^n \to [0,1]$,

$$f(\boldsymbol{x}) = \frac{\rho_0^n(\boldsymbol{x}, A)}{\rho_0^n(\boldsymbol{x}, A) + \rho_0^n(\boldsymbol{x}, B)}.$$

显然,f 连续,且

$$f(\boldsymbol{x}) = \begin{cases} 0, & \boldsymbol{x} \in A, \\ 1, & \boldsymbol{x} \in B. \end{cases}$$

于是,$U = f^{-1}\left(\left[0, \frac{1}{2}\right)\right)$与 $V = f^{-1}\left(\left(\frac{1}{2}, 1\right]\right)$分别为 A 与 B 的不相交的开邻域. 这就证明了$(\mathbb{R}^n, \mathcal{T})$为正规空间.

证法 2 显然

$$U = \{\boldsymbol{x} \in \mathbb{R} \mid \rho_0^n(\boldsymbol{x}, A) < \rho_0^n(\boldsymbol{x}, B)\} \supset A$$

与

$$V = \{\boldsymbol{x} \in \mathbb{R} \mid \rho_0^n(\boldsymbol{x}, A) > \rho_0^n(\boldsymbol{x}, B)\} \supset B$$

分别为 A 与 B 的不相交的开邻域. 这就证明了$(\mathbb{R}^n, \mathcal{T})$为正规空间.

证法 3 $\forall \boldsymbol{x} \in A$,则 $\boldsymbol{x} \notin B$. 由于 B 为闭集,故

$$\rho_0^n(\boldsymbol{x}, B) = \inf\{\rho_0^n(\boldsymbol{x}, \boldsymbol{y}) \mid \boldsymbol{y} \in B\} > 0.$$

同理,$\forall \boldsymbol{y} \in B, \rho_0^n(\boldsymbol{y}, A) > 0$. 令

$$U = \bigcup_{\boldsymbol{x} \in A} B\left(\boldsymbol{x}; \frac{1}{2}\rho_0^n(\boldsymbol{x}, B)\right), \quad V = \bigcup_{\boldsymbol{y} \in B} B\left(\boldsymbol{y}; \frac{1}{2}\rho_0^n(\boldsymbol{y}, A)\right).$$

显然,U 与 V 分别为 A 与 B 的开邻域. 下证 $U \cap V = \varnothing$.

(反证)假设有 $\boldsymbol{z} \in U \cap V$,则,$\exists \boldsymbol{x} \in A, \boldsymbol{y} \in B$, s. t.

$$\boldsymbol{z} \in B\left(\boldsymbol{x}, \frac{1}{2}\rho_0^n(\boldsymbol{x}, B)\right) \cap B\left(\boldsymbol{y}, \frac{1}{2}\rho_0^n(\boldsymbol{y}, A)\right).$$

不妨设 $\rho_0^n(\boldsymbol{x}, B) \geqslant \rho_0^n(\boldsymbol{y}, A)$. 于是

$$\rho_0^n(\boldsymbol{x}, \boldsymbol{y}) \leqslant \rho_0^n(\boldsymbol{x}, \boldsymbol{z}) + \rho_0^n(\boldsymbol{z}, \boldsymbol{y}) < \frac{1}{2}\rho_0^n(\boldsymbol{x}, B) + \frac{1}{2}\rho_0^n(\boldsymbol{y}, A) \leqslant \rho_0^n(\boldsymbol{x}, B) \leqslant \rho_0^n(\boldsymbol{x}, \boldsymbol{y}),$$

矛盾. 这就证明了$(\mathbb{R}^n, \mathcal{T})$为正规空间. □

由定理 1.6.1 证法 1,有

推论 1.6.1 设 A 和 B 为$(\mathbb{R}^n, \mathcal{T})$中的两个不相交的闭集,则存在连续函数

$$f: \mathbb{R}^n \to \mathbb{R},$$

s. t. $f|_A=0, f|_B=1$.

证明 显然

$$f(\boldsymbol{x})=\frac{\rho_0^n(\boldsymbol{x},A)}{\rho_0^n(\boldsymbol{x},A)+\rho_0^n(\boldsymbol{x},B)}$$

为所求的连续函数. □

定理 1.6.2(闭集上连续函数的 Tietze 扩张(延拓)定理) 设 $F\subset\mathbb{R}^n$ 为闭集,f 是定义在 F 上的连续函数,且 $|f(\boldsymbol{x})|\leqslant M$(或$<M$),$\forall\,\boldsymbol{x}\in F$. 则存在连续函数 $f^*:\mathbb{R}^n\to\mathbb{R}$ 满足

$$|f^*(\boldsymbol{x})|\leqslant M(\text{或}<M),\quad \forall\,\boldsymbol{x}\in\mathbb{R}^n,$$

且 $f^*(\boldsymbol{x})=f(\boldsymbol{x}),\forall\,\boldsymbol{x}\in F$.

证明 如果 $f(\boldsymbol{x})=c,\forall\,\boldsymbol{x}\in F$,令 $f^*(\boldsymbol{x})=c,\forall\,\boldsymbol{x}\in\mathbb{R}^n$.

如果 $f(\boldsymbol{x})\not\equiv c,\forall\,\boldsymbol{x}\in F$,则令

$$c=\frac{1}{2}\left[\inf_{\boldsymbol{x}\in F}f(\boldsymbol{x})+\sup_{\boldsymbol{x}\in F}f(\boldsymbol{x})\right],\quad \tilde{f}(\boldsymbol{x})=f(\boldsymbol{x})-c,\quad \forall\,\boldsymbol{x}\in F.$$

显然,若$\sup\limits_{\boldsymbol{x}\in F}\tilde{f}(\boldsymbol{x})=\widetilde{M}$,必有$\inf\limits_{\boldsymbol{x}\in F}\tilde{f}(\boldsymbol{x})=-\widetilde{M}$,且$\widetilde{M}+c\leqslant M$. 现将 F 分成三个集合:

$$\widetilde{A}=\left\{\boldsymbol{x}\in F\,\middle|\,\frac{\widetilde{M}}{3}\leqslant\tilde{f}(\boldsymbol{x})\leqslant\widetilde{M}\right\},$$

$$\widetilde{B}=\left\{\boldsymbol{x}\in F\,\middle|\,-\widetilde{M}\leqslant\tilde{f}(\boldsymbol{x})\leqslant-\frac{\widetilde{M}}{3}\right\},$$

$$\widetilde{C}=\left\{\boldsymbol{x}\in F\,\middle|\,-\frac{\widetilde{M}}{3}<\tilde{f}(\boldsymbol{x})<\frac{\widetilde{M}}{3}\right\},$$

并作函数

$$\tilde{g}_1(\boldsymbol{x})=\frac{\widetilde{M}}{3}\frac{\rho_0^n(\boldsymbol{x},\widetilde{B})-\rho_0^n(\boldsymbol{x},\widetilde{A})}{\rho_0^n(\boldsymbol{x},\widetilde{B})+\rho_0^n(\boldsymbol{x},\widetilde{A})},\quad \boldsymbol{x}\in\mathbb{R}^n.$$

因为$\widetilde{A}$与$\widetilde{B}$是互不相交的非空闭集,所以$\tilde{g}_1(\boldsymbol{x})$的定义是确切的,且在$\mathbb{R}^n$ 上处处连续,$\tilde{g}_1$ 在$\widetilde{A}$上取常值$\frac{\widetilde{M}}{3}$,在$\widetilde{B}$上取值$-\frac{\widetilde{M}}{3}$. 此外,还有

$$|\tilde{g}_1(\boldsymbol{x})|\leqslant\frac{\widetilde{M}}{3},\quad \forall\,\boldsymbol{x}\in\mathbb{R}^n,$$

$$|\tilde{f}(\boldsymbol{x})-\tilde{g}_1(\boldsymbol{x})|\leqslant\frac{2}{3}\widetilde{M},\quad \forall\,\boldsymbol{x}\in F.$$

再在 F 上来考察$\tilde{f}(\boldsymbol{x})-\tilde{g}_1(\boldsymbol{x})$(相当于上述的$\tilde{f}(\boldsymbol{x})$),并用类似的方法作$\mathbb{R}^n$ 上的连续函数 $\tilde{g}_2(\boldsymbol{x})$,使得

$$|\tilde{g}_2(\boldsymbol{x})|\leqslant\frac{1}{3}\cdot\frac{2\widetilde{M}}{3},\quad \forall\,\boldsymbol{x}\in\mathbb{R}^n,$$

$$|[\tilde{f}(\boldsymbol{x})-\tilde{g}_1(\boldsymbol{x})]-\tilde{g}_2(\boldsymbol{x})|\leqslant\frac{2}{3}\cdot\frac{2}{3}\widetilde{M}=\left(\frac{2}{3}\right)^2\widetilde{M},\quad\forall\,\boldsymbol{x}\in F.$$

继续这一过程，可得到$\mathbb{R}^n$上的连续函数列$\{\tilde{g}_k(\boldsymbol{x})\}$，使得

$$|\tilde{g}_k(\boldsymbol{x})|\leqslant\frac{1}{3}\cdot\left(\frac{2}{3}\right)^{k-1}\widetilde{M},\quad\forall\,\boldsymbol{x}\in\mathbb{R}^n,\quad k=1,2,\cdots,$$

$$|\tilde{f}(\boldsymbol{x})-\sum_{i=1}^{k}\tilde{g}_i(\boldsymbol{x})|\leqslant\left(\frac{2}{3}\right)^k\widetilde{M},\quad\forall\,\boldsymbol{x}\in F,\quad k=1,2,\cdots.$$

上面第一式表明$\sum\limits_{k=1}^{\infty}\tilde{g}_k(\boldsymbol{x})$在$\mathbb{R}^n$上是一致收敛的. 若记其和函数为$\tilde{f}^*(\boldsymbol{x})$，则$\tilde{f}^*(\boldsymbol{x})$是$\mathbb{R}^n$上的连续函数；且

$$|\tilde{f}^*(\boldsymbol{x})|=\left|\sum_{k=1}^{\infty}\tilde{g}_k(\boldsymbol{x})\right|\leqslant\sum_{k=1}^{\infty}\frac{1}{3}\left(\frac{2}{3}\right)^{k-1}\widetilde{M}=\widetilde{M},\quad\forall\,\boldsymbol{x}\in\mathbb{R}^n.$$

第二式表明

$$\tilde{f}^*(\boldsymbol{x})=\sum_{k=1}^{\infty}\tilde{g}_k(\boldsymbol{x})=\tilde{f}(\boldsymbol{x})=f(\boldsymbol{x})-c,\quad\forall\,\boldsymbol{x}\in F.$$

于是，$f^*(\boldsymbol{x})=\tilde{f}^*(\boldsymbol{x})+c$为定理中所求函数.

当$|f(\boldsymbol{x})|<M$时，令$F_m=F\cap\overline{B(\boldsymbol{0};\,m)}$，则$F_m$为紧致集，从而有下降的正数列$\{\varepsilon_m\}$，使得$|f(\boldsymbol{x})|\leqslant M-\varepsilon_m$，$\forall\,\boldsymbol{x}\in F_m$，$m=1,2,\cdots$.

由定理中$|f(\boldsymbol{x})|\leqslant M$部分的结论，有$\mathbb{R}^n$上的连续函数$f_1^*(\boldsymbol{x})$，使$|f_1^*(\boldsymbol{x})|\leqslant M-\varepsilon_1$，且$f_1^*(\boldsymbol{x})=f(\boldsymbol{x})$，$\forall\,\boldsymbol{x}\in F_1$. 令

$$f_1(\boldsymbol{x})=\begin{cases}f(\boldsymbol{x}), & \boldsymbol{x}\in F_2,\\ f_1^*(\boldsymbol{x}), & \boldsymbol{x}\in\overline{B(\boldsymbol{0};\,1)},\end{cases}$$

它为$F_2\cup\overline{B(\boldsymbol{0};\,1)}$上的连续函数. 显然，$|f_1(\boldsymbol{x})|\leqslant M-\varepsilon_2$，$\forall\,\boldsymbol{x}\in F_2\cup\overline{B(\boldsymbol{0};\,1)}$. f_1可延拓为$\mathbb{R}^n$上的连续函数$f_2^*(\boldsymbol{x})$，使$|f_2^*(\boldsymbol{x})|\leqslant M-\varepsilon_2$，且$f_2^*(\boldsymbol{x})=f_1(\boldsymbol{x})$，$\forall\,\boldsymbol{x}\in F_2\cup\overline{B(\boldsymbol{0};\,1)}$. 令

$$f_2(\boldsymbol{x})=\begin{cases}f(\boldsymbol{x}), & \boldsymbol{x}\in F_3,\\ f_2^*(\boldsymbol{x}), & \boldsymbol{x}\in\overline{B(\boldsymbol{0};\,2)},\end{cases}$$

它为$F_3\cup\overline{B(\boldsymbol{0};\,2)}$上的连续函数. 显然，$|f_2(\boldsymbol{x})|\leqslant M-\varepsilon_3$，$\forall\,\boldsymbol{x}\in F_3\cup\overline{B(\boldsymbol{0};\,2)}$. f_2可延拓为$\mathbb{R}^n$上的连续函数$f_3^*(\boldsymbol{x})$，使$|f_3^*(\boldsymbol{x})|\leqslant M-\varepsilon_3$，且$f_3^*(\boldsymbol{x})=f_2(\boldsymbol{x})$，$\forall\,\boldsymbol{x}\in F_3\cup\overline{B(\boldsymbol{0};\,2)}$. 如果继续下去得一列$f_k^*(\boldsymbol{x})$，且当$k>m$时，$f_k^*(\boldsymbol{x})=f_m^*(\boldsymbol{x})$，$\forall\,\boldsymbol{x}\in\overline{B(\boldsymbol{0};\,m)}$. 于是

$$\lim_{k\to+\infty}f_k^*(\boldsymbol{x})=f_m(\boldsymbol{x}),\quad\forall\,\boldsymbol{x}\in\overline{B(\boldsymbol{0};\,m)}.$$

令

$$f^*(\boldsymbol{x})=\lim_{k\to+\infty}f_k^*(\boldsymbol{x}),$$

则$f^*(\boldsymbol{x})$对$\forall\,\boldsymbol{x}\in\mathbb{R}^n$有定义，且为连续函数. 显然，$f^*$为$f$的延拓. 此外，对$\forall\,\boldsymbol{x}\in\mathbb{R}^n$，必有充分大的$m\in\mathbb{N}$，s. t. $\boldsymbol{x}\in\overline{B(\boldsymbol{0};\,m)}$，且

$$|f^*(\boldsymbol{x})|=|f_m^*(\boldsymbol{x})|\leqslant M-\varepsilon_m<M.$$ □

考虑一般的 f(有界或无界),有下面的定理.

定理 1.6.3(Tietze 扩张(延拓)定理)　设 $F\subset\mathbb{R}^n$ 为闭集,$f(\boldsymbol{x})$为定义在 F 上的连续函数,则存在连续函数 $f^*:\mathbb{R}^n\to\mathbb{R}$,使得 $f^*(\boldsymbol{x})=f(\boldsymbol{x})$,$\forall\boldsymbol{x}\in F$.

证明　证法 1　因为$|\arctan f(\boldsymbol{x})|<\frac{\pi}{2}$,所以应用定理 1.6.2 到函数 $\varphi(\boldsymbol{x})=\arctan f(\boldsymbol{x})$,$\boldsymbol{x}\in F$,必有连续函数 $\varphi^*:\mathbb{R}^n\to\mathbb{R}$,使得$|\varphi^*(\boldsymbol{x})|<\frac{\pi}{2}$,$\forall\boldsymbol{x}\in\mathbb{R}^n$,且

$$\varphi^*(\boldsymbol{x})=\arctan f(\boldsymbol{x}),\quad \boldsymbol{x}\in F,$$

于是,$f^*(\boldsymbol{x})=\tan\varphi^*(\boldsymbol{x})$为 $f(\boldsymbol{x})$在$\mathbb{R}^n$ 上的延拓.

证法 2　应用定理 1.6.2 中$|f(\boldsymbol{x})|<M$ 的证明方法,可以直接推出.

证法 3　设 $f:F\to\mathbb{R}$ 为连续函数(不一定有界).令

$$\varphi(\boldsymbol{x})=\arctan f(\boldsymbol{x}),\quad \boldsymbol{x}\in F,$$

则 $\varphi(F)\subset\left(-\frac{\pi}{2},\frac{\pi}{2}\right)$.由定理 1.6.2,$\varphi$ 有扩张(延拓)$\varphi^*:\mathbb{R}^n\to\left[-\frac{\pi}{2},\frac{\pi}{2}\right]$($\varphi^*$ 连续,且 $\varphi^*(\boldsymbol{x})=\varphi(\boldsymbol{x})$,$\forall\boldsymbol{x}\in F$).

记 $E=(\varphi^*)^{-1}\left(\left\{-\frac{\pi}{2},\frac{\pi}{2}\right\}\right)$,则 E 为$\mathbb{R}^n$ 中的闭集,并且 $F\cap E=\varnothing$.根据定理 1.6.1 或定理 1.6.2,存在$(\mathbb{R}^n,\mathscr{T})$上的连续函数 h,使得 $h(\mathbb{R}^n)\subset[0,1]$,并且

$$h(\boldsymbol{x})=\begin{cases}0, & \boldsymbol{x}\in E,\\ 1, & \boldsymbol{x}\in F.\end{cases}$$

于是,对$\forall\boldsymbol{x}\in\mathbb{R}^n$,$h(\boldsymbol{x})\varphi^*(\boldsymbol{x})\in(-1,1)$.因此,可规定

$$f^*:\mathbb{R}^n\to\mathbb{R},$$
$$\boldsymbol{x}\mapsto f^*(\boldsymbol{x})=\tan(h(\boldsymbol{x})\varphi^*(\boldsymbol{x})),\quad \forall\boldsymbol{x}\in\mathbb{R}^n,$$

则 f^* 连续,并且因为 $h(\boldsymbol{x})=1$,$\forall\boldsymbol{x}\in F$,所以

$$f^*(\boldsymbol{x})=\tan(1\cdot\varphi^*(\boldsymbol{x}))=\tan\varphi^*(\boldsymbol{x})=\tan(\arctan f(\boldsymbol{x}))=f(\boldsymbol{x}),\forall\boldsymbol{x}\in F,$$

即 f^* 为 f 的扩张(延拓). □

注 1.6.3　关于正规空间、Tietze 扩张定理、Urysohn 引理的进一步知识可参阅[16]定理 1.8.1 与定理 1.8.6.

定义 1.6.2　设 $E\subset\mathbb{R}^n$,如果 $\overline{E}=\mathbb{R}^n$(即每一个点的任何开邻域中必含 E 的点或者每个非空开集中必含 E 的点),则称 E 为$\mathbb{R}^n$ 中的**稠密集**.

如果在每个非空开集中必有非空开集完全含在 E^c 中,则称 E 为**疏朗集**或**无处稠密集**.

显然,疏朗集 E 的余集 E^c 必为稠密集.但反之不成立,例如:$\mathbb{R}$ 中,$E=\mathbb{Q}$ 的余集 $E^c=\mathbb{Q}^c=\mathbb{R}-\mathbb{Q}$ 为稠密集,而 $E=\mathbb{Q}$ 并不为疏朗集.

例 1.6.3　Cantor 疏朗三分集.

设$[0,1]\subset\mathbb{R}$,将$[0,1]$三等分,并挖出中央三分开区间

$$I_1^1 = \left(\frac{1}{3}, \frac{2}{3}\right),$$

记其留下部分为 F_1，即

$$F_1 = \left[0, \frac{1}{3}\right] \cup \left[\frac{2}{3}, 1\right] = F_1^1 \cup F_2^1.$$

再将 F_1 中的区间 $\left[0, \frac{1}{3}\right]$ 和 $\left[\frac{2}{3}, 1\right]$ 各三等分，并挖去中央三分开区间

$$I_1^2 = \left(\frac{1}{9}, \frac{2}{9}\right), \quad I_2^2 = \left(\frac{7}{9}, \frac{8}{9}\right).$$

再记留下的部分为 F_2，即

$$F_2 = \left[0, \frac{1}{9}\right] \cup \left[\frac{2}{9}, \frac{1}{3}\right] \cup \left[\frac{2}{3}, \frac{7}{9}\right] \cup \left[\frac{8}{9}, 1\right] = F_1^2 \cup F_2^2 \cup F_3^2 \cup F_4^2.$$

一般地说，设所得剩余部分为 F_n，则将 F_n 中每个(互不相交)闭区间三等分，并挖去中央三分开区间，记其留下部分为 F_{n+1}，如此等等. 从而我们得到集合列 $\{F_n\}$，其中

$$F_n = F_1^n \cup F_2^n \cup \cdots \cup F_{2^n}^n, \quad n = 1, 2, \cdots.$$

作点集

$$C = \bigcap_{n=1}^{\infty} F_n.$$

我们称 C 为 **Cantor 疏朗三分集**(图 1.6.1).

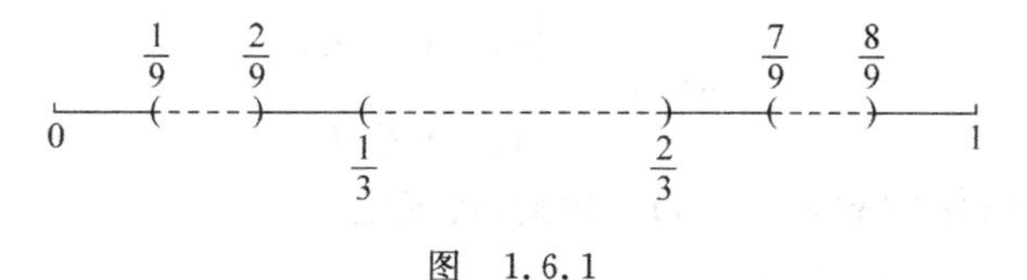

图 1.6.1

Cantor 疏朗集 C 有下述重要性质：

(1) C 是非空有界闭集(非空紧集).

因为 F_n 中每个闭区间的端点都是没有被挖去的，故为 C 中的点，从而 C 非空. 显然，C 的余集

$$C^c = \mathbb{R} - C = (-\infty, 0) \cup (1, +\infty) \cup \left(\bigcup_{n=1}^{\infty} \bigcup_{k=1}^{2^{n-1}} I_k^n\right)$$

为开集，所以 $C \subset [0,1]$ 为有界闭集.

(2) C 为完全集(即 $C = C' \Leftrightarrow C' \subset C$($C$ 为闭集)且 $C \subset C'$(C 为自密集).

事实上，由(1)知 C 为闭集，即 $C' \subset C$. 反之，有

$$\forall x \in C = \bigcap_{n=1}^{\infty} F_n \Leftrightarrow x \in F_n = \bigcup_{k=1}^{2^n} F_k^n, \quad \forall n \in \mathbb{N}$$

$$\Leftrightarrow \text{对 } \forall n \in \mathbb{N}, \quad \exists k \in \mathbb{N}, \quad \text{s.t. } x \in F_k^n.$$

对 $x\in C$ 的任何开邻域 G，存在充分大的 $n\in\mathbb{N}$，s. t. $x\in F_k^n\subset G$. 显然，此闭区间 F_k^n 的两个端点都是 C 的点且总有一个不是 x，这就推得 $x\in C'$，故 $C\subset C'$. 综上所述，$C=C'$.

(3) C 为疏朗集.

因为对任何开区间 $(\alpha,\beta)\subset\mathbb{R}$，当 $(\alpha,\beta)\cap[0,1]\neq\varnothing$ 时，必有某个 $I_k^n\subset(\mathbb{R}-C)\cap(\alpha,\beta)$；当 $(\alpha,\beta)\cap[0,1]=\varnothing$ 时，$(\alpha,\beta)\subset(\mathbb{R}-C)\cap(\alpha,\beta)$，故 C 为疏朗集.

此外，对 $\forall x_0\in C$ 及含 x_0 的任何开邻域 (α,β)，根据 Cantor 疏朗三分集 C 的构造，必有充分大的 $n\in\mathbb{N}$，使得 $I_k^n\subset(\alpha,\beta)\cap(\mathbb{R}-C)$，因此，$(\alpha,\beta)\not\subset C$. 这就证明了 x_0 不为 C 的内点.

(4) $\overline{\overline{C}}=2^{\aleph_0}=\aleph$.

证法 1　将 $[0,1]$ 中的实数按三进位小数展开（$[0,1)$ 中的数，三进位小数取无限个 0!），则 Cantor 疏朗三分集 C 中的点 x 与下述三进位小数的元

$$x=\sum_{i=1}^{\infty}\frac{a_i}{3^i},\quad a_i=0\text{ 或 }2.$$

一一对应. 根据例 1.2.10 知，$\overline{\overline{C}}=\aleph$.

证法 2　将 $[0,1]$ 先用三进位小数表示（三进位有理小数采用有限小数表示. 例如 $\frac{1}{3}$ 表示为 0.1，而不采用 0.0222…）. 显然

$$I_1^1=(0.1,0.2),$$
$$I_1^2=(0.01,0.02),\quad I_2^2=(0.21,0.22),$$
$$\vdots$$
$$I_k^n=(0.\alpha_1\alpha_2\cdots\alpha_{n-1}1,0.\alpha_1\alpha_2\cdots\alpha_{n-1}2),$$

其中 $\alpha_i=0$ 或 $2,i=1,2,\cdots,n-1$；$k=1,2,\cdots,2^{n-1}$. 因此，$[0,1]-C$ 中的实数展开成三进位小数必然形如：

$$0.\alpha_1\alpha_2\cdots\alpha_{n-1}1\alpha_{n+1}\cdots,$$

即 $[0,1]-C$ 中的实数展开成三进位小数时，其中至少有一位是 1. 于是

$$C=\left\{x=0.\alpha_1\alpha_2\cdots\alpha_n\cdots=\frac{\alpha_1}{3}+\frac{\alpha_2}{3^2}+\cdots+\frac{\alpha_n}{3^n}+\cdots\;\middle|\;\alpha_n=0\text{ 或 }2,n=1,2,\cdots\right\}.$$

再考察 $[0,1]$ 中二进位小数表示的全体（二进位有理小数也采用有限位小数表示）. 作映射

$$\varphi\colon C\to[0,1]$$
$$x=\sum_{n=1}^{\infty}\frac{\alpha_n}{3^n}\mapsto\varphi(x)=\sum_{n=1}^{\infty}\frac{\alpha_n}{2}\cdot\frac{1}{2^n},$$

其中 $\alpha_n=0$ 或 $2,n=1,2,\cdots$. 易见，φ 为一一映射. 因此

$$\overline{\overline{C}}=\overline{\overline{[0,1]}}=\aleph.$$

证法 3　由下面的定理 1.6.4 推得. □

(5) $[0,1]-C$ 的总长度(第 2 章中,此长度就是 Lebesgue 测度)为

$$m([0,1]-C)=m\left(\bigcup_{n=1}^{\infty}\bigcup_{k=1}^{2^{n-1}} I_k^n\right)=\sum_{n=1}^{\infty}\sum_{k=1}^{2^{n-1}} m(I_k^n)$$

$$=\sum_{n=1}^{\infty}\frac{2^{n-1}}{3^n}=\frac{1}{3}\sum_{n=1}^{\infty}\left(\frac{2}{3}\right)^{n-1}=\frac{1}{3}\times\frac{1}{1-\frac{2}{3}}=1,$$

从而 C 的“长度”(Lebesgue 测度)为

$$m(C)=m([0,1])-m([0,1]-C)=1-1=0.$$

注 1.6.4 从 Cantor 疏朗三分集的重要性质(4)知,C 不为可数集.因此,C 不是仅由挖去的开区间 $I_k^n(n=1,2,\cdots;\ k=1,2,\cdots,2^{n-1})$ 的端点所组成.那么,它还包含一些什么点呢?不难看出,它还包含 $I_k^n(n=1,2,\cdots;\ k=1,\cdots,2^{n-1})$ 非端点的端点集的聚点,而这种聚点集是不可数的.比那种端点集(可数集)多得多!根据(4)和定理 1.2.3,这种非端点的端点集的聚点集,其势为 $\aleph$.

注 1.6.5 我们自然会想到,类似 Cantor 疏朗三分集能否构造“长度”(Lebesgue 测度)大于 0 的疏朗三分集.为此,将$[0,1]$挖去中央长度为 $\alpha\in(0,1)$ 的开区间 I_1^1.剩下左、右两个闭区间 F_1^1,F_2^1.然后,分别挖去 F_1^1,F_2^1 中央长度为 $\alpha\cdot m(F_1^1)=\frac{1}{2}\alpha(1-\alpha)$,$\alpha\cdot m(F_2^1)=\frac{1}{2}\alpha(1-\alpha)$ 的开区间 I_1^2,I_2^2.依次类推得到

$$C_\alpha=[0,1]-\bigcup_{n=1}^{\infty}\bigcup_{k=1}^{2^{n-1}} I_k^n.$$

显然,C_α 为非空有界闭集、完全集、疏朗集、无内点,其势为 $\aleph$,且

$$m([0,1]-C_\alpha)=m\left(\bigcup_{n=1}^{\infty}\bigcup_{k=1}^{2^{n-1}} I_k^n\right)=\sum_{n=1}^{\infty}\sum_{k=1}^{2^{n-1}} m(I_k^n)$$

$$=\alpha+\alpha(1-\alpha)+\alpha(1-\alpha)^2+\cdots$$

$$=\alpha\sum_{n=0}^{\infty}(1-\alpha)^n=\alpha\cdot\frac{1}{1-(1-\alpha)}=1,$$

$$m(C_\alpha)=m([0,1])-m([0,1]-C_\alpha)=1-1=0.$$

于是这种挖法并未得到想要结果(希望 $m(C_\alpha)>0$!).但稍微改进一下就可以在$[0,1]$中作出总长度为 $\delta\in(0,1)$ 的稠密开集.

先取 $p=\frac{\delta}{1+2\delta}\in\left(0,\frac{1}{3}\right]$,并采用类似 Cantor 集的构造过程:

第 1 步,在$[0,1]$中挖去长度为 p 的同心$\left(\frac{1}{2}\right)$的开区间.

第 2 步,在剩下的两个闭区间的每一个中,又挖去长度为 p^2 的同心开区间.

第 3 步,在剩下的四个闭区间的每一个中,再挖去长度为 p^3 的同心开区间.

继续此过程,可得到一列挖去的开区间,记其并集为 G_p(开集),其总长度为

$$m(G_p)=\sum_{n=1}^{\infty}2^{n-1}\cdot p^n=p\sum_{n=1}^{\infty}(2p)^{n-1}=p\cdot\frac{1}{1-2p}=\frac{\delta}{1+2\delta}\cdot\frac{1}{1-\dfrac{2\delta}{1+2\delta}}=\delta.$$

我们称 $C_p=[0,1]-G_p$ 为**类 Cantor 疏朗三分集**(当 $p=\frac{1}{3}$,即 $\delta=1$ 时,$C_{\frac{1}{3}}$ 正好就是 Cantor 疏朗三分集). 显然,C_p 也是非空有界闭集、完全集、疏朗集,且无内点,其势为$\aleph$,它的总"长度"(Lebesgue 测度)为

$$m(C_p)=m([0,1])-m(G_p)=1-\delta>0.$$

注 1.6.6 若要在$\mathbb{R}^n$ 的单位方体$[0,1]^n$ 中构造具有类似 C_p 性质的集合,只须取 $C_p^n=\underbrace{C_p\times\cdots\times C_p}_{n\text{个}}$($C_p$ 是$[0,1]$中的类 Cantor 集)即可.

应用 Cantor 疏朗三分集可以构造重要的 Cantor 函数,它在实变函数理论中很有用,尤其构造一些反例常用到 Cantor 函数.

例 1.6.4 Cantor 函数.

设 C 为$[0,1]$中的 Cantor 疏朗三分集,C 中的点用三进位小数

$$x=2\sum_{i=1}^{\infty}\frac{\alpha_i}{3^i},\quad \alpha_i=0,1;\ i=1,2,\cdots$$

来表示.

(1) 作定义在 C 上的函数 $\varphi(x)$.

对 $x\in C$,定义

$$\varphi(x)=\varphi\left(2\sum_{i=1}^{\infty}\frac{\alpha_i}{3^i}\right)=\sum_{i=1}^{\infty}\frac{\alpha_i}{2^i},\quad \alpha_i=0,1;\ i=1,2,\cdots.$$

因为$[0,1]$中的点可用二进小数表示,所以 $\varphi(C)=[0,1]$.

下证 $\varphi(x)$是 C 上的单调增函数. 设 $\alpha_1,\alpha_2,\cdots;\ \beta_1,\beta_2,\cdots$是取 0 或 1 的数,而且它们所对应的 C 中的数有下述关系:

$$2\sum_{i=1}^{\infty}\frac{\alpha_i}{3^i}<2\sum_{i=1}^{\infty}\frac{\beta_i}{3^i}.$$

若记 $k=\min\{i\mid\alpha_i\neq\beta_i\}$,则有

$$\begin{aligned}0<\sum_{i=1}^{\infty}\frac{\beta_i-\alpha_i}{3^i}&=\frac{\beta_k-\alpha_k}{3^k}+\sum_{i=k+1}^{\infty}\frac{\beta_i-\alpha_i}{3^i}\\&\leqslant\frac{\beta_k-\alpha_k}{3^k}+\sum_{i=k+1}^{\infty}\frac{2}{3^i}=\frac{\beta_k-\alpha_k}{3^k}+\frac{\dfrac{2}{3^{k+1}}}{1-\dfrac{1}{3}}\\&=\frac{\beta_k-\alpha_k+1}{3^k}.\end{aligned}$$

从而得到(注意：$\alpha_k \neq \beta_k$，则 $\alpha_k < \beta_k$. 由此知 $\alpha_k = 0, \beta_k = 1$)

$$\begin{aligned}\varphi\left(2\sum_{i=1}^{\infty}\frac{\alpha_i}{3^i}\right) &= \sum_{i=1}^{\infty}\frac{\alpha_i}{2^i} = \sum_{i=1}^{k-1}\frac{\alpha_i}{2^i} + \sum_{i=k}^{\infty}\frac{\alpha_i}{2^i} \\ &\leqslant \sum_{i=1}^{k-1}\frac{\beta_i}{2^i} + \sum_{i=k+1}^{\infty}\frac{1}{2^i} = \sum_{i=1}^{k-1}\frac{\beta_i}{2^i} + \frac{\frac{1}{2^{k+1}}}{1-\frac{1}{2}} \\ &= \sum_{i=1}^{k-1}\frac{\beta_i}{2^i} + \frac{1}{2^k} \leqslant \sum_{i=1}^{k-1}\frac{\beta_i}{2^i} + \sum_{i=k}^{\infty}\frac{\beta_i}{2^i} \\ &= \varphi\left(2\sum_{i=1}^{\infty}\frac{\beta_i}{2^i}\right),\end{aligned}$$

即 $\varphi(x)$在 C 上是单调增函数.

(2) 作定义在$[0,1]$上的函数 $\Phi(x)$.

对 $x\in[0,1]$，令

$$\Phi(x) = \sup\{\varphi(y) \mid y \in C, y \leqslant x\}.$$

显然，$\Phi(x)$为$[0,1]$上的单调增函数，且 $\Phi(x)=\varphi(x)$，$\forall x\in C$，$\Phi(0)=\varphi(0)=0$，$\Phi(1)=\varphi(1)=1$. 又因为 $\Phi([0,1])=\varphi([0,1])=[0,1]$，所以 $\Phi(x)$为$[0,1]$上的连续函数.(反证)假设 $\Phi(x)$不为连续函数，则 $\exists x_0\in[0,1]$为 Φ 的不连续点. 如果 $x_0\in(0,1)$，则

$$(\Phi(x_0^-),\Phi(x_0^+)) \not\subset \Phi([0,1]) = [0,1],$$

这与$(\Phi(x_0^-),\Phi(x_0^+))\subset[\Phi(0),\Phi(1)]=[0,1]$相矛盾；如果 $x_0=0$ 或 1 时，类似可推出矛盾. 这就证明了 $\Phi(x)$为连续函数.

此外，在构造 Cantor 疏朗三分集的过程中所挖去的每个中央三分开区间 I_k^n 上，$\Phi(x)$为常值函数. 我们称 $\Phi(x)$为 **Cantor 函数**.

注 1.6.7 $\Phi(x)$的另一构造法，可参阅[1]中 239～240 页. 读者可验证两种定义所得到的函数是相同的.

最后，从 $\overline{C}=\aleph$ 自然会猜到下面的定理.

定理 1.6.4(非空完全集的势) $\mathbb{R}$ 中非空完全集(无孤立点的非空闭集)C，其势 $\overline{\overline{C}}=\aleph$.

证明 因为 C 为非空完全集，故 $\exists x\in C$ 及一个包含 x 的开区间 Δ，由于 x 不是 C 的孤立点，所以 $C\cap\Delta$ 为一个无限集.

在 $C\cap\Delta$ 中任取两个相异点 x_0 和 x_1，又作具有下列诸性质的两个开区间 Δ_0 和 Δ_1：当 $i=0,1$ 时，(1)$x_i\in C\cap\Delta_i$；(2)$\Delta_i\subset\Delta$；(3)$\overline{\Delta}_0\cap\overline{\Delta}_1=\varnothing$；(4)$m\Delta_i\leqslant 1$($\overline{\Delta}_i$ 为 Δ_i 的闭包，$m\Delta_i$ 为 Δ_i 的长度或 Lebesgue 测度).

因为 x_0 为 C 的聚点，所以 $C\cap\Delta_0$ 为一个无限集. 取 $x_{0i}\in C\cap\Delta_0$，$i=1,2$. 又作如下的开区间 Δ_{00} 和 Δ_{01}：当 $k=0,1$ 时，(1)$x_{0k}\in C\cap\Delta_{0k}$；(2)$\Delta_{0k}\subset\Delta_0$；(3)$\overline{\Delta}_{00}\cap\overline{\Delta}_{01}=\varnothing$；(4)$m\Delta_{0k}<\dfrac{1}{2}$.

对于点 x_1 施以同样的手续. 于是得到如下的点 $x_{ik}(i,k=0,1)$和开区间 Δ_{ik} 满足：当 i，

$k=0,1$ 时，(1) $x_{ik}\in C\cap\Delta_{ik}$；(2) $\Delta_{ik}\subset\Delta_i$；(3) $\overline{\Delta}_{ik}\cap\overline{\Delta}_{i'k'}=\varnothing$，$(i,k)\neq(i',k')$；(4) $m\Delta_{ik}<\frac{1}{2}$.

这样的手续继续下去至 n 次，得到如下的点 $x_{i_1\cdots i_n}$ $(i_k=0,1;\ k=1,2,\cdots,n)$ 和开区间 $\Delta_{i_1\cdots i_n}$ 满足：

(1) $x_{i_1\cdots i_n}\in C\cap\Delta_{i_1\cdots i_n}$；

(2) $\Delta_{i_1\cdots i_{n-1}i_n}\subset\Delta_{i_1\cdots i_{n-1}}$；

(3) $\overline{\Delta}_{i_1\cdots i_n}\cap\overline{\Delta}_{i'_1\cdots i'_n}=\varnothing$，$(i_1,\cdots,i_n)\neq(i'_1,\cdots,i'_n)$；

(4) $m\Delta_{i_1\cdots i_n}<\frac{1}{n}$.

因为每个 $x_{i_1\cdots i_n}$ 为 C 的聚点，所以可取两个相异点

$$x_{i_1\cdots i_n i_{n+1}}\in C\cap\Delta_{i_1\cdots i_n},\quad i_{n+1}=0,1.$$

又可作如下的两个开区间

$$\Delta_{i_1\cdots i_n i_{n+1}},\quad i_{n+1}=0,1.$$

当 $i_{n+1}=0,1$,时，有

(1) $x_{i_1\cdots i_n i_{n+1}}\subset C\cap\Delta_{i_1\cdots i_n i_{n+1}}$；

(2) $\Delta_{i_1\cdots i_n i_{n+1}}\subset\Delta_{i_1\cdots i_n}$；

(3) $\overline{\Delta}_{i_1\cdots i_n 0}\cap\overline{\Delta}_{i_1\cdots i_n 1}=\varnothing$；

(4) $m\Delta_{i_1\cdots i_n i_{n+1}}<\frac{1}{n+1}$.

于是，对所有的自然数 n 都施行了这种手续.

对于每一无限数列 $(i_1,i_2,\cdots)$，$i_k=0,1$. 根据闭区间套原理，存在惟一的点 $z_{i_1i_2\cdots}$ 与之对应，即 $z_{i_1i_2\cdots}\in\bigcap\limits_{n=1}^{\infty}\overline{\Delta}_{i_1i_2\cdots i_n}$. 因为 C 为闭集. 故 $z_{i_1i_2\cdots}\in C$.

易见

$$\varphi:\{(i_1,i_2,\cdots)\mid i_k=0,1\}\to S=\{z_{i_1i_2\cdots}\mid i_k=0,1\}$$

为一一映射. 事实上，如果 $(i_1,i_2,\cdots)\neq(i'_1,i'_2,\cdots)$，则存在自然数 n，使得

$$i_1=i'_1,i_2=i'_2,\cdots,i_{n-1}=i'_{n-1},i_n\neq i'_n.$$

因而，$\overline{\Delta}_{i_1i_2\cdots i_n}\cap\overline{\Delta}_{i'_1i'_2\cdots i'_n}=\varnothing$ 和 $z_{i_1i_2\cdots}\neq z_{i'_1i'_2\cdots}$. 这就证明了 φ 为一一映射. 所以

$$\aleph=2^{\aleph_0}=\overline{\overline{\{(i_1,i_2,\cdots)\mid i_k=0,1\}}}=\overline{\overline{S}}\leqslant\overline{\overline{C}}\leqslant\overline{\overline{\mathbb{R}^1}}=\aleph.$$

根据 Cantor-Bernstein 定理，$\overline{\overline{C}}=\aleph$. □

定义 1.6.3 设 E 为直线 $\mathbb{R}^1$ 上的点集，$x\in\mathbb{R}^1$（它未必属于 E）. 如果 x 的任何开邻域 G 中总含有 E 的不可数个点，则称 x 为 E 的**凝聚点**，简称为**凝点**. 显然，凝点必为聚点，但聚点未必为凝点. 如：0 为 $E=\left\{\frac{1}{n}\,\middle|\,n\in\mathbb{N}\right\}$ 的聚点而非凝点.

定理 1.6.5 关于凝点，有

(1) (Lindelöf) 如果 E 的点都不为 E 的凝点，则 E 为至多可数集. 换言之，任何不可数

集 E 必有凝点，而且在 E 中必有一个凝点.

(2) 设 x 为 E 的凝点，则 x 必为 E 的凝点集的聚点.

(3) 设 P 为 E 的凝点的全体，则 $E-P$ 为至多可数集.

(4) 设 E 为不可数集，P 为 E 的凝点的全体，则 $E\cap P$ 为不可数集，即任何不可数集 E 一定包含它的不可数个凝点.

(5) 设 E 为不可数集，则 E 的凝点的全体 P 为一个非空的完全集(由定理 1.6.4，P 的势为$\aleph$).

(6) (Г. 康妥(Cantor)-И. 宾迪克逊)设 E 为不可数的闭集，则 $E=P\cup D$，其中 P 为非空的完全集，D 为至多可数集. 由此立知 E 的势为$\aleph$.

(7) 设 $E\subset\mathbb{R}^1$ 为闭集，则 E 的势或为有限，或为可数，或为$\aleph$.

证明 (1) $\forall x\in E$ 都不为 E 的凝点，则必有 x 的开邻域(a_x,b_x)，它只含 E 的至多可数个点，选有理数 $r_x,R_x,r_x<R_x$，s. t.

$$x\in(r_x,R_x)\subset(a_x,b_x).$$

于是，(r_x,R_x)中含 E 的至多可数个点. 由此得到

$$E=\bigcup_{x\in E}(E\cap(r_x,R_x))=\bigcup_{\substack{r,R\in\mathbb{Q}\\ r<R}}(E\cap(r,R))$$

为至多可数集.

(2) 对 x 的任何开邻域(a,b)，由于 x 为 E 的凝点，故(a,b)必含 E 的不可数个点. 于是$(E\cap(a,b))-\{x\}$仍为不可数集，根据(1)，它必有自己的凝点，当然它也是 E 的异于 x 的凝点. 因此，x 为 E 的凝点集的聚点.

(3) 因为 $E-P$ 无 E 的凝点，所以更加无 $E-P$ 的凝点，根据(1)，$E-P$ 为至多可数集.

(4) 因为 E 为不可数集，由(3)知 $E-P$ 为至多可数集，再根据定理 1.2.3，$E\cap P=E-(E-P)$为不可数集.

(5) 对$\forall x_0\in P'$，任取 x_0 的开邻域(a,b)，其中至少含有 P 的一个点 z. 因 z 为 E 的凝点，所以(a,b)中含有 E 的不可数个点. 从而，x_0 必为 E 的凝点，即 $x_0\in P$，$P'\subset P$，P 为闭集.

其次，设 $x_0\in P$，(a,b)为 x_0 的任一开邻域，则 $E\cap(a,b)$为不可数集. 由(4)知，$E\cap(a,b)$含不可数个 $E\cap(a,b)$的凝点. 因为 $E\cap(a,b)\subset E$，所以 $E\cap(a,b)$的凝点也是 E 的凝点. 因此，$E\cap(a,b)$中(也可说(a,b))中含有不可数个 P 的点. 从而，$x_0\in P'$，$P\subset P'$. 这就证明了 P 为一个非空的完全集.

(6) 令 $D=E-P$，根据(3)，D 为至多可数集，再根据(5)，E 的凝聚点集 P 为非空完全集.

(7) 如果 E 为不可数的闭集，由(6)知 $\overline{\overline{E}}=\aleph$.

如果 E 为至多可数集，则 E 或为有限集(如 $E=\{a_1,a_2,\cdots,a_n\}$)，或为可数集(如 $E=\{n\mid n\in\mathbb{N}\}$). □

注 1.6.8　类似定义 1.6.3 可将凝点的概念和定理 1.6.5 推广到 $E\subset\mathbb{R}^n$.

例 1.6.5　设 $E\subset\mathbb{R}^n$,E'为至多可数集,则 E 为至多可数集.

证明　证法 1　(反证)假设 E 不为至多可数集,即 E 为不可数集. 设 P 为 E 的凝点的全体,根据定理 1.6.5,$E\cap P$ 为不可数集. 而 $E\cap P\subset E'$,所以 E'为不可数集. 这与题设 E'为至多可数集相矛盾.

证法 2　(反证)假设 E 不为至多可数集,即 E 为不可数集. 由于 E'为至多可数集,根据定理 1.2.3,$E-E'$为不可数集,对 $\forall\,\boldsymbol{x}\in E-E'$,则 $\boldsymbol{x}$ 必不是 $E-E'$的聚点(否则也为更大集合 E 的聚点!). 所以,必有$\mathbb{R}^n$ 中的有理球 $B(\boldsymbol{x}';\ r)$(有理点 $\boldsymbol{x}'$为中心,正有理数 r 为半径的开球),使得 $\boldsymbol{x}\in B(\boldsymbol{x}';\ r)$,且

$$(E-E')\cap B(\boldsymbol{x}';\ r)$$

为有限集. 这样的有理球至多可数个,设为$\{B(\boldsymbol{x}^{(n)};\ r_n)\mid n\in\mathbb{N}\}$. 则

$$E-E'=\bigcup_{n=1}^{\infty}\left[(E-E')\cap B(\boldsymbol{x}^{(n)};\ r_n)\right]$$

为至多可数集. 这与 $E-E'$为不可数集相矛盾.

证法 3　对 $\forall\,\boldsymbol{x}\in E-E'$,$\exists\,\delta_x>0$, s. t. $(B(\boldsymbol{x};\ \delta_x)-\{\boldsymbol{x}\})\cap E=\varnothing$. 则

$$\mathscr{A}=\{B(\boldsymbol{x};\ \delta_x)\mid \boldsymbol{x}\in E-E'\}$$

为 $E-E'$的一个开覆盖. 根据 Lindelöf 定理 1.4.4,$\mathscr{A}$ 有可数子覆盖$\{B(\boldsymbol{x}_i;\ \delta_{x_i})\mid i\in\mathbb{N}\}$. 因每个开球 $B(\boldsymbol{x}_i;\ \delta_{x_i})$只含 $E-E'$的一个点,所以

$$E-E'=\left(\bigcup_{i=1}^{\infty}B(\boldsymbol{x}_i;\ \delta_{x_i})\right)\cap(E-E')=\bigcup_{i=1}^{\infty}(B(\boldsymbol{x}_i;\ \delta_{x_i})\cap(E-E'))$$

为至多可数集. 又 E'为至多可数集,故

$$E=(E-E')\cup E'$$

亦为至多可数集.

证法 4　显然,对 $\forall\,\boldsymbol{x}\in E-E'$,$\exists\,\delta_x>0$, s. t.

$$(B(\boldsymbol{x};\ \delta_x)-\{\boldsymbol{x}\})\cap E=\varnothing.$$

作 $\mathscr{A}=\left\{B\left(\boldsymbol{x};\ \dfrac{\delta_x}{3}\right)\,\middle|\,\boldsymbol{x}\in E-E'\right\}$. 令

$$\varphi\colon E-E'\to\mathscr{A},$$

$$\boldsymbol{x}\mapsto\varphi(\boldsymbol{x})=B\left(\boldsymbol{x};\ \frac{\delta_x}{3}\right),$$

则 φ 为一一映射. 事实上,对 $\forall\,\boldsymbol{x},\boldsymbol{y}\in E-E'$,$\boldsymbol{x}\neq\boldsymbol{y}$,必有 $\varphi(\boldsymbol{x})\cap\varphi(\boldsymbol{y})=\varnothing$.

(反证)假设 $\exists\,\boldsymbol{z}\in\varphi(\boldsymbol{x})\cap\varphi(\boldsymbol{y})$,则

$$\rho(\boldsymbol{x},\boldsymbol{y})\leqslant\rho(\boldsymbol{x},\boldsymbol{z})+\rho(\boldsymbol{z},\boldsymbol{y})<\frac{\delta_x}{3}+\frac{\delta_y}{3}<\delta_x\quad(\text{不妨设 }\delta_y\leqslant\delta_x).$$

于是,$\boldsymbol{x}\neq\boldsymbol{y}\in B(\boldsymbol{x};\ \delta_x)$,$\boldsymbol{y}\in(B(\boldsymbol{x};\ \delta_x)-\{\boldsymbol{x}\})\cap E=\varnothing$,矛盾.

$$\text{作 }\psi\colon\mathscr{A}\to\mathbb{Q}^n,$$

$$B\left(\boldsymbol{x};\ \frac{\delta_x}{3}\right) \mapsto q \in \mathbb{Q}^n \cap B\left(\boldsymbol{x};\ \frac{\delta_x}{3}\right).$$

显然，ψ 为单射. 因此

$$\overline{\overline{E-E'}} = \overline{\overline{\mathscr{A}}} \leqslant \overline{\overline{\mathbb{Q}}}^n = \aleph_0;$$

$$\overline{\overline{E}} = \overline{\overline{(E-E') \cup (E \cap E')}} \leqslant \aleph_0 + \aleph_0 = \aleph_0,$$

即 E 为至多可数集. □

例 1.6.6 设 $F \subset \mathbb{R}$ 为至多可数的非空闭集，则 F 必含有孤立点.

证明 证法 1 (反证)反设 F 不含孤立点，则 $F \subset F'$. 又因为 F 为闭集，即 $F' \subset F$. 于是，$F = F'$，则 F 为非空完全集. 根据定理 1.6.4，$\overline{\overline{F}} = \aleph > \aleph_0$，这与 F 为至多可数集(即 $\overline{\overline{F}} \leqslant \aleph_0$)相矛盾.

证法 2 当 $F \subset \mathbb{R}^1$ 为非空有限集时，F 中任一点都为孤立点.

当 $F \subset \mathbb{R}^1$ 为可数集时，不失一般性，对 $F \subset (0,1)$ 时论证(至多差一个拓扑映射 φ：$(0,1) \to \mathbb{R}^1$，即 φ 为一一映射，且 φ, φ^{-1} 都连续). (反证)反设 F 无孤立点. 记

$$F = \{x_k \mid k \in \mathbb{N}\},$$

x_k 的二进无限小数表示为 $x_k = 0.x_{k1}x_{k2}\cdots$.

取 $y_1 = x_1$. 作集合列 $\{F_{1,l}\}$ 如下：

$$F_{1,l} = \{x_k \in F \mid x_{k,1}\cdots x_{k,l-1} = x_{1,1}\cdots x_{1,l-1}, x_{k,l} \neq x_{1,l}\}.$$

因为 x_1 为 F 的聚点，故 $\{F_{1,l}\}$ 中必有非空集. 设

$$n_2 = \min\{l \in \mathbb{N} \mid F_{1,l} \neq \varnothing\}.$$

取 $y_2 = x_{n_2}$. 同理作集合列 $\{F_{n_2,l}\}$，

$$F_{n_2,l} = \{x_k \in F_{1,n_2} \mid x_{k,1}\cdots x_{k,l-1} = x_{n_2,1}\cdots x_{n_2,l-1}, x_{k,l} \neq x_{n_2,l}\}.$$

因为 x_{n_2} 为 F 的聚点，故 $\{F_{n_2,l}\}$ 中必有非空集. 设

$$n_3 = \min\{l \in \mathbb{N} \mid F_{n_2,l} \neq \varnothing\}.$$

依次得点列 $\{y_m\}$，y_m 与 y_{m-1} 在 n_m 位开始有差异，故 $\{y_m\}$ 收敛. 记 $y = \lim\limits_{m \to +\infty} y_m \in F$. 易知，$y \neq x_i$，$\forall i \in \mathbb{N}$，这与 F 中各数已全部排列出相矛盾.

证法 3 (反证)假设至多可数集 $F = \{x_n \mid n \in \mathbb{N}\}$ 不含孤立点，则 $\forall x_n \in F$，有 $x_n \in F'$. 于是，$\overline{\{x_n\}^c \cap F} = F$，并且

$$\varnothing \neq F \xlongequal{\text{例 1.5.10}} \overline{\left(\bigcap_{n=1}^{\infty} \{x_n\}^c\right) \cap F} \xlongequal{\text{de Morgan}} \overline{\left(\bigcup_{n=1}^{\infty} \{x_n\}\right)^c \cap F}$$

$$= \overline{F^c \cap F} = \overline{\varnothing} = \varnothing,$$

矛盾. □

练习题 1.6

1. 证明：$\mathbb{R}^n$ 中可数稠密集不为 G_δ 集.

2. 设 $F\subset\mathbb{R}^n$ 为至多可数的非空闭集. 证明：F 必含孤立点.

3. 设 $E\subset\mathbb{R}^n$. 证明：

$$E \text{ 为非空闭集} \Leftrightarrow \text{对 } \forall\, \boldsymbol{x}\in\mathbb{R}^n,\quad \exists\, \boldsymbol{y}\in E, \text{s.t.}\ \rho(\boldsymbol{x},\boldsymbol{y})=\rho(\boldsymbol{x},E).$$

4. 证明：点 $x=\frac{1}{4},\frac{1}{13}$属于 Cantor 疏朗集.

5. 设 C 为$[0,1]$中的 Cantor 疏朗集. 证明：

$$C+C=\{x+y\mid x\in C, y\in C\}=[0,2].$$

复习题 1

1. 设 X 为无限集，f: $X\to X$ 为映射. 证明：存在 X 中的非空真子集 E，使 $f(E)\subset E$.

2. 设 X 为集合，f: $2^X\to 2^X$ 为映射，且对 $\forall A,B\subset X, A\subset B$，必有 $f(A)\subset f(B)$. 证明：$\exists E\subset X$，使得 $f(E)=E$.

3. 设 $f(x)$为定义在$[0,1]$上的实函数，且存在常数 M，使对 $\forall n\in\mathbb{N}$ 及 $\forall x_1,x_2,\cdots,x_n\in[0,1], x_i\neq x_j(i\neq j)$，均有

$$|f(x_1)+f(x_2)+\cdots+f(x_n)|\leqslant M.$$

证明：$E=\{x\in[0,1]\mid f(x)\neq 0\}$为至多可数集.

4. 设 $A\subset\mathbb{R}^n$，对 $\forall\,\boldsymbol{x}\in A$，总 $\exists\,\delta(\boldsymbol{x})>0$, s.t. $B(\boldsymbol{x};\delta(\boldsymbol{x}))\cap A$ 为至多可数集. 证明：A 必为至多可数集.

5. 试作自然数集$\mathbb{N}$ 的$\aleph$个非空子集，其中任意两个子集之间有严格的包含关系.

6. 证明：不存在集合族 Γ，使得对任一集合 B，有 $A\in\Gamma, A\sim B$.

7. 设 $E\subset\mathbb{R}^3$，且对 $\forall\,\boldsymbol{x},\boldsymbol{y}\in E$，距离 $\rho_0^3(\boldsymbol{x},\boldsymbol{y})\in\mathbb{Q}$. 证明：$E$ 为至多可数集.

8. 设 E 为平面$\mathbb{R}^2$ 中的可数集. 证明：存在互不相交的集合 A 与 B，使得 $E=A\cup B$，且任一平行于 x 轴的直线交 A 至多有限个点；任一平行于 y 轴的直线交 B 至多有限个点.

9. 设 $E\subset\mathbb{R}^1$ 为可数集. 证明：$\exists\, x_0\in\mathbb{R}^1$, s.t.

$$E\cap(E+x_0)=\varnothing,$$

其中点集

$$E+x_0=\{x+x_0\mid x\in E\}.$$

10. 设 $A=\{a_1,a_2,\cdots\}, B=\{b_1,b_2,\cdots\}$为两个自然数子列，若 $\lim\limits_{n\to+\infty}\frac{a_n}{b_n}=0$，则称 B 是比 A 增长更快的数列.

现设$\mathscr{N}$为由某些自然数子列构成的数列族.且对任一自然数子列A,均有$B\in\mathscr{N}$,使得B比A增长更快.证明:$\mathscr{N}$为不可数集.

11. 证明:平面$\mathbb{R}^2$和开圆片都不能被其中至多可数个彼此无公共内点(可以相切)的闭圆片的集合$\mathscr{A}$所覆盖.

12. 证明:$\mathbb{R}^n$中可数个超平面($\mathbb{R}^1$中的"超平面"为点;$\mathbb{R}^2$中的"超平面"为一维直线;$\mathbb{R}^3$中的"超平面"为通常的二维平面;$\mathbb{R}^n$中的超平面就是$n-1$维平面$a_1x_1+a_2x_2+\cdots+a_nx_n=d$,其中$a_1,a_2,\cdots,a_n,d$为实常数,且$a_1,a_2,\cdots,a_n$不全为0)不能覆盖住$\mathbb{R}^n$.

13. 设G为$\mathbb{R}^1$中的G_δ集.试构造$\mathbb{R}^1$上的连续函数f,它的连续点集就是G.

14. 设$\sum\limits_{n=0}^{\infty}a_nx^n$与$\sum\limits_{n=0}^{\infty}b_nx^n$在$(-R,R)$上收敛.令

$$E=\left\{x\in(-R,R)\,\middle|\,\sum_{n=0}^{\infty}a_nx^n=\sum_{n=0}^{\infty}b_nx^n\right\},$$

若$E'\cap(-R,R)\neq\varnothing$,证明:$a_n=b_n,n=0,1,2,\cdots$.

15. 设f为$\mathbb{R}$上无限次可导的实值函数,且$\exists M>0$,使在$\mathbb{R}$上,对$\forall n\geqslant 0$,有$|f^{(n)}(x)|\leqslant M$.如果$f\equiv 0$在一无限有界集L上成立,则在$\mathbb{R}$上,$f\equiv 0$.

16. 设$F\subset\mathbb{R}^n$为有界闭集,$G_i(i=1,2,\cdots,k)$为$\mathbb{R}^n$中的开集,且有$F\subset\bigcup\limits_{i=1}^{k}G_i$.试作闭集$F_i(i=1,2,\cdots,k)$,使得

$$F=\bigcup_{i=1}^{k}F_i,\quad F_i\subset G_i,\quad i=1,2,\cdots,k.$$

17. 设$f\in C^1([a,b])$($[a,b]$上连续可导函数的全体).令

$$E=\{x\in[a,b]\mid f(x)=0\}\cap\{x\in[a,b]\mid f'(x)>0\}.$$

证明:E中任一点皆为E的孤立点.

18. 设$f:[a,b]\to\mathbb{R}$为实函数,作$G_f=\{(x,f(x))\mid x\in[a,b]\}$,则

$$G_f\text{ 为}\mathbb{R}^2\text{中的紧集}\Leftrightarrow f\in C^0([a,b])=C([a,b]).$$

19. 将点集$[0,1]$表示为$\aleph$个互不相交的完全集的并集.

20. 设X为非空集合,$\mathscr{T}$为X上的一个子集族,满足:

(1) $\varnothing,X\in\mathscr{T}$;

(2) 若$G_1,G_2\in\mathscr{T}$,则$G_1\cap G_2\in\mathscr{T}$;

(3) 若$G_\alpha\in\mathscr{T},\alpha\in\Gamma$(指标集),则$\bigcup\limits_{\alpha\in\Gamma}G_\alpha\in\mathscr{T}$,则称$\mathscr{T}$为$X$上的一个**拓扑**,$(X,\mathscr{T})$称为$X$上的一个**拓扑空间**.$G\in\mathscr{T}$称为拓扑空间$(X,\mathscr{T})$上的**开集**.

如果$F\subset X,F^c\in\mathscr{T}$,则称$F$为$(X,\mathscr{T})$上的**闭集**.

如果存在$\mathscr{T}^*\subset\mathscr{T}$,使得$\mathscr{T}$中的任何$G$必为$\mathscr{T}^*$中若干元的并集,则称$\mathscr{T}^*$为$(X,\mathscr{T})$的一个**拓扑基**.如果$(X,\mathscr{T})$具有至多可数的拓扑基$\mathscr{T}^*$(称$(X,\mathscr{T})$具有第二可数性公理),则称$(X,\mathscr{T})$为**$\mathbf{A_2}$空间**.

如果对$\forall x,y\in X,x\neq y$,必有 x 的开邻域(含 x 的开集)$G_x\not\ni y$,也必有 y 的开邻域 $G_y\not\ni x$,则称$(X,\mathscr{T})$为 **T_1 空间**.

设$(X,\mathscr{T})$为 A_2 与 T_1 空间.证明:$\overline{\overline{X}}\leqslant\aleph$.

21. 设 X 为不可数集.证明:

(1) X 的子集族

$$\mathscr{T}=\{U\mid U=X-C,C\text{ 为 }X\text{ 的至多可数子集}\}\cup\{\varnothing\}$$

为 X 上的一个拓扑.

(2) $(X,\mathscr{T})$不为 T_2 空间(**T_2 空间或 Hausdorff 空间**指的是对$\forall p,q\in X,p\neq q$,必有 p 的开邻域 U 和 q 的开邻域 V,使得 $U\cap V=\varnothing$),但为 T_1 空间.

(3) $(X,\mathscr{T})$为 Lindelöf 空间,即 X 的任何开覆盖必有(至多)可数子覆盖.但$(X,\mathscr{T})$不为紧致空间.

(4) $(X,\mathscr{T})$为连通空间,即 X 不能表示为两个非空不相交开集的并集.

(5) $(X,\mathscr{T})$不为道路连通空间,即$\exists p,q\in X$,不存在连续映射

$$\sigma:[0,1]\to X,\text{s.t.}\,\sigma(0)=p,\sigma(1)=q.$$

22. 设 X 为无限集.证明:

(1) X 的子集族 $\mathscr{T}=\{U|U=X-C,C$ 为 X 的有限子集$\}\cup\{\varnothing\}$为 X 上的一个拓扑.

(2) $(X,\mathscr{T})$不为 T_2 空间,但为 T_1 空间.

(3) $(X,\mathscr{T})$为紧致空间.

(4) $(X,\mathscr{T})$为连通空间.

(5) 如果 X 可数,则$(X,\mathscr{T})$不为道路连通空间;

如果 X 不可数,且 $\overline{\overline{X}}\geqslant\aleph$,则$(X,\mathscr{T})$为道路连通空间.

23. 设 $f_i(i=1,2,\cdots)$为紧致集(即有界闭集)$F\subset\mathbb{R}^n$ 上的连续函数,且

$$f_i(x)\geqslant f_i(x),\quad \forall x\in F\subset\mathbb{R}^n,\quad i\leqslant j;$$
$$\lim_{i\to+\infty}f_i(x)=f(x)(\text{连续函数}),\forall x\in F.$$

证明:$\{f_i\}$在 F 上一致收敛于 $f(x)$.

24. 设 $f:\mathbb{R}^n\to\mathbb{R}$ 为实函数,令

$$f_{\max}=\{f(x)\mid x\in\mathbb{R}^n\text{ 为 }f\text{ 的极大值点}\},f_{\min}=\{f(x)\mid x\in\mathbb{R}^n\text{ 为 }f\text{ 的极小值点}\},$$

则 $f_{\max}$与 $f_{\min}$都为至多可数集.

25. 设 f 为$\mathbb{R}^n$ 上的连续函数,并且$\mathbb{R}^n$ 中每一点都是 f 的极值点.证明:f 在$\mathbb{R}^n$ 上为常值函数.

第 2 章

测度理论

从本章开始,将逐步介绍实变函数理论的中心内容——测度与积分. 19 世纪的数学家们已认识到,仅含连续函数与 Riemann 积分的古典理论已不足以解决数学分析中的许多问题. 为克服 Riemann 积分在理论上的局限性,Lebesgue 在 1902 年提出了直至目前仍广泛应用的 Lebesgue 测度理论. 不同的积分概念是基于紧密相联系的不同的测度概念的. 测度理论及其方法在近代分析、概率论以及其他一些学科领域中已成为必不可少的工具.

本章我们在研究环上一般测度理论的基础上,还特别研究了 Lebesgue 测度、Lebesgue-Stieltjes 测度和 Hausdorff 测度.

2.1 环上的测度、外测度、测度的延拓

设$\mathbb{R}_* = \mathbb{R} \cup \{-\infty, +\infty\}$为**广义实数集**,$\mathscr{E}$为集合 X 上的非空集类,$\mu: \mathscr{E} \to \mathbb{R}_*$ 为映射,称 μ 为**广义集函数**,而 $\mu: \mathscr{E} \to \mathbb{R}$ 称为**集函数**.

定义 2.1.1 设 $\mathscr{R}$ 为集 X 的某些子集所成的环,$\mu: \mathscr{R} \to \mathbb{R}_*$ 为广义集函数. 如果 μ 具有下列性质:

(1) $\mu(\varnothing) = 0$;

(2) 非负性: $\forall E \in \mathscr{R}, \mu(E) \geqslant 0$;

(3) 可数可加性: 对 $\forall E_i \in \mathscr{R} (i = 1, 2, \cdots)$,如果 $E_i \cap E_j = \varnothing (i \neq j)$且 $\bigcup\limits_{i=1}^{\infty} E_i \in \mathscr{R}$,就必定有

$$\mu\Big(\bigcup_{i=1}^{\infty} E_i\Big) = \sum_{i=1}^{\infty} \mu(E_i).$$

则称广义集函数 μ 为**环 $\mathscr{R}$ 上的一个测度**,称 $\mu(E)$为**集 E 的测度**.

定理 2.1.1(测度的基本性质) 设 μ 为环 $\mathscr{R}$ 上的测度.

(1) 有限可加性: 如果 $E_1, E_2, \cdots, E_n \in \mathscr{R}$,且这些集两两不相交,则

$$\mu\Big(\bigcup_{i=1}^{n} E_i\Big) = \sum_{i=1}^{n} \mu(E_i).$$

(2) 单调性：如果 $E_1, E_2 \in \mathscr{R}$，且 $E_1 \subset E_2$，则 $\mu(E_1) \leqslant \mu(E_2)$.

(3) 可减性：如果 $E_1, E_2 \in \mathscr{R}$，且 $E_1 \subset E_2$，又如果 $\mu(E_1) < +\infty$，则

$$\mu(E_2 - E_1) = \mu(E_2) - \mu(E_1).$$

(4) 次可数可加性：如果 $E, E_n \in \mathscr{R}(n=1,2,\cdots)$，$E \subset \bigcup_{n=1}^{\infty} E_n$，则

$$\mu(E) \leqslant \sum_{n=1}^{\infty} \mu(E_n).$$

特别当 $E = \bigcup_{n=1}^{\infty} E_n \in \mathscr{R}$ 时，有

$$\mu\left(\bigcup_{n=1}^{\infty} E_n\right) \leqslant \sum_{n=1}^{\infty} \mu(E_n).$$

(5) 如果 $E_n \in \mathscr{R}(n=1,2,\cdots)$，且 $E_1 \subset E_2 \subset E_3 \subset \cdots$，$\bigcup_{n=1}^{\infty} E_n \in \mathscr{R}$，则

$$\mu\left(\bigcup_{n=1}^{\infty} E_n\right) = \lim_{n \to +\infty} \mu(E_n).$$

(6) 如果 $E_n \in \mathscr{R}(n=1,2,\cdots)$，$E_1 \supset E_2 \supset E_3 \supset \cdots$，$\bigcap_{n=1}^{\infty} E_n \in \mathscr{R}$，且至少有一个 E_n，s. t. $\mu(E_n) < +\infty$，则

$$\mu\left(\bigcap_{n=1}^{\infty} E_n\right) = \lim_{n \to +\infty} \mu(E_n).$$

此外，如果 $\mathscr{R}$ 为 σ 环，我们还有：

(7) 如果 $E_n \in \mathscr{R}(n=1,2,\cdots)$，则 $\mu(\varliminf_{n \to +\infty} E_n) \leqslant \varliminf_{n \to +\infty} \mu(E_n)$.

(8) 如果 $E_n \in \mathscr{R}(n=1,2,\cdots)$，且 $\exists\, m \in \mathbb{N}$，s. t. $\mu\left(\bigcup_{n=m}^{\infty} E_n\right) < +\infty$，则

$$\mu(\varlimsup_{n \to +\infty} E_n) \geqslant \varlimsup_{n \to +\infty} \mu(E_n).$$

(9) 如果 $E_n \in \mathscr{R}(n=1,2,\cdots)$，$\lim_{n \to +\infty} E_n$ 存在，且 $\exists\, m \in \mathbb{N}$，s. t. $\mu\left(\bigcup_{n=m}^{\infty} E_n\right) < +\infty$，则

$$\mu(\lim_{n \to +\infty} E_n) = \lim_{n \to +\infty} \mu(E_n).$$

(10) 如果 $E_n \in \mathscr{R}(n=1,2,\cdots)$，且 $\exists\, m \in \mathbb{N}$，s. t. $\sum_{n=m}^{\infty} \mu(E_n) < +\infty$，则

$$\mu(\varlimsup_{n \to +\infty} E_n) = 0.$$

证明　(1) 取 $E_{n+1} = E_{n+2} = \cdots = \varnothing$，则由定义 2.1.1 中的(3)和(1)有

$$\mu\left(\bigcup_{i=1}^{n} E_i\right) = \mu\left(\bigcup_{i=1}^{\infty} E_i\right) = \sum_{i=1}^{\infty} \mu(E_i)$$

$$= \sum_{i=1}^{n} \mu(E_i) + \sum_{i=n+1}^{\infty} \mu(\varnothing)$$

$$= \sum_{i=1}^{n}\mu(E_i) + \sum_{i=n+1}^{\infty} 0$$

$$= \sum_{i=1}^{n}\mu(E_i).$$

(2) 由(1)与定义 2.1.1 中的(2)有

$$\mu(E_2) = \mu(E_1 \cup (E_2 - E_1))$$

$$= \mu(E_1) + \mu(E_2 - E_1) \geqslant \mu(E_1) + 0 = \mu(E_1).$$

(3) 由(2)和 $\mu(E_1) < +\infty$得到

$$\mu(E_2 - E_1) = \mu(E_2) - \mu(E_1).$$

(4) 因为 $E_i \in \mathscr{R}, E \in \mathscr{R}, E \subset \bigcup_{i=1}^{\infty} E_i$. 记 $F_i = E \cap E_i$,就有 $F_i \subset E_i, F_i \in \mathscr{R}, \bigcup_{i=1}^{\infty} F_i = E$. 再记 $G_1 = F_1, G_n = F_n - \bigcup_{i=1}^{n-1} F_i (n=2,3,\cdots)$. 此时,$G_n \in \mathscr{R}, G_n \subset F_n (n=1,2,\cdots)$,且

$$\bigcup_{n=1}^{\infty} G_n = \bigcup_{n=1}^{\infty} F_n = E.$$

此外,G_n 是彼此不相交的. 又因为 $G_n \subset F_n \subset E_n$,(2)以及可数可加性得到次可数可加性

$$\mu(E) = \sum_{n=1}^{\infty}\mu(G_n) \leqslant \sum_{n=1}^{\infty}\mu(E_n).$$

(5) 因为 $E_n \in \mathscr{R}, E_1 \subset E_2 \subset \cdots$,记 $F_1 = E_1, F_n = E_n - E_{n-1} (n=2,3,\cdots)$. 这时,$\{F_n\}$为彼此不相交的集列,且 $\bigcup_{i=1}^{\infty} E_i = \bigcup_{i=1}^{\infty} F_i$, $\bigcup_{i=1}^{n} F_i = E_n$,所以由可数可加性得到

$$\mu\left(\bigcup_{n=1}^{\infty} E_n\right) = \mu\left(\bigcup_{n=1}^{\infty} F_n\right) = \sum_{n=1}^{\infty}\mu(F_n) = \lim_{n\to+\infty}\sum_{i=1}^{n}\mu(F_i)$$

$$= \lim_{n\to+\infty}\mu\left(\bigcup_{i=1}^{n} F_i\right) = \lim_{n\to+\infty}\mu(E_n).$$

(6) 由题设至少有一个 E_n, s. t. $\mu(E_n) < +\infty$,故不妨认为 $\mu(E_1) < +\infty$. 记 $F_n = E_1 - E_n (n=1,2,\cdots)$. 此时,$\{F_n\}$是单调增的集列,且由 de Morgan 公式知

$$\bigcup_{n=1}^{\infty} F_n = \bigcup_{n=1}^{\infty} (E_1 - E_n) = E_1 - \bigcap_{n=1}^{\infty} E_n \in \mathscr{R},$$

所以,由有限可加性(1),以及(5)得到

$$\mu\left(\bigcap_{n=1}^{\infty} E_n\right) = \mu\left(E_1 - \bigcup_{n=1}^{\infty} F_n\right) = \mu(E_1) - \mu\left(\bigcup_{n=1}^{\infty} F_n\right)$$

$$= \mu(E_1) - \lim_{n\to+\infty}\mu(F_n) = \lim_{n\to+\infty}[\mu(E_1) - \mu(F_n)]$$

$$= \lim_{n\to+\infty}\mu(E_n).$$

(7) 由定理 1.1.4 中的(2),$\varliminf_{n\to+\infty} E_n = \bigcup_{k=1}^{\infty}\bigcap_{n=k}^{\infty} E_n$, $\bigcap_{n=k}^{\infty} E_n \subset E_k$,且$\left\{\bigcap_{n=k}^{\infty} E_n\right\}$为单调增的

集列. 根据(5)和(2)可知

$$\mu(\underline{\lim_{n\to+\infty}} E_n)=\mu\left(\bigcup_{k=1}^{\infty}\bigcap_{n=k}^{\infty} E_n\right)=\lim_{k\to+\infty}\mu\left(\bigcap_{n=k}^{\infty} E_n\right)$$

$$=\underline{\lim_{k\to+\infty}}\mu\left(\bigcap_{n=k}^{\infty} E_n\right)\leqslant\underline{\lim_{k\to+\infty}}\mu(E_k)=\underline{\lim_{n\to+\infty}}\mu(E_n).$$

(8) 由定理 1.1.4 中的(1), $\overline{\lim_{n\to+\infty}} E_n=\bigcap_{k=1}^{\infty}\bigcup_{n=k}^{\infty} E_n$, $\bigcup_{n=k}^{\infty} E_n\supset E_k$, 且 $\bigcup_{n=k}^{\infty} E_n$ 为单调减的集列. 再由题设, 当 $k\geqslant m$ 时, 有 $\mu\left(\bigcup_{n=k}^{\infty} E_n\right)\leqslant\mu\left(\bigcup_{n=m}^{\infty} E_n\right)<+\infty$. 根据(6)可知

$$\mu(\overline{\lim_{n\to+\infty}} E_n)=\mu\left(\bigcap_{k=1}^{\infty}\bigcup_{n=k}^{\infty} E_n\right)=\lim_{n\to+\infty}\mu\left(\bigcup_{n=k}^{\infty} E_n\right)$$

$$=\overline{\lim_{n\to+\infty}}\mu\left(\bigcup_{n=k}^{\infty} E_n\right)\geqslant\overline{\lim_{k\to+\infty}}\mu(E_k)=\overline{\lim_{n\to+\infty}}\mu(E_n).$$

(9) 由(7)和(8)得到

$$\mu(\lim_{n\to+\infty} E_n)=\mu(\underline{\lim_{n\to+\infty}} E_n)\leqslant\underline{\lim_{n\to+\infty}}\mu(E_n)\leqslant\overline{\lim_{n\to+\infty}}\mu(E_n)\leqslant\mu(\overline{\lim_{n\to+\infty}} E_n)=\mu(\lim_{n\to+\infty} E_n).$$

于是

$$\lim_{n\to+\infty}\mu(E_n)=\underline{\lim_{n\to+\infty}}\mu(E_n)=\overline{\lim_{n\to+\infty}}\mu(E_n)=\mu(\lim_{n\to+\infty} E_n).$$

(10) 根据定理 1.1.4 中的(1), 对 $\forall k\in\mathbb{N}$, 有

$$\overline{\lim_{n\to+\infty}} E_n=\bigcap_{k=1}^{\infty}\bigcup_{n=k}^{\infty} E_n\subset\bigcup_{n=k}^{\infty} E_n.$$

因此, 由测度的单调性和次可数可加性, 以及 $\sum_{n=m}^{\infty}\mu(E_n)<+\infty$ 立即有

$$0\leqslant\mu(\overline{\lim_{n\to+\infty}} E_n)=\mu\left(\bigcap_{k=1}^{\infty}\bigcup_{n=k}^{\infty} E_n\right)$$

$$\leqslant\mu\left(\bigcup_{n=k}^{\infty} E_n\right)\leqslant\sum_{n=k}^{\infty}\mu(E_n)\to 0\quad(k\to+\infty),$$

故 $0\leqslant\mu(\overline{\lim_{n\to+\infty}} E_n)\leqslant 0$, 即 $\mu(\overline{\lim_{n\to+\infty}} E_n)=0$. □

现在的主要任务是证明集合 X(基本空间)上的某些子集所组成的环 $\mathscr{R}$ 上的测度必可延拓到某个 σ 环 $\mathscr{R}^*\supset\mathscr{R}_\sigma(\mathscr{R})$ 上, 成为 $\mathscr{R}^*$ 上的测度. 如何实现这种延拓呢? 我们先引进外测度 μ^*, 然后分析外测度 μ^* 在哪些集类上具有可数可加性. 最后, 找到 σ 代数 $\mathscr{R}^*$, 使 μ 延拓到 $\mathscr{R}^*$ 成为一个测度.

设 X 为基本空间, $\mathscr{R}$ 为 X 上的一个环, μ 为环 $\mathscr{R}$ 上的测度, 令

$$\mathscr{H}(\mathscr{R})=\left\{E\mid E\subset X,\exists E_i\in\mathscr{R}(i=1,2,\cdots),\text{s.t.}\,E\subset\bigcup_{i=1}^{\infty} E_i\right\}.$$

显然,有下面的结论.

引理 2.1.1 对任何环 $\mathscr{R}$,必有 $\mathscr{R}\subset\mathscr{H}(\mathscr{R})$;当 $E\in\mathscr{H}(\mathscr{R})$时,$\forall F\subset E$ 必有 $F\in\mathscr{H}(\mathscr{R})$;$\mathscr{H}(\mathscr{R})$必为 σ 环.

证明 对 $\forall E\in\mathscr{R}$,取 $E_i=E(i=1,2,\cdots)$或取 $E_1=E,E_i=\varnothing(i=2,3,\cdots)$,则 $E=\bigcup\limits_{i=1}^{\infty}E_i$,从而 $E\in\mathscr{H}(\mathscr{R})$,$\mathscr{R}\subset\mathscr{H}(\mathscr{R})$.

当 $E\in\mathscr{H}(\mathscr{R})$时,由定义 $\exists E_i\in\mathscr{R}(i=1,2,\cdots)$,s.t. $E\subset\bigcup\limits_{i=1}^{\infty}E_i$,因而 $F\subset E\subset\bigcup\limits_{i=1}^{\infty}E_i$,$F\in\mathscr{H}(\mathscr{R})$.

如果 $E_i\in\mathscr{H}(\mathscr{R})(i=1,2,\cdots)$,由于 $E_1-E_2\subset E_1$,根据上述知 $E_1-E_2\in\mathscr{H}(\mathscr{R})$. 此外,对 $\forall E_i$,根据 $\mathscr{H}(\mathscr{R})$的定义,有一集列$\{E_i^j\in\mathscr{R}\mid j=1,2,\cdots\}$,s.t.

$$E_i\subset\bigcup_{j=1}^{\infty}E_i^j.$$

此时,显然 $\bigcup\limits_{i=1}^{\infty}E_i\subset\bigcup\limits_{i=1}^{\infty}\bigcup\limits_{j=1}^{\infty}E_i^j$,因此 $\bigcup\limits_{i=1}^{\infty}E_i\in\mathscr{H}(\mathscr{R})$. 这就证明了 $\mathscr{H}(\mathscr{R})$对差和可数并运算是封闭的,即 $\mathscr{H}(\mathscr{R})$为 σ 环. □

定义 2.1.2 设 μ 为环 $\mathscr{R}$ 上的测度,我们定义广义集函数

$$\mu^*:\mathscr{H}(\mathscr{R})\to\mathbb{R}_*,$$

$$\mu^*(E)=\inf\left\{\sum_{i=1}^{\infty}\mu(E_i)\,\middle|\,E_i\in\mathscr{R}\quad 且\quad E\subset\bigcup_{i=1}^{\infty}E_i\right\},$$

μ^* 称为由测度 μ 所诱导的**外测度**.

定理 2.1.2(μ^* 的简单性质) 由环 $\mathscr{R}$ 上的测度 μ 所诱导的外测度 μ^* 有下列性质:

(1) $\mu^*(E)=\mu(E)$,$\forall E\in\mathscr{R}$,即 μ^* 为 μ 从 $\mathscr{R}$ 到 $\mathscr{H}(\mathscr{R})$上的延拓.

(2) $\mu^*(\varnothing)=0$.

(3) 非负性:$\mu^*(E)\geqslant 0$,$\forall E\in\mathscr{H}(\mathscr{R})$.

(4) 单调性:如果 $E_1,E_2\in\mathscr{H}(\mathscr{R})$,且 $E_1\subset E_2$,则 $\mu^*(E_1)\leqslant\mu^*(E_2)$.

(5) 次可数可加性:对任何集列$\{E_i\in\mathscr{H}(\mathscr{R})\mid i=1,2,\cdots\}$,有

$$\mu^*\left(\bigcup_{i=1}^{\infty}E_i\right)\leqslant\sum_{i=1}^{\infty}\mu^*(E_i).$$

(6) 可数个 μ^* 零集(μ^* 外测度为零的集)$E_i(i=1,2,\cdots)$的并集仍为 μ^* 零集.

证明 (1) 设 $E\in\mathscr{R}$,由测度的次可数可加性,对任何一集列$\{E_i\in\mathscr{R}\mid i=1,2,\cdots\}$,$E\subset\bigcup\limits_{i=1}^{\infty}E_i$,都有 $\mu(E)\leqslant\sum\limits_{i=1}^{\infty}\mu(E_i)$. 根据 μ^* 的定义,有

$$\mu(E)\leqslant\inf\left\{\sum_{i=1}^{\infty}\mu(E_i)\,\middle|\,E_i\in\mathscr{R},且\ E\subset\bigcup_{i=1}^{\infty}E_i\right\}=\mu^*(E).$$

另一方面，特别取 $E_1=E,E_2=E_3=\cdots=\varnothing$ 作为 E 的覆盖. 再由测度的可数可加性和 μ^* 的定义得到

$$\mu(E)=\mu\left(\bigcup_{i=1}^{\infty}E_i\right)=\sum_{i=1}^{\infty}\mu(E_i)\geqslant\mu^*(E).$$

综合上述知

$$\mu^*(E)=\mu(E).$$

(2) 由 $\mu^*(\varnothing)$ 的定义，并取 $E_i=\varnothing(i=1,2,\cdots)$ 得到

$$\mu^*(\varnothing)=0.$$

(3) 由 $\mu(E_i)\geqslant 0$ 立知，对 $\forall E\in\mathscr{H}(\mathscr{R})$，有

$$\mu^*(E)=\inf\left\{\sum_{i=1}^{\infty}\mu(E_i)\,\middle|\,E_i\in\mathscr{R},i=1,2,\cdots,E\subset\bigcup_{i=1}^{\infty}E_i\right\}\geqslant 0.$$

(4) 当 $E_1,E_2\in\mathscr{H}(\mathscr{R})$ 且 $E_1\subset E_2$ 时，只要 $E_i^j\in\mathscr{R},E_2\subset\bigcup\limits_{j=1}^{\infty}E_i^j$，必有 $E_1\subset E_2\subset\bigcup\limits_{j=1}^{\infty}E_i^j$. 根据下确界的定义立即得到

$$\mu^*(E_1)\leqslant\mu^*(E_2).$$

(5) 首先由引理 2.1.1，$\mathscr{H}(\mathscr{R})$ 为 σ 环，故 $\bigcup\limits_{i=1}^{\infty}E_i\in\mathscr{H}(\mathscr{R})$. 因此，$\mu^*\left(\bigcup\limits_{i=1}^{\infty}E_i\right)$ 是有意义的.

如果有某个 $i,\mu^*(E_i)=+\infty$，现所证不等式无疑是成立的.

如果 $\mu^*(E_i)<+\infty,\forall i\in\mathbb{N}$. 则对 $\forall\varepsilon>0$，由 μ^* 的定义，可取一个集列 $\{E_i^j\in\mathscr{R}\mid j=1,2,\cdots\}$，s. t. $E_i\subset\bigcup\limits_{j=1}^{\infty}E_i^j$，且

$$\sum_{j=1}^{\infty}\mu(E_i^j)<\mu^*(E_i)+\frac{\varepsilon}{2^i},\quad i=1,2,\cdots.$$

因而

$$\mu^*\left(\bigcup_{i=1}^{\infty}E_i\right)\leqslant\sum_{i,j=1}^{\infty}\mu(E_i^j)=\sum_{i=1}^{\infty}\sum_{j=1}^{\infty}\mu(E_i^j)<\sum_{i=1}^{\infty}\left[\mu^*(E_i)+\frac{\varepsilon}{2^i}\right]=\sum_{i=1}^{\infty}\mu^*(E_i)+\varepsilon.$$

令 $\varepsilon\to 0^+$ 得到

$$\mu^*\left(\bigcup_{i=1}^{\infty}E_i\right)\leqslant\sum_{i=1}^{\infty}\mu^*(E_i).$$

(6) 由(3)和(5)得

$$0\leqslant\mu^*\left(\bigcup_{i=1}^{\infty}E_i\right)\leqslant\sum_{i=1}^{\infty}\mu^*(E_i)=\sum_{i=1}^{\infty}0=0,$$

$$\mu^*\left(\bigcup_{i=1}^{\infty}E_i\right)=0,$$

即 $\bigcup\limits_{i=1}^{\infty} E_i$ 为 μ^* 零集. □

次可数可加性当然蕴涵着次有限可加性(令 $E_{n+1}=E_{n+2}=\cdots=\varnothing$). 但次可数可加性离可数可加性相差甚远. 我们希望在 $\mathscr{H}(\mathscr{R})$ 上找出一个集类 $\mathscr{R}^*\supset\mathscr{R}$, 它是 σ 环(显然, $\mathscr{R}^*\supset\mathscr{R}_\sigma(\mathscr{R})$), 且 μ^* 在 $\mathscr{R}^*$ 上为一个测度. 为此, 先看 μ^* 在 $\mathscr{H}(\mathscr{R})$ 的哪些子集上具有有限可加性.

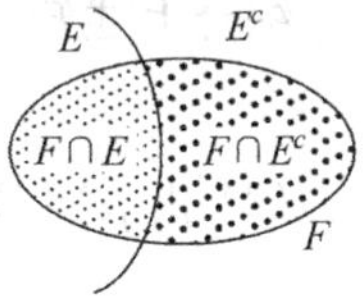

定理 2.1.3 设 μ^* 为由环 $\mathscr{R}$ 上的测度 μ 在 $\mathscr{H}(\mathscr{R})$ 上所诱导的外测度. 如果 $E\in\mathscr{R}$, 则对 $\forall F\in\mathscr{H}(\mathscr{R})$, 有(图 2.1.1)

$$\begin{aligned}\mu^*(F)&=\mu^*(F\cap E)+\mu^*(F-E)\\&=\mu^*(F\cap E)+\mu^*(F\cap E^c).\end{aligned}$$

图 2.1.1

证明 由次有限可加性, 有

$$\mu^*(F)=\mu^*((F\cap E)\cup(F-E))\leqslant\mu^*(F\cap E)+\mu^*(F-E).$$

再证 $\mu^*(F)\geqslant\mu^*(F\cap E)+\mu^*(F-E)$. 如果 $\mu^*(F)=+\infty$, 不等式显然成立. 如果 $\mu^*(F)<+\infty$, 由 $\mu^*(F)$ 的定义, 对 $\forall\,\varepsilon>0$, 有一集列 $\{E_i\in\mathscr{R}\,|\,i=1,2,\cdots\}$, s. t. $F\subset\bigcup\limits_{i=1}^{\infty}E_i$, 而且

$$\mu^*(F)+\varepsilon>\sum_{i=1}^{\infty}\mu(E_i).$$

因为 $E,E_i\in\mathscr{R}(i=1,2,\cdots)$, 故 $E_i\cap E\in\mathscr{R}$, $E_i-E\in\mathscr{R}$, 并且

$$\mu(E_i)=\mu(E_i\cap E)+\mu(E_i-E).$$

从而

$$\bigcup_{i=1}^{\infty}(E_i\cap E)=\Big(\bigcup_{i=1}^{\infty}E_i\Big)\cap E\supset F\cap E,$$

$$\bigcup_{i=1}^{\infty}(E_i-E)=\bigcup_{i=1}^{\infty}E_i-E\supset F-E.$$

而且

$$\begin{aligned}\mu^*(F)+\varepsilon>\sum_{i=1}^{\infty}\mu(E_i)&=\sum_{i=1}^{\infty}\mu(E_i\cap E)+\sum_{i=1}^{\infty}\mu(E_i-E)\\&\geqslant\mu^*(F\cap E)+\mu^*(F-E).\end{aligned}$$

令 $\varepsilon\to0^+$ 得到

$$\mu^*(F)\geqslant\mu^*(F\cap E)+\mu^*(F-E).$$

综合上述, 有

$$\mu^*(F)=\mu^*(F\cap E)+\mu^*(F-E).$$ □

应用定理 2.1.3 和归纳法立即有下面的推论.

推论 2.1.1 设基本空间 X 分解为 n 个互不相交的集合 $E_1, E_2, \cdots, E_n$ 的并,而且 $E_1, E_2, \cdots, E_n$ 中至少有 $n-1$ 个属于 $\mathscr{R}$,则

$$\mu^*(F) = \sum_{i=1}^{n} \mu^*(F \cap E_i), \quad \forall F \in \mathscr{H}(\mathscr{R}).$$

为了找出 $\mathscr{R}^*$,先设想由 μ 所诱导的 μ^* 用某种方法已从 $\mathscr{H}(\mathscr{R})$ 中找到了一个子 σ 环 $\mathscr{R}^* \supset \mathscr{R}$,并且 μ^* 在 $\mathscr{R}^*$ 上是可数可加的,即由 $\mathscr{R}$ 上的测度 μ 延拓成 $\mathscr{R}^*$ 上的测度 μ^*. 又可用 σ 环(当然也是环)$\mathscr{R}^*$ 代替 $\mathscr{R}$,$\mathscr{R}^*$ 上的 μ^* 代替 $\mathscr{R}$ 上的 μ,重复上述延拓的过程,即先作出集类 $\mathscr{H}(\mathscr{R}^*)$ 以及 $\mathscr{H}(\mathscr{R}^*)$ 上的外测度 $(\mu^*)^*$(记为 μ^{**}). 然后,又可找出更大的 $\mathscr{R}^{**} \supset \mathscr{R}^* \supset \mathscr{R}$. 这样,似乎可以一直延拓下去. 其实不然,下面的引理 2.1.2 表明上述延拓过程只能做一次就终止了.

引理 2.1.2 设 $\mathscr{R}^*$ 为 $\mathscr{H}(\mathscr{R})$ 的一个子环. 如果 $\mathscr{R}^* \supset \mathscr{R}$,则

$$\mathscr{H}(\mathscr{R}^*) = \mathscr{H}(\mathscr{R}), \quad 且 \quad \mu^{**} = \mu^*.$$

证明 设 $E \in \mathscr{H}(\mathscr{R})$,则 $\exists E_i \in \mathscr{R}(i=1,2,\cdots)$, s. t. $E \subset \bigcup_{i=1}^{\infty} E_i$,由于 $\mathscr{R} \subset \mathscr{R}^*$,自然 $E_i \in \mathscr{R}^*$ $(i=1,2,\cdots)$. 因此,$E \in \mathscr{H}(\mathscr{R}^*)$,从而

$$\mathscr{H}(\mathscr{R}) \subset \mathscr{H}(\mathscr{R}^*).$$

反之,对 $\forall E \in \mathscr{H}(\mathscr{R}^*)$,必有集列 $\{E_i^* \in \mathscr{R}^* \mid i=1,2,\cdots\}$, s. t. $E \subset \bigcup_{i=1}^{\infty} E_i^*$. 但每个 $E_i^* \in \mathscr{R}^* \subset \mathscr{H}(\mathscr{R})$,又必有集列 $\{E_i^j \in \mathscr{R} \mid j=1,2,\cdots\}$, s. t. $E_i^* \subset \bigcup_{j=1}^{\infty} E_i^j$. 所以,$E \subset \bigcup_{i=1}^{\infty} E_i^* \subset \bigcup_{i=1}^{\infty} \bigcup_{j=1}^{\infty} E_i^j = \bigcup_{i,j=1}^{\infty} E_i^j$,从而 $E \in \mathscr{H}(\mathscr{R})$,$\mathscr{H}(\mathscr{R}^*) \subset \mathscr{H}(\mathscr{R})$.

综合上述得到

$$\mathscr{H}(\mathscr{R}^*) = \mathscr{H}(\mathscr{R}).$$

再证 $\mu^{**} = \mu^*$. 因为 $\mathscr{R}^* \supset \mathscr{R}$,且在 $\mathscr{R}$ 上,$\mu^* = \mu$. 故对 $\forall E \in \mathscr{H}(\mathscr{R}) = \mathscr{H}(\mathscr{R}^*)$,有

$$\begin{aligned}
\mu^*(E) &= \inf\left\{ \sum_{i=1}^{\infty} \mu(E_i) \mid E_i \in \mathscr{R}, 且\ E \subset \bigcup_{i=1}^{\infty} E_i \right\} \\
&= \inf\left\{ \sum_{i=1}^{\infty} \mu^*(E_i) \mid E_i \in \mathscr{R}, 且\ E \subset \bigcup_{i=1}^{\infty} E_i \right\} \\
&\geqslant \inf\left\{ \sum_{i=1}^{\infty} \mu^*(E_i^*) \mid E_i^* \in \mathscr{R}^*, 且\ E \subset \bigcup_{i=1}^{\infty} E_i^* \right\} \\
&= \mu^{**}(E).
\end{aligned}$$

另一方面,可以证明 $\mu^*(E) \leqslant \mu^{**}(E)$. 事实上,如果 $\mu^{**}(E) = +\infty$,不等式显然成立;如果 $\mu^{**}(E) < +\infty$,则对 $\forall \varepsilon > 0$,必有集列 $E_i^* \in \mathscr{R}^*$, s. t. $E \subset \bigcup_{i=1}^{\infty} E_i^*$,并且

$$\sum_{i=1}^{\infty}\mu^*(E_i^*)<\mu^{**}(E)+\varepsilon.$$

由此可知,$\mu^*(E_i^*)<+\infty$,因而对 $\forall\, i\in\mathbb{N}$,$\exists\, E_i^j\in\mathscr{R}$, s. t. $E_i^*\subset\bigcup\limits_{j=1}^{\infty}E_i^j$,且 $\sum\limits_{j=1}^{\infty}\mu(E_i^j)<\mu^*(E_i^*)+\frac{\varepsilon}{2^i}$. 这样就有 $E\subset\bigcup\limits_{i=1}^{\infty}E_i^*\subset\bigcup\limits_{i=1}^{\infty}\bigcup\limits_{j=1}^{\infty}E_i^j=\bigcup\limits_{i,j=1}^{\infty}E_i^j$,且

$$\begin{aligned}\mu^*(E)&\leqslant\sum_{i,j=1}^{\infty}\mu(E_i^j)=\sum_{i=1}^{\infty}\sum_{j=1}^{\infty}\mu(E_i^j)<\sum_{i=1}^{\infty}\left[\mu^*(E_i^*)+\frac{\varepsilon}{2^i}\right]\\&=\sum_{i=1}^{\infty}\mu^*(E_i^*)+\varepsilon<\mu^{**}(E)+2\varepsilon.\end{aligned}$$

令 $\varepsilon\to0^+$ 便得到 $\mu^*(E)\leqslant\mu^{**}(E)$.

综合上述,有

$$\mu^{**}(E)=\mu^*(E),\quad\forall\, E\in\mathscr{H}(\mathscr{R})=\mathscr{H}(\mathscr{R}^*).$$ □

注 2.1.1 引理 2.1.2 表明用外测度找 μ 的延拓只一次就不能再延拓了. 再结合定理 2.1.3,假如 μ^* 在 $\mathscr{R}^*\supset\mathscr{R}$ 上为测度,则对 $\forall\, E\in\mathscr{R}^*$ 及 $\forall\, F\in\mathscr{H}(\mathscr{R}^*)=\mathscr{H}(\mathscr{R})$,有

$$\mu^*(F)=\mu^{**}(F)=\mu^{**}(F\cap E)+\mu^{**}(F-E)=\mu^*(F\cap E)+\mu^*(F-E).$$

由此我们引进如下的定义.

定义 2.1.3 设 μ 为环 $\mathscr{R}$ 上的测度,μ^* 为由测度 μ 所诱导的外测度. 如果 $E\in\mathscr{H}(\mathscr{R})$ 满足 **Caratheodory(卡拉泰屋独利)条件**(简称 **Cara 条件**):

$$\mu^*(F)=\mu^*(F\cap E)+\mu^*(F-E),\quad\forall\, F\in\mathscr{H}(\mathscr{R}),$$

则称 E 为 **μ^* 可测集**. μ^* 可测集全体记为 $\mathscr{R}^*$. 此时,我们还称 E **分割**了 F.

显然,定理 2.1.3 表明 $\mathscr{R}\subset\mathscr{R}^*$. 并且应用归纳法立即有下面的推论

推论 2.1.1′ 设基本空间 X 分解为 n 个互不相交的集合 $E_1,E_2,\cdots,E_n$ 的并,而且 $E_1,E_2,\cdots,E_n$ 中至少有 $n-1$ 个属于 $\mathscr{R}^*$,则

$$\mu^*(F)=\sum_{i=1}^{n}\mu^*(F\cap E_i),\quad\forall\, F\in\mathscr{H}(\mathscr{R}).$$

定理 2.1.4 μ^* 可测集全体 $\mathscr{R}^*$ 为一个 σ 环. 并且 μ^* 为 $\mathscr{R}^*$ 上的一个测度,它是环 $\mathscr{R}$ 上测度 μ 的延拓.

证明 先证 $\mathscr{R}^*$ 为一个环.

设 $E_1,E_2\in\mathscr{R}^*$. 对 $\forall\, F\in\mathscr{H}(\mathscr{R})$,由 μ^* 可测集的定义有

$$\begin{aligned}\mu^*(F)&=\mu^*(F\cap E_1)+\mu^*(F-E_1)\\&=\mu^*(F\cap E_1)+\mu^*((F-E_1)\cap E_2)+\mu^*((F-E_1)-E_2)\\&=\mu^*((F\cap E_1)\cup((F-E_1)\cap E_2))+\mu^*(F-(E_1\cup E_2))\\&=\mu^*(F\cap(E_1\cup E_2))+\mu^*(F-(E_1\cup E_2)),\end{aligned}$$

即 $E_1 \cup E_2 \in \mathscr{R}^*$.

类似地,有

$$\begin{aligned}\mu^*(F-(E_1-E_2)) &= \mu^*((F-(E_1-E_2))\cap E_1)+\mu^*((F-(E_1-E_2))-E_1)\\ &= \mu^*(F\cap E_2\cap E_1)+\mu^*(F-E_1),\end{aligned}$$

$$\begin{aligned}\mu^*(F) &= \mu^*(F\cap E_1)+\mu^*(F-E_1)\\ &= \mu^*(F\cap E_1\cap E_2)+\mu^*(F\cap E_1-E_2)+\mu^*(F-E_1)\\ &= \mu^*(F\cap E_1\cap E_2)+\mu^*(F\cap(E_1-E_2))+\mu^*(F-E_1)\\ &= \mu^*(F\cap(E_1-E_2))+\mu^*(F\cap E_2\cap E_1)+\mu^*(F-E_1)\\ &= \mu^*(F\cap(E_1-E_2))+\mu^*(F-(E_1-E_2)),\end{aligned}$$

即 $E_1-E_2\in\mathscr{R}^*$.

或者令(见图 2.1.2)

$$A = F\cap(E_1-E_2),$$
$$B = F\cap E_2-E_1,$$
$$C = F\cap E_1\cap E_2,$$
$$D = F-E_1-E_2,$$

则 A,B,C,D 互不相交,且

$$F = A\cup B\cup C\cup D.$$

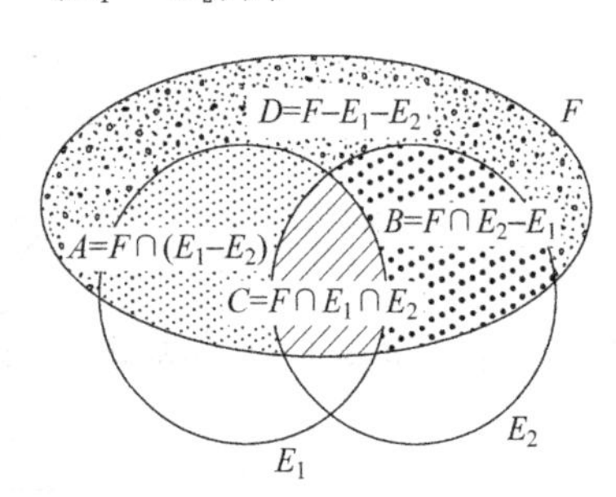

图　2.1.2

于是

$$\begin{aligned}\mu^*(A\cup C) &= \mu^*((A\cup C)\cap E_2)+\mu^*((A\cup C)\cap E_2^c)\\ &= \mu^*(C)+\mu^*(A),\end{aligned}$$

$$\begin{aligned}\mu^*(B\cup C\cup D) &= \mu^*((B\cup C\cup D)\cap E_1)+\mu^*((B\cup C\cup D)\cap E_1^c)\\ &= \mu^*(C)+\mu^*(B\cup D),\end{aligned}$$

$$\begin{aligned}\mu^*(F) &= \mu^*(F\cap E_1)+\mu^*(F\cap E_1^c)\\ &= \mu^*(A\cup C)+\mu^*(B\cup D)\\ &= \mu^*(A)+\mu^*(C)+\mu^*(B\cup D)\\ &= \mu^*(A)+\mu^*(B\cup C\cup D)\\ &= \mu^*(F\cap(E_1-E_2))+\mu^*(F\cap(E_1-E_2)^c),\end{aligned}$$

即 $E_1-E_2\in\mathscr{R}^*$.

这就证明了 $\mathscr{R}^*$ 为一个环.

现证 $\mathscr{R}^*$ 为一个 σ 环. 设 $\{E_i\in\mathscr{R}^* \mid i=1,2,\cdots\}$ 为任一互不相交的集列. 因为 μ^* 具有次有限可加性,故对 $\forall\, F\in\mathscr{H}(\mathscr{R})$,有

$$\mu^*(F)\leqslant\mu^*\left(F\cap\left(\bigcup_{i=1}^{\infty}E_i\right)\right)+\mu^*\left(F-\bigcup_{i=1}^{\infty}E_i\right).$$

再证相反的不等式.因为 $E_1 \cap E_2 = \varnothing$, $E_1, E_2 \in \mathscr{R}^*$,所以

$$\mu^*(F \cap (E_1 \cup E_2)) = \mu^*(F \cap (E_1 \cup E_2) \cap E_1) + \mu^*(F \cap (E_1 \cup E_2) - E_1)$$
$$= \mu^*(F \cap E_1) + \mu^*(F \cap E_2).$$

应用数学归纳法,对 $\forall n \in \mathbb{N}$ 立即有

$$\mu^*\left(F \cap \left(\bigcup_{i=1}^n E_i\right)\right) = \sum_{i=1}^n \mu^*(F \cap E_i).$$

由于 $\bigcup\limits_{i=1}^n E_i \in \mathscr{R}^*$(环!)以及 μ^* 的单调性,就得到

$$\begin{aligned}\mu^*(F) &= \mu^*\left(F \cap \left(\bigcup_{i=1}^n E_i\right)\right) + \mu^*\left(F - \bigcup_{i=1}^n E_i\right) \\ &= \sum_{i=1}^n \mu^*(F \cap E_i) + \mu^*\left(F - \bigcup_{i=1}^n E_i\right) \\ &\geqslant \sum_{i=1}^n \mu^*(F \cap E_i) + \mu^*\left(F - \bigcup_{i=1}^\infty E_i\right).\end{aligned}$$

在上式中令 $n \to +\infty$,并利用 μ^* 的次可数可加性得到

$$\begin{aligned}\mu^*(F) &\geqslant \sum_{i=1}^\infty \mu^*(F \cap E_i) + \mu^*\left(F - \bigcup_{i=1}^\infty E_i\right) \\ &\geqslant \mu^*\left(\bigcup_{i=1}^\infty (F \cap E_i)\right) + \mu^*\left(F - \bigcup_{i=1}^\infty E_i\right) \\ &= \mu^*\left(F \cap \left(\bigcup_{i=1}^\infty E_i\right)\right) + \mu^*\left(F - \bigcup_{i=1}^\infty E_i\right).\end{aligned}$$

综合上述得到

$$\mu^*(F) = \mu^*\left(F \cap \left(\bigcup_{i=1}^\infty E_i\right)\right) + \mu^*\left(F - \bigcup_{i=1}^\infty E_i\right),$$

即 $\bigcup\limits_{i=1}^\infty E_i \in \mathscr{R}^*$.

一般地,E_i 彼此可能相交,则用

$$E_1, E_2 - E_1, E_3 - (E_1 \cup E_2), \cdots, E_i - \bigcup_{j=1}^{i-1} E_j, \cdots$$

代替 $E_1, E_2, \cdots$.由上面结果,得

$$\bigcup_{i=1}^\infty E_i = \bigcup_{i=1}^\infty \left[E_i - \bigcup_{j=1}^{i-1} E_j\right] \in \mathscr{R}^*.$$

这就证明了 $\mathscr{R}^*$ 为 σ 环.

特别取 $F = \bigcup\limits_{i=1}^\infty E_i$, $E_i \in \mathscr{R}^*$ 彼此不相交,就可得到

$$\mu^*\left(\bigcup_{i=1}^{\infty} E_i\right) \geqslant \sum_{i=1}^{\infty} \mu^*\left(\left(\bigcup_{i=1}^{\infty} E_i\right) \cap E_i\right) + \mu^*\left(\bigcup_{i=1}^{\infty} E_i - \bigcup_{i=1}^{\infty} E_i\right)$$

$$= \sum_{i=1}^{\infty} \mu^*(E_i) + \mu^*(\varnothing) = \sum_{i=1}^{\infty} \mu^*(E_i).$$

但 μ^* 具有次可数可加性，即

$$\mu^*\left(\bigcup_{i=1}^{\infty} E_i\right) \leqslant \sum_{i=1}^{\infty} \mu^*(E_i).$$

因此

$$\mu^*\left(\bigcup_{i=1}^{\infty} E_i\right) = \sum_{i=1}^{\infty} \mu^*(E_i).$$

这就证明了 μ^* 为 σ 环 $\mathscr{R}^*$ 上的一个测度. 由定理 2.1.2 中的(1)知，μ^* 为 μ 的延拓. □

定义 2.1.4　设 μ 为环 $\mathscr{R}$ 上的测度，$E \in \mathscr{R}$. 如果 $\mu(E)=0$，则称 E 为 **μ 零集**.

显然，由定理 2.1.1(2)中测度的单调性知，μ 零集的子集，如果也属于 $\mathscr{R}$，则该子集也为 μ 零集.

如果 E_i 为 μ 零集($i=1,2,\cdots$)，且 $\bigcup_{i=1}^{\infty} E_i \in \mathscr{R}$，则由测度为次可数可加性，得

$$0 \leqslant \mu\left(\bigcup_{i=1}^{\infty} E_i\right) \leqslant \sum_{i=1}^{\infty} \mu(E_i) = \sum_{i=1}^{\infty} 0 = 0,$$

由此推得 $\mu\left(\bigcup_{i=1}^{\infty} E_i\right)=0$，即 $\bigcup_{i=1}^{\infty} E_i$ 也为 μ 零集.

如果 $\mathscr{R}$ 中任何 μ 零集的任何子集都必定属于 $\mathscr{R}$(因而必为 μ 零集)，则称 μ 为一个**完全测度**.

引理 2.1.3　如果 $E \in \mathscr{H}(\mathscr{R})$，且 $\mu^*(E)=0$，则 $E \in \mathscr{R}^*$(外测度为零的集必为 μ^* 可测集，进而它为 μ^* 零集).

证明　对 $\forall F \in \mathscr{H}(\mathscr{R})$，由 μ^* 的单调性与非负性，得到

$$0 \leqslant \mu^*(F \cap E) \leqslant \mu^*(E) = 0.$$

因此，$\mu^*(F \cap E)=0$. 再由 μ^* 的次有限可加性知

$$\mu^*(F-E) \leqslant \mu^*(F) \leqslant \mu^*(F \cap E) + \mu^*(F-E) = \mu^*(F-E).$$

从而

$$\mu^*(F) = \mu^*(F-E) = 0 + \mu^*(F-E) = \mu^*(F \cap E) + \mu^*(F-E),$$

即 $E \in \mathscr{R}^*$. □

定理 2.1.5　μ^* 为 μ^* 可测集类 $\mathscr{R}^*$ 上的完全测度.

证明　设 $E \in \mathscr{R}^*$ 为 μ^* 零集，即 $\mu^*(E)=0$. 对 $\forall F \subset E$，从 $\mathscr{H}(\mathscr{R})$ 的定义知 $F \in \mathscr{H}(\mathscr{R})$. 再由 μ^* 的非负性和单调性得到

$$0 \leqslant \mu^*(F) \leqslant \mu^*(E) = 0, \quad 即 \quad \mu^*(F) = 0.$$

再由引理 2.1.3,$F \in \mathscr{R}^*$. 这就证明了 μ^* 为 μ^* 可测集类 $\mathscr{R}^*$ 上的完全测度. □

注 2.1.2 究竟 $\mathscr{R}^*$ 有哪些集呢? 除一些特殊例子外,一般来说是难以描述清楚的. 但是,我们知道,$\mathscr{R} \subset \mathscr{R}^*$. 又因为 $\mathscr{R}^*$ 为 σ 环,而 $\mathscr{R}_\sigma(\mathscr{R})$ 为包含 $\mathscr{R}$ 的最小 σ 环,故 $\mathscr{R}_\sigma(\mathscr{R}) \subset \mathscr{R}^*$. 除此之外,$\mathscr{R}^*$ 中还包含了使得 $\mu^*(E)=0$ 的一切 E.

注 2.1.3 回顾一下前面的论述过程,我们从基本空间 X 的某些子集所成的一个环 $\mathscr{R}$ 以及环 $\mathscr{R}$ 上的测度 μ 出发. 由环 $\mathscr{R}$ 作集类 $\mathscr{H}(\mathscr{R}) \supset \mathscr{R}$,它是 σ 环. 然后,由测度 μ 在 $\mathscr{H}(\mathscr{R})$ 上诱导出外测度 μ^*,它是 μ 的延拓,即 $\mu^*(E)=\mu(E)$,$\forall E \in \mathscr{R}$. 外测度 μ^* 具有测度的一部分性质,而 μ^* 不一定有可数可加性,它只具有次可数可加性. 但是,在 $\mathscr{H}(\mathscr{R})$ 中分出满足 Caratheodory 条件的一类集,即 μ^* 可测集. μ^* 可测集的全体 $\mathscr{R}^*$ 为一个包含 $\mathscr{R}$ 的 σ 环,而 μ^* 限制在 $\mathscr{R}^*$ 上成为一个完全测度. 今后,凡遇到环 $\mathscr{R}$ 上的测度 μ,总立即将它延拓为 $\mathscr{R}^*$ 上的完全测度 μ^*. 在不致混淆的场合,$\mathscr{R}^*$ 上的测度 μ^* 仍记为 μ.

最后,给出一些具体的实例来加深上述讨论的理解.

例 2.1.1 设 X 为非空集合,$\mathscr{R}$ 为 X 上的有限子集全体所成的环,在 $\mathscr{R}$ 上定义广义集函数 $\mu: \mathscr{R} \to \mathbb{R}_*$ 为

$$\mu(E) = \# E, \quad \forall E \in \mathscr{R},$$

其中 $\# E$ 表示 E 中元素的个数. 易见,μ 为环 $\mathscr{R}$ 上的一个测度. $\mathscr{H}(\mathscr{R})$ 为至多可数子集的全体所成的 σ 环. 一般地,有

$$\mathscr{H}(\mathscr{R}) \supset \mathscr{R}^* \supset \mathscr{R}_\sigma(\mathscr{R}) \supset \mathscr{R}.$$

如果 X 为有限集,$\mathscr{R}$ 为 X 上的一个 σ 代数,且

$$\mathscr{R} = \mathscr{R}_\sigma(\mathscr{R}) = \mathscr{R}^* = \mathscr{H}(\mathscr{R}) = \mathscr{A}_\sigma(\mathscr{R}).$$

如果 X 为可数集,$\mathscr{R}$ 为 X 上的一个环,非代数,非 σ 环和非 σ 代数,且

$$\mathscr{R} \subsetneqq \mathscr{R}_\sigma(\mathscr{R}) = \mathscr{R}^* = \mathscr{H}(\mathscr{R}) = \mathscr{A}_\sigma(\mathscr{R})\,(X \text{ 的所有子集 } 2^X \text{ 所成的 } \sigma \text{ 代数}).$$

如果 X 为不可数集,$\mathscr{R}$ 为 X 上的一个环,非代数,非 σ 环和非 σ 代数,且

$$\mathscr{R} \subsetneqq \mathscr{R}_\sigma(\mathscr{R}) = \mathscr{R}^* = \mathscr{H}(\mathscr{R})\,(X \text{ 的所有至多可数子集所成的 } \sigma \text{ 环,非 } \sigma \text{ 代数})$$
$$\subsetneqq \mathscr{A}_\sigma(\mathscr{R})\,(X \text{ 的所有至多可数子集与其余集所成的 } \sigma \text{ 代数}).$$

值得指出的是,$\mathscr{A}_\sigma(\mathscr{R})$ 并不一定是 X 的所有子集 2^X 所成的 σ 代数. 例如: $X=\mathbb{R}$,则 $E=(-\infty,0) \in 2^X - \mathscr{A}_\sigma(\mathscr{R})$,$E^c=[0,+\infty) \in 2^X - \mathscr{A}_\sigma(\mathscr{R})$,从而 $\mathscr{A}_\sigma(\mathscr{R}) \subsetneqq 2^X$.

此外,当 X 为无限集,则有

$$\mu^*(E) = \begin{cases} \mu(E) = \# E, & E \in \mathscr{R}, \\ +\infty, & E \in \mathscr{H}(\mathscr{R}) \text{ 为无限集}. \end{cases}$$

例 2.1.2 设 X 为非空集合,$\mathscr{R}=2^X$ 为 X 上所有子集全体所成的 σ 代数. 定义广义集函数 $\mu: \mathscr{R} \to \mathbb{R}_*$ 为

$$\mu(E)=\begin{cases}\# E, & E \text{ 为有限集},\\ +\infty, & E \text{ 为无限集}.\end{cases}$$

易见,μ 为 $\mathscr{R}$ 上的一个测度. 此时

$$\mathscr{R}=\mathscr{R}_\sigma(\mathscr{R})=\mathscr{R}^*=\mathscr{H}(\mathscr{R})=\mathscr{A}_\sigma(\mathscr{R})=2^X,$$

$$\mu^*=\mu.$$

取 $E_n=\{n,n+1,n+2,\cdots\}$,$n\in\mathbb{N}$. 显然

$$E_1\supset E_2\supset\cdots\supset E_n\supset\cdots,$$

并且

$$\lim_{n\to+\infty}\mu(E_n)=\lim_{n\to+\infty}(+\infty)=+\infty\neq 0=\mu(\varnothing)=\mu\left(\bigcap_{n=1}^{\infty}E_n\right)=\mu(\lim_{n\to+\infty}E_n).$$

这是定理 2.1.1(6)中不满足"至少有一个 E_n 使 $\mu(E_n)<+\infty$"时,其结论不成立的反例.

注 2.1.4 在例 2.1.1 中,当 X 为不可数集,$\mathscr{R}$ 为 X 的所有有限子集所形成的环,$\mu(E)=\# E$,$E\in\mathscr{R}$ 为 $\mathscr{R}$ 上的测度. 若采用外测度延拓时,我们可将 μ 从 $\mathscr{R}$ 延拓到 $\mathscr{R}^*=\mathscr{H}(\mathscr{R})$($X$ 的至多可数子集所成的 σ 环)上的测度 μ^*:$\mathscr{R}^*=\mathscr{H}(\mathscr{R})\to\mathbb{R}_*$ 为

$$\mu^*(E)=\begin{cases}\# E, & E \text{ 为有限集},\\ +\infty, & E \text{ 为无限集}.\end{cases}$$

引理 2.1.2 告诉我们,用这种方法再延拓得到的 σ 环不能更大了. 换句话说,再也延拓不下去了!

奇怪的是例 2.1.2 表明,如果不讲延拓的方式方法,那么

$$\tilde{\mu}:2^X\to\mathbb{R}_*,$$

$$\tilde{\mu}(X)=\begin{cases}\# E, & E\in 2^X \text{ 为有限集},\\ +\infty, & E\in 2^X \text{ 为无限集}\end{cases}$$

就是 μ:$\mathscr{R}\to\mathbb{R}_*$,$\mu(E)=\# E$ 的最大的延拓!

例 2.1.3 设 X 为非空集合,$\mathscr{R}$ 为 X 的所有子集全体所成的 σ 代数. 取定 $a\in X$. 定义广义集函数

$$\mu:\mathscr{R}\to\mathbb{R}_*,$$

$$E\mapsto\mu(E)=\begin{cases}0, & a\notin E,\\ 1, & a\in E.\end{cases}$$

易见,μ 为 $\mathscr{R}$ 上的一个测度. 此时

$$2^X=\mathscr{R}=\mathscr{R}_\sigma(\mathscr{R})=\mathscr{R}^*=\mathscr{H}(\mathscr{R})=\mathscr{A}_\sigma(\mathscr{R}),$$

$$\mu^*=\mu.$$

例 2.1.4 设 $X=(0,1]$,$\mathscr{R}=\{\varnothing,(0,1]\}$为 $X=(0,1]$上的 σ 代数,定义广义集函数 μ:$\mathscr{R}\to\mathbb{R}_*$,$\mu(\varnothing)=0$,$\mu((0,1])=1$. 显然,$\mu$ 为 $\mathscr{R}$ 上的一个测度. 而且,$\mathscr{H}(\mathscr{R})$为$(0,1]$中所有子

集全体所成的 σ 代数. 并且

$$\mu^*(E)=\begin{cases}0, & E=\varnothing,\\ 1, & E\neq\varnothing.\end{cases}$$

因此

$$\mu^*\left(\left(0,\frac{1}{2}\right]\right)+\mu^*\left(\left(\frac{1}{2},1\right]\right)=1+1=2$$

$$\neq 1=\mu^*((0,1])=\mu^*\left(\left(0,\frac{1}{2}\right]\cup\left(\frac{1}{2},1\right]\right),$$

即 μ^* 在 $\mathscr{H}(\mathscr{R})$ 上不满足有限可加性，自然 μ^* 在 $\mathscr{H}(\mathscr{R})=2^X$ 上不为测度.

下证

$$\mathscr{R}=\mathscr{R}_\sigma(\mathscr{R})=\mathscr{A}_\sigma(\mathscr{R})=\mathscr{R}^*\subsetneqq\mathscr{H}(\mathscr{R}).$$

事实上，对 $\forall E\in\mathscr{H}(\mathscr{R})$，如果 $E\neq\varnothing$，$X-E=(0,1]-E\neq\varnothing$，则

$$\mu^*(X\cap E)+\mu^*(X-E)=\mu^*(E)+\mu^*(X-E)=1+1=2\neq 1=\mu^*(X),$$

即 E 不满足 Caratheodory 条件，$E\notin\mathscr{R}^*$. 所以，$\mathscr{R}=\mathscr{R}^*\subsetneqq\mathscr{H}(\mathscr{R})=2^X$. □

练习题 2.1

1. 举例说明定理 2.1.1(8)与(9)中条件 $\mu\left(\bigcup\limits_{n=m}^{\infty}E_n\right)<+\infty$，(10)中条件 $\sum\limits_{n=m}^{\infty}\mu(E_n)<+\infty$ 都不能删去.

2. 设 $\{\mu_n\}$ 为环 $\mathscr{R}$ 上的一列测度. 证明：

$$\mu(E)=\sum_{n=1}^{\infty}\frac{1}{2^n}\mu_n(E),\quad E\in\mathscr{R}$$

也为 $\mathscr{R}$ 上的测度.

如果对 $\forall E\in\mathscr{R}$，$\forall n\in\mathbb{N}$，$\mu_n(E)\leqslant 1$，则 $\mu(E)\leqslant 1$，$E\in\mathscr{R}$.

3. 设 $\mathscr{R}$ 为集合 X 上的环，$\{\mu_n\}$ 为 $\mathscr{R}$ 上的一列测度，并且对 $\forall E\in\mathscr{R}$，极限 $\lim\limits_{n\to+\infty}\mu_n(E)$ 存在，记为 $\mu(E)$. 证明：μ 为 $\mathscr{R}$ 上非负，空集上取值为 0 的有限可加的广义集函数.

举例说明 μ 未必为 $\mathscr{R}$ 上的测度.

4. 设 μ 为基本空间 X 的环 $\mathscr{R}$ 上的测度. 如果对 $\forall E\in\mathscr{R}$，$\mu(E)\leqslant 1$. 证明：μ 的"原子"(即是 $\mathscr{R}$ 中的元素，它为 X 中的独点集 $\{x\}$，且 $\mu(\{x\})>0$)的全体为至多可数集.

5. 设 μ 为 σ 环 $\mathscr{R}$ 上的一个测度，对 $\forall E\in\mathscr{H}(\mathscr{R})$，证明：$E$ 必有等测包 H，即 $H\in\mathscr{R}$，$H\supset E$，且 $\mu(H)=\mu^*(E)$. 当 $\mathscr{R}$ 仅为环时，上述结论仍正确吗？

2.2 σ有限测度、测度延拓的惟一性定理

本节将研究σ有限的测度,并证明在该测度下,$\mathscr{R}_\sigma(\mathscr{R})$与$\mu^*$零集完全刻画了$\mathscr{R}^*$,还给出了测度延拓的惟一性定理,在一般分析数学中,σ有限测度已足够应用了.其特点是每个测度无限大的集总能分割成可数个测度有限的部分加以讨论.

定义 2.2.1 设$\mathscr{R}$为非空集合X上的某些子集所成的环.μ为$\mathscr{R}$上的测度.如果$E\in\mathscr{R}$,$\mu(E)<+\infty$,则称E有**有限测度**.

如果对$\forall E\in\mathscr{R}$都有有限测度,则称测度μ是**有限**的.如果$\mathscr{R}$为一个代数,即$X\in\mathscr{R}$,且$\mu(X)<+\infty$(此时,μ是有限的),则称测度μ是**全有限**的.

如果$E\in\mathscr{R}$,且有一集列$E_i\in\mathscr{R}(i=1,2,\cdots)$,每个$E_i$都有有限测度且$E\subset\bigcup\limits_{i=1}^{\infty}E_i$,则称$E$的测度$\mu$是**σ有限**的(注意:未必有$\mu(E)<+\infty$!).如果每个$E\in\mathscr{R}$的测度是$\sigma$有限的,则称测度$\mu$是**σ有限**的.如果$\mathscr{R}$为代数,即$X\in\mathscr{R}$,且$X$的测度是$\sigma$有限的(此时$\mu$是$\sigma$有限的),则称测度$\mu$是**全σ有限**的.

显然,有限的必是σ有限的,全有限的必是全σ有限的.但反之不成立(参阅例2.1.2中X为可数集情形,或2.3节中的Lebesgue测度m).

例2.1.1中的测度μ是有限的.当X为有限集时,测度μ是全有限的;当X为无限集时,测度μ是非全有限的.

例2.1.2中的测度μ当X为有限集时是全有限的;当X为可数集时μ是全σ有限的,但非全有限;当X为不可数集时μ就不是σ有限的(当$E\subset X$为不可数集时,它不是σ有限的).

例2.1.3和例2.1.4中的测度μ都是全有限的.

定理 2.2.1(测度延拓的惟一性定理) 设$\mathscr{R}$为非空集合(基本空间)X的某些子集所成的环,$\mu_k(k=1,2)$为$\mathscr{R}_\sigma(\mathscr{R})$上的两个测度.如果$\mu_k$在$\mathscr{R}$上都是$\sigma$有限的,且对$\forall E\in\mathscr{R}$,$\mu_1(E)=\mu_2(E)$.则在$\mathscr{R}_\sigma(\mathscr{R})$上,$\mu_1=\mu_2$.

证明 令集类

$$\mathscr{M}=\left\{E\in\mathscr{R}_\sigma(\mathscr{R})\,|\,E\text{ 满足: ① }\exists E_n\in\mathscr{R},\mu_1(E_n)<+\infty,\text{ s. t. }E\subset\bigcup_{n=1}^{\infty}E_n\text{; ②对 }\forall A\in\mathscr{R},\text{当 }\mu_1(A)<+\infty\text{ 时},\mu_1(A\cap E)=\mu_2(A\cap E)\right\}.$$

当$E\in\mathscr{R}$时,由μ_1在$\mathscr{R}$上是σ有限的,故E满足①;又由μ_1,μ_2在$\mathscr{R}$上相等,故E也满足②.因此,$E\in\mathscr{M}$,从而$\mathscr{R}\subset\mathscr{M}$.

下证μ_1,μ_2在$\mathscr{M}$上相等.当$E\in\mathscr{M}$时,由条件①,$\exists E_n\in\mathscr{R}$,$\mu_1(E_n)<+\infty$,s. t. $E\subset\bigcup\limits_{n=1}^{\infty}E_n$.显然,可假定$E_n$彼此不相交(否则用$E_1,E_2-E_1,E_3-\bigcup\limits_{i=1}^{2}E_i,\cdots,E_{n+1}-\bigcup\limits_{i=1}^{n}E_i,\cdots$

来代替 $E_1,E_2,E_3,\cdots,E_{n+1},\cdots$). 因此,由 $E=\bigcup\limits_{n=1}^{\infty}(E_n\cap E)$ 和条件② $\mu_1(E_n\cap E)=\mu_2(E_n\cap E)$ 立即得到

$$\mu_1(E)=\mu_1\Big(\bigcup_{n=1}^{\infty}(E_n\cap E)\Big)=\sum_{n=1}^{\infty}\mu_1(E_n\cap E)$$
$$=\sum_{n=1}^{\infty}\mu_2(E_n\cap E)=\mu_2\Big(\bigcup_{n=1}^{\infty}(E_n\cap E)\Big)=\mu_2(E).$$

再证 $\mathscr{M}$ 为单调类. 设 $\{F_n\in\mathscr{M}\mid n=1,2,\cdots\}$ 为一个单调集列. 由于 F_n 满足条件①,所以 $\mathscr{R}$ 中有集列 $\{E_n^m\mid m=1,2,\cdots\}$, s. t. $\mu_1(E_n^m)<+\infty$,且 $F_n\subset\bigcup\limits_{m=1}^{\infty}E_n^m$. 因此, $\lim\limits_{n\to+\infty}F_n\ \Big(\bigcup\limits_{n=1}^{\infty}F_n$ 或 $\bigcap\limits_{n=1}^{\infty}F_n\Big)\subset\bigcup\limits_{n=1}^{\infty}\bigcup\limits_{m=1}^{\infty}E_n^m$. 这就证明了 $\lim\limits_{n\to+\infty}F_n$ 满足条件①. 又由于②,当 $A\in\mathscr{R},\mu_1(A)<+\infty$ 时,有

$$\mu_1(A\cap F_n)=\mu_2(A\cap F_n),\quad n=1,2,\cdots.$$

根据定理 2.1.1(5)和(6)以及 $\mu_2(A\cap F_n)=\mu_1(A\cap F_n)\leqslant\mu_1(A)<+\infty$ 有

$$\mu_1(A\cap\lim_{n\to+\infty}F_n)=\mu_1(\lim_{n\to+\infty}(A\cap F_n))=\lim_{n\to+\infty}\mu_1(A\cap F_n)$$
$$=\lim_{n\to+\infty}\mu_2(A\cap F_n)=\mu_2(\lim_{n\to+\infty}(A\cap F_n))$$
$$=\mu_2(A\cap\lim_{n\to+\infty}F_n).$$

因此, $\lim\limits_{n\to+\infty}F_n\in\mathscr{M}$,即 $\mathscr{M}$ 为单调类.

最后,由推论 1.4.1 知, $\mathscr{M}\supset\mathscr{R}_\sigma(\mathscr{R})$. 再由 μ_1,μ_2 在 $\mathscr{M}$ 上相等推得在 $\mathscr{R}_\sigma(\mathscr{R})$ 上, $\mu_1=\mu_2$. □

注 2.2.1 定理 2.2.1 中如果"μ_k 在 $\mathscr{R}$ 上 σ 有限"条件删去,则测度延拓惟一性定理不成立. 设 $\mathscr{R}$ 为非空集合 X 的某些子集所成的环,测度 μ_1,μ_2 在 $\mathscr{R}_\sigma(\mathscr{R})$ 上都是 σ 有限的,并且对 $\forall E\in\mathscr{R},\mu_1(E)=\mu_2(E)$. 下面举例说明在 $\mathscr{R}_\sigma(\mathscr{R})$ 上可以 $\mu_1\neq\mu_2$,即 $\exists E\in\mathscr{R}_\sigma(E)$, s. t. $\mu_1(E)\neq\mu_2(E)$.

反例 2.2.1 $\mathscr{R}=\mathscr{R}_0=\Big\{\bigcup\limits_{i=1}^{n}(a_i,b_i]\,\Big|\,a_i\leqslant b_i,i=1,2,\cdots,n\Big\}$ 为直线 $\mathbb{R}$ 上的环. 对 $\forall E\in\mathscr{R}_\sigma(\mathscr{R})=\mathscr{R}_\sigma(\mathscr{R}_0)$,令

$$\mu_1(E)=E\text{ 中有理点的个数},\qquad \mu_2(E)=E\text{ 中含}\sqrt{2}r(r\in\mathbb{Q})\text{ 的个数}.$$

显然,在 $\mathscr{R}=\mathscr{R}_0$ 上,有

$$\mu_1(E)=\mu_2(E)=\begin{cases}0, & E=\varnothing,\\ +\infty, & E=\bigcup\limits_{i=1}^{n}(a_i,b_i]\neq\varnothing.\end{cases}$$

但 $\mu_1(\{\sqrt{2}\})=0\neq1=\mu_2(\{\sqrt{2}\})$. 由于当 $\varnothing\neq E\subset\bigcup\limits_{i=1}^{n}(a_i,b_i]$ 时, $\mu_1\Big(\bigcup\limits_{i=1}^{n}(a_i,b_i]\Big)=+\infty=\mu_2\Big(\bigcup\limits_{i=1}^{n}(a_i,b_i]\Big)$,故 μ_1,μ_2 在 $\mathscr{R}=\mathscr{R}_0$ 上不是 σ 有限的. 另一方面,对 $\forall E\in\mathscr{R}_\sigma(\mathscr{R})=\mathscr{R}_\sigma(\mathscr{R}_0)$,有

$$E=(E\cap\mathbb{Q})\cup(E\cap(\mathbb{R}-\mathbb{Q}))=\left(\bigcup_i\{r_i\}\right)\cup(E\cap(\mathbb{R}-\mathbb{Q})),$$

其中$\{r_i\}\in\mathscr{R}_\sigma(\mathscr{R})$，$\mathbb{R}-\mathbb{Q}\in\mathscr{R}_\sigma(\mathscr{R})$，$E\cap(\mathbb{R}-\mathbb{Q})\in\mathscr{R}_\sigma(\mathscr{R})$，

$$\mu_1(\{r_i\})=1,\quad \mu_1(E\cap(\mathbb{R}-\mathbb{Q}))=0,$$

μ_1 在 $\mathscr{R}_\sigma(\mathscr{R})=\mathscr{R}_\sigma(\mathscr{R}_0)$上是 σ 有限的. 同理，μ_2 在 $\mathscr{R}_\sigma(\mathscr{R})=\mathscr{R}_\sigma(\mathscr{R}_0)$上是 σ 有限的.

反例 2.2.2　设 $X=\{a_n\mid n\in\mathbb{N}\}$为可数集，固定 $a\in X$，则

$$\mathscr{R}=\{A\mid a\notin A, A\text{ 为有限集}\}\cup\{X-B\mid a\in X-B, B\text{ 为有限集}\}$$

为环. 但非 σ 环$\left(\bigcup_{n=1}^{\infty}\{a_n\}-\{a\}=X-\{a\}\notin\mathscr{R}!\right)$$\mathscr{R}_\sigma(\mathscr{R})$为 X 中任何子集所成的 σ 代数. 对 $\forall E\in\mathscr{R}_\sigma(\mathscr{R})$，令

$$\mu_1(E)=\begin{cases}\# E, & E\text{ 为有限集},\\ +\infty, & E\text{ 为无限集};\end{cases}\qquad \mu_2(E)=\begin{cases}\mu_1(E), & a\notin E,\\ \mu_1(E)+1, & a\in E.\end{cases}$$

显然，在 $\mathscr{R}$ 上，$\mu_1=\mu_2$，但 $\mu_1(\{a\})=1\neq 2=\mu_2(\{a\})$. 因为当 $E\subset\bigcup_{n=1}^{\infty}\{a_n\}=X$ 时，有

$$\mu_1(\{a_n\})=1<+\infty,\quad \mu_2(\{a_n\})\leqslant\mu_1(\{a_n\})+1=2<+\infty,$$

故 μ_1,μ_2 在 $\mathscr{R}_\sigma(\mathscr{R})$上都是 σ 有限的测度. 但根据定理 2.2.1 立知，μ_1,μ_2 至少有一个在 $\mathscr{R}$ 上不是 σ 有限的. 由 μ_2 的定义可看出，μ_1,μ_2 在 $\mathscr{R}$ 上都不是 σ 有限的. 现在，我们直接来证明它.

证明　(反证)假设 μ_1(或 μ_2)在 $\mathscr{R}$ 上是 σ 有限的，由于 $X=X-\varnothing\in\mathscr{R}$，故 $\exists E_n\in\mathscr{R}$，s. t. $X\subset\bigcup_{n=1}^{\infty}E_n$，且 $\mu_1(E_n)<+\infty$(或 $\mu_2(E_n)<+\infty$)，$n=1,2,\cdots$. 于是，必 $\exists E_{n_0}$，s. t. $a\in E_{n_0}$. 自然，$E_{n_0}=X-B$ 为无限集，$\mu_1(E_{n_0})=+\infty$(或 $\mu_2(E_{n_0})=+\infty$)，矛盾. □

定理 2.2.2　设 $\mathscr{R}$ 为非空集合 X 上的环，μ 为 $\mathscr{R}$ 上的 σ 有限的测度，则 μ^* 必为 $\mathscr{R}^*$ 上 σ 有限的测度.

证明　对 $\forall E\in\mathscr{R}^*\subset\mathscr{H}(\mathscr{R})$，必 $\exists E_i\in\mathscr{R}$，s. t. $E\subset\bigcup_{i=1}^{\infty}E_i$. 由 μ 在 $\mathscr{R}$ 上是 σ 有限的，故 $\exists E_i^j\in\mathscr{R}$，$\mu(E_i^j)<+\infty(j=1,2,\cdots)$，且 $E_i\subset\bigcup_{j=1}^{\infty}E_i^j$. 因此，$E\subset\bigcup_{i=1}^{\infty}E_i\subset\bigcup_{i=1}^{\infty}\bigcup_{j=1}^{\infty}E_i^j=\bigcup_{i,j=1}^{\infty}E_i^j$，从而 E 是 σ 有限的. 由此推得 μ^* 为 $\mathscr{R}^*$ 上 σ 有限的测度. □

引理 2.2.1　如果 $E\in\mathscr{R}^*$，$\mu^*(E)<+\infty$，则必 $\exists F\in\mathscr{R}_\sigma(\mathscr{R})$，s. t. $F\supset E$ 且 $\mu^*(F-E)=0$ 和 $\mu^*(E)=\mu^*(F)$.

证明　对 $\forall\varepsilon>0$，由 μ^* 定义，必 $\exists E_i\in\mathscr{R}$，s. t. $E\subset\bigcup_{i=1}^{\infty}E_i$，且

$$\sum_{i=1}^{\infty}\mu(E_i)<\mu^*(E)+\varepsilon.$$

因此，由 μ^* 的次可数可加性，得

$$\mu^*\left(\bigcup_{i=1}^{\infty} E_i\right) \leqslant \sum_{i=1}^{\infty}\mu^*(E_i) = \sum_{i=1}^{\infty}\mu(E_i) < \mu^*(E) + \varepsilon.$$

这就表明，对$\forall\,\varepsilon>0$，$\exists \bigcup_{i=1}^{\infty} E_i \in \mathscr{R}_\sigma(\mathscr{R})$，s. t. $F_\varepsilon = \bigcup_{i=1}^{\infty} E_i \supset E$ 且 $\mu^*(F_\varepsilon)<\mu^*(E)+\varepsilon$. 特别取 $\varepsilon=\frac{1}{n}(n=1,2,\cdots)$，就得到一个集列$\{F_{\frac{1}{n}} \in \mathscr{R}_\sigma(\mathscr{R}) \mid F_{\frac{1}{n}} \supset E, n=1,2,\cdots\}$，s. t. $\mu^*(F_{\frac{1}{n}})<\mu^*(E)+\frac{1}{n}$. 令 $F=\bigcap_{n=1}^{\infty} F_{\frac{1}{n}}$，显然 $F\in\mathscr{R}_\sigma(\mathscr{R})$，$F\supset E$，且

$$\mu^*(E) \leqslant \mu^*(F) \leqslant \mu^*(F_{\frac{1}{n}}) < \mu^*(E) + \frac{1}{n} \to \mu^*(E) + 0 = \mu^*(E) \quad (n\to+\infty).$$

从而，$\mu^*(E)\leqslant\mu^*(F)\leqslant\mu^*(E)$，$\mu^*(F)=\mu^*(E)$.

因为 $F\in\mathscr{R}_\sigma(\mathscr{R})\subset\mathscr{R}^*$，$E\in\mathscr{R}^*$，$\mu^*$ 为 $\mathscr{R}^*$ 上的测度，所以

$$\mu^*(E) = \mu^*(F) = \mu^*(E) + \mu^*(F-E),$$

再由 $\mu^*(E)<+\infty$就得到 $\mu^*(F-E)=0$. □

定理 2.2.3($\mathscr{R}^*$ 与 $\mathscr{R}_\sigma(\mathscr{R})$的关系) 设 $\mathscr{R}$ 为非空集合 X 上的一个环，μ 为 $\mathscr{R}$ 上的 σ 有限测度. $\mathscr{N}_{\mu^*}$ 为 μ^* 零集全体所成的集类. 则：

(1) $E\in\mathscr{R}^* \Leftrightarrow$(2) $E=F-N_2$，$F\in\mathscr{R}_\sigma(\mathscr{R})$，$N_2\in\mathscr{N}_{\mu^*}$

$\Leftrightarrow$(3) $E=F\cup N_1$，$F\in\mathscr{R}_\sigma(\mathscr{R})$，$N_1\in\mathscr{N}_{\mu^*}$

$\Leftrightarrow$(4) $E=F\cup N_1-N_2$，$F\in\mathscr{R}_\sigma(\mathscr{R})$，$N_1,N_2\in\mathscr{N}_{\mu^*}$.

此时，$\mu^*(E)=\mu^*(F)$.

证明(1)$\Leftarrow$(2) (或(3)或(4))根据引理 2.1.3，$\mathscr{N}_{\mu^*}\subset\mathscr{R}^*$. 又由 $\mathscr{R}_\sigma(\mathscr{R})\subset\mathscr{R}^*$ 和 $\mathscr{R}^*$ 为 σ 环立即推出所需结论 $E=F-N_2\in\mathscr{R}^*$(或 $E=F\cup N_1\in\mathscr{R}^*$ 或 $E=F\cup N_1-N_2\in\mathscr{R}^*$).

(1)$\Rightarrow$(2) 设 $E\in\mathscr{R}^*$，由定理 2.2.2，$\exists\, E_n\in\mathscr{R}^*$，$\mu^*(E_n)<+\infty$，s. t. $E\subset\bigcup_{n=1}^{\infty} E_n$. 不妨设 $E=\bigcup_{n=1}^{\infty} E_n$(否则用 $E_n\cap E$ 代替 E_n). 根据引理 2.2.1，对$\forall\, E_n\in\mathscr{R}^*$，有 $F_n\in\mathscr{R}_\sigma(\mathscr{R})$，$F_n\supset E_n$，$\mu^*(F_n-E_n)=0$. 则 $F=\bigcup_{n=1}^{\infty} F_n\in\mathscr{R}_\sigma(\mathscr{R})$，$F=\bigcup_{n=1}^{\infty} F_n\supset\bigcup_{n=1}^{\infty} E_n=E$，且

$$F - E = \bigcup_{n=1}^{\infty} F_n - \bigcup_{n=1}^{\infty} E_n \subset \bigcup_{n=1}^{\infty} (F_n - E_n).$$

再根据 μ^* 的非负性和次可数可加性得到

$$0\leqslant \mu^*(F-E) \leqslant \mu^*\left(\bigcup_{n=1}^{\infty}(F_n-E_n)\right) \leqslant \sum_{n=1}^{\infty}\mu^*(F_n-E_n) = \sum_{n=1}^{\infty} 0 = 0,$$

即

$$\mu^*(F-E) = 0.$$

因此，$N_2=F-E$ 为 μ^* 零集，即 $N_2\in\mathscr{N}_{\mu^*}$. 此时，$E=F-(F-E)=F-N_2$.

(1)⇒(3) 设 $E\in\mathscr{R}^*$. 由(1)⇒(2)，$\exists F_1\in\mathscr{R}_\sigma(\mathscr{R})$，s. t. $F_1\supset E$，且 F_1-E 为 μ^* 零集. 又因 $F_1-E\in\mathscr{N}_{\mu^*}\subset\mathscr{R}^*$. 再由(1)⇒(2)，$\exists F_2\in\mathscr{R}_\sigma(\mathscr{R})$，s. t. $F_2\supset F_1-E$，且 $F_2-(F_1-E)$ 为 μ^* 零集. 于是

$$E=F_1-(F_1-E)=(F_1-F_2)\cup\{[F_2-(F_1-E)]\cap E\},$$

其中 $F=F_1-F_2\in\mathscr{R}_\sigma(\mathscr{R})$，$N_1=[F_2-(F_1-E)]\cap E\in\mathscr{R}^*$ 为 μ^* 零集 $F_2-(F_1-E)$ 的子集自然也是 μ^* 零集.

(1)⇒(4) 由(1)⇒(2)知 $E=F-N_2=(F\cup\varnothing)-N_2$ 或由(1)⇒(3)知，$E=F\cup N_1=(F\cup N_1)-\varnothing$，而 $N_1,\varnothing\in\mathscr{N}_{\mu^*}$.

最后，如果 $E=F-N_2$，$F\in\mathscr{R}_\sigma(\mathscr{R})$，$N_2\in\mathscr{N}_{\mu^*}$，则由 μ^* 的单调性和次有限可加性得到

$$\begin{aligned}\mu^*(E)&=\mu^*(F-N_2)\leqslant\mu^*(F)=\mu^*((F-N_2)\cup N_2)\\&\leqslant\mu^*(F-N_2)+\mu^*(N_2)=\mu^*(E)+0=\mu^*(E),\\\mu^*(E)&=\mu^*(F).\end{aligned}$$

如果 $E=F\cup N_1$，$F\in\mathscr{R}_\sigma(\mathscr{R})$，$N_1\in\mathscr{N}_{\mu^*}$. 同理，有

$$\mu^*(E)=\mu^*(F\cup N_1)\leqslant\mu^*(F)+\mu^*(N_1)=\mu^*(F)+0=\mu^*(F)\leqslant\mu^*(E),$$

$$\mu^*(E)=\mu^*(F).$$

如果 $E=(F\cup N_1)-N_2$，$F\in\mathscr{R}_\sigma(\mathscr{R})$，$N_1,N_2\in\mathscr{N}_{\mu^*}$. 应用上述结论有

$$\mu^*(E)=\mu^*(F\cup N_1-N_2)=\mu^*(F\cup N_1)=\mu^*(F).$$ □

定理 2.2.4 设 $\mathscr{R}$ 为非空集合 X 上的一个环，μ 为 $\mathscr{R}$ 上的 σ 有限测度. 则

$$\mathscr{R}^*=\mathscr{R}_\sigma(\mathscr{R}\cup\mathscr{N}_{\mu^*})=\mathscr{R}_\sigma(\mathscr{R}_\sigma(\mathscr{R})\cup\mathscr{N}_{\mu^*}),$$

即 $\mathscr{R}_\sigma(\mathscr{R})$ 与 $\mathscr{N}_{\mu^*}$ 完全刻画了 $\mathscr{R}^*$.

证明 因为 $\mathscr{R}\subset\mathscr{R}^*$，$\mathscr{N}_{\mu^*}\subset\mathscr{R}^*$，故 $\mathscr{R}\cup\mathscr{N}_{\mu^*}\subset\mathscr{R}^*$. 又因 $\mathscr{R}^*$ 为 σ 环，故含 $\mathscr{R}\cup\mathscr{N}_{\mu^*}$ 的最小 σ 环，$\mathscr{R}_\sigma(\mathscr{R}\cup\mathscr{N}_{\mu^*})\subset\mathscr{R}^*$.

反之，对 $\forall E\in\mathscr{R}^*$，根据定理 2.2.3(3)，$E=F\cup N_1$，$F\in\mathscr{R}_\sigma(\mathscr{R})$，$N_1\in\mathscr{N}_{\mu^*}$. 因此，$E\in\mathscr{R}_\sigma(\mathscr{R}_\sigma(\mathscr{R})\cup\mathscr{N}_{\mu^*})=\mathscr{R}_\sigma(\mathscr{R}\cup\mathscr{N}_{\mu^*})$，从而 $\mathscr{R}^*\subset\mathscr{R}_\sigma(\mathscr{R}\cup\mathscr{N}_{\mu^*})$.

综上有 $\mathscr{R}^*=\mathscr{R}_\sigma(\mathscr{R}\cup\mathscr{N}_{\mu^*})=\mathscr{R}_\sigma(\mathscr{R}_\sigma(\mathscr{R})\cup\mathscr{N}_{\mu^*})$. □

引理 2.2.2 (1) 设 $\mathscr{R}$ 为非空集合 X 上的环，μ 为 $\mathscr{R}$ 上的测度，$\mathscr{N}$ 为 $\mathscr{R}$ 中一切 μ 零集的子集的全体，则 $\mathscr{N}\subset\mathscr{N}_{\mu^*}$.

(2) 在(1)中如果 $\mathscr{R}$ 为 σ 环，则 $\mathscr{N}=\mathscr{N}_{\mu^*}$.

证明 (1) $\forall N\in\mathscr{N}$，由定义，$\exists E\in\mathscr{R}$，s. t. $N\subset E$ 且 $\mu(E)=0$. 因此，$0\leqslant\mu^*(N)\leqslant\mu^*(E)=\mu(E)=0$(或者由 $N\subset E$，$\mu^*(E)=\mu(E)=0$，μ^* 为 $\mathscr{R}^*$ 上完全测度知)，$\mu^*(N)=0$，$N\in\mathscr{N}_{\mu^*}$. 这就证明了 $\mathscr{N}\subset\mathscr{N}_{\mu^*}$.

(2) 由(1)知 $\mathscr{N}\subset\mathscr{N}_{\mu^*}$.

反之，对 $\forall E\in\mathscr{N}_{\mu^*}$，即 $\mu^*(E)=0$，由定义，对 $\forall n\in\mathbb{N}$，$\exists E_n^i\in\mathscr{R}$，s. t. $E\subset\bigcup\limits_{i=1}^{\infty}E_n^i=F_n$ 且

$$0 \leqslant \mu^*(F_n) = \mu^*\left(\bigcup_{i=1}^{\infty} E_n^i\right) \leqslant \sum_{i=1}^{\infty}\mu^*(E_n^i) = \sum_{i=1}^{\infty}\mu(E_n^i) < \frac{1}{n}.$$

因为 $\mathscr{R}$ 为 σ 环,故 $F=\bigcap_{n=1}^{\infty} F_n = \bigcap_{n=1}^{\infty}\bigcup_{i=1}^{\infty} E_n^i \in \mathscr{R}$,且

$$0 \leqslant \mu^*(F) \leqslant \mu^*(F_n) < \frac{1}{n} \to 0(n \to +\infty),$$

$$0 \leqslant \mu^*(F) \leqslant 0, \mu(F) = \mu^*(F) = 0, F \in \mathscr{N}.$$

再由 $E \subset \bigcap_{n=1}^{\infty} F_n = F$ 知 $E \in \mathscr{N}$. 这就证明了 $\mathscr{N} \supset \mathscr{N}_{\mu^*}$.

综合上述,有 $\mathscr{N} = \mathscr{N}_{\mu^*}$. □

反例 2.2.3 $\mathscr{N} \not\supset \mathscr{N}_{\mu^*}$.

由引理 2.2.2(2),要举的反例必须 $\mathscr{R}$ 不为 σ 环. 取

$$\mathscr{R} = \mathscr{R}_0 = \left\{\bigcup_{i=1}^{n}(a_i, b_i] \mid a_i \leqslant b_i\right\}$$

为例 1.3.5 中的环,它不为 σ 环. 下面 2.3 节中在 $\mathscr{R}=\mathscr{R}_0$ 上定义 Lebesgue 测度 $\mu=m$, s. t.

$$m((a,b]) = b - a.$$

因此,m 为区间长度的推广. 设 C 为例 1.6.3 中的 Cantor 疏朗三分集,则

$$m^*(C) = m^*([0,1]) - m^*([0,1]-C) = 1 - 1 = 0,$$

所以,$C \in \mathscr{N}_{m^*}$. 但 $\nexists F \in \mathscr{R}=\mathscr{R}_0$, s. t. $m(F)=0$ 且 $C \subset F$,故 $C \notin \mathscr{N}$,从而 $\mathscr{N} \not\supset \mathscr{N}_{\mu^*}$.

定理 2.2.5 设 $\mathscr{R}$ 为非空集合 X 上的 σ 环,μ 为 $\mathscr{R}$ 上的 σ 有限测度,则

(1) $E \in \mathscr{R}^* \Leftrightarrow$(2) $E = F - N_2, F \in \mathscr{R}, N_2 \in \mathscr{N}$

$\Leftrightarrow$(3) $E = F \cup N_1, F \in \mathscr{R}, N_1 \in \mathscr{N}$

$\Leftrightarrow$(4) $E = F \cup N_1 - N_2, F \in \mathscr{R}, N_1, N_2 \in \mathscr{N}$.

此时 $\mu^*(E) = \mu(F)$, $\mathscr{R}^* = \mathscr{R}_\sigma(\mathscr{R} \cup \mathscr{N})$.

证明 证法 1 因为 $\mathscr{R}$ 为 σ 环,故 $\mathscr{R}_\sigma(\mathscr{R}) = \mathscr{R}$. 再由引理 2.2.2 中(2)知 $\mathscr{N}_{\mu^*} = \mathscr{N}$. 应用定理 2.2.3 和定理 2.2.4,并注意到 $F \in \mathscr{R}$, $\mu^*(F) = \mu(F)$ 立即得到本定理的结论.

证法 2 由引理 2.2.2 中(1)知,$\mathscr{N} \subset \mathscr{N}_{\mu^*}$. 因为 $\mathscr{R} \cup \mathscr{N} \subset \mathscr{R}^*$,所以

$$\mathscr{R}_\sigma(\mathscr{R} \cup \mathscr{N}) \subset \mathscr{R}^*.$$

反之,对 $\forall E \in \mathscr{R}^*$,根据定理 2.2.3 中的(3),$\exists F \in \mathscr{R}_\sigma(\mathscr{R}) = \mathscr{R}$ 及 $\mathscr{N} \in \mathscr{N}_{\mu^*}$, s. t. $E = F \cup N$. 而对 $\mathscr{N} \in \mathscr{N}_{\mu^*}$,再应用定理 2.2.3 中的(2),$\exists F_1 \in \mathscr{R}_\sigma(\mathscr{R}) = \mathscr{R}$ 及 $N_1 \in \mathscr{N}_{\mu^*}$, s. t. $N = F_1 - N_1$. 由于

$$0 = \mu^*(N) = \mu^*(F_1 - N_1) = \mu^*(F_1) = \mu(F_1), \quad N \subset F_1,$$

故 $N \in \mathscr{N}$,从而 $E = F \cup N \in \mathscr{R}_\sigma(\mathscr{R} \cup \mathscr{N})$, $\mathscr{R}_\sigma(\mathscr{R} \cup \mathscr{N}) \supset \mathscr{R}^*$.

综合上述得到 $\mathscr{R}^* = \mathscr{R}_\sigma(\mathscr{R} \cup \mathscr{N})$.

从上面证明中还可得到 $\mathscr{N}_{\mu^*} = \mathscr{N}$. 其他部分参阅证法 1. □

定理 2.2.6 设 X 为非空集合，$\mathscr{R}$ 为 X 上的 σ 环，μ 为 $\mathscr{R}$ 上的测度，$\mathscr{R}'=\{F\cup N-M\mid F\in\mathscr{R},N,M\in\mathscr{N}\}$.

(1) $\mathscr{R}'$ 为 σ 环，且 $\mathscr{R}\subset\mathscr{R}'=\mathscr{R}_\sigma(\mathscr{R}\cup\mathscr{N})\subset\mathscr{R}^*$.

(2) 如果 $E=F\cup N-M\in\mathscr{R}'$（其中 $F\in\mathscr{R},N,M\in\mathscr{N}$），定义

$$\mu'(E)=\mu(F),$$

则 μ' 与 E 的表示式无关，且 μ' 为 $\mathscr{R}'$ 上的完全测度，它是 $\mathscr{R}$ 上的测度 μ 的延拓.

(3) 当 μ 为 $\mathscr{R}$ 上的 σ 有限测度时，有 $\mathscr{R}^*=\mathscr{R}',\mu^*=\mu'$.

(4) 当 μ 为 $\mathscr{R}$ 上的完全测度时，有 $\mathscr{R}=\mathscr{R}',\mu=\mu'$.

证明 (1) 首先，易验证：当 $F_i\in\mathscr{R},N_i,M_i\in\mathscr{N}$ 时，有

$$\left(\bigcup_{i=1}^{\infty}F_i\right)\cup\left(\bigcup_{i=1}^{\infty}N_i\right)-\bigcup_{i=1}^{\infty}M_i\subset\bigcup_{i=1}^{\infty}(F_i\cup N_i-M_i)\subset\left(\bigcup_{i=1}^{\infty}F_i\right)\cup\left(\bigcup_{i=1}^{\infty}N_i\right),$$

$$\begin{aligned}(F_1-F_2)-(N_1\cup N_2\cup M_1\cup M_2)&\subset(F_1\cup N_1-M_1)-(F_2\cup N_2-M_2)\\&\subset(F_1-F_2)\cup(N_1\cup N_2\cup M_1\cup M_2).\end{aligned}$$

由此立即推得

$$\bigcup_{i=1}^{\infty}(F_i\cup N_i-M_i)\in\mathscr{R}',$$

$$(F_1\cup N_1-M_1)-(F_2\cup N_2-M_2)\in\mathscr{R}'.$$

$\mathscr{R}'$ 为 σ 环. 显然，$\mathscr{R}\cup\mathscr{N}\subset\mathscr{R}'$，由 $\mathscr{R}'$ 为 σ 环，故

$$\mathscr{R}_\sigma(\mathscr{R}\cup\mathscr{N})\subset\mathscr{R}'.$$

反之，由 $\mathscr{R}\subset\mathscr{R}\cup\mathscr{N},\mathscr{N}\subset\mathscr{R}\cup\mathscr{N}$，故

$$\mathscr{R}'\subset\mathscr{R}_\sigma(\mathscr{R}\cup\mathscr{N}).$$

于是，有

$$\mathscr{R}\subset\mathscr{R}'=\mathscr{R}_\sigma(\mathscr{R}\cup\mathscr{N})\subset\mathscr{R}^*.$$

(2) 设 $E=F\cup N-M=F_1\cup N_1-M_1$，其中 $F,F_1\in\mathscr{R}$；$N,M,N_1,M_1\in\mathscr{N}$，则

$$\begin{aligned}\mu(F)&=\mu^*(F)\leqslant\mu^*(F\cup N)\leqslant\mu^*(F)+\mu^*(N)\\&=\mu(F)+0=\mu(F),\end{aligned}$$

$$\begin{aligned}\mu^*(F\cup N-M)&\leqslant\mu^*(F\cup N)\leqslant\mu^*(F\cup N-M)+\mu^*(M)\\&=\mu^*(F\cup N-M)+0=\mu^*(F\cup N-M),\end{aligned}$$

$$\begin{aligned}\mu(F)&=\mu^*(F\cup N)=\mu^*(F\cup N-M)=\mu^*(E)\\&=\mu^*(F_1\cup N_1-M_1)=\mu^*(F_1\cup N_1)=\mu(F_1).\end{aligned}$$

故 μ' 与 E 的表示式无关. 也容易看出 μ' 为 $\mathscr{R}'$ 上的一个测度，且在 $\mathscr{R}$ 上，$\mu'=\mu$，即 μ' 为 $\mathscr{R}$ 上测度 μ 的延拓.

此外，如果 $P\subset F\cup N-M,F\in\mathscr{R},N,M\in\mathscr{N}$，并且

$$\mu(F)=\mu'(F\cup N-M)=0,$$

由于 $N\in\mathscr{N}$，故 $\exists\,\widetilde{N}\in\mathscr{R}$，s. t. $N\subset\widetilde{N}$ 且 $\mu(\widetilde{N})=0$. 于是

$$P \subset F \cup N - M \subset F \cup N \subset F \cup \widetilde{N},$$

$$0 \leqslant \mu(F \cup \widetilde{N}) \leqslant \mu(F) + \mu(\widetilde{N}) = 0 + 0 = 0,$$

其中 $F \cup \widetilde{N} \in \mathscr{R}$. 由此推得 $P \in \mathscr{N} \subset \mathscr{R}'$. 这就证明了 μ' 在 $\mathscr{R}'$ 上为完全测度.

(3) 根据(1)和定理 2.2.5,有

$$\mathscr{R}' = \mathscr{R}_\sigma(\mathscr{R} \cup \mathscr{N}) = \mathscr{R}^*,$$

$$\mu^*(F \cup N - M) = \mu^*(F) = \mu(F) = \mu'(F \cup N - M),$$

即 $\mu^* = \mu'$.

(4) 设 $N \in \mathscr{N}$,则 $\exists E \in \mathscr{R}$, s. t. $N \subset E$ 且 $\mu(E) = 0$. 又因 μ 为完全测度,故 $N \in \mathscr{R}$,且 $\mu(N) = 0$. 于是,$\mathscr{N} \subset \mathscr{R}$. 根据(1),有

$$\mathscr{R}' = \mathscr{R}_\sigma(\mathscr{R} \cup \mathscr{N}) = \mathscr{R}_\sigma(\mathscr{R}) = \mathscr{R}(\text{因 } \mathscr{R} \text{ 为 } \sigma \text{ 环}).$$

对 $\forall E = F \cup N - M \in \mathscr{R}'$,有

$$\mu'(E) = \mu'(F \cup N - M) = \mu(F) = \mu(F \cup N) = \mu(F \cup N - M) = \mu(E),$$

即 $\mu = \mu'$. □

注 2.2.2 当 $\mathscr{R}$ 为 σ 环,但 μ 在 $\mathscr{R}$ 上不是 σ 有限时,其结论只能是

$$\mathscr{R} \subset \mathscr{R}' = \mathscr{R}_\sigma(\mathscr{R} \cup \mathscr{N}) \subset \mathscr{R}^*.$$

此时,μ' 为 $\mathscr{R}$ 上测度 μ 的延拓. μ^* 为 $\mathscr{R}'$ 上测度 μ' 的延拓.

试举例说明 $\mathscr{R}' \subsetneqq \mathscr{R}^*$.

反例 2.2.4 设 $X = \mathbb{R}$,$\mathscr{E}$ 为 $X = \mathbb{R}$ 上至多可数子集的全体所成的集类. 易见,$\mathscr{R} = \mathscr{A}_\sigma(\mathscr{E})$ 为 $X = \mathbb{R}$ 上至多可数子集及其余集的全体所成的 σ 代数. 定义 $\mathscr{R}$ 上的广义集函数 μ: $\mathscr{R} \to \mathbb{R}_*$ 为

$$\mu(E) = \begin{cases} \# E, & \text{当 } E \text{ 为有限集}, \\ +\infty, & \text{当 } E \text{ 为无限集}. \end{cases}$$

易见,μ 为 $\mathscr{R}$ 上的完全测度(如果 $N \subset E$,$\mu(E) = 0$,则必有 $E = \varnothing$,从而 $N = \varnothing \in \mathscr{R}$,$\mu(N) = \mu(\varnothing) = 0$). 根据定理 2.2.6(4),$\mathscr{R}' = \mathscr{R}$,$\mu' = \mu$.

由于 $X \in \mathscr{R}$,故 $\mathscr{H}(\mathscr{R})$ 为 $X = \mathbb{R}$ 上一切子集所构成的集类. 我们已经知道

$$\mathscr{R} \subset \mathscr{R}^* \subset \mathscr{H}(\mathscr{R}).$$

另一方面,显然有

$$\begin{aligned} E \in \mathscr{H}(\mathscr{R}) - \mathscr{R} &\Leftrightarrow E \notin \mathscr{R} \\ &\Leftrightarrow E \text{ 与 } E^c \text{ 都为不可数集(如 } E = (-\infty, 0)), \end{aligned}$$

所以 $\mathscr{R} \subsetneqq \mathscr{H}(\mathscr{R})$.

设 $E \in \mathscr{H}(\mathscr{R})$,对 $\forall F \in \mathscr{H}(\mathscr{R})$,不管 $\mu^*(F) < +\infty$ 或 $\mu^*(F) = +\infty$,总有

$$\mu^*(F) = \mu^*(F \cap E) + \mu^*(F - E),$$

从而 $E \in \mathscr{R}^*$,$\mathscr{H}(\mathscr{R}) = \mathscr{R}^*$.

综上所述有

$$\mathscr{R}=\mathscr{R}'=\mathscr{R}_\sigma(\mathscr{R})=\mathscr{R}_\sigma(\mathscr{R}\cup\mathscr{N})\subsetneqq\mathscr{R}^*=\mathscr{H}(\mathscr{R}).$$

为什么会有 $\mathscr{R}'=\mathscr{R}$ 呢？联系到定理 2.2.6 中(3)知，μ 肯定不为 $\mathscr{R}$ 上的 σ 有限测度. 这也可用反证法直接证明. 假设 μ 为 $\mathscr{R}$ 上的 σ 有限测度，由 $X\in\mathscr{R}$，故 $\exists E_i\in\mathscr{R}$, s. t. $\mu(E_i)<+\infty$ (即 E_i 为有限集)且 $X\subset\bigcup\limits_{i=1}^{\infty}E_i$，从而 X 为至多可数集，这与 $X=\mathbb{R}$ 为不可数集相矛盾.

试举例再说明 $\mathscr{R}'\neq\mathscr{R}_\sigma(\mathscr{R}\cup\mathscr{N})$. 根据定理 2.2.6(1)知，举的反例必须 $\mathscr{R}$ 不为 σ 环，而只为环.

反例 2.2.5 设 X 为无限集，$\mathscr{R}$ 为 X 中有限子集的全体所成的环，它不是 σ 环. 令

$$\mu:\mathscr{R}\to\mathbb{R}_*,\qquad \mu(E)=\#E,$$

则 μ 为 $\mathscr{R}$ 上的有限测度. $\mathscr{N}=\{\varnothing\}$，$\mathscr{R}'=\mathscr{R}$，$\mathscr{R}_\sigma(\mathscr{R}\cup\mathscr{N})=\mathscr{R}_\sigma(\mathscr{R})$ 为 X 上至多可数子集的全体所组成的 σ 环，则

$$\mathscr{R}=\mathscr{R}'\subsetneqq\mathscr{R}_\sigma(\mathscr{R}\cup\mathscr{N}).$$

反例 2.2.6 设 $X=\mathbb{R}^1$，$\mathscr{R}=\mathscr{R}_0=\left\{\bigcup\limits_{i=1}^{n}(a_i,b_i]\,\middle|\,a_i\leqslant b_i,i=1,2,\cdots,n\right\}$ 为环，而不为 σ 环，令 $\mu=m:\mathscr{R}\to\mathbb{R}_*$ 为 2.3 节定义的 Lebesgue 测度，s. t. $m((a,b])=b-a$. 显然，$\mu=m$ 为 $\mathscr{R}$ 上的有限测度，$\mathscr{N}=\{\varnothing\}$，$\mathscr{R}'=\mathscr{R}$，$\mathscr{R}_\sigma(\mathscr{R}\cup\mathscr{N})=\mathscr{R}_\sigma(\mathscr{R})=\mathscr{R}_\sigma(\mathscr{R}_0)=\mathscr{B}$(Borel 集类).

因为 $X=\mathbb{R}^1\notin\mathscr{R}=\mathscr{R}_0=\mathscr{R}'$，$X=\mathbb{R}^1=\bigcup\limits_{n\in\mathbb{Z}}(n,n+1]\in\mathscr{R}_\sigma(\mathscr{R}\cup\mathscr{N})=\mathscr{B}$，所以

$$\mathscr{R}=\mathscr{R}'\subsetneqq\mathscr{R}_\sigma(\mathscr{R}\cup\mathscr{N})=\mathscr{R}_\sigma(\mathscr{R})=\mathscr{B}\underset{\text{定理2.3.2}}{\subsetneqq}\mathscr{R}^*\underset{\text{定理2.3.3}}{\subsetneqq}\mathscr{H}(\mathscr{R})=2^X.$$

练习题 2.2

1. 设 $X=\{x_n\mid n\in\mathbb{N}\}$ 为可数集，$\mathscr{R}$ 为 X 中有限子集所成的环. 对于 $\forall E\in\mathscr{R}$，$\mu_1(E)$ 为 E 中的点数，$\mu_2(E)=\alpha\mu_1(E)$，$\alpha\in[0,+\infty)$(由例 2.1.1 知，μ_1,μ_2 均为 $\mathscr{R}$ 上的测度). 证明：μ_1^*,μ_2^* 都为 $\mathscr{H}(\mathscr{R})$ 上的测度.

2. 举例说明环 $\mathscr{R}$ 上测度 μ 按 Caratheodory 条件所得的扩张 $\mathscr{R}^*,\mu^*$ 并不一定为 $\mathscr{R},\mu$ 的最大扩张.

3. 设 $\mathscr{R}$ 为 X 的某些子集所成的环，μ 为 $\mathscr{R}$ 上的测度. 任取 $E\subset X$，令

$$\mathscr{R}_E=\{F\mid F\in\mathscr{R},F\subset E\},$$

μ_E 为 μ 在环 $\mathscr{R}_E$ 上的限制. $\mathscr{R}_E^*,\mu_E^*$ 为 $\mathscr{R}_E$ 上 μ_E 按 Caratheodory 条件的扩张. 举例说明

$$\mathscr{R}_E^*\neq\mathscr{R}^*\cap E.$$

4. 设 $\mathscr{R}$ 为 X 的某些子集所成的环，μ 为 $\mathscr{R}_\sigma(\mathscr{R})$ 上的测度. 如果 μ 在 $\mathscr{R}$ 上是 σ 有限的，则 μ 在 $\mathscr{R}_\sigma(\mathscr{R})$ 上是 σ 有限的.

举例说明，如果 μ 在 $\mathscr{R}_\sigma(\mathscr{R})$ 上是 σ 有限的，μ 限制到 $\mathscr{R}$ 上不必是 σ 有限的.

5. 设 $\mathscr{R}$ 为 X 某些子集所成的环，μ 为 $\mathscr{R}$ 上的测度. 证明：

(1) μ 零集全体为 $\mathscr{R}$ 的子环.

(2) 如果 $\mathscr{R}$ 为 σ 环,则 μ 零集的全体为 σ 环.

(3) 举例说明 μ 零集全体不必为 σ 环.

(4) 举例说明 $\mathscr{R}$ 虽不为 σ 环,但 μ 零集全体却为 σ 环.

6. 设 $\mathscr{R}$ 为 X 的某些子集所成的 σ 环,μ 为 $\mathscr{R}$ 上的测度. 证明:$\mathscr{H}(\mathscr{R})$上的广义集函数

$$\mu^{**}(E) = \inf\{\mu(F) \mid E \subset F \in \mathscr{R}\}, \quad E \in \mathscr{H}(\mathscr{R})$$

就是外测度 $\mu^*(E)$.

7. 设 $\mathscr{R}$ 为 X 的某些子集所成的环,μ 为 $\mathscr{R}$ 上的测度. 则 $\mathscr{H}(\mathscr{R})$上的集函数

$$\mu_*(E) = \sup\{\mu(F) \mid E \supset F \in \mathscr{R}\}$$

(称 μ_* 为**内测度**)具有下列各性质:

(1) 非负性:$\mu_*(E) \geqslant 0$,特别地,$\mu_*(\varnothing)=0$;

(2) 单调性:若 $E_1,E_2 \in \mathscr{H}(\mathscr{R})$,$E_1 \subset E_2$,则 $\mu_*(E_1) \leqslant \mu_*(E_2)$.

(3) 若 $E \in \mathscr{R}$,则 $\mu_*(E)=\mu(E)$.

(4)若 $E_n \in \mathscr{H}(\mathscr{R})$,$E_i \cap E_j=\varnothing$,$i \neq j$,则

$$\mu_*\left(\bigcup_{n=1}^{m} E_n\right) \geqslant \sum_{n=1}^{m} \mu_*(E_n).$$

进而,如果 $\mathscr{R}$ 为 σ 环,则有

$$\mu_*\left(\bigcup_{n=1}^{\infty} E_n\right) \geqslant \sum_{n=1}^{\infty} \mu_*(E);$$

(5) 对 $E \in \mathscr{R}$,$F \in \mathscr{H}(\mathscr{R})$,有

$$\mu_*(F) = \mu_*(F \cap E) + \mu_*(F-E) = \mu_*(F \cap E) + \mu_*(F \cap E^c).$$

(6) 如果 $\mathscr{R}$ 为 σ 环,则

$$\mu_*(E) \leqslant \mu^*(E), \quad E \in \mathscr{H}(\mathscr{R}).$$

8. 设 $\mathscr{R}$ 为 X 的某些子集所成的代数,μ 为 $\mathscr{R}$ 上的有限测度(即 $\mu(X)<+\infty$),定义

$$\mu_{**}(E) = \mu(X) - \mu^*(X-E), \quad E \in \mathscr{H}(\mathscr{R}).$$

证明:μ_{**} 满足题 7 中 μ_* 的(1)(2)(3)(5)(6)和(4)的第 1 个不等式;如果 $\mathscr{R}$ 为 σ 代数,则 μ_{**} 也满足(4)中第 2 式.

此外,$\mu_{**} \geqslant \mu_*$,并可举出 $\mu_{**} > \mu_*$ 的例子. 如果 $\mathscr{R}$ 为 σ 代数,则 $\mu_{**}=\mu_*$.

9. 设 $\mathscr{R}$ 为 X 的某些子集所成的 σ 代数,μ 为 $\mathscr{R}$ 上的有限测度,对 $E \in \mathscr{H}(\mathscr{R})$,定义

$$\mu_*(E) = \sup\{\mu(F) \mid E \supset F \in \mathscr{R}\}.$$

证明:$\mu^*(E)=\mu_*(E) \Leftrightarrow E \in \mathscr{R}^*$(即 E 为 μ^* 可测集).

举例说明,如果删去条件"有限测度",则 $\mu^*(E)=\mu_*(E) \not\Rightarrow E \in \mathscr{R}^*$.

10. 设 μ 为 σ 环 $\mathscr{R}$ 上的测度,$A,B \in \mathscr{R}^*$(即为 μ^* 可测集),$A \cap B=\varnothing$. 则对 $\forall E \in \mathscr{H}(\mathscr{R})$有

$$\mu^*(E \cap (A \cup B)) = \mu^*(E \cap A) + \mu^*(E \cap B),$$

$$\mu_*(E \cap (A \cup B)) = \mu_*(E \cap A) + \mu_*(E \cap B).$$

2.3 Lebesgue 测度、Lebesgue-Stieltjes 测度

本节将详细论述分析数学中重要的 Lebesgue 测度. 在例 1.3.5 中,记 $\mathscr{P}=\{(a,b] \mid a\leqslant b\}$,则 $\mathscr{R}_0=\mathscr{R}(\mathscr{P})=\left\{\bigcup\limits_{i=1}^{n}(a_i,b_i] \,\middle|\, a_i\leqslant b_i, i=1,2,\cdots,n\right\}$为 $X=\mathbb{R}$ 上的一个环,非 σ 环. 我们先定义集函数

$$\mu=m\colon \mathscr{P}\to\mathbb{R},$$
$$\mu((a,b])=m((a,b])=b-a,$$

它表示区间$(a,b]$的长度. 显然,$\mathscr{P}\subset\mathscr{R}_0$,而且 $\mathscr{R}_0$ 中元素 E 可以分解成 $\mathscr{P}$ 中有限个两两不相交的元素 $E_1,E_2,\cdots,E_n$ 的并集,我们称这种分解为 E 的一个**初等分解**. 显然,初等分解并不是惟一的(见注 1.3.1).

现在将集函数 m 从 $\mathscr{P}$ 延拓到 $\mathscr{R}_0$ 上. 为此,对 $\forall E\in\mathscr{R}_0$ 设 $E=\bigcup\limits_{i=1}^{n}E_i$,$E_i=(a_i,b_i]\in\mathscr{R}$,$E_i$ 互不相交,$i=1,2,\cdots,n$. 这是 E 的一个初等分解. 令

$$m(E)=\sum_{i=1}^{n}m(E_i)=\sum_{i=1}^{n}(b_i-a_i),$$

它是 E 中的所有区间的总长度. 根据下面的引理 2.3.1,$m(E)$的值与 E 的初等分解的方式无关,它由 E 完全确定.

引理 2.3.1 设 $E\in\mathscr{R}_0$,$m(E)$的值只与 E 有关,而与 E 的初等分解的方式无关.

证明 首先,对 $E\in\mathscr{P}$,设

$$E=(a,b]=\bigcup_{i=1}^{n}(a_i,b_i]$$

为$(a,b]$的一个初等分解. 不失一般性,设 $a_1\leqslant a_2\leqslant\cdots\leqslant a_n$. 又因为$(a_i,b_i]$,$i=1,2,\cdots,n$ 是两两不相交的,所以必定有

$$a=a_1\leqslant b_1=a_2\leqslant b_2=a_3\leqslant b_3=\cdots=a_n\leqslant b_n=b.$$

由此

$$\sum_{i=1}^{n}(b_i-a_i)=(b_1-a_1)+(b_2-a_2)+\cdots+(b_n-a_n)=b_n-a_1=b-a.$$

可见,当 $E=(a,b]\in\mathscr{P}$时,所定义的 $m(E)$与 E 的初等分解的方式无关.

其次,对一般的 $E\in\mathscr{R}_0$,设 $E=\bigcup\limits_{i=1}^{n}E_i$,$E=\bigcup\limits_{j=1}^{l}F_j$ 为 E 的两个初等分解,即 $E_i,F_j\in\mathscr{P}$,$i=1,2,\cdots,n$; $j=1,2,\cdots,l$; E_i 彼此不相交,F_j 也彼此不相交. 记 $G_{ij}=E_i\cap F_j$,$i=1,2,\cdots,n$; $j=1,2,\cdots,l$. 显然,$G_{ij}\in\mathscr{R}$. 由于 $E_i=\bigcup\limits_{j=1}^{l}G_{ij}$ 为 E_i 的一个初等分解,而且 $E_i\in\mathscr{P}$,故

$$m(E_i)=\sum_{j=1}^{l}m(G_{ij}),\qquad \sum_{i=1}^{n}m(E_i)=\sum_{i=1}^{n}\sum_{j=1}^{l}m(G_{ij}).$$

同理,由 $F_j=\bigcup_{i=1}^{n}G_{ij}$ 为 F_j 的一个初等分解以及 $F_j\in\mathscr{P}$ 得到

$$\sum_{j=1}^{l}m(F_j)=\sum_{j=1}^{l}\sum_{i=1}^{n}m(G_{ij})=\sum_{i=1}^{n}\sum_{j=1}^{l}m(G_{ij})=\sum_{i=1}^{n}m(E_i).$$

因此,所定义的 $m(E)$ 与 E 的初等分解的方式无关. □

引理 2.3.2 环 $\mathscr{R}_0$ 上的集函数 m 有下列性质:

(1) m 具有限可加性.

(2) 如果 $E_1,E_2,\cdots,E_n\in\mathscr{R}_0$,它们彼此不相交,且 $\bigcup_{i=1}^{n}E_i\subset E$,$E\in\mathscr{R}_0$,则

$$\sum_{i=1}^{n}m(E_i)\leqslant m(E).$$

(3) m 有次有限可加性:如果 $E_1,E_2,\cdots,E_n,E\in\mathscr{R}_0$,且 $E\subset\bigcup_{i=1}^{n}E_i$,则

$$m(E)\leqslant\sum_{i=1}^{n}m(E_i).$$

特别当 $E=\bigcup_{i=1}^{n}E_i$ 时,有

$$m\Big(\bigcup_{i=1}^{n}E_i\Big)\leqslant\sum_{i=1}^{n}m(E_i).$$

(4) m 为环 $\mathscr{R}_0$ 上的一个测度.

证明 (1) 设 $E_1,E_2,\cdots,E_n\in\mathscr{R}_0$ 彼此不相交,记 $E=\bigcup_{i=1}^{n}E_i$,E_i 的初等分解为

$$E_i=\bigcup_{j=1}^{l_i}F_{ij},\quad i=1,2,\cdots,n.$$

由于 $E_1,E_2,\cdots,E_n$ 两两不相交,因此 $F_{ij}(i=1,2,\cdots,n;\ j=1,2,\cdots,l_i)$ 也两两不相交,并且 $E=\bigcup_{i=1}^{n}\bigcup_{j=1}^{l_i}F_{ij}$ 为 E 的一个初等分解,所以

$$m(E)=\sum_{i=1}^{n}\sum_{j=1}^{l_i}m(F_{ij})=\sum_{i=1}^{n}m(E_i).$$

这就证明了 m 的有限可加性.

(2) 记 $E_{n+1}=E-\bigcup_{i=1}^{n}E_i$,这时 $E_1,E_2,\cdots,E_{n+1}$ 两两不相交,且 $E=\bigcup_{i=1}^{n+1}E_i$. 根据 m 的有限可加性(1)和 m 的非负性立即得到

$$m(E)=\sum_{i=1}^{n+1}m(E_i)\geqslant\sum_{i=1}^{n}m(E_i).$$

(3) 首先,由 m 的有限可加性和非负性可知 m 具有单调性:如果 $E,F\in\mathscr{R}_0$,$E\subset F$,则

$$m(F)=m(E\cup(F-E))=m(E)+m(F-E)\geqslant m(E).$$

其次,对于 $E_1,E_2,\cdots,E_n,E\in\mathscr{R}_0$,$E\subset\bigcup\limits_{i=1}^{n}E_i$,记 $F_1=E_1$,$F_i=E_i-\bigcup\limits_{j=1}^{i-1}E_j\,(i=2,3,\cdots,n)$,则 $F_1,F_2,\cdots,F_n$ 两两不交,且 $F_1,F_2,\cdots,F_n\in\mathscr{R}_0$. 因而,$E\cap F_i\in\mathscr{R}_0\,(i=1,2,\cdots,n)$. 显然,$\bigcup\limits_{i=1}^{n}F_i=\bigcup\limits_{i=1}^{n}E_i$,所以

$$E=E\cap\left(\bigcup_{i=1}^{n}E_i\right)=E\cap\left(\bigcup_{i=1}^{n}F_i\right)=\bigcup_{i=1}^{n}(E\cap F_i).$$

根据 m 的有限可加性和单调性,有

$$m(E)=m\left(\bigcup_{i=1}^{n}(E\cap F_i)\right)=\sum_{i=1}^{n}m(E\cap F_i)\leqslant\sum_{i=1}^{n}m(E\cap E_i)\leqslant\sum_{i=1}^{n}m(E_i).$$

(4) 现在,我们来验证 m 为 $\mathscr{R}_0$ 上的一个测度.

$$m(\varnothing)=m((a,a])=a-a=0.$$

非负性:对 $\forall\,E\in\mathscr{R}_0$,$E=\bigcup\limits_{i=1}^{n}(a_i,b_i]$为 E 的一个初等分解. 由于 $a_i\leqslant b_i$,$i=1,2,\cdots,n$,故

$$m(E)=m\left(\bigcup_{i=1}^{n}(a_i,b_i]\right)=\sum_{i=1}^{n}(b_i-a_i)\geqslant 0.$$

可数可加性:设 $E_1,E_2,\cdots,E_n,\cdots$为 $\mathscr{R}_0$ 中的一列两两不交的元素,且 $\bigcup\limits_{i=1}^{\infty}E_i=E\in\mathscr{R}_0$. 根据(2),对 $\forall\,n\in\mathbb{N}$,都有

$$\sum_{i=1}^{n}m(E_i)\leqslant m(E).$$

令 $n\to+\infty$,即得 $\sum\limits_{i=1}^{\infty}m(E_i)\leqslant m(E)$.

为证相反的不等式,设 E 的一个初等分解为 $E=\bigcup\limits_{j=1}^{l}(a_j,b_j]$. 每个 E_i 也有初等分解(有限个不相交的半开半闭区间的并). 因 $E_i\,(i=1,2,\cdots)$为可数个,因此所有$\{E_i\}$分解得到的小区间全体也是可数个,设为$(\alpha_n,\beta_n]\,(n=1,2,\cdots)$. 显然

$$\sum_{i=1}^{\infty}m(E_i)=\sum_{n=1}^{\infty}(\beta_n-\alpha_n).$$

对 $\forall\,\varepsilon>0$(因为 l 固定,不妨要求 $\varepsilon<l(b_j-a_j)$,$j=1,2,\cdots,l$). 作闭区间$\left[a_j+\frac{\varepsilon}{l},b_j\right]$. 又作开区间$\left(\alpha_n,\beta_n+\frac{\varepsilon}{2^n}\right)(n=1,2,\cdots)$,则这列开区间$\left\{\left(\alpha_n,\beta_n+\frac{\varepsilon}{2^n}\right)\middle|\,n\in\mathbb{N}\right\}$覆盖了 E. 因此,它也覆盖了每个闭区间$\left[a_j+\frac{\varepsilon}{l},b_j\right]$. 根据 Heine-Borel 有限覆盖定理,必有有限个开区间

$\left\{\left(\alpha_{n_1},\beta_{n_1}+\frac{\varepsilon}{2^{n_1}}\right),\cdots,\left(\alpha_{n_k},\beta_{n_k}+\frac{\varepsilon}{2^{n_k}}\right)\right\}$覆盖住这些闭区间$\left\{\left[a_j+\frac{\varepsilon}{l},b_j\right]\middle| j=1,2,\cdots,l\right\}$. 因此,便有

$$\bigcup_{j=1}^{l}\left(a_j+\frac{\varepsilon}{l},b_j\right]\subset\bigcup_{i=1}^{k}\left(\alpha_{n_i},\beta_{n_i}+\frac{\varepsilon}{2^{n_i}}\right].$$

但是,$\left(a_j+\frac{\varepsilon}{l},b_j\right]$,$j=1,2,\cdots,l$ 是彼此不相交的,所以由 m 的次有限可加性(3)立即得到

$$\begin{aligned}\sum_{j=1}^{l}\left(b_j-a_j-\frac{\varepsilon}{l}\right)&=m\left(\bigcup_{j=1}^{l}\left(a_j+\frac{\varepsilon}{l},b_j\right]\right)\leqslant\sum_{i=1}^{k}m\left(\left(\alpha_{n_i},\beta_{n_i}+\frac{\varepsilon}{2^{n_i}}\right]\right)\\&=\sum_{i=1}^{k}\left(\beta_{n_i}+\frac{\varepsilon}{2^{n_i}}-\alpha_{n_i}\right)\leqslant\sum_{n=1}^{\infty}(\beta_n-\alpha_n)+\varepsilon,\end{aligned}$$

令 $\varepsilon\to 0^+$ 得到

$$m(E)=\sum_{j=1}^{l}(b_j-a_j)\leqslant\sum_{n=1}^{\infty}(\beta_n-\alpha_n)=\sum_{i=1}^{\infty}m(E_i).$$

综合上述就有

$$m(E)=\sum_{i=1}^{\infty}m(E_i).$$

这就证明了 m 为环 $\mathscr{R}_0$ 上的一个测度. □

对于测度,重要的是要求它具有可数可加性,这就自然要求使测度有意义的集类至少是 σ 环. 细心的读者自然会问:为什么前面讨论的测度 m 是定义在环上,而不直接定义在 σ 环上呢?这是因为由集类 $\mathscr{P}$ 扩张成为 $\mathscr{R}(\mathscr{P})=\mathscr{R}_0$ 的结构远比 $\mathscr{R}_\sigma(\mathscr{R}_0)$ 简单. 所以在 $\mathscr{R}(\mathscr{P})=\mathscr{R}_0$ 上先给出满足可数可加性测度比在 $\mathscr{R}_\sigma(\mathscr{R}_0)$ 上给出满足可数可加性测度要容易得多. 在 $\mathscr{R}_0$ 上给出的 m,只要用 Heine-Borel 有限覆盖定理就能证明 m 在 $\mathscr{R}_0$ 上具有可数可加性. 但连 m 在 $\mathscr{R}_\sigma(\mathscr{R}_0)$ 中的复杂点集上如何定义都极其困难,更不必说证明它具有可数可加性了. 所以,我们先把测度定义在环上. 正如前述环对可数并、可数交、极限运算不封闭,一遇到 $\bigcup_{n=1}^{\infty}E_n$, $\bigcap_{n=1}^{\infty}E_n$, $\lim\limits_{n\to+\infty}E_n$ 就必须预先假设它们属于环 $\mathscr{R}_0$. 为摆脱这种困境,2.1 节告诉我们,先引进 σ 环 $\mathscr{H}(\mathscr{R}_0)$,在 $\mathscr{H}(\mathscr{R}_0)$ 上定义外测度 m^*. 但 m^* 并不具有可数可加性(只具有次可数可加性),它不是 $\mathscr{H}(\mathscr{R}_0)$ 上的测度(参阅注 2.3.2). 为此,将 $\mathscr{H}(\mathscr{R}_0)$ 中满足 Caratheodory 条件的集组成一个集类 $\mathscr{R}_0^*$. 它为 σ 环,m^* 在 $\mathscr{R}_0^*$ 上为一个完全测度,称为 **Lebesgue 测度**. $E\in\mathscr{R}_0^*=\mathscr{L}$ 称为 **m^* 可测集或 L 可测集或 Lebesgue 可测集**. 今后在不发生混淆时,在 $\mathscr{R}_0^*$ 上总仍用 m 表示 m^*.

为使读者更清晰地掌握 Borel 集类 $\mathscr{B}=\mathscr{R}_\sigma(\mathscr{R}_0)$,Lebesgue 可测集类 $\mathscr{L}=\mathscr{R}_0^*$. 下面给出一些 $\mathbb{R}^1$ 中常见的 Borel 集以及它们的 Lebesgue 测度.

例 2.3.1　(1) Borel 集类 $\mathscr{B}=\mathscr{R}_\sigma(\mathscr{R}_0)$ 为 $\mathbb{R}^1$ 上的 σ 代数.

(2) 至多可数集都是 Borel 集,它们的 Lebesgue 测度都为 0.

(3) 区间 $\langle a,b\rangle$(a,b 可取实数,$a<b$;也可取 $a=-\infty,b=+\infty$. $\langle,\rangle$ 表示或为开区间,或为闭区间,或为半开半闭区间,或为半闭半开区间),开集 $G=\bigcup\limits_n(a_n,b_n)$($(a_n,b_n)$ 为 G 的构成区间)都是 Borel 集,并且

$$m(\langle a,b\rangle)=b-a,\quad m(G)=\sum_n(b_n-a_n).$$

(4) 闭集 F 为 Borel 集,当 $F\subset(a,b)$(有限区间)时,有

$$m(F)=m((a,b))-m((a,b)-F)=(b-a)-m((a,b)-F);$$

当 F 为无界闭集时,有

$$m(F)=\lim_{n\to+\infty}m(F\cap[-n,n]).$$

特别当 $F=C$ 为 $[0,1]$ 中的 Cantor 疏朗三分集时,$m(C)=0$.

(5) G_δ 集、F_σ 集、$G_{\delta\sigma}$ 集和 $F_{\sigma\delta}$ 集都是 Borel 集.

证明　(1) 因为 $\mathbb{R}^1=(-\infty,+\infty)=\bigcup\limits_{n\in Z}(n,n+1]\in\mathscr{R}_\sigma(\mathscr{R}_0)=\mathscr{B}$,从而 $\mathscr{B}=\mathscr{R}(\mathscr{R}_0)$ 为 σ 代数.

(2) 因为独点集 $\{a\}=\bigcap\limits_{n=1}^{\infty}\left(a-\dfrac{1}{n},a+\dfrac{1}{n}\right)\in\mathscr{B}$,从而至多可数集属于 σ 代数 $\mathscr{B}$. 由 m 的单调性,有

$$0\leqslant m(\{a\})\leqslant m\left(\left(a-\frac{1}{n},a+\frac{1}{n}\right)\right)=\frac{2}{n}\to0(n\to+\infty),$$

故

$$0\leqslant m(\{a\})\leqslant0,\quad 即\quad m(\{a\})=0.$$

再由测度的可数可加性可知,至多可数集的 Lebesgue 测度为 0.

(3) 如果 a,b 都为有限数,则

$$[a,b]=(a,b]\cup\{a\},$$
$$(a,b)=(a,b]-\{b\},$$
$$[a,b)=(a,b]\cup\{a\}-\{b\}.$$

由 $\mathscr{B}$ 的环性质立知 $\langle a,b\rangle$ 为 Borel 集. 再应用测度的可加性以及独点集的 Lebesgue 测度为 0 就得到 $m(\langle a,b\rangle)=b-a$.

如果 $\langle a,b\rangle$ 的 a,b 中至少有一个是无限. 例如 $a=-\infty$,且

$$\langle a,b\rangle=(-\infty,b]=\bigcup_{n=0}^{\infty}(b-n-1,b-n],$$

则 $(-\infty,b]$ 为 Borel 集. 根据测度的可数可加性得到

$$m((a,b])=m((-\infty,b])=m\left(\bigcup_{n=0}^{\infty}(b-n-1,b-n]\right)$$

$$= \sum_{n=0}^{\infty} m((b-n-1, b-n])$$

$$= \sum_{n=0}^{\infty} 1 = +\infty = b - (-\infty) = b - a.$$

类似可证其他无限区间的情形.

根据 $\mathscr{B}$ 为 σ 环及 $(a_n, b_n) \in \mathscr{B}$ 知, $G = \bigcup_n (a_n, b_n) \in \mathscr{B}$. 再由测度的可数可加性得到

$$m(G) = m\left(\bigcup_n (a_n, b_n)\right) = \sum_n m((a_n, b_n)) = \sum_n (b_n - a_n).$$

(4) 如果 F 为闭集,由于开集 $\mathbb{R}^1 - F \in \mathscr{B}$ 和 $\mathscr{B}$ 为代数,所以, $F = \mathbb{R}^1 - (\mathbb{R}^1 - F) \in \mathscr{B}$.

当 $F \subset (a,b)$(有限区间),由于

$$(a,b) - F = (a,b) \cap F^c$$

为开集,根据定理 2.1.1(3),有

$$\begin{aligned} m(F) &= m((a,b) - ((a,b) - F)) \\ &= m((a,b)) - m((a,b) - F) \\ &= (b-a) - m((a,b) - F). \end{aligned}$$

当 F 为无界闭集时,则对 $\forall n \in \mathbb{N}$, $F \cap [-n, n] \subset F \cap [-(n+1), n+1]$,且 $F = \lim_{n \to +\infty} F \cap [-n, n]$. 应用定理 2.1.1(5),就有

$$m(F) = m(\lim_{n \to +\infty} F \cap [-n, n]) = \lim_{n \to +\infty} m(F \cap [-n, n]).$$

最后,由例 1.6.3(1)和(5)知,闭集 $C \in \mathscr{B}$,且 $m(C) = 0$.

(5) 由 $\mathscr{B} = \mathscr{R}_\sigma(\mathscr{R}_0) = \mathscr{A}_\sigma(\mathscr{R}_0) = \mathscr{A}_\sigma(\mathscr{T})$ 为 σ 代数以及定理 1.3.2 立即推得 G_δ 集、F_σ 集、$G_{\delta\sigma}$ 集和 $F_{\sigma\delta}$ 集都是 Borel 集. □

由定理 2.2.4, $\mathscr{R}_0^* = \mathscr{R}_\sigma(\mathscr{R}_0 \cup \mathscr{N}_{m^*}) = \mathscr{R}_\sigma(\mathscr{R}_\sigma(\mathscr{R}_0) \cup \mathscr{N}_{m^*}) = \mathscr{R}_\sigma(\mathscr{B} \cup \mathscr{N}_{m^*})$,即 $\mathscr{R}_0^*$ 完全由 Borel 集类 $\mathscr{B} = \mathscr{R}_\sigma(\mathscr{R}_0)$ 和 m^* 零集所成的集类 $\mathscr{N}_{m^*}$ 所完全刻画. 从理论上讲,这已经表达得很完美了. 但要了解清楚所有 Borel 集绝非一件易事. 因此,我们宁可用 $\mathscr{B} = \mathscr{R}_\sigma(\mathscr{R}_0)$ 中的开集、闭集、G_δ 集和 F_σ 集来刻画 Lebesgue 可测集(即 $\mathscr{R}_0^*$ 中的元).

引理 2.3.3 $\mathscr{H}(\mathscr{R}_0) = \left\{ E \mid E \subset \mathbb{R}^1, \exists E_i \in \mathscr{R}_0, \text{s. t. } E \subset \bigcup_{i=1}^{\infty} E_i \right\}$ 为 $\mathbb{R}^1$ 中一切子集所构成的集类,且

$$\begin{aligned} m^*(E) &\overset{\text{def}}{=} \inf\left\{ \sum_{i=1}^{\infty} m(E_i) \mid E_i \in \mathscr{R}_0, \text{且 } E \subset \bigcup_{i=1}^{\infty} E_i \right\} \\ &= \inf\{ m(G) \mid E \subset G, G \text{ 为开集} \}. \end{aligned}$$

证明 $\forall E \subset \mathbb{R}^1$,由于 $E \subset \bigcup_{n \in \mathbb{Z}} (n, n+1]$,而 $(n, n+1] \in \mathscr{R}_0$,故 $E \in \mathscr{H}(\mathscr{R}_0)$,即 $\mathscr{H}(\mathscr{R}_0)$ 为 $\mathbb{R}^1$ 中一切子集所成的集类. 对任何含 E 的开集 G,根据 m^* 的单调性,有

$$m^*(E) \leqslant m^*(G) = m(G),$$

所以

$$m^*(E) \leqslant \inf\{m(G) \mid E \subset G, G\text{ 为开集}\}.$$

再证相反的不等式. 如果 $m^*(E)=+\infty$,不等式显然成立; 如果 $m^*(E)<+\infty$,对 $\forall \varepsilon>0$,由 m^* 的定义,$\exists E_i \in \mathscr{R}_0$, s. t. $E \subset \bigcup\limits_{i=1}^{\infty} E_i$,而且

$$\sum_{i=1}^{\infty} m(E_i) < m^*(E)+\varepsilon.$$

每个 E_i 有初等分解 $E_i=\bigcup\limits_{j=1}^{n_i} E_i^j$, $m(E_i)=\sum\limits_{j=1}^{n_i} m(E_i^j)$,所以

$$\sum_{i=1}^{\infty} \sum_{j=1}^{n_i} m(E_i^j)=\sum_{i=1}^{\infty} m(E_i)<m^*(E)+\varepsilon.$$

因为 $E_i^j(i=1,2,\cdots;\ j=1,2,\cdots,n_i)$为可数个,重新记为$(a_n,b_n]$. 于是,上面的不等式就是

$$\sum_{n=1}^{\infty}(b_n-a_n)<m^*(E)+\varepsilon.$$

取开集 $G_\varepsilon=\bigcup\limits_{n=1}^{\infty}\left(a_n, b_n+\frac{\varepsilon}{2^n}\right)$. 显然

$$G_\varepsilon \supset \bigcup_{n=1}^{\infty}(a_n, b_n]=\bigcup_{n=1}^{\infty} \bigcup_{j=1}^{n_i} E_i^j=\bigcup_{i=1}^{\infty} E_i \supset E.$$

根据测度的次可数可加性,有

$$\begin{aligned} m(G_\varepsilon) &= m\left(\bigcup_{n=1}^{\infty}\left(a_n, b_n+\frac{\varepsilon}{2^n}\right)\right) \leqslant \sum_{n=1}^{\infty} m\left(\left(a_n, b_n+\frac{\varepsilon}{2^n}\right)\right) \\ &= \sum_{n=1}^{\infty}\left(b_n+\frac{\varepsilon}{2^n}-a_n\right)=\sum_{n=1}^{\infty}(b_n-a_n)+\varepsilon \\ &< m^*(E)+2\varepsilon. \end{aligned}$$

由此即知

$$\inf\{m(G) \mid E \subset G, G\text{ 为开集}\} \leqslant m(G_\varepsilon)<m^*(E)+2\varepsilon.$$

令 $\varepsilon \to 0^+$ 得到

$$\inf\{m(G) \mid E \subset G, G\text{ 为开集}\} \leqslant m^*(E).$$

综合上述,有

$$m^*(E)=\inf\{m(G) \mid E \subset G, G\text{ 为开集}\}.$$

□

例 2.3.2 设 A,B,C 为$\mathbb{R}^n$ 中的点集.

(1) 如果 $m^*(A)=0$,则 $m^*(A \cup B)=m^*(B)$.

(2) 如果 $m^*(A), m^*(B)<+\infty$. 证明:

$$|m^*(A)-m^*(B)| \leqslant m^*(A \triangle B).$$

(3) 设 $m^*(A \triangle B)=0, m^*(B \triangle C)=0$. 证明:

$$m^*(A\triangle C)=0.$$

证明 (1) 因为

$$m^*(B)\leqslant m^*(A\cup B)\leqslant m^*(A)+m^*(B)=m^*(B),$$

所以

$$m^*(A\cup B)=m^*(B).$$

(2) 因为

$$A\subset B\cup(A\triangle B),$$

所以

$$m^*(A)\leqslant m^*(B\cup(A\triangle B))\leqslant m^*(B)+m^*(A\triangle B),$$

同理

$$m^*(B)\leqslant m^*(A)+m^*(A\triangle B).$$

因此

$$|m^*(A)-m^*(B)|\leqslant m^*(A\triangle B).$$

(3) 因为 $A\triangle C\subset(A\triangle B)\cup(B\triangle C)$，所以

$$0\leqslant m^*(A\triangle C)\leqslant m^*(A\triangle B)+m^*(B\triangle C)=0+0=0,$$

故 $m^*(A\triangle C)=0$. □

定理 2.3.1(Lebesgue 可测集的充要条件) 设 $E\subset\mathbb{R}^1$(即 $E\in\mathscr{H}(\mathscr{R}_0)$).

(1) E 为 Lebesgue 可测集(即 $E\in\mathscr{L}=\mathscr{R}_0^*$).

$\Leftrightarrow$(2) 对 $\forall\varepsilon>0$，存在开集 $G\supset E$，s. t. $m^*(G-E)<\varepsilon$.

$\Leftrightarrow$(3) 对 $\forall\varepsilon>0$，存在闭集 $F\subset E$，s. t. $m^*(E-F)<\varepsilon$.

$\Leftrightarrow$(4) 存在 G_δ 集 $H\supset E$，s. t. $m^*(H-E)=0$(从而 $m^*(H)=m^*(E)$).

$\Leftrightarrow$(5) 存在 F_σ 集 $K\subset E$，s. t. $m^*(E-K)=0$(从而 $m^*(K)=m^*(E)$).

$\Leftrightarrow$(6) 存在 G_δ 集 H 和 F_σ 集 K，s. t. $K\subset E\subset H$，且

$$m^*(H-E)=m^*(E-K)=m^*(H-K)=0$$

(从而 $m^*(H)=m^*(E)=m^*(K)$).

证明 (1)$\Rightarrow$(2)设 $E\in\mathscr{L}=\mathscr{R}_0^*$. 如果 $m^*(E)<+\infty$，由引理 2.3.3，必有开集 $G\supset E$，s. t. $m(G)<m^*(E)+\varepsilon$. 由 m^* 在 $\mathscr{L}=\mathscr{R}_0^*$ 上的可加性得到

$$m^*(G-E)+m^*(E)=m^*(G)=m(G)<m^*(E)+\varepsilon,$$

从而得 $m^*(G-E)<\varepsilon$.

如果 $m^*(E)=+\infty$. 记 $E_k=E\cap(-k,k)$. 由上述必有开集 $G_k\supset E_k$ 且 $m^*(G_k-E_k)<\frac{\varepsilon}{2^k}$. 此时，开集 $G=\bigcup\limits_{k=1}^{\infty}G_k\supset\bigcup\limits_{k=1}^{\infty}E_k=\bigcup\limits_{k=1}^{\infty}E\cap(-k,k)=E$，且

$$G-E=\bigcup_{k=1}^{\infty}G_k-\bigcup_{k=1}^{\infty}E_k\subset\bigcup_{k=1}^{\infty}(G_k-E_k),$$

所以由 m^* 的单调性和次可数可加性，有

$$m^*(G-E)\leqslant m^*\left(\bigcup_{k=1}^{\infty}(G_k-E_k)\right)\leqslant\sum_{k=1}^{\infty}m^*(G_k-E_k)<\sum_{k=1}^{\infty}\frac{\varepsilon}{2^k}=\varepsilon.$$

(1)⇐(2) 设 E 满足(2)中条件，则对 $\forall k\in\mathbb{N}$，有开集 $G_k\supset E$，s. t. $m^*(G_k-E)<\frac{1}{k}$. 记 $H=\bigcap\limits_{k=1}^{\infty}G_k$ 就有 $H\in\mathscr{R}_\sigma(\mathscr{R}_0)\subset\mathscr{R}_0^*=\mathscr{L}$. 显然，$H=\bigcap\limits_{k=1}^{\infty}G_k\supset E$. 由 m^* 的单调性得到

$$0\leqslant m^*(H-E)\leqslant m^*(G_k-E)<\frac{1}{k}\to 0\quad(k\to+\infty),$$

故 $0\leqslant m^*(H-E)\leqslant 0$，即 $m^*(H-E)=0$.
根据引理 2.1.3，$H-E\in\mathscr{L}=\mathscr{R}_0^*$. 再由 $H\supset E$ 立知，$E=H-(H-E)\in\mathscr{L}=\mathscr{R}_0^*$.

(1)⇒(3) 设 $E\in\mathscr{L}=\mathscr{R}_0^*$，则 $E^c=\mathbb{R}^1-E\in\mathscr{L}=\mathscr{R}_0^*$. 由(1)⇒(2)，必有开集 $G\supset E^c$，s. t. $m^*(G-E^c)<\varepsilon$. 记 $F=G^c=\mathbb{R}^1-G$，它为闭集. 又因 $G\supset E^c$，故 $F=G^c\subset E$，且从

$$G-E^c=G\cap E=E\cap G=E-G^c=E-F,$$

就得到

$$m^*(E-F)=m^*(G-E^c)<\varepsilon.$$

(1)⇐(3) 设 E 满足(3)中的条件，则对 $\forall\varepsilon>0$，有闭集 $F\subset E$，s. t. $m^*(E-F)<\varepsilon$. 于是，开集 $F^c\supset E^c$，且

$$F^c-E^c=F^c\cap(E^c)^c=F^c\cap E=E\cap F^c=E-F,$$
$$m^*(F^c-E^c)=m^*(E-F)<\varepsilon.$$

根据(2)⇒(1)有 $E^c\in\mathscr{L}=\mathscr{R}_0^*$，从而 $E\in\mathscr{L}=\mathscr{R}_0^*$.

(2)⇒(4) 对 $\forall k\in\mathbb{N}$，由(2)知，存在开集 $G_k\supset E$，s. t. $m^*(G_k-E)<\frac{1}{k}$. 记 $H=\bigcap\limits_{k=1}^{\infty}G_k$，则 H 为 G_δ 集，且 $H=\bigcap\limits_{k=1}^{\infty}G_k\supset E$. 因为

$$0\leqslant m^*(H-E)\leqslant m^*(G_k-E)<\frac{1}{k}\to 0\quad(k\to+\infty),$$

故

$$0\leqslant m^*(H-E)\leqslant 0,\quad 即\ m^*(H-E)=0.$$

又由 m^* 的次可加性，有

$$m^*(H)\leqslant m^*(E)+m^*(H-E)=m^*(E)+0=m^*(E)\leqslant m^*(H),$$

所以 $m^*(H)=m^*(E)$.

(3)⇒(5)对 $\forall k\in\mathbb{N}$，由(3)知，存在闭集 $F_k\subset E$，s. t. $m^*(E-F_k)<\frac{1}{k}$. 记 $K=\bigcup\limits_{k=1}^{\infty}F_k$，则 K 为 F_σ 集，且 $K=\bigcup\limits_{k=1}^{\infty}F_k\subset E$. 因为

$$0\leqslant m^*(E-K)\leqslant m^*(E-F_k)<\frac{1}{k}\to 0\quad(k\to+\infty),$$

故

$$0 \leqslant m^*(E-K) \leqslant 0, \quad \text{即 } m^*(E-K)=0.$$

又由 m^* 的次可加性,有

$$m^*(E) \leqslant m^*(K)+m^*(E-K)=m^*(K)+0=m^*(K) \leqslant m^*(E),$$

故 $m^*(K)=m^*(E)$.

(1)$\Leftarrow$(5) 因为 $m^*(E-K)=0$,根据引理 2.1.3 知 $E-K\in\mathscr{L}=\mathscr{R}_0^*$. 再由 F_σ 集 $K\in\mathscr{L}=\mathscr{R}_0^*$ 和 $K\subset E$ 得到 $E=K\cup(E-K)\in\mathscr{L}=\mathscr{R}_0^*$.

(1)$\Leftarrow$(4) 因为 $m^*(H-E)=0$,根据引理 2.1.3 知,$H-E\in\mathscr{L}=\mathscr{R}_0^*$. 再由 G_δ 集 $H\in\mathscr{L}=\mathscr{R}_0^*$ 和 $H\supset E$ 得到 $E=H-(H-E)\in\mathscr{L}=\mathscr{R}_0^*$.

(1)$\Leftrightarrow$(6) 显然,$(1)\begin{matrix}\nearrow(4)\\ \searrow(5)\end{matrix}\Bigg\}\Rightarrow(6)\Rightarrow(5)\Rightarrow(1)$. □

推论 2.3.1 设 $E\subset\mathbb{R}^1$(即 $E\in\mathscr{H}(\mathscr{R}_0)$),则存在包含 E 的 G_δ 集 H, s. t. $m^*(H)=m^*(E)$,即 H 为 E 的一个等测包(Lebesgue 可测集 $H\supset E$,且 $m^*(H)=m^*(E)$,则称 H 为 E 的**等测包**).

证明 对 $\forall k\in\mathbb{N}$,由引理 2.3.3,存在开集 $G_k\supset E$, s. t.

$$m(G_k)\leqslant m^*(E)+\frac{1}{k}.$$

作集合 $H=\bigcap\limits_{k=1}^{\infty}G_k$,则 H 为 G_δ 集,且 $H\supset E$. 因为

$$m^*(E)\leqslant m^*(H)=m^*\left(\bigcap_{k=1}^{\infty}G_k\right)\leqslant m^*(G_k)\leqslant m^*(E)+\frac{1}{k}\to m^*(E)\quad(k\to+\infty),$$

故

$$m^*(E)\leqslant m^*(H)\leqslant m^*(E),\quad \text{即 } m^*(H)=m^*(E).$$ □

推论 2.3.2 任何 Lebesgue 可测集 E 必为某个 Borel 集与 Lebesgue m^* 零集的并集;同时它又是一个 Borel 集与 Lebesgue m^* 零集的差集.

证明 因为 G_δ 集和 F_σ 集都是 Borel 集,再根据定理 2.3.1 中(6)立即得到结论. 或者从定理 2.2.3 中(2)与(3)导出本推论. □

注 2.3.1 推论 2.3.1 中 E 未必为 Lebesgue 可测集,$m^*(H-E)$ 也未必等于 0. 容易看出,如果 Lebesgue 可测集 $H\supset E$,并且 $m^*(H-E)=0$,则由引理 2.1.3 知,$H-E\in\mathscr{L}=\mathscr{R}_0^*$. 因此,$E=H-(H-E)\in\mathscr{L}=\mathscr{R}_0^*$. 此时,由

$$m^*(E)\leqslant m^*(H)=m^*(E)+m^*(H-E)=m^*(E)+0=m^*(E),$$

得

$$m^*(H)=m^*(E),$$

即 H 为 E 的一个等测包; 反之,如果 H 为 E 的等测包,$m^*(E)<+\infty$,且 E 为 Lebesgue 可测集,则

$$m^*(E) = m^*(H) = m^*(E) + m^*(H-E) \geqslant m^*(E),$$

故

$$m^*(E) + m^*(H-E) = m^*(E), \quad \text{即 } m^*(H-E) = 0;$$

如果 H 为 E 的等测包，$m^*(E)=+\infty$，且 E 为 Lebesgue 可测集，则未必有 $m^*(H-E)=0$.

反例 2.3.3 $E=(-\infty,0)$，$H=(-\infty,1)$，则 $m^*(H)=+\infty=m^*(E)$，$E\subset H$，但 $m^*(H-E)=m^*([0,1))=1\neq 0$.

如果 H 为 E 的等测包，E 为 Lebesgue 不可测集(即 $E\notin \mathscr{R}_0^*=\mathscr{L}$ 或 $E\in \mathscr{H}(\mathscr{R}_0)-\mathscr{R}_0^*$)，则必有 $m^*(H-E)>0$.(反证)假设 $m^*(H-E)\leqslant 0$，由 $m^*(H-E)\geqslant 0$ 推得 $m^*(H-E)=0$. 根据引理 2.1.3 知，$H-E\in \mathscr{L}=\mathscr{R}_0^*$，从而 $E=H-(H-E)\in \mathscr{L}=\mathscr{R}_0^*$，这与 $E\notin \mathscr{L}=\mathscr{R}_0^*$ 相矛盾.

至今已经证明 Borel 集类 $\mathscr{B}=\mathscr{R}_\sigma(\mathscr{R}_0)$，Lebesgue 可测集类 $\mathscr{L}=\mathscr{R}_0^*$，以及 $\mathscr{H}(\mathscr{R}_0)$($\mathbb{R}^1$ 上的一切子集所成的类)都是 σ 代数，且有

$$\mathscr{B} = \mathscr{R}_\sigma(\mathscr{R}_0) \subset \mathscr{L} = \mathscr{R}_0^* \subset \mathscr{H}(\mathscr{R}_0) = 2^{\mathbb{R}^1}.$$

但有一个问题尚未清楚，那就是

$$\mathscr{B} \subsetneqq \mathscr{L} \subsetneqq \mathscr{H}(\mathscr{R}_0)$$

是否成立？回答是肯定的. 也就是必须说明非 Borel 集的 Lebesgue 可测集和 Lebesgue 不可测集都是存在的.

定理 2.3.2 $\overline{\overline{\mathscr{L}}}=\overline{\overline{\mathscr{R}_0^*}}=2^{\aleph}>\aleph=\overline{\overline{\mathscr{R}_\sigma(\mathscr{R}_0)}}=\overline{\overline{\mathscr{B}}}$. 由此推得：必有非 Borel 集的 Lebesgue 可测集.

证明 根据定理 1.2.4，有 $2^{\aleph}>\aleph$. 再根据定理 1.4.6 知，$\overline{\overline{\mathscr{B}}}=\overline{\overline{\mathscr{R}_\sigma(\mathscr{R}_0)}}=\aleph$. 因此，只须证明 $\overline{\overline{\mathscr{L}}}=\overline{\overline{\mathscr{R}_0^*}}=2^{\aleph}$.

显然

$$\overline{\overline{\mathscr{L}}} = \overline{\overline{\mathscr{R}_0^*}} \leqslant \overline{\overline{2^{\mathbb{R}^1}}} = 2^{\aleph}.$$

另一方面，例 1.6.3 指出[0,1]中的 Cantor 疏朗三分集 C，有 $m^*(C)=0$. 因此，对 $\forall E\subset C$，必有 $m^*(E)=0$，$E\in \mathscr{L}=\mathscr{R}_0^*$. 于是，由例 1.6.3(4)，$\overline{\overline{C}}=\aleph$，有

$$\overline{\overline{\mathscr{L}}} = \overline{\overline{\mathscr{R}_0^*}} \geqslant \overline{\overline{\{E \mid E \subset C\}}} = \overline{\overline{2^C}} = 2^{\aleph}.$$

根据 Cantor-Bernstein 定理 1.2.5，$\overline{\overline{\mathscr{L}}}=\overline{\overline{\mathscr{R}_0^*}}=2^{\aleph}$. □

定理 2.3.2 表明 Lebesgue 可测集要比 Borel 可测集多得多！可是要想给出一个具体的非 Borel 集的 Lebesgue 可测集的例子却远比“证明”要困难得多！前苏联学者 H. H. Лузин(鲁津)、Л. С. Апексdнлров(阿列克塞德洛夫)以及 М. Я. Суслин(苏斯林)等在深入研究 Borel 集类(它与连续性有深刻的联系)结构的基础上发现了比 Borel 集类广泛得多的 $\mathscr{A}$ 集类(它借助于 $\mathscr{A}$ 运算产生的)——也称为 Суслин 集类. 而每个 $\mathscr{A}$ 集都是 Lebesgue 可测集. $\mathscr{A}$ 集类中包含着所有的 Borel 集. $\mathscr{A}$ 运算的定义开始是很复杂的，后来 Лузин 给出了 $\mathscr{A}$

集类许多比较简便的等价定义. 近来 Суслин 集在算子代数理论中也有所讨论.

值得注意的是,定理 2.3.2 的证明并没有具体给出非 Borel 集的 Lebesgue 可测集的例子. 下面定理 2.3.2′中的证法 2 与证法 3 都具体构造了这样的例子.

定理 2.3.2′ 必有非 Borel 集的 Lebesgue 可测集.

证明 证法 1 见定理 2.3.2 的证明.

证法 2 设闭区间$[0,1]\subset\mathbb{R}^1$,$\Phi(x)$为$[0,1]$上的 Cantor 函数(见例 1.6.4),它是单调增的连续函数,且$\Phi(0)=0,\Phi(1)=1$. 令

$$\theta(x)=\frac{1}{2}[x+\Phi(x)],\quad x\in[0,1].$$

显然,θ为$[0,1]$上严格增的连续函数,且$\theta(0)=0,\theta(1)=1$. 于是,应用反证法和连续函数的介值定理易证θ^{-1}也为严格增的连续函数. 现在取 Lebesgue 测度为零的 Cantor 疏朗三分集$C\subset[0,1]$. 并考虑构造 Cantor 疏朗三分集过程中每步挖掉的中央开区间 $I_k^n(n=1,2,\cdots;k=1,2,\cdots,2^{n-1})$,其长度为$m(I_k^n)=\frac{1}{3^n}$,则$\theta(I_k^n)$是长度为$m(I_k^n)/2$的开区间(由于$\Phi(x)$在$I_k^n$上为常值),从而($\mathscr{R}_0^*$ 上的 m^* 为测度,简记为 m)

$$m\left(\theta\left(\bigcup_{n=1}^{\infty}\bigcup_{k=1}^{2^{n-1}}I_k^n\right)\right)=\frac{1}{2}.$$

如果令 $H=\theta(C)$,则

$$\begin{aligned}m(H)=m(\theta(C))&=m\left([0,1]-\theta\left(\bigcup_{n=1}^{\infty}\bigcup_{k=1}^{2^{n-1}}I_k^n\right)\right)\\&=m([0,1])-m\left(\theta\left(\bigcup_{n=1}^{\infty}\bigcup_{k=1}^{2^{n-1}}I_k^n\right)\right)\\&=1-\frac{1}{2}=\frac{1}{2}.\end{aligned}$$

取 $W\subset H$ 为 Lebesgue 不可测集(见下面的定理 2.3.3),并且由于$\theta^{-1}(W)\subset C,m^*(C)=0$,故$m^*(\theta^{-1}(W))=0$,根据引理 2.1.3,$\theta^{-1}(W)$为 Lebesgue 可测集,但它不是 Borel 集!(否则由下面的引理 2.3.5 立知,$(\theta^{-1})^{-1}(\theta^{-1}(W))=\theta(\theta^{-1}(W))=W$ 也为 Borel 集,从而它为 Lebesgue 可测集,这与 W 为 Lebesgue 不可测集相矛盾).

证法 3 设 C_p 为注 1.6.4 中的类 Cantor 疏朗三分集,取 $0<p<\frac{1}{3}$,则 $1>m(C_p)>0$,$A\subset C_p$ 为 Lebesgue 不可测集(见定理 2.3.3)根据下面的引理 2.3.6,知

$$f:[0,1]\to[0,1],$$
$$x\mapsto f(x)=\frac{m([0,x]\cap([0,1]-C_p))}{m([0,1]-C_p)}$$

为同胚映射(即 f 与 f^{-1} 都为一一连续映射),且 $m(f(C_p))=0$. 由于 $f(A)\subset f(C_p)$,故 $f(A)$为 Lebesgue 可测集,且 $m(f(A))=0$. 但 $f(A)$绝非 Borel 集.(反证)假设 $f(A)$为

Borel 集，则由引理 2.3.5 知，A 也为 Borel 集，从而为 Lebesgue 可测集，这与 A 为 Lebesgue 不可测集相矛盾. □

引理 2.3.4　设 $\mathscr{A}$ 为非空集合 X 中某些子集所成的 σ 代数，$f\colon X\to\mathbb{R}$ 为实函数. 则

$$\widetilde{\mathscr{A}}=\{A\subset\mathbb{R}\mid f^{-1}(A)\in\mathscr{A}\}$$

也为 σ 代数.

证明　因为 $f^{-1}(\mathbb{R})=X\in\mathscr{A}$，所以 $\mathbb{R}\in\widetilde{\mathscr{A}}$. 此外，如果 $A,B\in\widetilde{\mathscr{A}}$，即 $f^{-1}(A)$，$f^{-1}(B)\in\mathscr{A}$. 由于 $\mathscr{A}$ 为 σ 代数，则

$$f^{-1}(A-B)=f^{-1}(A)-f^{-1}(B)\in\mathscr{A},$$

即 $A-B\in\widetilde{\mathscr{A}}$.

设 $A_n\in\widetilde{\mathscr{A}}$，即 $f^{-1}(A_n)\in\mathscr{A}$，由 $\mathscr{A}$ 为 σ 代数推得

$$f^{-1}\left(\bigcup_{n=1}^{\infty}A_n\right)=\bigcup_{n=1}^{\infty}f^{-1}(A_n)\in\mathscr{A}.$$

因此，$\bigcup\limits_{n=1}^{\infty}A_n\in\widetilde{\mathscr{A}}$.

综合上述 $\widetilde{\mathscr{A}}$ 为 σ 代数. □

引理 2.3.5　设 $f\colon\mathbb{R}\to\mathbb{R}$ 为连续函数，若 $A\in\mathscr{B}=\mathscr{R}_\sigma(\mathscr{R}_0)$（即 A 为 Borel 集），则 $f^{-1}(A)\in\mathscr{B}=\mathscr{R}_\sigma(\mathscr{R}_0)$（即 $f^{-1}(A)$ 也为 Borel 集）.

证明　因为 Borel 集类 $\mathscr{B}=\mathscr{R}_\sigma(\mathscr{R}_0)=\mathscr{R}_\sigma(\mathscr{T})$ 为 σ 代数，它是含 $\mathscr{R}_0$ 或 $\mathscr{T}$（$\mathbb{R}$ 上的开集族）的最小 σ 代数. 如果 $G\subset\mathbb{R}$ 为开集，根据 f 连续知 $f^{-1}(G)\subset\mathbb{R}$ 也为开集. 因此，若令

$$\mathscr{A}=\{A\subset\mathbb{R}\mid f^{-1}(A)\in\mathscr{B}=\mathscr{R}_\sigma(\mathscr{R}_0)\},$$

由于 $f^{-1}(G)\in\mathscr{B}=\mathscr{R}_\sigma(\mathscr{R}_0)=\mathscr{R}_\sigma(\mathscr{T})$，故 $G\in\mathscr{A}$. 引理 2.3.4 指出 $\mathscr{A}$ 为 σ 代数，且 $\mathscr{T}\subset\mathscr{A}$. 从而，$\mathscr{B}=\mathscr{R}_\sigma(\mathscr{R}_0)=\mathscr{R}_\sigma(\mathscr{T})\subset\mathscr{A}$. 这就证明了若 $A\in\mathscr{B}=\mathscr{R}_\sigma(\mathscr{R}_0)\subset\mathscr{A}$，则 $f^{-1}(A)\in\mathscr{B}=\mathscr{R}_\sigma(\mathscr{R}_0)$. □

引理 2.3.6　设 $C_p\subset[0,1]$ 为类 Cantor 疏朗三分集，$0\leqslant m(C_p)<1$，则存在一个同胚映射 $f\colon[0,1]\to[0,1]$，s. t. $m(f(C_p))=0$.

证明　令

$$f(x)=\frac{m([0,x]\cap([0,1]-C_p))}{m([0,1]-C_p)},\quad x\in[0,1].$$

易见，$f(0)=0$，$f(1)=1$，且 $f\colon[0,1]\to[0,1]$ 为严格增的连续函数. 因此，它是一个同胚映射.

设 $[0,1]-C_p=\bigcup\limits_{n=1}^{\infty}(\alpha_n,\beta_n)$，其中 (α_n,β_n)，$n=1,2,\cdots$ 为 $[0,1]-C_p$ 的构成区间. 从而

$$m([0,1]-C_p)=\sum_{n=1}^{\infty}(\beta_n-\alpha_n).$$

又因

$$f(\beta_n)-f(\alpha_n)=\frac{m([0,\beta_n]\cap([0,1]-C_p))-m([0,\alpha_n]\cap([0,1]-C_p))}{m([0,1]-C_p)}$$
$$=\frac{\beta_n-\alpha_n}{m([0,1]-C_p)},$$

所以

$$m(f([0,1]-C_p))=\sum_{n=1}^{\infty}[f(\beta_n)-f(\alpha_n)]=\frac{\sum\limits_{n=1}^{\infty}(\beta_n-\alpha_n)}{m([0,1]-C_p)}=1,$$
$$\begin{aligned}m(f(C_p))&=m(f([0,1])-f([0,1]-C_p))\\&=m(f([0,1]))-m(f([0,1]-C_p))\\&=m([0,1])-1=1-1=0.\end{aligned}$$
□

例 2.3.4 举例:

(1) 两个同胚的完全的疏朗三分集,其中一个 Lebesgue 测度为零,而另一个 Lebesgue 测度可大于零.

(2) 同胚映射可将 Lebesgue 不可测集映为 Lebesgue 可测集;同胚映射可将 Lebesgue 可测集映为 Lebesgue 不可测集.

(3) Lebesgue 测度为零的 Borel 集,可含非 Borel 集.

解 (1) 在引理 2.3.6 中,由于同胚映射 f 将区间映为区间,故 $f(C_p)$ 也为完全疏朗三分集.因为引理 2.3.6 中的 C_p 与 $f(C_p)$ 为两个同胚的完全疏朗三分集.而 C_p 的 Lebesgue 测度大于零,$f(C_p)$ 的 Lebesgue 测度为零.

(2) 定理 2.3.2′证法 3 表明同胚映射 f 将 Lebesgue 不可测集 A 映为 Lebesgue 可测集 $f(A)$;反之,同胚映射 f^{-1} 将 Lebesgue 可测集 $f(A)$ 映为 Lebesgue 不可测集 A.

(3) 定理 2.3.2′证法 3 还表明 $f(A)\subset f(C_p)$ 为非 Borel 集,而 $m(f(C_p))=0$ 和 $f(C_p)$ 仍为 Borel 集,则 $f(C_p)$ 为 Lebesgue 测度为零的 Borel 集. □

定理 2.3.3 设 $E\subset\mathbb{R}$,$E\in\mathscr{L}=\mathscr{R}_0^*$,$m(E)>0$,则存在 Lebesgue 不可测集 $A\subset E$.

证明 证法 1 因为 $m(E)>0$,所以 $\exists\, a,b\in\mathbb{R}$,$a<b$, s. t. $m(E\cap[a,b])>0$. 不失一般性,可设 $E\subset\left[-\frac{1}{2},\frac{1}{2}\right]$,$m(E)>0$,将 E 中所有点作如下分类:

$$x\sim y\Leftrightarrow x-y\in\mathbb{Q}.$$

显然,$\sim$ 为 E 上的一个等价关系(即(1)$x\sim x$;(2)若 $x\sim y$,则 $y\sim x$;(3)若 $x\sim y$,$y\sim z$,则 $x\sim z$).令 $x\in E$ 的等价类为

$$[x]=\{y\in E\mid y\sim x\}=\{y\in E\mid y-x\in\mathbb{Q}\}.$$

显然,$x\in[x]\subset E$.

其次,若 $\exists\, z\in[x]\cap[y]$,则必有 $r_x,r_y\in\mathbb{Q}$, s. t.

$$z=x+r_x=y+r_y,$$

故得

$$y = x + (r_x - r_y).$$

如果 $t \in [y]$,则 $\exists r \in \mathbb{Q}$, s. t. $t = y + r = x + (r_x - r_y + r) \in [x]$,故 $[y] \subset [x]$; 同理, $[x] \subset [y]$,从而 $[x] = [y]$. 这就证明了不同的两个等价类是不相交的.

E 中的点经上述分类后,在每一类中任选定一个点为此类的代表元素,这种点的全体组成集合 A,称为 E 分类后的代表元集.

设 $[-1,1] \cap \mathbb{Q} = \{r_0 = 0, r_1, r_2, \cdots\}$,而 A 经平移 $\varphi_k(x) = x + r_k$ 而得集合 $A_k = \{x + r_k \mid x \in A\}$. 显然, $A_0 = A$.

如果 $x \in E \subset \left[-\frac{1}{2}, \frac{1}{2}\right]$,则必有 $x_0 \in A$, s. t. $x \in [x_0]$ 以及 $x - x_0 \in [-1,1] \cap \mathbb{Q}$. 记 $x - x_0 = r_k$,则 $x = x_0 + r_k \in A_k$. 于是

$$E \subset \bigcup_{k=0}^{\infty} A_k.$$

另一方面,当 $n \neq m$ 时, $A_n \cap A_m = \varnothing$. 事实上,若有 $z \in A_n \cap A_m$,则 $\exists x_n, x_m \in A$, s. t.

$$z = x_n + r_n = x_m + r_m,$$

即

$$x_n - x_m = r_m - r_n \neq 0.$$

从而, $x_n \neq x_m$,它蕴涵着 $[x_n] \neq [x_m]$. 但从 $x_n - x_m = r_m - r_n \in \mathbb{Q}$ 知 x_n, x_m 属于同一等价类,即 $[x_n] = [x_m]$,矛盾.

对 $\forall k, A_k \subset \left[-\frac{3}{2}, \frac{3}{2}\right]$,故有 $\bigcup_{k=0}^{\infty} A_k \subset \left[-\frac{3}{2}, \frac{3}{2}\right]$.

下面证明 A 为 Lebesgue 不可测集. (反证)假设 A 为 Lebesgue 可测集,根据下面的引理 2.3.7, A_k 也为 Lebesgue 可测集,且 $m(A_k) = m(A)$. 再由 $A_k (k = 0, 1, 2, \cdots)$ 彼此不相交,得到

$$0 < m(E) \leqslant m\left(\bigcup_{k=0}^{\infty} A_k\right) = \sum_{k=0}^{\infty} m(A_k) = \sum_{k=0}^{\infty} m(A),$$

$$\sum_{k=0}^{\infty} m(A) = \sum_{k=0}^{\infty} m(A_k) = m\left(\bigcup_{k=0}^{\infty} A_k\right) \leqslant m\left(\left[-\frac{3}{2}, \frac{3}{2}\right]\right) = 3.$$

从第一式推出 $m(A) > 0$,而从第二式却推出 $m(A) = 0$,矛盾. 这就证明了 A 为 Lebesgue 不可测集.

证法 2　记 $m_*(A_k) = m_*(A) = \alpha$($m_*$ 的定义可参阅 2.2 节题 7 与题 9), $m^*(A_k) = m^*(A) = \beta, k = 0, 1, 2, \cdots$. 由 $E \subset \bigcup_{k=0}^{\infty} A_k$,有

$$0 < m(E) = m^*(E) \leqslant m^*\left(\bigcup_{k=0}^{\infty} A_k\right) \leqslant \sum_{k=0}^{\infty} m^*(A_k) = \beta + \beta + \cdots,$$

由此推出 $\beta > 0$.

再由$\{A_k\}$彼此不相交与$\bigcup\limits_{k=0}^{\infty} A_k \subset\left[-\frac{3}{2},\frac{3}{2}\right]$以及2.2节习题7中性质(4)得到

$$\alpha+\alpha+\cdots=\sum_{k=0}^{\infty} m_*(A_k)\leqslant m_*\left(\bigcup_{k=0}^{\infty} A_k\right)$$

$$\leqslant m_*\left(\left[-\frac{3}{2},\frac{3}{2}\right]\right)=m\left(\left[-\frac{3}{2},\frac{3}{2}\right]\right)=3,$$

由此推出$\alpha=0$.从

$$m_*(A)=\alpha=0<\beta=m^*(A)$$

和2.2节题9立知A为Lebesgue不可测集. □

注2.3.2 从定理2.3.2证法2可看出：m^*在$\mathscr{H}(\mathscr{R}_0)$上不具有可数可加性.(反证)假设$m^*$在$\mathscr{H}(\mathscr{R}_0)$上具有可数可加性，则

$$m^*\left(\bigcup_{k=0}^{\infty} A_k\right)=\sum_{k=0}^{\infty} m^*(A_k)=\sum_{k=0}^{\infty} m^*(A).$$

则由

$$E\subset\bigcup_{k=0}^{\infty} A_k\subset\left[-\frac{3}{2},\frac{3}{2}\right]$$

得到

$$0<m(E)\leqslant m^*\left(\bigcup_{k=0}^{\infty} A_k\right)\leqslant\sum_{k=0}^{\infty} m^*(A_k)=\sum_{k=0}^{\infty} m^*(A)=m^*\left(\bigcup_{k=0}^{\infty} A_k\right)$$

$$\leqslant m^*\left(\left[-\frac{3}{2},\frac{3}{2}\right]\right)=m\left(\left[-\frac{3}{2},\frac{3}{2}\right]\right)=3.$$

由此推得$m^*(A)>0$及$m^*(A)=0$，矛盾.此时，有

$$m^*\left(\bigcup_{k=0}^{\infty} A_k\right)<\sum_{k=0}^{\infty} m^*(A_k).$$

注2.3.3 在定理2.3.3中，将"$m(E)>0$"改为"$m^*(E)>0$"结论仍正确.证明完全相同.或当$m^*(E)>0$时，(1)E为不可测集，取$A=E$；(2)E为可测集，由定理2.3.3得到不可测集A.

引理2.3.7(Lebesgue测度的平移不变性) 对$\forall E\subset\mathbb{R}^1$(即$E\in\mathscr{H}(\mathscr{R}_0)$)，$m^*(E)=m^*(\tau_\alpha E)$，而当$E\in\mathscr{L}=\mathscr{R}_0^*$时，$\tau_\alpha E\in\mathscr{L}=\mathscr{R}_0^*$，且

$$m(E)=m(\tau_\alpha E),$$

其中$\tau_\alpha:\mathbb{R}^1\to\mathbb{R}^1$，$x\mapsto\tau_\alpha(x)=x+\alpha$为$\mathbb{R}^1$上的平移，$\tau_\alpha E=\{x+\alpha\mid x\in E\}$.

证明 因为对$E_i\in\mathscr{R}_0$，$E\subset\bigcup\limits_{i=1}^{\infty} E_i$在平移$\tau_\alpha$下也有$\tau_\alpha E_i\in\mathscr{R}_0$，$\tau_\alpha E\subset\bigcup\limits_{i=1}^{\infty}\tau_\alpha E_i$，所以

$$m^*(E)=\inf\left\{\sum_{i=1}^{\infty} m(E_i)\,\middle|\,E_i\in\mathscr{R}_0,E\subset\bigcup_{i=1}^{\infty} E_i\right\}$$

$$=\inf\left\{\sum_{i=1}^{\infty} m(\tau_\alpha E_i)\,\middle|\,\tau_\alpha E_i\in\mathscr{R}_0,\tau_\alpha E\subset\bigcup_{i=1}^{\infty}\tau_\alpha E_i\right\}$$

$$\geqslant \inf\left\{\sum_{i=1}^{\infty} m(\widetilde{E}_i) \,\middle|\, \widetilde{E}_i \in \mathscr{R}_0, \tau_a E \subset \bigcup_{i=1}^{\infty} \widetilde{E}_i\right\}$$

$$= m^*(\tau_a E).$$

但 $\tau_a E$ 在平移 τ_{-a} 后就是 E，所以 $m^*(\tau_a E) \geqslant m^*(\tau_{-a} \circ \tau_a E) = m^*(E)$. 这就证明了 $m^*(E) = m^*(\tau_a E)$.

如果 $E \in \mathscr{L} = \mathscr{R}_0^*$，则对 $\forall F \subset \mathbb{R}^1$（即 $F \in \mathscr{H}(\mathscr{R}_0)$），有

$$m^*(F) = m^*(F \cap E) + m^*(F - E).$$

由于 $\tau_a(F \cap E) = \tau_a F \cap \tau_a E$，$\tau_a(F - E) = \tau_a F - \tau_a E$，故从上式得到

$$m^*(\tau_a F) = m^*(\tau_a F \cap \tau_a E) + m^*(\tau_a F - \tau_a E).$$

显然，$\tau_a F$ 为 $\mathbb{R}^1$ 中任意集. 因此，$\tau_a E \in \mathscr{L} = \mathscr{R}_0^*$. 自然

$$m(E) = m^*(E) = m^*(\tau_a E) = m(\tau_a E).$$ □

在详细讨论了 $\mathbb{R}^1$ 上的 Lebesgue 测度的基础上，我们来考察 n 维（实）Euclid 空间

$$\mathbb{R}^n = \{(x_1, x_2, \cdots, x_n) \mid x_i \in \mathbb{R}, i = 1, 2, \cdots, n\}$$

中的集合. 令

$$\begin{aligned}\mathscr{P} &= \{(a_1, b_1] \times \cdots \times (a_n, b_n] \mid a_i \leqslant b_i, i = 1, 2, \cdots, n\} \\ &= \{(a_1, a_2, \cdots, a_n;\ b_1, b_2, \cdots, b_n] \mid a_i \leqslant b_i, i = 1, 2, \cdots, n\} \\ &= \{(x_1, x_2, \cdots, x_n) \mid a_i < x_i \leqslant b_i, i = 1, 2, \cdots, n\}.\end{aligned}$$

并定义集函数 $m: \mathscr{P} \to \mathbb{R}$，

$$m((a_1, a_2, \cdots, a_n;\ b_1, b_2, \cdots, b_n]) = \prod_{i=1}^{n} (b_i - a_i),$$

它表示 n 维半开半闭长方体 $(a_1, a_2, \cdots, a_n;\ b_1, b_2, \cdots, b_n]$ 的 n 维体积.

由 $\mathscr{P}$ 中有限个元素的并集所成的集类为 $\mathscr{R}_0$，类似 $\mathbb{R}^1$ 情形可证 $\mathscr{R}_0$ 为 $\mathbb{R}^n$ 上的一个环. 而且 $\mathscr{R}_0$ 中的元可以分解成有限个两两不相交的 $\mathscr{P}$ 中元的并集. 这样的分解称为一个**初等分解**. 对于 $E \in \mathscr{R}_0$，如果 $E = \bigcup_{i=1}^{m} E_i$ 为 E 的一个初等分解（$E_i \in \mathscr{P}, i = 1, 2, \cdots, m$；$E_1, E_2, \cdots, E_m$ 两两不相交），就令 $m(E) = \sum_{i=1}^{m} m(E_i)$. 类似 $\mathbb{R}^1$ 情形可验证 $m(E)$ 的值只与 E 有关，而与 E 的初等分解的方式无关. 还可验证 m 为环 $\mathscr{R}_0$ 上的一个测度. 由这个测度 m 可诱导出 $\mathscr{H}(\mathscr{R}_0)$ 上的外测度 m^*，并将 $\mathscr{H}(\mathscr{R}_0)$ 中满足 Caratheodory 条件的集的全体所成的集类记为 $\mathscr{L} = \mathscr{R}_0^*$，它是一个 σ 代数. m^* 在 $\mathscr{R}_0^*$ 上为一个完全测度（有时仍记为 m），称为 $\mathbb{R}^n$ 上的 Lebesgue 测度，$\mathscr{R}_0^*$ 的元称为 $\mathbb{R}^n$ 中的 Lebesgue 可测集. 其他有关 m^*，m 的性质、定理和论述可仿 $\mathbb{R}^1$ 相应的内容，不再一一赘述.

为在 $\mathbb{R}^1 = \mathbb{R}$ 上引进更一般的 Lebesgue-Stieltjes 测度，我们考察 $\mathbb{R}^1$ 上单调增右连续的函数 $g(x)$. 记 $\mathscr{P} = \{(a, b] \mid -\infty < a \leqslant b < +\infty\}$，作集函数

$$m_g: \mathscr{P} \to \mathbb{R},$$

$$m_g((a,b]) = g(b) - g(a).$$

可证集函数 m_g 可惟一延拓到含 $\mathscr{P}$ 的最小环 $\mathscr{R}_0=\mathscr{R}(\mathscr{P})=\left\{\bigcup_{i=1}^{n}(a_i,b_i] \mid -\infty<a_i\leqslant b_i<+\infty, i=1,2,\cdots,n\right\}$ 上成为一个测度. 于是, 可定义 $\mathscr{H}(\mathscr{R}_0)$ 上的外测度 m_g^*, 从而得到满足 Caratheodory 条件的 m_g^* 可测集类 $\mathscr{L}^g=\mathscr{R}_0^*(g)\subset\mathscr{H}(\mathscr{R}_0)$. 称 m_g^* 为(由 g 或 m_g 所诱导的) $\mathscr{L}^g=\mathscr{R}_0^*(g)$ 上的 Lebesgue-Stieltjes(简称为 **L-S**)**测度**. 有时仍记为 m_g.

特别地, 当 $g(x)=x, \forall x\in\mathbb{R}^1=\mathbb{R}$ 时, $m_g^*=m^*$ 为(由 $m_g=m$ 所诱导的) $\mathscr{L}=\mathscr{L}^g=\mathscr{R}_0^*(g)=\mathscr{R}_0^*$ 上的通常的 Lebesgue(L) 测度(它是区间长度的推广), 有时仍记为 m. $\mathscr{L}=\mathscr{R}_0^*$ 中的元素就是 Lebesgue 可测集.

引理 2.3.8 设 $E\in\mathscr{R}_0$, $m_g(E)$ 的值只与 E 有关, 而与 E 的初等分解的方式无关.

证明 对 $E\in\mathscr{R}_0$, 设 $E=\bigcup_{i=1}^{n}E_i$ ($E_i=(a_i,b_i]\in\mathscr{P}$, E_i 互不相交) 为 E 的一个初等分解, 令

$$m_g(E) = \sum_{i=1}^{n}[g(b_i)-g(a_i)].$$

现证上述定义与 E 的初等分解的方式(不必惟一!)无关, 即它由 E 完全确定.

对于 $E=(a,b]\in\mathscr{P}$, 设 $(a,b]=\bigcup_{i=1}^{n}(a_i,b_i]$ 为 $(a,b]$ 的一个初等分解. 不失一般性, 设 $a_1\leqslant a_2\leqslant\cdots\leqslant a_n$. 因为 $(a_i,b_i]$, $i=1,2,\cdots,n$ 是两两不相交的, 所以必有

$$a=a_1\leqslant b_1=a_2\leqslant b_2=a_3\leqslant b_3=\cdots=a_n\leqslant b_n=b.$$

因为 g 为单调增的函数, 故

$$g(a)=g(a_1)\leqslant g(b_1)=g(a_2)\leqslant\cdots=g(a_n)\leqslant g(b_n)=g(b).$$

$$\sum_{i=1}^{n}[g(b_i)-g(a_i)]=g(b)-g(a).$$

由此可看出, 当 $E\in\mathscr{P}$ 时, 无论 E 选择怎样的初等分解, $m_g(E)$ 具有确定的值 $g(b)-g(a)$.

对于一般的 $E\in\mathscr{R}_0$, 设 $E=\bigcup_{i=1}^{n}E_i$, $E=\bigcup_{j=1}^{l}F_j$ 为 E 的两个初等分解, 即 $E_i, E_j\in\mathscr{P}$, $i=1,2,\cdots,n$; $j=1,2,\cdots,l$; E_i 彼此不相交, F_j 彼此也不相交. 显然, $E_i\cap E_j\in\mathscr{P}$, $i=1,2,\cdots,n$; $j=1,2,\cdots,l$. 由于 $E_i=\bigcup_{j=1}^{l}(E_i\cap F_j)$ 和 $F_j=\bigcup_{i=1}^{n}(E_i\cap F_j)$ 分别是 E_i 和 F_j 的初等分解, 所以

$$\sum_{i=1}^{n}m_g(E_i)=\sum_{i=1}^{n}\sum_{j=1}^{l}m_g(E_i\cap F_j)=\sum_{j=1}^{l}\sum_{i=1}^{n}m_g(E_i\cap F_j)=\sum_{j=1}^{l}m_g(F_j).$$

因此, 所定义的 $m_g(E)$ 与 E 的初等分解的方式无关. □

引理 2.3.9 环 $\mathscr{R}_0$ 上的集函数 m_g 有下列性质：

(1) m_g 有有限可加性.

(2) 如果 $E_1,E_2,\cdots,E_n\in\mathscr{R}_0$，它们彼此不相交，且 $\bigcup\limits_{i=1}^{n}E_i\subset E$，$E\in\mathscr{R}_0$，则

$$\sum_{i=1}^{n}m_g(E_i)\leqslant m_g(E).$$

(3) m_g 有次有限可加性：如果 $E_1,E_2,\cdots,E_n,E\in\mathscr{R}_0$，且 $E\subset\bigcup\limits_{i=1}^{n}E_i$，则

$$m_g(E)\leqslant\sum_{i=1}^{n}m_g(E_i).$$

特别，当 $E=\bigcup\limits_{i=1}^{n}E_i$ 时，$m_g\left(\bigcup\limits_{i=1}^{n}E_i\right)\leqslant\sum\limits_{i=1}^{n}m_g(E_i)$.

(4) m_g 为环 $\mathscr{R}_0$ 上的一个测度.

证明 (1) 设 $E_1,E_2,\cdots,E_n\in\mathscr{R}_0$ 彼此不相交，记 $E=\bigcup\limits_{i=1}^{n}E_i$，$E_i$ 的初等分解为

$$E_i=\bigcup_{j=1}^{l_i}F_{ij},\quad i=1,2,\cdots,n.$$

由于 $E_1,E_2,\cdots,E_n$ 两两不相交，因此 $F_{ij}(i=1,2,\cdots,n;\ j=1,2,\cdots,l_i)$ 也两两不相交，并且 $E=\bigcup\limits_{i=1}^{n}\bigcup\limits_{j=1}^{l_i}F_{ij}$ 为 E 的一个初等分解，所以

$$m_g(E)=m_g\left(\bigcup_{i=1}^{n}E_i\right)=\sum_{i=1}^{n}\sum_{j=1}^{l_i}m_g(F_{ij})=\sum_{i=1}^{n}m_g(E_i).$$

这就证明了 m_g 的有限可加性.

(2) 记 $E_{n+1}=E-\bigcup\limits_{i=1}^{n}E_i$，则 $E_{n+1}\in\mathscr{R}_0$(环)，且 $E_1,E_2,\cdots,E_{n+1}$ 两两不相交，$E=\bigcup\limits_{i=1}^{n+1}E_i$. 根据 m_g 的有限可加性(1)和 m_g 的非负性立即得到

$$\sum_{i=1}^{n}m_g(E_i)\leqslant\sum_{i=1}^{n+1}m_g(E_i)=m_g(E).$$

(3) 首先，由 m_g 的有限可加性和非负性可知 m_g 具有单调性：如果 $E,F\in\mathscr{R}_0$，$E\subset F$，则

$$m_g(E)\leqslant m_g(E)+m_g(F-E)=m_g(E\cup(F-E))=m_g(F).$$

其次，对 $E_1,E_2,\cdots,E_n,E\in\mathscr{R}_0$，$E\subset\bigcup\limits_{i=1}^{n}E_i$，记 $F_1=E_1$，$F_i=E_i-\bigcup\limits_{j=1}^{i-1}E_j\,(i=2,3,\cdots,n)$，则 $F_1,F_2,\cdots,F_n$ 两两不相交，且 $F_1,F_2,\cdots,F_n\in\mathscr{R}_0$(环). 因此，$E\cap F_i\in\mathscr{R}_0\,(i=1,2,\cdots,n)$. 显然，$\bigcup\limits_{i=1}^{n}F_i=\bigcup\limits_{i=1}^{n}E_i$，所以

$$E=E\cap\left(\bigcup_{i=1}^{n}E_i\right)=E\cap\left(\bigcup_{i=1}^{n}F_i\right)=\bigcup_{i=1}^{n}(E\cap F_i).$$

根据 m_g 的有限可加性和单调性，有

$$m_g(E)=m_g\left(\bigcup_{i=1}^{n}(E\cap F_i)\right)=\sum_{i=1}^{n}m_g(E\cap F_i)$$

$$\leqslant\sum_{i=1}^{n}m_g(E\cap E_i)\leqslant\sum_{i=1}^{n}m_g(E_i).$$

(4) 现在来验证 m_g 为 $\mathscr{R}_0$ 上的一个测度.

$$m_g(\varnothing)=m_g((a,a])=g(a)-g(a)=0.$$

非负性：对 $\forall E\in\mathscr{R}_0, E=\bigcup_{i=1}^{n}(a_i,b_i], a_i\leqslant b_i, i=1,2,\cdots,n$，故

$$m_g(E)=\sum_{i=1}^{n}(g(b_i)-g(a_i))\geqslant 0.$$

可数可加性：设 $E_1,E_2,\cdots,E_n,\cdots$ 为 $\mathscr{R}_0$ 中一列两两不相交的元素，且 $\bigcup_{i=1}^{\infty}E_i=E\in\mathscr{R}_0$. 根据(2)，对 $\forall n\in\mathbb{N}$，都有

$$\sum_{i=1}^{n}m_g(E_i)\leqslant m_g(E).$$

令 $n\to+\infty$，即得

$$\sum_{i=1}^{\infty}m_g(E_i)\leqslant m_g(E).$$

为证相反的不等式，设 E 的一个初等分解为 $E=\bigcup_{j=1}^{l}(a_j,b_j]$. 每个 E_i 也有初等分解(有限个半开半闭区间)，因为 $E_i(i=1,2,\cdots)$ 为可数个，所以一切 E_i 分解得到的小区间全体也是可数个，设为 $(\alpha_n,\beta_n](n=1,2,\cdots)$. 显然

$$\sum_{i=1}^{\infty}m_g(E_i)=\sum_{n=1}^{\infty}m_g((\alpha_n,\beta_n])=\sum_{n=1}^{\infty}[g(\beta_n)-g(\alpha_n)].$$

由于 g 为右连续的单调增函数，故对 $\forall\varepsilon>0$, $\exists\delta_0\in(0,b_i-a_i]$, $i=1,2,\cdots,l$，当 $x\in(a_i,a_i+\delta_0]$ 时，有

$$g(x)\leqslant g(a_i)+\frac{\varepsilon}{l},\quad i=1,2,\cdots,l.$$

同样，对上述的 $\varepsilon>0$, $\exists\delta_n>0$，当 $x\in(\beta_n,\beta_n+\delta_n)$ 时，有

$$g(x)\leqslant g(\beta_n)+\frac{\varepsilon}{2^n},\quad n=1,2,\cdots.$$

显然，开区间列 $\{(\alpha_n,\beta_n+\delta_n)\mid n=1,2,\cdots\}$ 覆盖了 E，同时也覆盖了 $\bigcup_{i=1}^{l}[a_i+\delta_0,b_i]$. 根据 Heine-Borel 有限覆盖定理，必有有限个区间 $\{(\alpha_{n_j},\beta_{n_j}+\delta_{n_j})\mid j=1,2,\cdots,k\}$ 覆盖住这些闭区间 $\{[a_i+\delta_0,b_i]\mid i=1,2,\cdots,l\}$. 因此，便有

$$\bigcup_{i=1}^{l}(a_i+\delta_0,b_i]\subset\bigcup_{j=1}^{k}(\alpha_{n_j},\beta_{n_j}+\delta_{n_j})\subset\bigcup_{j=1}^{k}(\alpha_{n_j},\beta_{n_j}+\delta_{n_j}].$$

于是，由

$$\begin{aligned}\sum_{i=1}^{l}[g(b_i)-g(a_i)]-\varepsilon&=\sum_{i=1}^{l}\left[g(b_i)-g(a_i)-\frac{\varepsilon}{l}\right]\\&\leqslant\sum_{i=1}^{l}[g(b_i)-g(a_i+\delta_0)]\\&\leqslant\sum_{j=1}^{k}[g(\beta_{n_j}+\delta_{n_j})-g(\alpha_{n_j})]\\&\leqslant\sum_{j=1}^{k}\left[g(\beta_{n_j})+\frac{\varepsilon}{2^{n_j}}-g(\alpha_{n_j})\right]\\&\leqslant\sum_{n=1}^{\infty}[g(\beta_n)-g(\alpha_n)]+\varepsilon.\end{aligned}$$

令 $\varepsilon\to0^+$ 得到

$$m_g(E)=\sum_{i=1}^{l}[g(b_i)-g(a_i)]\leqslant\sum_{n=1}^{\infty}[g(\beta_n)-g(\alpha_n)]=\sum_{i=1}^{\infty}m_g(E_i).$$

综上所述，有

$$m_g\left(\bigcup_{i=1}^{\infty}E_i\right)=m_g(E)=\sum_{i=1}^{\infty}m_g(E_i).$$

□

注 2.3.4　容易看到

$$\begin{aligned}m_g(\{a\})&=\lim_{n\to+\infty}m_g\left(\left(a-\frac{1}{n},a\right]\right)=\lim_{n\to+\infty}\left[g(a)-g\left(a-\frac{1}{n}\right)\right]\\&=g(a)-g(a-0).\\m_g((a,b))&=\lim_{n\to+\infty}m_g\left(\left(a,b-\frac{1}{n}\right]\right)=\lim_{n\to+\infty}\left[g\left(b-\frac{1}{n}\right)-g(a)\right]\\&=g(b-0)-g(a).\\m_g([a,b))&=\lim_{n\to+\infty}m_g\left(\left(a-\frac{1}{n},b-\frac{1}{n}\right]\right)\\&=\lim_{n\to+\infty}\left[g\left(b-\frac{1}{n}\right)-g\left(a-\frac{1}{n}\right)\right]\\&=g(b-0)-g(a-0)\end{aligned}$$

（这里用到 $\lim\limits_{n\to+\infty}\left(a-\frac{1}{n},b-\frac{1}{n}\right]=[a,b)$）.

$$m_g([a,b])=\lim_{n\to+\infty}m_g\left(\left(a-\frac{1}{n},b\right]\right)=\lim_{n\to+\infty}\left[g(b)-g\left(a-\frac{1}{n}\right)\right]=g(b)-g(a-0).$$

如果 $G=\bigcup\limits_{n}(a_n,b_n)$ 为开集，$\{(a_n,b_n)\mid n\in\mathbb{N}\}$ 为构成区间的全体，则

$$m_g(G)=m_g\Big(\bigcup_n (a_n,b_n)\Big)=\sum_n m_g((a_n,b_n))=\sum_n[g(b_n-0)-g(a_n)].$$

练习题 2.3

1. 设$(\mathbb{R}^1,\mathscr{L},m)$为 Lebesgue 测度空间,$E\subset\mathbb{R}^1$. 如果$0<a<m(E)$,证明：存在无内点的有界闭集$F\subset E$, s. t. $m(F)=a$.

2. 设$(\mathbb{R}^n,\mathscr{L},m)$为 Lebesgue 测度空间.

(1) $A_1,A_2\subset\mathbb{R}^n$, $A_1\subset A_2$, $A_1\in\mathscr{L}$且$m(A_1)=m^*(A_2)<+\infty$. 证明：$A_2\in\mathscr{L}$.

(2) $A,B\subset\mathbb{R}^n$, $A\in\mathscr{L}$且$m^*(B)<+\infty$. 证明：

$$m^*(A\cup B)=m^*(A)+m^*(B)-m^*(A\cap B).$$

(3) 对$\forall E\subset\mathbb{R}^n$,证明：$\exists$ F_σ集K和G_δ集H, s. t.

$$K\subset E\subset H,$$

且

$$m(K)=m_*(E),\quad m(H)=m^*(E).$$

3. 设μ为集X上的环$\mathscr{R}$的测度.

(1) 如果$\mathscr{R}$为σ环,$E_n\in\mathscr{H}(\mathscr{R})$, $E_1\subset E_2\subset\cdots\subset E_n\subset\cdots$,则

$$\lim_{n\to+\infty}\mu^*(E_n)=\mu^*\Big(\bigcup_{n=1}^\infty E_n\Big).$$

(2) 如果$\mathscr{R}$为σ环,$E_n\in\mathscr{H}(\mathscr{R})$, $E_1\supset E_2\supset\cdots\supset E_n\supset\cdots$,且至少有一个$E_{n_0}$, s. t. $\mu_*(E_{n_0})<+\infty$,则

$$\lim_{n\to+\infty}\mu_*(E_n)=\mu_*\Big(\bigcap_{n=1}^\infty E_n\Big).$$

举例说明“$\mu_*(E_{n_0})<+\infty$”不能删去.

(3) 举例说明,虽有(1)中条件：$E_n\in\mathscr{H}(\mathscr{R})$, $E_1\subset E_2\subset\cdots\subset E_n\subset\cdots$,但

$$\lim_{n\to+\infty}\mu_*(E_n)\neq\mu_*\Big(\bigcup_{n=1}^\infty E_n\Big).$$

(4) 举例说明,虽有(2)中条件：$E_n\in\mathscr{H}(\mathscr{R})$, $E_1\supset E_2\supset\cdots\supset E_n\supset\cdots$, $\mu^*(E_{n_0})<+\infty$,但

$$\lim_{n\to+\infty}\mu^*(E_n)\neq\mu^*\Big(\bigcap_{n=1}^\infty E_n\Big).$$

4. 设$(\mathbb{R}^1,\mathscr{L},m)$为 Lebesgue 测度空间.

(1) 作出一个由$\mathbb{R}^1$中某些无理数构成的闭集F, s. t. $m(F)>0$.

(2) 设有理数集$\mathbb{Q}=\{r_n\mid n\in\mathbb{N}\}$,令

$$G=\bigcup_{n=1}^\infty\Big(r_n-\frac{1}{n^2},r_n+\frac{1}{n^2}\Big).$$

证明：任一闭集 $F\subset\mathbb{R}^1$，有 $m(G\triangle F)>0$.

5. 设$(\mathbb{R}^n,\mathscr{L},m)$为 Lebesgue 测度空间. 证明：

(1) $E\in\mathscr{L}\Leftrightarrow$对$\forall\varepsilon>0$，存在开集 G_1,G_2，s. t. $G_1\supset E,G_2\supset E^c$，且 $m(G_1\cap G_2)<\varepsilon$.

(2) $E\subset\mathbb{R}^n$，且 $m^*(E)<+\infty$. 如果 $m^*(E)=\sup\{m(F)\mid F\subset E$ 为有界闭集$\}$，证明：$E\in\mathscr{L}$.

(3) 设 $E\in\mathscr{L}$ 且 $m(E)>0$. 证明：$\exists x\in E$，s. t. 对$\forall\delta>0$，有

$$m(E\cap B(x;\delta))>0.$$

(4) 设$\{B_k\}$为$\mathbb{R}^n$ 中递减可测集列，$m^*(A)<+\infty$. 令

$$E_k=A\cap B_k,k\in\mathbb{N},$$

$$E=\bigcap_{k=1}^{\infty}E_k.$$

证明：$\lim\limits_{k\to+\infty}m^*(E_k)=m^*(E)$.

6. 设$(\mathbb{R}^2,\mathscr{L},m)$为 Lebesgue 测度空间，$[0,1]^2=[0,1]\times[0,1]$. 令

$$E=\left\{(x,y)\in[0,1]^2\ \Big|\ |\sin x|<\frac{1}{2},\quad \cos(x+y)\text{ 为无理数}\right\}.$$

证明：$m(E)=\dfrac{\pi}{6}$.

7. 设$(\mathbb{R}^n,\mathscr{L},m)$为 Lebesgue 测度空间，$E_k\in\mathscr{L},k\in\mathbb{N}$. 证明：

(1) $m(\varliminf\limits_{k\to+\infty}E_k)\leqslant\varliminf\limits_{k\to+\infty}m(E_k)$.

(2) 如果$\exists k_0\in\mathbb{N}$，s. t. $m\left(\bigcup\limits_{k=k_0}^{\infty}E_k\right)<+\infty$，则 $m(\varlimsup\limits_{k\to+\infty}E_k)\geqslant\varlimsup\limits_{k\to+\infty}m(E_k)$.

8. 设$(\mathbb{R}^n,\mathscr{L},m)$为 Lebesgue 测度空间.

(1) $E\subset\mathbb{R}^n$，$H\supset E$ 且 H 为可测集. 证明：

H 为 E 的等测包 $\overset{}{\underset{m^*(E)<+\infty}{\Longleftrightarrow}}$ $H-E$ 中任一可测子集 e 皆为 Lebesgue 零测集.

如果删去“$m^*(E)<+\infty$”上述结论是否正确？

(2) 设 $E\subset\mathbb{R}^n$，$m^*(E)<+\infty$. 证明：存在 G_δ 集 $H\supset E$，s. t. 对任一可测集 $A\subset\mathbb{R}^n$，有

$$m^*(E\cap A)=m(H\cap A).$$

如果 $m^*(E)=+\infty$，结论如何？

(3) 设 $A,B\subset\mathbb{R}^n$，$A\cup B\in\mathscr{L}$，$m(A\cup B)<+\infty$，且

$$m(A\cup B)=m^*(A)+m^*(B).$$

证明：A,B 皆为可测集.

9. 设$([0,1],\mathscr{L}\cap[0,1],m)$为$[0,1]$上的 Lebesgue 测度空间. $\mathscr{L}\cap[0,1]$为$[0,1]$中 Lebesgue 可测集的全体.

(1) $\{E_k\}$为$[0,1]$中的可测集列，$m(E_k)=1,k\in\mathbb{N}$. 证明：$m\left(\bigcap\limits_{k=1}^{\infty}E_k\right)=1$.

(2) $E_1,E_2,\cdots,E_k$ 为$[0,1]$中的可测集，$\sum_{i=1}^{k}m(E_i)>k-1$. 证明：

$$m\Big(\bigcap_{i=1}^{k}E_i\Big)>0.$$

(3) E 为$[0,1]$中的可测集，$I_k\subset[a,b]$，$k\in\mathbb{N}$ 为开区间列，满足：

$$m(I_k\cap E)\geqslant\frac{2}{3}m(I_k),\quad k\in\mathbb{N}.$$

证明：

$$m\Big(\Big(\bigcup_{k=1}^{\infty}I_k\Big)\cap E\Big)\geqslant\frac{1}{3}m\Big(\bigcup_{k=1}^{\infty}I_k\Big).$$

10. 设 f：$[a,b]\to\mathbb{R}$. 若对$[a,b]$中任一 Lebesgue 可测集 E，$f(E)$必为$\mathbb{R}$ 中的 Lebesgue 可测集. 证明：对于$[a,b]$中任一 Lebesgue 零测集 Z，必有 $m(f(Z))=0$.

11. 设$(\mathbb{R}^1,\mathscr{L},m)$为 Lebesgue 测度空间，$E\subset\mathbb{R}^1$，且 $\exists\, q\in(0,1)$，s. t. 对任何开区间(a,b)，总有开区间列$\{I_k\}$满足：

$$E\cap(a,b)\subset\bigcup_{k=1}^{\infty}I_k,\quad \sum_{k=1}^{\infty}m(I_k)<q(b-a).$$

证明：$m(E)=0$.

12. 设$([0,1],\mathscr{L}\cap[0,1],m)$为$[0,1]$上的 Lebesgue 测度空间.

(1) 证明：不存在具有下列性质的可测集 $E\subset[0,1]$，对$\forall\,(a,b)\subset[0,1]$，有

$$m(E\cap(a,b))=\frac{b-a}{2}.$$

(2) 设 $E\subset[0,1]$为可测集且有 $m(E)\geqslant\varepsilon>0$，$x_i\in[0,1]$，$i=1,2,\cdots,n$，其中 $n>\frac{2}{\varepsilon}$. 证明：E 中存在两点其距离等于$\{x_1,x_2,\cdots,x_n\}$中某两个点之间的距离.

(3) 在$[0,1]$中作点集 $E=\{x\in[0,1]\mid$在 x 的十进位制小数表示中只出现 9 个数码$\}$，求 $m(E)$和 $\overline{\overline{E}}$.

(4) 设 $W\subset[0,1]$为不可数集. 证明：$\exists\,\varepsilon\in(0,1)$，s. t. 对于$[0,1]$中任一满足 $m(E)\geqslant\varepsilon$ 的可测集 E，$W\cap E$ 为不可测集.

13. 设$(\mathbb{R}^1,\mathscr{L},m)$为 Lebesgue 测度空间，$E\subset\mathbb{R}^1$ 为可测集，$a\in\mathbb{R}^1$，$\delta>0$. 如果对满足$|x|<\delta$的 x，$a+x$ 与 $a-x$ 之中必有一点属于 E. 证明：$m(E)\geqslant\delta$.

14. 设$(\mathbb{R}^n,\mathscr{L},m)$为 Lebesgue 测度空间，$W\subset\mathbb{R}^n$ 为不可测集，$E\subset\mathbb{R}^n$ 为可测集. 证明：$E\triangle W$ 为不可测集.

15. 设$(\mathbb{R}^n,\mathscr{L},m)$为 Lebesgue 测度空间，$T$：$\mathbb{R}^n\to\mathbb{R}^n$ 为一一映射，且保持点集的外测度不变. 证明：对$\forall\,E\in\mathscr{L}$，有 $T(E)\in\mathscr{L}$.

16. 设$(\mathbb{R}^n,\mathscr{L},m)$为 Lebesgue 测度空间，$E\subset\mathbb{R}^n$. 如果存在可测集列$\{A_k\}$，$\{B_k\}$，s. t. $A_k\subset E\subset B_k$，$k\in\mathbb{N}$，且

$$\lim_{k\to+\infty} m(B_k - A_k) = 0.$$

证明：E 为 Lebesgue 可测集.

17. 举例说明引理 2.3.3 中开集 G 不能换成闭集.

18. 构造一个开集 $G\subset\mathbb{R}^1$，s. t. Lebesgue 测度

$$m(G) \neq m(\overline{G}),$$

其中 $\overline{G}$ 为 G 的闭包.

19. 设 $E\subset[0,1]$ 为 $[0,1]$ 中的 Lebesgue 可测集. 如果 $\exists\alpha>0$，s. t. 对任意的 $0\leqslant a<b\leqslant 1$，有

$$m(E\cap[a,b]) \geqslant \alpha(b-a).$$

证明：$m(E)=1$.

20. 设 T 为指标集，且对 $\forall t\in T$，G_t 为 $\mathbb{R}^1$ 中的开集. 问：$\bigcap\limits_{t\in T} G_t$ 为 Borel 可测集吗？$\bigcap\limits_{t\in T} G_t$ 为 Lebesgue 可测集吗？

21. 设 $(\mathbb{R}^2,\mathscr{L},m)$ 为平面上的 Lebesgue 测度空间. 旋转

$$\varphi_\theta:\ \mathbb{R}^2 \to \mathbb{R}^2,$$
$$(x,y) \mapsto (x',y') = \varphi_\theta(x,y)$$

为

$$\begin{cases} x' = x\cos\theta - y\sin\theta, \\ y' = x\sin\theta + y\cos\theta. \end{cases}$$

证明：对平面上任何 Lebesgue 可测集 E，$\varphi_\theta(E)$ 也为 Lebesgue 可测集，且

$$m(\varphi_\theta(E)) = m(E).$$

*2.4 Jordan 测度、Hausdorff 测度

我们先介绍与数学分析中 Riemann 可积以及有长度、有面积、有体积的集合密切相关的 Jordan 测度的概念. 然后，再介绍近些年来在数学各分支(特别是分形几何)以及其他各个科学领域中有着广泛应用的 Hausdorff 测度.

定义 2.4.1 设 $E\subset\mathbb{R}^1$，如果对 $\forall\varepsilon>0$，必存在开区间 I_i，$i=1,2,\cdots,k$，s. t. $E\subset\bigcup\limits_{i=1}^{k} I_i$，$\sum\limits_{i=1}^{k} m(I_i)<\varepsilon$，则称 E 为**零长度集**.

显然，有限点集为零长度集. 零长度集的子集，有限个零长度的交、并仍为零长度集.

定理 2.4.1 零长度集 $E\subset\mathbb{R}^1$ 必为 Lebesgue 零测集，但反之不成立.

证明 因为 E 为零长度集，故对 $\forall\varepsilon>0$，存在开区间 $I_i(i=1,2,\cdots,k)$，s. t. $E\subset\bigcup\limits_{i=1}^{k} I_i$，

$\sum_{i=1}^{k} m(I_i)<\varepsilon$. 于是

$$0 \leqslant m^*(E) \leqslant m^*\left(\bigcup_{i=1}^{k} I_i\right) \leqslant \sum_{i=1}^{k} m^*(I_i) = \sum_{i=1}^{k} m(I_i) < \varepsilon.$$

令 $\varepsilon \to 0^+$ 得到

$$0 \leqslant m^*(E) \leqslant 0, \quad m^*(E) = 0.$$

因此,零长度集必为 Lebesgue 零测集.

但反之不成立.例如:有理数集$\mathbb{Q}$为 Lebesgue 零测集,但不为零长度集(由定义 2.4.1,零长度集必为有界集,等价地,无界集必非零长度集).

考虑有界集$\mathbb{Q}\cap[a,b](-\infty<a<b<+\infty)$,它为 Lebesgue 零测集,但它仍不为零长度集.(反证)假设$\mathbb{Q}\cap[a,b]$为零长度集,则对 $\varepsilon=b-a>0$,必有开区间 $I_i, i=1,2,\cdots,k$, s. t.

$$\mathbb{Q} \cap [a,b] \subset \bigcup_{i=1}^{k} I_i,$$

且

$$\sum_{i=1}^{k} m(I_i) < \varepsilon = b-a.$$

于是,

$$b-a = m([a,b]) = m(\overline{\mathbb{Q}\cap[a,b]}) \leqslant m\left(\bigcup_{i=1}^{k} \bar{I}_i\right)$$

$$\leqslant \sum_{i=1}^{k} m(\bar{I}_i) = \sum_{i=1}^{k} m(I_i) < \varepsilon = b-a,$$

矛盾. □

定理 2.4.2 (1) $\mathscr{R}_J=\{E\subset\mathbb{R}^1 \mid E$ 的边界点集∂E为零长度集$\}$为一个代数($\mathscr{R}_J$ 中的元素称为 **Jordan 可测集**),但不为 σ 环.

(2) 零长度集 E 的任何子集 E_1 和闭包 $\bar{E}$(为零长度集)都为 Jordan 可测集.

(3) $\mathscr{R}_0 \subsetneqq \mathscr{R}_J \subsetneqq \mathscr{R}_0^*$, $\mathscr{R}_\sigma(\mathscr{R}_J)=\mathscr{A}_\sigma(\mathscr{R}_J)\subset\mathscr{R}_0^*$.

(4) $\exists E\in\mathscr{R}_J-\mathscr{R}_\sigma(\mathscr{R}_0)$,即 E 为 Jordan 可测集但非 Borel 集.于是,$\mathscr{R}_\sigma(\mathscr{R}_0)\subsetneqq\mathscr{R}_\sigma(\mathscr{R}_J)$.

(5) 对 $E\in\mathscr{R}_J$,定义

$$m_J(E) = m^*(E^\circ) = m^*(E^\circ \cup \partial E) = m^*(E).$$

易见,m_J 为 $\mathscr{R}_J$ 上的一个测度.

(6) 在 $\mathscr{H}(\mathscr{R}_0)=\mathscr{H}(\mathscr{R}_J)=2^{\mathbb{R}^1}$ 上,有 $m^*=m_J^*$;并且

$$\mathscr{R}_0^* = \mathscr{R}_J^*, \quad \overline{\overline{\mathscr{R}_0^*}} = \overline{\overline{\mathscr{R}_J^*}} = \overline{\overline{\mathscr{R}_J}} = 2^{\aleph}.$$

证明 (1) 设 $A,B\in\mathscr{R}_J$,则$\partial A,\partial B$都为零长度集.再由下面证得

$$\partial(A\cup B)\subset\partial A\cup\partial B, \qquad \partial(A-B)\subset\partial A\cup\partial B.$$

推出$\partial(A\cup B)$,$\partial(A-B)$也为零长度集.从而,$A\cup B\in\mathscr{R}_J$,$A-B\in\mathscr{R}_J$,即 $\mathscr{R}_J$ 为环.

现证上面第一式. 如果 $x\notin\partial A\cup\partial B$,则

① $x\in A^{\circ}\cap B^{\circ}\subset(A\cup B)^{\circ}$;

② $x\in A^{\circ}\cap B^{e}\subset(A\cup B)^{\circ}$;

③ $x\in A^{e}\cap B^{\circ}\subset(A\cup B)^{\circ}$;

④ $x\in A^{e}\cap B^{e}\subset(A\cup B)^{e}$,

其中 A° 和 A^{e} 分别表示 A 的内点集和外点集. 无论哪种情形都有 $x\notin\partial(A\cup B)$,所以 $\partial(A\cup B)\subset\partial A\cup\partial B$.

再证第二式. 如果 $x\notin\partial A\cup\partial B$,则:

① $x\in A^{\circ}\cap B^{\circ}\subset(A-B)^{e}$;

② $x\in A^{\circ}\cap B^{e}\subset(A-B)^{\circ}$;

③ $x\in A^{e}\cap B^{\circ}\subset(A-B)^{e}$;

④ $x\in A^{e}\cap B^{e}\subset(A-B)^{e}$,

无论哪种情形都有 $x\notin\partial(A-B)$,所以 $\partial(A-B)\subset\partial A\cup\partial B$.

因为 $\partial\mathbb{R}^1=\varnothing$ 为零长度集,故 $\mathbb{R}^1\in\mathscr{R}_J$,从而环 $\mathscr{R}_J$ 为一个代数.

设 $\mathbb{Q}\cap[0,1]=\{r_1,r_2,r_3,\cdots\}$. 显然,独点集 $\{r_n\}\in\mathscr{R}_J$. 但由于 $\partial(\mathbb{Q}\cap[0,1])=[0,1]$ 不是零长度集知

$$\bigcup_{n=1}^{\infty}\{r_n\}=\mathbb{Q}\cap[0,1]\notin\mathscr{R}_J,$$

从而 $\mathscr{R}_J$ 不为 σ 环.

(2) 因 E 为零长度集,故对 $\forall\varepsilon>0$,存在开区间 $I_i,i=1,2,\cdots,k$, s. t.

$$E\subset\bigcup_{i=1}^{k}I_i,\quad\sum_{i=1}^{k}m(I_i)<\varepsilon.$$

由此推得 $m^*(E)=0$,即 E 为 m^* 零集,且 $E\in\mathscr{R}_0^*$. 再由

$$\partial E\subset\bar{E}\subset\overline{\bigcup_{i=1}^{k}I_i}=\bigcup_{i=1}^{k}\bar{I}_i,$$

推出 ∂E 和 $\bar{E}$ 也为零长度集. 于是,$E\in\mathscr{R}_J$, $\bar{E}\in\mathscr{R}_J$.

由于零长度集 E 的任何子集 E_1 亦为零长度集,所以 $E_1\in\mathscr{R}_J$.

综合上述零长度集 E 的任何子集 E_1 和闭包 $\bar{E}$(为零长度集)都为 Jordan 可测集.

(3) 因为 $\partial\left(\bigcup_{i=1}^{k}(a_i,b_i]\right)$ 为有限集,故为零长度集,根据(2),$\bigcup_{i=1}^{k}(a_i,b_i]\in\mathscr{R}_J$,从而 $\mathscr{R}_0\subset\mathscr{R}_J$. 但从 $\{0\}\in\mathscr{R}_J-\mathscr{R}_0$ 或 $\mathbb{R}^1\in\mathscr{R}_J-\mathscr{R}_0$ 知,$\mathscr{R}_0\neq\mathscr{R}_J$. 所以,$\mathscr{R}_0\subsetneqq\mathscr{R}_J$.

设 $E\in\mathscr{R}_J$,则 ∂E 为零长度集,故 $m^*(\partial E)=0$, $\partial E\in\mathscr{R}_0^*$. 再由 $E-E^{\circ}\subset\partial E$, $m^*(E-E^{\circ})=0$ 推得 $E-E^{\circ}\in\mathscr{R}_0^*$. 因为开集 $E^{\circ}\in\mathscr{R}_0^*$,所以,$E=E^{\circ}\cup(E-E^{\circ})\in\mathscr{R}_0^*$. 从而,$\mathscr{R}_J\subset\mathscr{R}_0^*$.

因 $\mathscr{R}_0^*$ 为含 $\mathscr{R}_J$ 的 σ 代数,故

$$\mathscr{R}_\sigma(\mathscr{R}_J)=\mathscr{A}_\sigma(\mathscr{R}_J)\subset\mathscr{R}_0^*.$$

从$\mathbb{Q}\cap[0,1]\in\mathscr{R}_0^*-\mathscr{R}_J$知$\mathscr{R}_J\neq\mathscr{R}_0^*$，$\mathscr{R}_J\subsetneq\mathscr{R}_0^*$.

综上可知，$\mathscr{R}_0\subsetneq\mathscr{R}_J\subsetneq\mathscr{R}_0^*$.

(4) 设C为Cantor疏朗三分集，它的Lebesgue测度为零，即$m^*(C)=0$. 由m^*的定义，对$\forall\,\varepsilon>0$，存在有限开区间I_i，s. t. $C\subset\bigcup\limits_{i=1}^{\infty}I_i$，且$\sum\limits_{i=1}^{\infty}m(I_i)<\varepsilon$. 根据Heine-Borel有限覆盖定理，必有有限个I_i覆盖C. 不妨设$C\subset\bigcup\limits_{i=1}^{k}I_i$. 自然地

$$\sum_{i=1}^{k}m(I_i)\leqslant\sum_{i=1}^{\infty}m(I_i)<\varepsilon.$$

根据定义2.4.1，C为零长度集. 再由定理2.3.2′证法3知，$\exists\,E\subset C$不为Borel集的Lebesgue可测集，即$E\in\mathscr{L}-\mathscr{B}=\mathscr{R}_0^*-\mathscr{R}_\sigma(\mathscr{R}_0)$. 因为$E$为零长度集$C$的子集，故由(2)推出$E$也为零长度集，必有$E\in\mathscr{R}_J-\mathscr{R}_\sigma(\mathscr{R}_0)\subset\mathscr{R}_\sigma(\mathscr{R}_J)-\mathscr{R}_\sigma(\mathscr{R}_0)$.

或由(6)得到$\overline{\overline{\mathscr{R}_J}}=2^{\aleph}>\aleph=\overline{\overline{\mathscr{R}_\sigma(\mathscr{R}_0)}}$推出$\mathscr{R}_\sigma(\mathscr{R}_0)\subsetneq\mathscr{R}_J-\mathscr{R}_\sigma(\mathscr{R}_0)\subset\mathscr{R}_\sigma(\mathscr{R}_J)-\mathscr{R}_\sigma(\mathscr{R}_0)$.

(5) 由(3)知$\mathscr{R}_J\subset\mathscr{R}_0^*$，根据$m_J$的定义有

$$m_J(E)=m^*(E),\quad E\in\mathscr{R}_J\subset\mathscr{R}_0^*.$$

因为m^*在$\mathscr{R}_0^*$上为一个测度，所以m_J为$\mathscr{R}_J$上的一个测度.

(6) 不难看出$\mathscr{H}(\mathscr{R}_0)=\mathscr{H}(\mathscr{R}_J)$为$\mathbb{R}^1$上所有子集的全体所成的集类. 由于$\mathscr{R}_0\subset\mathscr{R}_J\subset\mathscr{R}_0^*\subset\mathscr{H}(\mathscr{R}_0)=\mathscr{H}(\mathscr{R}_J)=2^{\mathbb{R}^1}$，根据引理2.1.2，有$\mathscr{H}(\mathscr{R}_0^*)=\mathscr{H}(\mathscr{R}_J)=2^{\mathbb{R}^1}$，且

$$m^*(E)=m^{**}(E)=(m^*)^*(E)=m_J^*(E),\quad\forall\,E\in\mathscr{H}(\mathscr{R}_J)=2^{\mathbb{R}^1}.$$

下面我们不用引理2.1.2来直接证明它. 首先，显然对$\forall\,E\in\mathscr{H}(\mathscr{R}_J)=2^{\mathbb{R}^1}$，有

$$\begin{aligned}m_J^*(E)&=\inf\left\{\sum_{i=1}^{\infty}m_J(E_i)\,\middle|\,E_i\in\mathscr{R}_J,E\subset\bigcup_{i=1}^{\infty}E_i\right\}\\&=\inf\left\{\sum_{i=1}^{\infty}m^*(E_i)\,\middle|\,E_i\in\mathscr{R}_J,E\subset\bigcup_{i=1}^{\infty}E_i\right\}\\&\leqslant\inf\left\{\sum_{i=1}^{\infty}m^*(E_i)\,\middle|\,E_i\in\mathscr{R}_0,E\subset\bigcup_{i=1}^{\infty}E_i\right\}\\&=m^*(E).\end{aligned}$$

另一方面，可以证明$m_J^*(E)\geqslant m^*(E)$. 事实上，如果$m_J^*(E)=+\infty$，不等式显然成立；如果$m_J^*(E)<+\infty$，则对$\forall\,\varepsilon>0$，必有集列$E_i\in\mathscr{R}_J$，s. t. $E\subset\bigcup\limits_{i=1}^{\infty}E_i$，并且

$$\sum_{i=1}^{\infty}m_J(E_i)<m_J^*(E)+\varepsilon.$$

由此可知，$m^*(E_i)=m_J(E_i)<+\infty$，因而对$\forall\,i\in\mathbb{N}$，$\exists\,E_i^j\in\mathscr{R}_0$，s. t. $E_i\subset\bigcup\limits_{j=1}^{\infty}E_i^j$，且

$$\sum_{j=1}^{\infty} m(E_i^j) < m^*(E_i) + \frac{\varepsilon}{2^i} = m_J(E_i) + \frac{\varepsilon}{2^i}.$$

这样就有

$$E \subset \bigcup_{i=1}^{\infty} E_i \subset \bigcup_{i=1}^{\infty} \bigcup_{j=1}^{\infty} E_i^j = \bigcup_{i,j=1}^{\infty} E_i^j,$$

且

$$m^*(E) \leqslant \sum_{i,j=1}^{\infty} m(E_i^j) = \sum_{i=1}^{\infty} \sum_{j=1}^{\infty} m(E_i^j) < \sum_{i=1}^{\infty} \left[m_J(E_i) + \frac{\varepsilon}{2^i} \right]$$

$$= \sum_{i=1}^{\infty} m_J(E_i) + \varepsilon < m_J^*(E) + 2\varepsilon.$$

令 $\varepsilon \to 0^+$ 便得到

$$m^*(E) \leqslant m_J^*(E), \text{即 } m_J^*(E) \geqslant m^*(E).$$

综合上述,有

$$m^*(E) = m_J^*(E).$$

因此,当 $E \in \mathscr{H}(\mathscr{R}_0) = \mathscr{H}(\mathscr{R}_J) = 2^{\mathbb{R}^1}$ 时,对 $\forall F \in \mathscr{H}(\mathscr{R}_0) = \mathscr{H}(\mathscr{R}_J) = 2^{\mathbb{R}^1}$,有

$$m_J^*(F) = m_J^*(F \cap E) + m_J^*(F - E)$$

$$\Leftrightarrow m^*(F) = m^*(F \cap E) + m^*(F - E),$$

即 $E \in \mathscr{R}_J^* \Leftrightarrow E \in \mathscr{R}_0^*$. 从而

$$\mathscr{R}_0^* = \mathscr{R}_J^*.$$

显然,有

$$2^{\aleph} = \overline{\overline{\mathscr{R}_0^*}} = \overline{\overline{\mathscr{R}_J^*}} \geqslant \overline{\overline{\mathscr{R}_J}}$$

$$\geqslant \overline{\overline{\{E \mid E \subset C(\text{Lebesgue 测度为零的 Cantor 疏朗三分集})\}}} = 2^{\aleph},$$

根据 Cantor-Bernstein 定理立即得到

$$\overline{\overline{\mathscr{R}_0^*}} = \overline{\overline{\mathscr{R}_J^*}} = \overline{\overline{\mathscr{R}_J}} = 2^{\aleph}.$$

□

定义 2.4.2 设 $E \subset \mathbb{R}^n$,如果对 $\forall \varepsilon > 0$,必存在 n 维开区间(当 $n=2$ 时,开长方形或开矩形;当 $n \geqslant 3$ 时,开长方体)$I_i = (a_1^{(i)}, b_1^{(i)}) \times (a_2^{(i)}, b_2^{(i)}) \times \cdots \times (a_n^{(i)}, b_n^{(i)})$, $i = 1, 2, \cdots, k$, s. t. $E \subset \bigcup_{i=1}^{k} I_i$, $\sum_{i=1}^{k} m(I_i) = \sum_{i=1}^{k} \prod_{j=1}^{n} (b_j^{(i)} - a_j^{(i)}) < \varepsilon$,则称 E 为 n 维**零体积集**(当 $n=2$ 时,**零面积集**). 在 2.3 节中,已定义了 $\mathbb{R}^n$ 中的 $\mathscr{R}_0, m, \mathscr{H}(\mathscr{R}_0), m^*, \mathscr{R}_0^*$ 以及 $\mathscr{R}_\sigma(\mathscr{R}_0) = \mathscr{B}$. 类似 $n=1$ 的情形,可定义 $\mathscr{R}_J, m_J, \mathscr{H}(\mathscr{R}_J) = \mathscr{H}(\mathscr{R}_0), m^*, \mathscr{R}_J^*$. $\mathscr{R}_J$ 中的元称为 **n 维 Jordan 可测集**. 用同样的方法可得到与定理 2.4.1、定理 2.4.2 完全类似的结论.

定义 2.4.3 设 $I \subset \mathbb{R}^n$ 为各边分别平行坐标轴的 n 维长方体,$E \subset I$(当然 E 为有界集). 如果常值 1 的函数 $1: E \to \mathbb{R}$ 是 Riemann 可积的,即它的零延拓

$$1_E: I \to \mathbb{R}, \quad 1_E(x) = \chi_E(x) = \begin{cases} 1, & x \in E, \\ 0, & x \notin E \end{cases}$$

(E 的特征函数)在 I 上是 Riemann 可积的,则称 E 是**有体积**的(当 $n=1$ 时,**有长度**的;当 $n=2$时,**有面积**的).

定理 2.4.3(有体积的充要条件) 设 $I\subset\mathbb{R}^n$ 为各边分别平行坐标轴的 n 维长方体,$E\subset I$ 为有界集,则:

(1) E 是有体积的$\Leftrightarrow$(2) E 为 Jordan 可测集,即∂E 为 n 维零体积集.

(参阅[14]定理 10.2.5)

证明 (1)$\Rightarrow$(2)设 E 是有体积的,根据定义 2.4.3,1_E 在 I 上 Riemann 可积.因此,对 $\forall\varepsilon>0$,$\exists\delta>0$,对于 I 的任何分割$\{I_i\mid i=1,2,\cdots,k\}$($I_i$ 为各边分别平行坐标轴的 n 维闭长方体),只要 I_i 的直径

$$\mathrm{diam}I_i=\sup\{\rho_0^n(x,y)\mid x,y\in I_i\}<\delta,\quad i=1,2,\cdots,k,$$

必有振幅($\omega_i=\sup\limits_{x\in E_i}1_E(x)-\inf\limits_{x\in E_i}1_E(x)$)和

$$\sum_{I_i\cap\partial E\neq\varnothing}m(I_i)=\sum_{I_i\cap\partial E\neq\varnothing}\omega_i\cdot m(I_i)=\sum_{i=1}^k\omega_i\cdot m(I_i)<\varepsilon.$$

作各边分别平行坐标轴的 n 维开长方体 J_i,并使

$$\partial E\subset\bigcup_{I_i\cap\partial E\neq\varnothing}I_i\subset\bigcup_{I_i\cap\partial E\neq\varnothing}J_i,\quad \text{且}\quad \sum_{I_i\cap\partial E\neq\varnothing}m(J_i)<\varepsilon.$$

因此,∂E 为 n 维零体积集.

(1)$\Leftarrow$(2)设∂E 为 n 维零体积集,则对 $\forall\varepsilon>0$,必有各边分别平行于坐标轴的 n 维开方体 $J_1,J_2,\cdots,J_l$,s. t.

$$\partial E\subset\bigcup_{j=1}^l J_j,\quad \text{且}\quad \sum_{j=1}^l m(J_j)<\varepsilon.$$

由于∂E 为有界闭集(即紧致集),根据 Lebesgue 数定理(参阅[14]定理 7.4.4),$\exists\delta>0$,对于 I 的任何分割$\{I_i\mid i=1,2,\cdots,k\}$,只要 $\mathrm{diam}I_i<\delta(i=1,2,\cdots,k)$,必有 $J_{j(i)}$,s. t. $I_i\subset J_{j(i)}$,故

$$\partial E\subset\bigcup_{I_i\cap\partial E\neq\varnothing}I_i\subset\bigcup_{j=1}^l J_j,$$

$$\sum_{i=1}^l\omega_i\cdot m(I_i)=\sum_{I_i\cap\partial E\neq\varnothing}\omega_i\cdot m(I_i)=\sum_{I_i\cap\partial E\neq\varnothing}m(I_i)\leqslant\sum_{j=1}^k m(J_j)<\varepsilon.$$

这就证明了 1_E 在 I 上是 Riemann 可积的,即 E 是有体积的. □

Hausdorff 测度和 Hausdorff 维数有越来越广泛的应用.尤其是在分形几何中,Hausdorff 测度和 Hausdorff 维数的概念起着非常关键的作用.下面就最简单的情形作一些介绍.Hausdorff 测度也是抽象测度的另一个重要的具体例子.

考虑$\mathbb{R}^1$ 上的 Hausdorff 测度.

定义 2.4.4 对于固定的实数 $\alpha>0$ 及 $\forall E\subset\mathbb{R}^1$,$\forall\delta>0$,定义

$$H_{\alpha,\delta}^*(E)=\inf\Big\{\sum_{i=1}^k|I_i|^\alpha\mid I_i\text{ 为}\mathbb{R}^1\text{ 上的开区间},|I_i|<\delta,E\subset\bigcup_{i=1}^k I_i,1\leqslant k\leqslant+\infty\Big\},$$

其中$|I_i|=\mathrm{diam}I_i=m(I_i)$为$I_i$的长度. 显然,对于固定的$\alpha$和$E$,在$\delta$减小时,$H_{\alpha,\delta}^*(E)$只可能增大. 因此,$\lim\limits_{\delta\to0^+}H_{\alpha,\delta}^*(E)$是存在的(这里允许极限值为$+\infty$). 定义$E$的**$\alpha$次Hausdorff外测度**为

$$H_\alpha^*(E)=\lim_{\delta\to0^+}H_{\alpha,\delta}^*(E).$$

由于区间的长度(或直径,或$\mathscr{L}$测度)具有平移不变性,所以Hausdorff外测度也是平移不变的,即对于任意$x_0\in\mathbb{R}^1$,$E\subset\mathbb{R}^1$,都有

$$H_\alpha^*(E+x_0)=H_\alpha^*(E),$$

其中集合$E+x_0=\{x+x_0\,|\,x\in E\}$.

容易看出,Hausdorff外测度还有下述类似于Lebesgue外测度的性质.

定理 2.4.4(Hausdorff外测度的基本性质)

(1) 非负性:$H_\alpha^*(E)\geqslant0$,$H_\alpha^*(\varnothing)=0$.

(2) 单调性:若$E_1\subset E_2$,则$H_\alpha^*(E_1)\leqslant H_\alpha^*(E_2)$.

(3) 次可数可加性:$H_\alpha^*\left(\bigcup\limits_{i=1}^\infty E_i\right)\leqslant\sum\limits_{i=1}^\infty H_\alpha^*(E_i)$.

此外,还有重要性质:

(4) 若E和F的距离$\rho_0^1(E,F)=d>0$,则

$$H_\alpha^*(E\cup F)=H_\alpha^*(E)+H_\alpha^*(F).$$

(5) $H_\alpha^*(\lambda E)=\lambda^\alpha H_\alpha^*(E)$,$\lambda>0$,其中$\lambda E=\{\lambda x\,|\,x\in E\}$.

证明 (1)(2)从Hausdorff外测度的定义立即推得.

(3) 如果某个$n_0\in\mathbb{N}$,s. t. $H_\alpha^*(E_{n_0})=+\infty$,则不等式显然成立.

如果$H_\alpha^*(E_i)<+\infty$,$\forall i\in\mathbb{N}$. 对$\forall\varepsilon>0$,$\forall\delta>0$和$\forall i\in\mathbb{N}$,由$H_{\alpha,\delta}^*$的定义,可取一列开区间$I_{i,\delta}^j$,$j=1,2,\cdots$,s. t. $E_i\subset\bigcup\limits_{j=1}^\infty I_{i,\delta}^j$,且

$$\sum_j|I_{i,\delta}^j|^\alpha<H_{\alpha,\delta}^*(E_i)+\frac{\varepsilon}{2^i},\quad i=1,2,\cdots.$$

于是

$$\begin{aligned}H_{\alpha,\delta}^*\left(\bigcup_{i=1}^\infty E_i\right)&\leqslant\sum_{i,j}|I_{i,\delta}^j|^\alpha=\sum_i\left(\sum_j|I_{i,\delta}^j|^\alpha\right)\\&<\sum_{i=1}^\infty\left(H_{\alpha,\delta}^*(E_i)+\frac{\varepsilon}{2^i}\right)=\sum_{i=1}^\infty H_{\alpha,\delta}^*(E_i)+\varepsilon.\end{aligned}$$

令$\delta\to0^+$,有

$$H_\alpha^*\left(\bigcup_{i=1}^\infty E_i\right)\leqslant\sum_{i=1}^\infty H_\alpha^*(E_i)+\varepsilon,$$

再令$\varepsilon\to0^+$得到

$$H_\alpha^*\left(\bigcup_{i=1}^{\infty} E_i\right) \leqslant \sum_{i=1}^{\infty} H_\alpha^*(E_i).$$

(4) 设 $0<\delta<\frac{d}{2}$,则任何一组覆盖 $E\cup F$ 的长度不超过 δ 的开区间都可自然地分成两组,分别覆盖 E 和 F.所以根据 $H_{\alpha,\delta}^*$ 的定义立知

$$H_{\alpha,\delta}^*(E\cup F) = H_{\alpha,\delta}^*(E) + H_{\alpha,\delta}^*(F).$$

令 $\delta\to 0^+$ 得到

$$H_\alpha^*(E\cup F) = H_\alpha^*(E) + H_\alpha^*(F).$$

(5) 从 $H_{\alpha,\delta}^*(E)$ 和 $H_{\alpha,\lambda\delta}^*(\lambda E)$ 的定义立即有

$$H_{\alpha,\lambda\delta}^*(\lambda E) = \lambda^\alpha H_{\alpha,\delta}^*(E), \quad \delta > 0.$$

令 $\delta\to 0^+$ 推出

$$H_\alpha^*(\lambda E) = \lambda^\alpha H_\alpha^*(E).$$ □

引理 2.4.1 设 $\alpha,\beta\in\mathbb{R}$,$\alpha<\beta$.

(1) 若 $H_\alpha^*(E)<+\infty$,则 $H_\beta^*(E)=0$.

(2) 若 $H_\beta^*(F)>0$,则 $H_\alpha^*(F)=+\infty$.

证明 (1) 因为 $H_\alpha^*(E)<+\infty$,所以

$$0\leqslant H_{\beta,\delta}^* = \inf\left\{\sum_{i=1}^{k} |I_i|^\beta \mid I_i \text{ 为开区间}, |I_i|<\delta, E\subset\bigcup_{i=1}^{k} I_i, 1\leqslant k\leqslant+\infty\right\}$$

$$\leqslant \delta^{\beta-\alpha}\inf\left\{\sum_{i=1}^{k} |I_i|^\alpha \mid I_i \text{ 为开区间}, |I_i|<\delta, E\subset\bigcup_{i=1}^{k} I_i, 1\leqslant k\leqslant+\infty\right\}$$

$$= \delta^{\beta-\alpha}H_{\alpha,\delta}^*(E) \leqslant \delta^{\beta-\alpha}H_\alpha^*(E) \to 0 \quad (\delta\to 0^+),$$

故得 $0\leqslant H_\beta^*(E)\leqslant 0$,即 $H_\beta^*(E)=0$.

(2) (反证)假设 $H_\alpha^*(F)<+\infty$,由(1)得到 $H_\beta^*(F)=0$,这与题设 $H_\beta^*(F)$相矛盾. □

引理 2.4.2 当 $\alpha=1$ 时,Hausdorff 外测度 $H_\alpha^*=H_1^*$ 就是 Lebesgue 外测度 m^*,即 $H_1^*(E)=m^*(E)$,$E\subset\mathbb{R}^1$.

证明 对 $\forall\,\delta>0$,有

$$m^*(E) = \inf\left\{\sum_{i=1}^{k} |I_i| \mid I_i \text{ 为开区间}, E\subset\bigcup_{i=1}^{k} I_i, 1\leqslant k\leqslant+\infty\right\}$$

$$\leqslant \inf\left\{\sum_{i=1}^{k} |I_i| \mid I_i \text{ 为开区间}, |I_i|<\delta, E\subset\bigcup_{i=1}^{k} I_i, 1\leqslant k\leqslant+\infty\right\}$$

$$\leqslant H_{1,\delta}^*(E) \leqslant H_1^*(E).$$

如果 $m^*(E)=+\infty$,则由上得到 $H_1^*(E)=+\infty=m^*(E)$;

如果 $m^*(E)<+\infty$,则对 $\forall\,\varepsilon>0$,必存在开区间序列$\{I_i\}$,s.t.

$$E\subset\bigcup_{i=1}^{\infty} I_i, \quad \sum_{i=1}^{\infty} |I_i| < m^*(E)+\varepsilon.$$

由于对每个开区间 I_i 及 $\delta>0$ 都可以取开区间序列 $\{I_i^j \mid j=1,2,\cdots,k(i)\}$, s. t.

$$I_i \subset \bigcup_{j=1}^{k(i)} I_i^j, \quad |I_i^j| < \delta, \quad j=1,2,\cdots,k(i),$$

$$\sum_{j=1}^{k(i)} |I_i^j| < |I_i| + \frac{\varepsilon}{2^i},$$

$$H_{1,\delta}^*(I_i) \leqslant \sum_{j=1}^{k(i)} |I_i^j| < |I_i| + \frac{\varepsilon}{2^i}.$$

令 $\delta \to 0^+$ 得到

$$H_1^*(I_i) = \lim_{\delta\to 0^+} H_{1,\delta}^*(I_i) \leqslant |I_i| + \frac{\varepsilon}{2^i}.$$

于是,由 Hausdorff 外测度的基本性质,有

$$H_1^*(E) \leqslant H_1^*\left(\bigcup_{i=1}^{\infty} I_i\right) \leqslant \sum_{i=1}^{\infty} H_1^*(I_i) \leqslant \sum_{i=1}^{\infty} |I_i| + \sum_{i=1}^{\infty} \frac{\varepsilon}{2^i} < m^*(E) + 2\varepsilon.$$

再令 $\varepsilon \to 0^+$,就得到

$$H_1^*(E) \leqslant m^*(E).$$

综合上述,就导出 $H_1^*(E) = m^*(E)$. □

引理 2.4.3 设 I 为非退化(有限或无限)区间,则

$$H_\alpha^*(E) = \begin{cases} +\infty, & 0<\alpha<1, \\ H_1^*(I) = |I|, & \alpha = 1, \\ 0, & \alpha > 1 \end{cases}$$

特别有

$$H_\alpha^*(\mathbb{R}) = \begin{cases} +\infty, & 0<\alpha\leqslant 1, \\ 0, & \alpha>1. \end{cases}$$

证明 设 I 为有限区间,由引理 2.4.2 知,

$$0 < H_1^*(I) = m^*(I) = |I| < +\infty.$$

当 $0<\alpha<1$,根据引理 2.4.1(2)和 $H_1^*(I)>0$ 推得 $H_\alpha^*(I)=+\infty$;

当 $\alpha>1$,根据引理 2.4.1(1)和 $H_1^*(I)<+\infty$ 推得 $H_\alpha^*(I)=0$

$\left(\text{或者由} \lim\limits_{n\to+\infty} n\left(\dfrac{|I|+1}{n}\right)^\alpha = \lim\limits_{n\to+\infty} \dfrac{(|I|+1)^\alpha}{n^{\alpha-1}} = 0 \text{ 得出}\right)$.

设 I 为无限区间,将 I 表成可数个有限区间 I_i 的并. 则由上述结果和定理 2.4.4 中的 Hausdorff 外测度的基本性质(2)得到:

$$\text{当 } 0<\alpha<1 \text{ 时}, +\infty = H_\alpha^*(I_1) \leqslant H_\alpha^*(I), \quad H_\alpha^*(I) = +\infty;$$

而由定理 2.4.4 中的 Hausdorff 外测度的基本性质(3)得到:

当 $\alpha>1$ 时,$0 \leqslant H_\alpha^*(I) \leqslant H_\alpha^*\left(\bigcup\limits_{i=1}^{\infty} I_i\right) \leqslant \sum\limits_{i=1}^{\infty} H_\alpha^*(I_i) = \sum\limits_{i=1}^{\infty} 0 = 0$,故得

$$H_\alpha^*(I)=0;$$

当 $\alpha=1$ 时，$H_1^*(I)=|I|=+\infty$. □

注 2.4.1 虽然 Hausdorff 外测度与 Lebesgue 外测度有许多相同之处. 但从引理2.4.3可以看到，当 $\alpha>1$ 时，对 $\forall E\subset\mathbb{R}^1$，有

$$0\leqslant H_\alpha^*(E)\leqslant H_\alpha^*(\mathbb{R}^1)=0,\quad \text{即 } H_\alpha^*(E)=0.$$

因此，$\alpha>1$ 的情形是极其平凡的. 再由引理 2.4.2 知，$H_1^*=m^*$，我们只须研究 $0<\alpha<1$ 的情形. 此外，根据引理 2.4.3，即使 E 有界，也还可能有 $H_\alpha^*(E)=+\infty$（如非退化有限区间）. 这展示了两种外测度的显著差别.

定理 2.4.5（α 次 Hausdorff 测度） 设 $\alpha>0$，则：

(1) $\mathscr{R}_\alpha^*=\{E|E\subset\mathbb{R}^1$ 满足 Caratheodory 条件：对 $\forall F\subset\mathbb{R}^1$，有 $H_\alpha^*(F)=H_\alpha^*(F\cap E)+H_\alpha^*(F-E)\}$ 为 σ 环.

(2) $H_\alpha^*:\mathscr{R}_\alpha^*\to\mathbb{R}$ 具有可数可加性，从而它是 $\mathscr{R}_\alpha^*$ 上的一个测度，称为 **α 次 Hausdorff 测度.**

(3) Borel 集 $\mathscr{B}=\mathscr{R}_\sigma(\mathscr{R}_0)\subset\mathscr{R}_\alpha^*$，且 $\mathscr{R}_\alpha^*$ σ 代数.

证明 (1) 设 $E_i\in\mathscr{R}_\alpha^*$，$i=1,2,\cdots$，对 $\forall F\subset\mathbb{R}^1$，有

$$\begin{aligned}
H_\alpha^*(F)&=H_\alpha^*(F\cap E_1)+H_\alpha^*(F-E_1)\\
&=H_\alpha^*(F\cap E_1)+H_\alpha^*((F-E_1)\cap E_2)+H_\alpha^*((F-E_1)-E_2)\\
&=H_\alpha^*(((F\cap E_1)\cup((F-E_1)\cap E_2))\cap E_1)\\
&\quad+H_\alpha^*(((F\cap E_1)\cup((F-E_1)\cap E_2))\cap E_1^c)+H_\alpha^*(F-E_1\cup E_2)\\
&=H_\alpha^*((F\cap E_1)\cup((F-E_1)\cap E_2))+H_\alpha^*(F-E_1\cup E_2)\\
&=H_\alpha^*(F\cap(E_1\cup E_2))+H_\alpha^*(F-E_1\cup E_2),
\end{aligned}$$

即 $E_1\cup E_2\subset\mathscr{R}_\alpha^*$.

此外，由于

$$\begin{aligned}
F\cap E_1\cap E_2&=(F-(E_1-E_2))\cap E_1,\\
F\cap E_1-E_2&=F\cap(E_1-E_2),
\end{aligned}$$

故

$$\begin{aligned}
H_\alpha^*(F)&=H_\alpha^*(F\cap E_1)+H_\alpha^*(F-E_1)\\
&=H_\alpha^*(F\cap E_1\cap E_2)+H_\alpha^*(F\cap E_1-E_2)+H_\alpha^*(F-E_1)\\
&=H_\alpha^*((F-(E_1-E_2))\cap E_1)+H_\alpha^*(F\cap(E_1-E_2))\\
&\quad+H_\alpha^*((F-(E_1-E_2))-E_1)\\
&=H_\alpha^*(F\cap(E_1-E_2))+H_\alpha^*(F-(E_1-E_2)),
\end{aligned}$$

即 $E_1-E_2\in\mathscr{R}_\alpha^*$. 这就证明了 $\mathscr{R}_\alpha^*$ 为一个环.

若 $E_i\in\mathscr{R}_\alpha^*$，$i=1,2,\cdots$，则

$$F_i=E_i-\bigcup_{j=1}^{i-1}E_j\in\mathscr{R}_\alpha^*,\quad i=1,2,\cdots,$$

它们彼此不相交,且 $\bigcup_{i=1}^{\infty} F_i=\bigcup_{i=1}^{\infty} E_i$. 为证 $\bigcup_{i=1}^{\infty} E_i \in \mathscr{R}_\alpha^*$,只须证 $\bigcup_{i=1}^{\infty} F_i\in \mathscr{R}_\alpha^*$. 因此,不妨设 E_i 彼此不相交.显然,对 $\forall F\subset \mathbb{R}^1$,由定理 2.4.4 中(3)得到

$$H_\alpha^*(F)\leqslant H_\alpha^*\left(F\cap\left(\bigcup_{i=1}^{\infty} E_i\right)\right)+H_\alpha^*\left(F-\bigcup_{i=1}^{\infty} E_i\right).$$

如果再证

$$H_\alpha^*(F)\geqslant H_\alpha^*\left(F\cap\left(\bigcup_{i=1}^{\infty} E_i\right)\right)+H_\alpha^*\left(F-\bigcup_{i=1}^{\infty} E_i\right),$$

就有

$$H_\alpha^*(F)= H_\alpha^*\left(F\cap\left(\bigcup_{i=1}^{\infty} E_i\right)\right)+H_\alpha^*\left(F-\bigcup_{i=1}^{\infty} E_i\right),$$

即 $\bigcup_{i=1}^{\infty} E_i\in \mathscr{R}_\alpha^*$,从而 $\mathscr{R}_\alpha^*$ 为 σ 环.

余下的是证明不等式

$$H_\alpha^*(F)\geqslant H_\alpha^*\left(F\cap\left(\bigcup_{i=1}^{\infty} E_i\right)\right)+H_\alpha^*\left(F-\bigcup_{i=1}^{\infty} E_i\right).$$

因 $E_1\cap E_2=\varnothing$,$E_1,E_2\in \mathscr{R}_\alpha^*$,故

$$\begin{aligned}H_\alpha^*(F\cap(E_1\cup E_2))&=H_\alpha^*((F\cap(E_1\cup E_2))\cap E_1)+H_\alpha^*((F\cap(E_1\cup E_2))-E_1)\\&=H_\alpha^*(F\cap E_1)+H_\alpha^*(F\cap E_2).\end{aligned}$$

应用数学归纳法立即得到

$$H_\alpha^*\left(F\cap\left(\bigcup_{i=1}^{n} E_i\right)\right)=\sum_{i=1}^{n} H_\alpha^*(F\cap E_i).$$

所以

$$\begin{aligned}H_\alpha^*(F)&= H_\alpha^*\left(F\cap\left(\bigcup_{i=1}^{n} E_i\right)\right)+H_\alpha^*\left(F-\bigcup_{i=1}^{n} E_i\right)\\&=\sum_{i=1}^{n} H_\alpha^*(F\cap E_i)+H_\alpha^*\left(F-\bigcup_{i=1}^{n} E_i\right)\\&\geqslant\sum_{i=1}^{n} H_\alpha^*(F\cap E_i)+H_\alpha^*\left(F-\bigcup_{i=1}^{\infty} E_i\right).\end{aligned}$$

令 $n\to+\infty$并应用定理 2.4.4 中(3)可得

$$\begin{aligned}H_\alpha^*(F)&\geqslant\sum_{i=1}^{\infty} H_\alpha^*(F\cap E_i)+H_\alpha^*\left(F-\bigcup_{i=1}^{\infty} E_i\right)\\&\geqslant H_\alpha^*\left(\bigcup_{i=1}^{\infty}(F\cap E_i)\right)+H_\alpha^*\left(F-\bigcup_{i=1}^{\infty} E_i\right)\\&= H_\alpha^*\left(F\cap\left(\bigcup_{i=1}^{\infty} E_i\right)\right)+H_\alpha^*\left(F-\bigcup_{i=1}^{\infty} E_i\right).\end{aligned}$$

(2) 设 $E_i \in \mathscr{R}_\alpha^*$，$i=1,2,\cdots$，且它们彼此不相交. 由(1)的证明中得到的不等式

$$H_\alpha^*(F) \geqslant \sum_{i=1}^{\infty} H_\alpha^*(F \cap E_i) + H_\alpha^*\left(F - \bigcup_{i=1}^{\infty} E_i\right).$$

再将 $F = \bigcup_{j=1}^{\infty} E_j$ 代入上式推出

$$\begin{aligned} H_\alpha^*\left(\bigcup_{i=1}^{\infty} E_i\right) &\geqslant \sum_{i=1}^{\infty} H_\alpha^*\left(\left(\bigcup_{j=1}^{\infty} E_j\right) \cap E_i\right) + H_\alpha^*\left(\bigcup_{j=1}^{\infty} E_j - \bigcup_{i=1}^{\infty} E_i\right) \\ &= \sum_{i=1}^{\infty} H_\alpha^*(E_i) + H_\alpha^*(\varnothing) \\ &= \sum_{i=1}^{\infty} H_\alpha^*(E_i) + 0 \\ &= \sum_{i=1}^{\infty} H_\alpha^*(E_i). \end{aligned}$$

另一方面，根据定理 2.4.4(3)有

$$H_\alpha^*\left(\bigcup_{i=1}^{\infty} E_i\right) \leqslant \sum_{i=1}^{\infty} H_\alpha^*(E_i).$$

因此

$$H_\alpha^*\left(\bigcup_{i=1}^{\infty} E_i\right) = \sum_{i=1}^{\infty} H_\alpha^*(E_i),$$

即 H_α^* 具有可数可加性，从而 H_α^* 为 $\mathscr{R}_\alpha^*$ 上的一个测度.

(3) 设 $F \subset \mathbb{R}^1$，$E=(a,b]$，$-\infty < a < b < +\infty$. 由定理 2.4.4 中(3)知，

$$H_\alpha^*(F) \leqslant H_\alpha^*(F \cap E) + H_\alpha^*(F - E).$$

再证相反的不等式. 如果 $H_\alpha^*(F) = +\infty$，显然有

$$H_\alpha^*(F) = +\infty \geqslant H_\alpha^*(F \cap E) + H_\alpha^*(F - E);$$

如果 $\lim\limits_{\delta \to 0^+} H_{\alpha,\delta}^*(F) = H_\alpha^*(F) < +\infty$，则对 $\forall\, \varepsilon > 0$，$\forall\, \delta > 0$，根据 $H_\alpha^*(F)$ 的定义，必存在开区间 $I_i\,(i=1,2,\cdots)$，s. t. $|I_i| < \delta$，且 $F \subset \bigcup_{i=1}^{\infty} I_i$，

$$H_{\alpha,\delta}^*(F) + \varepsilon > \sum_{i=1}^{\infty} |I_i|^\alpha.$$

设 J_i 为对 I_i 增加右端点后的左开右闭区间，则 $F \subset \bigcup_{i=1}^{\infty} I_i \subset \bigcup_{i=1}^{\infty} J_i$. 而且不妨设 J_i 不包含在其他若干 J_k 的并中(否则删去 J_i). 由 $\{J_i\}$ 必可构造新的彼此不相交的左开右闭的区间 $\{D_k\}$，s. t. $|D_i| < \delta$ 和 $F \subset \bigcup_{k=1}^{\infty} D_k$. 再取开区间 $L_k \supset D_k$，s. t. $|L_k| < \delta$，且

$$H_{\alpha,\delta}^*(F)+\varepsilon>\sum_{i=1}^{\infty}|I_i|^{\alpha}>\sum_{k=1}^{\infty}|L_k|^{\alpha}-\varepsilon$$

$$\geqslant\sum_{k=1}^{\infty}|D_k|^{\alpha}-\varepsilon\geqslant H_{\alpha,\delta}^*(F\cap E)+H_{\alpha,\delta}^*(F-E)-2\delta^{\alpha}-\varepsilon.$$

令 $\delta\to0^+$ 得到

$$H_\alpha^*(F)\geqslant H_\alpha^*(F\cap E)+H_\alpha^*(F-E)-\varepsilon.$$

再令 $\varepsilon\to0^+$ 就有

$$H_\alpha^*(F)\geqslant H_\alpha^*(F\cap E)+H_\alpha^*(F-E).$$

综合上述,有

$$H_\alpha^*(F)=H_\alpha^*(F\cap E)+H_\alpha^*(F-E).$$

这就证明了 $E=(a,b]\in\mathscr{R}_\alpha^*$. 根据(1),$\mathscr{R}_\alpha^*$ 为 σ 环. 于是,$\mathscr{B}=\mathscr{R}_\sigma(\mathscr{R}_0)\subset\mathscr{R}_\alpha^*$. 再由 $\mathbb{R}^1=\bigcup_{n\in\mathbb{Z}}(n,n+1]\in\mathscr{R}_\alpha^*$ 知 $\mathscr{R}_\alpha^*$ 为一个 σ 代数. □

注 2.4.2 根据引理 2.4.1 与引理 2.4.2,当 $H_1^*(E)=m^*(E)>0$ 时,对 $0<\alpha<1$,有 $H_\alpha^*(E)=+\infty$. 此时,考虑 H_α^* 是平凡的. 因此,只须对 $H_1^*(E)=m^*(E)=0$,研究其 $H_\alpha^*(E)$的值.

在论述了 Hausdorff 外测度和 Hausdorff 测度的基础上,我们来引进 Hausdorff 维数,并研究其重要性质.

定理 2.4.6(Hausdorff 维数的重要性质) 设 $E\subset\mathbb{R}^1$,称

$$d_H(E)=\inf\{\alpha\mid H_\alpha^*(E)=0,\alpha>0\}$$

为 E 的 **Hausdorff 维数**.

(1) 如果对 $\forall\,\alpha>0$,$H_\alpha^*(E)=0$(例如: E 为至多可数集),则 $d_H(E)=0$.

(2) 如果 $\exists\,\beta>0$, s. t. $H_\beta^*(E)>0$,则 $0<\beta\leqslant1$,且 $0<\beta\leqslant d_H(E)\leqslant1$.

此外,有

$$H_\alpha^*(E)=\begin{cases}+\infty, & \text{当 } 0<\alpha<d_H(E),\\ 0, & \text{当 } \alpha>d_H(E).\end{cases}$$

(3) 如果 E 的 Lebesgue 外测度 $m^*(E)>0$,则 $d_H(E)=1$.

特别地,当 I 为非退化区间(包括 $I=\mathbb{R}^1$)时,有

$$H_\alpha^*(I)=\begin{cases}+\infty, & \text{当 } 0<\alpha<1,\\ |I|, & \text{当 } \alpha=1,\\ 0, & \text{当 } \alpha>1,\end{cases}$$

$$d_H(I)=1.$$

(4) 如果 $d_H(E)<1$,则 $m^*(E)=0$.

(5) Lebesgue 测度为零的 Cantor 疏朗三分集 C 的 Hausdorff 维数为

$$d_H(C)=\frac{\ln 2}{\ln 3}.$$

更一般地，对 $\forall\, d\in(0,1)$，令

$$\xi=\mathrm{e}^{-\frac{1}{d}\ln 2}=(\mathrm{e}^{\ln 2})^{-\frac{1}{d}}=2^{-\frac{1}{d}},$$

则 $\xi\in\left(0,\frac{1}{2}\right)$. 构造 $C_\xi\in\mathbb{R}^1$, s. t.

$$d_H(C_\xi)=d.$$

此时，$m^*(C_\xi)=0$. 而 $C_{\frac{1}{3}}=C, d_H(C_{\frac{1}{3}})=d_H(C)=\frac{\ln 2}{\ln 3}$.

(6) 构造 $E\subset\mathbb{R}^1$, s. t. $d_H(E)=1, m^*(E)=0$.

证明 (1) 因为对 $\forall\,\alpha>0, H_\alpha^*(E)=0$，所以

$$d_H(E)=\inf\{\alpha\mid H_\alpha^*(E)=0,\alpha>0\}=0.$$

此外，如果 E 为至多可数集，记 $E=\{a_1,a_2,\cdots\}$. 对 $\forall\,\alpha>0$, $\forall\,\delta>0$，取开区间 $I_n=\left(a_n-\frac{1}{2}\left(\frac{\delta^\alpha}{2^n}\right)^{\frac{1}{\alpha}}, a_n+\frac{1}{2}\left(\frac{\delta^\alpha}{2^n}\right)^{\frac{1}{\alpha}}\right)$，则 $|I_n|=\left(\frac{\delta^\alpha}{2^n}\right)^{\frac{1}{\alpha}}<\delta$，且

$$\sum_n |I_n|^\alpha=\sum_n\left[\left(\frac{\delta^\alpha}{2^n}\right)^{\frac{1}{\alpha}}\right]^\alpha=\sum_n\frac{\delta^\alpha}{2^n}\leqslant\delta^\alpha,$$

所以 $0\leqslant H_{\alpha,\delta}^*(E)\leqslant\delta^\alpha$. 再令 $\delta\to 0^+$ 就得到

$$H_\alpha^*(E)=\lim_{\delta\to 0^+}H_{\alpha,\delta}^*(E)=0.$$

(2) 根据注 2.4.1，对 $\forall\,\alpha>1$，有 $H_\alpha^*(E)=0$，所以

$$d_H(E)\leqslant 1.$$

由此得到，如果 $\exists\,\beta>0$, s. t. $H_\beta^*(E)>0$，则必有 $0<\beta\leqslant 1$. 再由引理 2.4.1(2)，对 $\forall\,\alpha<\beta$ 有 $H_\alpha^*(E)=+\infty$，故

$$0<\beta\leqslant d_H(E)\leqslant 1.$$

如果 $0<\alpha<d_H(E)$，取 α' s. t. $\alpha<\alpha'<d_H(E)$，根据 $d_H(E)$ 的定义有 $H_{\alpha'}^*(E)>0$. 再由引理 2.4.1(2)，$H_\alpha^*(E)=+\infty$.

如果 $d_H(E)<\alpha$，必有 $H_\alpha^*(E)=0$.（反证）假设 $H_\alpha^*(E)>0$，则由 $d_H(E)$ 的定义和下确界的意义，$\exists\,\alpha_1$, s. t. $d_H(E)\leqslant\alpha_1<\alpha, H_{\alpha_1}^*(E)=0$；但从引理 2.4.1(2)，应有 $H_{\alpha_1}^*(E)=+\infty$，矛盾.

综合上述，有

$$H_\alpha^*(E)=\begin{cases}+\infty, & 0<\alpha<d_H(E),\\ 0, & \alpha>d_H(E).\end{cases}$$

(3) 由引理 2.4.2 知

$$H_1^*(E)=m^*(E)>0.$$

再由引理 2.4.1(2)，$H_\alpha^*(E)=+\infty, 0<\alpha<1$. 结合注 2.4.1 得到

$$H_\alpha^*(E)=\begin{cases}+\infty, & 0<\alpha<1,\\ m^*(E)>0, & \alpha=1,\\ 0, & \alpha>1,\end{cases}$$

由此和 Hausdorff 维数的定义，有 $d_H(E)=1$.

(4)（反证）假设 $m^*(E)>0$，则由(3)得到 $d_H(E)=1$，它与已知 $d_H(E)<1$ 相矛盾. 这就证明了 $m^*(E)=0$.

(5) 一般地，先从$[0,1]$挖去以$\frac{1}{2}$为中心，长为 $1-2\xi$ 的开区间. 再从余下的两个区间中各挖去一个以区间中点为中心，长为 $\xi(1-2\xi)$ 的开区间. 然后，从余下的四个区间中各挖去一个以区间中点为中心，长为 $\xi^2(1-2\xi)$ 的开区间. 依次类推，最后得到的集合记为 C_ξ，这里 $0<\xi<\frac{1}{2}$. 显然

$$m(C_\xi^c)=(1-2\xi)+\sum_{i=1}^{\infty}2^i\xi^i(1-2\xi)=(1-2\xi)\sum_{i=0}^{\infty}(2\xi)^i=(1-2\xi)\frac{1}{1-2\xi}=1,$$

所以

$$m(C_\xi)=m([0,1]-C_\xi^c)=m([0,1])-m(C_\xi^c)=1-1=0,$$

C_ξ 为 Lebesgue 零测集. 易见，C_ξ 为完全疏朗集. 记

$$C_1=[0,\xi]\cap C_\xi,\quad C_2=[1-\xi,1]\cap C_\xi,$$

则

$$C_1=\xi C_\xi,\qquad C_2=(1-\xi)+\xi C_\xi,$$

$$\rho_0^1(C_1,C_2)=1-2\xi>0.$$

所以，从 Hausdorff 外测度的平移不变性及定理 2.4.4 中的(4)和(5)知，对 $\forall\alpha>0$ 都有

$$H_\alpha^*(C_1)=H_\alpha^*(C_2),\quad H_\alpha^*(C_1)=\xi^\alpha H_\alpha^*(C_\xi),$$

$$H_\alpha^*(C_\xi)=H_\alpha^*(C_1)+H_\alpha^*(C_2)=2\xi^\alpha H_\alpha^*(C_\xi).$$

于是可以解出，或者 $H_\alpha^*(C_\xi)=0$ 或者 $H_\alpha^*(C_\xi)=+\infty$或者 $0<H_\alpha^*(C_\xi)<+\infty$，$\alpha=-\frac{\ln 2}{\ln\xi}$. 对 $\alpha_0=-\frac{\ln 2}{\ln\xi}$，下面将证明 $0<H_{\alpha_0}^*(C_\xi)<+\infty$. 于是，由引理 2.4.1 得到

$$H_\alpha^*(C_\xi)=\begin{cases}+\infty, & 0<\alpha<\alpha_0,\\ \\ 0, & \alpha>\alpha_0=-\dfrac{\ln 2}{\ln\xi}.\end{cases}$$

这就证明了当 $\xi=2^{-\frac{1}{d}}$时有

$$d_H(C_\xi)=\alpha_0=-\frac{\ln 2}{\ln\xi}=-\frac{\ln 2}{-\frac{1}{d}\ln 2}=d.$$

现在来证 $0<H_{\alpha_0}^*(C_\xi)<+\infty$.

设 $\delta>0$,开区间 $I_i(i=1,2,\cdots)$的长度$|I_i|<\delta$,$C_\xi\subset\bigcup\limits_{i=1}^{\infty}I_i$.令

$$I_i^1=\xi I_i,\quad I_i^2=(1-\xi)+\xi I_i,\quad i=1,2,\cdots,$$

则 $C_1\subset\bigcup\limits_{i=1}^{\infty}I_i^1$,$C_2\subset\bigcup\limits_{i=1}^{\infty}I_i^2$,$|I_i^1|<\xi\delta$,$|I_i^2|<\xi\delta$,$i=1,2,\cdots$.于是

$$\sum_{i=1}^{\infty}|I_i^1|^{\alpha_0}\geqslant H_{\alpha_0,\xi\delta}^*(C_1),\qquad \sum_{i=1}^{\infty}|I_i^2|^{\alpha_0}\geqslant H_{\alpha_0,\xi\delta}^*(C_2).$$

再由 $2\xi^{\alpha_0}=2\xi^{-\frac{\ln2}{\ln\xi}}=2\xi^{-\log_\xi 2}=2\xi^{\log_\xi\frac{1}{2}}=2\times\frac{1}{2}=1$,得

$$|I_i^1|^{\alpha_0}+|I_i^2|^{\alpha_0}=2\xi^{\alpha_0}|I_i|^{\alpha_0}=|I_i|^{\alpha_0},\quad i=1,2,\cdots$$

和

$$\begin{aligned}\sum_{i=1}^{\infty}|I_i|^{\alpha_0}&=\sum_{i=1}^{\infty}|I_i^1|^{\alpha_0}+\sum_{i=1}^{\infty}|I_i^2|^{\alpha_0}\\&\geqslant H_{\alpha_0,\xi\delta}^*(C_1)+H_{\alpha_0,\xi\delta}^*(C_2)\\&=2H_{\alpha_0,\xi\delta}^*(C_1)=2\xi^{\alpha_0}H_{\alpha_0,\xi\delta}^*(C_\xi)\\&=H_{\alpha_0,\xi\delta}^*(C_\xi).\end{aligned}$$

从而

$$H_{\alpha_0,\delta}^*(C_\xi)\geqslant H_{\alpha_0,\xi\delta}^*(C_\xi).$$

但由 $H_{\alpha_0,\delta}^*$的定义,当 $\delta>0$ 时,它是 δ 的减函数,所以

$$H_{\alpha_0,\xi\delta}^*(C_\xi)\geqslant H_{\alpha_0,\delta}^*(C_\xi).$$

从而由夹逼定理得到

$$H_{\alpha_0,\delta}^*(C_\xi)=H_{\alpha_0,\xi\delta}^*(C_\xi).$$

注意到 $\delta>0$ 的任意性以及 $H_{\alpha_0,\delta}^*(C_\xi)$作为 δ 的函数的单调性立知 $H_{\alpha_0,\delta}^*(C_\xi)$实际上与 δ 无关.因此

$$\begin{aligned}H_{\alpha_0}^*(C_\xi)&=\lim_{\delta\to0^+}H_{\alpha_0,\delta}^*(C_\xi)=\lim_{\delta\to0^+}H_{\alpha_0,2}^*(C_\xi)\\&=H_{\alpha_0,2}^*(C_\xi)\leqslant H_{\alpha_0,2}^*([0,1])\leqslant1<+\infty.\end{aligned}$$

为了证明 $H_{\alpha_0}^*(C_\xi)>0$,取 δ_0,s. t. $0<\delta_0<1-2\xi$.设$\{I_i\}$为 C_ξ 任意至多可数的开覆盖,$|I_i|<\delta_0$,$i=1,2,\cdots$.因为 C_ξ 为紧致集(有界闭集),由 Heine-Borel 有限覆盖定理,总可以从$\{I_i\}$中选出有限多个开区间 $J_1,J_2,\cdots,J_k$,s. t. $C_\xi\subset\bigcup\limits_{j=1}^{k}J_j$.如果能证明 $\sum\limits_{j=1}^{k}|J_j|^{\alpha_0}\geqslant\xi^{\alpha_0}$,则由 $H_{\alpha_0,\delta_0}^*(C_\xi)$ 的定义知

$$\sum_i|I_i|^{\alpha_0}\geqslant\sum_{j=1}^{k}|J_j|^{\alpha_0}\geqslant\xi^{\alpha_0},$$

$$H_{\alpha_0}^*(C_\xi)\geqslant H_{\alpha_0,\delta_0}^*(C_\xi)\geqslant\xi^{\alpha_0}>0,$$

下面证明

$$\sum_{j=1}^{k} |J_j|^{\alpha_0} \geqslant \xi^{\alpha_0}.$$

令 $l_0=\min\{|J_j|\,|\,j=1,2,\cdots,k\}$，则 $0<l_0<\delta_0<1-2\xi$. 因为

$$\rho_0^1(C_1,C_2)=1-2\xi>\delta_0, \text{而 } |J_j|<\delta_0,\quad j=1,2,\cdots,k,$$

所以可将 $\{J_j\}_{j=1}^{k}$ 分成两组 $\{J_{j,1}\}_{j=1}^{k_1}$ 和 $\{J_{j,2}\}_{j=1}^{k_2}$，$k_1+k_2=k$，使它们分别覆盖 C_1 和 C_2. 此时

$$\sum_{j=1}^{k} |J_{j,1}|^{\alpha_0} = \sum_{j=1}^{k_1} |J_{j,1}|^{\alpha_0} + \sum_{j=1}^{k_2} |J_{j,2}|^{\alpha_0}.$$

如果 $\sum_{j=1}^{k_1} |J_{j,1}|^{\alpha_0} \leqslant \sum_{j=1}^{k_2} |J_{j,2}|^{\alpha_0}$，则令

$$J'_j=\frac{1}{\xi}J_{j,1},\quad j=1,2,\cdots,k',k'=k_1;$$

否则令

$$J'_j=\frac{1}{\xi}(J_{j,2}-(1-\xi)),j=1,2,\cdots,k',k'=k_2.$$

注意到 $C_1=\xi C_\xi, C_2=(1-\xi)+\xi C_\xi$，便知 $\{J'_j\}_{j=1}^{k'}$ 是 C_ξ 的一个新的开覆盖，并且由 $\left(\frac{1}{\xi}\right)^{\alpha_0}=2$ 得到

$$\sum_{j=1}^{k'} |J'_j|^{\alpha_0} = \left(\frac{1}{\xi}\right)^{\alpha_0} \sum_{j=1}^{k_2} |J_{j,1}|^{\alpha_0} = 2\sum_{j=1}^{k_2} |J_{j,1}|^{\alpha_0} \leqslant \sum_{j=1}^{k} |J_j|^{\alpha_0},$$

或

$$\sum_{j=1}^{k'} |J'_j|^{\alpha_0} = \left(\frac{1}{\xi}\right)^{\alpha_0} \sum_{j=1}^{k_2} |J_{j,2}|^{\alpha_0} = 2\sum_{j=1}^{k_2} |J_{j,2}|^{\alpha_0} \leqslant \sum_{j=1}^{k} |J_j|^{\alpha_0}.$$

如果 $l_1=\min\{|J'_j|\,|\,j=1,2,\cdots,k'\}\geqslant\xi$，则

$$\sum_{j=1}^{k} |J_j|^{\alpha_0} \geqslant \sum_{j=1}^{k'} |J'_j|^{\alpha_0} \geqslant \xi^{\alpha_0},$$

证明已完成；如果 $0<l_1<\xi$，则以 $\{J'_j\}_{j=1}^{k'}$ 代替原来的 $\{J_j\}_{j=1}^{k}$，重复同样的作法得到 C_ξ 的一个新的有限开覆盖 $\{J''_j\}_{j=1}^{k''}$，s. t.

$$\sum_{j=1}^{k''} |J''_j|^{\alpha_0} \leqslant \sum_{j=1}^{k'} |J'_j|^{\alpha_0} \leqslant \sum_{j=1}^{k} |J_j|^{\alpha_0}.$$

如果

$$l_2=\min\{|J''_j|\,|\,j=1,2,\cdots,k''\}\geqslant\xi,$$

则证明已完成；否则还可重复上述步骤. 因为

$$l_1\geqslant\frac{1}{\xi}l_0,\quad l_2\geqslant\frac{1}{\xi}l_1\geqslant\left(\frac{1}{\xi}\right)^2 l_0,\cdots,$$

所以上述作法在重复 n 次以后便有

$$l_n \geqslant \left(\frac{1}{\xi}\right)^n l_0 \geqslant \xi.$$

从而证明了 $H_{\alpha_0}^*(C_\xi) \geqslant \xi^{\alpha_0} > 0$.

(6) 根据(5)可构造 $E_n \subset [0,1]$, s. t.

$$d_H(E_n) = 1 - \frac{1}{n+1}, \quad n = 1,2,\cdots.$$

此时, $m^*(E_n)=0$. 令 $E=\bigcup\limits_{n=1}^{\infty} E_n$. 显然

$$0 \leqslant m^*(E) = m^*\left(\bigcup_{n=1}^{\infty} E_n\right) \leqslant \sum_{n=1}^{\infty} m^*(E_n) = \sum_{n=1}^{\infty} 0 = 0, \quad m^*(E) = 0.$$

并且 $0<\alpha<1$ 时, $\exists n \in \mathbb{N}$, s. t.

$$0 < \alpha < 1 - \frac{1}{n+1} = d_H(E_n),$$

故由(2)得到

$$H_\alpha^*(E) \geqslant H_\alpha^*(E_n) = +\infty, \quad \text{即 } H_\alpha^*(E) = +\infty,$$

于是

$$H_\alpha^*(E) = \begin{cases} +\infty, & 0 < \alpha < 1, \\ 0, & \alpha > 1. \end{cases}$$

从而, $d_H(E)=1$. □

注 2.4.3 虽然都是 Lebesgue 零测集,但却可以有不同的 Hausdorff 维数. 所以可用 Hausdorff 维数来对 Lebesgue 零测集作进一步分类,从而常常使几乎处处成立(即一个零测集外都成立,参阅定义 3.2.2)这一现象的研究得以深化.

以上对$\mathbb{R}^1$ 中子集的 Hausdorff 外测度和 Hausdorff 维数的讨论,可以推广到$\mathbb{R}^n$ 中,只须对 $E \subset \mathbb{R}^n$, $\alpha>0$,定义 E 的 α 次 Hausdorff 外测度为

$$\begin{aligned} H_\alpha^*(E) &= \lim_{\delta \to 0^+} H_{\alpha,\delta}^*(E) \\ &= \lim_{\delta \to 0^+} \inf \Big\{ \sum_{i=1}^{k} |B_i|^\alpha \mid B_i \text{ 为} \mathbb{R}^n \text{ 中的开球体}, \\ &\qquad \operatorname{diam} |B_i| < \delta, E \subset \bigcup_{i=1}^{k} B_i, 1 \leqslant k \leqslant +\infty \Big\}, \end{aligned}$$

其中 $|B_i| = \mathrm{vol} B_i$ 为开球 B_i 的 n 维体积. 而 E 的 Hausdorff 维数定义为

$$d_H(E) = \inf\{\alpha \mid H_\alpha^*(E) = 0, \alpha > 0\}.$$

这种高维 Euclid 空间$\mathbb{R}^n$ 中的 Hausdorff 外测度和 Hausdorff 维数对研究$\mathbb{R}^n$ 中的低维子集常常是有用的.

2.5 测度的典型实例和应用

为了更深刻理解测度理论，我们给出一些典型实例，使得读者更加熟练地掌握测度理论中的方法. 进而打开思路、拓宽视野，跨上一个更高的境界.

例 2.5.1 设 $E\subset\mathbb{R}^1$，$m(E)>0$，则 $\exists\, x_0, x_1\in E$，s. t. x_1-x_0 为无理数.

证明 证法 1 显然，E 不是至多可数集(否则 $m(E)=0$). 任取 $x_0\in E$，令

$$G=\{x-x_0 \mid x\in E\},$$

易见 $\overline{\overline{G}}=\overline{\overline{E}}\neq\aleph_0$，故 G 也不是至多可数集. 因此，G 中数 $x-x_0$ 不可能都是有理数，即至少 $\exists\, x_1\in E$，s. t. x_1-x_0 为无理数.

证法 2 先证 $\overline{\overline{E}}=\aleph$.

显然，$\overline{\overline{E}}\leqslant\overline{\overline{\mathbb{R}^1}}=\aleph$. 另一方面，由定理 2. 3. 1 中(3)，存在闭集 $F\subset E$，s. t. $m(E-F)<\varepsilon=\frac{1}{2}m(E)$. 于是，$m(F)=m(E)-m(E-F)>m(E)-\frac{1}{2}m(E)=\frac{1}{2}m(E)>0$. 由此知，闭集 F 不可数. 根据定理 1. 6. 5 中(6)，$\overline{\overline{F}}=\aleph$. 从而 $\overline{\overline{E}}\geqslant\overline{\overline{F}}=\aleph$，$\aleph\geqslant\overline{\overline{E}}\geqslant\aleph$. 再根据 Cantor-Bernstein 定理 1. 2. 5，$\overline{\overline{E}}=\aleph$.

任取 $x_0\in E$，令

$$G=\{x-x_0 \mid x\in E\},$$

$\overline{\overline{G}}=\overline{\overline{E}}=\aleph$. 因而，$G$ 中数 $x-x_0$ 不可能都是有理数，即至少 $\exists\, x_1\in E$，s. t. x_1-x_0 为无理数.

□

例 2.5.2 设 $E\subset\mathbb{R}^1$，$m(E)>0$，则 $\exists\, x_0, x_1\in E$，s. t. x_1-x_0 为有理数.

证明 证法 1 对 $x,y\in E$，定义 $x\sim y\Leftrightarrow x-y\in\mathbb{Q}$. 显然，$\sim$ 为 E 上的一个等价关系. 于是，E 中所有点在 $\sim$ 下划分为若干互不相交的等价类. 在每一类中任选定一个点作为代表，组成集合 $F\subset E$. 根据定理 2. 3. 3，F 为不可测集.

(反证)假设 $\forall\, x,y\in E$，$x-y$ 均不为有理数，即 E 中任两点必属于不同类，亦即每类 $[x]=\{x\}$ 只含一个点. 于是，$F=E$. 而 F 不可测，从而 E 也不可测，这与 E 可测相矛盾.

证法 2 不失一般性，设 $E\subset[-N,N]$，N 为自然数. 令

$$[-1,1]\cap\mathbb{Q}=\{r_1,r_2,\cdots,r_n,\cdots\}.$$

作$\mathbb{R}^1$ 上的平移：$\varphi_n(x)=x+r_n$，记 $\varphi_n(E)=E_n$，$n=1,2,\cdots$ 由可测性和 Lebesgue 测度对于平移的不变性得到

$$m(E_n)=m(E)>0,\quad n=1,2,\cdots.$$

易知，$E_n\subset[-N-1,N+1]$. 从而，

$$\bigcup_{n=1}^{\infty}E_n\subset[-N-1,N+1].$$

假设对 $\forall\, m,n(m\neq n)\in\mathbb{N}$，均有 $E_m\cap E_n=\varnothing$，从 $m(E)>0$ 得

$$+\infty>2(N+1)\geqslant m\Big(\bigcup_{n=1}^{\infty}E_n\Big)=\sum_{n=1}^{\infty}m(E_n)=\sum_{n=1}^{\infty}m(E)=+\infty,$$

矛盾.故必有 $m_0\neq n_0$, s.t. $E_{m_0}\cap E_{n_0}\neq\varnothing$.设 $z\in E_{m_0}\cap E_{n_0}$,则有 $x_0,x_1\in E$, s.t.

$$x_0+r_{m_0}=z=x_1+r_{n_0},$$

从而 $x_1-x_0=r_{m_0}-r_{n_0}\in\mathbb{Q}$. □

例 2.5.3 $\mathbb{R}^1$ 上的 Lebesgue 外测度 m^* 不具有可数可加性,即存在两两不相交的集列 $\{A_n\}$, s.t.

$$m^*\Big(\bigcup_{n=1}^{\infty}A_n\Big)<\sum_{n=1}^{\infty}m^*(A_n).$$

证明 由定理 2.3.3 证法 2,对每个 $n\in\mathbb{N}$,有 $m^*(A_n)=\beta>0$,且

$$A_n\subset\Big[-\frac{3}{2},\frac{3}{2}\Big],\quad \bigcup_{n=1}^{\infty}A_n\subset\Big[-\frac{3}{2},\frac{3}{2}\Big].$$

由此得到

$$m^*\Big(\bigcup_{n=1}^{\infty}A_n\Big)\leqslant m^*\Big(\Big[-\frac{3}{2},\frac{3}{2}\Big]\Big)=3<+\infty=\sum_{n=1}^{\infty}\beta=\sum_{n=1}^{\infty}m^*(A_n).$$ □

例 2.5.4 设 E 为 Lebesgue 可测集,如果对 $\forall\, n\in\mathbb{N}$,

$$m(\tau_{\frac{1}{n}}E\cap E)=0,$$

则 $m(E)=0$,其中 $\tau_{\frac{1}{n}}(x)=x+\dfrac{1}{n}$ 为平移.

证明 证法 1 (反证)假设 $\beta=m(E)>0$,因为 E 为 Lebesgue 可测集,根据定理 2.3.1 (2),存在开集 $G\supset E$, s.t. $m(G-E)<\dfrac{\beta}{8}$.显然,存在充分大的 $n\in\mathbb{N}$, s.t.

$$\begin{aligned}
\frac{\beta}{2}&=\frac{m(E)}{2}\leqslant\frac{m(G)}{2}<m(\tau_{\frac{1}{n}}G\cap G)\\
&=m(\tau_{\frac{1}{n}}(E\cup(G-E))\cap(E\cup(G-E)))\\
&=m((\tau_{\frac{1}{n}}E\cap E)\cup(\tau_{\frac{1}{n}}(G-E)\cap(G-E))\cup(\tau_{\frac{1}{n}}E\cap(G-E))\cup(E\cap\tau_{\frac{1}{n}}(G-E)))\\
&\leqslant m(\tau_{\frac{1}{n}}E\cap E)+m(G-E)+m(G-E)+m(\tau_{\frac{1}{n}}(G-E))\\
&=m(\tau_{\frac{1}{n}}E\cap E)+3m(G-E)<0+\frac{3\beta}{8}=\frac{3\beta}{8},
\end{aligned}$$

矛盾.这就证明了 $m(E)=0$.

证法 2 根据例 3.5.1,有

$$m(E)=\lim_{n\to+\infty}m(\tau_{\frac{1}{n}}E\cap E)=\lim_{n\to+\infty}0=0.$$ □

例 2.5.5 设 $E\subset\mathbb{R}^1$, $m^*(E)>0$.则对 $\forall\, q\in[0,m^*(E))$,必 $\exists\, E_1\subset E$, s.t. $m^*(E_1)=q$.

证明 令

$$f(x)=m^*(E\cap(-x,x)),x\in[0,+\infty).$$

易见，$f(0)=0$，$\lim\limits_{x\to+\infty} f(x)=m^*(E)$. 下证 f 为连续函数.

事实上，对 $\forall h>0$，有

$$\begin{aligned}|f(x+h)-f(x)| &= |m^*(E\cap(-x-h,x+h))-m^*(E\cap(-x,x))| \\ &\leqslant m^*((-x-h,-x])+m^*([x,x+h))\leqslant 2h,\end{aligned}$$

故 f 在 x 右连续. 同理，f 在 x 左连续. 从而，f 在区间 $[0,+\infty)$ 上连续. 由 $f(0)=0\leqslant q<m^*(E)=\lim\limits_{x\to+\infty} f(x)$ 和连续函数的介值定理，$\exists\,\xi\in[0,+\infty)$，s. t.

$$q=f(\xi)=m^*(E\cap(-\xi,\xi))=m^*(E_1),$$

其中 $E_1=E\cap(-\xi,\xi)\subset E$. □

例 2.5.6 设 $\mathscr{R}$ 为集合 X 的某些子集所成的 σ 环，μ 为 $\mathscr{R}$ 上的测度. $A,B\in\mathscr{H}(\mathscr{R})$，则

(1) $\mu^*(A\cup B)+\mu^*(A\cap B)\leqslant\mu^*(A)+\mu^*(B)$.

(2) 设 $A,B\in\mathscr{H}(\mathscr{R})$，当 A 或 B 为 μ^* 可测集时，有

$$\mu^*(A\cup B)+\mu^*(A\cap B)=\mu^*(A)+\mu^*(B).$$

(3) 举出 $(X,\mathscr{R},\mu)$，$A,B\in\mathscr{H}(\mathscr{R})$，s. t.

$$\mu^*(A\cup B)+\mu^*(A\cap B)<\mu^*(A)+\mu^*(B).$$

证明 (1) 因为 $\mathscr{R}$ 为 σ 环，$A,B\in\mathscr{H}(\mathscr{R})$，故 $\exists\, G_1,G_2\in\mathscr{R}_\sigma(\mathscr{R})=\mathscr{R}$，s. t. $G_1\supset A$，$G_2\supset B$. 此外，对 $\forall\, G_1,G_2\in\mathscr{R}$，有

$$\begin{aligned}\mu(G_1)+\mu(G_2) &= \mu(G_1-G_2)+\mu(G_1\cap G_2)+\mu(G_2-G_1)+\mu(G_1\cap G_2) \\ &= \mu(G_1\cup G_2)+\mu(G_1\cap G_2) \\ &\geqslant \mu^*(A\cup B)+\mu^*(A\cap B).\end{aligned}$$

从而

$$\begin{aligned}\mu^*(A)+\mu^*(B) &= \inf_{\substack{G_1\supset A\\ G_1\in\mathscr{R}}}\mu(G_1)+\inf_{\substack{G_2\supset A\\ G_2\in\mathscr{R}}}\mu(G_2)=\inf_{\substack{G_1\supset A,G_2\supset A\\ G_1,G_2\in\mathscr{R}}}[\mu(G_1)+\mu(G_2)] \\ &\geqslant \mu^*(A\cup B)+\mu^*(A\cap B).\end{aligned}$$

(2) 不妨设 A 为 μ^* 可测集. 于是，对 $B\in\mathscr{H}(\mathscr{R})$，有

$$\begin{aligned}\mu^*(A\cup B) &= \mu^*((A\cup B)\cap A)+\mu^*((A\cup B)\cap A^c) \\ &= \mu^*(A)+\mu^*(B\cap A^c),\end{aligned}$$

$$\begin{aligned}\mu^*(A)+\mu^*(B) &= \mu^*(A)+\mu^*(B\cap A)+\mu^*(B\cap A^c) \\ &= \mu^*(A\cup B)+\mu^*(A\cap B).\end{aligned}$$

(3) 要举反例，联想到(2)，A 与 B 必须都为 μ^* 不可测集.

反例：设 $A\subset[0,1]$ 为 Lebesgue 不可测集(见定理 2.3.3)，$B=[0,1]-A$(显然，B 也为 Lebesgue 不可测集. 否则，$A=[0,1]-B$ 为可测集，矛盾). 则

$$\begin{aligned}m^*(A\cup B)+m^*(A\cap B) &= m^*([0,1])+m^*(\varnothing)=1-0=1 \\ &= 1+0<1+[m^*(A)-m_*(A)] \\ &= m^*(A)+[1-m_*(A)]\end{aligned}$$

$$=m^*(A)+m^*(B).$$

或者用反证法证明：(反证)假设对$\forall A,B\in\mathbb{R}^1=\mathscr{H}(\mathscr{R}_0)$，有

$$m^*(A\cup B)+m^*(A\cap B)=m^*(A)+m^*(B),$$

则

$$\begin{aligned}m^*(A)&=m^*((A\cap B)\cup(A\cap B^c))\\&=m^*(A\cap B)+m^*(A\cap B^c)-m^*((A\cap B)\cap(A\cap B^c))\\&=m^*(A\cap B)+m^*(A\cap B^c)-m^*(\varnothing)\\&=m^*(A\cap B)+m^*(A\cap B^c),\end{aligned}$$

即B必为Lebesgue可测集.但从定理2.3.3知B可能为Lebesgue不可测集，矛盾. □

例2.5.7 设$E\subset\mathbb{R}^1$为可测集，$D\subset\mathbb{R}^1$稠密，且对$\forall x\in D$必有

$$m(E\triangle(E+x))=m((E-(E+x))\cup((E+x)-E))=0,$$

则$m(E)=0$或$m(E^c)=0$，其中$E+x=\{e+x\mid e\in E\}$.

证明 先证

引理：若$m(E)>0$，则对$\forall\varepsilon>0$，必$\exists(a,b)$，s. t.

$$m(E\cap(a,b))>(b-a)(1-\varepsilon).$$

事实上，不妨设$m(E)<+\infty$，根据定理2.3.1(2)，有开集$\bigcup_{n=1}^{\infty}(a_n,b_n)\supset E$，s. t.

$$\bigcup_{n=1}^{\infty}m((a_n,b_n)-E)<\varepsilon m(E).$$

所以，$\exists n\in\mathbb{N}$，s. t.

$$m((a_n,b_n)-E)<\varepsilon(b_n-a_n)$$

$\left(\text{否则},\varepsilon m(E)>\sum_{n=1}^{\infty}m((a_n,b_n)-E)\geqslant\varepsilon\sum_{n=1}^{\infty}(b_n-a_n)\geqslant\varepsilon m(E)\right)$. 于是，

$$\begin{aligned}m(E\cap(a_n,b_n))&=m((a_n,b_n))-m((a_n,b_n)-E)\\&>(b_n-a_n)-\varepsilon(b_n-a_n)=(b_n-a_n)(1-\varepsilon).\end{aligned}$$

再用反证法证原命题.

(反证)假设命题不真，则$m(E)>0$，$m(E^c)>0$. 取$0<\varepsilon<\frac{1}{3}$，$(a,b)$，$(c,d)$，s. t.

$$m(E\cap(a,b))>(b-a)(1-\varepsilon),$$
$$m(E^c\cap(c,d))>(d-c)(1-\varepsilon).$$

不妨设$d-c>b-a$(否则等分(a,b)). 通过一次次等分(c,d)，必可取到$(c_1,d_1)\subset(c,d)$，s. t.

$$m(E^c\cap(c_1,d_1))>(d_1-c_1)(1-\varepsilon),$$
$$b-a<d_1-c_1\leqslant 2(b-a).$$

因为D稠密，故可取$x\in D$，s. t. $(a,b)+x\subset(c_1,d_1)$. 由于$m(E\triangle(E+x))=m((E-(E+x))\cup((E+x)-E))=m(E-(E+x))+m((E+x)\cap E^c)=0$，所以

$$
\begin{aligned}
0 &= m((E+x)-E) = m((E+x)\cap E^c)\\
&\geqslant m((E\cap(a,b)+x)\cap(E^c\cap(c_1,d_1)))\geqslant 0,
\end{aligned}
$$

故

$$
m((E\cap(a,b)+x)\cap(E^c\cap(c_1,d_1)))=0.
$$

而

$$
E\cap(a,b)+x\subset(a,b)+x\subset(c_1,d_1),\qquad E\cap(c_1,d_1)\subset(c_1,d_1)
$$

故

$$
\begin{aligned}
d_1-c_1 &\geqslant m((E\cap(a,b)+x)\cup(E\cap(c_1,d_1)))\\
&= m(E\cap(a,b)+x)+m(E^c\cap(c_1,d_1))-m((E\cap(a,b)+x)\\
&\quad\cap(E^c\cap(c_1,d_1)))\\
&>(b-a)(1-\varepsilon)+(d_1-c_1)(1-\varepsilon)-0\\
&\geqslant \frac{1}{2}(d_1-c_1)(1-\varepsilon)+(d_1-c_1)(1-\varepsilon)\\
&=\frac{3}{2}(d_1-c_1)(1-\varepsilon)>d_1-c_1,
\end{aligned}
$$

矛盾. □

例 2.5.8　构造一个 Borel 集(当然为 Lebesgue 可测集)$E\subset[0,1]$,s.t.它对任意区间 $\Delta\subset[0,1]$,有

$$
m(\Delta\cap E)>0,\quad m(\Delta\cap E^c)>0.
$$

解　首先证明：在一开区间(α,β)中,对$\forall r\in(0,1)$,可以构造一个稠密开集 G,s.t. $m(G)=r(\beta-\alpha)$.

先在(α,β)中取出一个以其中点为中心的长为$\lambda(\beta-\alpha)\left(0<\lambda<\dfrac{1}{3}\right)$的开区间$\delta$. 再在余下的两个区间$\Delta_0,\Delta_1$中,分别取出一个以其中点为中心的长为$\lambda^2(\beta-\alpha)$的开区间$\delta_0,\delta_1$；再在余下的四个区间$\Delta_{i_1i_2}(i_1=0,1;\ i_2=0,1)$中分别取出以其中点为中心的长为$\lambda^3(\beta-\alpha)$的区间$\delta_{i_1i_2}$；…,如此继续下去,令 G 为所有这些取出的区间之并：

$$
G=\delta\cup\left(\bigcup_{n=1}^{\infty}\bigcup_{i_1,\cdots,i_n=0}^{1}\delta_{i_1\cdots i_n}\right).
$$

显然,G 为开集,δ 以及所有 $\delta_{i_1\cdots i_n}$ 为其构成区间. 于是,有

$$
\begin{aligned}
m(G) &= m(\delta)+\sum_{n=1}^{\infty}\sum_{i_1,\cdots,i_n=0}^{1}m(\delta_{i_1\cdots i_n})\\
&=\lambda(\beta-\alpha)+\sum_{n=1}^{\infty}2^n\lambda^{n+1}(\beta-\alpha)\\
&=\lambda(\beta-\alpha)\sum_{n=0}^{\infty}(2\lambda)^n=\frac{\lambda}{1-2\lambda}(\beta-\alpha)=r(\beta-\alpha),r\in(0,1).
\end{aligned}
$$

其中

$$\frac{\lambda}{1-2\lambda}=r,\quad r-2r\lambda=\lambda,\quad \lambda=\frac{r}{1+2r}\in\left(0,\frac{1}{3}\right).$$

不难看出，$[\alpha,\beta]-G$ 为完全疏朗集，从而 G 在 $[\alpha,\beta]$ 中稠密（或直接由定义证明其稠密性）.

下面就来构造适合题意的 $[0,1]$ 中的 Borel 集（也为 Lebesgue 可测集 E）.

取 $r=\frac{3}{4}$，按上述方法在 $[0,1]$ 中作相应的稠密开集 G_0，$m(G_0)=\frac{3}{4}=1-\frac{1}{2^2}$. 由 G_0 为开集，$G_0=\bigcup\limits_{i=1}^{\infty}\delta_i^0$，$\delta_i^0$ 为 G_0 的构成区间. 对每个 δ_i^0，再按上述作法，得一稠密开集 G_i^0，s. t. $m(G_i^0)=\left(1-\frac{1}{3^2}\right)m(\delta_i^0)$. 并令

$$G_1=\bigcup_{i=1}^{\infty}G_i^0\subset G_0,$$

则

$$m(G_1)=\sum_{i=1}^{\infty}m(G_i^0)=\sum_{i=1}^{\infty}\left(1-\frac{1}{3^2}\right)m(\delta_i^0)=\left(1-\frac{1}{3^2}\right)m(G_0)=\left(1-\frac{1}{2^2}\right)\left(1-\frac{1}{3^2}\right).$$

由 G_1 为开集，有 $G_1=\bigcup\limits_{i=1}^{\infty}\delta_i^1$，$\delta_i^1$ 为 G_1 的构成区间. 再对每个 δ_i^1 施以上述方法，造出相应的稠密开集 G_i^1，s. t. $m(G_i^1)=\left(1-\frac{1}{4^2}\right)m(\delta_i^1)$. 再令

$$G_2=\bigcup_{i=1}^{\infty}G_i^1\subset G_1.$$

于是，又有

$$m(G_2)=\left(1-\frac{1}{2^2}\right)\left(1-\frac{1}{3^2}\right)\left(1-\frac{1}{4^2}\right).$$

如此继续下去，得一单调降开集列：

$$G_0\supset G_1\supset G_2\supset\cdots\supset G_n\supset\cdots,$$

且

$$m(G_n)=\prod_{k=0}^{n}\left[1-\frac{1}{(k+2)^2}\right],\quad n=0,1,\cdots.$$

令 $E=\bigcap\limits_{n=0}^{\infty}G_n$，显然 E 为 Borel 集（也为 Lebesgue 可测集），且

$$\begin{aligned}m(E)&=\lim_{n\to+\infty}m(G_n)=\prod_{k=0}^{\infty}\left[1-\frac{1}{(k+2)^2}\right]\\&=\lim_{n\to+\infty}\prod_{k=0}^{n}\left[1-\frac{1}{(k+2)^2}\right]=\lim_{n\to+\infty}\prod_{k=0}^{n}\frac{(k+3)(k+1)}{(k+2)^2}\end{aligned}$$

$$= \lim_{n\to+\infty}\frac{n+3}{2(n+2)} = \frac{1}{2}.$$

下证 E 适合题意.

任取开区间 $\Delta\subset[0,1]$. 由于 G_n 在 $[0,1]$ 中稠密，故 $E\cap\Delta\neq\varnothing$. 设 $x_0\in E\cap\Delta=\left(\bigcap_{n=0}^{\infty}G_n\right)\cap\Delta$，则在每个 G_n 中有它的一个构成区间 $\delta_{i_n}^n\ni x_0$. 易知，根据上述构造方法，

$$0\leqslant m(\delta_{i_n}^n)<\frac{1}{3^{n+1}}\to 0\quad(n\to+\infty),$$

故存在充分大的 n_0，s. t. $x_0\in\delta_{i_{n_0}}^{n_0}\subset\Delta$. 而由 $G_0\supset G_1\supset G_2\supset\cdots\supset G_n\supset\cdots$ 得到

$$\delta_{i_{n_0}}^{n_0}\cap E=\delta_{i_{n_0}}^{n_0}\cap\left(\bigcap_{n=0}^{\infty}G_n\right)=\delta_{i_{n_0}}^{n_0}\cap\left(\bigcap_{k=n_0}^{\infty}G_k\right),$$

$$m(\delta_{\delta_{n_0}}^{n_0}\cap E)=m\left(\delta_{i_{n_0}}^{n_0}\cap\left(\bigcap_{k=n_0}^{\infty}G_k\right)\right)=m(\delta_{i_{n_0}}^{n_0})\prod_{k=n_0}^{\infty}\left[1-\frac{1}{(k+2)^2}\right]$$

以及

$$1>\prod_{k=n_0}^{\infty}\left[1-\frac{1}{(k+2)^2}\right]=\frac{1}{2}\left\{\prod_{k=0}^{n_0-1}\left[1-\frac{1}{(k+2)^2}\right]\right\}^{-1}>0$$

可知

$$m(\delta_{i_{n_0}}^{n_0}\cap E)>0,$$

$$m(\delta_{i_{n_0}}^{n_0}\cap E^c)=m(\delta_{i_{n_0}}^{n_0})-m(\delta_{i_{n_0}}^{n_0}\cap E)=\left\{1-\prod_{k=n_0}^{\infty}\left[1-\frac{1}{(k+2)^2}\right]\right\}m(\delta_{i_{n_0}}^{n_0})>0.$$

从而

$$m(\Delta\cap E)\geqslant m(\delta_{i_{n_0}}^{n_0}\cap E)>0,\qquad m(\Delta\cap E^c)\geqslant m(\delta_{i_{n_0}}^{n_0}\cap E^c)>0.$$ □

复习题 2

1. 设$([0,1],\mathscr{L}\cap[0,1],m)$为$[0,1]$上的 Lebesgue 测度空间.

(1) 设$\{E_n\}$为$[0,1]$中的可测集列，且 $\overline{\lim_{n\to+\infty}}m(E_n)=1$. 证明：对$0<\alpha<1$，必存在$\{E_{n_k}\}$，s. t.

$$m\left(\bigcap_{k=1}^{\infty}E_{n_k}\right)>\alpha.$$

(2) $\{E_n\}$为$[0,1]$中互不相同的可测集列，且$\exists\,\varepsilon>0$，$m(E_n)>\varepsilon(n\in\mathbb{N})$.

问：是否存在子列$\{E_{n_k}\}$，s. t. $m\left(\bigcap_{k=1}^{\infty}E_{n_k}\right)>0$？又若$\{m(E_n)\}$中存在收敛于 1 的子列，则上述结论是否成立？

2. 设 E 为$\mathbb{R}^n$ 中的不可测集. 证明：$\exists\,\varepsilon>0$，s. t. 对满足

$$A \supset E, \quad B \supset E^c$$

的任意 Lebesgue 可测集 A 与 B，均有 $m(A \cap B) \geqslant \varepsilon$.

3. 设 $E \subset (-\pi, \pi)$，$0 < a < b < +\infty$. 在平面上定义扇面集：

$$S = \{(r\cos\theta, r\sin\theta) \mid a < r < b, \theta \in E\}.$$

证明：$m^*(S) \leqslant \frac{1}{2}(b^2 - a^2) m^*(E)$.

4. 设$(\mathbb{R}^n, \mathscr{L}, m)$为 Lebesgue 测度空间，$E \subset \mathbb{R}^n$ 为 Lebesgue 可测集，$m(E) > 0$.

(1) $0 < \lambda < 1$，证明：存在 n 维开方体 I，s. t.

$$\lambda m(I) < m(E \cap I).$$

(2) 作(向量差)点集 $E_- E = \{\boldsymbol{x} - \boldsymbol{y} \mid \boldsymbol{x}, \boldsymbol{y} \in E\}$. 证明：必存在 $\delta > 0$，s. t.

$$E_- E \supset B(\boldsymbol{0}; \delta) = \{\boldsymbol{x} \in \mathbb{R}^n \mid \|\boldsymbol{x}\| < \delta\}.$$

5. 设$(\mathbb{R}^1, \mathscr{L}, m)$为 Lebesgue 测度空间，$E \in \mathscr{L}$.

(1) 如果 $m(E) > 0$，证明：点集 $E + E \stackrel{\text{def}}{=\!=} \{x + y \mid x \in E, y \in E\}$必包含一个开区间.

(2) 如果 $m(E) > 0$，且$\frac{1}{2}(x + y) \in E$，$\forall x, y \in E$，证明：E 必包含一个开区间.

6. 设$(\mathbb{R}^1, \mathscr{L}, m)$为测度空间，$\alpha > 2$，令

$$E = \left\{ x \in \mathbb{R}^1 \mid \text{存在无限个分数}\frac{p}{q}, p, q \text{是互素的自然数, s. t.} \left| x - \frac{p}{q} \right| < \frac{1}{q^\alpha} \right\}.$$

证明：$m(E) = 0$.

7. 在$\mathbb{R}^n$ 中，设 $\boldsymbol{x} \sim \boldsymbol{y} \Leftrightarrow \boldsymbol{x} - \boldsymbol{y} \in \mathbb{Q}^n$. 记$[x] = \{\boldsymbol{y} \in \mathbb{R}^n \mid \boldsymbol{y} \sim \boldsymbol{x}\}$，于是在$\sim$下$\mathbb{R}^n$ 划分为若干等价类. 在每一类中选一元且只选一元构成集合 W. 试应用上面题 4 中(2)的结论证明 W 为不可测集.

8. 设 $f(x)$为定义在$\mathbb{R}^1$ 上的连续可导的函数，并且 $f'(x) > 0$. 证明：当 E 为 Lebesgue 可测集时，$f^{-1}(E)$也为 Lebesgue 可测集.

9. 设 D 为$\mathbb{R}^1$ 中的稠密集，μ 为$\mathbb{R}^1$ 上的 Borel 测度(Borel 集组成的 σ 代数(Borel 代数) $\mathscr{B} = \mathscr{A}_\sigma(\mathscr{P}) = \mathscr{R}_\sigma(\mathscr{R}_0)$上的测度 μ，且对任何紧集 $K \subset \mathbb{R}^1$，有 $\mu(K) < +\infty$，则称 μ 为 **Borel 测度**). 如果对$\forall x_0 \in D$ 以及$\forall a, b \in \mathbb{R}^1$，$a < b$ 有

$$\mu((a, b] + x_0) = \mu((a, b]).$$

证明：对$\forall E \in \mathscr{B}$(即 E 为 Borel 集)，有 $\mu(E) = \lambda \cdot m(E)$，其中 $\lambda = \mu((0, 1])$.

10. 设$(\mathbb{R}^1, \mathscr{L}, m)$为 Lebesgue 测度空间. 函数 $f: \mathbb{R}^1 \to \mathbb{R}$ 在正测集 $E \in \mathscr{L}$ 上是有界的，且满足

$$f(x + y) = f(x) + f(y), \quad x, y \in \mathbb{R}^1.$$

证明：$f(x) = x f(1)$为线性函数.

11. 设$(\mathbb{R}^1, \mathscr{L}, m)$为 Lebesgue 测度空间. 证明：$\mathbb{R}^1$ 上的每个非空完全集 E 必含有一个测度为 0 的非空完全集.

12. 设 $E \subset [a, b]$，$f: [a, b] \to \mathbb{R}$ 为实函数. 如果 $f'(x)$在 E 上存在有限，且$|f'(x)| \leqslant M$

(常数),则:

(1) 对$\forall\varepsilon>0$,$\forall n\in\mathbb{N}$,有$m^*(f(E_n))\leqslant(M+\varepsilon)(m^*(E_n)+\varepsilon)$,其中

$$E_n=\{x\in E\mid \text{当 } y\in[a,b] \text{ 且 } |y-x|\leqslant\frac{1}{n} \text{ 时,有 } |f(y)-f(x)|\leqslant(M+\varepsilon)|y-x|\}.$$

(2) $m^*(f(E))\leqslant Mm^*(E)$.

13. (1) 设$f:\mathbb{R}^1\to\mathbb{R}$为$C^1$映射(即连续可导),$E\subset\mathbb{R}^1$为 Lebesgue 零测集,则$m(f(E))=0$.

(2) 进一步,即使$f:\mathbb{R}^1\to\mathbb{R}$只是可导函数,$m(E)=0$,仍有$m(f(E))=0$.

14. 设$f:[a,b]\to\mathbb{R}$在$E\subset[a,b]$上每一点处可导,则

$$f' \text{ 在 } E \text{ 上几乎处处为 } 0\,(f'\underset{m}{\doteq}0)\Leftrightarrow m(f(E))=0.$$

15. (特殊 Sard 定理)设$f:[a,b]\to\mathbb{R}$的临界点集为$E=\{x\in[a,b]\mid f'(x)=0\}$.则$f$的临界值集$f(E)$为 Lebesgue 零测集,即$m(f(E))=0$.

16. 设A,B为$(\mathbb{R}^1,\mathscr{L},m)$中两个正测度集.证明:$A+B=\{x+y\mid x\in A,y\in B\}$必包含一个内点.

17. 设$(\mathbb{R}^2,\mathscr{L},m)$为 Lebesgue 测度空间.试作$\mathbb{R}^2$中一个正测集,使其任一正测子集$E$皆不能表示成$E=A\times B$,其中$A,B$为$(\mathbb{R}^1,\mathscr{L},m)$中的正测集.

18. (1) 构造$[0,1]$上的一个可导函数,其导函数在已给的非空完全集C上无处连续.

(2) 构造$[0,1]$上一个可导函数f,使f'在$[0,1]$上不连续点的全体具有正的 Lebesgue 测度.

第 3 章

积分理论

首先给出可测空间和可测函数的基本概念，并证明一些简单性质. 然后，论述可测函数的各种收敛性以及 Lebesgue 可测函数的结构. 在此基础上建立了测度空间$(X,\mathscr{R},\mu)$上的积分理论. 进而还研究了积分极限定理(Lebesgue 控制收敛定理、Levi 引理和 Fatou 引理)，且讨论了 Lebesgue 可测函数与连续函数之间的关系，Lebesgue 积分与 Riemann 积分之间的关系以及关联重积分与累次积分的 Fubini 定理. 作为 Lebesgue 积分理论的应用，通过引进有界变差函数和绝对(全)连续函数进一步刻画了微积分基本公式. 最后，为使积分理论上一个台阶又描述了 Lebesgue-Stieltjes 积分和 Riemann-Stieltjes 积分.

3.1 可测空间、可测函数

为引进积分，建立积分理论，首先需要给出可测空间和可测函数的基本概念，并证明一些简单性质.

定义 3.1.1 设 X 为基本空间，$\mathscr{R}$ 为 X 上的一个 σ 环，

$$X=\bigcup_{E\in\mathscr{R}}E$$

(注意 X 未必属于 $\mathscr{R}$!)，则称$(X,\mathscr{R})$为**可测空间**，称 $E\in\mathscr{R}$ 为(($X,\mathscr{R}$)上的)**可测集**.

在定义 3.1.1 中，并不要求在 $\mathscr{R}$ 上已经具有某个测度，即将可测空间、可测集只视作集合论范畴的概念.

定义 3.1.2 设$(X,\mathscr{R})$为可测空间，$E\subset X$，$f\colon E\to\mathbb{R}$ 为有限实函数. 如果对 $\forall c\in\mathbb{R}$，集合

$$E(c\leqslant f)=\{x\in E\mid c\leqslant f(x)\}$$

都为$(X,\mathscr{R})$上的可测集(即 $E(c\leqslant f)\in\mathscr{R}$)，则称 f 为 **E 上(关于$(X,\mathscr{R})$的)可测函数**.

显然，从 $\mathscr{R}$ 为 σ 环和定义 3.1.2 知，如果 $f\colon E\to\mathbb{R}$ 为$(X,\mathscr{R})$上的可测函数，则

$$E=\bigcup_{n=1}^{\infty}E(-n\leqslant f)\in\mathscr{R},$$

即 E 为$(X,\mathscr{R})$上的可测集.

特别地，$(\mathbb{R}^1,\mathscr{L}^g)$称为 **Lebesgue-Stieltjes 可测空间**，$E\in\mathscr{L}^g$称为 **Lebesgue-Stieltjes 可测集**，$(\mathbb{R}^1,\mathscr{L}^g)$上的可测函数称为**（关于 g 的）Lebesgue-Stieltjes 可测函数**；$(\mathbb{R}^n,\mathscr{L})$称为 **Lebesgue 可测空间**，$E\in\mathscr{L}$称为 **Lebesgue 可测集**，$(\mathbb{R}^n,\mathscr{L})$上的可测函数称为 **Lebesgue 可测函数**；$(\mathbb{R}^n,\mathscr{B})=(\mathbb{R}^n,\mathscr{R}_\sigma(\mathscr{R}_0))$称为 **Borel 可测空间**，$E\in\mathscr{B}=\mathscr{R}_\sigma(\mathscr{R}_0)$称为 **Borel 可测集**，$(\mathbb{R}^n,\mathscr{B})=(\mathbb{R}^n,\mathscr{R}_\sigma(\mathscr{R}_0))$的可测函数称为 **Borel 可测函数**（也称为 **Baire 函数**）.

定理 3.1.1（可测函数的充要条件）　设$(X,\mathscr{R})$为可测空间，$E\subset X$，$f\colon E\to\mathbb{R}$为有限实函数，则：

(1) f 为 E 上的可测函数$\Leftrightarrow$(2) 对$\forall c\in\mathbb{R}$，集合 $E(c<f)$为可测集

$\Leftrightarrow$(3) 对$\forall c\in\mathbb{R}$，集合 $E(f\leqslant c)$为可测集

$\Leftrightarrow$(4) 对$\forall c\in\mathbb{R}$，集合 $E(f<c)$为可测集

$\Leftrightarrow$(5) 对$\forall c,d\in\mathbb{R}$，集合 $E(c\leqslant f<d)$为可测集.

证明　(1)$\Rightarrow$(2)对$\forall c\in\mathbb{R}$，由 f 为 E 上的可测函数，所以

$$E\left(c+\frac{1}{n}\leqslant f\right)$$

为可测集. 再由 $\mathscr{R}$ 为 σ 环知

$$E(c<f)=\bigcup_{n=1}^{\infty}E\left(c+\frac{1}{n}\leqslant f\right)\in\mathscr{R},$$

即 $E(c<f)$为可测集.

(2)$\Rightarrow$(3)对$\forall c\in\mathbb{R}$，由(2)，$E(-n<f)$和 $E(c<f)$都为可测集，再由 $\mathscr{R}$ 为 σ 环知

$$E(f\leqslant c)=E-E(c<f)=\bigcup_{n=1}^{\infty}E(-n<f)-E(c<f)\in\mathscr{R},$$

即 $E(f\leqslant c)$为可测集.

(3)$\Rightarrow$(4)对$\forall c\in\mathbb{R}$，由(3)知

$$E\left(f\leqslant c-\frac{1}{n}\right)$$

为可测集. 再由 $\mathscr{R}$ 为 σ 环知

$$E(f<c)=\bigcup_{n=1}^{\infty}E\left(f\leqslant c-\frac{1}{n}\right)\in\mathscr{R},$$

即 $E(f<c)$为可测集.

(4)$\Rightarrow$(5)对$\forall c,d\in\mathbb{R}$，$c<d$，由(4)$E(f<n)$和 $E(f<c)$以及 $E(f<d)$都为可测集. 再由 $\mathscr{R}$ 为 σ 环知

$$\begin{aligned}E(c\leqslant f<d)&=E(c\leqslant f)\cap E(f<d)\\&=[E-E(f<c)]\cap E(f<d)\\&=\left[\bigcup_{n=1}^{\infty}E(f<n)-E(f<c)\right]\cap E(f<d)\in\mathscr{R},\end{aligned}$$

即 $E(c\leqslant f<d)$为可测集.

(5)⇒(1)对 $\forall c\in\mathbb{R}$，由(5)$E(c\leqslant f<c+n)$为可测集. 再由 $\mathscr{R}$ 为 σ 环知

$$E(c\leqslant f)=\bigcup_{n=1}^{\infty}E(c\leqslant f<c+n)\in\mathscr{R},$$

即 $E(c\leqslant f)$为可测集，从而 f 为 E 上的可测函数. □

定理 3.1.2(可测函数的简单性质) 设$(X,\mathscr{R})$为可测空间，$E\subset X$，$f\colon E\to\mathbb{R}$ 为实函数.

(1) 设 f 为 E 上的可测函数，$E_1\subset E$ 为可测子集，则 $f\colon E_1\to\mathbb{R}$ 也为可测函数.

(2) 设 $E_1,E_2,\cdots,E_n$ 为可测集，$E=\bigcup\limits_{i=1}^{n}E_i$，则

$$f\text{ 为 }E=\bigcup_{i=1}^{n}E_i\text{ 上的可测函数}\Leftrightarrow f\text{ 为 }E_i(i=1,2,\cdots,n)\text{上的可测函数}.$$

(3) 设 $E_1,E_2,\cdots,E_i,\cdots$为可测集，$E=\bigcup\limits_{i=1}^{\infty}E_i$，则

$$f\text{ 为 }E=\bigcup_{i=1}^{\infty}E_i\text{ 上的可测函数}\Leftrightarrow f\text{ 为 }E_i(i=1,2,\cdots)\text{上的可测函数}.$$

(4) 设 $\mathscr{R}$ 为 σ 代数，则

$$E\text{ 为可测集}\Leftrightarrow E\text{ 的特征函数 }\chi_E(x)\text{为可测函数}.$$

证明 (1) 对 $\forall c\in\mathbb{R}$，由于 $f\colon E\to\mathbb{R}$ 为可测函数，故 $E(c\leqslant f)$为可测集. 再由 E_1 为可测集和 $\mathscr{R}$ 为环知

$$E_1(c\leqslant f)=E(c\leqslant f)\cap E_1$$

为可测集，从而 $f\colon E_1\to\mathbb{R}$ 为可测函数.

(2) (⇒)因 f 为 $E=\bigcup\limits_{i=1}^{n}E_i$ 上的可测函数，由(1)，f 为 $E_i(i=1,2,\cdots,n)$上的可测函数.

(⇐)设 f 为 $E_i(i=1,2,\cdots,n)$上的可测函数，故对 $\forall c\in\mathbb{R}$，$E_i(c\leqslant f)$为可测集$(i=1,2,\cdots,n)$. 再由 $\mathscr{R}$ 为环知

$$E(c\leqslant f)=\bigcup_{i=1}^{n}E_i(c\leqslant f)$$

为可测集，即 f 为 $E=\bigcup\limits_{i=1}^{n}E_i$ 上的可测函数.

(3) (⇒)因 f 为 $E=\bigcup\limits_{i=1}^{\infty}E_i$ 上的可测函数，由(1)，f 为 $E_i(i=1,2,\cdots)$上的可测函数.

(⇐)设 f 为 $E_i(i=1,2,\cdots)$上的可测函数，故对 $\forall c\in\mathbb{R}$，$E_i(c\leqslant f)$为可测集$(i=1,2,\cdots)$. 再由 $\mathscr{R}$ 为 σ 环知

$$E(c\leqslant f)=\bigcup_{i=1}^{\infty}E_i(c\leqslant f)$$

为可测集，即 f 为 $E=\bigcup\limits_{i=1}^{\infty}E_i$ 上的可测函数.

(4) E 为可测集$\Leftrightarrow$对 $\forall c\in\mathbb{R}$，

$$X(c\leqslant\chi_E)=\begin{cases}\varnothing, & 当\ c>1,\\ E, & 当\ 0<c\leqslant 1,\\ X, & 当\ c\leqslant 0\end{cases}$$

为可测集.

$\Leftrightarrow E$ 的特征函数 $\chi_E(x)$ 为可测函数. □

定理 3.1.3(可测函数的代数运算)　设$(X,\mathscr{R})$为可测空间,$E\subset X$,f,g: $E\to\mathbb{R}$ 为可测函数,则:

(1) 对 $\forall\alpha\in\mathbb{R}$,$\alpha f$ 为 E 上的可测函数.

(2) $f+g$ 为 E 上的可测函数.

(3) 任意有限个可测函数的线性组合为可测函数.

(4) fg 与$\dfrac{f}{g}$(假设 $g(x)\neq 0,\forall x\in E$)都为 E 上的可测函数.

(5) $\min\{f,g\}$与 $\max\{f,g\}$都为 E 上的可测函数.

(6) $|f|$为 E 上的可测函数.

证明　(1) 当 $\alpha=0$ 时,对 $\forall c\in\mathbb{R}$,因

$$E(c\leqslant\alpha f)=\begin{cases}E, & c\leqslant 0,\\ \varnothing, & c>0\end{cases}$$

为可测集,故 $\alpha f=0$ 为 E 上的可测函数.

当 $\alpha>0$ 时,对 $\forall c\in\mathbb{R}$,因

$$E(c\leqslant\alpha f)=E\left(\frac{c}{\alpha}\leqslant f\right)$$

为可测集,故 αf 为 E 上的可测函数.

当 $\alpha<0$ 时,对 $\forall c\in\mathbb{R}$,因

$$E(c\leqslant\alpha f)=E\left(\frac{c}{\alpha}\geqslant f\right)$$

为可测集,故 αf 为 E 上的可测函数.

(2) 设有理数集$\mathbb{Q}=\{r_1,r_2,\cdots,r_i,\cdots\}$. 由于 f,g 为 E 上的可测函数,故对 $\forall c\in\mathbb{R}$,$E(f>r_i)$与 $E(g>c-r_i)$为可测集. 再由 $\mathscr{R}$ 为 σ 环和等式

$$E(c<f+g)=\bigcup_{i=1}^{\infty}\left[E(f>r_i)\cap E(g>c-r_i)\right]$$

立知 $E(c<f+g)$为可测集. 根据定理 3.1.1(2),$f+g$ 为 E 上的可测函数.

现证上面所述的等式. 显然

$$\begin{aligned}x_0\in E(c<f+g)&\Leftrightarrow f(x_0)>c-g(x_0)\\ &\Leftrightarrow\exists\, r_i\in\mathbb{Q},\quad \text{s.t.}\quad f(x_0)>r_i>c-g(x_0)\end{aligned}$$

$$\Leftrightarrow \exists r_i \in \mathbb{Q}, \quad \text{s.t.} \quad x_0 \in E(f > r_i) \cap E(g > c - r_i)$$

$$\Leftrightarrow x_0 \in \bigcup_{i=1}^{\infty} [E(f > r_i) \cap E(g > c - r_i)],$$

即

$$E(c < f + g) = \bigcup_{i=1}^{\infty} [E(f > r_i) \cap E(g > c - r_i)].$$

(3) 从(1)、(2)并应用数学归纳法立即推得任意有限个可测函数的线性组合为可测函数.

(4) 对 $\forall c \in \mathbb{R}$，如果 $c \leqslant 0$，则 $E(f^2 \geqslant c) = E$ 为可测集；如果 $c > 0$，则 $E(f^2 \geqslant c) = E(f \geqslant \sqrt{c}) \cup E(f \leqslant -\sqrt{c})$ 为可测集. 因此，f^2 为可测函数.

由此结果与 $fg = \frac{1}{4}[(f+g)^2 - (f-g)^2]$ 以及(1)(2)推得 fg 也为可测函数.

对 $\forall c \in \mathbb{R}$，由于

$$E\left(\frac{1}{g} > c\right) = \begin{cases} E\left(g < \frac{1}{c}\right) \cap E(g > 0), & \text{当 } c > 0, \\ E(g > 0), & \text{当 } c = 0, \\ E(g > 0) \cup \left[E(g < 0) \cap E\left(g < \frac{1}{c}\right)\right], & \text{当 } c < 0 \end{cases}$$

都为可测集，所以 $\frac{1}{g}$ 为可测函数. 从而，$\frac{f}{g} = f \cdot \frac{1}{g}$ 为可测函数.

(5) 对 $\forall c \in \mathbb{R}$，由于

$$E(c \leqslant \max\{f, g\}) = E(c \leqslant f) \cup E(c \leqslant g)$$

为可测集，所以 $\max\{f, g\}$ 为可测函数.

由 $\min\{f, g\} = -\max\{-f, -g\}$，上述结论和(1)得到 $\min\{f, g\}$ 也为可测函数. 或者从

$$E(c \leqslant \min\{f, g\}) = E(c \leqslant f) \cap E(c \leqslant g)$$

推得结论.

(6) 由 $|f| = \max\{f, -f\}$ 并应用(1)和(5)立即推得 $|f|$ 为可测函数. □

定理 3.1.4(可测函数列的极限) 设 $(X, \mathscr{R})$ 为可测空间，$E \subset X$，$\{f_n\}$ 在 E 上为一个可测函数列，当

$$\sup_{n \in \mathbb{N}} f_n(x), \quad \inf_{n \in \mathbb{N}} f_n(x), \quad \overline{\lim_{n \to +\infty}} f_n(x), \quad \underline{\lim_{n \to +\infty}} f_n(x)$$

为有限函数时，它们都是 E 上的可测函数.

特别地，对 $\forall x \in E$，$\lim\limits_{n \to +\infty} f_n(x)$ 存在有限，则 $\lim\limits_{n \to +\infty} f_n(x)$ 为 E 上的可测函数.

证明 因为对 $\forall c \in \mathbb{R}$，有

$$\{x \in E \mid \sup_{n \in \mathbb{N}} f_n(x) > c\} = \bigcup_{n=1}^{\infty} \{x \in E \mid f_n(x) > c\},$$

所以$\sup\limits_{n\in\mathbb{N}} f_n(x)$为$E$上的可测函数.

由

$$\inf_{n\in\mathbb{N}} f_n(x) = -\sup_{n\in\mathbb{N}}\{-f_n(x)\}$$

(或者$\{x\in E\mid \inf\limits_{n\in\mathbb{N}} f_n(x)<c\}=\bigcup\limits_{n=1}^{\infty}\{x\in E\mid f_n(x)<c\}$)可知,$\inf\limits_{n\in\mathbb{N}} f_n(x)$为$E$上的可测函数.

再注意到

$$\overline{\lim_{n\to+\infty}} f_n(x) = \inf_{n\in\mathbb{N}}(\sup_{i\geqslant n} f_i(x)),$$

$$\underline{\lim_{n\to+\infty}} f_n(x) = -\overline{\lim_{n\to+\infty}}\{-f_n(x)\}$$

(或者$\underline{\lim\limits_{n\to+\infty}} f_n(x)=\sup\limits_{n\in\mathbb{N}}(\inf\limits_{i\geqslant n} f_n(x))$)立知$\overline{\lim\limits_{n\to+\infty}} f_n(x)$与$\underline{\lim\limits_{n\to+\infty}} f_n(x)$为$E$上的可测函数.

最后,因为

$$\lim_{n\to+\infty} f_n(x) = \overline{\lim_{n\to+\infty}} f_n(x) = \underline{\lim_{n\to+\infty}} f_n(x),$$

所以它也为E上的可测函数. □

定理 3.1.5(可测集的特征函数的线性组合逼近可测函数)

设$(X,\mathscr{R})$为可测空间,$E\subset X$,f为E上的可测函数,则必存在函数列$\{f_n\}$,使得每个f_n为可测集的特征函数的有限线性组合,且$\{f_n\}$在E上处处收敛于f.

证明 对$\forall n\in\mathbb{N}$,记

$$E_j^n = E\left(\frac{j}{n}\leqslant f<\frac{j+1}{n}\right),\quad j=-n^2,-n^2+1,\cdots,0,1,\cdots,n^2-1.$$

作函数

$$f_n=\sum_{j=-n^2}^{n^2-1}\frac{j}{n}\chi_{E_j^n}.$$

显然,它是E上可测集的特征函数的有限线性组合.

任取$x_0\in E$,由于$|f(x_0)|<+\infty$,所以,$\exists N\in\mathbb{N}$, s. t. $|f(x_0)|<N$. 当$n\geqslant N$时,总有$j\in\mathbb{Z}$, $-n^2\leqslant j<n^2-1$, s. t.

$$\frac{j}{n}\leqslant f(x_0)<\frac{j+1}{n},$$

即$x_0\in E_j^n$. 根据f_n的造法知,$f_n(x_0)=\sum\limits_{j=-n}^{n^2-1}\frac{j}{n}\chi_{E_j^n}(x_0)=\frac{j}{n}$,所以当$n\geqslant N$时,有

$$|f_n(x_0)-f(x_0)|=\left|\frac{j}{n}-f(x_0)\right|<\frac{1}{n}.$$

这就证明了$f_n(x_0)(n=1,2,\cdots)$收敛于$f(x_0)$. 由$x_0\in E$任取,所以f_n在E上处处收敛于f. □

定理 3.1.6 设$(X,\mathscr{R})$为可测空间，$E\subset X$，f为E上的有界可测函数，则必存在函数列$\{f_n\}$，使得每个f_n为可测集的特征函数的有限线性组合，且$\{f_n\}$在E上一致收敛于f.

证明 类似定理 3.1.5 的证明，由于$f(x)$在E上有界，故存在与x无关的$N\in\mathbb{N}$，使$|f(x)|<N$，$\forall x\in E$. 当$n\geqslant N$时，对$\forall x\in E$，总$\exists j(x)\in\mathbb{Z}$，$-n^2\leqslant j(x)\leqslant n^2-1$，s. t.

$$\frac{j(x)}{n}\leqslant f(x)<\frac{j(x)+1}{n},$$

取$x\in E^n_{j(x)}$. 根据f_n的造法知，$f_n(x)=\dfrac{j(x)}{n}$，所以当$n\geqslant N$时，有

$$|f_n(x)-f(x)|=\left|\frac{j(x)}{n}-f(x)\right|<\frac{1}{n},\quad \forall x\in E.$$

这就证明了$\{f_n(x)\}$在E上一致收敛于$f(x)$. □

上面讨论的可测函数都是限定函数值是有限的. 在某些场合，特别是出现极限运算时，为研究问题的方便和结果论述的统一，我们需将可测函数的概念推广到可取值$\pm\infty$的广义可测函数.

定义 3.1.3 设$(X,\mathscr{R})$为可测空间，$E\subset X$，$f: E\to\mathbb{R}_*=\mathbb{R}\cup\{-\infty,+\infty\}$为广义实函数. 如果对$\forall c\in\mathbb{R}_*$，集合

$$E(c\leqslant f)=\{x\in E\mid c\leqslant f(x)\}$$

都为$(X,\mathscr{R})$上的可测集，即$E(c\leqslant f)\in\mathscr{R}$，则称$f$为**$E$上(关于$(X,\mathscr{R})$)的广义可测函数**.

显然，从定义 3.1.3 和$\mathscr{R}$为σ环知，$f: E\to\mathbb{R}_*$为$(X,\mathscr{R})$上的广义可测函数，则

$$E=E(-\infty\leqslant f)\in\mathscr{R},$$

$$E(f=+\infty)=\bigcap_{n=1}^{\infty}E(n\leqslant f)\in\mathscr{R},$$

$$E(f=-\infty)=E-\bigcup_{n=1}^{\infty}E(-n\leqslant f)\in\mathscr{R},$$

$$\widetilde{E}=E-(E(f=-\infty)\cup E(f=+\infty))\in\mathscr{R},$$

即它们都为$(X,\mathscr{R})$上的可测集. 由此还可看出：$f: E\to\mathbb{R}$为可测函数，它必为广义可测函数. 进而

$f: E\to\mathbb{R}_*$为广义可测函数

$\Leftrightarrow f: \widetilde{E}\to\mathbb{R}$为可测函数，且$E(f=-\infty)$和$E(f=+\infty)$均为$(X,\mathscr{R})$上的可测集.

广义可测函数具有与可测函数相仿的代数与极限性质，而证明方法也几乎是一样的. 有时仅需对取到$\pm\infty$值的那些集作一点单独处理.

定理 3.1.1′(广义可测函数的充要条件) 设$(X,\mathscr{R})$为可测空间，$E\subset X$，$f: E\to\mathbb{R}_*$为广义实函数，则

(1) f为E上的广义可测函数.

$\Leftrightarrow$(2) $E(f=+\infty)$为可测集，并且对$\forall c\in\mathbb{R}_*$，$E(f<c)$为可测集.

$\Leftrightarrow$ (3) 对 $\forall c\in\mathbb{R}_*$，$E(f\leqslant c)$为可测集.

$\Leftrightarrow$ (4) $E(f=-\infty)$为可测集，并且对 $\forall c\in\mathbb{R}_*$，$E(c<f)$为可测集.

$\Leftrightarrow$ (5) $E(f=+\infty)$为可测集，并且对 $\forall c,d\in\mathbb{R}_*$，$E(c\leqslant f<d)$为可测集.

定理 3.1.2′(广义可测函数的简单性质)　设$(X,\mathscr{R})$为可测空间，$E\subset X$，f：$E\to\mathbb{R}_*$为广义实函数.

(1) 设 f 为 E 上的广义可测函数，$E_1\subset E$ 为可测子集，则 f：$E_1\to\mathbb{R}_*$ 也为广义可测函数.

(2) 设 $E_1,E_2,\cdots,E_n$ 为可测集，$E=\bigcup\limits_{i=1}^{n}E_i$，则

$$f\text{ 为 }E=\bigcup_{i=1}^{n}E_i\text{ 上的广义可测函数}\Leftrightarrow f\text{ 为 }E_i(i=1,2,\cdots,n)\text{上的广义可测函数.}$$

(3) 设 $E_1,E_2,\cdots,E_i,\cdots$为可测集，$E=\bigcup\limits_{i=1}^{\infty}E_i$，则

$$f\text{ 为 }E=\bigcup_{i=1}^{\infty}E_i\text{ 上的广义可测函数}\Leftrightarrow f\text{ 为 }E_i(i=1,2,\cdots)\text{上的广义可测函数.}$$

(4) 设 $\mathscr{R}$ 为 σ 代数，则

E 为可测集$\Leftrightarrow E$ 的特征函数 $\chi_E(x)$为可测函数(当然也为广义可测函数).

定理 3.1.3′(广义可测函数的代数运算)　设$(X,\mathscr{R})$为可测空间，$E\subset X$，f,g：$E\to\mathbb{R}_*$为广义可测函数，则

(1) 对 $\forall\alpha\in\mathbb{R}$，如果 αf 有意义(在 x 点不发生 $0\cdot(\pm\infty)$)，则 αf 在 E 上为广义可测函数.

(2) 如果 $f+g$ 有意义(在 x 点不发生$(+\infty)+(-\infty)$，$(-\infty)+(+\infty)$)，则 $f+g$ 在 E 上为广义可测函数.

(3) 如果 fg，$\dfrac{f}{g}$有意义$\left(\text{在点 } x \text{ 不发生 } 0\cdot(\pm\infty),\dfrac{0}{0},\dfrac{\pm\infty}{\pm\infty}\right)$，则 fg，$\dfrac{f}{g}$在 E 上为广义可测函数.

(4) $\min\{f,g\}$与 $\max\{f,g\}$都为广义可测函数.

(5) $|f|$为 E 上的广义可测函数.

定理 3.1.4′(广义可测函数的极限)　设$(X,\mathscr{R})$为可测空间，$E\subset X$，$\{f_n\}$为 E 上的一个广义可测函数列，则

$$\sup_{n\in\mathbb{N}}f_n(x),\quad \inf_{n\in\mathbb{N}}f_n(x),\quad \varlimsup_{n\to+\infty}f_n(x),\quad \varliminf_{n\to+\infty}f_n(x)$$

都为 E 上的广义可测函数.

定理 3.1.5′(可测集的特征函数的线性组合逼近广义可测函数)　设$(X,\mathscr{R})$为可测空间，$E\subset X$，f 为 E 上的广义可测函数，则必存在函数列$\{f_n\}$，使得每个 f_n 为可测集的特征函数的有限线性组合，且$\{f_n\}$在 E 上处处收敛于 f.

定理 3.1.7(Borel 可测函数与 Lebesgue 可测函数的关系)

设 $E\subset\mathbb{R}^1$, $f\colon E\to\mathbb{R}$ 为有限实函数.

(1) 如果 f 为 E 上的 Borel 可测函数,则 f 必为 E 上的 Lebesgue 可测函数.

(2) 如果 f 为 E 上的 Lebesgue 可测函数,则必存在全直线$\mathbb{R}$上的 Borel 可测函数 h,使得

$$m^*(E(f\neq h))=0.$$

证明 (1) 因 f 为 E 上的 Borel 可测函数,所以对 $\forall c\in\mathbb{R}$,

$$E(c\leqslant f)\in\mathscr{B}=\mathscr{R}_\sigma(\mathscr{R}_0)\subset\mathscr{L},$$

因而 f 为 E 上的 Lebesgue 可测函数.

(2) 根据定理 3.1.5,存在 E 上的一列函数 $f_n=\sum\limits_{i=1}^{l_n}\alpha_i^{(n)}\chi_{E_i^n}$,其中 E_i^n 为 E 的 Lebesgue 可测子集,使得$\{f_n\}$在 E 上处处收敛于 f.

又根据推论 2.3.2,存在 Borel 集 $B_i^n\subset E_i^n$,使得

$$m^*(E_i^n-B_i^n)=0.$$

显然,对 $\forall n\in\mathbb{N}$,在直线$\mathbb{R}^1$上,有

$$h_n=\sum_{i=1}^{l_n}\alpha_i^n\chi_{B_i^n}$$

都为 Borel 可测函数. 由于

$$E(f_n\neq h_n)\subset\bigcup_{i=1}^{l_n}(E_i^n-B_i^n),$$

故 $m^*(E(f_n\neq h_n))=0$. 记

$$E_0=\bigcup_{n=1}^{\infty}E(f_n\neq h_n).$$

显然,$m(E_0)=0$.

在 E 上,由于 $\lim\limits_{n\to+\infty}f_n(x)=f(x)$,所以

$$\lim_{n\to+\infty}h_n(x)=f(x),\quad \forall x\in E-E_0.$$

再根据定理 2.3.1(4),存在 Borel 集 $B_0\supset E_0$, s. t. $m^*(B_0)=0$. 令 $B_1=\mathbb{R}^1-B_0$, B_1 为 Borel 集. 从上面极限式得到

$$\chi_{B_1}(x)f(x)=\lim_{n\to+\infty}\chi_{B_1}(x)h_n(x),\quad \forall x\in E\cap B_1=E\cap B_0^c=E-B_0.$$

此式当 $x\in E-B_1$ 时,由于两边的值都为 0,因此在整个 E 上都是成立的. 令

$$h(x)=\begin{cases}\chi_{B_1}(x)f(x), & x\in E,\\ 0, & x\in\mathbb{R}^1-E.\end{cases}$$

显然

$$h(x) = \lim_{n\to+\infty}\chi_{B_1}(x)h_n(x), \quad \forall x \in \mathbb{R}^1$$

因为$\{\chi_{B_1}h_n\}$为直线$\mathbb{R}^1$上的Borel可测函数列,根据定理3.1.4,h为直线$\mathbb{R}^1$上的Borel可测函数,且

$$E(f\neq h)\subset B_0, \quad m^*(E(f\neq h)) = 0. \qquad \square$$

例 3.1.1 设$I\subset\mathbb{R}^1$为区间,$f: I\to\mathbb{R}$为连续函数,则f为I上的Borel可测函数,当然也为Lebesgue可测函数.

事实上,对$\forall c\in\mathbb{R}$,由f连续知,集合$\{x\mid x\in I, c\leqslant f\}$为$I$中的闭集.因此,它为Borel可测集,当然也为Lebesgue可测集.于是,f为Borel可测函数,也为Lebesgue可测函数.

例 3.1.2 设$(X,\mathscr{R})$为可测空间,$E,E_i\in\mathscr{R}, i=1,2,\cdots,n, E\supset\bigcup\limits_{i=1}^{n}E_i$,且$E_i\cap E_j=\varnothing, i\neq j$.令

$$f: E\to\mathbb{R}, \qquad f(x)=\begin{cases}\alpha_i, & x\in E_i, i=1,2,\cdots,n,\\ 0, & x\in E-\bigcup\limits_{i=1}^{n}E_i\end{cases}$$

(其中$\alpha_i\in\mathbb{R}$为常数),我们称此函数为**简单函数**.它为E上的可测函数.

事实上,对$\forall c\in\mathbb{R}$,$\{x\mid x\in E, c\leqslant f\}$为$E_i(i=1,2,\cdots,n)$和$E-\bigcup\limits_{i=1}^{n}E_i$中若干个的并,它们都为可测集.因而,$f$为$E$上的可测函数.

例 3.1.3 设$(X,\mathscr{R})$为可测空间,$\mathscr{R}$为X上所有子集全体形成的集类.对任何有限实函数$f: X\to\mathbb{R}$,$\forall c\in\mathbb{R}$,显然$X(c\leqslant f)\in\mathscr{R}$,所以$f$为$X$上的可测函数.此时,定义在$X$上的所有有限实函数$f$都是可测函数.

例 3.1.4 设$(\mathbb{R}^1,\mathscr{L})$为Lebesgue可测空间,$E$为$\mathbb{R}^1$中的Lebesgue不可测集,$\chi_E(x)$,$x\in\mathbb{R}^1$为$E$的特征函数.由于$\left\{x\mid x\in\mathbb{R}^1, \chi_E(x)\geqslant\frac{1}{2}\right\}=E\notin\mathscr{L}$,所以$\mathbb{R}^1$上的函数$\chi_E(x)$不为Lebesgue可测函数.

练习题 3.1

1. 设$(X,\mathscr{R})$为可测空间,$E\in\mathscr{R}$.证明:

f为$E\in\mathscr{R}$上的可测函数$\Leftrightarrow$对$\forall r\in\mathbb{Q}$,$E(r\leqslant f)$为可测集.

2. 设$f: [a,b]\to\mathbb{R}$为实函数,如果对$\forall[\alpha,\beta]\subset(a,b)$,$f$为$[\alpha,\beta]$上的Lebesgue可测函数.证明:$f$为$[a,b]$上的Lebesgue可测函数.

3. 设$(X,\mathscr{R})$为可测空间,E为可测集,f为E上的可测函数.证明:对$\forall a\in\mathbb{R}$,$E(f=a)$为可测集.

4. 任取 $x\in[0,1]$,x 有小数表示 $x=0.n_1n_2n_3\cdots$(0.2 不取 $0.1\dot{9}$,只用 0.2 表示),定义

$$f:[0,1]\to\mathbb{R},\qquad f(x)=\begin{cases}\max\limits_{1\leqslant i<+\infty}\{n_i\}, & x=0.n_1n_2n_3\cdots,\\ 1, & x=1.\end{cases}$$

证明:f 为[0,1]上的 Lebesgue 可测函数.

5. 设$(X,\mathscr{R})$为可测空间,E 为可测集,f 为 E 上的可测函数.M 为$\mathbb{R}$ 中的开集,或闭集,或 G_δ 集,或 F_σ 集,或 Borel 集.证明:$f^{-1}(M)$为$(X,\mathscr{R})$中的可测集.

6. 设$(X,\mathscr{R})$为可测空间,E 为可测集,$\{f_n\}$为 E 上的一列可测函数,并且$\{f_n\}$在 E 上有极限函数 f(允许极限值为$\pm\infty$).证明:$E(f=+\infty)$,$E(f=-\infty)$都为可测集,且对 $\forall c\in\mathbb{R}$,$E(c\leqslant f)$也为可测集.

7. 设$(X,\mathscr{R})$为可测空间,E 为可测集,f 为 E 上的可测函数,又 h 为直线$\mathbb{R}^1$ 上的 Borel 可测函数.证明:$h\circ f=h(f)$为 E 上的可测函数.

8. 设$(\mathbb{R}^1,\mathscr{L})$为 Lebesgue 可测空间,$E$ 为 Lebesgue 可测集,f 为 E 上的 Lebesgue 可测函数,h 为$\mathbb{R}^1$ 上的 Lebesgue 可测函数.问:$h\circ f=h(f)$是否必为 E 上的 Lebesgue 可测函数.

9. 设$(\mathbb{R}^n,\mathscr{L})$为 Lebesgue 可测空间,$f^2$ 为$\mathbb{R}^n$ 上的 Lebesgue 可测函数,且点集 $E(f>0)$为可测集.证明:f 为$\mathbb{R}^n$ 上的可测函数.

10. 设 f 为直线$\mathbb{R}^1$ 上的 Lebesgue(或 Borel)可测函数,$\alpha\in\mathbb{R}$ 为常数.证明:$f(\alpha x)$为$\mathbb{R}^1$ 上的 Lebesgue(或 Borel)可测函数.

11. 设 f 为直线$\mathbb{R}^1$ 上的 Lebesgue(或 Borel)可测函数.证明:$f(x^2)$,$f(x^3)$,$f\left(\frac{1}{x}\right)$ $\left(\text{当 } x=0 \text{ 时,规定 } f\left(\frac{1}{0}\right)=0\right)$都为 Lebesgue(或 Borel)可测函数.

12. 证明:(1) 当 f 为$[a,b]$上的连续函数、单调函数、阶梯函数时,它必为$[a,b]$上的 Borel 可测函数.

(2) 当 f 为$\mathbb{R}^n$ 中 Lebesgue 可测集 E 上的连续函数时,其必为 E 上的 Lebesgue 可测函数.

13. 设 $f(x)$为$[a,b]$上的可导函数.证明:$f'(x)$为$[a,b]$上的可测函数.

14. 设 $f(\xi)=f(\xi_1,\xi_2)$为$\mathbb{R}^2$ 上的连续函数,g_1,g_2 为$[a,b]\subset\mathbb{R}^1$ 上的 Lebesgue 可测函数.证明:$F(x)=f(g_1(x),g_2(x))$为$[a,b]$上的 Lebesgue 可测函数.

15. 设 f,g 为$(0,1)\subset\mathbb{R}^1$ 上的 Lebesgue 可测函数,且对 $\forall t\in\mathbb{R}$,有

$$m(\{x\mid f(x)\geqslant t\})=m(\{x\mid g(x)\geqslant t\}).$$

即互为等可测函数.如果 f,g 都为单调减且左连续的函数.证明:

$$f(x)=g(x),\quad\forall x\in(0,1).$$

3.2 测度空间、可测函数的收敛性、Lebesgue 可测函数的结构

上节考虑了可测空间$(X,\mathscr{R})$上可测函数类对代数运算和极限运算的封闭性(注意$\mathscr{R}$为σ环,它使得这些性质成立!),但都与测度无关.本节在可测空间上引入测度,讨论可测函数列与测度有关的两个重要收敛(几乎处处收敛,依测度(度量)收敛)的概念.并研究在测度观点下 Lebesgue 可测函数的结构.

定义 3.2.1 设$(X,\mathscr{R})$为可测空间,μ为$\mathscr{R}$上的测度,称$(X,\mathscr{R},\mu)$为**测度空间**.当μ为$\mathscr{R}$上的有限测度,或为全有限测度,或为σ有限测度,或为全σ有限测度时,相应地称$(X,\mathscr{R},\mu)$为**有限测度空间**,或为**全有限测度空间**,或为**σ有限测度空间**,或为**全σ有限测度空间**.

特别强调一种非常重要的测度空间$(X,\mathscr{R},\mu)$,其中$\mathscr{R}$为σ代数,而$\mu(X)=1$,它称为概率测度空间,在概率论中起着关键作用.

通常称$(\mathbb{R}^1,\mathscr{L},m)$为 **Lebesgue 测度空间**,它是全$\sigma$有限测度空间;称由$g$导出的$(\mathbb{R}^1,\mathscr{L}^g,m_g)$为 **Lebesgue-Stieltjes 测度空间**.它是全σ有限测度空间.特别,当$g(+\infty)-g(-\infty)<+\infty$时,$(\mathbb{R}^1,\mathscr{L}^g,m_g)$为全有限测度空间.

定义 3.2.2 设$(X,\mathscr{R},\mu)$为测度空间,$E\subset X$,P为与E中的点有关的某个命题.如果$\exists E_0\subset X$,s.t. $\mu(E_0)=0$,且当$x\in E-E_0$时,命题P都成立(即P不成立的点总包含在某个测度为0的集合E_0中),则称命题P在E上**几乎处处**成立(注意:E未要求为可测集!).特别当$E_0=\varnothing$时,命题P在E上成立.

例如,$f\underset{\mu}{\doteq}h$或用$f\underset{\mu}{=}h$,a.e. E来表示"函数f和h在E上几乎处处相等",即$\exists E_0\subset X$,$\mu(E_0)=0$,且当$x\in E-E_0$时,总有$f(x)=h(x)$.等号下的μ表示这里的"几乎处处"是对测度μ而言的.在X上出现多个测度时"μ"必须标出,在仅出现一个测度的场合,"μ"自然可以省去.a.e.是英文 almost everywhere 的缩写,表示"几乎处处".特别当$E_0=\varnothing$时,f和h在E上相等.

又如,$f\underset{\mu}{\dot{>}}h$或用$f\underset{\mu}{>}h$,a.e. E来表示"函数f在E上几乎处处大于h",即$\exists E_0\subset X$,$\mu(E_0)=0$,当$x\in E-E_0$时,总有$f(x)>h(x)$.特别,当$E_0=\varnothing$时,在E上$f(x)>h(x)$.

$\lim\limits_{n\to+\infty}f_n\underset{\mu}{\doteq}f$或用$\lim\limits_{n\to+\infty}f_n\underset{\mu}{=}f$,a.e. E(简记为$f_n\underset{\mu}{\dot{\to}}f$或$f_n\underset{\mu}{\to}f$,a.e. E)来表示"函数列f_n在E上几乎处处收敛于f",即$\exists E_0\subset X$,$\mu(E_0)=0$,当$x\in E-E_0$时,总有$\lim\limits_{n\to+\infty}f_n(x)=f(x)$.特别,当$E_0=\varnothing$时,$f_n$在$E$上处处收敛.

定义 3.2.3 设$(X,\mathscr{R},\mu)$为测度空间,$E\subset X$,$\{f_n\}$为E上的可测函数列,如果存在一个有限实函数f(这里f未必为可测函数,但$|f_n-f|$应为可测函数),它和f_n满足:对$\forall\varepsilon>0$,有

$$\lim_{n\to+\infty}\mu(E(|f_n-f|>\varepsilon))=0,$$

则称$\{f_n\}$(在E上)**依测度μ收敛于f**或称$\{f_n\}$(在E上关于测度μ)**度量收敛**于f. 记为$f_n \underset{\mu}{\Rightarrow} f$.

用"ε-N"语言描述为：对$\forall \varepsilon>0$，$\forall \delta>0$，$\exists N=N(\varepsilon,\delta)\in\mathbb{N}$(只依赖于$\varepsilon$和$\delta$)，当$n>N$(或等价地，当$n\geqslant N$)时，有

$$\mu(E(|f_n-f|>\varepsilon))<\delta.$$

这种收敛用文字叙述是说，如果事先给定了一个误差$\varepsilon>0$，不管ε有多小，使得$|f_n(x)-f(x)|>\varepsilon$的点$x$虽然可能很多，但这种点的全体的测度却随着$n$的无限增大而趋于0.

类似于数学分析中讨论数列收敛时常用到基本列或Cauchy列这一重要概念，对于依测度(度量)收敛的讨论，可引入依测度(或度量)基本列或Cauchy列的概念.

定义3.2.4 设$(X,\mathscr{R},\mu)$为测度空间，$E\subset X$，$\{f_n\}$为E上的一列可测函数，如果对$\forall \varepsilon>0$，有

$$\lim_{\substack{n\to+\infty\\ m\to+\infty}}\mu(E(|f_n-f_m|>\varepsilon))=0,$$

则称$\{f_n\}$为(在E上关于μ)**依测度**(**或度量**)**基本列**(**或Cauchy列**).

用"ε-N"语言描述为：对$\forall \varepsilon>0$，$\forall \delta>0$，$\exists N=N(\varepsilon,\delta)\in\mathbb{N}$(只依赖于$\varepsilon$和$\delta$)，当$m,n>N$(或等价地，当$m,n\geqslant N$)时，

$$\mu(E(|f_n-f_m|>\varepsilon))<\delta.$$

为讨论依测度收敛和依测度基本列的等价性，我们先证下面的引理.

引理3.2.1 设$(X,\mathscr{R},\mu)$为测度空间，$E\subset X$，$\{f_n\}$为可测集E上的依测度基本列，如果有子列$\{f_{n_i}\}$依测度收敛于E上的可测函数f，则$f_n \underset{\mu}{\Rightarrow} f$.

证明 根据引理的条件，对$\forall \varepsilon>0$，$\forall \delta>0$，有$N\in\mathbb{N}$，s.t. 当$n,m>N$，$n_i>N$时，有

$$\mu\left(E\left(|f_n-f_m|>\frac{\varepsilon}{2}\right)\right)<\frac{\delta}{2},$$

$$\mu\left(E\left(|f_{n_i}-f|>\frac{\varepsilon}{2}\right)\right)<\frac{\delta}{2}.$$

显然

$$E(|f_n-f|>\varepsilon)\subset E\left(|f_n-f_{n_i}|>\frac{\varepsilon}{2}\right)\cup E\left(|f_{n_i}-f|>\frac{\varepsilon}{2}\right).$$

因此，当$n>N$，$n_i>N$时，有

$$\mu(E(|f_n-f|>\varepsilon))\leqslant\mu\left(E\left(|f_n-f_{n_i}|>\frac{\varepsilon}{2}\right)+\mu\left(E\left(|f_{n_i}-f|>\frac{\varepsilon}{2}\right)<\frac{\delta}{2}+\frac{\delta}{2}=\delta.$$

这就证明了$f_n \underset{\mu}{\Rightarrow} f$. □

定理3.2.1(依测度收敛等价于依测度基本列) 设$(X,\mathscr{R},\mu)$为测度空间，$E\subset X$，$\{f_n\}$为E上的一列可测函数，则

$\{f_n\}$(在E上)依测度收敛$\Leftrightarrow\{f_n\}$(在E上)为依测度基本列.

证明 (⇒)设 $f_n \underset{\mu}{\Rightarrow} f$,则对 $\forall \varepsilon>0, \forall \delta>0, \exists N\in\mathbb{N}$,当 $n,m>N$ 时,有

$$\mu\left(E\left(|f_n-f|>\frac{\varepsilon}{2}\right)\right)<\frac{\delta}{2}, \qquad \mu\left(E\left(|f_m-f|>\frac{\varepsilon}{2}\right)\right)<\frac{\delta}{2}.$$

由于

$$E(|f_n-f_m|>\varepsilon)\subset E\left(|f_n-f|>\frac{\varepsilon}{2}\right)\cup E\left(|f_m-f|>\frac{\varepsilon}{2}\right),$$

故

$$\mu(E(|f_n-f_m|>\varepsilon))\leqslant \mu\left(E\left(|f_n-f|>\frac{\varepsilon}{2}\right)\right)+\mu\left(E\left(|f_m-f|>\frac{\varepsilon}{2}\right)\right)$$
$$<\frac{\delta}{2}+\frac{\delta}{2}=\delta.$$

于是,$\{f_n\}$为依测度基本列.

(⇐)设$\{f_n\}$为依测度基本列.取 $\varepsilon=\delta=\frac{1}{2^i}$,则必有 $n_i\in\mathbb{N}$,s. t. 当 $n,m\geqslant n_i$ 时,有

$$\mu\left(E\left(|f_n-f_m|>\frac{1}{2^i}\right)\right)<\frac{1}{2^i},$$

不妨设 $n_i<n_{i+1}(i=1,2,\cdots)$.根据上式得到

$$\mu\left(E\left(|f_{n_i}-f_{n_{i+1}}|>\frac{1}{2^i}\right)\right)<\frac{1}{2^i}.$$

作

$$F_k=\bigcap_{i=k}^{\infty}E\left(|f_{n_i}-f_{n_{i+1}}|\leqslant\frac{1}{2^i}\right)=E\left(|f_{n_i}-f_{n_{i+1}}|\leqslant\frac{1}{2^i},\forall i\geqslant k\right).$$

显然,在每个 F_k 上$(k=1,2,\cdots)$,$\{f_{n_i}\}$为基本函数列,因而它在 F_k 上处处收敛,从而$\{f_{n_i}\}$在 $F=\bigcup\limits_{k=1}^{\infty}F_k$ 上处处收敛.记其极限函数为 f.

根据 de Morgan 公式,有

$$\begin{aligned}E-F&=E-\bigcup_{k=1}^{\infty}F_k=\bigcap_{k=1}^{\infty}(E-F_k)\\&=\bigcap_{k=1}^{\infty}\left(E-\bigcap_{i=k}^{\infty}E\left(|f_{n_i}-f_{n_{i+1}}|\leqslant\frac{1}{2^i}\right)\right)\\&=\bigcap_{k=1}^{\infty}\bigcup_{i=k}^{\infty}\left(E-E\left(|f_{n_i}-f_{n_{i+1}}|\leqslant\frac{1}{2^i}\right)\right)\\&=\bigcap_{k=1}^{\infty}\bigcup_{i=k}^{\infty}E\left(|f_{n_i}-f_{n_{i+1}}|>\frac{1}{2^i}\right)\\&=\overline{\lim_{i\to+\infty}}E\left(|f_{n_i}-f_{n_{i+1}}|>\frac{1}{2^i}\right).\end{aligned}$$

此外,由

$$\sum_{i=1}^{\infty}\mu\left(E\left(|f_{n_i}-f_{n_{i+1}}|>\frac{1}{2^i}\right)\right)<\sum_{i=1}^{\infty}\frac{1}{2^i}=1$$

和定理 2.1.1(10)立即有

$$\mu(E-F)=\mu\left(\overline{\lim_{i\to+\infty}}E\left(|f_{n_i}-f_{n_{i+1}}|>\frac{1}{2^i}\right)\right)=0.$$

将函数 f 零延拓到 E 上(即在 $E-F$ 上补充定义 $f=0$),并仍记为 f. 显然,f 为 E 上的可测函数,且在 E 上,$f_{n_i}\underset{\mu}{\dot{\to}}f$. 容易看出,对 $\forall k\in\mathbb{N}$,在 F_k 上有

$$|f_{n_k}-f|=\lim_{k'\to+\infty}|f_{n_k}-f_{n_{k'}}|\leqslant\lim_{k'\to+\infty}\sum_{j=k}^{k'-1}|f_{n_{j+1}}-f_{n_j}|\leqslant\sum_{j=k}^{\infty}\frac{1}{2^i}=\frac{1}{2^{k-1}},$$

所以

$$F_k\subset E\left(|f_{n_k}-f|\leqslant\frac{1}{2^{k-1}}\right),$$

$$\begin{aligned}\mu\left(E\left(|f_{n_k}-f|>\frac{1}{2^{k-1}}\right)\right)&\leqslant\mu(E-F_k)\\&=\mu\left(E-\bigcap_{i=k}^{\infty}E\left(|f_{n_i}-f_{n_{i+1}}|\leqslant\frac{1}{2^i}\right)\right)\\&=\mu\left(\bigcup_{i=k}^{\infty}\left(E-E\left(|f_{n_i}-f_{n_{i+1}}|\leqslant\frac{1}{2^i}\right)\right)\right)\\&=\mu\left(\bigcup_{i=k}^{\infty}E\left(|f_{n_i}-f_{n_{i+1}}|>\frac{1}{2^i}\right)\right)\\&\leqslant\sum_{i=k}^{\infty}\mu\left(E\left(|f_{n_i}-f_{n_{i+1}}|>\frac{1}{2^i}\right)\right)\\&<\sum_{i=k}^{\infty}\frac{1}{2^i}=\frac{1}{2^{k-1}}.\end{aligned}$$

由此,对 $\forall\varepsilon>0$,$\forall\delta>0$,取 $N\in\mathbb{N}$,s. t. $\frac{1}{2^N}<\min\{\varepsilon,\delta\}$,则当 $k>N$ 时,$\frac{1}{2^{k-1}}\leqslant\frac{1}{2^N}<\min\{\varepsilon,\delta\}$,且

$$\mu(E(|f_{n_k}-f|>\varepsilon))\leqslant\mu\left(E\left(|f_{n_k}-f|>\frac{1}{2^{k-1}}\right)\right)<\frac{1}{2^{k-1}}\leqslant\frac{1}{2^N}<\delta,$$

因此,在 E 上,$f_{n_k}\underset{\mu}{\Rightarrow}f$. 应用引理 3.2.1,在 E 上 $f_n\underset{\mu}{\Rightarrow}f$. □

推论 3.2.1 设$(X,\mathscr{R},\mu)$为测度空间,$E\subset X$,$\{f_n\}$为 E 上可测函数列,h 为 E 上的有限实函数. 如果在 E 上 $f_n\underset{\mu}{\Rightarrow}h$,则必存在 E 上的可测函数 f,使得

$$f\underset{\mu}{\doteq}h,\quad 且\quad f_n\underset{\mu}{\Rightarrow}f.$$

证明 对 $\forall\varepsilon>0$,由于 $f_n\underset{\mu}{\Rightarrow}h$ 和

$$E(|f_n-f_m|>\varepsilon)\subset E\left(|f_n-h|>\frac{\varepsilon}{2}\right)\cup E\left(|f_m-h|>\frac{\varepsilon}{2}\right)$$

推得$\{f_n\}$在E上是依测度基本的.根据定理3.2.1,存在E上的可测函数f,使得$f_n \underset{\mu}{\Rightarrow} f$.再应用下面定理3.2.6中(1),又得到$f_n \underset{\mu}{\Rightarrow} h$. □

现在来研究几乎处处收敛性.

定理3.2.2 设$(X,\mathscr{R},\mu)$为测度空间,$\{f_n\}$在可测集E上几乎处处收敛于有限实函数h,则必存在E上可测函数f,使得

$$\lim_{n\to+\infty} f_n \underset{\mu}{\dot{=}} f, \quad f \underset{\mu}{\dot{=}} h.$$

证明 因为f_n在E上几乎处处收敛,所以$\exists E_0\in\mathscr{R}$,s.t. $\mu(E_0)=0$,且f_n在$E-E_0$上处处收敛于g.因为$E-E_0$为E的可测子集,根据定理3.1.4,g在$E-E_0$上为可测函数.今作E上的函数

$$f(x)=\begin{cases} g(x), & x\in E-E_0, \\ 0, & x\in E_0. \end{cases}$$

再根据定理3.1.2中(2),可知f为E上的可测函数.显然

$$\lim_{n\to+\infty} f_n(x)=f(x), \quad \forall\, x\in E-E_0, \quad \mu(E_0)=0.$$

这就证明了在E上,有

$$\lim_{n\to+\infty} f_n(x) \underset{\mu}{\dot{=}} f(x).$$

由定理条件,在E上$\lim\limits_{n\to+\infty} f_n \underset{\mu}{\dot{=}} h$,则$\exists E_1\in\mathscr{R}$,$\mu(E_1)=0$. s.t.

$$\lim_{n\to+\infty} f_n(x)=h(x), \quad \forall\, x\in E-E_1.$$

因此

$$E(f=h)\supset(E-E_0)\cap(E-E_1)=E-E_0\cup E_1.$$

从而

$$E(f\neq h)\subset E_0\cup E_1.$$

显然

$$0\leqslant\mu(E_0\cup E_1)\leqslant\mu(E_0)+\mu(E_1)=0+0=0,$$

即$\mu(E_0\cup E_1)=0$,所以,在E上$f \underset{\mu}{\dot{=}} h$. □

几乎处处收敛和依测度收敛区别很大,但有密切联系.下面的定理3.2.3、定理3.2.4和定理3.2.5就是两种收敛的联系.

定理3.2.3(F·Riesz) 设$(X,\mathscr{R},\mu)$为测度空间,$E\subset X$.如果E上可测函数列$\{f_n\}$依测度收敛于f,则必有$\{f_n\}$的子列$\{f_{n_i}\}$在E上几乎处处收敛于f.

证明 对$\forall\, i\in\mathbb{N}$,取$\varepsilon=\delta=\dfrac{1}{2^i}$,根据在$E$上$f_n \underset{\mu}{\Rightarrow} f$和定义3.2.3,$\exists\, n_i$,s.t.当$n\geqslant n_i$时,有

$$\mu\left(E\left(|f_n-f|>\frac{1}{2^i}\right)\right)<\frac{1}{2^i}.$$

因此

$$\mu\left(E\left(|f_{n_i}-f|>\frac{1}{2^i}\right)\right)<\frac{1}{2^i}.$$

显然，在逐个取 n_i 时，可使得 $n_1<n_2<\cdots<n_i<n_{i+1}<\cdots$. 令

$$\begin{aligned}F_k&=\bigcap_{i=k}^{\infty}\left(E-E\left(|f_{n_i}-f|>\frac{1}{2^i}\right)\right)\\&=\bigcap_{i=k}^{\infty}E\left(|f_{n_i}-f|\leqslant\frac{1}{2^i}\right)\\&=E\left(|f_{n_i}-f|\leqslant\frac{1}{2^i},i=k,k+1,\cdots\right).\end{aligned}$$

由此易见，在 F_k 上，$\{f_{n_i}\}$一致收敛于 f. 而在 $F=\bigcup_{k=1}^{\infty}F_k$ 上 $\{f_{n_i}\}$处处收敛于 f. 再证 $\mu(E-F)=0$，从而$\{f_{n_i}\}$在 E 上几乎处处收敛于 f. 由于

$$\begin{aligned}E-F&=E-\bigcup_{k=1}^{\infty}F_k=\bigcap_{k=1}^{\infty}(E-F_k)\\&=\bigcap_{k=1}^{\infty}\left(E-\bigcap_{i=k}^{\infty}\left(E-E\left(|f_{n_i}-f|>\frac{1}{2^i}\right)\right)\right)\\&=\bigcap_{k=1}^{\infty}\bigcup_{i=k}^{\infty}E\left(|f_{n_i}-f|>\frac{1}{2^i}\right)\\&=\overline{\lim_{i\to+\infty}}E\left(|f_{n_i}-f|>\frac{1}{2^i}\right)\end{aligned}$$

和

$$\sum_{i=1}^{\infty}\mu\left(E\left(|f_{n_i}-f|>\frac{1}{2^i}\right)\right)<\sum_{i=1}^{\infty}\frac{1}{2^i}=1.$$

根据定理 2.1.1(10)，立即有

$$\mu(E-F)=\mu\left(\overline{\lim_{i\to+\infty}}E\left(|f_{n_i}-f|>\frac{1}{2^i}\right)\right)=0.$$ □

定理 3.2.4 设$(X,\mathscr{R},\mu)$为测度空间，$E\subset X$，$\mu(E)<+\infty$，$\{f_n\}$为 E 上的可测函数列.

(1) 如果$\{f_n\}$在 E 上几乎处处收敛于可测函数 f，则$\{f_n\}$在 E 上必依测度收敛于 f.

(2) 如果$\{f_n\}$在 E 上几乎处处收敛于有限实函数 h（未必为 E 上的可测函数）. 则存在 E 上的可测函数 f，使得 $f\underset{\mu}{\doteq}h$，并且在 E 上 $f_n\underset{\mu}{\Rightarrow}f$.

证明 (1) 因为$\{f_n\}$在 E 上几乎处处收敛于 f，故 $\exists E_0\in\mathscr{R}$，$\mu(E_0)=0$，s. t. $\lim\limits_{n\to+\infty}f_n(x)=f(x)$，$\forall x\in E-E_0=E_1$.

对 $\forall\varepsilon>0$，$\forall x_0\in E_1$，必 $\exists N(x_0)\in\mathbb{N}$，s. t. 当 $n\geqslant N(x_0)$时，有

$$|f_n(x_0)-f(x_0)|\leqslant\varepsilon.$$

因此

$$x_0 \in \bigcap_{n=N(x_0)}^{\infty} E_1(|f_n - f| \leqslant \varepsilon).$$

由于 x_0 是任取的，所以

$$E_1 \subset \bigcup_{k=1}^{\infty} \bigcap_{n=k}^{\infty} E_1(|f_n - f| \leqslant \varepsilon).$$

而

$$E_1 \supset \bigcup_{k=1}^{\infty} \bigcap_{n=k}^{\infty} E_1(|f_n - f| \leqslant \varepsilon)$$

是显然的. 由此得到

$$E_1 = \bigcup_{k=1}^{\infty} \bigcap_{n=k}^{\infty} E_1(|f_n - f| \leqslant \varepsilon) = \varliminf_{n\to+\infty} E_1(|f_n - f| \leqslant \varepsilon).$$

根据定理 2.1.1 中(7)，有

$$\begin{aligned}\mu(E) &= \mu((E - E_0) \cup (E_0 \cap E)) \\ &= \mu(E - E_0) = \mu(E_1) \\ &= \mu(\varliminf_{n\to+\infty} E_1(|f_n - f| \leqslant \varepsilon)) \\ &\leqslant \varliminf_{n\to+\infty} \mu(E_1(|f_n - f| \leqslant \varepsilon)).\end{aligned}$$

从而

$$\begin{aligned}0 &\leqslant \varlimsup_{n\to+\infty} \mu(E_1(|f_n - f| > \varepsilon)) \\ &= \varlimsup_{n\to+\infty} [\mu(E_1) - \mu(E_1(|f_n - f| \leqslant \varepsilon))] \\ &= \mu(E_1) - \varliminf_{n\to+\infty} \mu(E_1(|f_n - f| \leqslant \varepsilon)) \\ &\leqslant \mu(E_1) - \mu(E_1) = 0,\end{aligned}$$

$$0 \leqslant \varliminf_{n\to+\infty} \mu(E_1(|f_n - f| > \varepsilon)) \leqslant \varlimsup_{n\to+\infty} \mu(E_1(|f_n - f| > \varepsilon)) = 0,$$

故 $\lim\limits_{n\to+\infty} \mu(E_1(|f_n - f| > \varepsilon)) = 0$. 再从

$$E(|f_n - f| > \varepsilon) \subset (E - E_1) \cup E_1(|f_n - f| > \varepsilon)$$

和 $\mu(E - E_1) = 0$ 推得

$$\lim_{n\to+\infty} \mu(E(|f_n - f| > \varepsilon)) = 0,$$

即在 E 上 $\{f_n\}$ 依测度收敛于 f.

(2) 由定理条件和定理 3.2.2 可知，必存在 E 上的可测函数 f，使得 $f \underset{\mu}{\doteq} h$ 且 $\lim\limits_{n\to+\infty} f_n \underset{\mu}{\doteq} f$. 再应用(1)立即得到 $f_n \underset{\mu}{\Rightarrow} f$. □

定理 3.2.5(用几乎处处收敛刻画依测度收敛) 设 $(X, \mathscr{R}, \mu)$ 为测度空间，$E \subset X$，$\mu(E) < +\infty$，$\{f_n\}$ 为 E 上的可测函数列，f 为 E 上的可测函数，则：

$\{f_n\}$ 在 E 上依测度收敛于 f

$\Leftrightarrow\{f_n\}$的任一子列$\{f_{n_k}\}$都可以从中找到一个子列$\{f_{n_{k_i}}\}$在E上几乎处处收敛于f.

证明 ($\Rightarrow$)设在E上$f_n \underset{\mu}{\Rightarrow} f$,则对任何子列$\{f_{n_k}\}$显然也有$f_{n_k} \underset{\mu}{\Rightarrow} f$.根据定理3.2.3,$\{f_{n_k}\}$必有子列$\{f_{n_{k_i}}\}$在$E$上几乎处处收敛于$f$.

($\Leftarrow$)设$\{f_n\}$的任何子列$\{f_{n_k}\}$都有子列$\{f_{n_{k_i}}\}$在E上几乎处处收敛于f.由此可证在E上$f_n \underset{\mu}{\Rightarrow} f$.

(反证)假设在E上$f_n \underset{\mu}{\not\Rightarrow} f$,则$\exists\, \varepsilon_0>0$,s.t.

$$\lim_{n\to+\infty}\mu(E(|f_n-f|>\varepsilon_0))\neq 0.$$

因此必有子列$\{f_{n_k}\}$,s.t.

$$\lim_{k\to+\infty}\mu(E(|f_{n_k}-f|>\varepsilon_0))>0.$$

由定理右边条件,$\{f_{n_k}\}$有E上几乎处处收敛于可测函数f的子列$\{f_{n_{k_i}}\}$.根据定理3.2.4中(1)可知,在E上有$f_{n_{k_i}} \underset{\mu}{\Rightarrow} f$,所以

$$\lim_{i\to+\infty}\mu(E(|f_{n_{k_i}}-f|>\varepsilon_0))=0,$$

这与上述

$$\lim_{i\to+\infty}\mu(E(|f_{n_{k_i}}-f|>\varepsilon_0))>0$$

相矛盾. □

定理3.2.6(依测度收敛的基本性质) 设$(X,\mathcal{R},\mu)$为测度空间,$E\subset X$,$\{f_n\}$,$\{g_n\}$都为E上的可测函数列,且$f_n \underset{\mu}{\Rightarrow} f$,$g_n \underset{\mu}{\Rightarrow} g$.则:

(1) 如果在E上,$f_n \underset{\mu}{\Rightarrow} h$,则$f \underset{\mu}{\doteq} h$.

(2) f必几乎处处等于E上的一个可测函数.

(3) 如果f,g在E上可测,$\alpha,\beta\in\mathbb{R}$,则$\alpha f_n+\beta g_n \underset{\mu}{\Rightarrow} \alpha f+\beta g$.

(4) $|f_n| \underset{\mu}{\Rightarrow} |f|$.

进而,当$\mu(E)<+\infty$时,有:

(5) 如果f,g在E上可测,则$f_n g_n \underset{\mu}{\Rightarrow} fg$.

(6) 如果g_n和g在E上几乎处处不等于0,且f和g在E上都可测,则$\dfrac{f_n}{g_n} \underset{\mu}{\Rightarrow} \dfrac{f}{g}$(这里在$g_n$,$g$为0的一个零测集上,可规定$\dfrac{f_n}{g_n}$,$\dfrac{f}{g}$为任意实数值).

证明 (1) 因为

$$|f(x)-h(x)|\leqslant|f(x)-f_n(x)|+|f_n(x)-h(x)|,$$

所以,对$\forall\,\varepsilon>0$,有

$$E(|f-h|>\varepsilon)\subset E\left(|f-f_n|>\frac{\varepsilon}{2}\right)\cup E\left(|f_n-h|>\frac{\varepsilon}{2}\right),\quad \forall\, n\in\mathbb{N},$$

$$E(|f-h|>\varepsilon)\subset\bigcap_{n=1}^{\infty}\left(E\left(|f-f_n|>\frac{\varepsilon}{2}\right)\cup E\left(|f_n-f|>\frac{\varepsilon}{2}\right)\right).$$

由 $f_n \underset{\mu}{\Rightarrow} f, f_n \underset{\mu}{\Rightarrow} h$ 立知，$E(|f-h|>\varepsilon)$为右边零测集的子集，从而为零测集．于是

$$E(f\neq h)=\bigcup_{n=1}^{\infty}E\left(|f-h|>\frac{1}{n}\right)$$

为零测集，即 $f \underset{\mu}{\doteq} h$.

（2）从定理 3.2.1 的充分性证明得到．

（3）显然，$0\cdot f_n \underset{\mu}{\Rightarrow} 0=0\cdot f$.

当 $\alpha\neq 0$ 时，从

$$\mu(E(|\alpha f_n-\alpha f|>\varepsilon))=\mu\left(E|f_n-f|>\frac{\varepsilon}{|\alpha|}\right)\to 0(n\to+\infty)$$

得到 $\alpha f_n \underset{\mu}{\Rightarrow} \alpha f$. 从

$$\begin{aligned}0&\leqslant\mu(E(|(f_n+g_n)-(f+g)|=|(f_n-f)+(g_n-g)|>\varepsilon))\\&\leqslant\mu\left(E\left(|f_n-f|>\frac{\varepsilon}{2}\right)\right)+\mu\left(E\left(|g_n-g|>\frac{\varepsilon}{2}\right)\right)\to 0(n\to+\infty)\end{aligned}$$

得到 $f_n+g_n \underset{\mu}{\Rightarrow} f+g$. 由此推得 $\alpha f_n+\beta g_n \underset{\mu}{\Rightarrow} \alpha f+\beta g$.

（4）因为

$$\begin{aligned}&E(||f_n|-|f||>\varepsilon)\subset E(|f_n-f|>\varepsilon),\\&0\leqslant\mu(E(||f_n|-|f||>\varepsilon))\\&\quad\leqslant\mu(E(|f_n-f|>\varepsilon))\to 0\quad(n\to+\infty),\end{aligned}$$

即 $\mu(E(||f_n|-|f||>\varepsilon))\to 0\quad(n\to+\infty)$，所以，$|f_n| \underset{\mu}{\Rightarrow} |f|$.

（5）设 h 为 E 上的可测函数，则 $f_nh \underset{\mu}{\Rightarrow} fg$.

事实上，对 $\forall\delta>0$，由 h 处处有限和 $\mu(E)<+\infty$，$\exists K>0$，s. t.

$$\mu(E(|h|>k))<\frac{\delta}{2}.$$

又由 $f_n \underset{\mu}{\Rightarrow} f$，故对上述的 $\delta>0$ 和 $\varepsilon>0$，$\exists N=N(K,\delta)\in\mathbb{N}$，s. t.，当 $n>N$ 时，有

$$\mu\left(E\left(|f_n-f|>\frac{\varepsilon}{K}\right)\right)<\frac{\delta}{2}.$$

易知

$$E(|f_nh-fh|>\varepsilon)\subset E(|h|>K)\cup E\left(|f_n-f|>\frac{\varepsilon}{K}\right),$$

故

$$\mu(E(|f_nh-fh|>\varepsilon))\leqslant\mu(E(|h|>K))+\mu\left(E\left(|f_n-f|>\frac{\varepsilon}{K}\right)\right)<\frac{\delta}{2}+\frac{\delta}{2}=\delta.$$

亦即 $f_nh \underset{\mu}{\Rightarrow} fh$.

下证 $f_n^2 \underset{\mu}{\Rightarrow} f^2$. 显然，从

$$\mu(E(|f_n^2|>\varepsilon))=\mu(E(|f_n|>\sqrt{\varepsilon}))$$

立知

$$f_n \underset{\mu}{\Rightarrow} 0 \Leftrightarrow f_n^2 \underset{\mu}{\Rightarrow} 0.$$

再由

$$f_n^2 - f^2 = (f_n - f)^2 + 2f(f_n - f)$$

和 $f_n - f \underset{\mu}{\Rightarrow} f - f = 0$ 以及 f 为 E 上的可测函数推得

$$(f_n - f)^2 \underset{\mu}{\Rightarrow} 0,$$

$$2f(f_n - f) \underset{\mu}{\Rightarrow} 2f \cdot 0 = 0,$$

$$f_n^2 - f^2 \underset{\mu}{\Rightarrow} 0 + 0 = 0,$$

$$f_n^2 \underset{\mu}{\Rightarrow} f^2.$$

由 $f_n \underset{\mu}{\Rightarrow} f$，$g_n \underset{\mu}{\Rightarrow} g$，$f$ 和 g 在 E 上都为可测函数，结合上述结果和(3)中结论得到

$$\begin{aligned} f_n g_n - fg &= (f_n - f)(g_n - g) + f(g_n - g) + g(f_n - f) \\ &= \frac{1}{4}[(f_n - f + g_n - g)^2 - (f_n - f - g_n + g)^2] \\ &\quad + f(g_n - g) + g(f_n - f) \\ &\underset{\mu}{\Rightarrow} \frac{1}{4}(0 - 0) + f \cdot 0 + g \cdot 0 = 0, \end{aligned}$$

即 $f_n g_n \underset{\mu}{\Rightarrow} fg$.

(6) $\forall \varepsilon > 0$，$\forall \delta > 0$，因为 g 在 E 上可测且几乎处处不为 0，故 $\exists \sigma > 0$，s. t.

$$\mu(E(|g| \leqslant \sigma)) < \frac{\delta}{6}.$$

又因 $g_n \underset{\mu}{\Rightarrow} g$，所以 $\exists N \in \mathbb{N}$，当 $n > N$ 时，有

$$\mu\left(E\left(|g_n - g| > \frac{\sigma^2 \varepsilon}{2}\right)\right) < \frac{\delta}{3}, \quad \mu\left(E\left(|g_n - g| > \frac{\sigma}{2}\right)\right) < \frac{\delta}{6}.$$

易见

$$E\left(|g_n| > \frac{\delta}{2}\right) \supset E(|g| > \sigma) \cup E\left(|g_n - g| \leqslant \frac{\sigma}{2}\right),$$

这从

$$|g_n| = |(g_n - g) + g| \geqslant |g| - |g_n - g| > \sigma - \frac{\sigma}{2} = \frac{\sigma}{2}$$

可立即推出. 根据 de Morgan 公式得到

$$E\left(|g_n| \leqslant \frac{\sigma}{2}\right) \subset E(|g| \leqslant \sigma) \cap E\left(|g_n - g| > \frac{\sigma}{2}\right).$$

从而

$$\mu\left(E\left(|g_n| \leqslant \frac{\sigma}{2}\right)\right) \leqslant \mu(E(|g| \leqslant \sigma)) + \mu\left(E\left(|g_n - g| > \frac{\sigma}{2}\right)\right) < \frac{\delta}{6} + \frac{\delta}{6} = \frac{\delta}{3}.$$

还可证明($x \notin$ 右边 $\Rightarrow x \notin$ 左边)

$$E\left(\left|\frac{1}{g_n} - \frac{1}{g}\right| > \varepsilon\right) \subset E(|g| \leqslant \sigma) \cup E\left(|g_n| \leqslant \frac{\sigma}{2}\right) \cup E\left(|g_n - g| > \frac{\sigma^2 \varepsilon}{2}\right).$$

于是

$$\mu\left(E\left(\left|\frac{1}{g_n}-\frac{1}{g}\right|>\varepsilon\right)\right)\leqslant\mu(E(|g|\leqslant\sigma))+\mu\left(E\left(|g_n|\leqslant\frac{\sigma}{2}\right)\right)+\mu\left(E\left(|g_n-g|>\frac{\sigma^2\varepsilon}{2}\right)\right)$$

$$<\frac{\delta}{6}+\frac{\delta}{3}+\frac{\delta}{3}=\delta,$$

$$\frac{1}{g_n}\underset{\mu}{\Rightarrow}\frac{1}{g}.$$

由此和(5)立即得到

$$\frac{f_n}{g_n}=f_n\cdot\frac{1}{g_n}\underset{\mu}{\Rightarrow}f\cdot\frac{1}{g}=\frac{f}{g}.$$ □

例 3.2.1 设 $X=(0,+\infty)$，$\mathscr{E}=\{(k-1,k]\mid k\in\mathbb{N}\}$，$\mathscr{R}=\mathscr{R}_\sigma(\mathscr{E})=\mathscr{A}_\sigma(\mathscr{E})$，$\mu:\mathscr{R}\to\mathbb{R}$，$\mu(E)=0$，$\forall E\in\mathscr{R}$(它确为一个测度)．令

$$f_n: X=(0,+\infty)\to\mathbb{R},\quad f_n(x)=0,$$

易见，每个 f_n 为 X 上关于 $(X,\mathscr{R},\mu)$ 的可测函数．因为 $\mu(X)=0$，所以对 X 上的任意函数 h，总有 $\lim\limits_{n\to+\infty}f_n\underset{\mu}{\doteq}h$．特别，取 $h(x)=x$，显然

$$X\left(h>\frac{1}{2}\right)=\left\{x\in X\mid h(x)=x>\frac{1}{2}\right\}=\left(\frac{1}{2},+\infty\right)\notin\mathscr{R},$$

h 不为 X 上关于 $(X,\mathscr{R},\mu)$ 的可测函数．根据定理 3.2.2，必有可测函数 f，使得 $\lim\limits_{n\to+\infty}f_n\underset{\mu}{\doteq}f$，且 $f\underset{\mu}{\doteq}h$(如 $f(x)=0$，$\forall x\in(0,+\infty)$)．

例 3.2.2(处处收敛但不依测度收敛的函数列) 设 $(\mathbb{R}^1,\mathscr{L},m)$ 为 Lebesgue 测度空间，$E=(0,+\infty)\subset\mathbb{R}^1$，函数

$$f_n: E=(0,+\infty)\to\mathbb{R},$$

$$f_n(x)=\begin{cases}1, & x\in(0,n],\\ 0, & x\in(n,+\infty),\end{cases}\quad n=1,2,\cdots.$$

显然，在 $E=(0,+\infty)$ 上，$\lim\limits_{n\to+\infty}f_n(x)=1$，即 $\{f_n\}$ 在 $E=(0,+\infty)$ 上处处收敛于 1．但是，当$0<\varepsilon<1$ 时，有

$$m(E(|f_n-1|>\varepsilon))=m((n,+\infty))=+\infty\not\to 0\quad(n\to+\infty).$$

因此，$f_n\underset{\mu}{\not\Rightarrow}1$，即 $\{f_n\}$ 在 $E=(0,+\infty)$ 上不依测度收敛于 1．

该例表明，定理 3.2.4(1)中条件"$\mu(E)<+\infty$"不可删去．

例 3.2.3(依测度收敛但处处不收敛的函数列) 设 $(\mathbb{R}^1,\mathscr{L},m)$ 为 Lebesgue 测度空间，$E=(0,1]\subset\mathbb{R}^1$，将 $(0,1]$ 2 等分，并作两个函数：

$$f_1^1(x)=\begin{cases}1, & x\in\left(0,\frac{1}{2}\right],\\ 0, & x\in\left(\frac{1}{2},1\right];\end{cases}\qquad f_2^1(x)=\begin{cases}0, & x\in\left(0,\frac{1}{2}\right],\\ 1, & x\in\left(\frac{1}{2},1\right].\end{cases}$$

再将(0,1]4 等分,8 等分,…. 一般地,对 $\forall n\in\mathbb{N}$,作 2^n 个函数:

$$f_j^n(x)=\begin{cases}1, & x\in\left(\dfrac{j-1}{2^n},\dfrac{j}{2^n}\right],\\ 0, & x\notin\left(\dfrac{j-1}{2^n},\dfrac{j}{2^n}\right],\end{cases}\quad j=1,2,\cdots,2^n.$$

我们将 $\{f_j^n\mid n=1,2,\cdots;\ j=1,2,\cdots,2^n\}$ 先按 n 后按 j 从小到大的顺序逐个地排成一列:

$$f_1^1,f_2^1,f_1^2,f_2^2,f_3^2,f_4^2,\cdots,f_1^n,\cdots,f_{2^n}^n,\cdots.$$

显然,f_j^n 为这列函数中的第 $N=2+2^2+\cdots+2^{n-1}+j=2\cdot\dfrac{2^{n-1}-1}{2-1}+j=2^n-2+j$ 个,$j=1,2,\cdots,2^n$,且 $N\to+\infty\Leftrightarrow n\to+\infty$.

因为对 $\forall\varepsilon>0$,有

$$E(|f_j^n-0|>\varepsilon)=\begin{cases}\varnothing, & \varepsilon\geqslant 1,\\ \left(\dfrac{j-1}{2^n},\dfrac{j}{2^n}\right], & 0<\varepsilon<1,\end{cases}$$

所以

$$m(E(|f_j^n-0|>\varepsilon))=\begin{cases}0, & \varepsilon\geqslant 1,\\ \dfrac{1}{2^n}, & 0<\varepsilon<1\end{cases}$$

$$\to 0\quad (N\to+\infty,\text{即 } n\to+\infty).$$

由此得到 $f_j^n \underset{m}{\Rightarrow} 0$.

但奇怪的是 $\{f_j^n\}$ 在 $E=(0,1]$ 上的任一点处都不收敛!这是因为对 $\forall x\in(0,1]$,$\forall n\in\mathbb{N}$,必有相应的 j,s. t.

$$x\in\left(\frac{j-1}{2^n},\frac{j}{2^n}\right],$$

因而,$f_j^n(x)=1$,$f_{j-1}^n(x)=f_{j+1}^n(x)=0$. 换言之,对 $\forall x\in E=(0,1]$,在 $\{f_j^n(x)\}$ 中必有两个子列,一个恒为 1,另一个恒为 0,所以 $\{f_j^n(x)\}$ 在 $E=(0,1]$ 中任一点处都不收敛.

例 3.2.4 当 $\mu(E)=+\infty$ 时,定理 3.2.6 中的(5)未必成立.

例如:$E=(1,+\infty)$,$\mu=m$ 为 E 上的 Lebesgue 测度.

$$f_n(x)=\begin{cases}k, & x\in(k,k+1],\quad k\neq n,k\in\mathbb{N},\\ n+\dfrac{1}{n}, & x\in(n,n+1],\end{cases}$$

$$f(x)=k,\quad x\in(k,k+1],k\in\mathbb{N}.$$

则

$$|f_n(x)-f(x)|=\begin{cases}0, & x\in(k,k+1],k\neq n,k\in\mathbb{N}\\ \dfrac{1}{n}, & x\in(n,n+1].\end{cases}$$

所以，对 $\forall \varepsilon>0$，当 $n>\frac{1}{\varepsilon}$，即 $\frac{1}{n}<\varepsilon$ 时，有

$$E(|f_n-f|>\varepsilon)=\varnothing,$$

$$\lim_{n\to+\infty} m(E(|f_n-f|>\varepsilon))=\lim_{n\to+\infty} m(\varnothing)=\lim_{n\to+\infty} 0=0,$$

$$f_n \underset{\mu}{\Rightarrow} f.$$

但是

$$\begin{aligned}|f_n^2(x)-f^2(x)| &= |f_n(x)-f(x)|\cdot|f_n(x)+f(x)|\\ &=\frac{1}{n}\left[\left(n+\frac{1}{n}\right)+n\right]\\ &=2+\frac{1}{n^2},\quad x\in(n,n+1],\end{aligned}$$

$$m(E(|f_n^2-f^2|>2))=m((n,n+1])=1,\quad \forall n\in\mathbb{N},$$

因此 $f_n^2 \underset{\mu}{\not\Rightarrow} f^2$.

定理 3.2.7（Д. Ф. Егоров，几乎处处收敛与一致收敛的关系） 设 $(X,\mathscr{R},\mu)$ 为测度空间，$E\subset X$，$\{f_n\}$ 为 E 上的可测函数列，$\mu(E)<+\infty$. 如果 $\{f_n\}$ 在 E 上几乎处处收敛于有限实函数 f，则对 $\forall \delta>0$，必存在 E 的可测子集 E_δ，使得 $\mu(E-E_\delta)<\delta$，且在 E_δ 上，$\{f_n\}$ 一致收敛于 f.

证明 由定理 3.2.2，不妨设 f 为 E 上的可测函数（否则修改一个 μ 零集上 f 的值，使它可测，而把这个 μ 零集放入被挖掉的集 $E-E_\delta$ 中）. 因为 $\{f_n\}$ 在 E 上几乎处处收敛于 f，故存在 μ 零集 E_0，使得

$$\lim_{n\to+\infty} f_n(x)=f(x),\quad \forall x\in E-E_0=E_1.$$

将 μ 零集 $E\cap E_0$ 放入被挖掉的集 $E-E_\delta$ 中，由此我们只须在 E_1 上证明定理成立即可. 令

$$E_{m,k}=E_1\left(|f_m-f|\leqslant\frac{1}{k}\right),$$

$$B_{n,k}=\bigcap_{m=n}^{\infty} E_{m,k}=E_1\left(|f_m-f|\leqslant\frac{1}{k},m=n,n+1,\cdots\right).$$

任选自然数列 n_k，s. t. $\lim\limits_{k\to+\infty} n_k=+\infty$，并作集合

$$F=\bigcap_{k=1}^{\infty} B_{n_k,k}=E_1\left(|f_m-f|\leqslant\frac{1}{k},m\geqslant n_k,k=1,2,\cdots\right),$$

则对 $\forall \varepsilon>0$，取 $k_0>\frac{1}{\varepsilon}$，当 $m\geqslant n_{k_0}$ 时，有

$$|f_m(x)-f(x)|\leqslant\frac{1}{k_0}<\varepsilon,\quad \forall x\in F,$$

即 $\{f_n\}$ 在 F 上一致收敛于 f.

因为对固定的 k，有

$$B_{1,k}\subset B_{2,k}\subset\cdots\subset B_{n,k}\subset\cdots,$$

所以

$$\lim_{n\to+\infty} B_{n,k}=\bigcup_{n=1}^{\infty} B_{n,k}=\bigcup_{n=1}^{\infty}\bigcap_{m=n}^{\infty} E_{m,k}=E_1,$$

$$\lim_{n\to+\infty}\mu(B_{n,k})=\mu\left(\lim_{n\to+\infty} B_{n,k}\right)=\mu(E_1)=\mu(E-E_0)=\mu(E).$$

由于 $\mu(E)<+\infty$,故对 $\forall\,\delta>0$,可取充分大的 n_k,s. t.

$$\mu(E)-\mu(B_{n_k,k})<\frac{\delta}{2^k}.$$

而且可以依次取 $n_k>n_{k-1}$.用这一子列$\{n_k\}$作出上述集合 F.于是得到

$$\begin{aligned}\mu(E-F)&=\mu\left(E-\bigcap_{k=1}^{\infty} B_{n_k,k}\right)=\mu\left(\bigcup_{k=1}^{\infty}(E-B_{n_k,k})\right)\\&\leqslant\sum_{k=1}^{\infty}\mu(E-B_{n_k,k})=\sum_{k=1}^{\infty}[\mu(E)-\mu(B_{n_k,k})]\\&<\sum_{k=1}^{\infty}\frac{\delta}{2^k}=\delta.\end{aligned}$$

$E_\delta=F$ 即为定理中所求的集合. □

定理 3.2.8(几乎处处收敛与一致收敛的关系) 设$(X,\mathscr{R},\mu)$为测度空间,$E\subset X$,$\{f_n\}$为 E 上的可测函数列,f 为 E 上的实函数.

(1) 一般地,有

$\{f_n\}$在 E 上几乎处处收敛于 f

$\overset{\Leftarrow}{\not\Rightarrow}$对 $\forall\,\delta>0$,必存在 E 的可测子集 E_δ,使得 $\mu(E-E_\delta)<\delta$,且在 E_δ 上,$\{f_n\}$一致收敛于 f.

(2) 当 $\mu(E)<+\infty$时,有

$\{f_n\}$在 E 上几乎处处收敛于 f

$\Leftrightarrow$对 $\forall\,\delta>0$,必存在 E 的可测子集 E_δ,使得 $\mu(E-E_\delta)<\delta$,且在 E_δ 上,$\{f_n\}$一致收敛于 f.

证明 (1) ($\Leftarrow$)由右边条件,对 $\delta_m=\dfrac{1}{m}$,必存在 E 的可测子集 $E_{\frac{1}{m}}$,s. t. $\mu(E-E_{\frac{1}{m}})<\dfrac{1}{m}$,且在 $E_{\frac{1}{m}}$ 上,$\{f_n\}$一致收敛于 f.令

$$F=\bigcup_{m=1}^{\infty} E_{\frac{1}{m}}\subset E,$$

显然,$\{f_n\}$在 F 上处处收敛于 f,且

$$\begin{aligned}0\leqslant\mu(E-F)&=\mu\left(E-\bigcup_{m=1}^{\infty} E_{\frac{1}{m}}\right)\\&=\mu\left(\bigcap_{m=1}^{\infty}(E-E_{\frac{1}{m}})\right)\leqslant\mu(E-E_{\frac{1}{m}})<\frac{1}{m}\to 0\quad(m\to+\infty),\end{aligned}$$

故

$$0 \leqslant \mu(E-F) \leqslant 0, \quad \text{即 } \mu(E-F)=0.$$

因此，$\{f_n\}$在 E 上几乎处处收敛于 f.

($\not\Rightarrow$)例 3.2.2 中的$\{f_n\}$处处收敛于 1. 但对 $\forall\,\delta>0$ 以及任何可测集 E_δ，当 $\mu(E-E_\delta)=m(E-E_\delta)<\delta$ 时，$\{f_n\}$在 E_δ 上不能一致收敛于 1.

(反证)假设$\{f_n\}$在 E_δ 上一致收敛于 1，则对 $\varepsilon=1$，$\exists\, N\in\mathbb{N}$，当 $n>N$ 时，有

$$|f_n(x)-1|<\varepsilon=1, \quad \forall\, x\in E_\delta.$$

由于 $\mu((0,+\infty)-E_\delta)=m((0,+\infty)-E_\delta)<\delta$，所以 $E_\delta\not\subset[0,n]$. 因而，必有 $x_n\in E_\delta\cap(n,+\infty)$，$f_n(x_n)=0$. 于是

$$1=|0-1|=|f_n(x_n)-1|<1,$$

矛盾.

(2) ($\Rightarrow$)由定理 3.2.7.

($\Leftarrow$)由(1)中的充分性. □

在讨论可测函数列的几乎处处收敛和依测度(度量)收敛时，并不能推出极限函数 f 是可测的(见例 3.2.1). 需要在一个 μ 零集的子集上修改函数值后方能成为可测函数. 在一般的测度空间中，μ 零集的子集可以是不可测的. 从函数的可测性来看，是不能随便改动一个 μ 零集的子集上的函数值的. 但在完全测度空间$(X,\mathscr{R},\mu)$(μ 为完全测度，即任意 μ 零集的子集必属于 $\mathscr{R}$，且为 μ 零集)上，特别是 Lebesgue 测度空间上就不会发生上述问题了.

定理 3.2.9 设$(X,\mathscr{R},\mu)$为完全测度空间.

(1) 设 E_0 为 μ 零集，则 E_0 上的任何有限函数都是 E_0 上的可测函数.

(2) 设 $f,h\colon E\to\mathbb{R}$ 为有限实函数，如果在 E 上，$f \underset{\mu}{\doteq} h$，即存在 μ 零集 E_0，s. t. $f(x)=h(x)$，$\forall\, x\in E-E_0$，则

$$f \text{ 在 } E \text{ 上可测} \Leftrightarrow h \text{ 在 } E \text{ 上可测}.$$

证明 (1) 对 $\forall\, c\in\mathbb{R}$，$E_0(c\leqslant f)\subset E_0$. 因为 μ 为完全测度以及 $\mu(E_0)=0$，故 $\mu(E_0(c\leqslant f))=0$，从而 $E_0(c\leqslant f)$为可测集和 f 为 E_0 上的可测函数.

(2) ($\Rightarrow$)设 f 为 E 上的可测函数，故 E 为可测集. 因为 E_0 为 μ 零集，故 E_0 和 $E-E_0$ 为可测集. 从而，在 $E-E_0$ 上 $h=f$ 为可测函数. 另一方面，由 μ 为完全测度，故 $E\cap E_0\subset E_0$ 也为 μ 零集. 根据(1)，h 在 $E\cap E_0$ 上为可测函数. 应用定理 3.1.2 中的(2)可得 h 在

$$E=(E-E_0)\cup(E\cap E_0)$$

上为可测函数.

($\Leftarrow$)由 f 与 h 地位对称，所以充分性也成立. □

注 3.2.1 应用定理 3.2.9，很容易获得完全测度空间上相应的一些结果. 特别应注意的是，完全测度空间上的可测函数列的几乎处处收敛或依测度(度量)收敛的极限函数为可测函数.

定理 3.2.10(Н. Н. Лузин，用连续函数刻画 Lebesgue 可测函数) 设 $E\subset\mathbb{R}^n$ 为

Lebesgue 可测集，f 为 E 上的 Lebesgue 可测函数，则对 $\forall\delta>0$，必有 E(关于$\mathbb{R}^n$)的闭子集 F_δ，s. t. $m(E-F_\delta)<\delta$，且 f 为 F_δ 上的连续函数.

证明 先设 $m(E)<+\infty$.

对 $\forall k\in\mathbb{N}$，作可测集

$$E_{i,k}=E\left(\frac{i}{k}\leqslant f<\frac{i+1}{k}\right),\quad i=0,\pm1,\pm2,\cdots.$$

显然，$E=\bigcup\limits_{i=-\infty}^{+\infty}E_{i,k}$，且 $E_{i,k}\cap E_{i',k}=\varnothing$，$\forall i\neq i'$. 因此

$$m(E)=\sum_{i=-\infty}^{+\infty}m(E_{i,k}).$$

从 $m(E)<+\infty$，必有 $i_k\in\mathbb{N}$，s. t.

$$\left(\sum_{i=-\infty}^{-i_k-1}+\sum_{i=i_k+1}^{+\infty}\right)m(E_{i,k})<\frac{\delta}{2^{k+1}}.$$

当 $|i|\leqslant i_k$ 时，作($\mathbb{R}^n$ 中的)闭集 $F_{i,k}\subset E_{i,k}$，s. t.

$$\sum_{i=-i_k}^{i_k}m(E_{i,k}-F_{i,k})<\frac{\delta}{2^{k+1}}.$$

记闭集 $F_k=\bigcup\limits_{i=-i_k}^{i_k}F_{i,k}$，则

$$E-F_k=\left(\bigcup_{i=-\infty}^{-i_k-1}E_{i,k}\right)\cup\left(\bigcup_{i=i_k+1}^{+\infty}E_{i,k}\right)\cup\left(\bigcup_{i=-i_k}^{i_k}(E_{i,k}-F_{i,k})\right).$$

所以

$$m(E-F_k)=\left(\sum_{i=-\infty}^{-i_k-1}+\sum_{i=i_k+1}^{+\infty}\right)m(E_{i,k})+\sum_{i=-i_k}^{i_k}m(E_{i,k}-F_{i,k})<\frac{\delta}{2^{k+1}}+\frac{\delta}{2^{k+1}}=\frac{\delta}{2^k}.$$

在 F_k 上作函数 f_k，s. t.

$$f_k(x)=\frac{i}{k},\quad\forall x\in F_{i,k},i=-i_k,\cdots,i_k.$$

易见，f_k 为 F_k 上的连续函数. 由 f_k 的定义，有

$$0\leqslant f(x)-f_k(x)\leqslant\frac{1}{k},\quad\forall x\in F_k.$$

因此，在闭集 $F_\delta=\bigcap\limits_{k=1}^{\infty}F_k$(闭集的交仍为闭集)上的连续函数列$\{f_k\}$一致收敛于 f. 根据定理 1.4.7(3)，f 为 F_δ 上的连续函数. 由

$$E-F_\delta=E-\bigcap_{k=1}^{\infty}F_k=\bigcup_{k=1}^{\infty}(E-F_k)$$

得到

$$\mu(E-F_\delta)=\mu\Big(\bigcup_{k=1}^{\infty}(E-F_k)\Big)\leqslant\sum_{k=1}^{\infty}\mu(E-F_k)<\sum_{k=1}^{\infty}\frac{\delta}{2^k}=\delta.$$

对于 $m(E)=+\infty$,令 $E_k=I_k\cap E(k\in\mathbb{N})$,其中 I_k 是边长为 1 的半开半闭的正方体,它们彼此不相交,且$\mathbb{R}^n=\bigcup\limits_{k\in\mathbb{N}}I_k$,则 $m(E_k)\leqslant 1<+\infty$. 由上述结论,存在 E_k 关于$\mathbb{R}^n$ 的闭子集 $F_{k\delta}$,s. t.

$$m(E_k-F_{k\delta})<\frac{\delta}{2^k},$$

且 f 为 $F_{k\delta}$ 上的连续函数. 于是,f 在 E 关于$\mathbb{R}^n$ 的闭子集 $F_\delta=\bigcup\limits_{k\in\mathbb{N}}F_{k\delta}$ 上连续,且

$$\begin{aligned}m(E-F_\delta)&=m\Big(E-\bigcup_{k\in\mathbb{N}}F_{k\delta}\Big)=m\Big(\bigcup_{k\in\mathbb{N}}(E_k-F_{k\delta})\Big)\\&\leqslant\sum_{k\in\mathbb{N}}m(E_k-F_{k\delta})<\sum_{k\in\mathbb{N}}\frac{\delta}{2^k}=\delta.\end{aligned}$$

□

定理 3.2.11(Н. Н. Лузин 定理的另一形式) 设 $E\subset\mathbb{R}^n$ 为 Lebesgue 可测集,f 为 E 上的 Lebesgue 可测函数,则对 $\forall\,\delta>0$,必有$\mathbb{R}^n$ 上的连续函数 h,s. t.

$$m(E(f\neq h))<\delta.$$

如果 $|f(x)|\leqslant M$(或$<M$),$\forall\,x\in E$,则上述的 h 可选取为满足 $|h(x)|\leqslant M$(或$<M$),$\forall\,x\in\mathbb{R}^n$,其中 M 为常数.

证明 由定理 3.2.10,对 $\forall\,\delta>0$,存在 E 关于$\mathbb{R}^n$ 的闭子集 F_δ,s. t. $m(E-F_\delta)<\delta$,而且 f 在 F_δ 上连续. 根据定理 1.6.2 和定理 1.6.3,将 F_δ 上的函数 f 延拓为$\mathbb{R}^n$ 上的连续函数 h,满足

$$E(f\neq h)\subset E-F_\delta.$$

因此

$$m(E(f\neq h))\leqslant m(E-F_\delta)<\delta.$$

如果 $|f(\boldsymbol{x})|\leqslant M$(或$<M$),$\forall\,\boldsymbol{x}\in E$. 应用定理 1.6.2,选取连续函数 h 满足 $|h(\boldsymbol{x})|\leqslant M$(或$<M$),$\forall\,\boldsymbol{x}\in\mathbb{R}^n$.

□

推论 3.2.2 在 Лyzин 定理中,如果 $E\subset\mathbb{R}^n$ 为有界集,则上述的 h 可选择具有紧支集,即

$$\mathrm{supp}h=\overline{\{\boldsymbol{x}\in\mathbb{R}^n\mid h(\boldsymbol{x})\neq 0\}}$$

为紧致集.

证明 因为 $E\subset\mathbb{R}^n$ 为有界集,不妨设 $E\subset B(\boldsymbol{0};k)$,则 $F_\delta\subset E\subset B(\boldsymbol{0};k)$ 和$\mathbb{R}^n-B(\boldsymbol{0};k)$ 为两个不相交的闭子集. 根据推论 1.6.1,存在$\mathbb{R}^n$ 上的连续函数 φ,s. t. $0\leqslant\varphi(\boldsymbol{x})\leqslant 1$,$\forall\,\boldsymbol{x}\in\mathbb{R}^n$,且

$$\varphi(x)=\begin{cases}1, & \boldsymbol{x}\in F_\delta,\\0, & \boldsymbol{x}\in\mathbb{R}^n-B(\boldsymbol{0};k).\end{cases}$$

而将定理 3.2.11 中的 $h(\boldsymbol{x})$ 换成 $\varphi(\boldsymbol{x})h(\boldsymbol{x})$ 即为所求. □

推论 3.2.3 设 f 为 $E\subset\mathbb{R}^n$ 上的几乎处处有限的 Lebesgue 可测函数,则存在 $\mathbb{R}^n$ 上的连续函数列 $\{f_k\}$,s.t. 在 E 上

$$\lim_{k\to+\infty} f_k(\boldsymbol{x}) \doteq_m f(\boldsymbol{x}).$$

证明 由 Лузин 定理可知,对任何趋于 0 的正数列 $\{\varepsilon_l\}$ 与 $\{\delta_l\}$,存在 $\mathbb{R}^n$ 上的连续函数列 $\{g_l\}$,s.t.

$$m(\{\boldsymbol{x}\in E \mid |g_l(\boldsymbol{x})-f(\boldsymbol{x})|>\varepsilon_l\})<\delta_l,\quad l=1,2,\cdots,$$

即在 E 上,$g_l \underset{m}{\Rightarrow} f$. 从而,根据 Riesz 定理,可选子列 $\{g_{l_k}\}$,s.t. 在 E 上

$$\lim_{k\to+\infty} g_{l_k}(\boldsymbol{x}) \doteq_m f(\boldsymbol{x}).$$

记 $f_k=g_{l_k}$,则

$$\lim_{k\to+\infty} f_k(\boldsymbol{x}) \doteq_m f(\boldsymbol{x}).$$ □

注 3.2.2 推论 3.2.3 中将"几乎处处有限"改为"处处有限","$\lim\limits_{k\to+\infty} f_k(\boldsymbol{x}) \doteq_m f(\boldsymbol{x})$"改为"$\lim\limits_{k\to+\infty} f_k(\boldsymbol{x})=f(\boldsymbol{x})$",其结论不一定成立. 反例见例 1.5.7.

例 3.2.5 (1) 设 $f:\mathbb{R}\to\mathbb{R}$ 为 Lebesgue 可测函数,且对 $\forall\, x,y\in\mathbb{R}$,有

$$f(x+y)=f(x)+f(y),$$

则 f 为 $\mathbb{R}$ 上的连续函数. 进而,$f(x)=f(1)x$, $\forall\, x\in\mathbb{R}$.

(2) 举例说明(1)中删去条件"f 为 $\mathbb{R}$ 上的 Lebesgue 可测函数",则结论不成立.

证明 (1) 因为 $f(0)=f(0+0)=f(0)+f(0)$,所以 $f(0)=0$.

根据 Лузин 定理,可作有界闭集 F,s.t. $m(F)>0$,且 f 在紧致集 F 上一致连续. 即对 $\forall\,\varepsilon>0$, $\exists\,\delta_1>0$,当 $x,y\in F$, $|x-y|<\delta_1$ 时,有

$$|f(x)-f(y)|<\varepsilon.$$

再由例 2.5.7 证明中引理或第 2 章复习题 4(2)知,$\exists\,\delta_2>0$,使得

$$F_-F\supset(-\delta_2,\delta_2).$$

取 $\delta=\min\{\delta_1,\delta_2\}$,则当 $z\in(-\delta,\delta)$ 时,由于 $\exists\, x,y\in F$,s.t. $z=x-y$,故可得

$$|f(z)-f(0)|=|f(z)|=|f(x-y)|=|f(x)-f(y)|<\varepsilon.$$

这就说明了 f 在 $x=0$ 处是连续的.

于是,对 $\forall\, x\in\mathbb{R}$,因为

$$\lim_{h\to 0}f(x+h)=\lim_{h\to 0}[f(x)+f(h)]=f(x)+f(0)=f(x)+0=f(x),$$

所以,f 在 x 连续,从而 f 为 $\mathbb{R}$ 上的连续函数.

由于对 $\forall\, n,m\in\mathbb{N}$,有

$$f(nx)=f((n-1)x+x)=f((n-1)x)+f(x)=\cdots=nf(x),$$

$$f(n)=nf(1),$$

$$f\left(\frac{n}{m}\right)=\frac{1}{m}f(n)=\frac{n}{m}f(1).$$

又因为

$$0=f(0)=f(x-x)=f(x)+f(-x),\quad 即\ f(-x)=-f(x),$$

故

$$f\left(-\frac{n}{m}\right)=-f\left(\frac{n}{m}\right)=-\frac{n}{m}f(1).$$

由此得到

$$f(x)=xf(1),\quad \forall x\in\mathbb{Q}.$$

对 $\forall x_0\in\mathbb{R}$，令 $x_n\in\mathbb{Q}$，s. t. $\lim\limits_{n\to+\infty}x_n=x_0$. 则由 f 连续知，

$$f(x_0)=f(\lim_{n\to+\infty}x_n)=\lim_{n\to+\infty}f(x_n)=\lim_{n\to+\infty}x_nf(1)=x_0f(1),$$

故

$$f(x)=xf(1)=f(1)x,\quad \forall x\in\mathbb{R}.$$

(2) 反例：设 H 为实数域$\mathbb{R}$视作有理数域$\mathbb{Q}$上的线性空间的一组线性基. $\forall x\in\mathbb{R}$，则 x 可惟一表示为

$$x=x_1e_1+x_2e_2+\cdots+x_ne_n,\quad x_i\in\mathbb{Q},e_i\in H,\quad i=1,2,\cdots,n.$$

定义

$$f(x)=x_1\in\mathbb{Q}.$$

易见，$f(x+y)=f(x)+f(y)$. 但是，f 不为连续函数.（反证）反设 f 为连续函数，对 $x=x_1e_1+x_2e_2+\cdots+x_ne_n$，$y=y_1e_1+y_2e_2+\cdots+y_ne_n$，$x_1<y_1$，有

$$f(x)=x_1\neq y_1=f(y).$$

根据连续函数的介值定理知，$f(\mathbb{R})\supset[x_1,y_1]$含无理数（为不可数集），这与 $f(\mathbb{R})\subset\mathbb{Q}$（$f(\mathbb{R})\subset\mathbb{Q}$ 为至多可数集）相矛盾. □

注 3.2.3 从例 3.2.5 的证明可看出：如果对 $\forall x,y\in\mathbb{R}$，有

$$f(x+y)=f(x)+f(y),$$

且 f 在某个固定点 $x_0\in\mathbb{R}$ 连续，则 f 为$\mathbb{R}$上的连续函数. 进而，$f(x)=f(1)x$，$\forall x\in\mathbb{R}$.

例 3.2.6 (1) 设 $f(x)$为(a,b)上的实值 Lebesgue 可测函数，且满足：

$$f\left(\frac{x+y}{2}\right)\leqslant\frac{f(x)+f(y)}{2},\quad \forall x,y\in(a,b),$$

则 f 为(a,b)上的凸函数.

(2) 举例说明(1)中删去条件"f 在(a,b)上为实值 Lebesgue 可测函数"，其结论不成立.

证明 (1) 不失一般性，对(a,b)为$(-1,1)$的情形加以证明. 根据[12]513 页，题 7.3.33，要证 $f(x)$为凸函数，只需证 f 在$(-1,1)$的任一闭子区间上有上界. 由 Heine-Borel 有限覆盖定理，只须证在每一点的一个开邻域内有界. 为方便起见，只对 $x=0$ 证明.

(反证)假设 f 在 $x=0$ 的任一开邻域内无上界,则 $\exists t_n \to 0(n\to+\infty)$, s. t. $|f(t_n)|\to+\infty$,不妨设 $f(t_n)\to+\infty(n\to+\infty)$.

由 Лузин 定理,存在闭集 $E\subset\left(-\frac{1}{2},\frac{1}{2}\right)$, $m(E)>\frac{4}{5}$, f 在 E 上连续. 因而有上界 $M>0$.

取 $t_0\in\left(-\frac{1}{4},\frac{1}{4}\right)$, s. t. $f(t_0)>M$. 不妨设 $t_0>0$. 令

$$\widetilde{E}=\{y=2t_0-x\mid x\in E\},$$

则 $\widetilde{E}\subset\left(-\frac{1}{2},1\right)$, $E\cup\widetilde{E}\subset\left(-\frac{1}{2},1\right)$. 又由于对 $\forall y\in\widetilde{E}$(即 $x=2t_0-y\in E$),从题中不等式得到

$$f(y)\geqslant 2f(t_0)-f(2t_0-y)>2M-M=M.$$

所以, $E\cap\widetilde{E}=\varnothing$,故

$$m(E\cup\widetilde{E})=m(E)+m(\widetilde{E})=2m(E).$$

由此推出

$$\frac{4}{5}<m(E)=\frac{1}{2}m(E\cup\widetilde{E})\leqslant\frac{1}{2}m\left(\left(-\frac{1}{2},1\right)\right)=\frac{3}{4},$$

矛盾.

(2) 举反例如下

设 H 为实数域 $\mathbb{R}$ 视作有理数域 $\mathbb{Q}$ 上的线性空间的一组线性基. 对 $\forall x\in\mathbb{R}$,则 x 可惟一表示为

$$x=x_1e_1+x_2e_2+\cdots+x_ne_n,\quad x_i\in\mathbb{Q}, e_i\in H, i=1,2,\cdots,n.$$

定义

$$f(x)=x_1\in\mathbb{Q}.$$

如果 $y=y_1e_1+y_2e_2+\cdots+y_ne_n$(有必要可增加有限个 e_i!),则

$$\frac{x+y}{2}=\frac{x_1+y_1}{2}e_1+\frac{x_2+y_2}{2}+\cdots+\frac{x_n+y_n}{2}e_n,$$

$$f\left(\frac{x+y}{2}\right)=\frac{x_1+y_1}{2}=\frac{f(x)+f(y)}{2}.$$

但是, $f(\mathbb{R})\subset\mathbb{Q}$ 且至少有两个 $r_1,r_2\in f(\mathbb{R})\subset\mathbb{Q}$, $r_1<r_2$. 显然, f 不为凸函数. (反证)反设 f 为凸函数,根据[13]定理 3.6.5, f 在 $\mathbb{R}$ 上连续,再由连续函数的介值定理, f 的值域 $f(\mathbb{R})\supset[r_1,r_2]$,从而必含无理数,矛盾.

如果令 $g(x)=f(x)+x^2$,则

$$g\left(\frac{x_1+x_2}{2}\right)=f\left(\frac{x_1+x_2}{2}\right)+\left(\frac{x_1+x_2}{2}\right)^2$$

$$\leqslant \frac{f(x_1)+f(x_2)}{2}+\frac{x_1^2+x_2^2}{2}$$

$$=\frac{g(x_1)+g(x_2)}{2},\quad x_1<x_2,$$

但 g 不为凸函数. □

注 3.2.4 (1) 从例 3.2.6 的证明可看出：如果 $f(x)$在区间 I 的任何闭子区间上有上界，且满足：

$$f\left(\frac{x_1+x_2}{2}\right)\leqslant \frac{f(x_1)+f(x_2)}{2},\quad x_1,x_2\in(a,b),$$

则 f 在 I 上为凸函数(参阅[12]513 页，题 7.3.33).

(2) 如果 $f(x)$在区间 I 上连续，且对 $\forall x_1,x_2\in I$，有

$$f\left(\frac{x_1+x_2}{2}\right)\leqslant \frac{f(x_1)+f(x_2)}{2},$$

则 f 为 I 上的凸函数(参阅[12]514 页，题 7.3.36).

例 3.2.7 设 $f\colon \mathbb{R}^n\to\mathbb{R}$ 为实值函数，则

f 在$\mathbb{R}^n$ 上为 Lebesgue 可测函数

$\Leftrightarrow$对$\mathbb{R}$ 中的任一开集 G，$f^{-1}(G)$为 Lebesgue 可测集.

证明 ($\Leftarrow$)对 $\forall c\in\mathbb{R}$，由右边的条件知

$$\{\boldsymbol{x}\in\mathbb{R}^n \mid f(\boldsymbol{x})>c\}=f^{-1}((c,+\infty))$$

为 Lebesgue 可测集. 根据定理 3.1.1 中的(2)，f 为$\mathbb{R}^n$ 上的 Lebesgue 可测函数.

($\Rightarrow$)设 f 为$\mathbb{R}^n$ 上的 Lebesgue 可测函数，故对 $\forall (a,b)\subset(-\infty,+\infty)$，有

$$f^{-1}((a,+\infty))=\{\boldsymbol{x}\in\mathbb{R}^n \mid f(\boldsymbol{x})>a\}$$

和

$$f^{-1}([b,+\infty))=\{\boldsymbol{x}\in\mathbb{R}^n \mid f(\boldsymbol{x})\geqslant b\}$$

都为 Lebesgue 可测集. 从而

$$f^{-1}((a,b))=f^{-1}((a,+\infty))-f^{-1}([b,+\infty))$$

为 Lebesgue 可测集. 如果 $G\subset\mathbb{R}$ 为开集，记 $G=\bigcup\limits_k (a_k,b_k)$，其中$(a_k,b_k)$为 G 的构成区间. 于是

$$f^{-1}(G)=f^{-1}\left(\bigcup_k (a_k,b_k)\right)=\bigcup_k f^{-1}(a_k,b_k)$$

也为 Lebesgue 可测集. □

例 3.2.8 设 $f\colon\mathbb{R}\to\mathbb{R}$ 为连续函数，$g\colon\mathbb{R}\to\mathbb{R}$ 为 Lebesgue 可测函数，则复合函数

$$h(x)=f\circ g(x)=f(g(x))$$

为$\mathbb{R}$ 上的 Lebesgue 可测函数.

证明 因为 f 为连续函数，故对任一开集 $G\subset\mathbb{R}$，$f^{-1}(G)\subset\mathbb{R}$ 为开集. 根据例 3.2.7 的必要性和 g 为 Lebesgue 可测函数知

$$h^{-1}(G) = (f \circ g)^{-1}(G) = g^{-1}(f^{-1}(G))$$

为 Lebesgue 可测集. 再根据例 3.2.7 的充分性,复合函数 $h(x)=f\circ g(x)=f(g(x))$ 为$\mathbb{R}$上的 Lebesgue 可测函数. □

例 3.2.9 当 f: $[0,1]\to[0,1]$为 Lebesgue 可测函数,而 g: $[0,1]\to[0,1]$为连续函数时,$f\circ g(x)=f(g(x))$就不一定为 Lebesgue 可测函数.

解 设 $\Phi(x)$为例 1.6.4 中的 Cantor 函数,它为$[0,1]$上单调增的连续函数. 令

$$\theta(x) = \frac{1}{2}[x+\Phi(x)], \quad x \in [0,1],$$

则 $\theta(x)$为$[0,1]$上的严格增的连续函数,因而它为拓扑映射. 记 C 为$[0,1]$中的 Cantor 疏朗集. 根据定理 2.3.2′证 2 立即可知,$m(\theta(C))=\dfrac{1}{2}$,故再从定理 2.3.3 必有 Lebesgue 不可测集 $W\subset\theta(C)$. 由 $\theta^{-1}(W)\subset C$ 知 $m^*(\theta^{-1}(W))=0$,所以 Lebesgue m^* 零集 $\theta^{-1}(W)$为 Lebesgue 可测集. 由此推得 $\theta^{-1}(W)$的特征函数 $f=\chi_{\theta^{-1}(W)}$为 Lebesgue 可测函数,且 $f \underset{m}{=} 0$. 显然,$g(x)=\theta^{-1}(x)$. $x\in[0,1]$为严格增的连续函数. 而对开集 $G=(0,2)\subset\mathbb{R}$,有

$$\begin{aligned}(f\circ g)^{-1}(G) &= g^{-1}(f^{-1}(G)) = g^{-1}(f^{-1}((0,2))) \\ &= g^{-1}(f^{-1}(\{1\})) = g^{-1}(\theta^{-1}(W)) \\ &= \theta(\theta^{-1}(W)) = W\end{aligned}$$

为 Lebesgue 不可测集. 根据例 3.2.7 知,$f\circ g$ 在$[0,1]$上不是 Lebesgue 可测函数.

或者从

$$\left\{x\in[0,1] \mid f\circ g(x) > \frac{1}{2}\right\} = \left\{x\in[0,1] \mid \chi_{\theta^{-1}(W)}(\theta^{-1}(x)) > \frac{1}{2}\right\} = W$$

为 Lebesgue 不可测集,推得 $f\circ g$ 不是$[0,1]$上的 Lebesgue 可测函数.

进而还可验证 $y=g(x)=\theta^{-1}(x)$满足 Lipschitz 条件(它比连续函数强). 事实上,对 $0\leqslant x_1\leqslant x_2\leqslant 1$,有

$$\begin{aligned}|g(x_2)-g(x_1)| &= |\theta^{-1}(x_2)-\theta^{-1}(x_1)| = |y_2-y_1| \\ &= 2\cdot\frac{|y_2-y_1|}{2} \leqslant 2\left|\frac{y_2-y_1}{2}+\frac{\Phi(y_2)-\Phi(y_1)}{2}\right| \\ &= 2\left|\frac{y_2+\Phi(y_2)}{2}-\frac{y_1+\Phi(y_1)}{2}\right| \\ &= 2|\theta(y_2)-\theta(y_1)| = 2|x_2-x_1|.\end{aligned}$$

□

例 3.2.10 设 $\boldsymbol{T}$: $\mathbb{R}^n\to\mathbb{R}^n$ 为连续映射,当 $Z\subset\mathbb{R}^n$ 且 $m(Z)=0$ 时,必有 $m(\boldsymbol{T}^{-1}(Z))=0$(例如: $\boldsymbol{T}$ 为非异线性变换). 如果 f: $\mathbb{R}^n\to\mathbb{R}$ 为 Lebesgue 可测函数,则 $f\circ\boldsymbol{T}(\boldsymbol{x})=f(\boldsymbol{T}(\boldsymbol{x}))$为$\mathbb{R}^n$ 上的 Lebesgue 可测函数.

证明 设 $G\subset\mathbb{R}$ 为任一开集,由于 f 为$\mathbb{R}^n$ 上的 Lebesgue 可测函数,根据例 3.2.7,$f^{-1}(G)$为 Lebesgue 可测集. 由定理 2.3.1 中的(4),有

$$f^{-1}(G) = H - Z,$$

其中 $m(Z)=0$ 且 H 为 G_δ 型集. 从假设可知 $m(\boldsymbol{T}^{-1}(Z))=0$，而且 $\boldsymbol{T}^{-1}(H)$ 仍为 G_δ 型集，故从

$$\boldsymbol{T}^{-1}(f^{-1}(G)) = \boldsymbol{T}^{-1}(H) - \boldsymbol{T}^{-1}(Z)$$

立即推得 $(f\circ\boldsymbol{T})^{-1}(G)=\boldsymbol{T}^{-1}(f^{-1}(G))$ 为 Lebesgue 可测集. 这就证明了

$$f\circ\boldsymbol{T}(\boldsymbol{x}) = f(\boldsymbol{T}(\boldsymbol{x}))$$

为 $\mathbb{R}^n$ 上的 Lebesgue 可测函数. □

练习题 3.2

1. 设 $(X,\mathscr{R},\mu)$ 为测度空间，f 为 $E\in\mathscr{R}$ 上的几乎处处有限的可测函数，$\mu(E)<+\infty$. 证明：对 $\forall\,\varepsilon>0$，存在 E 上的有界可测函数 $g(x)$，使得

$$\mu(\{x\in E \,\big|\, |f(x)-g(x)|>0\})<\varepsilon.$$

2. 设 $(\mathbb{R}^1,\mathscr{L},m)$ 为 Lebesgue 测度空间，f 为 $\mathbb{R}^1$ 上的可测函数，且有 $f(x+1)\underset{m}{\doteq}f(x)$. 作函数 g：$\mathbb{R}^1\to\mathbb{R}$，s. t.

$$g(x+1)=g(x),\quad \forall\,x\in\mathbb{R}^1,$$

且在 $\mathbb{R}^1$ 上 $g(x)\underset{m}{\doteq}f(x)$.

3. 设 $\{f_k\}$ 为 $[a,b]$ 上的 Lebesgue 可测函数列. 证明：存在正数列 $\{a_k\}$，使得在 $[a,b]$ 上有 $\lim\limits_{k\to+\infty}a_k\cdot f_k(x)\underset{m}{\doteq}0$.

4. 设 $(\mathbb{R}^n,\mathscr{L},m)$ 为 Lebesgue 测度空间，$G\subset\mathbb{R}^n$ 为开集，f：$G\to\mathbb{R}$ 为实函数. 证明：

(1) f 在 G 上几乎处处连续 $\Leftrightarrow$ (2) 对 $\forall\,t\in\mathbb{R}$，点集

$$E_1=E_1(t)=\{\boldsymbol{x}\in G \mid f(\boldsymbol{x})>t\},\qquad E_2=E_2(t)=\{\boldsymbol{x}\in G \mid f(\boldsymbol{x})<t\}$$

中几乎处处是内点.

5. 设 $(\mathbb{R}^1,\mathscr{L}^g,m_g)$ 为 Lebesgue-Stieltjes 测度空间，f 为 $E\in\mathscr{L}^g$ 上的 Lebesgue-Stieltjes 可测函数. 证明：必存在 $\mathbb{R}^1$ 上的 Borel 可测函数 h，使得 $m_g(E(f\neq h))=0$.

6. 设 Γ 为指标集，$\{f_\alpha\mid\alpha\in\Gamma\}$ 为 $\mathbb{R}^n$ 上的 Lebesgue 可测函数族. 问：

$$S(\boldsymbol{x})=\sup\{f_\alpha(\boldsymbol{x})\mid\alpha\in\Gamma\}$$

为 $\mathbb{R}^n$ 上的可测函数吗？

7. 设 $(\mathbb{R}^n,\mathscr{L},m)$ 为 Lebesgue 测度空间，$\{f_k\}$ 为 $E\in\mathscr{L}$ 上的可测函数列，$m(E)<+\infty$. 证明：

在 E 上，$\lim\limits_{k\to+\infty}f_k(\boldsymbol{x})\underset{m}{\doteq}0 \Leftrightarrow$ 对 $\forall\,\varepsilon>0$，有

$$\lim_{j\to+\infty}m(\{\boldsymbol{x}\in E \,\big|\, \sup_{k\geqslant j}|f_k(\boldsymbol{x})|\geqslant\varepsilon\})=0.$$

8. 设 $f,f_1,f_2,\cdots,f_k,\cdots$ 为 $[a,b]$ 上的几乎处处有限的 Lebesgue 可测函数，且

$$\lim_{k\to+\infty}f_k(x)\underset{m}{\doteq}f(x).$$

证明：$\exists E_n \subset [a,b], n\in\mathbb{N}$，s. t.

$$m\left([a,b]-\bigcup_{n=1}^{\infty} E_n\right)=0,$$

而$\{f_k\}$在每个E_n上一致收敛于$f(x)$.

9. 设$\{f_n\}$为$[0,1]$上几乎处处收敛于0的几乎处处有限的Lebesgue可测函数列. 证明：存在数列$\{t_n\}$满足$\sum_{n=1}^{\infty}|t_n|=+\infty$，使得在$[0,1]$上

$$\sum_{n=1}^{\infty}|t_n f_n(x)| \underset{m}{\overset{\cdot}{<}} +\infty.$$

10. 设$m(E)<+\infty, f, f_1, f_2, \cdots, f_k, \cdots$为$E\in\mathscr{L}$上几乎处处有限的Lebesgue可测函数. 证明：

f_k在E上依Lebesgue测度收敛于$f \Leftrightarrow \lim_{k\to+\infty}\inf_{\alpha>0}\{\alpha+m(\{x\in E \mid |f_k(x)-f(x)|>\alpha\})\}=0$.

11. 设$(\mathbb{R}^1,\mathscr{L},m)$为Lebesgue测度空间. 如果对任何固定的$n$，当$k\to+\infty$时，有

$$f_k^n \Rightarrow f^n;$$

而当$n\to+\infty$时，有

$$f^n \Rightarrow f.$$

证明：在$\{f_k^n(x)\}$中可选取函数列使其度量收敛于f.

12. 设$(X,\mathscr{R},\mu)$为测度空间，$E\subset X$，$\mu(E)<+\infty$，且E上的可测函数列$\{f_k\}$满足$f_k \underset{\mu}{\Rightarrow} f$（有限函数），则对$\forall\alpha>0$，证明：

(1) $|f_k|^\alpha \underset{\mu}{\Rightarrow} |f|^\alpha$.

(2) 对E上的任何可测函数h，有$|f_k-h|^\alpha \underset{\mu}{\Rightarrow} |f-h|^\alpha$.

3.3 积分理论

在介绍了测度理论和可测函数的基础上，下面来建立积分理论.

设$(X,\mathscr{R},\mu)$为测度空间. 根据定义3.1.1和定义3.2.1，$\mathscr{R}$为σ环，μ为$\mathscr{R}$上的测度.

定义 3.3.1（非负可测简单函数的积分） 设h为$(X,\mathscr{R},\mu)$上的非负简单可测函数，即它在$A_i\in\mathscr{R}$上取值$c_i\in\mathbb{R}$，$i=1,2,\cdots,p$（$A_1,A_2,\cdots,A_p$互不相交）：

$$h(x)=\sum_{i=1}^{p} c_i \chi_{A_i}(x).$$

若$E\in\mathscr{R}$，我们定义h在E上的**积分**为

$$(\mathrm{L})\int_E h\,\mathrm{d}\mu \overset{\text{def}}{=} \sum_{i=1}^{p} c_i \mu(E\cap A_i)$$

（上式右边约定$0\cdot(+\infty)$和$(+\infty)\cdot 0$都等于0. 易见，此积分值只与$h(x)$在E上的值有关）.

例 3.3.1 设$(\mathbb{R}^1,\mathscr{L},m)$为 Lebesgue 测度空间,

$$D:\mathbb{R}^1\to\mathbb{R},\qquad D(x)=\chi_{\mathbb{Q}}(x)=\begin{cases}1, & x\in\mathbb{Q},\\ 0, & x\in\mathbb{R}^1-\mathbb{Q}\end{cases}$$

为 Dirichlet 函数,它是$\mathbb{Q}$的特征函数,其 **Lebesgue 积分**为

$$\begin{aligned}(\mathrm{L})\int_{[0,1]}D\mathrm{d}m&=(\mathrm{L})\int_{[0,1]}D(x)\mathrm{d}x=(\mathrm{L})\int_0^1 D(x)\mathrm{d}x\\&=1\cdot m([0,1]\cap\mathbb{Q})+0\cdot m([0,1]\cap\mathbb{Q}^c)\\&=1\cdot 0+0\cdot 1=0.\end{aligned}$$

注意:$D(x)$在$[0,1]$上的 Riemann 积分$(\mathrm{R})\int_0^1 D(x)\mathrm{d}x$并不存在!可见 Dirichlet 函数在数学分析中是一个很坏的函数,而它在实变函数中却是一个既简单又美妙的函数.

定理 3.3.1(非负可测简单函数积分的线性性) 设f,g为$(X,\mathscr{R},\mu)$上的非负广义可测简单函数,f在$A_i\in\mathscr{R}$上取值$a_i(i=1,2,\cdots,p)$,g在$B_j\in\mathscr{R}$上取值$b_j(j=1,2,\cdots,q)$,$E\in\mathscr{R}$,α,β为非负常数,则有:

(1) $\int_E\alpha f\,\mathrm{d}\mu=\alpha\int_E f\,\mathrm{d}\mu$.

(2) $\int_E(f+g)\mathrm{d}\mu=\int_E f\,\mathrm{d}\mu+\int_E g\,\mathrm{d}\mu$.

(3) $\int_E(\alpha f+\beta g)\mathrm{d}\mu=\alpha\int_E f\,\mathrm{d}\mu+\beta\int_E g\,\mathrm{d}\mu$.

证明 (1) $\int_E\alpha f\,\mathrm{d}\mu=\sum_{i=1}^p\alpha c_i\mu(E\cap A_i)=\alpha\sum_{i=1}^p c_i\mu(E\cap A_i)=\alpha\int_E f\,\mathrm{d}\mu$.

(2) 因为$f+g$在$A_i\cap B_j$(若$\neq\varnothing$)上取值为a_i+b_j,所以有

$$\begin{aligned}\int_E(f+g)\mathrm{d}\mu&=\sum_{i=1}^p\sum_{j=1}^q(a_i+b_j)\mu(E\cap A_i\cap B_j)\\&=\sum_{i=1}^p a_i\sum_{j=1}^q\mu(E\cap A_i\cap B_j)+\sum_{j=1}^q b_j\sum_{i=1}^p\mu(E\cap A_i\cap B_j)\\&=\sum_{i=1}^p a_i\mu(E\cap A_i)+\sum_{j=1}^q b_j\mu(E\cap B_j)\\&=\int_E f\,\mathrm{d}\mu+\int_E g\,\mathrm{d}\mu.\end{aligned}$$

(3) 由(1)和(2)立即有

$$\int_E(\alpha f+\beta g)\mathrm{d}\mu=\int_E\alpha f\,\mathrm{d}\mu+\int_E\beta g\,\mathrm{d}\mu=\alpha\int_E f\,\mathrm{d}\mu+\beta\int_E g\,\mathrm{d}\mu.\qquad\square$$

定理 3.3.2 设h为$(X,\mathscr{R},\mu)$上的非负可测简单函数,$\{E_k\}$为递增可测集列,$E=\bigcup_{k=1}^\infty E_k\in\mathscr{R}$,则

$$\int_E h\,\mathrm{d}\mu = \int_{\bigcup\limits_{k=1}^{\infty} E_k} h\,\mathrm{d}\mu = \lim_{k\to+\infty}\int_{E_k} h\,\mathrm{d}\mu.$$

证明 设 h 在 $A_i\in\mathscr{R}$ 上取值为 $a_i(i=1,2,\cdots,p)$. 由于 $E_k\cap A_i$ 单调增($k\to+\infty$),故 $\lim\limits_{k\to+\infty}(E_k\cap A_i)=E\cap A_i$. 再根据定理 2.1.1 中的(5)有

$$\lim_{k\to+\infty}\int_{E_k} h\,\mathrm{d}\mu = \lim_{k\to+\infty}\sum_{i=1}^{p} a_i\mu(E_k\cap A_i) = \sum_{i=1}^{p} a_i\mu(E\cap A_i) = \int_E h\,\mathrm{d}\mu. \qquad \square$$

定义 3.3.1′(非负可测函数的积分) 设 f 为 $E\in\mathscr{R}$ 上的非负广义可测函数,我们定义 f 在 E 上的**积分**为

$$\int_E f\,\mathrm{d}\mu \overset{\text{def}}{=} \sup_{\substack{h(x)\leqslant f(x)\\ x\in E}}\left\{\int_E h\,\mathrm{d}\mu \,\middle|\, h \text{ 为}(X,\mathscr{R},\mu)\text{ 上的非负可测简单函数}\right\}$$

(注意到 $h(x)=0\leqslant f(x),\forall x\in E$). 这里的积分可以为 $+\infty$; 若 $\int_E f\,\mathrm{d}\mu<+\infty$, 则称 f **在 E 上是可积的,或称 f 为 E 上的可积函数.**

定理 3.3.3 设 f,g 为 $E\in\mathscr{R}$ 上的非负广义可测函数,$A\subset E$,$A\in\mathscr{R}$,有:

(1) 若 $f(x)\leqslant g(x),\forall x\in E$,则 $\int_E f\,\mathrm{d}\mu\leqslant\int_E g\,\mathrm{d}\mu$.

(2) $\int_A f\,\mathrm{d}\mu=\int_E f\chi_A\,\mathrm{d}\mu\leqslant\int_E f\,\mathrm{d}\mu$.

(3) $\int_E cf\,\mathrm{d}\mu = c\int_E f\,\mathrm{d}\mu$,$c$ 为非负常数$\left(c=0\text{ 且}\int_E f\,\mathrm{d}\mu=+\infty\text{ 时,理解 }0\cdot(+\infty)=0\right)$.

证明 (1) 设 h 为$(X,\mathscr{R},\mu)$上的非负可测简单函数,且 $h(x)\leqslant f(x),\forall x\in E$,则

$$h(x)\leqslant f(x)\leqslant g(x),\quad \forall x\in E.$$

从而由定义 3.3.1′知 $\int_E h\,\mathrm{d}\mu\leqslant\int_E g\,\mathrm{d}\mu$. 由此即得

$$\int_E f\,\mathrm{d}\mu = \sup_{\substack{h(x)\leqslant f(x)\\ x\in E}}\left\{\int_E h\,\mathrm{d}\mu \,\middle|\, h\text{ 为非负可测简单函数}\right\}\leqslant\int_E g(x)\,\mathrm{d}\mu.$$

(2)
$$\begin{aligned}\int_E f\chi_A\,\mathrm{d}\mu &= \sup_{\substack{\tilde{h}(x)\leqslant f(x)\chi_A(x)\\ x\in E}}\left\{\int_E \tilde{h}(x)\,\mathrm{d}\mu \,\middle|\, \tilde{h}\text{ 为}(X,\mathscr{R},\mu)\text{ 上非负可测简单函数}\right\}\\ &= \sup_{\substack{h(x)\leqslant f(x)\\ x\in E}}\left\{\int_E h(x)\chi_A(x)\,\mathrm{d}\mu \,\middle|\, h\text{ 为}(X,\mathscr{R},\mu)\text{ 上的非负可测简单函数}\right\}\\ &= \sup_{\substack{h(x)\leqslant f(x)\\ x\in A}}\left\{\int_A h(x)\,\mathrm{d}\mu \,\middle|\, h\text{ 为}(X,\mathscr{R},\mu)\text{ 上的非负可测简单函数}\right\}=\int_A f\,\mathrm{d}\mu.\end{aligned}$$

再由 $f\chi_A\leqslant f$ 与(1)得到

$$\int_A f\,\mathrm{d}\mu=\int_E f\chi_A\,\mathrm{d}\mu\leqslant\int_E f\,\mathrm{d}\mu.$$

(3) 根据定理 3.3.1(1)及定义 3.3.1′得到

$$\int_E cf\,\mathrm{d}\mu = \sup_{\substack{\tilde{h}(x)\leqslant cf(x)\\ x\in E}}\left\{\int_E \tilde{h}(x)\,\mathrm{d}\mu \,\middle|\, \tilde{h}\text{ 为}(X,\mathscr{R},\mu)\text{ 上的非负可测简单函数}\right\}$$

$$= \sup_{\substack{h(x)\leqslant f(x)\\ x\in E}}\left\{\int_E ch(x)\,\mathrm{d}\mu \,\middle|\, h\text{ 为}(X,\mathscr{R},\mu)\text{ 上的非负可测简单函数}\right\}$$

$$= c\sup_{\substack{h(x)\leqslant f(x)\\ x\in E}}\left\{\int_E h(x)\,\mathrm{d}\mu \,\middle|\, h\text{ 为}(X,\mathscr{R},\mu)\text{ 上的非负可测简单函数}\right\}$$

$$= c\int_E f\,\mathrm{d}\mu.$$

□

定理 3.3.4(Levi 递增积分定理,极限与积分的次序可交换) 设$(X,\mathscr{R},\mu)$为测度空间,$\{f_k\}$为$E\in\mathscr{R}$上的非负广义可测递增函数列,即

$$f_1(x)\leqslant f_2(x)\leqslant\cdots\leqslant f_k(x)\leqslant\cdots\quad(\text{简记为 } f_k\uparrow),$$

且

$$\lim_{k\to+\infty} f_k(x) = f(x),\quad \forall\, x\in E.$$

则

$$\lim_{k\to+\infty}\int_E f_k\,\mathrm{d}\mu = \int_E f\,\mathrm{d}\mu = \int_E \lim_{k\to+\infty} f_k\,\mathrm{d}\mu$$

$\left(\text{由于}\int_E f\,\mathrm{d}\mu\text{ 与 } f_k\uparrow f\text{ 中 } f_k\text{ 的选取无关,故可用左边}\lim\limits_{k\to+\infty}\int_E f_k\,\mathrm{d}\mu\text{ 来定义积分}\int_E f\,\mathrm{d}\mu\right)$.

证明 由定理所设,$\{f_k\}$为E上的非负可测函数,又因

$$\lim_{k\to+\infty} f_k(x) = f(x),\quad x\in E,$$

故由定理 3.1.4 和定理 3.1.4′知,f为E上的非负广义可测函数.从而

$$\int_E f_k\,\mathrm{d}\mu \quad\text{和}\quad \int_E f\,\mathrm{d}\mu$$

有定义(可以为$+\infty$).从$f_k(x)\leqslant f_{k+1}(x)$,$x\in E$和定理 3.3.3 中(1)有

$$\int_E f_k\,\mathrm{d}\mu \leqslant \int_E f_{k+1}\,\mathrm{d}\mu.$$

所以,$\lim\limits_{k\to+\infty}\int_E f_k\,\mathrm{d}\mu$有定义(可以为$+\infty$).因为$f_k\uparrow f$,故$f_k(x)\leqslant f(x)$,$x\in E$.再根据定理 3.3.3 中(1)得到

$$\lim_{k\to+\infty}\int_E f_k\,\mathrm{d}\mu \leqslant \int_E f\,\mathrm{d}\mu.$$

另一方面,令$\lambda\in(0,1)$,h为$(X,\mathscr{R},\mu)$上的非负可测简单函数,且

$$h(x)\leqslant f(x),\quad \forall\, x\in E.$$

记$E_k=\{x\in E\mid f_k(x)\geqslant\lambda h(x)\}$,$k=1,2,\cdots$,则$\{E_k\}$为递增集合列,且$\lim\limits_{k\to+\infty}E_k=\bigcup\limits_{k=1}^{\infty}E_k=E$.

根据定理 3.3.2 可知

$$\lim_{k\to+\infty}\int_{E_k} h\,\mathrm{d}\mu=\int_E h\,\mathrm{d}\mu.$$

于是(根据定理 3.3.3 中(2)、(1)及定理 3.3.1 中(1)或定理 3.3.3 中(3))从

$$\int_E f_k\,\mathrm{d}\mu\geqslant\int_{E_k} f_k\,\mathrm{d}\mu\geqslant\int_{E_k}\lambda h\,\mathrm{d}\mu=\lambda\int_{E_k} h\,\mathrm{d}\mu$$

得到

$$\lim_{k\to+\infty}\int_E f_k\,\mathrm{d}\mu\geqslant\lim_{k\to+\infty}\lambda\int_{E_k} h\,\mathrm{d}\mu=\lambda\int_E h\,\mathrm{d}\mu.$$

令 $\lambda\to1^-$，有

$$\lim_{k\to+\infty}\int_E f_k\,\mathrm{d}\mu\geqslant\int_E h\,\mathrm{d}\mu.$$

再根据 f 的积分定义 3.3.1′即知

$$\lim_{k\to+\infty}\int_E f_k\,\mathrm{d}\mu\geqslant\sup_{\substack{h(x)\leqslant f(x)\\x\in E}}\left\{\int_E h\,\mathrm{d}\mu\,\middle|\,h\text{ 为非负可测简单函数}\right\}=\int_E f\,\mathrm{d}\mu.$$

综上所述，有 $\lim\limits_{k\to+\infty}\int_E f_k\,\mathrm{d}\mu=\int_E f\,\mathrm{d}\mu.$ □

例 3.3.2 设$(X,\mathscr{R},\mu)$为测度空间，f 为 $E\in\mathscr{R}$ 上的非负(广义)可测函数，则存在 E 上非负可测简单函数列$\{\varphi_k\}$，s. t.

$$\lim_{k\to+\infty}\varphi_k(x)=f(x).$$

证明 令

$$E_k^i=\left\{x\in E\,\middle|\,f(x)\in\left[\frac{i-1}{2^k},\frac{i}{2^k}\right)\right\},\quad i=1,2,\cdots,$$

$$\varphi_k(x)=\begin{cases}\dfrac{i-1}{2^k}, & f(x)\in\left[\dfrac{i-1}{2^k},\dfrac{i}{2^k}\right),\quad i=1,2,\cdots,k\cdot2^k,\\ k, & f(x)\in[k,+\infty].\end{cases}$$

由 f 为 $E\in\mathscr{R}$ 上的非负广义可测函数，φ_k 为 E 上的非负可测简单函数. 显然，对 $\forall x\in E$，$\varphi_k(x)$关于 k 单调增. 如果$f(x)=+\infty$，显然 $\varphi_k(x)=k\to+\infty=f(x)\ (k\to+\infty)$；如果$0\leqslant f(x)<+\infty$，则当 k 充分大时，有

$$0\leqslant f(x)-\varphi_k(x)<\frac{1}{2^k}\to0\quad(k\to+\infty),$$

由此推得

$$\lim_{k\to+\infty}\varphi_k(x)=f(x),\quad x\in E.$$

□

定理 3.3.5(非负广义可测函数积分的线性性) 设$(X,\mathscr{R},\mu)$为测度空间，f,g 为 $E\in\mathscr{R}$ 上的非负广义可测函数，α 和 β 为非负实常数，则

$$\int_E(\alpha f+\beta g)\,\mathrm{d}\mu=\alpha\int_E f\,\mathrm{d}\mu+\beta\int_E g\,\mathrm{d}\mu.$$

证明 设$\{\varphi_k(x)\}$,$\{\psi_k(x)\}$为E上的非负可测简单函数的递增列(其存在性参阅例3.3.2),且有

$$\lim_{k\to+\infty}\varphi_k(x)=f(x),\quad \lim_{k\to+\infty}\psi_k(x)=g(x),\quad \forall x\in E,$$

则$\{\varphi_k(x)+\psi_k(x)\}$仍为$E$上的非负可测简单函数的递增列,且有

$$\lim_{k\to+\infty}[\varphi_k(x)+\psi_k(x)]=\lim_{k\to+\infty}\varphi_k(x)+\lim_{k\to+\infty}\psi_k(x)=f(x)+g(x),\quad \forall x\in E.$$

从而,由 Levi 递增积分定理,有

$$\begin{aligned}\int_E(f+g)\mathrm{d}\mu&=\lim_{k\to+\infty}\int_E(\varphi_k+\psi_k)\mathrm{d}\mu\\&=\lim_{k\to+\infty}\left(\int_E\varphi_k\mathrm{d}\mu+\int_E\psi_k\mathrm{d}\mu\right)\\&=\lim_{k\to+\infty}\int_E\varphi_k\mathrm{d}\mu+\lim_{k\to+\infty}\int_E\psi_k\mathrm{d}\mu\\&=\int_Ef\mathrm{d}\mu+\int_Eg\mathrm{d}\mu.\end{aligned}$$

于是,由上及定理3.3.3中的(3)可知

$$\int_E(\alpha f+\beta g)\mathrm{d}\mu=\int_E\alpha f\mathrm{d}\mu+\int_E\beta g\mathrm{d}\mu=\alpha\int_Ef\mathrm{d}\mu+\beta\int_Eg\mathrm{d}\mu.$$ □

定理3.3.6 设$(X,\mathscr{R},\mu)$为测度空间,f为E上的非负可积函数.

(1) 若$\mu(E)=0$,则$\int_Ef\mathrm{d}\mu=0$.

(2) 若在E上,$f\underset{\mu}{>}0$,且$\int_Ef\mathrm{d}\mu=0$,则$\mu(E)=0$.

(3) 若$\int_Ef\mathrm{d}\mu=0$,则$f\underset{\mu}{=}0$.

证明 (1) 从$\mu(E)=0$得到

$$\int_Ef\mathrm{d}\mu=\sup_{\substack{h(x)\leqslant f(x)\\x\in E}}\left\{\int_Eh\mathrm{d}\mu\,\middle|\,h\text{ 为非可测简单函数}\right\}=\sup_{\substack{h(x)\leqslant f(x)\\x\in E}}\{0\}=0.$$

(2) (反证)假设$\mu(E)>0$,则$\exists k\in\mathbb{N}$,s.t.

$$E_k=\left\{x\in E\,\middle|\,f(x)\geqslant\frac{1}{k}\right\},$$

s.t. $\mu(E_k)>0$$\left(\text{否则 }0<\mu(E)=\mu(\{x\in E\mid f(x)>0\})=\mu\left(\bigcup_{k=1}^{\infty}\left\{x\in E\,\middle|\,f(x)\geqslant\frac{1}{k}\right\}\right)=\right.$

$\left.\mu\left(\bigcup_{k=1}^{\infty}E_k\right)\leqslant\sum_{k=1}^{\infty}\mu(E_k)=\sum_{k=1}^{\infty}0=0,\text{矛盾}\right)$. 于是,由定理3.3.3中的(1)和(2)有

$$0=\int_Ef\mathrm{d}\mu\geqslant\int_Ef\chi_{E_k}\mathrm{d}\mu=\int_{E_k}f\mathrm{d}\mu\geqslant\int_{E_k}\frac{1}{k}\mathrm{d}\mu=\frac{1}{k}\mu(E_k)>0,$$

矛盾.

(3)(反证)假设 $f \underset{\mu}{\dot{\neq}} 0$,令 $A=\{x\in E\mid f(x)>0\}$,则

$$\mu(A)=\mu(\{x\in E\mid f(x)>0\})>0.$$

再由

$$0\leqslant\int_A f\,\mathrm{d}\mu\leqslant\int_E f\,\mathrm{d}\mu=0$$

知 $\int_A f\,\mathrm{d}\mu=0$. 根据(2)立知 $\mu(A)=0$. 这与上述 $\mu(A)>0$ 相矛盾. □

定理 3.3.7 设$(X,\mathscr{R},\mu)$为测度空间,f,g 为 $E\in\mathscr{R}$ 上的非负广义可测函数.

(1) 若在 E 上 $f \underset{\mu}{\doteq} g$,则 $\int_E f\,\mathrm{d}\mu=\int_E g\,\mathrm{d}\mu$.

(2) f 在 E 上可积$\Leftrightarrow$在 E 上,$0\leqslant f \underset{\mu}{\dot{<}} +\infty$.

证明 (1) 设

$$E_1=\{x\in E\mid f(x)\neq g(x)\},\quad E_2=E-E_1=\{x\in E\mid f(x)=g(x)\},$$

由于在 E 上 $f \underset{\mu}{\doteq} g$,故 $\mu(E_1)=0$. 于是有

$$\begin{aligned}\int_E f\,\mathrm{d}\mu&=\int_E f(\chi_{E_1}+\chi_{E_2})\,\mathrm{d}\mu=\int_E f\chi_{E_1}\,\mathrm{d}\mu+\int_E f\chi_{E_2}\,\mathrm{d}\mu\\&=\int_{E_1} f\,\mathrm{d}\mu+\int_{E_2} f\,\mathrm{d}\mu=\int_{E_1} g\,\mathrm{d}\mu+\int_{E_2} g\,\mathrm{d}\mu\\&=\int_E g\,\mathrm{d}\mu.\end{aligned}$$

(2) ($\Rightarrow$)令 $E_k=\{x\in E\mid f(x)>k\}$,则$\{E_k\}$为单调减集列,且

$$\{x\in E\mid f(x)=+\infty\}=\bigcap_{k=1}^{\infty}E_k.$$

对 $\forall\, k\in\mathbb{N}$,有

$$k\mu(E_k)=\int_{E_k}k\,\mathrm{d}\mu\leqslant\int_{E_k}f\,\mathrm{d}\mu\leqslant\int_E f\,\mathrm{d}\mu<+\infty,$$

$$0\leqslant\mu(E_k)\leqslant\frac{\int_E f\,\mathrm{d}\mu}{k}\to 0\quad(k\to+\infty),$$

故 $\lim\limits_{k\to+\infty}\mu(E_k)=0$. 因此,根据定理 2.1.1 中(6),得

$$\mu(\{x\in E\mid f(x)=+\infty\})=\mu\Big(\bigcap_{k=1}^{\infty}E_k\Big)=\mu(\lim_{k\to+\infty}E_k)=\lim_{k\to+\infty}\mu(E_k)=0,$$

即在 E 上有 $0\leqslant f \underset{\mu}{\dot{<}} +\infty$.

或者由

$$0\leqslant\mu(\{x\in E\mid f(x)=+\infty\})\leqslant\mu(E_k)\leqslant\frac{\int_E f\,\mathrm{d}\mu}{k}\to 0\quad(k\to+\infty),$$

得到

$$0 \leqslant \mu(\{x \in E \mid f(x) = +\infty\}) \leqslant 0,$$

从而 $\mu(\{x\in E \mid f(x)=+\infty\})=0$，即在 E 上有 $0\leqslant f \underset{\mu}{<} +\infty$.

($\nLeftarrow$)反例：在$((0,1],(0,1)\cap\mathscr{R}_0^*,m)$中，令

$$f(x) = n, \quad \frac{1}{n+1} < x \leqslant \frac{1}{n}, \quad n \in \mathbb{N},$$

易见 f 为$(0,1]$上处处有限的 Lebesgue 可测函数. 再设

$$f_n(x) = \begin{cases} k, & \dfrac{1}{k+1} < x \leqslant \dfrac{1}{k}, \quad k = 1,2,\cdots,n, \\ 0, & 0 < x \leqslant \dfrac{1}{n+1}. \end{cases}$$

显然，$\{f_n\}$为$(0,1]$上的非负单调增的可测简单函数列，并且有

$$\lim_{n\to+\infty} f_n(x) = f(x), \quad x \in (0,1].$$

根据 Levi 递增积分定理 3.3.4，有

$$\begin{aligned}(\mathrm{L})\int_{(0,1]} f\mathrm{d}m &= \lim_{n\to+\infty}(\mathrm{L})\int_{(0,1]} f_n\mathrm{d}m = \lim_{n\to+\infty}\sum_{k=1}^{n} k\left(\frac{1}{k} - \frac{1}{k+1}\right) \\ &= \lim_{n\to+\infty}\sum_{k=1}^{n}\frac{1}{k+1} = +\infty,\end{aligned}$$

即 f 在$(0,1]$上不是 Lebesgue 可积的. □

定理 3.3.8(Lebesgue 基本定理，逐项积分) 设$(X,\mathscr{R},\mu)$为测度空间，$\{u_k\}$为 $E\in\mathscr{R}$ 上的非负广义可测函数列，则有

$$\int_E \sum_{k=1}^{\infty} u_k\mathrm{d}\mu = \sum_{k=1}^{\infty}\int_E u_k\mathrm{d}\mu.$$

证明 由定理 3.3.4 和定理 3.3.5 得到

$$\int_E \sum_{k=1}^{\infty} u_k\mathrm{d}\mu = \int_E \lim_{n\to+\infty}\sum_{k=1}^{n} u_k\mathrm{d}\mu = \lim_{n\to+\infty}\int_E\sum_{k=1}^{n} u_k\mathrm{d}\mu = \lim_{n\to+\infty}\sum_{k=1}^{n}\int_E u_k\mathrm{d}\mu = \sum_{k=1}^{\infty}\int_E u_k\mathrm{d}\mu. \quad \square$$

定理 3.3.9 设$(X,\mathscr{R},\mu)$为测度空间，$E_k\in\mathscr{R}$，$k=1,2,\cdots$，$E_i\cap E_j=\varnothing(i\neq j)$. 如果 f 为 $E=\bigcup\limits_{k=1}^{\infty} E_k$ 上的非负广义可测函数，则

$$\int_E f\mathrm{d}\mu = \int_{\bigcup\limits_{k=1}^{\infty} E_k} f\mathrm{d}\mu = \sum_{k=1}^{\infty}\int_{E_k} f\mathrm{d}\mu.$$

特别当 $f\equiv1$ 时，上式变为 $\mu(E) = \mu\left(\bigcup\limits_{k=1}^{\infty} E_k\right) = \sum\limits_{k=1}^{\infty}\mu(E_k)$，这就是测度 μ 的可数可加性.

证明 由定理 3.3.8 和定理 3.3.3 中(2)，有

$$\int_E f\mathrm{d}\mu = \int_E f\sum_{k=1}^{\infty}\chi_{E_k}\mathrm{d}\mu = \int_E\sum_{k=1}^{\infty} f\chi_{E_k}\mathrm{d}\mu = \sum_{k=1}^{\infty}\int_E f\chi_{E_k}\mathrm{d}\mu = \sum_{k=1}^{\infty}\int_{E_k} f\mathrm{d}\mu. \quad \square$$

例 3.3.3 设 $E_1,E_2,\cdots,E_n$ 为$[0,1]$中的 Lebesgue 可测集，$[0,1]$中的每一点至少属于上述集合中的 k 个($k\leqslant n$)，则 $E_1,E_2,\cdots,E_n$ 中必有一个点集的测度$\geqslant\dfrac{k}{n}$.

证明 因为 $\sum\limits_{i=1}^{n}\chi_{E_i}(x)\geqslant k$，所以，由定理 3.3.5 和定理 3.3.3 得到

$$\sum_{i=1}^{n}m(E_i)=\sum_{i=1}^{n}(\mathrm{L})\int_{[0,1]}\chi_{E_i}\,\mathrm{d}\mu=(\mathrm{L})\int_{[0,1]}\sum_{i=1}^{n}\chi_{E_i}\,\mathrm{d}\mu$$
$$\geqslant(\mathrm{L})\int_{[0,1]}k\mathrm{d}\mu=km([0,1])=k.$$

(反证)假设 $m(E_i)<\dfrac{k}{n},i=1,2,\cdots,n$，则

$$\sum_{i=1}^{n}m(E_i)<\sum_{i=1}^{n}\frac{k}{n}=k,$$

这与上述 $\sum\limits_{i=1}^{n}m(E_i)\geqslant k$ 相矛盾. 因此，必 $\exists\, i_0\in\{1,2,\cdots,n\}$，s. t.

$$m(E_{i_0})\geqslant\frac{k}{n}.$$

□

定理 3.3.10(非负广义可测函数列的 Fatou 引理) 设$(X,\mathscr{R},\mu)$为测度空间，$\{f_k\}$为 $E\in\mathscr{R}$上的非负广义可测函数列，则

$$\int_E\varliminf_{k\to+\infty}f_k\mathrm{d}\mu\leqslant\varliminf_{k\to+\infty}\int_E f_k\mathrm{d}\mu.$$

证明 令

$$g_k(x)=\inf\{f_j(x)\mid j\geqslant k\},$$

则显然有

$$g_k(x)\leqslant f_k(x),\quad g_k(x)\leqslant g_{k+1}(x),\quad \forall\, x\in E,k=1,2,\cdots$$

以及

$$\varliminf_{k\to+\infty}f_k(x)=\lim_{k\to+\infty}\inf\{f_j(x)\mid j\geqslant k\}=\lim_{k\to+\infty}g_k(x),\quad \forall\, x\in E.$$

于是，根据定理 3.1.4′、定理 3.3.4 和定理 3.3.3 中的(1)，有

$$\int_E\varliminf_{k\to+\infty}f_k\mathrm{d}\mu=\int_E\lim_{k\to+\infty}g_k\mathrm{d}\mu=\lim_{k\to+\infty}\int_E g_k\mathrm{d}\mu=\varliminf_{k\to+\infty}\int_E g_k\mathrm{d}\mu\leqslant\varliminf_{k\to+\infty}\int_E f_k\mathrm{d}\mu.$$

□

注 3.3.1 Fatou 引理常用于判断极限函数的可积性.

例如，设$(X,\mathscr{R},\mu)$为测度空间，$\{f_k\}$为 $E\in\mathscr{R}$ 上的非负广义可测函数列，且 $\int_E f_k\mathrm{d}\mu\leqslant M,k\in\mathbb{N}$，则

$$\int_E\varliminf_{k\to+\infty}f_k\mathrm{d}\mu\leqslant\varliminf_{k\to+\infty}\int_E f_k\mathrm{d}\mu\leqslant M,$$

从而，$\varliminf\limits_{k\to+\infty}f_k$ 在 E 上是可积的.

例 3.3.4 Fatou 引理中,严格不等号可能成立.显然,对 $\forall n\in\mathbb{N}$,有

$$f_n(x)=\begin{cases}0, & x=0 \text{ 或} \frac{1}{n}\leqslant x\leqslant 1,\\ n, & 0<x<\frac{1}{n}\end{cases}$$

为 $[0,1]\in\mathscr{R}_0^*$ 上的非负可测函数列,且

$$\lim_{n\to+\infty}f_n(x)=0,\quad \forall x\in[0,1].$$

因此有

$$(\mathrm{L})\int_{[0,1]}\lim_{n\to+\infty}f_n\mathrm{d}\mu=(\mathrm{L})\int_{[0,1]}0\mathrm{d}\mu=0<1=\lim_{n\to+\infty}1=\lim_{n\to+\infty}(\mathrm{L})\int_E f_n\mathrm{d}\mu.\qquad\square$$

定理 3.3.11(非负广义可测函数可积的充要条件) 设 $(X,\mathscr{R},\mu)$ 为测度空间,f 为 $E\in\mathscr{R}$ 上的几乎处处有限的非负广义可测函数,$\mu(E)<+\infty$.在 $[0,+\infty)$ 上作分割:

$$0=y_0<y_1<\cdots<y_k<y_{k+1}<\cdots,\quad \lim_{k\to+\infty}y_k=+\infty,$$

其中 $y_{k+1}-y_k<\delta(k=0,1,2,\cdots)$,则

$$f \text{ 在 } E \text{ 上可积} \Leftrightarrow \sum_{k=0}^{\infty}y_k\mu(E_k)<+\infty,$$

这里 $E_k=\{x\in E\,|\,y_k\leqslant f(x)<y_{k+1}\}$.此时有

$$\lim_{\delta\to 0^+}\sum_{k=0}^{\infty}y_k\mu(E_k)=\int_E f\mathrm{d}\mu.$$

证明 因为 $y_k\leqslant f(x)<y_{k+1}$,$\forall x\in E_k$,故

$$y_k\mu(E_k)\leqslant\int_{E_k}f\mathrm{d}\mu\leqslant y_{k+1}\mu(E_k).$$

由此不等式和定理 3.3.9,有

$$\begin{aligned}\sum_{k=0}^{\infty}y_k\mu(E_k)&\leqslant\sum_{k=0}^{\infty}\int_{E_k}f\mathrm{d}\mu=\int_E f\mathrm{d}\mu\leqslant\sum_{k=0}^{\infty}y_{k+1}\mu(E_k)\\&=\sum_{k=0}^{\infty}(y_{k+1}-y_k)\mu(E_k)+\sum_{k=0}^{\infty}y_k\mu(E_k)\\&\leqslant\delta\mu(E)+\sum_{k=0}^{\infty}y_k\mu(E_k).\end{aligned}$$

($\Rightarrow$)如果 f 在 $E\in\mathscr{R}$ 上可积,即 $\int_E f\mathrm{d}\mu<+\infty$,则

$$\sum_{k=0}^{\infty}y_k\mu(E_k)\leqslant\int_E f\mathrm{d}\mu<+\infty.$$

($\Leftarrow$)如果 $\sum_{k=0}^{\infty}y_k\mu(E_k)<+\infty$,则

$$\int_E f\mathrm{d}\mu\leqslant\delta\mu(E)+\sum_{k=0}^{\infty}y_k\mu(E_k)<+\infty,$$

即 f 在 $E\in\mathscr{R}$ 上可积.

最后，对 $\forall\,\varepsilon>0$，取 $\delta>0$，s. t. $0<\delta\mu(E)<\varepsilon$，从而有

$$\left|\sum_{k=0}^{\infty} y_k\mu(E_k)-\int_E f\,\mathrm{d}\mu\right|\leqslant\delta\mu(E)<\varepsilon,$$

$$\lim_{\delta\to0^+}\sum_{k=0}^{\infty} y_k\mu(E_k)=\int_E f\,\mathrm{d}\mu.$$ □

定义 3.3.1$''$(一般可测函数的积分)　设 $(X,\mathscr{R},\mu)$ 为测度空间，f 为 $E\in\mathscr{R}$ 上的广义可测函数. 如果两个非负广义可测函数

$$f^+(x)=\begin{cases}f(x), & \text{当 } f(x)\geqslant0,\\ 0, & \text{当 } f(x)<0;\end{cases}\qquad f^-(x)=\begin{cases}0 & \text{当 } f(x)\geqslant0,\\ -f(x), & \text{当 } f(x)<0\end{cases}$$

的积分中至少有一个为有限值，则称

$$\int_E f\,\mathrm{d}\mu=\int_E f^+\,\mathrm{d}\mu-\int_E f^-\,\mathrm{d}\mu$$

为 f 在 $E\in\mathscr{R}$ 上的**积分**，此时称 f 在 $E\in\mathscr{R}$ 上是**广义可积**的. 当上式右端两个积分值皆为有限值时，则称 f 在 $E\in\mathscr{R}$ 上是**可积**的，或称 f 为 $E\in\mathscr{R}$ 上的**可积函数**.

显然，$f=f^+-f^-$，$|f|=f^++f^-$. 因此

$$\int_E f\,\mathrm{d}\mu=\int_E(f^+-f^-)\,\mathrm{d}\mu=\int_E f^+\,\mathrm{d}\mu-\int_E f^-\,\mathrm{d}\mu\text{(其中至少一个积分为有限值)}$$

$$\int_E|f|\,\mathrm{d}\mu=\int_E(f^++f^-)\,\mathrm{d}\mu=\int_E f^+\,\mathrm{d}\mu+\int_E f^-\,\mathrm{d}\mu.$$

定理 3.3.12　设 $(X,\mathscr{R},\mu)$ 为测度空间，f 在 $E\in\mathscr{R}$ 上为广义可测函数，则

$$f\text{ 可积}\Leftrightarrow|f|\text{ 可积},$$

且有

$$\left|\int_E f\,\mathrm{d}\mu\right|\leqslant\int_E|f|\,\mathrm{d}\mu.$$

证明　$f=f^+-f^-$ 在 E 上可积，即

$$\int_E f^+\,\mathrm{d}\mu<+\infty,\quad\int_E f^-\,\mathrm{d}\mu<+\infty$$

$$\Leftrightarrow\int_E f\,\mathrm{d}\mu=\int_E(f^++f^-)\,\mathrm{d}\mu=\int_E f^+\,\mathrm{d}\mu+\int_E f^-\,\mathrm{d}\mu<+\infty,$$

即 $|f|$ 在 E 上可积. 此时，还有

$$\left|\int_E f\,\mathrm{d}\mu\right|=\left|\int_E f^+\,\mathrm{d}\mu-\int_E f^-\,\mathrm{d}\mu\right|\leqslant\int_E f^+\,\mathrm{d}\mu+\int_E f^-\,\mathrm{d}\mu=\int_E|f|\,\mathrm{d}\mu.$$ □

定理 3.3.13　设 $(X,\mathscr{R},\mu)$ 为测度空间.

(1) 设 f 在 $E\in\mathscr{R}$ 上为几乎处处有界的广义可测函数，且 $\mu(E)<+\infty$，则 f 在 E 上可积.

(2) f 在 E 上可积 $\underset{\not\Leftarrow}{\Rightarrow}$ f 在 E 上几乎处处有限.

(3) 设 f 在 $E\in\mathscr{R}$ 上为广义可测函数,且 $|f(x)|\underset{\mu}{\leqslant}|g(x)|$, $\forall x\in E$. g 在 E 上可积,则 f 在 E 上也可积.

(4) 设 f 在 $E\in\mathscr{R}$ 上可测, $f\underset{\mu}{\geqslant}0$,则 $\int_E f\mathrm{d}\mu\geqslant 0$.

一般地,如果 f,g 在 $E\in\mathscr{R}$ 上可积,且 $f\underset{\mu}{\leqslant}g$,则 $\int_E f\mathrm{d}\mu\leqslant\int_E g\mathrm{d}\mu$.

(5) 设在 E 上 f 可积,且 $g\underset{\mu}{\doteq}f$,则 g 在 E 上也可积,且 $\int_E g\mathrm{d}\mu=\int_E f\mathrm{d}\mu$.

(6) 设在 $E\in\mathscr{R}$ 上, $f\underset{\mu}{\doteq}0$,则 $\int_E f\mathrm{d}\mu=0$. 反之,如果 $f\underset{\mu}{\geqslant}0$, $\int_E f\mathrm{d}\mu=0$,则 $f\underset{\mu}{\doteq}0$.

证明　(1) 设 $|f(x)|\underset{\mu}{\leqslant}M$(常数), $\forall x\in E$. 因 f 在 E 上广义可测,根据定义知 f^+, f^- 在 E 上都广义可测,且

$$\int_E f^+\mathrm{d}\mu\leqslant\int_E|f|\mathrm{d}\mu\leqslant\int_E M\mathrm{d}\mu=M\mu(E)<+\infty.$$

同理有 $\int_E f^-\mathrm{d}\mu<+\infty$. 因此, f^+, f^- 以及 f 在 E 上是可积的.

(2) ($\Rightarrow$)由定义 3.3.1″, f 在 E 上可积 $\Leftrightarrow\int_E f^+\mathrm{d}\mu<+\infty$ 和 $\int_E f^-\mathrm{d}\mu<+\infty$. 根据定理 3.3.7 中(2)知, f^+ 和 f^- 在 E 上几乎处处有限,因而 $f=f^+-f^-$ 在 E 上也几乎处处有限.

($\not\Leftarrow$)见定理 3.3.7(2)反例中的 f.

(3) 由定理 3.3.12,在 E 上 g 可积 $\Leftrightarrow|g|$ 可积,故

$$\int_E|f|\mathrm{d}\mu\leqslant\int_E|g|\mathrm{d}\mu<+\infty,$$

从而 $|f|$ 在 E 上可积. 再根据定理 3.3.12, f 在 E 上也可积.

(4) 因 $f\underset{\mu}{\geqslant}0\Leftrightarrow f^-\underset{\mu}{\doteq}0$. 而 $f^+\geqslant 0$,故

$$\int_E f\mathrm{d}\mu=\int_E f^+\mathrm{d}\mu-\int_E f^-\mathrm{d}\mu=\int_E f^+\mathrm{d}\mu-0=\int_E f^+\mathrm{d}\mu\geqslant 0.$$

如果 f,g 在 E 上可积,则 $g-f$ 在 E 上也可积. 又因 $f\underset{\mu}{\leqslant}g$,则 $g-f\underset{\mu}{\geqslant}0$. 由上述知

$$\int_E g\mathrm{d}\mu-\int_E f\mathrm{d}\mu=\int_E(g-f)\mathrm{d}\mu\geqslant 0,$$

从而

$$\int_E f\mathrm{d}\mu\leqslant\int_E g\mathrm{d}\mu.$$

(5) 显然,在 E 上有 $g\underset{\mu}{\doteq}f\Leftrightarrow g^+\underset{\mu}{\doteq}f^+$ 和 $g^-\underset{\mu}{\doteq}f^-$. 由于 f 在 E 上可积,即 f^+ 和 f^- 在 E 上都可积. 根据定理 3.3.7 中(1), g^+ 和 g^- 在 E 上都可积,即 g 在 E 上可积,且

$$\int_E g\,d\mu = \int_E g^+\,d\mu - \int_E g^-\,d\mu = \int_E f^+\,d\mu - \int_E f^-\,d\mu = \int_E f\,d\mu.$$

(6) 证法1 因为0在E上可积,根据(5),f在E上也可积,且有

$$\int_E f\,d\mu = \int_E 0\,d\mu = 0.$$

证法2 在E上,$f \underset{\mu}{\doteq} 0 \Leftrightarrow f^+ \underset{\mu}{\doteq} 0$和$f^- \underset{\mu}{\doteq} 0$.

如果非负简单可测函数$h(x) \leqslant f^+(x)$, $\forall x \in E$,正如定义3.3.1所述,$h(x) = \sum_{i=1}^{p} c_i \chi_{A_i}(x)$.显然$c_i > 0$蕴涵着$\mu(E \cap A_i) = 0$.因此

$$\int_E h\,d\mu = \sum_{i=1}^{p} c_i \mu(E \cap A_i) = 0.$$

从而

$$\int_E f^+\,d\mu = \sup_{\substack{h(x) \leqslant f^+(x) \\ x \in E}} \left\{ \int_E h\,d\mu \,\middle|\, h\text{ 为}(X,\mathscr{R},\mu)\text{ 上的非负广义可测简单函数} \right\}$$

$$= \sup_{\substack{h(x) \leqslant f^+(x) \\ x \in E}} \{0\} = 0.$$

同理$\int_E f^-\,d\mu = 0$.故

$$\int_E f\,d\mu = \int_E f^+\,d\mu - \int_E f^-\,d\mu = 0 - 0 = 0.$$

反之,如果$f \underset{\mu}{\geqslant} 0$,则$f^- \underset{\mu}{\doteq} 0$.又$f^+ \geqslant 0$,则

$$\int_E f^+\,d\mu = \int_E f\,d\mu + \int_E f^-\,d\mu = 0 + 0 = 0.$$

根据定理3.3.6中(3)知$f^+ \underset{\mu}{\doteq} 0$.因此,$f = f^+ - f^- \underset{\mu}{\doteq} 0$. □

定理3.3.14(一般可积函数积分的线性性) 设$(X,\mathscr{R},\mu)$为测度空间,f,g为$E \in \mathscr{R}$上的可积函数,α,β为实常数,则有

$$\int_E (\alpha f + \beta g)\,d\mu = \alpha \int_E f\,d\mu + \beta \int_E g\,d\mu.$$

证明 (1) 当$\alpha \geqslant 0$时,

$$(\alpha f)^+ = \alpha f^+, \quad (\alpha f)^- = \alpha f^-.$$

根据积分定义3.3.1″和非负广义可测函数积分的线性性,有

$$\int_E \alpha f\,d\mu = \int_E (\alpha f)^+\,d\mu - \int_E (\alpha f)^-\,d\mu$$

$$= \int_E \alpha f^+\,d\mu - \int_E \alpha f^-\,d\mu = \alpha\left[\int_E f^+\,d\mu - \int_E f^-\,d\mu\right] = \alpha \int_E f\,d\mu.$$

当$\alpha = -1$时,有

$$\int_E (-f)\,d\mu = \int_E (-f)^+\,d\mu - \int_E (-f)^-\,d\mu = \int_E f^-\,d\mu - \int_E f^+\,d\mu = -\int_E f\,d\mu.$$

当 $\alpha<0$ 时,有

$$\int_E \alpha f \mathrm{d}\mu=\int_E -|\alpha| f \mathrm{d}\mu=-\int_E |\alpha| f \mathrm{d}\mu=-|\alpha|\int_E f \mathrm{d}\mu=\alpha\int_E f \mathrm{d}\mu.$$

(2) 首先,从 f,g 在 E 上可积和 $|f+g|\leqslant|f|+|g|$ 知 $f+g$ 在 E 上也可积. 其次,注意到在 E 上几乎处处有

$$(f+g)^+-(f+g)^-=f+g=(f^+-f^-)+(g^+-g^-),$$
$$(f+g)^++f^-+g^-=(f+g)^-+f^++g^+,$$

并根据非负广义可测函数积分的线性性,有

$$\int_E (f+g)^+ \mathrm{d}\mu+\int_E f^- \mathrm{d}\mu+\int_E g^- \mathrm{d}\mu=\int_E (f+g)^- \mathrm{d}\mu+\int_E f^+ \mathrm{d}\mu+\int_E g^+ \mathrm{d}\mu.$$

因为式中每一项积分值都是有限的,所以可移项且得到

$$\int_E (f+g)\mathrm{d}\mu=\int_E f \mathrm{d}\mu+\int_E g \mathrm{d}\mu.$$

最后,由(1)和(2)得

$$\int_E (\alpha f+\beta g)\mathrm{d}\mu=\int_E \alpha f \mathrm{d}\mu+\int_E \beta g \mathrm{d}\mu=\alpha\int_E f \mathrm{d}\mu+\beta\int_E g \mathrm{d}\mu.$$ □

定理 3.3.15(积分的绝对(全)连续性) 设 $(X,\mathscr{R},\mu)$ 为测度空间,f 在 $E\in\mathscr{R}$ 上可积,则对 $\forall\,\varepsilon>0$,$\exists\,\delta>0$,s.t. 当 $e\subset E$,$\mu(e)<\delta$ 时,有

$$\left|\int_e f \mathrm{d}\mu\right|\leqslant\int_e |f| \mathrm{d}\mu<\varepsilon.$$

证明 由定理 3.3.12,在 E 上,f 可积$\Leftrightarrow|f|$可积. 根据定义 3.3.1′,存在可测简单函数 $h(x)$,s.t. $0\leqslant h(x)\leqslant|f(x)|$,$\forall\,x\in E$,且

$$\int_E (|f|-h)\mathrm{d}\mu=\int_E |f| \mathrm{d}\mu-\int_E h \mathrm{d}\mu<\frac{\varepsilon}{2}.$$

设 $0\leqslant h(x)<M$(常数),$x\in E$. 取 $0<\delta<\dfrac{\varepsilon}{M}$,则当 $e\subset E$ 且 $\mu(e)<\delta$ 时,就有

$$\begin{aligned}\left|\int_e f \mathrm{d}\mu\right|&\leqslant\int_e |f| \mathrm{d}\mu=\int_e |f| \mathrm{d}\mu-\int_e h \mathrm{d}\mu+\int_e h \mathrm{d}\mu\\&\leqslant\int_E (|f|-h)\mathrm{d}\mu+\int_e h \mathrm{d}\mu\\&<\frac{\varepsilon}{2}+M\cdot\mu(e)<\frac{\varepsilon}{2}+M\cdot\delta<\frac{\varepsilon}{2}+M\cdot\frac{\varepsilon}{2M}=\varepsilon.\end{aligned}$$ □

定理 3.3.16(积分的可数可加性) 设 $(X,\mathscr{R},\mu)$ 为测度空间,$E_k\in\mathscr{R}$,$k=1,2,\cdots$,$E_i\cap E_j=\varnothing(i\neq j)$,$E=\bigcup\limits_{k=1}^{\infty} E_k$,则

$$f \text{ 在 } E \text{ 上可积} \Leftrightarrow ①\, f \text{ 在 } E_k \text{ 上可积};\ ②\ \sum_{k=1}^{\infty}\int_{E_k} |f| \mathrm{d}\mu<+\infty.$$

当 f 在 E 上可积时,有

$$\int_E f\mathrm{d}\mu = \int_{\bigcup\limits_{k=1}^{\infty} E_k} f\mathrm{d}\mu = \sum_{k=1}^{\infty}\int_{E_k} f\mathrm{d}\mu.$$

证明 由定理 3.3.9 知

$$\int_{E_k} |f| \mathrm{d}\mu \leqslant \sum_{k=1}^{\infty}\int_{E_k} |f| \mathrm{d}\mu = \int_{\bigcup\limits_{k=1}^{\infty} E_k} |f| \mathrm{d}\mu = \int_E |f| \mathrm{d}\mu.$$

由此和定理 3.3.12 可看出,

$$f \text{ 在 } E \text{ 上可积} \Leftrightarrow |f| \text{ 在 } E \text{ 上可积}$$

$$\Leftrightarrow ① f \text{ 在 } E_k \text{ 上可积};\ ② \sum_{k=1}^{\infty}\int_{E_k} |f| \mathrm{d}\mu < +\infty.$$

当 f 在 E 上可积时,由定理 3.3.9,有

$$\sum_{k=1}^{\infty}\int_{E_k} f^{\pm} \mathrm{d}\mu = \int_E f^{\pm} \mathrm{d}\mu \leqslant \int_E |f| \mathrm{d}\mu < +\infty,$$

且

$$\begin{aligned}\sum_{k=1}^{\infty}\int_{E_k} f\mathrm{d}\mu &= \sum_{k=1}^{\infty}\int_{E_k} (f^+ - f^-)\mathrm{d}\mu \\ &= \sum_{k=1}^{\infty}\int_{E_k} f^+ \mathrm{d}\mu - \sum_{k=1}^{\infty}\int_{E_k} f^- \mathrm{d}\mu \\ &= \int_E f^+ \mathrm{d}\mu - \int_E f^- \mathrm{d}\mu = \int_E f\mathrm{d}\mu.\end{aligned}$$

□

推论 3.3.1 设$(X,\mathscr{R},\mu)$为测度空间,$E_k \in \mathscr{R}$,$k=1,2$,$E_1 \cap E_2 = \varnothing$,$E = E_1 \cup E_2$,则

$$f \text{ 在 } E \text{ 上可积} \Leftrightarrow f \text{ 在 } E_1 \text{ 和 } E_2 \text{ 上都可积},$$

且此时

$$\int_E f\mathrm{d}\mu = \int_{E_1} f\mathrm{d}\mu + \int_{E_2} f\mathrm{d}\mu.$$

证明 证法 1 在定理 3.3.16 中,令 $E_k = \varnothing\ (k \geqslant 3)$ 立即得到所要求的结论.

证法 2 由定理 3.3.3 中(2)和定理 3.3.5 得到

$$\begin{aligned}\int_{E_k} |f| \mathrm{d}\mu &\leqslant \int_{E_1} |f| \mathrm{d}\mu + \int_{E_2} |f| \mathrm{d}\mu \\ &= \int_E |f| \chi_{E_1} \mathrm{d}\mu + \int_E |f| \chi_{E_2} \mathrm{d}\mu \\ &= \int_E |f| (\chi_{E_1} + \chi_{E_2})\mathrm{d}\mu = \int_E |f| \chi_E \mathrm{d}\mu = \int_E |f| \mathrm{d}\mu.\end{aligned}$$

于是

$$\int_{E_k} |f| \mathrm{d}\mu < +\infty, \quad k = 1,2 \Leftrightarrow \int_E |f| \mathrm{d}\mu < +\infty.$$

由此和定理 3.3.12 推出:

$$
\begin{aligned}
f\text{ 在 }E\text{ 上可积} &\Leftrightarrow |f|\text{ 在 }E\text{ 上可积}\\
&\Leftrightarrow |f|\text{ 在 }E_k(k=1,2)\text{ 上可积}\\
&\Leftrightarrow f\text{ 在 }E_k(k=1,2)\text{ 上可积}.
\end{aligned}
$$

且

$$
\begin{aligned}
\int_{E_1} f\mathrm{d}\mu+\int_{E_2} f\mathrm{d}\mu &= \int_{E_1}(f^+-f^-)\mathrm{d}\mu+\int_{E_2}(f^+-f^-)\mathrm{d}\mu\\
&=\left(\int_{E_1} f^+\,\mathrm{d}\mu+\int_{E_2} f^+\,\mathrm{d}\mu\right)-\left(\int_{E_1} f^-\,\mathrm{d}\mu+\int_{E_2} f^-\,\mathrm{d}\mu\right)\\
&=\int_E f^+\,\mathrm{d}\mu-\int_E f^-\,\mathrm{d}\mu=\int_E f\mathrm{d}\mu.
\end{aligned}
$$

□

例 3.3.5(可积函数几乎处处为零的判别法) 设 $f\in\mathscr{L}([a,b])$($[a,b]$上 Lebesgue 可积函数的全体),若对 $\forall c\in[a,b]$,有

$$
(\mathrm{L})\int_a^c f(x)\mathrm{d}x=0,
$$

则在$[a,b]$上有 $f(x)\underset{m}{\doteq}0$.

证明 (反证)反设在$[a,b]$上,$f(x)\underset{m}{\dot{\neq}}0$,则 $m(\{x\in[a,b]\mid f(x)>0\})>0$(或 $m(\{x\in[a,b]\mid f(x)<0\})>0$). 作闭集

$$
F\subset\{x\in[a,b]\mid f(x)>0\}
$$

且 $m(F)>0$,并令 $G=(a,b)-F=\bigcup\limits_n(a_n,b_n)$,其中$(a_n,b_n)$为 G 的构成区间.

应用定理 3.3.16 得到

$$
\begin{aligned}
0 &=\sum_n 0=\sum_n\left[(\mathrm{L})\int_a^{b_n} f(x)\mathrm{d}x-(\mathrm{L})\int_a^{a_n} f(x)\mathrm{d}x\right]\\
&=\sum_n(\mathrm{L})\int_{a_n}^{b_n} f(x)\mathrm{d}x=(\mathrm{L})\int_{\bigcup\limits_n(a_n,b_n)} f(x)\mathrm{d}x\\
&=(\mathrm{L})\int_G f(x)\mathrm{d}x=(\mathrm{L})\int_a^b f(x)\mathrm{d}x-(\mathrm{L})\int_F f(x)\mathrm{d}x\\
&=0-(\mathrm{L})\int_F f(x)\mathrm{d}x=-\int_F f(x)\mathrm{d}x<0,
\end{aligned}
$$

矛盾. □

注 3.3.2 如果 $f\in\mathscr{R}([a,b])$,即 f 为$[a,b]$上的 Riemann 可积函数,且对 $\forall c\in[a,b]$,Riemann 积分

$$
(\mathrm{R})\int_a^c f(x)\mathrm{d}x=0.
$$

根据微积分学基本定理,在 f 的每个连续点 $c_0\in[a,b]$处都有

$$
f(c_0)=\frac{\mathrm{d}}{\mathrm{d}c}\int_a^c f(x)\mathrm{d}x\bigg|_{c=c_0}=\frac{\mathrm{d}}{\mathrm{d}c}0\bigg|_{c=c_0}=0.
$$

由于$[a,b]$上的 Riemann 可积函数 f 在$[a,b]$上几乎处处连续. 因此,在$[a,b]$上有$f(x)\overset{\cdot}{\underset{m}{=}}0$.

例 3.3.6 设$(X,\mathscr{R},\mu)$为测度空间,$E\in\mathscr{R}$,f 为 E 上的可测函数. 如果对 E 上任何可积函数 g,$f\cdot g$ 在 E 上都为可积函数,则在 E 上 f 几乎处处有界.

证明 (反证)假设 f 在 E 上不是几乎处处有界的,则 $\exists k_i\in\mathbb{N}$,$i=1,2,\cdots$,s. t.

$$m(\{x\in E \mid k_i\leqslant |f(x)|< k_{i+1}\})=m(E_i)>0.$$

现作函数

$$g(x)=\begin{cases}\dfrac{\operatorname{sign}f(x)}{i^{\frac{3}{2}}\cdot m(E_i)}, & x\in E_i,\\ 0, & x\notin E_i, i=1,2,\cdots.\end{cases}$$

因为

$$\begin{aligned}\int_E |g|\,\mathrm{d}\mu &= \sum_{i=1}^{\infty}\int_{E_i}|g|\,\mathrm{d}\mu\\ &= \sum_{i=1}^{\infty}\frac{1}{i^{\frac{3}{2}}\cdot m(E_i)}\cdot m(E_i)=\sum_{i=1}^{\infty}\frac{1}{i^{\frac{3}{2}}}<+\infty,\end{aligned}$$

所以 g 在 E 上可积,但是

$$\int_E fg\,\mathrm{d}\mu\geqslant\sum_{i=1}^{\infty}\frac{k_i}{i^{\frac{3}{2}}\cdot m(E_i)}\cdot m(E_i)\geqslant\sum_{i=1}^{\infty}\frac{k_i}{i^{\frac{3}{2}}}\geqslant\sum_{i=1}^{\infty}\frac{1}{i^{\frac{1}{2}}}=+\infty.$$

这说明 $f\cdot g$ 在 E 上不可积,它与假设 $f\cdot g$ 在 E 上都为可积函数相矛盾. □

例 3.3.7 设 f 为$\mathbb{R}^n$ 上的 Lebesgue 可积函数,且对$\mathbb{R}^n$ 中的任何 Lebesgue 可测集 E,均有

$$\int_E f(\boldsymbol{x})\,\mathrm{d}\boldsymbol{x}=0.$$

则 $f\overset{\cdot}{\underset{m}{=}}0$,$\boldsymbol{x}\in\mathbb{R}^n$.

证明 设 $E_1=\{\boldsymbol{x}\in\mathbb{R}^n \mid f(\boldsymbol{x})<0\}$,$E_2=\{\boldsymbol{x}\in\mathbb{R}^n \mid f(\boldsymbol{x})>0\}$.

如果 $m(E_2)>0$,则 $\exists n_0\in\mathbb{N}$,s. t.

$$m\left(\left\{\boldsymbol{x}\in\mathbb{R}^n \,\middle|\, f(\boldsymbol{x})>\frac{1}{n_0}\right\}\right)>0,$$

于是

$$0<\frac{1}{n_0}\cdot m\left(\left\{\boldsymbol{x}\in\mathbb{R}^n \,\middle|\, f(\boldsymbol{x})>\frac{1}{n_0}\right\}\right)\leqslant\int_{E_2}f(\boldsymbol{x})\,\mathrm{d}\boldsymbol{x}\overset{\text{题设}}{=\!=\!=}0.$$

矛盾. 因此,$m(E_2)=0$; 同理,$m(E_1)=0$. 从而,$f(\boldsymbol{x})\overset{\cdot}{\underset{m}{=}}0$,$\boldsymbol{x}\in\mathbb{R}^n$.

定义 3.3.2 设$(X,\mathscr{R},\mu)$为测度空间,$E\in\mathscr{R}$,$f,f_n(n\in\mathbb{N})$在 E 上可积,如果

$$\lim_{n\to+\infty}\int_E |f_n-f|\,\mathrm{d}\mu=0,$$

则称$\{f_n\}$**平均收敛**(即下文定义 4.1.4 中的 1 次幂平均收敛)于 f.

定理 3.3.17　$\{f_n\}$平均收敛于 f $\overset{\Rightarrow}{\nLeftarrow}$ $\{f_n\}$依测度收敛于 f.

证明　($\Rightarrow$) $\forall\, \varepsilon>0$,因为

$$\varepsilon\mu(E(|f_n-f|>\varepsilon))\leqslant\int_{E(|f_n-f|>\varepsilon)}|f_n-f|\,\mathrm{d}\mu\leqslant\int_E|f_n-f|\,\mathrm{d}\mu$$

$$0\leqslant\mu(E(|f_n-f|>\varepsilon))\leqslant\frac{1}{\varepsilon}\int_E|f_n-f|\,\mathrm{d}\mu\to 0\quad(n\to+\infty),$$

故 $\lim\limits_{n\to+\infty}\mu(E(|f_n-f|>\varepsilon))=0$,所以,$f_n\Rightarrow f$.

($\nLeftarrow$)设 $E=(0,1]$,对 $\forall\, n\in\mathbb{N}$,令

$$f_n(x)=\begin{cases}n^3, & x\in\left(\dfrac{1}{n+1},\dfrac{1}{n}\right],\\[2ex] 0, & x\in(0,1]-\left(\dfrac{1}{n+1},\dfrac{1}{n}\right],\end{cases}$$

$$f(x)=0,\quad\forall\, x\in(0,1].$$

显然

$$0\leqslant m(E(|f_n-f|>\varepsilon))\leqslant\frac{1}{n}-\frac{1}{n+1}=\frac{1}{n(n+1)}\to 0\quad(n\to+\infty),$$

故 $\lim\limits_{n\to+\infty}m(E(|f_n-f|>\varepsilon))=0$,即 $f_n\Rightarrow f$.但是

$$\lim_{n\to+\infty}\int_E|f_n-f|\,\mathrm{d}\mu=\lim_{n\to+\infty}n^3\left(\frac{1}{n}-\frac{1}{n+1}\right)=\lim_{n\to+\infty}\frac{n^2}{n+1}=+\infty\neq 0,$$

从而$\{f_n\}$不平均收敛于 f.　□

练习题 3.3

1. 设 f 为 $E\subset\mathbb{R}^n$ 上几乎处处大于 0 的 Lebesgue 可测函数,且满足

$$(\mathrm{L})\int_E f\,\mathrm{d}m=0.$$

证明:$m(E)=0$.

2. 设 f 为 $E\subset\mathbb{R}^n$ 上的非负 Lebesgue 可积函数,

$$E_k=\{\boldsymbol{x}\in E\mid f(\boldsymbol{x})\geqslant k\},\quad k=1,2,\cdots.$$

证明:$\sum\limits_{k=1}^{\infty}m(E_k)<+\infty$.

3. 设 f 为 $E\subset\mathbb{R}^n$ 上的非负 Lebesgue 可测函数,且 $m(E)<+\infty$.证明:

$$f\text{ 为 }E\text{ 上的 Lebesgue 可积函数}\Leftrightarrow\sum_{k=0}^{\infty}2^k m(\{\boldsymbol{x}\in E\mid f(\boldsymbol{x})\geqslant 2^k\})\text{ 收敛}.$$

4. 设 f 为 $E\subset\mathbb{R}^n$ 上的 Lebesgue 可测函数,$m(E)<+\infty$.证明:

$$f^2 \text{ 为 } E \text{ 上的 Lebesgue 可积函数} \Leftrightarrow \sum_{k=1}^{\infty} k \cdot m(\{\boldsymbol{x} \in E \mid |f(\boldsymbol{x})| > k\}) < +\infty.$$

如果 $m(E)=+\infty$,举例说明充分性不成立.

5. 设 f 为 $E=[a,b]$ 上的正值 Lebesgue 可积函数,$0<q\leqslant b-a$,$\mathscr{A}=\{e\subset[a,b] \mid m(e)\geqslant q\}$. 证明:

$$\inf_{e\in\mathscr{A}}\{(\mathrm{L})\int_e f\,\mathrm{d}m\} > 0.$$

6. 设 f,g 为测度空间$(X,\mathscr{R},\mu)$上的可积函数. 证明:$\sqrt{f^2+g^2}$也为$(X,\mathscr{R},\mu)$上的可积函数.

7. 设 f 为$(0,1)$上的非负 Lebesgue 可测函数,如果存在常数 c,s. t.

$$(\mathrm{L})\int_0^1 [f(x)]^n\,\mathrm{d}x = c, \quad n=1,2,\cdots.$$

证明:存在可测集 $E\subset(0,1)$,s. t. 在$(0,1)$上,$f(x) \underset{m}{\doteq} \chi_E(x)$.

8. 设 $f\in\mathscr{L}(\mathbb{R}^1)$,$f(0)=0$,且 $f'(0)$存在有限. 证明:

$$(\mathrm{L})\int_{\mathbb{R}^1} \frac{f(x)}{x}\,\mathrm{d}x$$

存在有限,即$\frac{f(x)}{x}$在$\mathbb{R}^1$ 上 Lebesgue 可积.

9. 设

$$(\mathrm{L})\int_0^{2\pi} |f(x)| \cdot \ln(1+|f(x)|)\,\mathrm{d}x < +\infty.$$

证明:$f\in\mathscr{L}([0,2\pi])$.

10. 设 $E\subset\mathbb{R}^n$,$f\in\mathscr{L}(E)$,且有

$$(\mathrm{L})\int_E f(\boldsymbol{x})\,\mathrm{d}\boldsymbol{x} = r > 0.$$

证明:E 中存在可测子集 e,s. t.

$$(\mathrm{L})\int_e f(\boldsymbol{x})\,\mathrm{d}\boldsymbol{x} = \frac{r}{3}.$$

11. 设 f 为 $E\subset\mathbb{R}^1$ 上非负 Lebesgue 可测函数,且对 $\forall\,\varepsilon>0$,有 E 中可测子集 E_ε,s. t.

$$m(E-E_\varepsilon) < \varepsilon, \quad \lim_{\varepsilon\to 0^+}(\mathrm{L})\int_{E_\varepsilon} f(x)\,\mathrm{d}x \text{ 存在有限}.$$

证明:$f\in\mathscr{L}(E)$.

12. 设 $f\in\mathscr{L}(\mathbb{R}^1)$,$\alpha>0$. 证明:在$\mathbb{R}^1$ 上,$\lim\limits_{n\to+\infty} n^{-\alpha} f(nx) \underset{m}{\doteq} 0$.

13. 设 f 为$[a,b]$上的非负连续函数,且

$$(\mathrm{L})\int_a^b f(x)\,\mathrm{d}x = 0.$$

证明:$f(x)\equiv 0$.

14. (A. Lebesgue)设 $q>1$,正数 p 满足 $\frac{1}{p}+\frac{1}{q}=1$,$f$ 在 $E\subset\mathbb{R}^n$ 上为 Lebesgue 可测函数. 如果对 E 上任何满足 $|h|^q$ Lebesgue 可积的函数 h,fh 必为 Lebesgue 可积函数. 证明:$|f|^p$ 为 Lebesgue 可积函数.

15. 设 μ_1,μ_2 为可测空间$(X,\mathscr{R})$上的两个测度,并且对 $\forall E\in\mathscr{R}$,$\mu_1(E)\leqslant\mu_2(E)$. 证明:如果 f 在 E 上关于 μ_2 可积,则 f 在 E 上关于 μ_1,$\mu_1+\mu_2$ 也可积,且

$$\int_E f\mathrm{d}(\mu_1+\mu_2)=\int_E f\mathrm{d}\mu_1+\int_E f\mathrm{d}\mu_2.$$

16. 设$\{f_k\}$为 $E\subset\mathbb{R}^1$ 上的非负可测函数列,$m(E)<+\infty$. 证明:在 E 上,有

$$f_k\underset{m}{\Rightarrow}0\Leftrightarrow\lim_{k\to+\infty}(\mathrm{L})\int_E\frac{f_k(x)}{1+f_k(x)}\mathrm{d}x=0.$$

17. 设$\{f_k\}$为 $E\subset\mathbb{R}^1$ 上的非负 Lebesgue 可测函数列,并且 $f_k(x)\geqslant f_{k+1}(x)(k=1,2,\cdots)$,$\lim\limits_{k\to+\infty}f_k(x)=f(x)$. 又 $\exists k_0\in\mathbb{N}$,s. t.

$$(\mathrm{L})\int_E f_{k_0}\mathrm{d}m<+\infty.$$

证明:$\lim\limits_{k\to+\infty}(\mathrm{L})\int_E f_k\mathrm{d}m=(\mathrm{L})\int_E f\mathrm{d}m$.

18. 设$\{f_k\}$为$\mathbb{R}^n$ 上非负的 Lebesgue 可积函数列,若对任何可测集 $E\subset\mathbb{R}^n$,都有

$$\int_E f_k\mathrm{d}m\leqslant\int_E f_{k+1}\mathrm{d}m.$$

证明:$\lim\limits_{k\to+\infty}\int_E f_k\mathrm{d}m=\int_E\lim\limits_{k\to+\infty}f_k\mathrm{d}m$.

19. 设 $E\subset\mathbb{R}^1$,$f\in\mathscr{L}(E)$,$f_k\in\mathscr{L}(E)$,$k=1,2,\cdots$,且

$$\lim_{k\to+\infty}(\mathrm{L})\int_E|f_k(x)-f(x)|\mathrm{d}x=0.$$

证明:存在子列$\{f_{k_i}\}$,s. t. 在 E 上,有 $\lim\limits_{i\to+\infty}f_{k_i}(x)\underset{m}{\doteq}f(x)$.

20. 设$\{E_k\}$为$\mathbb{R}^n$ 上测度有限的 Lebesgue 可测集列,且有

$$\lim_{k\to+\infty}(\mathrm{L})\int_{\mathbb{R}^n}|\chi_{E_k}(\boldsymbol{x})-f(\boldsymbol{x})|\mathrm{d}\boldsymbol{x}=0.$$

证明:存在 Lebesgue 可测集 E,使得在$\mathbb{R}^n$ 上,$f(\boldsymbol{x})\underset{m}{\doteq}\chi_E(\boldsymbol{x})$.

21. 设$(X,\mathscr{R},\mu)$为测度空间,$E\in\mathscr{R}$,f 为 E 上的几乎处处有限的广义可测函数.

$$f\text{ 在 }E\text{ 上可积}\Leftrightarrow\sum_{n=1}^{\infty}n\cdot\mu(E_n)<+\infty,$$

其中 $E_n=E(n\leqslant|f|<n+1)$.

22. 设$(X,\mathscr{R},\mu)$为全 σ 有限的测度空间,f 为$(X,\mathscr{R})$上非负实值可测函数. $E\in\mathscr{R}$,它关于 μ 的积分记为

$$\nu(E)=\int_E f\mathrm{d}\mu$$

(积分值可取$+\infty$). 并且当$\mu(E)<+\infty$时，总有$\int_E f\mathrm{d}\mu<+\infty$. 证明：$(X,\mathscr{R},\nu)$为全$\sigma$有限测度空间. 而对$\forall E\in\mathscr{R}$，只要$\mu(E)=0$，总有$\nu(E)=0$.

3.4 积分收敛定理(Lebesgue 控制收敛定理、Levi 引理、Fatou 引理)

测度空间$(X,\mathscr{R},\mu)$上定义的新积分在处理积分与极限交换顺序(积分号下求极限)时，所要求的条件比 Riemann 积分要弱得多.

定理 3.4.1(Lebesgue 控制收敛定理) 设$(X,\mathscr{R},\mu)$为测度空间，$\{f_n\}$为$E\in\mathscr{R}$上的广义可测函数列，且在E上有非负函数F，s. t.

$$|f_n|\underset{\mu}{\dot{\leqslant}}F,\quad n=1,2,\cdots$$

(称F为$\{f_n\}$的**控制函数**). 如果F在E上可积(当然它在E上可测)，$\{f_n\}$在E上依测度收敛于广义可测函数f，即在E上$f_n\underset{\mu}{\Rightarrow}f$，则$f$在$E$上可积，且

$$\lim_{n\to+\infty}\int_E f_n\mathrm{d}\mu=\int_E f\mathrm{d}\mu.$$

证明 由f为E上的广义可测函数和定理 3.1.3′(5)知$|f|$也为E上的广义可测函数. 再由 Riesz 定理 3.2.3，存在子列$\{f_{n_k}\}$在E上几乎处处收敛于f. 因此，从$|f_{n_k}|\underset{\mu}{\dot{\leqslant}}F$得到$|f|\underset{\mu}{\dot{\leqslant}}F$. 由$F$的可积性和定义 3.3.1′，有

$$\begin{aligned}\int_E|f|\mathrm{d}\mu&=\sup_{\substack{h(x)\leqslant|f(x)|\\x\in E}}\left\{\int_E h\mathrm{d}\mu\,\middle|\,h\text{ 为}(X,\mathscr{R},\mu)\text{ 上非负可测简单函数}\right\}\\&\leqslant\sup_{\substack{h(x)\leqslant F(x)\\x\in E}}\left\{\int_E h\mathrm{d}\mu\,\middle|\,h\text{ 为}(X,\mathscr{R},\mu)\text{ 上非负可测简单函数}\right\}\\&=\int_E F\mathrm{d}\mu<+\infty,\end{aligned}$$

故$|f|$在E上可积. 从定理 3.3.12 立知f在E上可积. 同理，f_n在E上也可积($n\in\mathbb{N}$).

当$\mu(E)<+\infty$时. 对$\forall\varepsilon>0$，记

$$H_n=E\left(|f_n-f|\geqslant\frac{\varepsilon}{2(\mu(E)+1)}\right),$$

则

$$E-H_n=E\left(|f_n-f|<\frac{\varepsilon}{2(\mu(E)+1)}\right).$$

于是

$$\left|\int_{E-H_n}(f_n-f)\mathrm{d}\mu\right|\leqslant\int_{E-H_n}|f_n-f|\,\mathrm{d}\mu\leqslant\frac{\varepsilon}{2(\mu(E)+1)}\cdot\mu(E-H_n)<\frac{\varepsilon}{2}.$$

应用积分的绝对连续性定理 3.3.15，$\exists\delta>0$，对 $\forall e\subset E$，$\mu(e)<\delta$，有

$$\int_e F\mathrm{d}\mu<\frac{\varepsilon}{4}.$$

对于这个固定的 δ，再利用 $f_n\underset{\mu}{\Rightarrow}f$，必 $\exists N\in\mathbb{N}$，s. t. 当 $n\geqslant N$ 时，有

$$\mu(H_n)=\mu\left(E\left(|f_n-f|\geqslant\frac{\varepsilon}{2(\mu(E)+1)}\right)\right)<\delta.$$

从而，取 $e=H_n$ 有

$$\left|\int_{H_n}(f_n-f)\mathrm{d}\mu\right|\leqslant 2\int_{H_n}F\mathrm{d}\mu<2\cdot\frac{\varepsilon}{4}=\frac{\varepsilon}{2}.$$

(其中 $|f_n-f|\leqslant|f_n|+|f|\leqslant 2F$). 综合上述，并应用推论 3.3.1，有

$$\begin{aligned}\left|\int_E f_n\mathrm{d}\mu-\int_E f\mathrm{d}\mu\right|&=\left|\int_E(f_n-f)\mathrm{d}\mu\right|\\&=\left|\int_{E-H_n}(f_n-f)\mathrm{d}\mu+\int_{H_n}(f_n-f)\mathrm{d}\mu\right|\\&\leqslant\left|\int_{E-H_n}(f_n-f)\mathrm{d}\mu\right|+\left|\int_{H_n}(f_n-f)\mathrm{d}\mu\right|\\&<\frac{\varepsilon}{2}+\frac{\varepsilon}{2}=\varepsilon,\end{aligned}$$

即

$$\lim_{n\to+\infty}\int_E f_n\mathrm{d}\mu=\int_E f\mathrm{d}\mu.$$

当 $\mu(E)=+\infty$ 时，由 F 在 E 上可积和定义 3.3.1′，必有非负可测简单函数 h，s. t.

$$h(x)\leqslant F(x),\quad\forall x\in E,$$

$$\int_E h\mathrm{d}\mu>\int_E F\mathrm{d}\mu-\frac{\varepsilon}{4}.$$

显然，由

$$c_i\mu(\{x\in E\mid h(x)=c_i>0\})\leqslant\int_E h(x)\mathrm{d}\mu\leqslant\int_E F(x)\mathrm{d}\mu<+\infty,i=1,2,\cdots,p$$

(定义 3.3.1)

得到

$$E_1=\{x\in E\mid h(x)>0\}\subset E,\quad\mu(E_1)<+\infty$$

且

$$\int_E F\mathrm{d}\mu<\int_E h\mathrm{d}\mu+\frac{\varepsilon}{4}=\int_{E_1}h\mathrm{d}\mu+\frac{\varepsilon}{4}.$$

从上式推知

$$\int_{E-E_1}F\mathrm{d}\mu=\int_E F\mathrm{d}\mu-\int_{E_1}F\mathrm{d}\mu\leqslant\int_E F\mathrm{d}\mu-\int_{E_1}h\mathrm{d}\mu<\frac{\varepsilon}{4}.$$

由于 $\mu(E_1)<+\infty$，在 E_1 上面已证得 $\exists N\in\mathbb{N}$，当 $n\geqslant N$ 时，有

$$\left|\int_{E_1}(f_n-f)\mathrm{d}\mu\right|<\frac{\varepsilon}{2}.$$

故综合上述，并应用推论 3.3.1，有

$$\begin{aligned}\left|\int_E f_n\mathrm{d}\mu-\int_E f\mathrm{d}\mu\right| &= \left|\int_E(f_n-f)\mathrm{d}\mu\right| \\ &= \left|\int_{E-E_1}(f_n-f)\mathrm{d}\mu+\int_{E_1}(f_n-f)\mathrm{d}\mu\right| \\ &\leqslant \left|\int_{E-E_1}(f_n-f)\mathrm{d}\mu\right|+\left|\int_{E_1}(f_n-f)\mathrm{d}\mu\right| \\ &\leqslant \int_{E-E_1}2F\mathrm{d}\mu+\left|\int_{E_1}(f_n-f)\mathrm{d}\mu\right| \\ &< 2\cdot\frac{\varepsilon}{4}+\frac{\varepsilon}{2}=\varepsilon,\end{aligned}$$

即 $\lim\limits_{n\to+\infty}\int_E f_n\mathrm{d}\mu=\int_E f\mathrm{d}\mu$. □

定理 3.4.1′(Lebesgue 控制收敛定理)　设$(X,\mathscr{R},\mu)$为测度空间，$\{f_n\}$为 $E\in\mathscr{R}$ 上的一个广义可测函数列，F 为它的控制函数，并且是可积的. 如果$\{f_n\}$在 E 上几乎处处收敛于广义可测函数 f，即在 E 上 $\lim\limits_{n\to+\infty}f_n(x)\underset{\mu}{\doteq}f(x)$，则 f 在 E 上是可积的，且

$$\lim_{n\to+\infty}\int_E f_n\mathrm{d}\mu=\int_E f\mathrm{d}\mu.$$

证明　证法 1　由定理 3.4.1 的证明知 f_n 与 f 在 E 上是可积的.

当 $\mu(E)<+\infty$ 时，由$\{f_n\}$在 E 上几乎处处收敛于广义可测函数 f 以及定理 3.2.4 中(1)知，在 E 上$\{f_n\}$必度量收敛于 f. 根据定理 3.4.1 可知，f 在 E 上是可积的，且

$$\lim_{n\to+\infty}\int_E f_n\mathrm{d}\mu=\int_E f\mathrm{d}\mu.$$

当 $\mu(E)=+\infty$ 时，证明与定理 3.4.1 中相应部分完全相同.

证法 2　由定理 3.4.1 的证明知，f_n 与 f 在 E 上可积，作函数列

$$g_n(x)=|f_n(x)-f(x)|,\quad n\in\mathbb{N},$$

则

$$0\leqslant g_n(x)=|f_n(x)-f(x)|\leqslant|f_n(x)|+|f(x)|\leqslant 2F(x),\quad \text{a. e}, E, n\in\mathbb{N},$$

且 g_n 在 E 上是可积的. 根据定理 3.3.10(Fatou 引理)，注意到 $\lim\limits_{n\to+\infty}g_n(x)\underset{\mu}{\doteq}0$，有

$$\begin{aligned}\int_E 2F\mathrm{d}\mu &= \int_E 2F\mathrm{d}\mu-\int_E\lim_{n\to+\infty}g_n\mathrm{d}\mu \\ &= \int_E\lim_{n\to+\infty}(2F-g_n)\mathrm{d}\mu=\int_E\varliminf_{n\to+\infty}(2F-g_n)\mathrm{d}\mu \\ &\leqslant \varliminf_{n\to+\infty}\int_E(2F-g_n)\mathrm{d}\mu=\int_E 2F\mathrm{d}\mu-\varlimsup_{n\to+\infty}\int_E g_n\mathrm{d}\mu.\end{aligned}$$

两边消去 $\int_E 2F\mathrm{d}\mu$ 并移项得

$$0 \leqslant \overline{\lim_{n\to+\infty}}\int_E g_n \mathrm{d}\mu \leqslant 0.$$

从而

$$\overline{\lim_{n\to+\infty}}\int_E g_n \mathrm{d}\mu = 0, \quad \lim_{n\to+\infty}\int_E g_n \mathrm{d}\mu = 0.$$

最后再由

$$\left|\int_E f_n \mathrm{d}\mu - \int_E f \mathrm{d}\mu\right| = \left|\int_E (f_n - f)\mathrm{d}\mu\right| \leqslant \int_E |f_n - f| \mathrm{d}\mu = \int_E g_n \mathrm{d}\mu$$

立知 $\lim\limits_{n\to+\infty}\int_E f_n \mathrm{d}\mu = \int_E f \mathrm{d}\mu$. □

定理 3.4.1″(有界控制收敛定理) 设$(X,\mathscr{R},\mu)$为测度空间,$E\in\mathscr{R}$,$\mu(E)<+\infty$,$\{f_n\}$为E上的广义可测函数列,且

$$|f_n| \underset{\mu}{\dot{\leqslant}} K(\text{常数}), \quad n=1,2,\cdots(K\text{ 为控制函数}).$$

如果$\{f_n\}$在E上依测度(或几乎处处)收敛于广义可测函数f,则f在E上必可积,且

$$\lim_{n\to+\infty}\int_E f_n \mathrm{d}\mu = \int_E f \mathrm{d}\mu.$$

证明 证法 1 从$\mu(E)<+\infty$和定义 3.3.1 知,正的常值函数$F\equiv K$在E上是可积的,它是定理 3.4.1(或定理 3.4.1′)中的控制函数. 因此,f_n,f在E上必可积,且

$$\lim_{n\to+\infty}\int_E f_n \mathrm{d}\mu = \int_E f \mathrm{d}\mu.$$

证法 2 从$\mu(E)<+\infty$和定义 3.3.1 知,正的常值函数$F\equiv K$在E上是可积的,它是定理 3.4.1(或定理 3.4.1′)中的控制函数. 因为

$$|f_n| \underset{\mu}{\dot{\leqslant}} K(\text{常数}), \quad n=1,2,\cdots.$$

并且,在E上,$f_n\Rightarrow f$(或由$\lim\limits_{n\to+\infty} f_n(x) \underset{\mu}{\doteq} f(x)$,$\mu(E)<+\infty$及定理 3.2.4(1),推得$f_n\Rightarrow f$). 根据 Riesz 定理,存在子列$\{f_{n_k}\}$几乎处处收敛于$f$,从

$$|f_{n_k}| \underset{\mu}{\dot{\leqslant}} K$$

得到

$$|f| = \lim_{k\to+\infty} |f_{n_k}| \underset{\mu}{\dot{\leqslant}} K.$$

由此与$m(E)<+\infty$推得f_n和f在E上可积.

对$\forall\,\varepsilon>0$,$\exists\, N\in\mathbb{N}$,当$n>N$时,有

$$\mu\left(E\left(|f_n - f| \geqslant \frac{\varepsilon}{2(\mu(E)+1)}\right)\right) < \frac{\varepsilon}{2(2K+1)}.$$

于是

$$\left|\int_E f_n \mathrm{d}\mu - \int_E f \mathrm{d}\mu\right| = \left|\int_E (f_n - f) \mathrm{d}\mu\right|$$
$$\leqslant \int_{E\left(|f_n - f| \geqslant \frac{\varepsilon}{2(\mu(E)+1)}\right)} |f_n - f| \mathrm{d}\mu + \int_{E\left(|f_n - f| < \frac{\varepsilon}{2(\mu(E)+1)}\right)} |f_n - f| \mathrm{d}\mu$$
$$\leqslant 2K \cdot \frac{\varepsilon}{2(2K+1)} + \frac{\varepsilon}{2(\mu(E)+1)} \cdot \mu(E) < \frac{\varepsilon}{2} + \frac{\varepsilon}{2} = \varepsilon.$$
$$\lim_{n\to+\infty} \int_E f_n \mathrm{d}\mu = \int_E f \mathrm{d}\mu. \qquad \square$$

定理 3.4.1‴(完全测度空间上的控制收敛定理) 设$(X,\mathscr{R},\mu)$为完全测度空间,$\{f_n\}$为$E\in\mathscr{R}$上的一个广义可测函数列,F为$\{f_n\}$的控制可积函数.如果在E上,$f_n \underset{\mu}{\Rightarrow} f$(或$f_n \underset{\mu}{\dot{\to}} f$),则$f$在$E$上必可积,且

$$\lim_{n\to+\infty} \int_E f_n \mathrm{d}\mu = \int_E f \mathrm{d}\mu.$$

证明 因为$(X,\mathscr{R},\mu)$为完全测度空间,故从推论 3.2.1 和定理 3.2.9(或定理 3.1.4′和定理 3.2.9)立知,f在E上是广义可测的(无论$f_n \underset{\mu}{\Rightarrow} f$或$f_n \underset{\mu}{\dot{\to}} f$).

根据定理 3.4.1(或定理 3.4.1′),f在E上必可积,且

$$\lim_{n\to+\infty} \int_E f_n \mathrm{d}\mu = \int_E f \mathrm{d}\mu. \qquad \square$$

下面介绍两个与控制收敛定理同等重要的而且也是常用的收敛定理——Levi 引理和 Fatou 引理.

定理 3.4.2(Levi 引理) 设$(X,\mathscr{R},\mu)$为测度空间,$\{f_n\}$为$E\in\mathscr{R}$上的单调增(减)的可积函数列.如果它的积分列有上确界

$$A = \sup_n \left\{\int_E f_n \mathrm{d}\mu\right\} < +\infty$$

$\left(\text{下确界 } A = \inf\limits_n \left\{\int_E f_n \mathrm{d}\mu\right\} > -\infty\right)$,则$\{f_n\}$在$E$上必几乎处处收敛于一个可积函数$f$,且

$$\lim_{n\to+\infty} \int_E f_n \mathrm{d}\mu = \int_E f \mathrm{d}\mu.$$

证明 不妨设$f_n \geqslant 0$(不然考察$f_n - f_1 \geqslant 0$).由于$\{f_n\}$单调增,所以$\lim\limits_{n\to+\infty} f_n(x)$处处存在(可以取$+\infty$),记为

$$h(x) = \lim_{n\to+\infty} f_n(x).$$

根据定理 3.1.4′,$h(x)$为E上的非负广义可测函数.

再根据定理 3.1.1′中(2)知$E(h=+\infty)$为可测集,关于这一点也可以直接从

$$E(h=+\infty) = \bigcap_{n=1}^{\infty} E(n<h) = \bigcap_{n=1}^{\infty} \bigcup_{k=1}^{\infty} E(n<f_k)$$

直接看出.

设h由$N\in\mathbb{N}$的**截断函数**为

$$[h]_N(x)=\min\{h(x),N\}=\begin{cases}h(x), & \text{当 } h(x)\leqslant N,\\ N, & \text{当 } h(x)>N.\end{cases}$$

显然，$[f_n]_N(n\in\mathbb{N})$和$[h]_N$为有界可测函数，且

$$0\leqslant[f_1]_N\leqslant[f_2]_N\leqslant\cdots\leqslant[f_n]_N\leqslant\cdots\to[h]_N.$$

$$0\leqslant[f_n]_N\leqslant[h]_N\leqslant N,\quad [f_n]_N\leqslant f_n,\quad [h]_N\leqslant h.$$

由此和定理 3.3.4 得到

$$\begin{aligned}N\mu(E(h=+\infty))&\leqslant\int_E[h]_N\mathrm{d}\mu=\lim_{n\to+\infty}\int_E[f_n]_N\mathrm{d}\mu\\&\leqslant\lim_{n\to+\infty}\int_E f_n\mathrm{d}\mu\leqslant A<+\infty,\end{aligned}$$

$$0\leqslant\mu(E(h=+\infty))\leqslant\frac{A}{N}\to0\quad(N\to+\infty),$$

故

$$0\leqslant\mu(E(h=+\infty))\leqslant0,\quad \text{即 } \mu(E(h=+\infty))=0,$$

即 $E(h=+\infty)$为 μ 零集. 因为 h 在 E 上为几乎处处有限的非负广义可测函数. 作 f 如下：

$$f(x)=\begin{cases}h(x), & \text{当 } h(x)<+\infty,\\ 0, & \text{当 } h(x)=+\infty.\end{cases}$$

显然，f 为 E 上的非负有限可测函数，$f\underset{\mu}{\doteq}h$，$\lim\limits_{n\to+\infty}f_n\underset{\mu}{\doteq}f$.

设 $E_\infty=E(h=+\infty)$，在 $E-E_\infty\in\mathscr{R}$ 上对$\{f_n\}$和 f 应用定理 3.3.4，有

$$\begin{aligned}\int_E f\mathrm{d}\mu&=\int_{E-E_\infty}f\mathrm{d}\mu+\int_{E_\infty}f\mathrm{d}\mu\\&=\int_{E-E_\infty}f\mathrm{d}\mu+0=\int_{E-E_\infty}f\mathrm{d}\mu\\&=\lim_{n\to+\infty}\int_{E-E_\infty}f_n\mathrm{d}\mu=\lim_{n\to+\infty}\left[\int_E f\mathrm{d}\mu-\int_{E_\infty}f_n\mathrm{d}\mu\right]\\&=\lim_{n\to+\infty}\int_E f_n\mathrm{d}\mu=A<+\infty.\end{aligned}$$

由上式推出 f 在 E 上可积，且

$$\lim_{n\to+\infty}\int_E f_n\mathrm{d}\mu=\int_E f\mathrm{d}\mu.$$

当$\{f_n\}$单调减时，只须对$\{-f_n\}$应用上面单调增的结论. □

定理 3.4.2′(Levi 引理，逐项积分)　设$(X,\mathscr{R},\mu)$为测度空间，$\{u_n\}$为 $E\in\mathscr{R}$ 上的非负可积函数列，以及

$$\sum_{n=1}^{\infty}\int_E u_n\mathrm{d}\mu<+\infty,$$

则函数项级数 $\sum\limits_{n=1}^{\infty}u_n$ 必几乎处处收敛于 E 上的一个可积函数 f，且

$$\int_E f\,d\mu = \int_E \sum_{n=1}^{\infty} u_n\,d\mu = \sum_{n=1}^{\infty}\int_E u_n\,d\mu.$$

证明 因为$\{u_n\}$为$E\in\mathscr{R}$上的非负可积函数列，故$\left\{\sum_{k=1}^{n} u_k\right\}$为$E$上的单调增可积函数列，且

$$A=\sup_n\left\{\int_E \sum_{k=1}^{n} u_k\,d\mu\right\}=\sup_n\left\{\sum_{k=1}^{n}\int_E u_k\,d\mu\right\}=\sum_{n=1}^{\infty}\int_E u_n\,d\mu<+\infty.$$

根据定理3.4.2，$\left\{\sum_{k=1}^{n} u_k\right\}\left(\text{或}\sum_{n=1}^{\infty} u_n\right)$在$E$上必几乎处处收敛于一个可积函数$f$，且

$$\int_E f\,d\mu=\lim_{n\to+\infty}\int_E \sum_{k=1}^{n} u_k\,d\mu=\lim_{n\to+\infty}\sum_{k=1}^{n}\int_E u_k\,d\mu=\sum_{k=1}^{\infty}\int_E u_k\,d\mu. \qquad \square$$

注3.4.1 我们也可以由定理3.4.2′推出定理3.4.2.只须令

$$u_n=f_{n+1}-f_n\geqslant 0,\quad n=1,2,\cdots$$

即可.

定理3.4.3(Fatou引理) 设$(X,\mathscr{R},\mu)$为测度空间，$\{f_n\}$为$E\in\mathscr{R}$上的一个可积函数列.如果在E上有一个可积函数h，s.t. $f_n \underset{\mu}{\dot{\geqslant}} h\left(f_n \underset{\mu}{\dot{\leqslant}} h\right)$，$n=1,2,\cdots$，且

$$\varliminf_{n\to+\infty}\int_E f_n\,d\mu<+\infty\left(\varlimsup_{n\to+\infty}\int_E f_n\,d\mu>-\infty\right),$$

则函数$\varliminf_{n\to+\infty} f_n\left(\varlimsup_{n\to+\infty} f_n\right)$为$E$上的可积函数(当该函数在一个$\mu$零值的子集上取值为$\pm\infty$时，可任意改变这个$\mu$零集上的函数值为某个有限常数)，并有

$$\int_E \varliminf_{n\to+\infty} f_n\,d\mu\leqslant\varliminf_{n\to+\infty}\int_E f_n\,d\mu\quad\left(\int_E \varlimsup_{n\to+\infty} f_n\,d\mu\geqslant\varlimsup_{n\to+\infty}\int_E f_n\,d\mu\right).$$

证明 对$\forall\, n,m\in\mathbb{N}$，作函数

$$F_{nm}=\min\{f_n,f_{n+1},\cdots,f_{n+m}\}.$$

显然，$F_{nm}\underset{\mu}{\dot{\geqslant}} h$.固定$n$，$\{F_{nm}\}$为随$m$增加而单调减的可积函数列.根据定理3.3.13(4)，有

$$\int_E h\,d\mu\leqslant\int_E F_{nm}\,d\mu\leqslant\min\left\{\int_E f_n\,d\mu,\int_E f_{n+1}\,d\mu,\cdots,\int_E f_{n+m}\,d\mu\right\}.$$

固定n，根据上式，对$\{F_{nm}\}$应用定理3.4.2(单调减情形)得到极限函数$F_n=\lim\limits_{m\to+\infty} F_{nm}$(可能在$\mu$零集上$F_n=\lim\limits_{m\to+\infty} F_{nm}=-\infty$，此时规定其值为0)，$F_n$在$E$上是可积的，而且

$$\int_E F_n\,d\mu=\lim_{m\to+\infty}\int_E F_{nm}\,d\mu=\lim_{m\to+\infty}\min\left\{\int_E f_n\,d\mu,\int_E f_{n+1}\,d\mu,\cdots,\int_E f_{n+m}\,d\mu\right\}=\inf_{k\geqslant n}\int_E f_k\,d\mu.$$

显然，$\{F_n\}$为单调增的(在一个μ零集上除外)可积函数列.根据上面不等式和题设条件便知

$$\sup_n\left\{\int_E F_n\,d\mu\right\}\leqslant\sup_n\left\{\inf_{k\geqslant n}\int_E f_k\,d\mu\right\}=\lim_{n\to+\infty}\inf_{k\geqslant n}\int_E f_k\,d\mu=\varliminf_{n\to+\infty}\int_E f_n\,d\mu<+\infty.$$

这样对$\{F_n\}$又可应用定理 3.4.2(单调增情形)的结论：在 E 上$\{F_n\}$几乎处处收敛于可积函数 F,且

$$
\begin{aligned}
F \stackrel{\cdot}{\underset{\mu}{=}} \lim_{n\to+\infty} F_n &= \lim_{n\to+\infty}\lim_{m\to+\infty} F_{nm} \\
&= \lim_{n\to+\infty}\lim_{m\to+\infty}\min\{f_n, f_{n+1}, \cdots, f_{n+m}\} \\
&= \lim_{n\to+\infty}\inf_{k\geqslant n} f_k = \varliminf_{n\to+\infty} f_n,
\end{aligned}
$$

$$
\begin{aligned}
\int_E \varliminf_{n\to+\infty} f_n \mathrm{d}\mu = \int_E F\mathrm{d}\mu &= \int_E \lim_{n\to+\infty} F_n \mathrm{d}\mu \\
&= \lim_{n\to+\infty}\int_E F_n \mathrm{d}\mu \leqslant \lim_{n\to+\infty}\inf_{k\geqslant n}\int_E f_k \mathrm{d}\mu \\
&= \varliminf_{n\to+\infty}\int_E f_n \mathrm{d}\mu
\end{aligned}
$$

(另一情形,只须对$\{-f_n\}$应用上面结论即可). □

注 3.4.2 (1)Levi 递增积分定理(定理 3.3.4)；(2)Levi 引理(定理 3.4.2)；(3)Fatou 引理(定理 3.4.3)；(4)Lebesgue 控制收敛定理 3.4.1′；(5)Lebesgue 控制收敛定理 3.4.1 是彼此等价的.

证明

$$
\begin{array}{ccccc}
 & (1) & \Longrightarrow & (2) \\
 & \Uparrow & \nwarrow & \Downarrow \\
(5) \Longleftrightarrow & (4) & \Longleftarrow & (3)
\end{array}
$$

(1)⇒(2) 参阅定理 3.4.2 的证明.

(2)⇒(3) 参阅定理 3.4.3 的证明.

(1)⇐(3) 因为$\{f_n\}$单调增趋于 f,故应用 Fatou 引理得到

$$
\begin{aligned}
\lim_{n\to+\infty}\int_E f_n \mathrm{d}\mu \leqslant \int_E f\mathrm{d}\mu = \int_E \lim_{n\to+\infty} f_n\mathrm{d}\mu &= \int_E \varliminf_{n\to+\infty} f_n \mathrm{d}\mu \\
\leqslant \varliminf_{n\to+\infty}\int_E f_n\mathrm{d}\mu &= \lim_{n\to+\infty}\int_E f_n \mathrm{d}\mu,
\end{aligned}
$$

$$
\lim_{n\to+\infty}\int_E f_n\mathrm{d}\mu = \int_E f\mathrm{d}\mu = \int_E \lim_{n\to+\infty} f_n \mathrm{d}\mu.
$$

(3)⇒(4) 设(4)中条件满足,即$|f_n| \stackrel{\cdot}{\underset{\mu}{\leqslant}} F$,$F$ 为可积函数.因此

$$
-F \stackrel{\cdot}{\underset{\mu}{\leqslant}} f_n \stackrel{\cdot}{\underset{\mu}{\leqslant}} F,
$$

$$
-\infty < -\int_E F\mathrm{d}\mu \leqslant \int_E f_n \mathrm{d}\mu \leqslant \int_E F\mathrm{d}\mu < +\infty.
$$

由于在 E 上,$\lim\limits_{n\to+\infty} f_n(x) \stackrel{\cdot}{\underset{\mu}{=}} f(x)$,故$-F \stackrel{\cdot}{\underset{\mu}{\leqslant}} f \stackrel{\cdot}{\underset{\mu}{\leqslant}} F$,从而 f_n,f 都是可积函数.由(3),即应用 Fatou 引理得到

$$\varliminf_{n\to+\infty}\int_E f_n\mathrm{d}\mu \geqslant \int_E \varliminf_{n\to+\infty} f_n\mathrm{d}\mu = \int_E f\mathrm{d}\mu = \int_E \varlimsup_{n\to+\infty} f_n\mathrm{d}\mu$$

$$\geqslant \varlimsup_{n\to+\infty}\int_E f_n\mathrm{d}\mu \geqslant \varliminf_{n\to+\infty}\int_E f_n\mathrm{d}\mu,$$

$$\int_E f\mathrm{d}\mu = \varliminf_{n\to+\infty}\int_E f_n\mathrm{d}\mu = \varlimsup_{n\to+\infty}\int_E f_n\mathrm{d}\mu = \lim_{n\to+\infty}\int_E f_n\mathrm{d}\mu$$

这就证明了(4),即 Lebesgue 控制收敛定理 3.4.1′是成立的.

(4)⇐(5)参阅定理 3.4.1′证法 1.

(4)⇒(5)设(5)中条件满足,则$|f_n|\underset{\mu}{\dot{\leqslant}}F$,$F$ 为可积函数. 又因在 E 上,$f_n\Rightarrow f$. 根据 Riesz 定理 3.2.3,存在子列$\{f_{n_k}\}$在 E 上几乎处处收敛于 f. 因此

$$|f(x)|\underset{\mu}{\doteq}|\lim_{k\to+\infty}f_{n_k}(x)|\underset{\mu}{\dot{\leqslant}}F.$$

从而,f_n,f 均为可积函数.

现证

$$\lim_{n\to+\infty}\int_E f_n\mathrm{d}\mu = \int_E f\mathrm{d}\mu.$$

(反证)假设 $\lim\limits_{n\to+\infty}\int_E f_n\mathrm{d}\mu \neq \int_E f\mathrm{d}\mu$,则存在$\{f_n\}$ 的子列$\{f_{n_k'}\}$, s. t.

$$\lim_{k\to+\infty}\int_E f_{n_k'}\mathrm{d}\mu = A \neq \int_E f\mathrm{d}\mu.$$

于是,由(4),即应用 Lebesgue 控制收敛定理 3.4.1′得到

$$\int_E f\mathrm{d}\mu = \int_E \lim_{k\to+\infty} f_{n_k'}\mathrm{d}\mu = \lim_{k\to+\infty}\int_E f_{n_k'}\mathrm{d}\mu = A \neq \int_E f\mathrm{d}\mu,$$

矛盾. 这就证明了(5),即 Lebesgue 控制收敛定理 3.4.1 是成立的.

另一证法,留作习题(本节习题 6).

(1)⇐(4) 设(1)的条件满足,即$\{f_k\}$为非负广义可测递增函数列,即

$$f_1(x)\leqslant f_2(x)\leqslant\cdots\leqslant f_k(x)\leqslant\cdots,$$

且

$$\lim_{k\to+\infty}f_k(x) = f(x),\quad \forall x\in E.$$

由此得到 $0\leqslant f_k(x)\leqslant f(x)$.

如果$\int_E f\mathrm{d}\mu < +\infty$, 则 f 为$\{f_k\}$的可积控制函数. 由(4),即应用 Lebesgue 控制收敛定理 3.4.1′得到

$$\lim_{k\to+\infty}\int_E f_k\mathrm{d}\mu = \int_E \lim_{k\to+\infty} f_k\mathrm{d}\mu = \int_E f\mathrm{d}\mu.$$

如果$\int_E f\mathrm{d}\mu = +\infty$. 完全按照定理 3.3.4 证明中的后半部分得到

$$\int_E f_k \mathrm{d}\mu \geqslant \lambda \int_{E_k} h \mathrm{d}\mu, \quad \lambda \in (0,1).$$

令 $\lambda \to 1^-$，有

$$\lim_{k\to+\infty} \int_E f_k \mathrm{d}\mu \geqslant \int_E h \mathrm{d}\mu,$$

$$\lim_{k\to+\infty} \int_E f_k \mathrm{d}\mu \geqslant \int_E f \mathrm{d}\mu = +\infty.$$

从而

$$\lim_{k\to+\infty} \int_E f_k \mathrm{d}\mu = +\infty = \int_E f \mathrm{d}\mu.$$

(注意：(1)(即 Levi 递增积分定理)的证明并不依赖于(4)(即 Lebesgue 控制收敛定理 3.4.1′)). □

例 3.4.1 举例说明 Lebesgue 控制收敛定理中控制函数的可积性不可缺少.

解 (1) 设$(\mathbb{R}^1, \mathscr{L}, m)$为 Lebesgue 测度空间，$E=[0,+\infty)$，对 $n\in\mathbb{N}$，令

$$f_n(x) = \begin{cases} 1, & x \in [0,n], \\ 0, & x \in (n,+\infty). \end{cases}$$

显然，$\lim\limits_{n\to+\infty} f_n(x) = 1 = f(x)$，$\forall x\in E=[0,+\infty)$，且

$$(\mathrm{L})\int_{[0,+\infty)} f \mathrm{d}m = (\mathrm{L})\int_{[0,+\infty)} 1 \mathrm{d}m = +\infty = \lim_{n\to+\infty} n = \lim_{n\to+\infty} (\mathrm{L})\int_{[0,+\infty)} f_n \mathrm{d}m.$$

但 $f\equiv 1$ 在 $E=[0,+\infty)$上不是 Lebesgue 可积的. 由此及 Lebesgue 控制收敛定理 3.4.1 知$\{f_n\}$无可积的控制函数. 事实上，还可直接设$\{f_n\}$有控制函数 $F \underset{m}{\dot{\geqslant}} f_n (n\in\mathbb{N})$，则存在 μ 零集 E_0，s. t.

$$F(x) \geqslant f_n(x), \quad \forall x \in E - E_0, \forall n \in \mathbb{N}.$$

于是，对 $\forall x\in E-E_0$，有

$$F(x) \geqslant f_{[x]+1}(x) = 1,$$

即 $F \underset{m}{\dot{\geqslant}} 1$，它在 $E=[0,+\infty)$上不是 Lebesgue 可积的.

(2) 设$(\mathbb{R}^1, \mathscr{L}, m)$为 Lebesgue 测度空间，$E=(0,+\infty)$，对 $\forall n\in\mathbb{N}$，令

$$f_n(x) = \frac{1}{n} \frac{1}{\left(\frac{1}{n}\right)^2 + x^2}, \quad n \in \mathbb{N}.$$

显然

$$\lim_{n\to+\infty} f_n(x) = \frac{0}{0^2 + x^2} = 0 = f(x), \quad \forall x \in E = (0,+\infty),$$

它在$(0,+\infty)$上可积，但

$$\lim_{n\to+\infty}(\mathrm{L})\int_{(0,+\infty)}f_n\mathrm{d}m=\lim_{n\to+\infty}(\mathrm{L})\int_{(0,+\infty)}\frac{1}{n}\frac{1}{\left(\frac{1}{n}\right)^2+x^2}\mathrm{d}x$$

$$\overset{\text{注 3.5.1}}{=\!=\!=}\lim_{n\to+\infty}(\mathrm{R})\int_{(0,+\infty)}\frac{1}{n}\frac{1}{\left(\frac{1}{n}\right)^2+x^2}\mathrm{d}x=\lim_{n\to+\infty}\arctan\frac{x}{\frac{1}{n}}\Bigg|_0^{+\infty}$$

$$=\frac{\pi}{2}\neq 0=(\mathrm{L})\int_{(0,+\infty)}0\mathrm{d}m=(\mathrm{L})\int_{(0,+\infty)}f\mathrm{d}m.$$

由此及 Lebesgue 控制收敛定理知$\{f_n\}$无可积的控制函数. 事实上,还可直接设$\{f_n\}$有控制函数 $F\underset{m}{\dot{\geqslant}}f_n(n\in\mathbb{N})$,则存在 μ 零集 E_0, s. t.

$$F(x)\geqslant f_n(x),\quad \forall x\in E-E_0,\forall n\in\mathbb{N}.$$

于是,对$\forall x\in(E-E_0)\cap(0,1)$,有

$$F(x)\geqslant\frac{1}{\left[\frac{1}{x}\right]}\frac{1}{\left(\frac{1}{\left[\frac{1}{x}\right]}\right)^2+x^2}=\frac{\left[\frac{1}{x}\right]}{1+\left[\frac{1}{x}\right]^2x^2}\geqslant\frac{\frac{1}{x}-1}{1+\left(\frac{1}{x}\right)^2\cdot x^2}=\frac{1}{2x}-\frac{1}{2},$$

$$(\mathrm{L})\int_{(0,+\infty)}F\mathrm{d}m\geqslant(\mathrm{L})\int_{(0,1)}\left(\frac{1}{2x}-\frac{1}{2}\right)\mathrm{d}m=\frac{1}{2}(\ln x-x)\Big|_0^1=+\infty,$$

从而,F 在 $E=(0,+\infty)$上不是 Lebesgue 可积的. □

例 3.4.2 举例说明 Levi 引理(定理 3.4.2)中$\{f_n\}$的积分列 $\left\{\int_E f_n\mathrm{d}\mu\right\}$ 有上界是不可缺少的.

解 (1) 设$(\mathbb{R}^1,\mathscr{L},m)$为 Lebesgue 测度空间,$E=[0,1]$,对$\forall n\in\mathbb{N}$,令

$$f_n(x)=\begin{cases}\dfrac{\left|\sin\frac{1}{x}\right|}{x}, & x\in\left[\frac{1}{n},1\right],\\ 0, & x\in\left[0,\frac{1}{n}\right).\end{cases}$$

显然,$\{f_n\}$为 $E=[0,1]$上的可积单调增的函数列,且

$$f(x)=\lim_{n\to+\infty}f_n(x)=\begin{cases}\dfrac{\left|\sin\frac{1}{x}\right|}{x}, & x\in(0,1],\\ 0, & x=0.\end{cases}$$

根据定理 3.5.6 和注 3.5.1 得到

$$(\mathrm{L})\int_{[0,1]}f\mathrm{d}m=(\mathrm{R})\int_0^1\frac{\left|\sin\frac{1}{x}\right|}{x}\mathrm{d}x$$

$$
\xlongequal{u=\frac{1}{x}} (\mathrm{R})\int_{1}^{+\infty} \frac{|\sin u|}{u}\mathrm{d}u \geqslant (\mathrm{R})\int_{2\pi}^{+\infty} \frac{|\sin u|}{u}\mathrm{d}u
$$

$$
= \sum_{k=1}^{\infty}\left[(\mathrm{R})\int_{2k\pi}^{(2k+1)\pi} \frac{\sin u}{u}\mathrm{d}u + (\mathrm{R})\int_{(2k+1)\pi}^{(2k+2)\pi} \frac{-\sin u}{u}\mathrm{d}u\right]
$$

$$
\geqslant \sum_{k=1}^{\infty}\left[\frac{1}{(2k+1)\pi}(\mathrm{R})\int_{2k\pi}^{(2k+1)\pi}\sin u\mathrm{d}u + \frac{1}{(2k+2)\pi}(\mathrm{R})\int_{(2k+1)\pi}^{(2k+2)\pi}(-\sin u)\mathrm{d}u\right]
$$

$$
= \frac{2}{\pi}\sum_{k=1}^{\infty}\left(\frac{1}{2k+1}+\frac{1}{2k+2}\right) = \frac{2}{\pi}\sum_{n=3}^{\infty}\frac{1}{n} = +\infty,
$$

$$
(\mathrm{L})\int_{[0,1]} f\mathrm{d}m = +\infty.
$$

从而，f 在$[0,1]$上不是 Lebesgue 可积的. 但容易看出

$$
\lim_{n\to+\infty}(\mathrm{L})\int_{[0,1]} f_n\mathrm{d}m = \lim_{n\to+\infty}(\mathrm{L})\int_{\left[\frac{1}{n},1\right]} \frac{\left|\sin\frac{1}{x}\right|}{x}\mathrm{d}x
$$

$$
= (\mathrm{L})\int_{(0,1]} \frac{\left|\sin\frac{1}{x}\right|}{x}\mathrm{d}x = (\mathrm{L})\int_{[0,1]} \frac{\left|\sin\frac{1}{x}\right|}{x}\mathrm{d}x
$$

$$
= +\infty = (\mathrm{L})\int_{[0,1]} f\mathrm{d}m.
$$

(2) 例 3.4.1(1)中，虽然有

$$
\lim_{n\to+\infty}(\mathrm{L})\int_{[0,+\infty)} f_n\mathrm{d}m = +\infty = (\mathrm{L})\int_{[0,+\infty)} 1\mathrm{d}m = \int_{[0,+\infty)} f\mathrm{d}m,
$$

但是，$f(x)\equiv 1$ 在$[0,+\infty)$上不是 Lebesgue 可积的. □

例 3.4.3　举例说明：

(1) Fatou 引理(定理 3.4.3)中的条件“$f_n \dot{\underset{\mu}{\geqslant}} h$(可积函数)”不可缺.

(2) Fatou 引理(定理 3.4.3)中条件“$\varliminf\limits_{n\to+\infty}\int_E f_n\mathrm{d}\mu < +\infty$”不可缺.

解　(1) 为找出缺少条件“$f_n \dot{\underset{\mu}{\geqslant}} h$”后 Fatou 引理结论不成立的例子，设想构造一个变号的收敛函数列：设$(\mathbb{R}^1,\mathscr{L},m)$为 Lebesgue 测度空间，$E=(0,1)$，并在 E 上定义函数列

$$
f_n(x) = \begin{cases} 1, & \frac{1}{n+1} < x < 1, \\ -n, & 0 < x \leqslant \frac{1}{n+1}. \end{cases}
$$

显然

$$
\lim_{n\to+\infty} f_n(x) = 1 = f(x), \quad \forall x \in E = (0,1).
$$

因此

$$
\begin{aligned}
(\mathrm{L})\int_E \varliminf_{n\to+\infty} f_n \mathrm{d}m &= \int_E 1\mathrm{d}m = 1 \\
&> 0 = \lim_{n\to+\infty}\left(-\frac{n}{n+1}+\frac{n}{n+1}\right) \\
&= \lim_{n\to+\infty}\left[(\mathrm{L})\int_{\left(0,\frac{1}{n+1}\right)}(-n)\mathrm{d}m + (\mathrm{L})\int_{\left(\frac{1}{n+1},1\right)} 1\mathrm{d}m\right] \\
&= \varliminf_{n\to+\infty}(\mathrm{L})\int_E f_n \mathrm{d}m,
\end{aligned}
$$

即此时 Fatou 引理(定理 3.4.3)结论不成立.

故由 Fatou 引理(定理 3.4.3)和

$$
(\mathrm{L})\int_E \varliminf_{n\to+\infty} f_n \mathrm{d}m = 1 > 0 = \varliminf_{n\to+\infty}(\mathrm{L})\int_E f_n \mathrm{d}m
$$

立知,不存在 Lebesgue 可积函数 h,s. t. $f_n \underset{m}{\dot{\geqslant}} h\,(n=1,2,\cdots)$.

事实上,还可直接从 $f_n \underset{\mu}{\dot{\geqslant}} h\,(n=1,2,\cdots)$得到

$$
h(x) \underset{m}{\dot{\leqslant}} -(n-1),\quad x\in\left(\frac{1}{n+1},\frac{1}{n}\right],\quad n=2,3,\cdots.
$$

于是

$$
\begin{aligned}
(\mathrm{L})\int_E |h|\,\mathrm{d}m &\geqslant \sum_{n=2}^{\infty}(\mathrm{L})\int_{\left(\frac{1}{n+1},\frac{1}{n}\right]}(n-1)\mathrm{d}m \\
&= \sum_{n=2}^{\infty}(n-1)\left(\frac{1}{n}-\frac{1}{n+1}\right) = \sum_{n=2}^{\infty}\frac{n-1}{n(n+1)} = +\infty,
\end{aligned}
$$

即$|h|$在 $E=(0,1)$上不是 Lebesgue 可积的,根据定理 3.3.12,h 在 $E=(0,1)$上也不是 Lebesgue 可积的.

(2) 设$(\mathbb{R}^1,\mathscr{L},m)$为 Lebesgue 测度空间,$E=(0,1]$,对$\forall\, n\in\mathbb{N}$,作函数列

$$
f_n(x)=\begin{cases}\dfrac{2^k}{k}, & \dfrac{1}{2^k}<x\leqslant\dfrac{1}{2^{k-1}},\quad k=1,2,\cdots,n,\\[2mm] 0, & 0<x\leqslant\dfrac{1}{2^n},\end{cases}
$$

则

$$
f(x)=\lim_{n\to+\infty} f_n(x)=\frac{2^k}{k},\quad \frac{1}{2^k}<x\leqslant\frac{1}{2^{k-1}},\quad k=1,2,\cdots,
$$

$$
\begin{aligned}
&\varliminf_{n\to+\infty}(\mathrm{L})\int_{(0,1]} f_n \mathrm{d}m = \lim_{n\to+\infty}(\mathrm{L})\int_{(0,1]} f_n \mathrm{d}m \\
&\quad= \lim_{n\to+\infty}\sum_{k=1}^{n}\frac{2^k}{k}\left(\frac{1}{2^{k-1}}-\frac{1}{2^k}\right) = \lim_{n\to+\infty}\sum_{k=1}^{n}\frac{2^k}{k}\cdot\frac{1}{2^k} \\
&\quad= \lim_{n\to+\infty}\sum_{k=1}^{n}\frac{1}{k} = +\infty = \sum_{k=1}^{\infty}\frac{1}{k} = \sum_{k=1}^{\infty}\frac{2^k}{k}\left(\frac{1}{2^{k-1}}-\frac{1}{2^k}\right) = (\mathrm{L})\int_{(0,1]} f\mathrm{d}m
\end{aligned}
$$

$$= (\mathrm{L})\int_{(0,1]} \underline{\lim_{n\to+\infty}} f_n \mathrm{d}m,$$

且 $f=\lim\limits_{n\to+\infty} f_n=\underline{\lim\limits_{n\to+\infty}} f_n$ 在$(0,1]$上不是 Lebesgue 可积的. □

作为控制收敛定理的应用,我们给出下面的定理 3.4.4、定理 3.4.5 和定理 3.4.6.

定理 3.4.4(逐项积分) 设$(X,\mathscr{R},\mu)$为测度空间,$E\in\mathscr{R}$,$u_k(x)$为 E 上的可积函数,$k=1,2\cdots$. 若有

$$\sum_{k=1}^{\infty}\int_E |u_k(x)| \mathrm{d}\mu<+\infty,$$

则 $\sum\limits_{k=1}^{\infty}u_k(x)$ 在 E 上几乎处处收敛于和函数 $f(x)$,f 在 E 上可积,且

$$\sum_{k=1}^{\infty}\int_E u_k(x)\mathrm{d}\mu=\int_E f(x)\mathrm{d}\mu=\int_E\sum_{k=1}^{\infty}u_k(x)\mathrm{d}\mu.$$

证明 由非负广义可测函数的逐项积分定理 3.4.2′知

$$\int_E\sum_{k=1}^{\infty}|u_k(x)|\mathrm{d}\mu=\sum_{k=1}^{\infty}\int_E|u_k(x)|\mathrm{d}\mu<+\infty,$$

即 $\sum\limits_{k=1}^{\infty}|u_k(x)|$ 在 E 上可积. 从而,根据定理 3.3.13 中(2),$\sum\limits_{k=1}^{\infty}|u_k(x)|$ 在 E 上几乎处处有限. 这就说明了级数 $\sum\limits_{k=1}^{\infty}u_k(x)$ 在 E 上是几乎处处收敛的,记其和函数为 $f(x)$. 由于

$$|f(x)|=\left|\sum_{k=1}^{\infty}u_k(x)\right|\leqslant\sum_{k=1}^{\infty}|u_k(x)|,\quad \text{a. e.}\quad x\in E,$$

$$\left|\sum_{k=1}^{n}u_k(x)\right|\leqslant\sum_{k=1}^{n}|u_k(x)|\leqslant\sum_{k=1}^{\infty}|u_k(x)|$$

(可积的控制函数). 根据 Lebesgue 控制收敛定理 3.4.1,f 在 E 上可积,且

$$\int_E f(x)\mathrm{d}\mu=\int_E\sum_{k=1}^{\infty}u_k(x)\mathrm{d}\mu=\int_E\lim_{n\to+\infty}\sum_{k=1}^{n}u_k(x)\mathrm{d}\mu$$

$$=\lim_{n\to+\infty}\sum_{k=1}^{n}\int_E u_k(x)\mathrm{d}\mu=\sum_{k=1}^{\infty}\int_E u_k(x)\mathrm{d}\mu.$$ □

定理 3.4.5(参变量积分的连续性) 设 $f(x,t)$为定义在矩形$[a,b]\times[\alpha,\beta]=\{(x,t)\mid a\leqslant x\leqslant b,\alpha\leqslant t\leqslant\beta\}$上的实函数. 如果对任何固定的 $t\in[\alpha,\beta]$,$f(x,t)$关于 x 在$[a,b]$上是 Lebesgue 可测的,而当 $t'\to t$ 时,$f(x,t')$在$[a,b]$上关于 Lebesgue 测度 m 几乎处处收敛于 $f(x,t)$. 并且存在$[a,b]$上的 Lebesgue 可积函数 F,s. t. $|f(x,t)|\underset{m}{\dot{\leqslant}}F(x)$. 则当 $t\in[\alpha,\beta]$时,Lebesgue 积分

$$I(t)=(\mathrm{L})\int_{[a,b]}f(\cdot,t)\mathrm{d}m=(\mathrm{L})\int_a^b f(x,t)\mathrm{d}x$$

为 t 的连续函数.

证明 对任何固定的 $t\in[\alpha,\beta]$，由 F 可积立即推知 $f(x,t)$ 也为 x 的可积函数，因而 $I(t)$ 存在有限，且它为 t 的函数.

设 $t_0\in[\alpha,\beta]$，任取 $\{t_n\}\subset[\alpha,\beta]$，如果 $\lim\limits_{n\to+\infty} t_n=t_0$，由 $\{f(x,t_n)\}$ 作为 x 的函数列有 Lebesgue 可积的控制函数 $F(x)$. 根据 Lebesgue 控制收敛定理 3.4.1 得到

$$\begin{aligned}\lim_{n\to+\infty} I(t_n)&=\lim_{n\to+\infty}(\mathrm{L})\int_a^b f(x,t_n)\mathrm{d}x=(\mathrm{L})\int_a^b\lim_{n\to+\infty} f(x,t_n)\mathrm{d}x\\&=(\mathrm{L})\int_a^b f(x,t_0)\mathrm{d}x=I(t_0),\end{aligned}$$

即 $I(t)$ 在 t_0 点处连续. 因为 t_0 是任取的，所以 $I(t)$ 为 $[\alpha,\beta]$ 上的连续函数. □

定理 3.4.6(参变量积分的可导性——积分号下求导) 设 $f(x,t)$ 为定义在矩形 $[a,b]\times[\alpha,\beta]=\{(x,t)\mid a\leqslant x\leqslant b,\alpha\leqslant t\leqslant\beta\}$ 上的实函数. 如果对任何固定的 $t\in[\alpha,\beta]$，$f(x,t)$ 关于 x 在 $[a,b]$ 上是 Lebesgue 可积的，而且关于 Lebesgue 测度 m 对几乎所有 x，函数 $f(x,t)$ 对 t 有偏导数，并且存在 $[a,b]$ 上的 Lebesgue 可积函数 $F(x)$，s. t.

$$\left|\frac{f(x,t+h)-f(x,t)}{h}\right|\underset{m}{\dot{\leqslant}}F(x)\quad\text{或}\quad\left|\frac{\partial}{\partial t}f(x,t)\right|\underset{m}{\dot{\leqslant}}F(x)$$

(应用 Lagrange 中值定理，由第 2 式可以推出第 1 式)，则

$$I(t)=\int_a^b f(x,t)\mathrm{d}x$$

在 $[\alpha,\beta]$ 上具有导函数，并且

$$\frac{\mathrm{d}}{\mathrm{d}t}\int_a^b f(x,t)\mathrm{d}x=\int_a^b\frac{\partial}{\partial t}f(x,t)\mathrm{d}x.$$

证明 先取 $h_n\neq0$，s. t. $\lim\limits_{n\to+\infty} h_n=0$，$t+h_n\in[\alpha,\beta]$，则对 $[a,b]$ 中几乎所有的 x 有

$$\lim_{n\to+\infty}\frac{f(x,t+h_n)-f(x,t)}{h_n}=\frac{\partial}{\partial t}f(x,t).$$

再由定理条件知，$F(x)$ 为

$$\left\{\frac{f(x,t+h_n)-f(x)}{h_n}\right\}$$

的 Lebesgue 可积的控制函数. 根据 Lebesgue 控制收敛定理 3.4.1′得到

$$\begin{aligned}\lim_{n\to+\infty}\frac{1}{h_n}\left[\int_a^b f(x,t+h_n)\mathrm{d}x-\int_a^b f(x,t)\mathrm{d}x\right]&=\lim_{n\to+\infty}\int_a^b\frac{f(x,t+h_n)-f(x,t)}{h_n}\mathrm{d}t\\&=\int_a^b\lim_{n\to+\infty}\frac{f(x,t+h_n)-f(x,t)}{h_n}\mathrm{d}x\\&=\int_a^b\frac{\partial}{\partial t}f(x,t)\mathrm{d}x,\end{aligned}$$

$$\frac{\mathrm{d}}{\mathrm{d}t}\int_a^b f(x,t)\mathrm{d}x=\lim_{h\to0}\frac{1}{h}\left[\int_a^b f(x,t+h)\mathrm{d}x-\int_a^b f(x,t)\mathrm{d}x\right]=\int_a^b\frac{\partial}{\partial t}f(x,t)\mathrm{d}x.$$ □

练习题 3.4

1. 设 $f,f_k\in\mathscr{L}(\mathbb{R}^n)(k=1,2,\cdots)$，且对任一 Lebesgue 可测集 $E\subset\mathbb{R}^n$，有

$$(\mathrm{L})\int_E f_k(\boldsymbol{x})\mathrm{d}\boldsymbol{x}\leqslant(\mathrm{L})\int_E f_{k+1}(\boldsymbol{x})\mathrm{d}\boldsymbol{x},\quad k=1,2,\cdots,$$

$$\lim_{k\to+\infty}(\mathrm{L})\int_E f_k(\boldsymbol{x})\mathrm{d}\boldsymbol{x}=(\mathrm{L})\int_E f(\boldsymbol{x})\mathrm{d}\boldsymbol{x}.$$

证明：在$\mathbb{R}^n$ 上，$\lim\limits_{k\to+\infty}f_k(\boldsymbol{x})\underset{m}{\doteq}f(\boldsymbol{x})$.

2. (1) 设 $f,f_1,f_2,\cdots,f_k,\cdots$为 $E\subset\mathbb{R}^n$ 上的非负 Lebesgue 可积函数，且在 E 上

$$\lim_{k\to+\infty}f_k(\boldsymbol{x})\underset{m}{\doteq}f(\boldsymbol{x}),$$

$$\lim_{k\to+\infty}(\mathrm{L})\int_E f_k(\boldsymbol{x})\mathrm{d}\boldsymbol{x}=(\mathrm{L})\int_E f(\boldsymbol{x})\mathrm{d}\boldsymbol{x}.$$

证明：对 E 中任一可测子集 e，有 $\lim\limits_{k\to+\infty}(\mathrm{L})\int_e f_k(\boldsymbol{x})\mathrm{d}\boldsymbol{x}=(\mathrm{L})\int_e f(\boldsymbol{x})\mathrm{d}\boldsymbol{x}$.

(2) 若将上述“几乎处处收敛”的条件改为“依测度收敛”，证明结论仍成立.

3. 设 f 为定义在$\mathbb{R}^n$ 上的实函数，对 $\forall\,\varepsilon>0$，$\exists\,g,h\in\mathscr{L}(\mathbb{R}^n)$满足

$$g(\boldsymbol{x})\leqslant f(\boldsymbol{x})\leqslant h(\boldsymbol{x}),\quad\forall\,\boldsymbol{x}\in\mathbb{R}^n,$$

且有

$$(\mathrm{L})\int_{\mathbb{R}^n}[h(\boldsymbol{x})-g(\boldsymbol{x})]\mathrm{d}\boldsymbol{x}<\varepsilon.$$

证明：$f\in\mathscr{L}(\mathbb{R}^n)$.

4. 设 $x^sf(x)$，$x^tf(x)$在$(0,+\infty)$上 Lebesgue 可积，其中 $s<t$. 证明：积分

$$(\mathrm{L})\int_0^{+\infty}x^uf(x)\mathrm{d}x,\quad u\in(s,t)$$

存在有限，且为 $u\in(s,t)$的连续函数.

5. 设 $E\subset\mathbb{R}^1$，$m(E)<+\infty$，f 为 E 上的 Lebesgue 可测函数，$0<s<+\infty$. 证明：

$$\lim_{t\nearrow s}(\mathrm{L})\int_E|f(x)|^t\mathrm{d}x=(\mathrm{L})\int_E|f(x)|^s\mathrm{d}x.$$

6. 给出注 3.4.2 中(4)⇒(5)的新证明.

7. 对于$(X,\mathscr{R},\mu)=(\mathbb{R}^n,\mathscr{L},m)$证明定理 3.4.1.

8. 设$\{f_k\}$为 $E\subset\mathbb{R}^1$ 上的非负 Lebesgue 可积的函数列，$f\in\mathscr{L}(E)$，在 E 上 $f_k\underset{m}{\Rightarrow}f$. 如果

$$\lim_{k\to+\infty}(\mathrm{L})\int_E f_k(x)\mathrm{d}x=(\mathrm{L})\int_E f(x)\mathrm{d}x.$$

证明：$\lim\limits_{k\to+\infty}(\mathrm{L})\int_E|f_k(x)-f(x)|\mathrm{d}x=0$.

9. 设$\{f_k\}$，$\{g_k\}$为 $E\subset\mathbb{R}^1$ 上的两个 Lebesgue 可测函数列，且

$$| f_k(x) | \leqslant g_k(x), \quad \forall x \in E.$$

如果

$$\lim_{k\to+\infty} f_k(x) = f(x), \quad \lim_{k\to+\infty} g_k(x) = g(x), \quad \forall x \in E,$$

且

$$\lim_{k\to+\infty} (\mathrm{L})\int_E g_k(x)\mathrm{d}x = (\mathrm{L})\int_E g(x)\mathrm{d}x < +\infty,$$

证明：$\lim\limits_{k\to+\infty} (\mathrm{L})\int_E f_k(x)\mathrm{d}x = (\mathrm{L})\int_E f(x)\mathrm{d}x.$

10. 设$\{f_n\}$为测度空间$(X,\mathscr{R},\mu)$的集E上的可测函数列，如果：

(1) 存在E上的可积函数F，使$|f_n| \underset{\mu}{\dot{\leqslant}} F, n=1,2,\cdots$；

(2) 在E上，$\{f_n\}$几乎处处收敛于可测函数f.

证明：在E上，$f_n \underset{\mu}{\Rightarrow} f$.

3.5 Lebesgue 可积函数与连续函数、Lebesgue 积分与 Riemann 积分

现在我们来讨论 Lebesgue 可积函数与连续函数之间的关系. 并比较 Lebesgue 积分与 Riemann 积分的差异.

定理 3.5.1(Lebesgue 可积函数与连续函数)　设$E\subset\mathbb{R}^n$，$f\in\mathscr{L}(E)$(即f为E上的 Lebesgue 可积函数)，则对$\forall\,\varepsilon>0$，存在$\mathbb{R}^n$上具有紧支集的连续函数h，s. t.

$$(\mathrm{L})\int_E | f(\boldsymbol{x}) - h(\boldsymbol{x}) | \,\mathrm{d}\boldsymbol{x} < \varepsilon$$

(用具有紧支集的连续函数h在积分运算意义下逼近 Lebesgue 可积函数f).

证明　由于$f\in\mathscr{L}(E)$，故对$\forall\,\varepsilon>0$，易知存在$\mathbb{R}^n$上具有紧支集的 Lebesgue 可测简单函数$\varphi(\boldsymbol{x})$，s. t.

$$(\mathrm{L})\int_E | f(\boldsymbol{x}) - \varphi(\boldsymbol{x}) | \,\mathrm{d}\boldsymbol{x} < \frac{\varepsilon}{2}.$$

不妨设$|\varphi(\boldsymbol{x})|<M$，$\forall\,\boldsymbol{x}\in\mathbb{R}^n$. 根据 Лузин 定理 3.2.11 的推论 3.2.2，存在$\mathbb{R}^n$上具有紧支集的连续函数h，s. t. $|h(\boldsymbol{x})|<M$，$\forall\,\boldsymbol{x}\in\mathbb{R}^n$，且有

$$m(\{\boldsymbol{x}\in E \,|\, | \varphi(\boldsymbol{x}) - h(\boldsymbol{x}) | > 0\}) < \frac{\varepsilon}{4M}.$$

从而可得

$$\begin{aligned}(\mathrm{L})\int_E | \varphi(\boldsymbol{x}) - h(\boldsymbol{x}) | \,\mathrm{d}\boldsymbol{x} &= (\mathrm{L})\int_{\{\boldsymbol{x}\in E \,|\, |\varphi(\boldsymbol{x})-h(\boldsymbol{x})|>0\}} | \varphi(\boldsymbol{x}) - h(\boldsymbol{x}) | \,\mathrm{d}\boldsymbol{x} \\ &\leqslant 2M \cdot m(\{\boldsymbol{x}\in E \,|\, | \varphi(\boldsymbol{x}) - h(\boldsymbol{x}) | > 0\})\end{aligned}$$

$$<2M\cdot\frac{\varepsilon}{4M}=\frac{\varepsilon}{2}.$$

最终得到

$$\begin{aligned}(\mathrm{L})\int_E|f(\boldsymbol{x})-h(\boldsymbol{x})|\mathrm{d}\boldsymbol{x}&\leqslant(\mathrm{L})\int_E|f(\boldsymbol{x})-\varphi(\boldsymbol{x})|\mathrm{d}\boldsymbol{x}+(\mathrm{L})\int_E|\varphi(\boldsymbol{x})-h(\boldsymbol{x})|\mathrm{d}\boldsymbol{x}\\&<\frac{\varepsilon}{2}+\frac{\varepsilon}{2}=\varepsilon.\end{aligned}$$

□

定理 3.5.2(积分关于变量平移的不变性)　设 $f\in\mathscr{L}(\mathbb{R}^n)$，则对 $\forall\boldsymbol{y}\in\mathbb{R}^n$，$f(\boldsymbol{x}+\boldsymbol{y})\in\mathscr{L}(\mathbb{R}^n)$，且有

$$(\mathrm{L})\int_{\mathbb{R}^n}f(\boldsymbol{x}+\boldsymbol{y})\mathrm{d}\boldsymbol{x}=(\mathrm{L})\int_{\mathbb{R}^n}f(\boldsymbol{x})\mathrm{d}\boldsymbol{x}.$$

证明　只须考虑 $f\geqslant 0$ 的情形(一般，令 $f=f^+-f^-$).

首先，对 f 为非负可测简单函数：

$$f(\boldsymbol{x})=\sum_{i=1}^{p}c_i\chi_{E_i}(\boldsymbol{x}),\quad\forall\boldsymbol{x}\in\mathbb{R}^n.$$

显然

$$f(\boldsymbol{x}+\boldsymbol{y})=\sum_{i=1}^{p}c_i\chi_{E_i}(\boldsymbol{x}+\boldsymbol{y})=\sum_{i=1}^{p}c_i\chi_{E_i-\{\boldsymbol{y}\}}(\boldsymbol{x})$$

仍为非负可测简单函数，其中 $E_i-\{\boldsymbol{y}\}=\{\boldsymbol{x}-\boldsymbol{y}\mid\boldsymbol{x}\in E_i\}$，从而

$$(\mathrm{L})\int_{\mathbb{R}^n}f(\boldsymbol{x}+\boldsymbol{y})\mathrm{d}\boldsymbol{x}=\sum_{i=1}^{p}c_im(E_i-\{\boldsymbol{y}\})=\sum_{i=1}^{p}c_im(E_i)=(\mathrm{L})\int_{\mathbb{R}^n}f(\boldsymbol{x})\mathrm{d}\boldsymbol{x}.$$

其次，考虑非负广义可测函数 f，取非负可测简单递增函数列 $\{\varphi_k\}$，s. t.

$$\lim_{k\to+\infty}\varphi_k(\boldsymbol{x})=f(\boldsymbol{x}),\quad\forall\boldsymbol{x}\in\mathbb{R}^n.$$

显然，$\{\varphi_k(\boldsymbol{x}+\boldsymbol{y})\}$ 仍为非负可测简单函数递增列，且有

$$\lim_{k\to+\infty}\varphi_k(\boldsymbol{x}+\boldsymbol{y})=f(\boldsymbol{x}+\boldsymbol{y}),\quad\forall\boldsymbol{x}\in\mathbb{R}^n.$$

从而，由 Levi 递增积分定理 3.3.4 得到

$$\begin{aligned}(\mathrm{L})\int_{\mathbb{R}^n}f(\boldsymbol{x}+\boldsymbol{y})\mathrm{d}\boldsymbol{x}&=\lim_{k\to+\infty}(\mathrm{L})\int_{\mathbb{R}^n}\varphi_k(\boldsymbol{x}+\boldsymbol{y})\mathrm{d}\boldsymbol{x}\\&=\lim_{k\to+\infty}(\mathrm{L})\int_{\mathbb{R}^n}\varphi_k(\boldsymbol{x})\mathrm{d}\boldsymbol{x}=(\mathrm{L})\int_{\mathbb{R}^n}f(\boldsymbol{x})\mathrm{d}\boldsymbol{x}.\end{aligned}$$

□

定理 3.5.3(平均连续性)　设 $f\in\mathscr{L}(\mathbb{R}^n)$，则有

$$\lim_{\boldsymbol{y}\to 0}(\mathrm{L})\int_{\mathbb{R}^n}|f(\boldsymbol{x}+\boldsymbol{y})-f(\boldsymbol{x})|\mathrm{d}\boldsymbol{x}=0.$$

证明　$\forall\varepsilon>0$，由定理 3.5.1 的证明，存在$\mathbb{R}^n$ 上具有紧支集的连续函数 h，s. t.

$$(\mathrm{L})\int_{\mathbb{R}^n}|f(\boldsymbol{x})-h(\boldsymbol{x})|\mathrm{d}\boldsymbol{x}<\frac{\varepsilon}{4}.$$

易见，h 在$\mathbb{R}^n$ 上是一致连续的，从而 $\exists\delta>0$，当 $|\boldsymbol{y}|<\delta$ 时，有

$$(L)\int_{\mathbb{R}^n} | h(\boldsymbol{x}+\boldsymbol{y}) - h(\boldsymbol{x}) | d\boldsymbol{x} < \frac{\varepsilon}{2}.$$

由此及 Lebesgue 积分关于变量平移的不变性定理 3.5.2 得到

$$\begin{aligned}
&(L)\int_{\mathbb{R}^n} | f(\boldsymbol{x}+\boldsymbol{y}) - f(\boldsymbol{x}) | d\boldsymbol{x} \\
\leqslant &(L)\int_{\mathbb{R}^n} | [f(\boldsymbol{x}+\boldsymbol{y}) - h(\boldsymbol{x}+\boldsymbol{y})] - [f(\boldsymbol{x}) - h(\boldsymbol{x})] | d\boldsymbol{x} + (L)\int_{\mathbb{R}^n} | h(\boldsymbol{x}+\boldsymbol{y}) - h(\boldsymbol{x}) | d\boldsymbol{x} \\
< &(L)\int_{\mathbb{R}^n} | f(\boldsymbol{x}+\boldsymbol{y}) - h(\boldsymbol{x}+\boldsymbol{y}) | d\boldsymbol{x} + (L)\int_{\mathbb{R}^n} | f(\boldsymbol{x}) - h(\boldsymbol{x}) | d\boldsymbol{x} + \frac{\varepsilon}{2} \\
= &2\cdot (L)\int_{\mathbb{R}^n} | f(\boldsymbol{x}) - h(\boldsymbol{x}) | d\boldsymbol{x} + \frac{\varepsilon}{2} < 2\cdot\frac{\varepsilon}{4} + \frac{\varepsilon}{2} = \varepsilon.
\end{aligned}$$

所以 $\lim\limits_{h\to 0}(L)\int_{\mathbb{R}^n} | f(\boldsymbol{x}+h) - f(\boldsymbol{x}) | d\boldsymbol{x} = 0.$ □

例 3.5.1 设 $E\subset\mathbb{R}^n$ 为有界可测集，则

$$\lim_{y\to 0} m(E\cap(E+\{\boldsymbol{y}\})) = m(E), \quad \forall\, \boldsymbol{y}\in\mathbb{R}^n.$$

证明 考虑特征函数 $\chi_E(\boldsymbol{x})$，对 $\forall\,\boldsymbol{y}\in\mathbb{R}^n$，有

$$\chi_{E+\{y\}}(\boldsymbol{x}) = \chi_E(\boldsymbol{x}-\boldsymbol{y})$$

以及

$$\chi_{E\cap(E+\{y\})}(\boldsymbol{x}) = \chi_E(\boldsymbol{x})\cdot\chi_{E+\{y\}}(\boldsymbol{x}) = \chi_E(\boldsymbol{x})\cdot\chi_E(\boldsymbol{x}-\boldsymbol{y}).$$

于是，由 $\chi_E^2 = \chi_E$ 和定理 3.5.3 得到

$$\begin{aligned}
0 &\leqslant | m(E\cap(E+\{\boldsymbol{y}\})) - m(E) | \\
&= \left| (L)\int_{\mathbb{R}^n} \chi_E(\boldsymbol{x})\cdot\chi_E(\boldsymbol{x}-\boldsymbol{y}) d\boldsymbol{x} - (L)\int_{\mathbb{R}^n} \chi_E(\boldsymbol{x}) d\boldsymbol{x} \right| \\
&\leqslant (L)\int_{\mathbb{R}^n} | \chi_E(\boldsymbol{x}) | | \chi_E(\boldsymbol{x}-\boldsymbol{y}) - \chi_E(\boldsymbol{x}) | d\boldsymbol{x} \\
&\leqslant (L)\int_{\mathbb{R}^n} | \chi_E(\boldsymbol{x}-\boldsymbol{y}) - \chi_E(\boldsymbol{x}) | d\boldsymbol{x} \to 0 \quad (\boldsymbol{y}\to\boldsymbol{0}).
\end{aligned}$$

因此 $\lim\limits_{y\to 0} m(E\cap(E+\{\boldsymbol{y}\})) = m(E).$ □

定理 3.5.4 设 $E\subset\mathbb{R}^n$，$f\in\mathscr{L}(E)$，则存在具有紧支集的阶梯函数列 $\{\varphi_k(\boldsymbol{x})\}$，s. t.

(1) 在 E 上，$\lim\limits_{k\to+\infty}\varphi_k(\boldsymbol{x}) \underset{m}{\doteq} f(\boldsymbol{x})$.

(2) $\lim\limits_{k\to+\infty}(L)\int_E | f(\boldsymbol{x}) - \varphi_k(\boldsymbol{x}) | d\boldsymbol{x} = 0$,

从而

$$\lim_{k\to+\infty}(L)\int_E \varphi_k(\boldsymbol{x}) d\boldsymbol{x} = (L)\int_E f(\boldsymbol{x}) d\boldsymbol{x}.$$

证明 根据定理 3.5.1，对 $\forall\,\varepsilon>0$，存在 $\mathbb{R}^n$ 上具有紧支集的连续函数 h，s. t.

$$(L)\int_E | f(\boldsymbol{x}) - h(\boldsymbol{x}) | d\boldsymbol{x} < \frac{\varepsilon}{2}.$$

不妨设 h 的支集 $\overline{\{x\in\mathbb{R}^n \mid h(\boldsymbol{x})\neq 0\}}$ 含于某个闭方体

$$I=\{\boldsymbol{x}=(x_1,x_2,\cdots,x_n)\mid -k_0\leqslant x_i\leqslant k_0, i=1,2,\cdots,n, k_0 \text{ 为固定的自然数}\}$$

内,由 h 的一致连续性,$\exists\,\delta>0$,当 $\boldsymbol{x}',\boldsymbol{x}''\in I$,$\rho(\boldsymbol{x}',\boldsymbol{x}'')=\|\boldsymbol{x}'-\boldsymbol{x}''\|<\delta$ 时,

$$|h(\boldsymbol{x}')-h(\boldsymbol{x}'')|<\frac{\varepsilon}{2m(I)}.$$

将 I 划分为 N 个等分,使得每一等分 I_i 皆有 $\operatorname{diam} I_i<\delta$. 在 I_i 中任取 $\boldsymbol{p}_i\in I_i$,令 $c_i=h(\boldsymbol{p}_i)$,且

$$\psi(\boldsymbol{x})=\sum_{i=1}^{N}c_i\,\chi_{I_i}(\boldsymbol{x})=\sum_{i=1}^{N}h(\boldsymbol{p}_i)\,\chi_{I_i}(\boldsymbol{x}),$$

则 ψ 为支集含于 I 中的阶梯函数,且

$$\begin{aligned}(\mathrm{L})\int_E|h(\boldsymbol{x})-\psi(\boldsymbol{x})|\,\mathrm{d}\boldsymbol{x}&\leqslant(\mathrm{L})\int_I\left|h(\boldsymbol{x})-\sum_{i=1}^{N}h(\boldsymbol{p}_i)\,\chi_{I_i}(\boldsymbol{x})\right|\mathrm{d}\boldsymbol{x}\\&\leqslant\sum_{i=1}^{N}(\mathrm{L})\int_{I_i}|h(\boldsymbol{x})-h(\boldsymbol{p}_i)|\,\mathrm{d}\boldsymbol{x}\\&<\frac{\varepsilon}{2m(I)}\cdot\sum_{i=1}^{N}m(I_i)=\frac{\varepsilon}{2m(I)}m(I)=\frac{\varepsilon}{2}.\end{aligned}$$

由此可得

$$\begin{aligned}(\mathrm{L})\int_E|f(\boldsymbol{x})-\psi(\boldsymbol{x})|\,\mathrm{d}\boldsymbol{x}&\leqslant(\mathrm{L})\int_E|f(\boldsymbol{x})-h(\boldsymbol{x})|\,\mathrm{d}\boldsymbol{x}+(\mathrm{L})\int_E|h(\boldsymbol{x})-\psi(\boldsymbol{x})|\,\mathrm{d}\boldsymbol{x}\\&<\frac{\varepsilon}{2}+\frac{\varepsilon}{2}=\varepsilon.\end{aligned}$$

于是,对 $\varepsilon_i=\dfrac{1}{i}$,$i=1,2,\cdots$,就可取具有紧支集的阶梯函数列 $\{\psi_i\}$,满足

$$(\mathrm{L})\int_E|f(\boldsymbol{x})-\psi_i(\boldsymbol{x})|\,\mathrm{d}\boldsymbol{x}<\varepsilon_i=\frac{1}{i}.$$

于是,

$$\lim_{i\to+\infty}(\mathrm{L})\int_E|f(\boldsymbol{x})-\psi_i(\boldsymbol{x})|\,\mathrm{d}\boldsymbol{x}=0.$$

对于 $\forall\,\sigma>0$,由于

$$\sigma m(\{\boldsymbol{x}\in E\,\big|\,|f(\boldsymbol{x})-\psi_i(\boldsymbol{x})|\geqslant\sigma\})\leqslant(\mathrm{L})\int_E|f(\boldsymbol{x})-\psi_i(\boldsymbol{x})|\,\mathrm{d}\boldsymbol{x}\to 0\quad(i\to+\infty),$$

故

$$\lim_{i\to+\infty}m(\{\boldsymbol{x}\in E\,\big|\,|f(\boldsymbol{x})-\psi_i(\boldsymbol{x})|\geqslant\sigma\})=0,$$

即在 E 上,$\psi_i(\boldsymbol{x})\Rightarrow f(\boldsymbol{x})$. 根据 Riesz 定理 3.2.3,存在子列 $\psi_{i_k}(\boldsymbol{x})\underset{m}{\dot{\to}}f(\boldsymbol{x})(k\to+\infty)$. 该子列 $\{\psi_{i_k}\}=\{\varphi_k\}$满足(1),(2). □

例 3.5.2 设$\{g_n\}$为$[a,b]$上的 Lebesgue 可测函数列，且满足：

(1) $|g_n(x)|\leqslant M, \forall x\in[a,b], n=1,2,\cdots$；

(2) 对$\forall c\in[a,b]$，有

$$\lim_{n\to+\infty}(\mathrm{L})\int_a^c g_n(x)\mathrm{d}x=0,$$

则对$\forall f\in\mathscr{L}([a,b])$，有

$$\lim_{n\to+\infty}(\mathrm{L})\int_a^b f(x)g_n(x)\mathrm{d}x=0.$$

证明 对$\forall\varepsilon>0$，由定理 3.5.4，可作阶梯函数φ，s. t.

$$(\mathrm{L})\int_a^b|f(x)-\varphi(x)|\mathrm{d}x<\frac{\varepsilon}{2M+1}.$$

不妨设φ在$[a,b]$上有表示式

$$\varphi(x)=\sum_{i=1}^p y_i\chi_{[x_{i-1},x_i)}(x),\quad \forall x\in[a,b),$$

其中$a=x_0<x_1<\cdots<x_p=b$. 显然，$\varphi\in\mathscr{L}([a,b])$. 由条件(2)知，$\exists n_0\in\mathbb{N}$，当$n\geqslant n_0$时，有

$$\begin{aligned}\left|(\mathrm{L})\int_a^b\varphi(x)g_n(x)\mathrm{d}x\right|&=\left|\sum_{i=1}^p y_i(\mathrm{L})\int_a^b\chi_{[x_{i-1},x_i)}(x)g_n(x)\mathrm{d}x\right|\\&=\left|\sum_{i=1}^p y_i(\mathrm{L})\int_{x_{i-1}}^{x_i}g_n(x)\mathrm{d}x\right|\\&=\sum_{i=1}^p\left|y_i\left[(\mathrm{L})\int_a^{x_i}g_n(x)\mathrm{d}x-(\mathrm{L})\int_a^{x_{i-1}}g_n(x)\mathrm{d}x\right]\right|\\&<\frac{\varepsilon}{2}.\end{aligned}$$

从而

$$\begin{aligned}\left|(\mathrm{L})\int_a^b f(x)g_n(x)\mathrm{d}x\right|&=\left|(\mathrm{L})\int_a^b[f(x)-\varphi(x)]g_n(x)\mathrm{d}x+(\mathrm{L})\int_a^b\varphi(x)g_n(x)\mathrm{d}x\right|\\&\leqslant\left|(\mathrm{L})\int_a^b|f(x)-\varphi(x)|\cdot|g_n(x)|\mathrm{d}x+\left|(\mathrm{L})\int_a^b\varphi(x)g_n(x)\mathrm{d}x\right|\right.\\&\leqslant M(\mathrm{L})\int_a^b|f(x)-\varphi(x)|\mathrm{d}x+\frac{\varepsilon}{2}\\&\leqslant M\cdot\frac{\varepsilon}{2M+1}+\frac{\varepsilon}{2}<\frac{\varepsilon}{2}+\frac{\varepsilon}{2}=\varepsilon,\end{aligned}$$

这就证明了$\lim\limits_{n\to+\infty}(\mathrm{L})\int_a^b f(x)g_n(x)\mathrm{d}x=0$. □

下面我们研究 Lebesgue 积分和 Riemann 积分之间的关系.

设f为定义在$[a,b]$上的有界函数，作$[a,b]$的分割序列：

$$\Delta^n: a=x_0^n<x_1^n<\cdots<x_{k_n}^n=b,\quad n=1,2,\cdots,$$

$$\|\Delta^n\| = \max_{1\leqslant i\leqslant k_n}\{x_i^n - x_{i-1}^n\}, \quad \lim_{n\to+\infty}\|\Delta^n\| = 0.$$

对 $\forall\, i,n\in\mathbb{N}$，令

$$M_i^n = \sup\{f(x) \mid x_{i-1}^n \leqslant x \leqslant x_i^n\}, \qquad m_i^n = \inf\{f(x) \mid x_{i-1}^n \leqslant x \leqslant x_i^n\},$$

则关于 $f(x)$ 的 Darboux 上、下积分应为

$$\overline{\int_a^b} f(x)\,\mathrm{d}x = \inf_{\Delta}\{S_\Delta \mid \Delta \text{ 为}[a,b]\text{ 的任一分割}\}$$

$$\xlongequal{\text{Darboux 定理}} \lim_{\|\Delta\|\to 0} S_\Delta = \lim_{n\to+\infty}\sum_{i=1}^{k_n} M_i^n(x_i^n - x_{i-1}^n),$$

$$\underline{\int_a^b} f(x)\,\mathrm{d}x = \sup_{\Delta}\{s_\Delta \mid \Delta \text{ 为}[a,b]\text{ 的任一分割}\}$$

$$\xlongequal{\text{Darboux 定理}} \lim_{\|\Delta\|\to 0} s_\Delta = \lim_{n\to+\infty}\sum_{i=1}^{k_n} m_i^n(x_i^n - x_{i-1}^n).$$

引理 3.5.1 设 f 为定义在$[a,b]$上的有界函数，记 $\omega(x)$ 为 $f(x)$ 在$[a,b]$上的振幅函数：

$$\begin{aligned}\omega(x) &= \lim_{\delta\to 0^+}\omega_\delta(x) \\ &= \lim_{\delta\to 0^+}\sup\{|f(x') - f(x'')| \mid x', x'' \in B(x;\delta)\} \\ &= \lim_{\delta\to 0^+}\Big[\sup_{x\in B(x;\delta)} f(x) - \inf_{x\in B(x;\delta)} f(x)\Big],\end{aligned}$$

则有

$$(\mathrm{L})\int_a^b \omega(x)\,\mathrm{d}x = \overline{\int_a^b} f(x)\,\mathrm{d}x - \underline{\int_a^b} f(x)\,\mathrm{d}x.$$

证明 因为 $f(x)$ 在$[a,b]$上是有界的，所以 $\omega(x)$ 也为$[a,b]$上的有界函数，由例 1.4.3 和

$$\{x \in [a,b] \mid \omega(x) < c\} = \{x \in (a,b) \mid \omega(x) < c\} \cup A, \quad A \subset \{a,b\}$$

可以看出 $\omega(x)$ 为$[a,b]$上的非负可测函数. 根据定理 3.3.13(1)，$\omega\in\mathscr{L}([a,b])$.

对 $\forall\, n\in\mathbb{N}$，作函数列

$$\omega_{\Delta^n}(x) = \begin{cases} M_i^n - m_i^n, & x \in (x_{i-1}^n, x_i^n), \quad i = 1,2,\cdots,k_n, \\ 0, & x \text{ 为 } \Delta \text{ 的分点}, \end{cases}$$

$$E = \{x \in [a,b] \mid x \text{ 为 } \Delta^n \text{ 的分点}, n = 1,2,\cdots\}.$$

显然，$m(E)=0$，且有

$$\lim_{n\to+\infty}\omega_{\Delta^n}(x) = \omega(x), \quad \forall\, x \in [a,b] - E.$$

记

$$M = \sup_{a\leqslant x\leqslant b} f(x), \quad m = \inf_{a\leqslant x\leqslant b} f(x),$$

则 $0\leqslant\omega_{\Delta^n}(x)\leqslant M-m$，$\forall\, x\in[a,b]$. 根据 Lebesgue 控制收敛定理 3.4.1（控制函数 $M-m$ 为常值函数，它在$[a,b]$上 Lebesgue 可积）有

$$\begin{aligned}(\mathrm{L})\int_a^b \omega(x)\mathrm{d}x &= \lim_{n\to+\infty}(\mathrm{L})\int_a^b \omega_{\Delta^n}(x)\mathrm{d}x \\ &= \lim_{n\to+\infty}\sum_{i=1}^{k_n}(M_i^n - m_i^n)(x_i^n - x_{i-1}^n) \\ &= \lim_{n\to+\infty}\Big[\sum_{i=1}^{k_n}M_i^n(x_i^n - x_{i-1}^n) - \sum_{i=1}^{k_n}m_i^n(x_i^n - x_{i-1}^n)\Big] \\ &= \overline{\int_a^b} f(x)\mathrm{d}x - \underline{\int_a^b} f(x)\mathrm{d}x.\end{aligned}$$ □

定理 3.5.5(Riemann 可积的充要条件) 设 f 为$[a,b]$上的有界函数，

$$D_f = \{x\in[a,b] \mid f\text{ 在 }x\text{ 不连续}\},$$

则

f 在$[a,b]$上 Riemann 可积 $\Leftrightarrow m(D_f)=0$，即 f 在$[a,b]$上几乎处处连续.

证明 证法 1 f 在$[a,b]$上 Riemann 可积

$$\overset{\text{数学分析}}{\underset{[13]}{\Longleftrightarrow}} \overline{\int_a^b} f(x)\mathrm{d}x = \underline{\int_a^b} f(x)\mathrm{d}x$$

$$\overset{\text{引理3.5.1}}{\Longleftrightarrow} (\mathrm{L})\int_a^b \omega(x)\mathrm{d}x = 0$$

$$\overset{\text{引理3.3.13(6)}}{\Longleftrightarrow} \omega(x) \underset{m}{\doteq} 0$$

$$\overset{\text{例1.4.5}}{\Longleftrightarrow} f\text{ 在}[a,b]\text{ 上几乎处处连续.}$$

证法 2 设 $D_\delta=\{x\in[a,b]\mid\omega(x)\geqslant\delta\}$，则 f 在$[a,b]$上的不连续点的全体为

$$D_f=\bigcup_{n=1}^{\infty}D_{\frac{1}{n}}.$$

($\Rightarrow$)设 f 在$[a,b]$上 Riemann 可积，$\delta>0$，对 $\forall\,\varepsilon>0$，存在$[a,b]$的分割 $\Delta=\{I_1,I_2,\cdots,I_k\}$，其中 I_i 为小区间，s.t.

$$\sum_{i=1}^{k}[\sup f(I_i)-\inf f(I_i)]m(I_i)<\varepsilon\cdot\frac{\delta}{2}.$$

如果有 $x\in D_\delta\cap I_i^0$，则

$$\sup f(I_i)-\inf f(I_i)\geqslant\omega(x)\geqslant\delta.$$

因此

$$\sum_{D_\delta\cap I_i^0\neq\varnothing}m(I_i)<\frac{\varepsilon}{2}.$$

另一方面，由于 I_i 的边界点∂I_i 的并集 $\bigcup\limits_{i=1}^{k}\partial I_i$ 为有限集，从而存在闭区间 $J_1,J_2,\cdots,J_s$，s.t.

$$\bigcup_{i=1}^{k}\partial I_i\subset\bigcup_{j=1}^{s}J_j,\qquad\sum_{j=1}^{s}m(J_j)<\frac{\varepsilon}{2}.$$

于是

$$D_\delta \subset \Big(\bigcup_{D_\delta \cap I_i^0 \neq \varnothing} I_i\Big) \cup \Big(\bigcup_{j=1}^{s} J_j\Big) \quad \sum_{D_\delta \cap I_i^0 \neq \varnothing} m(I_i) + \sum_{j=1}^{s} m(J_j) < \frac{\varepsilon}{2} + \frac{\varepsilon}{2} = \varepsilon.$$

所以,D_δ 为零长度集,当然也为 Lebesgue 零测集. 由此推得

$$D_f = \bigcup_{n=1}^{\infty} D_{\frac{1}{n}}$$

为 Lebesgue 零测集,即 $m(D_f)=0$.

($\Leftarrow$)设

$$|f(x)| < K, \quad \forall x \in [a,b].$$

因为 $m(D_f)=0$,故对 $\forall \varepsilon>0$,存在开区间 $\{J_j \mid j=1,2,\cdots\}$, s. t.

$$D_f \subset \bigcup_{j=1}^{\infty} J_j, \quad 且 \quad \sum_{j=1}^{\infty} m(J_j) < \varepsilon.$$

对 $\forall x \in [a,b] - \bigcup\limits_{j=1}^{\infty} J_j$,因 f 在 x 连续,故存在含 x 的开区间 S_x, s. t. 当 $t \in [a,b] \cap S_x$ 时,有

$$|f(t) - f(x)| < \varepsilon.$$

显然,$\Big\{J_j, S_x \,\Big|\, j=1,2,\cdots, x \in [a,b] - \bigcup\limits_{j=1}^{\infty} J_j\Big\}$ 为紧致集 $[a,b]$ 的一个开覆盖,故存在有限的子覆盖 $\{J_1^*, J_2^*, \cdots, J_n^*; S_{x_1}, S_{x_2}, \cdots, S_{x_m}\}$. 于是,根据 Lebesgue 数定理([14]143 页定理 2.5.6),取 $[a,b]$ 的分割 $\Delta = \{I_1, I_2, \cdots, I_k\}$, s. t. $\forall I_i$,有 $I_i \subset J_j^*$ $(j=1,2,\cdots,n)$ 或 $I_i \subset S_{x_l}$ $(l=1,2,\cdots,m)$. 所以

$$\begin{aligned}
&\sum_{i=1}^{k} [\sup f(I_i) - \inf f(I_i)] m(I_i) \\
\leqslant &\sum_{I_i \subset J_j^*} [\sup f(I_i) - \inf f(I_i)] m(I_i) + \sum_{I_i \subset S_{x_l}} [\sup f(I_i) - \inf f(I_i)] m(I_i) \\
\leqslant &2K \sum_{j=1}^{\infty} m(J_j) + 2\varepsilon(b-a) = [2K + 2(b-a)]\varepsilon.
\end{aligned}$$

由此立知,f 在 $[a,b]$ 上 Riemann 可积. □

$[a,b]$ 上 Riemann 可积函数的全体记为 $\mathscr{R}([a,b])$,显然 $\mathscr{R}([a,b]) \subset \mathscr{L}([a,b])$.

定理 3.5.6(Riemann 可积和 Lebesgue 可积的关系)

f 在 $[a,b]$ 上 Riemann 可积 $\underset{\not\Leftarrow}{\Rightarrow}$ f 在 $[a,b]$ 上 Lebesgue 可积.

当 f 在 $[a,b]$ 上 Riemann 可积时,还有

$$(\mathrm{R})\int_a^b f(x)\,\mathrm{d}x = (\mathrm{L})\int_a^b f(x)\,\mathrm{d}x$$

(其中左边的积分表示 f 在 $[a,b]$ 上的 Riemann 积分).

证明 (⇒)设 f 在$[a,b]$上 Riemann 可积，故它必有界. 由定理 3.5.5 的必要性，f 在$[a,b]$上几乎处处连续. 因为 $\forall x\in(a,b)-D_f$ 为 f 的连续点，如果 $f(x)>c$，则 $\exists\,\delta_x>0$，s.t. $f|_{(x-\delta_x,x+\delta_x)}>c$. 于是，从

$$\bigcup_{x\in(a,b)-D_f}(x-\delta_x,x+\delta_x)$$

为开集(当然为 Lebesgue 可测集)和

$$\{x\in D_f\cup\{a,b\}\mid f(x)>c\}$$

为零测集(当然也为 Lebesgue 可测集)得到

$$\begin{aligned}&\{x\in[a,b]\mid f(x)>c\}\\&=\Big(\bigcup_{x\in(a,b)-D_f}(x-\delta_x,x+\delta_x)\Big)\cup\{x\in D_f\cup\{a,b\}\mid f(x)>c\}\end{aligned}$$

为 Lebesgue 可测集. 根据定理 3.1.1(2)，f 为$[a,b]$上的可测函数. 再根据定理 3.3.13(1)知，$f\in\mathscr{L}([a,b])$.

对$[a,b]$的任一分割 Δ：$a=x_0<x_1<\cdots<x_n=b$，记

$$M_i=\sup_{x\in[x_{i-1},x_i]}f(x),\quad m_i=\inf_{x\in[x_{i-1},x_i]}f(x).$$

根据 Lebesgue 积分的有限可加性，有

$$\sum_{i=1}^n m_i(x_i-x_{i-1})\leqslant\sum_{i=1}^n(\mathrm{L})\int_{x_{i-1}}^{x_i}f(x)\mathrm{d}x=(\mathrm{L})\int_a^b f(x)\mathrm{d}x\leqslant\sum_{i=1}^n M_i(x_i-x_{i-1}).$$

所以

$$\begin{aligned}(\mathrm{R})\int_a^b f(x)\mathrm{d}x&=\underline{\int_a^b}f(x)\mathrm{d}x=\sup_\Delta\sum_{i=1}^n m_i(x_i-x_{i-1})\\&\leqslant(\mathrm{L})\int_a^b f(x)\mathrm{d}x\leqslant\inf_\Delta\sum_{i=1}^n M_i(x_i-x_{i-1})=\overline{\int_a^b}f(x)\mathrm{d}x=(\mathrm{R})\int_a^b f(x)\mathrm{d}x,\end{aligned}$$

$$(\mathrm{L})\int_a^b f(x)\mathrm{d}x=\underline{\int_a^b}f(x)\mathrm{d}x=\overline{\int_a^b}f(x)\mathrm{d}x=(\mathrm{R})\int_a^b f(x)\mathrm{d}x.$$

(⇐)反例：Dirichlet 函数

$$D(x)=\chi_{\mathbb{Q}}(x)=\begin{cases}1,& x\in\mathbb{Q},\\0,& x\in\mathbb{R}-\mathbb{Q}\end{cases}$$

在[0,1]上 Lebesgue 可积(见例 3.3.1)，但它在[0,1]上不是 Riemann 可积的(应用 Riemann 可积定义和反证法；或由它处处不连续和定理 3.5.5；或由振幅和 $\sum\limits_{i=1}^n[\sup D([x_{i-1},x_i])-\inf D([x_{i-1},x_i])](x_i-x_{i-1})=1$；或由 $\overline{\int_0^1}D(x)\mathrm{d}x=1\neq0=\underline{\int_0^1}D(x)\mathrm{d}x$). □

Lebesgue 曾对他引入的 Lebesgue 积分和 Riemann 的 Riemann 积分做过一个生动有趣的描述：“我必须偿还一笔钱. 如果我从口袋中随意地摸出来各种不同面值的钞票，逐一

地还给债主直到全部还清,这就是 Riemann 积分;不过,我还有另一种做法,就是把钱全部拿出来并将相同面值的钞票放在一起,然后再一起付给应还的数目,这就是我的积分."

定理 3.5.7　设$\{E_k\}$为$\mathbb{R}^n$中递增 Lebesgue 可测集合列,$E=\bigcup\limits_{k=1}^{\infty}E_k$,$f\in\mathscr{L}(E_k)$,$k=1,2,\cdots$.

(1) 若$\lim\limits_{k\to+\infty}(\mathrm{L})\int_{E_k}|f(\boldsymbol{x})|\mathrm{d}\boldsymbol{x}$存在有限,则$f\in\mathscr{L}(E)$,且有

$$(\mathrm{L})\int_E f(\boldsymbol{x})\mathrm{d}\boldsymbol{x}=\lim_{k\to+\infty}\int_{E_k}f(\boldsymbol{x})\mathrm{d}\boldsymbol{x}.$$

(2) 若$\lim\limits_{k\to+\infty}(\mathrm{L})\int_{E_k}|f(\boldsymbol{x})|\mathrm{d}\boldsymbol{x}=+\infty$,则$(\mathrm{L})\int_E|f(\boldsymbol{x})|\mathrm{d}\boldsymbol{x}=+\infty$,从而,$|f|\notin\mathscr{L}(E)$ $(\Leftrightarrow f\notin\mathscr{L}(E))$.

证明　(1) 因为$\{|f(\boldsymbol{x})|\chi_{E_k}(\boldsymbol{x})\}$为非负递增函数列,且有

$$\lim_{k\to+\infty}|f(\boldsymbol{x})|\chi_{E_k}(\boldsymbol{x})=|f(\boldsymbol{x})|,\quad\forall\,\boldsymbol{x}\in E,$$

所以,由定理条件和 Levi 递增积分定理 3.3.4 得到

$$\begin{aligned}(\mathrm{L})\int_E|f(\boldsymbol{x})|\mathrm{d}\boldsymbol{x}&=(\mathrm{L})\int_E\lim_{k\to+\infty}|f(\boldsymbol{x})|\chi_{E_k}(\boldsymbol{x})\mathrm{d}\boldsymbol{x}\\&=\lim_{k\to+\infty}(\mathrm{L})\int_E|f(\boldsymbol{x})|\chi_{E_k}(\boldsymbol{x})\mathrm{d}\boldsymbol{x}\\&=\lim_{k\to+\infty}(\mathrm{L})\int_{E_k}|f(\boldsymbol{x})|\mathrm{d}\boldsymbol{x}<+\infty,\end{aligned}$$

故$|f|$,$f\in\mathscr{L}(E)$. 又由于在E上有

$$\lim_{k\to+\infty}f(\boldsymbol{x})\chi_{E_k}(\boldsymbol{x})=f(\boldsymbol{x}),$$

$$|f(\boldsymbol{x})\chi_{E_k}(\boldsymbol{x})|\leqslant|f(\boldsymbol{x})|\ (\text{Lebesgue 可积的控制函数}),$$

$k=1,2,\cdots$. 根据 Lebesgue 控制收敛定理 3.4.1,有

$$\begin{aligned}(\mathrm{L})\int_E f(\boldsymbol{x})\mathrm{d}\boldsymbol{x}&=(\mathrm{L})\int_E\lim_{k\to+\infty}f(\boldsymbol{x})\chi_{E_k}(\boldsymbol{x})\mathrm{d}\boldsymbol{x}\\&=\lim_{k\to+\infty}(\mathrm{L})\int_E f(\boldsymbol{x})\chi_{E_k}(\boldsymbol{x})\mathrm{d}\boldsymbol{x}\\&=\lim_{k\to+\infty}(\mathrm{L})\int_{E_k}f(\boldsymbol{x})\mathrm{d}\boldsymbol{x}.\end{aligned}$$

(2) 由定理条件和 Levi 递增积分定理 3.3.4 得到

$$\begin{aligned}(\mathrm{L})\int_E|f(\boldsymbol{x})|\mathrm{d}\boldsymbol{x}&=(\mathrm{L})\int_E\lim_{k\to+\infty}|f(\boldsymbol{x})|\chi_{E_k}(\boldsymbol{x})\mathrm{d}\boldsymbol{x}\\&=\lim_{k\to+\infty}(\mathrm{L})\int_E|f(\boldsymbol{x})|\chi_{E_k}(x)\mathrm{d}\boldsymbol{x}\\&=\lim_{k\to+\infty}(\mathrm{L})\int_{E_k}|f(\boldsymbol{x})|\mathrm{d}\boldsymbol{x}=+\infty.\end{aligned}$$

从而，$|f| \notin \mathscr{L}(E)$，根据定理 3.3.12，它等价于 $f \notin \mathscr{L}(E)$. □

注 3.5.1 应用定理 3.5.6 和定理 3.5.7，我们可将计算 Lebesgue 积分化为计算 Riemann 积分或广义(即 Cauchy 意义下的)Riemann 积分(无限区间上的广义积分和无界函数的瑕积分).

例如，如果对 $\forall b>a$，f 在 $[a,b]$ 上都 Riemann 可积，且 f 或 $|f|$ 在 $[0,+\infty)$ 上 Lebesgue 可积. 根据定理 3.5.6 和定理 3.5.7 得到

$$(\mathrm{R})\int_a^{+\infty} f(x)\mathrm{d}x = \lim_{b\to+\infty}(\mathrm{R})\int_a^b f(x)\mathrm{d}x = \lim_{b\to+\infty}(\mathrm{L})\int_a^b f(x)\mathrm{d}x = (\mathrm{L})\int_a^{+\infty} f(x)\mathrm{d}x.$$

但是，Lebesgue 可积与广义 Riemann 可积之间无直接的蕴涵关系.

例 3.5.3 设 $f(x)=\dfrac{\sin x}{x}$，则广义积分

$$(\mathrm{R})\int_0^{+\infty} f(x)\mathrm{d}x = (\mathrm{R})\int_0^{+\infty} \frac{\sin x}{x}\mathrm{d}x = \lim_{b\to+\infty}(\mathrm{R})\int_0^b \frac{\sin x}{x}\mathrm{d}x \xlongequal{\text{数学分析}} \frac{\pi}{2}.$$

收敛. 但由例 3.4.2(1)知

$$(\mathrm{L})\int_0^{+\infty} |f(x)|\mathrm{d}x = (\mathrm{L})\int_0^{+\infty}\left|\frac{\sin x}{x}\right|\mathrm{d}x = +\infty.$$

根据定理 3.5.7(2)，$|f| \notin \mathscr{L}((0,+\infty))$，$f \notin \mathscr{L}((0,+\infty))$，即 $|f|$ 与 f 在 $(0,+\infty)$ 上都不是 Lebesgue 可积的.

例 3.5.4 设

$$f(x)=\begin{cases}0, & x=0,\\ (-1)^{n+1}n, & \dfrac{1}{n+1}<x\leqslant\dfrac{1}{n}, \quad n=1,2,\cdots,\end{cases}$$

则其广义 Riemann 积分值为

$$\begin{aligned}(\mathrm{R})\int_0^1 f(x)\mathrm{d}x &= \sum_{n=1}^{\infty}(-1)^{n+1}n\cdot\left(\frac{1}{n}-\frac{1}{n+1}\right)=\sum_{n=1}^{\infty}\frac{(-1)^{n+1}}{n+1}\\ &= \frac{1}{2}-\frac{1}{3}+\frac{1}{4}-\frac{1}{5}+\cdots \xlongequal{[15]\text{例 }14.1.8(1)} 1-\ln 2.\end{aligned}$$

但

$$(\mathrm{L})\int_0^1 |f(x)|\mathrm{d}x = \sum_{n=1}^{\infty}n\left(\frac{1}{n}-\frac{1}{n+1}\right)=\sum_{n=1}^{\infty}\frac{1}{n+1}=+\infty,$$

即 $|f| \notin \mathscr{L}([0,1])$，根据定理 3.3.12，$f \notin \mathscr{L}([0,1])$，即 $|f|$ 与 f 在 $[0,1]$ 上不是 Lebesgue 可积的.

例 3.5.5 设

$$f(x)=\begin{cases}\dfrac{1}{x^2}, & x\in\mathbb{Q}\cap[1,+\infty),\\ -\dfrac{1}{x^2}, & x\in(\mathbb{R}-\mathbb{Q})\cap[1,+\infty),\end{cases}$$

则

$$(\mathrm{L})\int_1^{+\infty} |f(x)| \mathrm{d}x = (\mathrm{L})\int_1^{+\infty} \frac{\mathrm{d}x}{x^2} = (\mathrm{R})\int_1^{+\infty} \frac{\mathrm{d}x}{x^2} = -\frac{1}{x}\Big|_1^{+\infty} = 1,$$

从而$|f|\in\mathscr{L}([1,+\infty))$，$f\in\mathscr{L}([1,+\infty))$，即$|f|$与$f$在$[1,+\infty)$上都是Lebesgue可积的.进而，在$[1,+\infty)$上有

$$f(x) \underset{m}{\doteq} -\frac{1}{x^2},$$

故

$$(\mathrm{L})\int_1^{+\infty} f(x)\mathrm{d}x = (\mathrm{L})\int_1^{+\infty} \frac{-1}{x^2}\mathrm{d}x = -(\mathrm{R})\int_1^{+\infty} \frac{\mathrm{d}x}{x^2} = -1.$$

但是，很显然f在$[1,a]$($a>1$)上都不是Riemann可积的，从而它在$[1,+\infty)$上不是广义Riemann可积的.

练习题 3.5

1. 证明：

(1) $(\mathrm{L})\int_0^1 \frac{\ln x}{1-x}\mathrm{d}x = -\frac{\pi^2}{6}$.　　　(2) $(\mathrm{L})\int_0^1 \ln\frac{1+x}{1-x}\mathrm{d}x = 2\ln 2$.

2. (1) 设

$$f(x) = \begin{cases} \dfrac{\sin\dfrac{1}{x}}{x^\alpha}, & 0 < x \leqslant 1, \\ 0, & x = 0. \end{cases}$$

讨论当α为何值时，f在$[0,1]$上Lebesgue可积或不可积.

(2) 设

$$f(x) = \begin{cases} \dfrac{\sin\dfrac{1}{x}}{x^\alpha}, & |x| > 0, \\ 0, & x = 0. \end{cases}$$

讨论当$\alpha>0$为何值时，f在$(-\infty,+\infty)$上Lebesgue可积或不可积.

3. 证明：

(1) $\lim\limits_{n\to+\infty}(\mathrm{L})\int_0^{+\infty} \frac{\mathrm{d}x}{\left(1+\frac{x}{n}\right)^n x^{\frac{1}{n}}} = 1$.

(2) $\lim\limits_{n\to+\infty}(\mathrm{L})\int_0^{+\infty} \frac{\ln^p(x+n)}{n}\mathrm{e}^{-x}\cos x\mathrm{d}x = 0$,

其中p为固定的正数.

4. 如果 $f(x)$ 在 $[a,b]$ 上 Lebesgue 可积，则对 $\forall\varepsilon>0$，$\exists\varphi\in C([a,b])$，s. t.

$$(\mathrm{L})\int_a^b |f(x)-\varphi(x)|\,\mathrm{d}x<\varepsilon.$$

5. 设 $f(x)$ 为 $[a,b]$ 上的 Lebesgue 可积函数，则对 $\forall\varepsilon>0$，存在 $[a,b]$ 上的阶梯函数 $s(x)$，s. t.

$$\int_a^b |f(x)-s(x)|\,\mathrm{d}x<\varepsilon.$$

6. 设 f 在 $[a,b]$ 上 Lebesgue 可积. 证明：

$$\lim_{n\to+\infty}\int_a^b f(x)|\sin nx|\,\mathrm{d}x=\int_a^b f(x)\,\mathrm{d}x,\quad \lim_{n\to+\infty}\int_a^b f(x)|\cos nx|\,\mathrm{d}x=\int_a^b f(x)\,\mathrm{d}x.$$

7. 设 F 为 $[0,1]$ 中的闭集，$m(F)=0$. 问：$\chi_F(x)$ 在 $[0,1]$ 上 Riemann 可积吗？

8. 设 $E\subset[0,1]$. 证明：

$$\chi_E \text{ 在}[0,1]\text{ 上 Riemann 可积} \Leftrightarrow m(\bar{E}-E^{\circ})=m(\partial E)=0.$$

9. 设 f,g 为 $[a,b]$ 上的 Riemann 可积函数，并且在 $[a,b]$ 的一个稠密子集 D 上其值相等. 证明：

$$(\mathrm{R})\int_a^b f(x)\,\mathrm{d}x=(\mathrm{R})\int_a^b g(x)\,\mathrm{d}x.$$

10. 设 f 为 $[a,b]$ 上的有界函数，其不连续点集 D_f 只有至多可数个聚点. 证明：f 为 $[a,b]$ 上的 Riemann 可积函数.

11. 设 f 为 $\mathbb{R}^1$ 上的有界函数. 如果对每一点 $x\in\mathbb{R}^1$，极限函数 $\lim\limits_{h\to0}f(x+h)$ 存在有限. 证明：f 在任一区间 $[a,b]$ 上是 Riemann 可积的.

12. 设 $f\in\mathscr{L}(\mathbb{R}^1)$. 证明：

$$(\mathrm{L})\int_a^b f(x+t)\,\mathrm{d}x=(\mathrm{L})\int_{a+t}^{b+t} f(x)\,\mathrm{d}x.$$

13. 设 $f(x)$ 为 $[0,1]$ 上的递增函数. 证明：对 $E\subset[0,1]$，$m(E)=t$，有

$$(\mathrm{L})\int_0^t f(x)\,\mathrm{d}x\leqslant(\mathrm{L})\int_E f(x)\,\mathrm{d}x.$$

14. 设 $f\in\mathscr{L}(\mathbb{R}^1)$，$a>0$. 证明：级数 $F(x)=\sum\limits_{n=-\infty}^{\infty}f\left(\dfrac{x}{a}+n\right)$ 在 $\mathbb{R}^1$ 上几乎处处绝对收敛，且 $F(x)$ 为以 a 为周期的周期函数，$F\in\mathscr{L}([0,a])$.

3.6 单调函数、有界变差函数、Vitali 覆盖定理

定义 3.6.1 设 $E\subset\mathbb{R}^1$，$\Gamma=\{I_\alpha\}$ 为一区间族. 如果对 $\forall\varepsilon>0$，$\forall x\in E$，$\exists I_\alpha\in\Gamma$，s. t. $x\in I_\alpha$，$|I_\alpha|<\varepsilon$，则称 Γ 为 E 的 **Vitali 意义下的一个覆盖**，简称为 **Vitali 覆盖**.

例 3.6.1 设 $E=[a,b]$，令 $[a,b]\cap\mathbb{Q}=\{r_1,r_2,\cdots,r_n,\cdots\}$，且

$$I_{n,j}=\left[r_n-\frac{1}{j},r_n+\frac{1}{j}\right],$$

则区间族$\{I_{n,j}\mid n,j\in\mathbb{N}\}$为$E=[a,b]$的 Vitali 覆盖.

定理 3.6.1(Vitali 覆盖定理) 设$E\subset\mathbb{R}^1$,且$m^*(E)<+\infty$.如果Γ为E的 Vitali 覆盖,则存在有限个互不相交的$I_j\in\Gamma,j=1,2,\cdots,n$,s.t.

$$m^*\left(E-\bigcup_{j=1}^{n}I_j\right)<\varepsilon.$$

证明 不失一般性,只须讨论Γ为闭区间族情形$\Big($否则令$\tilde{\Gamma}=\{\bar{I}\mid I\in\Gamma\}$,而由$\bar{I}_1,\bar{I}_2,\cdots,\bar{I}_n\in\tilde{\Gamma}$互不相交,且$m^*\left(E-\bigcup\limits_{j=1}^{n}\bar{I}_j\right)<\varepsilon$立即推出$I_1,I_2,\cdots,I_n$也互不相交,且$m^*\left(E-\bigcup\limits_{j=1}^{n}I_j\right)=m^*\left(E-\bigcup\limits_{j=1}^{n}\bar{I}_j\right)<\varepsilon\Big)$.作开集$G\supset E$,且$m(G)<+\infty$.因为$\Gamma$为$E$的 Vitali 覆盖,所以不妨设$\Gamma$中每个$I$均含于$G$中.

首先,从Γ中任选一区间记作I_1,然后再用数学归纳法逐步挑选后继区间:设已选出互不相交的区间$I_1,I_2,\cdots,I_k$,如果$E\subset\bigcup\limits_{j=1}^{k}I_j$,则

$$m^*\left(E-\bigcup_{j=1}^{k}I_j\right)=m^*(\varnothing)<\varepsilon.$$

否则令

$$\delta_k=\sup\{m(I)\mid I\in\Gamma,I\cap I_j=\varnothing,j=1,2,\cdots,k\},$$

显然,由Γ为E的 Vitali 覆盖,$\{I\mid I\in\Gamma,I\cap I_j=\varnothing,j=1,2,\cdots,k\}$为非空集,从而$\delta_k>0$.又$\delta_k\leqslant m(G)<+\infty$.此时,我们一定可以从$\Gamma$中选出一个区间$I_{k+1}$满足

$$m(I_{k+1})>\frac{1}{2}\delta_k,\quad I_{k+1}\cap I_j=\varnothing,\quad j=1,2,\cdots,k.$$

继续这一过程,可得到互不相交的闭区间列$\{I_j\}$,满足

$$\sum_{j=1}^{\infty}m(I_j)\leqslant m(G)<+\infty.$$

由此可知,对$\forall\varepsilon>0,\exists n\in\mathbb{N}$,s.t.

$$\sum_{j=n+1}^{\infty}m(I_j)<\frac{\varepsilon}{5}.$$

现证$m^*\left(E-\bigcup\limits_{j=1}^{n}I_j\right)<\varepsilon$.

事实上,$\forall x\in E-\bigcup\limits_{j=1}^{n}I_j$,即$x\in E,x\notin\bigcup\limits_{j=1}^{n}I_j$.因为$\bigcup\limits_{j=1}^{n}I_j$为闭集,所以$\Gamma$为 Vitali 覆盖保证$\exists I\in\Gamma$,s.t.

$$x \in I,\quad I \cap I_j = \varnothing,\quad j = 1,2,\cdots,n.$$

显然，$m(I)\leqslant\delta_n<2m(I_{n+1})$. 由于 $\lim\limits_{j\to+\infty}m(I_j)=0$，故知 I 必与 $\{I_j\}$ 中某一区间相交(否则因为区间 I 的长度是确定的，故有

$$0 < m(I) < 2m(I_{k+1}) \to 0 \quad (k \to +\infty),$$

从而 $0<m(I)\leqslant 0$，矛盾). 记 n_0 为 $\{I_j\}$ 中与 I 相交之区间的最小下标，则 $n_0>n$ 且

$$m(I) \leqslant \delta_{n_0-1} < 2m(I_{n_0}).$$

因 $x\in I$ 且 $I\cap I_{n_0}\neq\varnothing$，故 x 与 I_{n_0} 的中点距离为

$$d \leqslant m(I) + \frac{1}{2}m(I_{n_0}) < 2m(I_{n_0}) + \frac{1}{2}m(I_{n_0}) = \frac{5}{2}m(I_{n_0}).$$

从而可作区间 $\widetilde{I}_{n_0}$，它与 I_{n_0} 同心且长度为 I_{n_0} 的 5 倍，就使得 $\widetilde{I}_{n_0}$ 包含 x. 如对一切 $j>n$ 的 I_j 都作相应的 $\widetilde{I}_j$，则可得

$$E - \bigcup_{j=1}^{n} I_j \subset \bigcup_{j=n+1}^{\infty} \widetilde{I}_j.$$

由此立知，

$$m^*\left(E - \bigcup_{j=1}^{n} I_j\right) \leqslant m^*\left(\bigcup_{j=n+1}^{\infty} \widetilde{I}_j\right) = m\left(\bigcup_{j=n+1}^{\infty} \widetilde{I}_j\right)$$

$$\leqslant \sum_{j=n+1}^{\infty} m(\widetilde{I}_j) = 5\sum_{j=n+1}^{\infty} m(I_j) < 5\cdot\frac{\varepsilon}{5} = \varepsilon. \qquad \square$$

定理 3.6.1′(Vitali 覆盖定理)　设 $E\subset\mathbb{R}^1$，$m^*(E)<+\infty$. 如果 Γ 为 E 的 Vitali 覆盖，则存在至多可数个互不相交的 $I_j\in\Gamma$，s. t.

$$m\left(E - \bigcup_{j} I_j\right) = 0.$$

证明　在定理 3.6.1 中，如果 $\exists\, n\in\mathbb{N}$，s. t. $m^*\left(E-\bigcup\limits_{j=1}^{n} I_j\right)=0$，则 $m\left(E-\bigcup\limits_{j=1}^{n} I_j\right)=0$，从而结论成立；否则须证明 $m\left(E-\bigcup\limits_{j=1}^{\infty} I_j\right)=0$.

对 $\forall\, i\in\mathbb{N}$，$\forall\, x\in E-\bigcup\limits_{j=1}^{\infty} I_j\subset E-\bigcup\limits_{j=1}^{i} I_j\subset G-\bigcup\limits_{j=1}^{i} I_j$(开集)，必有 $I\in\Gamma$，s. t. $x\in I\subset G-\bigcup\limits_{j=1}^{i} I_j$. 对于这个 I，$I\subset G-\bigcup\limits_{j=1}^{n} I_j$ 不可能对一切 $n\in\mathbb{N}$ 成立(不然将有 $0\leqslant m(I)\leqslant\delta_n<2m(I_{n+1})\to 0(n\to+\infty)$，从而 $0\leqslant m(I)\leqslant 0$，$m(I)=0$. 这样 I 将不是正长度的区间，矛盾).

于是，确有 $n\in\mathbb{N}$，s. t. $I\subset G-\bigcup\limits_{j=1}^{n} I_j$ 不成立. 即有 $n\in\mathbb{N}$，s. t. $I\cap\left(\bigcup\limits_{j=1}^{n} I_j\right)\neq\varnothing$. 设满足此式的最小自然数为 n_0. 由于 $I\cap\left(\bigcup\limits_{j=1}^{i} I_j\right)=\varnothing$，故 $n_0>i$. 据 n_0 的定义知，

$$I\cap\left(\bigcup_{j=1}^{n_0-1}I_j\right)=\varnothing,\quad I\cap\left(\bigcup_{j=1}^{n_0}I_j\right)\neq\varnothing.$$

于是,有

(i) 因

$$\begin{aligned}\varnothing\neq I\cap\left(\bigcup_{j=1}^{n_0}I_j\right)&=\left(I\cap\bigcup_{j=1}^{n_0-1}I_j\right)\cup(I\cap I_{n_0})\\&=\varnothing\cup(I\cap I_{n_0})=I\cap I_{n_0},\end{aligned}$$

故 $I\cap I_{n_0}\neq\varnothing$;

(ii) 因

$$I\subset G-\bigcup_{j=1}^{n_0-1}I_j,$$

故

$$m(I)\leqslant\delta_{n_0-1}<2m(I_{n_0}).$$

从(i)和(ii)推得 $I\subset\widetilde{I}_{n_0}$. 既然 $n_0>i$,应有

$$x\in I\subset\widetilde{I}_{n_0}\subset\bigcup_{j=i}^{\infty}\widetilde{I}_j,\qquad E-\bigcup_{j=1}^{\infty}I_j\subset\bigcup_{j=i}^{\infty}\widetilde{I}_j.$$

这就蕴涵着

$$0\leqslant m^*\left(E-\bigcup_{j=1}^{\infty}I_j\right)\leqslant m^*\left(\bigcup_{j=i}^{\infty}\widetilde{I}_j\right)=m\left(\bigcup_{j=i}^{\infty}\widetilde{I}_j\right)\leqslant\sum_{j=i}^{\infty}m(\widetilde{I}_j)\to0\quad(i\to+\infty),$$

故 $0\leqslant m^*\left(E-\bigcup_{j=1}^{\infty}I_j\right)\leqslant0$,即 $m\left(E-\bigcup_{j=1}^{\infty}I_j\right)=m^*\left(E-\bigcup_{j=1}^{\infty}I_j\right)=0$. □

定理 3.6.1″　定理 3.6.1 与定理 3.6.1′是等价的.

证明　(⇐)设定理 3.6.1′成立,即 Γ 中可选出至多可数个互不相交的闭区间 I_j, s. t.

$$m\left(E-\bigcup_j I_j\right)=0.$$

如果区间个数有限,则定理 3.6.1 结论成立;

如果区间个数可数,则对 $\forall\varepsilon>0$,由

$$\sum_{j=1}^{\infty}m(I_j)=m\left(\bigcup_{j=1}^{\infty}I_j\right)\leqslant m(G)<+\infty,$$

$\exists n=n(\varepsilon)>N$, s. t.

$$\sum_{j=n+1}^{\infty}m(I_j)<\varepsilon,$$

则 $I_1,I_2,\cdots,I_n$ 适合定理 3.6.1 的要求,即

$$m^*\left(E-\bigcup_{j=1}^{n}I_j\right)\leqslant m^*\left(\left(E-\bigcup_{j=1}^{\infty}I_j\right)\cup\left(\bigcup_{j=n+1}^{\infty}I_j\right)\right)$$

$$\leqslant m^*\left(E-\bigcup_{j=1}^{\infty} I_j\right)+m^*\left(\bigcup_{j=n+1}^{\infty} I_j\right)$$

$$< 0+\varepsilon=\varepsilon.$$

($\Leftarrow$)设定理 3.6.1 成立,则存在互不相交的闭区间 $I_1^1,I_2^1,\cdots,I_{k_1}^1\in\Gamma$, s. t.

$$m^*\left(E-\bigcup_{j=1}^{k_1} I_j^1\right)<1.$$

如果 $m^*\left(E-\bigcup\limits_{j=1}^{k_1} I_j^1\right)=0$,则$\{I_j^1\mid j=1,2,\cdots,k_1\}$为定理 3.6.1′中所要求的区间;

如果

$$0<m^*\left(E-\bigcup_{j=1}^{k_1} I_j^1\right)\leqslant m^*(E)<+\infty,$$

则由 Γ 为 E 的 Vitali 覆盖,必有 $\Gamma_1\subset\Gamma$, s. t. Γ_1 为 $E-\bigcup\limits_{j=1}^{k_1} I_j^1$ 的 Vitali 覆盖,且 $\forall\, I\in\Gamma_1$,它与闭集 $\bigcup\limits_{j=1}^{k_1} I_j^1$ 不相交,故又存在互不相交的$\{I_1^2,I_2^2,\cdots,I_{k_2}^2\}\subset\Gamma_1\subset\Gamma$, s. t.

$$m^*\left(E-\bigcup_{i=1}^{2}\bigcup_{j=1}^{k_i} I_j^i\right)=m^*\left(\left(E-\bigcup_{j=1}^{k_1} I_j^1\right)-\bigcup_{j=1}^{k_2} I_j^2\right)<\frac{1}{2}.$$

依次类推,得到互不相交的 $\{I_1^n,I_2^n,\cdots,I_{k_n}^n\}\subset\Gamma_{n-1}\subset\Gamma_{n-2}\subset\cdots\subset\Gamma_1\subset\Gamma$, s. t.

$$m^*\left(E-\bigcup_{i=1}^{n}\bigcup_{j=1}^{k_i} I_j^i\right)=m^*\left(\left(E-\bigcup_{i=1}^{n-1}\bigcup_{j=1}^{k_i} I_j^i\right)-\bigcup_{j=1}^{k_n} I_j^i\right)<\frac{1}{n}.$$

于是

$$0\leqslant m^*\left(E-\bigcup_{i=1}^{\infty}\bigcup_{j=1}^{k_i} I_j^i\right)\leqslant m^*\left(E-\bigcup_{i=1}^{n}\bigcup_{j=1}^{k_i} I_j^i\right)<\frac{1}{n}\to 0\quad(n\to+\infty),$$

故 $0\leqslant m^*\left(E-\bigcup\limits_{i=1}^{\infty}\bigcup\limits_{j=1}^{k_i} I_j^i\right)\leqslant 0$,从而得 $m\left(E-\bigcup\limits_{i=1}^{\infty}\bigcup\limits_{j=1}^{k_i} I_j^i\right)=m^*\left(E-\bigcup\limits_{i=1}^{\infty}\bigcup\limits_{j=1}^{k_i} I_j^i\right)=0$.

这就证明了$\{I_j^i\mid i=1,2,\cdots;\ j=1,2,\cdots,k_i\}$为定理 3.6.1′中所求的区间. □

接下来研究导出数和 Dini 导数.

定义 3.6.2 设 $E\subset\mathbb{R}^1$, f: $E\to\mathbb{R}$ 为实值函数. $x_0\in E$,如果 $h_n\neq 0$, $\lim\limits_{n\to+\infty} h_n=0$, $x_0+h_n\in E$,且

$$\lim_{n\to+\infty}\frac{f(x_0+h_n)-f(x_0)}{h_n}=\lambda$$

存在(有限数或$\pm\infty$),则称 λ 为 $f(x)$在 x_0 点处的一个**导出数**,记作 $\lambda=\mathrm{D}f(x_0)$.

设 $f(x)$为定义在 $x_0\in\mathbb{R}^1$ 的一个开邻域上的实值函数,令

$$\mathrm{D}^+ f(x_0)=\overline{\lim_{h\to 0^+}}\frac{f(x_0+h)-f(x_0)}{h},\quad \mathrm{D}_+ f(x_0)=\underline{\lim_{h\to 0^+}}\frac{f(x_0+h)-f(x_0)}{h},$$

$$\mathrm{D}^{-} f(x_0) = \overline{\lim_{h\to 0^-}} \frac{f(x_0+h)-f(x_0)}{h}, \quad \mathrm{D}_{-} f(x_0) = \underline{\lim_{h\to 0^-}} \frac{f(x_0+h)-f(x_0)}{h},$$

分别称它们为 f 在 x_0 点处的**右上导数**、**右下导数**、**左上导数**、**左下导数**,统称为 **Dini 导数**.

显然,右上导数与右下导数分别为 $f(x)$在 x_0 右旁的最大与最小的导出数;左上导数与左下导数分别为 $f(x)$在 x_0 左旁的最大与最小导出数.容易看出,

$$\mathrm{D}^{+} f(x_0) \geqslant \mathrm{D}_{+} f(x_0), \quad \mathrm{D}^{-} f(x_0) \geqslant \mathrm{D}_{-} f(x_0),$$

$$\mathrm{D}^{+}(-f) = -\mathrm{D}_{+} f, \quad \mathrm{D}^{-}(-f) = -\mathrm{D}_{-} f.$$

又若 $y=-x, g(y)=-f(x)$,则

$$\begin{aligned}
\mathrm{D}^{+} g(y) &= \overline{\lim_{h\to 0^+}} \frac{g(y+h)-g(y)}{h} = \overline{\lim_{h\to 0^+}} \frac{-f(x-h)-(-f(x))}{h} \\
&= \overline{\lim_{h\to 0^+}} \frac{f(x-h)-f(x)}{-h} = \mathrm{D}^{-} f(x), \\
\mathrm{D}_{+} g(y) &= \underline{\lim_{h\to 0^+}} \frac{g(y+h)-g(y)}{h} = \underline{\lim_{h\to 0^+}} \frac{-f(x-h)-(-f(x))}{h} \\
&= \underline{\lim_{h\to 0^+}} \frac{f(x-h)-f(x)}{-h} = \mathrm{D}_{-} f(x).
\end{aligned}$$

如果

$$\lim_{h\to 0} \frac{f(x_0+h)-f(x_0)}{h}$$

存在,则称此极限值(有限或$\pm\infty$)为 f 在 x_0 的**导数**,记作 $f'(x_0)$.此时

$$f'(x_0) = \mathrm{D}^{+} f(x_0) = \mathrm{D}_{+} f(x_0) = \mathrm{D}^{-} f(x_0) = \mathrm{D}_{-} f(x_0).$$

当 $f'(x_0)$为实数时,则 f 在 x_0 处**可导**.类似可定义**右导数**

$$f'_{+}(x_0) = \lim_{h\to 0^+} \frac{f(x_0+h)-f(x_0)}{h} = \mathrm{D}^{+} f(x_0) = \mathrm{D}_{+} f(x_0)$$

与**右可导**;**左导数**

$$f'_{-}(x_0) = \lim_{h\to 0^-} \frac{f(x_0+h)-f(x_0)}{h} = \mathrm{D}^{-} f(x_0) = \mathrm{D}_{-} f(x_0)$$

与**左可导**.

例 3.6.2 (1) 设 $a<b, a'<b'$,

$$f(x) = \begin{cases} ax\sin^2\dfrac{1}{x} + bx\cos^2\dfrac{1}{x}, & x>0, \\ 0, & x=0, \\ a'x\sin^2\dfrac{1}{x} + b'x\cos^2\dfrac{1}{x}, & x<0. \end{cases}$$

当 $x\in\left(\dfrac{1}{(2n+2)\pi}, \dfrac{1}{2n\pi}\right]$时,$\cos\dfrac{1}{x}$与 $\sin\dfrac{1}{x}$可以取-1到 1 之间的一切值,故

$$D^+ f(0)=\overline{\lim_{h\to 0^+}}\frac{f(0+h)-f(0)}{h}=\overline{\lim_{h\to 0^+}}\left(a\sin^2\frac{1}{h}+b\cos^2\frac{1}{h}\right)=b.$$

类似地，有 $D_+ f(0)=a$，$D^- f(0)=b'$，$D_- f(0)=a'$.

(2) 设

$$f(x)=\begin{cases}\sin\dfrac{1}{x}, & x\neq 0,\\ 0, & x=0,\end{cases}$$

显然

$$D_1 f(0)=\lim_{n\to+\infty}\frac{f\left(\dfrac{1}{2n\pi+\dfrac{\pi}{2}}\right)-f(0)}{\dfrac{1}{2n\pi+\dfrac{\pi}{2}}-0}$$

$$=\lim_{n\to+\infty}\frac{1}{\dfrac{1}{2n\pi+\dfrac{\pi}{2}}}=\lim_{n\to+\infty}\left(2n\pi+\frac{\pi}{2}\right)=+\infty,$$

$$D_2 f(0)=\lim_{n\to+\infty}\frac{f\left(\dfrac{1}{2n\pi-\dfrac{\pi}{2}}\right)-f(0)}{\dfrac{1}{2n\pi-\dfrac{\pi}{2}}}$$

$$=\lim_{n\to+\infty}\frac{-1}{\dfrac{1}{2n\pi-\dfrac{\pi}{2}}}=\lim_{n\to+\infty}-\left(2n\pi-\frac{\pi}{2}\right)=-\infty.$$

由此，对连续函数

$$\frac{f(h)-f(0)}{h-0}=\frac{\sin\dfrac{1}{h}}{h}$$

应用介值定理知，f 在 $x=0$ 的导出数全体和右(左)方导出数的全体都为$[-\infty,+\infty]$.

引理 3.6.1 设 $f\colon[a,b]\to\mathbb{R}$ 为实函数.

(1) f 对 $\forall x_0\in[a,b]$都有导出数.

(2) f 在 $x_0\in[a,b]$处导数存在(有限数或$\pm\infty$)$\Leftrightarrow f$ 在 x_0 的一切导出数都相等.

证明 (1) 设 $h_n\neq 0$，$\lim\limits_{n\to+\infty}h_n=0$，且 $x_0+h_n\in[a,b]$. 如果

$$\sigma_n=\frac{f(x_0+h_n)-f(x_0)}{h_n}$$

为一有界数列,则由 Weierstrass 定理必有收敛子列

$$\sigma_{n_i}=\frac{f(x_0+h_{n_i})-f(x_0)}{h_{n_i}},$$

其极限 λ 就是 f 在 x_0 的一个导出数；如果 σ_n 为无上界数列,则有子列 $\sigma_{n_i}\to+\infty(i\to+\infty)$. 此时,$+\infty$ 为 f 的一个导出数；如果 σ_n 为无下界数列,则有子列 $\sigma_{n_i}\to-\infty(i\to+\infty)$. 此时,$-\infty$ 为 f 的一个导出数.

(2) ($\Rightarrow$)因为 f 在 x_0 存在导数

$$f'(x_0)=\lim_{h\to 0}\frac{f(x_0+h)-f(x_0)}{h},$$

则对 $f'(x_0)$ 的任何开邻域 U,必 $\exists\,\delta>0$,当 $|h|<\delta$ 时,有

$$\frac{f(x_0+h)-f(x_0)}{h}\in U.$$

对 $\forall\, h_n\neq 0$, $\lim\limits_{n\to+\infty}h_n=0$, $\exists\, N\in\mathbb{N}$,当 $n>N$ 时,$|h_n|<\delta$,从而

$$\frac{f(x_0+h_n)-f(x_0)}{h_n}\in U.$$

于是

$$\lim_{n\to+\infty}\frac{f(x_0+h_n)-f(x_0)}{h_n}=f'(x_0),$$

即 f 在 x_0 的一切导出数都为 $f'(x_0)$.

($\Leftarrow$)如果 f 在 x_0 的一切导出数都为 λ,则

$$\lim_{h\to 0}\frac{f(x_0+h)-f(x_0)}{h}=\lambda.$$

(反证)假设

$$\lim_{h\to 0}\frac{f(x_0+h)-f(x_0)}{h}\neq\lambda,$$

则存在 λ 的开邻域 U_0,不存在相应的 $\delta>0$,因而对 $\forall\, n\in\mathbb{N}$,$\exists\, h_n\neq 0$,s. t. $|h_n|<\dfrac{1}{n}$,但

$$\frac{f(x_0+h_n)-f(x_0)}{h_n}\notin U_0.$$

显然,必有子列 n_i,s. t. $\lim\limits_{i\to+\infty}n_i=+\infty$,且

$$\lim_{i\to+\infty}\frac{f(x_0+h_{n_i})-f(x_0)}{h_{n_i}}=\mu\neq\lambda,$$

这与引理中假设一切导出数都相等矛盾. □

用导出数代替导数可以更细致地刻画 E 在 f 下的像集的 Lebesgue 测度 $m(f(E))$(或 Lebesgue 外测度 $m^*(f(E))$)和原像集 E 的 Lebesgue 测度 $m(E)$(或 Lebesgue 外测度 $m^*(E)$)之间的关系.

定理 3.6.2 设 $f:[a,b]\to\mathbb{R}$ 为严格增函数.

(1) 如果对 $\forall x\in E\subset[a,b]$,至少有一个导出数 $\mathrm{D}f(x)\leqslant p(\Leftrightarrow\min\{\mathrm{D}_+ f(x),\mathrm{D}_- f(x)\}\leqslant p)$,其中 $0\leqslant p<+\infty$,则

$$m^*(f(E))\leqslant p\cdot m^*(E).$$

(2) 如果对 $\forall x\in E\subset[a,b]$,至少有一个导出数 $\mathrm{D}f(x)\geqslant q(\Leftrightarrow\max\{\mathrm{D}^+ f(x),\mathrm{D}^- f(x)\}\geqslant q)$,其中 $q\geqslant 0$ 为常数,则

$$m^*(f(E))\geqslant qm^*(E).$$

证明 (1) $\forall\varepsilon>0$,选有界开集 G,s. t.

$$E\subset G,\quad m(G)<m^*(E)+\varepsilon.$$

如果 $x\in E$,则必有收敛于 0 的非零数列 $\{h_n\}$,s. t.

$$\lim_{n\to+\infty}\frac{f(x+h_n)-f(x)}{h_n}=\mathrm{D}f(x)\leqslant p.$$

记

$$d_n(x)=\begin{cases}[x,x+h_n], & \text{当 } h_n>0,\\ [x+h_n,x], & \text{当 } h_n<0,\end{cases}$$

$$\Delta_n(x)=\begin{cases}[f(x),f(x+h_n)], & \text{当 } h_n>0,\\ [f(x+h_n),f(x)], & \text{当 } h_n<0.\end{cases}$$

取 $p_0>p$,当 n 充分大时,可使 $d_n(x)\subset G$,且

$$\frac{f(x+h_n)-f(x)}{h_n}\subset p_0.$$

不失一般性,可以假定上面的不等式对一切自然数 n 都成立(否则取其子列代替). 因为 f 为增函数,所以

$$f(d_n(x))\subset\Delta_n(x).$$

显然

$$0\leqslant m(\Delta_n(x))=|f(x+h_n)-f(x)|<p_0|h_n|=p_0m(d_n(x))\to 0\quad(n\to+\infty),$$

故 $\lim\limits_{h\to+\infty}m(\Delta_n(x))=0$. 由此可看出 $f(E)=\{f(x)\,|\,x\in E\}$ 按 Vitali 意义被 $\{\Delta_n(x)\,|\,x\in E\}$ 所覆盖(注意,这里用到了 $f(x)$ 为严格增函数,否则 $\Delta_n(x)$ 可能退化为一点,就不能用 Vitali 覆盖定理). 于是,可以取其中两两不相交的闭区间 $\{\Delta_{n_i}(x_i)\,|\,i=1,2,\cdots\}$,s. t.

$$m\Big(f(E)-\bigcup_{i=1}^{\infty}\Delta_{n_i}(x_i)\Big)=0.$$

自然由 f 严格增和 $\{\Delta_{n_i}(x_i)\}$ 两两不相交推出 $\{d_{n_i}(x_i)\}$ 也两两不相交. 并且

$$\begin{aligned}m^*(f(E))&\leqslant m^*\Big(\bigcup_{i=1}^{\infty}\Delta_{n_i}(x_i)\Big)+m^*\Big(f(E)-\bigcup_{i=1}^{\infty}\Delta_{n_i}(x_i)\Big)\\&\leqslant\sum_{i=1}^{\infty}m(\Delta_{n_i}(x_i))+0\end{aligned}$$

$$< p_0\sum_{i=1}^{\infty}m(d_{n_i}(x_i)) = p_0 m\Big(\bigcup_{i=1}^{\infty}d_{n_i}(x_i)\Big)$$

$$< p_0 m(G) < p_0[m^*(E)+\varepsilon].$$

令 $\varepsilon\to0^+$，$p_0\to p^+$ 得到 $m^*(f(E))\leqslant pm^*(E)$.

(2) 当 $q=0$ 时，定理显然成立.

当 $q>0$ 时，设 $q>q_0>0$. 对 $\forall\varepsilon>0$，取有界开集 G，s. t.

$$f(E)\subset G,\quad m(G)<m^*(f(E))+\varepsilon.$$

设 S 为 f 在 E 中连续点的全体. 因为单调函数不连续点的全体为至多可数集，所以 $E-S$ 为至多可数集.

设 $x\in E$，则必有 $h_n\to0$，s. t.

$$\lim_{n\to+\infty}\frac{f(x+h_n)-f(x)}{h_n}=\mathrm{D}f(x)\geqslant q>q_0>0.$$

不失一般性，对 $\forall n\in\mathbb{N}$，有

$$\frac{f(x+h_n)-f(x)}{h_n}>q_0.$$

于是

$$m(\Delta_n(x))=|f(x+h_n)-f(x)|>q_0|h_n|=q_0m(d_n(x)).$$

如果 $x\in S$，由 f 在 x 连续，则当 n 充分大时，$\Delta_n(x)\subset G$. 不妨设对 $\forall n\in\mathbb{N}$，有 $\Delta_n(x)\subset G$.

点集 S 依 Vitali 意义完全被 $\{d_n(x)\mid x\in E\}$ 所覆盖. 因此，可以取其中两两不相交的闭区间 $\{d_{n_i}(x_i)\}$，s. t.

$$m\Big(S-\bigcup_{i=1}^{\infty}d_{n_i}(x_i)\Big)=0.$$

所以

$$m^*(S)\leqslant m^*\Big(\bigcup_{i=1}^{\infty}d_{n_i}(x_i)\Big)+m^*\Big(S-\bigcup_{i=1}^{\infty}d_{n_i}(x_i)\Big)$$

$$\leqslant\sum_{i=1}^{\infty}m(d_{n_i}(x_i))+0<\frac{1}{q_0}\sum_{i=1}^{\infty}m(\Delta_{n_i}(x_i)).$$

但因 $\{d_{n_i}(x_i)\}$ 两两不相交和 f 是严格增的，故 $\{\Delta_{n_i}(x_i)\}$ 也两两不相交，所以

$$q_0m^*(S)<\sum_{i=1}^{\infty}m(\Delta_{n_i}(x_i))=m\Big(\bigcup_{i=1}^{\infty}\Delta_{n_i}(x_i)\Big)\leqslant m(G)<m^*(f(E))+\varepsilon.$$

令 $\varepsilon\to0^+$，$q_0\to q^-$ 得到

$$m^*(f(E))\geqslant qm^*(S)=qm^*(E).$$ □

引理 3.6.2 设 f：$[a,b]\to\mathbb{R}$ 为增函数，则

(1) f 的一切导出数都是非负的.

(2) $m(E_{+\infty})=0$，其中

$$E_{+\infty}=\{x\in[a,b]\mid f\text{ 在 }x\text{ 至少有一个导出数为 }+\infty\}.$$

(3) $m(E_{p,q})=0$,其中 $p<q$,且

$$E_{p,q}=\{x\in[a,b]\mid x\text{ 点有两个导出数满足:}\mathrm{D}_1f(x)<p<q<\mathrm{D}_2f(x)\}.$$

证明 (1) 因为 f 为增函数,故对 $\forall h_n\neq0$, $\lim\limits_{n\to+\infty}h_n=0$,有

$$\frac{f(x+h_n)-f(x)}{h_n}\geqslant0.$$

从而

$$\mathrm{D}f(x)=\lim_{n\to+\infty}\frac{f(x+h_n)-f(x)}{h_n}\geqslant0.$$

(2) 先假定 f 是严格增函数. 对 $\forall x\in E_{+\infty}$, $\forall n\in\mathbb{N}$,有导出数 $\mathrm{D}f(x)\geqslant n$. 根据定理 3.6.2 中(2),有

$$m^*(f(E_{+\infty}))\geqslant nm^*(E_{+\infty}),$$

所以

$$0\leqslant m^*(E_{+\infty})\leqslant\frac{1}{n}m^*(f(E_{+\infty}))\leqslant\frac{1}{n}[f(b)-f(a)]\to0\quad(n\to+\infty),$$

故 $0\leqslant m^*(E_{+\infty})\leqslant0$,即 $m(E_{+\infty})=m^*(E_{+\infty})=0$.

如果 f 为增函数,则 $g(x)=f(x)+x$ 为严格增函数,从

$$\frac{g(x+h)-g(x)}{h}=\frac{f(x+h)-f(x)+(x+h)-x}{h}=\frac{f(x+h)-f(x)}{h}+1$$

立即得到

$$\mathrm{D}f(x)=+\infty\Leftrightarrow\mathrm{D}g(x)=+\infty.$$

从而

$$m(E_{+\infty})=m(E_{+\infty}(f))=m(E_{+\infty}(g))=0.$$

(3) 先假定 f 是严格增函数. 应用定理 3.6.2 得到

$$qm^*(E_{p,q})\leqslant m^*(f(E_{p,q}))\leqslant pm^*(E_{p,q})$$

$$0\leqslant(p-q)m^*(E_{p,q})\leqslant0,\quad\text{即}\quad m^*(E_{p,q})=0.$$

如果 f 为增函数,则 $g(x)=f(x)+x$ 为严格增函数. 因此,有

$$\begin{aligned}m(E_{p,q})&=m(E_{p,q}(f))\\&=m(\{x\in[a,b]\mid x\text{ 点有两个导出数满足 }\mathrm{D}_1f(x)<p<q<\mathrm{D}_2f(x)\})\\&=m(\{x\in[a,b]\mid x\text{ 点有两个导出数满足 }\mathrm{D}_1g(x)<p+1<q+1<\mathrm{D}_2g(x)\})\\&=m(E_{p+1,q+1}(g))=0.\end{aligned}$$

□

从例 1.2.11,我们已经知道,单调函数 f 的不连续点集 D_f 为至多可数集,因此 $m(D_f)=0$. 根据定理 3.5.5,f 在$[a,b]$上是 Riemann 可积的(或者由

$$\begin{aligned}\sum_T\omega_i\Delta x_i&\leqslant\left|\sum_{i=1}^{n}[f(x_i)-f(x_{i-1})]\,\|T\|\right|\\&\leqslant|f(b)-f(a)|\cdot\frac{\varepsilon}{|f(b)-f(a)|+1}<\varepsilon\end{aligned}$$

推得). 当然也是 Lebesgue 可积的. 进而有下面的重要定理.

定理 3.6.3 设 $f:[a,b]\to\mathbb{R}$ 为增函数,则

(1) f 在$[a,b]$中关于 Lebesgue 测度对几乎所有的 x 存在有限的导数 $f'(x)$.

(2) $f(x)$的导函数 $f'(x)$(如果 $f'(x)$在 x 不存在,则补充定义 0)是 Lebesgue 可测的,且

$$0\leqslant\int_a^b f'(x)\mathrm{d}x\leqslant f(b)-f(a).$$

此式表示 $f'(x)$在$[a,b]$是 Lebesgue 可积的.

有例子说明上述等号可不成立.

证明 (1) 容易看出

$$E=\{x\in[a,b]\mid f'(x)\text{ 在 } x \text{ 不存在}\}=E_{+\infty}\cup\Big(\bigcup_{\substack{p,q\in\mathbb{Q}\cap[a,b]\\ p<q}}E_{p,q}\Big)$$

($E_{+\infty},E_{p,q}$如引理 3.6.2 所述),故

$$0\leqslant m(E)\leqslant m(E_{+\infty})+\sum_{\substack{p,q\in\mathbb{Q}\cap[a,b]\\ p<q}}m(E_{p,q})=0+\sum_{\substack{p,q\in\mathbb{Q}\cap[a,b]\\ p<q}}0=0,$$

故 $m(E)=0$. 这就证明了 f 在$[a,b]$中关于 Lebesgue 测度对几乎所有的 x 存在有限的导数 $f'(x)$.

(2) 先将 $f(x)$的定义延拓到$[a,b+1]$,s. t.

$$f(x)=f(b),\quad \forall\, x\in(b,b+1].$$

于是,对 $f(x)$存在导数 $f'(x)$的点 x,成立着

$$f'(x)=\lim_{n\to+\infty}\frac{f\left(x+\frac{1}{n}\right)-f(x)}{\frac{1}{n}}.$$

因此,$f'(x)$关于 Lebesgue 测度作为几乎处处收敛的可测函数列的极限是 Lebesgue 可测的. 又因 $f'(x)\geqslant 0$,所以 Lebesgue 积分

$$(\mathrm{L})\int_a^b f'(x)\mathrm{d}x$$

是有意义的. 根据 Fatou 引理(定理 3.3.10),

$$0\leqslant(\mathrm{L})\int_a^b f'(x)\mathrm{d}x=(\mathrm{L})\int_a^b\varliminf_{n\to+\infty}\frac{f\left(x+\frac{1}{n}\right)-f(x)}{\frac{1}{n}}\mathrm{d}x$$

$$\leqslant\varliminf_{n\to+\infty}(\mathrm{L})\int_a^b\frac{f\left(x+\frac{1}{n}\right)-f(x)}{\frac{1}{n}}\mathrm{d}x$$

$$= \lim_{n\to+\infty}(\mathrm{L})n\left[\int_{a+\frac{1}{n}}^{b+\frac{1}{n}} f(x)\mathrm{d}x - \int_a^b f(x)\mathrm{d}x\right]$$

$$= \lim_{n\to+\infty}(\mathrm{L})n\left[\int_{b}^{b+\frac{1}{n}} f(x)\mathrm{d}x - \int_a^{a+\frac{1}{n}} f(x)\mathrm{d}x\right]$$

$$= f(b) - f(a+0) \leqslant f(b) - f(a).$$

上述不等式中等号不成立的例子：设 $\Phi(x)$ 为例 1.6.4 中的 Cantor 函数，它在 Cantor 疏朗集 C 的余集 $[0,1]-C$ 的每个构成区间上为常值，$\Phi(x)$ 为 $[0,1]$ 上单调增的连续函数，$\Phi(0)=0$，$\Phi(1)=1$. 显然，$\Phi'(x)=0$，$\forall x\in[0,1]-C$. 因而在 $[0,1]$ 上，$\Phi'(x)\underset{m}{\doteq}0$. 由此得到

$$(\mathrm{L})\int_0^1 \Phi'(x)\mathrm{d}x = 0 < 1 = \Phi(1) - \Phi(0).$$ □

注 3.6.1 单调减函数 $f(x)$ 在 $[a,b]$ 上也几乎处处存在有限的导数 $f'(x)$，且 $f'\in\mathscr{L}([a,b])$，以及

$$\left|(\mathrm{L})\int_a^b f'(x)\mathrm{d}x\right| \leqslant |f(b)-f(a)|$$

（只须将定理 3.6.3 用于 $-f$ 即可）.

例 3.6.3 单调函数几乎处处可导这一结论，一般不能改进.

设 $E\subset(a,b)$，$m(E)=0$，我们来构造一个在 $[a,b]$ 上连续且单调增的函数 $f(x)$，使得 $f'(x)=+\infty$，$\forall x\in E$.

事实上，对 $\forall n\in\mathbb{N}$，取一个有界开集 $G_n\supset E$，且

$$m(G_n) < \frac{1}{2^n}.$$

作函数列

$$f_n(x) = m([a,x]\cap G_n),\quad \forall x\in[a,b],\quad n=1,2,\cdots.$$

显然

$$0 \leqslant f_n(x) = m([a,x]\cap G_n) \leqslant m(G_n) < \frac{1}{2^n},$$

$$|f_n(x+h) - f_n(x)| = |m([a,x+h]\cap G_n) - m([a,x]\cap G_n)| \leqslant |h|.$$

因此，$f_n(x)$ 为 $[a,b]$ 上的非负单调增的连续函数. 现再作函数

$$f(x) = \sum_{n=1}^{\infty} f_n(x),\quad \forall x\in[a,b].$$

它为 $[a,b]$ 上的一致收敛的非负连续函数项级数，所以 $f(x)$ 为非负单调增的连续函数.

若 $x\in E$，对任何固定的 $k\in\mathbb{N}$，可取 $|h|$ 充分小，s. t.

(i) 当 $h>0$ 时，$[x,x+h]\subset G_n\cap(a,b)$；

(ii) 当 $h<0$ 时，$[x+h,x]\subset G_n\cap(a,b)$，$n=1,2,\cdots,k$.

此时，有

$$\frac{f_n(x+h)-f_n(x)}{h}=\begin{cases}\dfrac{m([x,x+h]\cap G_n)}{h}, & h>0,\\ \dfrac{-m([x+h,x]\cap G_n)}{h}, & h<0\end{cases}$$

$$=\frac{h}{h}=1,\quad n=1,2,\cdots,k.$$

从而

$$\frac{f(x+h)-f(x)}{h}\geqslant\sum_{n=1}^{k}\frac{f_n(x+h)-f_n(x)}{h}=\sum_{n=1}^{k}1=k.$$

这就证明了

$$f'(x)=\lim_{h\to 0}\frac{f(x+h)-f(x)}{h}=+\infty,\quad \forall\, x\in E.$$

定理 3.6.4(Fubini) 设 $f_1,f_2,\cdots,f_n,\cdots$都为$[a,b]$上的单调增(减)函数,

$$f(x)=\sum_{n=1}^{\infty}f_n(x),\quad \forall\, x\in[a,b],$$

即该级数收敛于 $f(x)$,则 f 为单调增(减)函数,且在$[a,b]$上

$$f'(x)\underset{m}{\doteq}\sum_{n=1}^{\infty}f_n'(x).$$

证明 证法1 由 $\sum\limits_{n=1}^{\infty}f_n(x)$ 收敛,对$\forall\,\varepsilon>0$,$\exists\, N\in\mathbb{N}$,

$$\sum_{n=N}^{\infty}[f_n(b)-f_n(a)]<\frac{\varepsilon}{2},$$

由 f_n 单调增,故 f_n 几乎处处可导,且 $f_n'(x)\underset{m}{\dot{\geqslant}}0$,

$$0\leqslant\int_a^b\sum_{n=N}^{\infty}f'(x)\mathrm{d}x\xlongequal{\text{定理 3.3.8}}\sum_{n=N}^{\infty}\int_a^b f_n'(x)\mathrm{d}x\overset{\text{定理3.6.3(2)}}{\leqslant}\sum_{n=N}^{\infty}[f_n(b)-f_n(a)]<\frac{\varepsilon}{2},$$

$$0\leqslant\int_a^b\Big(\sum_{n=N}^{\infty}f_n(x)\Big)'\mathrm{d}x\overset{\text{定理3.6.3(2)}}{\leqslant}\sum_{n=N}^{\infty}f_n(b)-\sum_{n=N}^{\infty}f_n(a)<\frac{\varepsilon}{2},$$

$$0\leqslant\int_a^b\left|\Big(\sum_{n=1}^{\infty}f_n(x)\Big)'-\sum_{n=1}^{\infty}f_n'(x)\right|\mathrm{d}x=\int_a^b\left|\Big(\sum_{n=N}^{\infty}f_n(x)\Big)'-\sum_{n=N}^{\infty}f_n'(x)\right|\mathrm{d}x$$

$$\leqslant\int_a^b\Big(\sum_{n=N}^{\infty}f_n(x)\Big)'\mathrm{d}x+\int_a^b\sum_{n=N}^{\infty}f_n'(x)\mathrm{d}x<\frac{\varepsilon}{2}+\frac{\varepsilon}{2}=\varepsilon.$$

令 $\varepsilon\to 0^+$ 得到

$$\int_a^b\left|\Big(\sum_{n=1}^{\infty}f_n(x)\Big)'-\sum_{n=1}^{\infty}f_n'(x)\right|\mathrm{d}x=0,$$

$$\Big(\sum_{n=1}^{\infty}f_n(x)\Big)'\underset{m}{\doteq}\sum_{n=1}^{\infty}f_n'(x),\quad x\in[a,b].$$

证法 2　不妨设 $f_n(a)=0,n=1,2,\cdots$(否则,讨论 $\{f_n(x)-f_n(a)\}$). 令级数的部分和为

$$S_n(x)=\sum_{i=1}^{n}f_i(x).$$

易见 $S_n(x),f(x)$ 都为 $[a,b]$ 上的单调增函数. 因此,根据定理 3.6.3(1),必 $\exists E\subset[a,b]$, s.t. $m(E)=0$,并在 $[a,b]-E$ 上,导数 $f_1'(x),f_2'(x),\cdots,f_n'(x),\cdots,f'(x)$ 都处处存在且有限. 由于

$$S_n(x)-S_{n-1}(x)=f_n(x)\quad(\text{规定 } S_0(x)\equiv 0),$$

$$f(x)-S_n(x)=\sum_{i=n+1}^{\infty}f_i(x)$$

都为 $[a,b]$ 上的单调增函数,所以当 $x\in[a,b]-E$ 时,有

$$[S_n(x)-S_{n-1}(x)]'\geqslant 0,\qquad [f(x)-S_n(x)]'\geqslant 0.$$

即当 $x\in[a,b]-E$ 时,时

$$S_{n-1}'(x)\leqslant S_n'(x)\leqslant f'(x).$$

于是,对 $\forall x\in[a,b]-E$, $\lim\limits_{n\to+\infty}S_n'$ 存在且有限,故

$$\sum_{n=1}^{\infty}f_n'(x)=\lim_{n\to+\infty}\sum_{i=1}^{n}f_i'(x)=\lim_{n\to+\infty}S_n'(x)$$

在 $[a,b]-E$ 上处处收敛. 下面将证明存在 $\{S_n'(x)\}$ 的一个子列 $\{S_{n_k}'\}$, s.t. 在 $[a,b]$ 上 $S_{n_k}'(x)\dot{\underset{m}{\to}}f'(x)$. 因而,在 $[a,b]$ 上, $f'(x)\underset{m}{\doteq}\sum\limits_{n=1}^{\infty}f_n'(x)$.

由于 $\lim\limits_{n\to+\infty}S_n(b)=f(b)$,所以,对 $\forall k\in\mathbb{N}$,总有 $n_k\in\mathbb{N}$, s.t.

$$f(b)-S_{n_k}(b)<\frac{1}{2^k}.$$

又因为 $f(x)-S_{n_k}(x)$ 也为 x 的单调函数,且 $f(a)-S_{n_k}(a)=0$. 于是

$$0\leqslant\sum_{k=1}^{\infty}[f(x)-S_{n_k}(x)]\leqslant\sum_{k=1}^{\infty}[f(b)-S_{n_k}(b)]<\sum_{k=1}^{\infty}\frac{1}{2^k}=1.$$

这说明 $\sum\limits_{k=1}^{\infty}[f(x)-S_{n_k}(x)]$ 为单调增函数 $f(x)-S_{n_k}(x)$ 所构成的收敛级数. 根据前面已证的事实知,在 $[a,b]$ 上有

$$\sum_{k=1}^{\infty}[f'(x)-S_{n_k}'(x)]\ \dot{\underset{m}{<}}+\infty.$$

从而,在 $[a,b]$ 上可得

$$f'(x)-S_{n_k}'(x)\dot{\underset{m}{\to}}0,\quad\text{即}\quad S_{n_k}'(x)\dot{\underset{m}{\to}}f(x).$$

如果 $\{f_n(x)\}$ 都为 $[a,b]$ 上的单调减函数,只须将上述关于单调增的结论用于 $\{-f_n(x)\}$. □

注 3.6.2　定理 3.6.4 中"级数 $\sum_{n=1}^{\infty} f_n$ 在$[a,b]$上处处收敛"可减弱为"$\sum_{n=1}^{\infty} f_n(a)$ 和 $\sum_{n=1}^{\infty} f_n(b)$ 收敛".

事实上,因为 $\sum_{n=1}^{\infty}[f_n(x)-f_n(a)]$ 为非负单调增的函数项级数.由于优级数 $\sum_{n=1}^{\infty}[f_n(b)-f_n(a)]$ 收敛,从而 $\sum_{n=1}^{\infty} f_n(x)$ 在$[a,b]$上处处收敛.

在单调函数类的基础上,我们来研究用途更广泛的有界变差函数类.

定义 3.6.3　设 $f:[a,b]\to\mathbb{R}$ 为实函数.作$[a,b]$的分割

$$\Delta:\ a=x_0<x_1<\cdots<x_n=b$$

及相应的和

$$v_\Delta(f)=\sum_{i=1}^{n}|f(x_i)-f(x_{i-1})|.$$

令

$$\bigvee_a^b(f)=\sup_\Delta\{v_\Delta(f)\mid\Delta\text{ 为}[a,b]\text{ 的任一分割}\},$$

并称它为 f 在$[a,b]$上的**全变差**.如果

$$\bigvee_a^b(f)<+\infty,$$

则称 f 为$[a,b]$上的**有界变差函数**,其全体记为 $\mathrm{BV}([a,b])$.

例 3.6.4　设 $f:[a,b]\to\mathbb{R}$ 为单调函数,则对$[a,b]$的任一分割

$$\Delta:\ a=x_0<x_1<\cdots<x_n=b,$$

都有

$$\begin{aligned}v_\Delta(f)&=\sum_{i=1}^{n}|f(x_i)-f(x_{i-1})|\\&=\left|\sum_{i=1}^{n}[f(x_i)-f(x_{i-1})]\right|=|f(b)-f(a)|,\end{aligned}$$

从而

$$\bigvee_a^b(f)=\sup_\Delta\{v_\Delta(f)\mid\Delta\text{ 为}[a,b]\text{ 的任一分割}\}=|f(b)-f(a)|<+\infty,$$

故 $f\in\mathrm{BV}([a,b])$.

例 3.6.5　设 $f:[a,b]\to\mathbb{R}$ 满足 Lipschitz 条件:

$$|f(x)-f(y)|\leqslant M|x-y|,\quad\forall x,y\in[a,b],$$

其中 M 为非负常数,则 f 为$[a,b]$上的有界变差函数.

特别当$|f'(x)|\leqslant M,\forall x\in[a,b]$时,$f$ 为$[a,b]$上的有界变差函数.

证明 因为

$$v_\Delta(f)=\sum_{i=1}^{n}|f(x_i)-f(x_{i-1})|\leqslant\sum_{i=1}^{n}M|x_i-x_{i-1}|$$

$$=M\sum_{i=1}^{n}(x_i-x_{i-1})=M(b-a),$$

所以

$$\bigvee_a^b(f)=\sup_\Delta\{v_\Delta(f)\mid\Delta\text{ 为}[a,b]\text{ 的任一分割}\}\leqslant M(b-a)<+\infty,$$

即 $f\in BV([a,b])$.

特别地，当 $|f'(x)|\leqslant M,\forall x\in[a,b]$时，有

$$|f(x)-f(y)|\xlongequal[\exists\xi\in(x,y)]{\text{Lagrange 中值定理}}|f'(\xi)(x-y)|\leqslant M|x-y|,\quad\forall x,y\in[a,b]$$

于是，由上述结论推得 $f\in BV([a,b])$. □

例 3.6.6 (1) 设 $f:[0,1]\to\mathbb{R}$,

$$f(x)=\begin{cases}x\sin\dfrac{\pi}{x}, & 0<x\leqslant 1,\\ 0, & x=0.\end{cases}$$

显然，f 在$[0,1]$上连续，但 $f\notin BV([0,1])$.

(2) 设

$$f_n(x)=\begin{cases}x\sin\dfrac{\pi}{x}, & \dfrac{1}{n}\leqslant x\leqslant 1,\\ \dfrac{1}{n}\sin n\pi, & 0\leqslant x<\dfrac{1}{n};\end{cases}\qquad f(x)=\begin{cases}x\sin\dfrac{\pi}{x}, & 0<x\leqslant 1,\\ 0, & x=0.\end{cases}$$

则 $f_n\in BV([0,1])$，但 $f=\lim\limits_{n\to+\infty}f_n\notin BV([0,1])$.

证明 (1) 作分割Δ: $0<\dfrac{2}{2n-1}<\dfrac{2}{2n-3}<\cdots<\dfrac{2}{3}<1,n\geqslant 3$，则

$$v_\Delta(f)=\sum_{i=2}^{n-1}\left|f\left(\frac{1}{2i-1}\right)-f\left(\frac{2}{2i+1}\right)\right|+\left|f\left(\frac{2}{2n-1}\right)-f(0)\right|+\left|f(1)-f\left(\frac{2}{3}\right)\right|$$

$$=\sum_{i=2}^{n-1}\left(\frac{2}{2i-1}+\frac{2}{2i+1}\right)+\frac{2}{2n-1}+\frac{2}{3}=2\sum_{i=1}^{n}\frac{2}{2i-1}.$$

从而，当 $n\to+\infty$时，$v_\Delta(f)\to+\infty$，即 $\bigvee\limits_a^b(f)=+\infty$，$f\notin BV([0,1])$.

(2) 因 $x\sin\dfrac{\pi}{x}$在$\left[\dfrac{1}{n},1\right]$上存在有界的导函数，由例 3.6.4 知，它是有界变差函数. 而 f_n 在$\left[0,\dfrac{1}{n}\right]$上为常值函数 0，由定义它自然为$[0,1]$上的有界变差函数. 因此，$f_n\in BV([0,1])$，但从(1)知 $f=\lim\limits_{n\to+\infty}f_n\notin BV([0,1])$. □

引理 3.6.3 (1) $f\in \mathrm{BV}([a,b]) \underset{\not\Leftarrow}{\Rightarrow} f$ 在$[a,b]$上为有界函数.

(2) $\mathrm{BV}([a,b])$构成一个线性空间.

(3) 设 $f\in \mathrm{BV}([a,b])$,且 $\bigvee_a^b (f)=0$,则 f 必为常值函数.

(4) 设 $f,g\in \mathrm{BV}([a,b])$,则 $fg\in \mathrm{BV}([a,b])$.

(5) 设$[c,d]\subset[a,b]$, $f\in \mathrm{BV}([a,b])$,则 $f\big|_{[c,d]}\in \mathrm{BV}([c,d])$.

证明 (1) ($\not\Leftarrow$)见例 3.6.6.

($\Rightarrow$)对 $\forall\, x\in[a,b]$,显然有

$$\begin{aligned}|f(x)| &= \frac{1}{2}|f(x)-f(a)+f(a)+f(b)-f(b)+f(x)| \\ &\leqslant \frac{1}{2}[|f(x)-f(a)|+|f(b)-f(x)|+|f(a)+f(b)|] \\ &\leqslant \frac{1}{2}\left[\bigvee_a^b (f)+|f(a)+f(b)|\right]<+\infty,\end{aligned}$$

因而,f 在$[a,b]$上为有界函数.

(2) 因为

$$\begin{aligned}v_\Delta(\alpha f+\beta g) &= \sum_{i=1}^n |(\alpha f+\beta g)(x_i)-(\alpha f+\beta g)(x_{i-1})| \\ &\leqslant |\alpha|\sum_{i=1}^n |f(x_i)-f(x_{i-1})|+|\beta|\sum_{i=1}^n |g(x_i)-g(x_{i-1})| \\ &\leqslant |\alpha|\, v_\Delta(f)+|\beta|\, v_\Delta(g),\end{aligned}$$

所以有

$$\begin{aligned}\bigvee_a^b (\alpha f+\beta g) &= \sup_\Delta\{v_\Delta(\alpha f+\beta g)\mid \Delta \text{ 为}[a,b]\text{ 的任一分割}\} \\ &\leqslant |\alpha|\sup_\Delta\{v_\Delta(f)\mid \Delta \text{ 为}[a,b]\text{ 的任一分割}\} \\ &\quad +|\beta|\sup_\Delta\{v_\Delta(g)\mid \Delta \text{ 为}[a,b]\text{ 的任一分割}\} \\ &= |\alpha|\bigvee_a^b (f)+|\beta|\bigvee_a^b (g)<+\infty,\end{aligned}$$

从而可得 $\alpha f+\beta g\in \mathrm{BV}([a,b])$, $\mathrm{BV}([a,b])$构成一个线性空间.

(3) (反证)假设 f 不为常值函数,则 $\exists\, x_1\in(a,b]$, s. t. $f(x_1)\neq f(a)$. 于是有

$$\begin{aligned}0 &< |f(x_1)-f(a)| = |f(x_1)-f(a)|+|f(b)-f(x_1)| \\ &\leqslant \sup_\Delta\{v_\Delta(f)\mid \Delta \text{ 为}[a,b]\text{ 的任一分割}\} = \bigvee_a^b (f) = 0,\end{aligned}$$

矛盾.

(4) 因为 $f,g\in BV([a,b])$，由(1)知 f,g 为$[a,b]$上的有界函数，记

$$|f(x)|\leqslant M,\quad |g(x)|\leqslant M,\quad \forall x\in[a,b].$$

对于$[a,b]$的任一分割 Δ: $a=x_0<x_1<\cdots<x_n=b$，有

$$\begin{aligned}v_\Delta(fg)&=\sum_{i=1}^n|fg(x_i)-fg(x_{i-1})|\\&=\sum_{i=1}^n|f(x_i)[g(x_i)-g(x_{i-1})]+g(x_{i-1})[f(x_i)-f(x_{i-1})]|\\&\leqslant M\sum_{i=1}^n[|g(x_i)-g(x_{i-1})|+|f(x_i)-f(x_{i-1})|]\\&\leqslant M\left[\bigvee_a^b(g)+\bigvee_a^b(f)\right].\end{aligned}$$

故可知

$$\bigvee_a^b(fg)\leqslant M\left[\bigvee_a^b(g)+\bigvee_a^b(f)\right]<+\infty,\quad 即\quad fg\in BV([a,b]).$$

(5) 因为$[c,d]\subset[a,b]$，故对$[c,d]$的任何分割

$$\tilde{\Delta}:\ c=y_0<y_1<\cdots<y_m=d,$$

对应$[a,b]$上的一个分割

$$\Delta:\ a=x_0<c=y_0=x_1<y_1=x_2<\cdots<y_m=x_{m+1}=d,$$

于是有

$$v_{\tilde{\Delta}}(f_{[c,d]})\leqslant v_\Delta(f|_{[a,b]}),$$

$$\bigvee_c^d(f|_{[c,d]})\leqslant\bigvee_a^b(f|_{[a,b]})=\bigvee_a^b(f)<+\infty,$$

从而可得 $f|_{[c,d]}\in BV([c,d])$. □

引理 3.6.4 设 $f:[a,b]\to\mathbb{R}$ 为实函数，$a<c<b$，则

$$\bigvee_a^b(f)=\bigvee_a^c(f)+\bigvee_c^b(f).$$

证明 如果 $\bigvee_a^c(f)=+\infty$ 或 $\bigvee_c^b(f)=+\infty$，则 $\bigvee_a^b(f)\geqslant\bigvee_a^c(f)=+\infty$ 或 $\bigvee_a^b(f)\geqslant\bigvee_c^b(f)=+\infty$，故总有

$$\bigvee_a^b(f)=+\infty=\bigvee_a^c(f)+\bigvee_c^b(f).$$

如果 $\bigvee_a^c(f)<+\infty$，$\bigvee_c^b(f)<+\infty$. 考虑$[a,b]$的任一分割 Δ. 若 c 为 Δ 的分点：$a=x_0<x_1<\cdots<x_r=c<\cdots<x_n=b$，则

$$v_\Delta(f)=\sum_{i=1}^n|f(x_i)-f(x_{i-1})|$$

$$=\sum_{i=1}^{r}|f(x_i)-f(x_{i-1})|+\sum_{i=r+1}^{n}|f(x_i)-f(x_{i-1})|$$

$$\leqslant\bigvee_a^c(f)+\bigvee_c^b(f).$$

若 c 不为 Δ 的分点，作新分割 $\tilde{\Delta}=\Delta\cup\{c\}$. 显然

$$v_\Delta(f)\leqslant v_{\tilde{\Delta}}(f)\leqslant\bigvee_a^c(f)+\bigvee_c^b(f).$$

所以

$$\bigvee_a^b(f)=\sup_{\Delta}\{v_\Delta(f)\mid\Delta\text{ 为}[a,b]\text{ 的任一分割}\}\leqslant\bigvee_a^c(f)+\bigvee_c^b(f).$$

另一方面，对 $\forall\,\varepsilon>0$，必存在 $[a,c]$ 的分割 Δ^1：$a=x_0^1<x_1^1<\cdots<x_m^1=c$，s. t.

$$\sum_{i=1}^{m}|f(x_i^1)-f(x_{i-1}^1)|>\bigvee_a^c(f)-\frac{\varepsilon}{2}.$$

同样，也存在 $[c,b]$ 的分割 Δ^2：$c=x_0^2<x_1^2<\cdots<x_n^2=b$，s. t.

$$\sum_{i=1}^{n}|f(x_i^2)-f(x_{i-1}^2)|>\bigvee_c^b(f)-\frac{\varepsilon}{2}.$$

现记 $\Delta^1\cup\Delta^2$ 为 Δ^1 与 Δ^2 中分点合并而成的分割，且用 $\{x_k\}$ 依次记录 $\Delta^1\cup\Delta^2$ 的全部分点. 我们有

$$\bigvee_a^b(f)\geqslant\sum_{k=1}^{m+n}|f(x_k)-f(x_{k-1})|$$

$$=\sum_{i=1}^{m}|f(x_i^1)-f(x_{i-1}^1)|+\sum_{j=1}^{n}|f(x_j^2)-f(x_{j-1}^2)|$$

$$>\bigvee_a^c(f)+\bigvee_c^b(f)-\varepsilon.$$

令 $\varepsilon\to0^+$ 得到

$$\bigvee_a^b(f)\geqslant\bigvee_a^c(f)+\bigvee_c^b(f).$$

综合上述，有 $\bigvee_a^b(f)=\bigvee_a^c(f)+\bigvee_c^b(f)$. □

定理 3.6.5(Jordan 分解定理) $f\in\mathrm{BV}([a,b])\Leftrightarrow f(x)=g(x)-h(x)$，其中 $g(x)$ 与 $h(x)$ 为 $[a,b]$ 上的单调增函数.

证明 证法 1 ($\Leftarrow$)设 $f(x)=g(x)-h(x)$，$g(x)$ 与 $h(x)$ 为 $[a,b]$ 上的单调增函数，由例 3.6.4 知，$g,h\in\mathrm{BV}([a,b])$. 再由引理 3.6.3 中(2)，$f=g-h\in\mathrm{BV}([a,b])$.

($\Rightarrow$)设 $f\in\mathrm{BV}([a,b])$. 令

$$g(x)=\frac{1}{2}\bigvee_a^x(f)+\frac{1}{2}f(x),\qquad h(x)=\frac{1}{2}\bigvee_a^x(f)-\frac{1}{2}f(x),$$

则 $f(x)=g(x)-h(x)$. 易见,当 $a\leqslant x\leqslant y\leqslant b$ 时,有

$$g(y)-g(x)=\frac{1}{2}\left[\bigvee_a^y(f)-\bigvee_a^x(f)+f(y)-f(x)\right]$$

$$\geqslant\frac{1}{2}\left[\bigvee_x^y(f)-|f(y)-f(x)|\right]\geqslant 0,$$

$$h(y)-h(x)=\frac{1}{2}\left[\bigvee_a^y(f)-\bigvee_a^x(f)-f(y)+f(x)\right]$$

$$\geqslant\frac{1}{2}\left[\bigvee_x^y(f)-|f(y)-f(x)|\right]\geqslant 0,$$

即 g,h 都为单调增函数.

证法 2 ($\Rightarrow$)设 $f\in BV([a,b])$. 令

$$g(x)=\bigvee_a^x(f),\qquad h(x)=\bigvee_a^x(f)-f(x),$$

则 $f(x)=\bigvee_a^x(f)-\left[\bigvee_a^x(f)-f(x)\right]=g(x)-h(x)$. 易见,当 $a\leqslant x\leqslant y\leqslant b$ 时,有

$$g(y)-g(x)=\bigvee_a^y(f)-\bigvee_a^x(f)=\bigvee_x^y(f)\geqslant 0,$$

$$h(y)-h(x)=\left[\bigvee_a^y(f)-\bigvee_a^x(f)-f(y)+f(x)\right]$$

$$\geqslant\bigvee_x^y(f)-|f(y)-f(x)|\geqslant 0,$$

即 g,h 都为单调增函数.

证法 3 参阅注 3.6.3. □

定理 3.6.6 设 $f\in BV([a,b])$,则 f 的不连续点集为至多可数集,且 f 在$[a,b]$上几乎处处可导和 f'为$[a,b]$上的 Lebesgue 可积函数.

证明 因 $f\in BV([a,b])$,由 Jordan 分解定理 3.6.5,$f=g-h$,其中 g,h 为$[a,b]$上的增函数,根据例 1.2.11,f 的不连续点集至多可数. 再根据定理 3.6.3 中(1),g,h 在$[a,b]$上几乎处处可导,因而 $f=g-h$ 在$[a,b]$上几乎处处可导,且为$[a,b]$上的 Lebesgue 可积函数. □

定理 3.6.7 设 $f\in\mathscr{L}([a,b])$,则其变上限积分

$$F(x)=(\mathrm{L})\int_a^x f(t)\mathrm{d}t$$

为$[a,b]$上的有界变差函数. 因而,它在$[a,b]$上几乎处处可导,且其全变差

$$\bigvee_a^b(F)=(\mathrm{L})\int_a^b|f(x)|\mathrm{d}x<+\infty.$$

证明 对$[a,b]$的任一分割 Δ: $a=x_0<x_1<\cdots<x_n=b$,有

$$\begin{aligned} v_\Delta(F) &= \sum_{i=1}^{n} |F(x_i) - F(x_{i-1})| \\ &= \sum_{i=1}^{n} \left| (\mathrm{L})\int_{x_{i-1}}^{x_i} f(x)\mathrm{d}x \right| \\ &\leqslant \sum_{i=1}^{n} (\mathrm{L})\int_{x_{i-1}}^{x_i} |f(x)|\mathrm{d}x = (\mathrm{L})\int_a^b |f(x)|\mathrm{d}x < +\infty. \end{aligned}$$

于是

$$\bigvee_a^b (F) \leqslant (\mathrm{L})\int_a^b |f(x)|\mathrm{d}x < +\infty.$$

这就证明了 F 为$[a,b]$上的有界变差函数.

下面再证相反的不等式

$$(\mathrm{L})\int_a^b |f(x)|\mathrm{d}x \leqslant \bigvee_a^b (F),$$

从而有

$$\bigvee_a^b (F) = (\mathrm{L})\int_a^b |f(x)|\mathrm{d}x.$$

首先注意到,如果 $S(x)$为$[a,b]$上的一个阶梯函数,且有表达式

$$S(x) = \sum_{i=1}^{n} c_i \chi_{(x_{i-1},x_i]}(x) (c_i = \pm 1 \text{ 或 } 0), \quad x \in [a,b],$$

则有

$$\begin{aligned} (\mathrm{L})\int_a^b S(x)f(x)\mathrm{d}x &= \sum_{i=1}^{n} c_i (\mathrm{L})\int_a^b \chi_{(x_{i-1},x_i]}(x) f(x)\mathrm{d}x \\ &= \sum_{i=1}^{n} c_i (\mathrm{L})\int_{x_{i-1}}^{x_i} f(x)\mathrm{d}x \\ &\leqslant \sum_{i=1}^{n} \left| (\mathrm{L})\int_{x_{i-1}}^{x_i} f(x)\mathrm{d}x \right| \\ &= \sum_{i=1}^{n} |F(x_i) - F(x_{i-1})| \leqslant \bigvee_a^b (F). \end{aligned}$$

其次,作$[a,b]$上的阶梯函数列$\{\sigma_n(x)\}$,s.t. 在$[a,b]$上满足

$$\lim_{n\to+\infty} \sigma_n(x) \doteq_m f(x).$$

再作阶梯函数

$$S_n(x) = \begin{cases} 1, & \text{当 } \sigma_n(x) > 0, \\ 0, & \text{当 } \sigma_n(x) = 0, \\ -1, & \text{当 } \sigma_n(x) < 0, \end{cases}$$

易见,由上面不等式得到

$$(\mathrm{L})\int_a^b S_n(x)f(x)\mathrm{d}x \leqslant \bigvee_a^b (F).$$

另一方面,在$[a,b]$上又有

$$\lim_{n\to+\infty} S_n(x)f(x) \mathop{=}_{m}^{\cdot} |f(x)|,$$

故由 Lebesgue 控制收敛定理 3.4.1($|f(x)|$为控制函数)可得

$$(\mathrm{L})\int_a^b |f(x)|\,\mathrm{d}x = (\mathrm{L})\int_a^b \lim_{n\to+\infty} S_n(x)f(x)\mathrm{d}x$$

$$= \lim_{n\to+\infty}(\mathrm{L})\int_a^b S_n(x)f(x)\mathrm{d}x \leqslant \bigvee_a^b (F). \qquad \square$$

定义 3.6.4 设 $f: [a,b]\to\mathbb{R}$ 为实函数,Δ: $a=x_0<x_1<\cdots<x_n=b$ 为$[a,b]$的任一分割.令

$$v_\Delta^+(f) = \sum_{f(x_i)\geqslant f(x_{i-1})}[f(x_i)-f(x_{i-1})], \quad v_\Delta^-(f) = \sum_{f(x_i)<f(x_{i-1})}[f(x_{i-1})-f(x_i)].$$

显然

$$\begin{cases} v_\Delta^+(f) + v_\Delta^- f(f) = v_\Delta(f), \\ v_\Delta^+(f) - v_\Delta^-(f) = \displaystyle\sum_{f(x_i)\geqslant f(x_{i-1})}[f(x_i)-f(x_{i-1})] + \sum_{f(x_i)<f(x_{i-1})}[f(x_i)-f(x_{i-1})] \end{cases}$$

$$= \sum_{i=1}^n [f(x_i)-f(x_{i-1})] = f(b)-f(a).$$

分别称

$$\bigvee_a^{b}{}^{+}(f) = \sup_\Delta v_\Delta^+(f)$$

与

$$\bigvee_a^{b}{}^{-}(f) = \sup_\Delta v_\Delta^-(f)$$

为 f 在$[a,b]$上的**正变差与负变差**.

引理 3.6.5 设 $\bigvee_a^{b}{}^{+}(f)$与$\bigvee_a^{b}{}^{-}(f)$分别为 f 在$[a,b]$上的正变差与负变差,则

$$\begin{cases} \bigvee_a^{b}{}^{+}(f) + \bigvee_a^{b}{}^{-}(f) = \bigvee_a^b (f), \\ \bigvee_a^{b}{}^{+}(f) = \bigvee_a^{b}{}^{-}(f) + f(b) - f(a). \end{cases}$$

证明 由下面两式:

$$\begin{cases} v_\Delta^+(f) + v_\Delta^-(f) = v_\Delta(f), \\ v_\Delta^+(f) - v_\Delta^-(f) = f(b) - f(a) \end{cases}$$

分别相加、相减推出

$$\begin{cases} v_\Delta^+(f) = \frac{1}{2}[v_\Delta(f) + f(b) - f(a)], \\ v_\Delta^-(f) = \frac{1}{2}[v_\Delta(f) - f(b) + f(a)]. \end{cases}$$

上两式分别对 Δ 取上确界得到

$$\begin{cases} \bigvee_a^{b}{}^+(f) = \frac{1}{2}\left[\bigvee_a^b(f) + f(b) - f(a)\right], \\ \bigvee_a^{b}{}^-(f) = \frac{1}{2}\left[\bigvee_a^b(f) - f(b) + f(a)\right]. \end{cases}$$

于是

$$\bigvee_a^{b}{}^+(f) + \bigvee_a^{b}{}^-(f) = \frac{1}{2}\left[\bigvee_a^b(f) + f(b) - f(a)\right] + \frac{1}{2}\left[\bigvee_a^b(f) - f(b) + f(a)\right]$$

$$= \bigvee_a^b(f),$$

$$\bigvee_a^{b}{}^+(f) = \frac{1}{2}\left[\bigvee_a^b(f) + f(b) - f(a)\right]$$

$$= \frac{1}{2}\left[\bigvee_a^b(f) - f(b) + f(a)\right] + f(b) - f(a)$$

$$= \bigvee_a^{b}{}^-(f) + f(b) - f(a).$$ □

定理 3.6.8 设 $f \in \mathrm{BV}([a,b])$，即 f 为 $[a,b]$ 上的有界变差函数. 则有

$$(\mathrm{L})\int_a^b |f'(x)|\,\mathrm{d}x \leqslant \bigvee_a^b(f) < +\infty.$$

因而 $|f'|, f' \in \mathscr{L}([a,b])$.

证明 由引理 3.6.5 中第 2 式移项得到

$$f(x) = \bigvee_a^{x}{}^+(f) + f(a) - \bigvee_a^{x}{}^-(f).$$

再由引理 3.6.5 第 1 式和 $f \in \mathrm{BV}([a,b])$ 知

$$0 \leqslant \bigvee_a^{x}{}^+(f) \leqslant \bigvee_a^x(f) \leqslant \bigvee_a^b(f) < +\infty,$$

$$0 \leqslant \bigvee_a^{x}{}^-(f) \leqslant \bigvee_a^x(f) \leqslant \bigvee_a^b(f) < +\infty.$$

从而，$[a,b]$ 上的单调增函数 $\bigvee_a^{b}{}^+(f)$ 和 $\bigvee_a^{b}{}^-(f)$ 几乎处处可导，且

$$f'(x) = \left[\bigvee_a^{x}{}^+(f) + f(a) - \bigvee_a^{x}{}^-(f)\right]'$$

$$= \bigvee_a^{x}{}^{+}{}'(f) - \bigvee_a^{x}{}^{-}{}'(f), \quad \text{a.e. } x \in [a,b].$$

由此和定理 3.6.3 中的(2)、引理 3.6.5 中第 1 式以及 $f \in \mathrm{BV}([a,b])$得到

$$\begin{aligned}(\mathrm{L})\int_a^b |f'(x)|\,\mathrm{d}x &= (\mathrm{L})\int_a^b \left| \bigvee_a^{x}{}^{+}{}'(f) - \bigvee_a^{x}{}^{-}{}'(f) \right| \mathrm{d}x \\ &\leqslant (\mathrm{L})\int_a^b \bigvee_a^{x}{}^{+}{}'(f)\,\mathrm{d}x + (\mathrm{L})\int_a^b \bigvee_a^{x}{}^{-}{}'(f)\,\mathrm{d}x \\ &\leqslant \left[\bigvee_a^{b}{}^{+}(f) - \bigvee_a^{a}{}^{+}(f)\right] + \left[\bigvee_a^{b}{}^{-}(f) - \bigvee_a^{a}{}^{-}(f)\right] \\ &= \bigvee_a^{b}{}^{+}(f) + \bigvee_a^{b}{}^{-}(f) = \bigvee_a^{b}(f) < +\infty. \end{aligned}$$

□

注 3.6.3 在定理 3.6.8 的证明中，

$$f(x) = \left[\bigvee_a^{x}{}^{+}(f) + f(a)\right] - \bigvee_a^{x}{}^{-}(f)$$

为两个单调增函数 $\bigvee_a^{x}{}^{+}(f) + f(a)$与 $\bigvee_a^{x}{}^{-}(f)$之差，这就给出了 Jordan 分解定理 3.6.5 中必要性的另一证明.

推论 3.6.1 设实函数 f 在$[a,b]$上几乎处处可导，则导函数 f'(在不可导点处补充定义为 0)在$[a,b]$上为 Lebesgue 可测函数，且

$$(\mathrm{L})\int_a^b |f'(x)|\,\mathrm{d}x \leqslant \bigvee_a^{b}(f).$$

证明 由 f 在$[a,b]$上几乎处处可导，故 f 在$[a,b]$上几乎处处连续，从而 f 在$[a,b]$上为 Lebesgue 可测函数.($\forall c \in \mathbb{R}$，根据例 1.4.4，$\{x \in [a,b] - D_f \mid f(x) > c\}$为$[a,b] - D_f$ 中的开集. 从而，存在$\mathbb{R}$ 中开集 G, s. t.

$$\{x \in [a,b] - D_f \mid f(x) > c\} = G \cap ([a,b] - D_f).$$

从而可知

$$\begin{aligned}\{x \in [a,b] \mid f(x) > c\} &= \{x \in [a,b] - D_f \mid f(x) > c\} \cup \{x \in D_f \mid f(x) > c\} \\ &= (G \cap ([a,b] - D_f)) \cup \{x \in D_f \mid f(x) > c\}.\end{aligned}$$

由于 D_f 为 Lebesgue 零测集，故$\{x \in D_f \mid f(x) > c\}$也为 Lebesgue 零测集. 因此$\{x \in [a,b] \mid f(x) > c\}$为 Lebesgue 可测集. 再根据定理 3.1.1 中(2)知，f 为$[a,b]$上的 Lebesgue 可测函数). 进而得到

$$f'(x) \underset{m}{\doteq} \lim_{n \to +\infty} \frac{f\left(x + \frac{1}{n}\right) - f(x)}{\frac{1}{n}}$$

为$[a,b]$上的 Lebesgue 可测函数.

如果 $\bigvee_a^b(f)=+\infty$，自然有

$$(\mathrm{L})\int_a^b|f'(x)|\mathrm{d}x\leqslant+\infty=\bigvee_a^b(f).$$

如果 $\bigvee_a^b(f)<+\infty$，即 $f\in\mathrm{BV}([a,b])$. 根据定理 3.6.8 有

$$(\mathrm{L})\int_a^b|f'(x)|\mathrm{d}x\leqslant\bigvee_a^b(f)<+\infty,$$

此时 $|f'|,f'\in\mathscr{L}([a,b])$. □

例 3.6.7　设 $f:\mathbb{R}^1\to\mathbb{R}$，

$$f(x)=\begin{cases}x^2\cos\dfrac{\pi}{x^2}, & x\neq 0,\\ 0, & x=0,\end{cases}$$

则

$$f'(x)=\begin{cases}2x\cos\dfrac{\pi}{x^2}+2\pi\dfrac{1}{x}\sin\dfrac{\pi}{x^2}, & x\neq 0,\\ 0, & x=0.\end{cases}$$

下面将证明 $f'\notin\mathscr{L}([0,1])$.

根据定理 3.5.6，$f'\notin\mathscr{R}([0,1])$（$[0,1]$上 Riemann 可积函数的全体）. 当然，从 $f'(x)$在 0 的右旁无界也可看出 $f'\notin\mathscr{R}([0,1])$.

事实上，只要 $0\notin[\alpha,\beta]$，f'便在$[\alpha,\beta]$上连续，从而

$$(\mathrm{L})\int_\alpha^\beta f'(x)\mathrm{d}x=(\mathrm{R})\int_\alpha^\beta f'(x)\mathrm{d}x=f(\beta)-f(\alpha)=\beta^2\cos\frac{\pi}{\beta^2}-\alpha^2\cos\frac{\pi}{\alpha^2}.$$

取 $\alpha_n=\sqrt{\dfrac{2}{4n+1}}$，$\beta_n=\dfrac{1}{\sqrt{2n}}$，则

$$(\mathrm{L})\int_{\alpha_n}^{\beta_n}f'(x)\mathrm{d}x=\frac{1}{2n},\quad n=1,2,\cdots.$$

注意，$[\alpha_n,\beta_n]$，$n=1,2,\cdots$为$[0,1]$中互不相交的闭区间，所以

$$\begin{aligned}(\mathrm{L})\int_0^1|f'(x)|\mathrm{d}x&\geqslant(\mathrm{L})\int_{\bigcup\limits_{n=1}^{\infty}[\alpha_n,\beta_n]}|f'(x)|\mathrm{d}x\\&\geqslant\sum_{n=1}^{\infty}\left|(\mathrm{L})\int_{\alpha_n}^{\beta_n}f'(x)\mathrm{d}x\right|\\&=\sum_{n=1}^{\infty}\frac{1}{2n}=+\infty,\end{aligned}$$

从而 $(\mathrm{L})\int_0^1|f'(x)|\mathrm{d}x=+\infty$，即 $|f'|,f'\notin\mathscr{L}([0,1])$. □

练习题 3.6

1. 设 $E\subset(a,b)$ 为稠密集，$f,g:[a,b]\to\mathbb{R}$ 为两个单调函数，且 $f(x)=g(x)$，$\forall x\in E$. 证明：f 与 g 有相同的连续点，并且在不连续点 x 的跳跃度相等，即

$$|f(x^+)-f(x^-)|=|g(x^+)-g(x^-)|.$$

2. 设 f 在 $[0,a]$ 上为有界变差函数. 证明：函数

$$F(x)=\begin{cases}\dfrac{1}{x}\displaystyle\int_0^x f(t)\mathrm{d}t, & x\in(0,a],\\ f(0^+), & x=0\end{cases}$$

为 $[0,a]$ 上的有界变差函数.

3. 设 $\{f_k\}$ 为 $[a,b]$ 上的有界变差函数列，且有

$$\bigvee_a^b(f_k)\leqslant M,\quad k=1,2,\cdots,$$

$$\lim_{k\to+\infty}f_k(x)=f(x),\quad \forall x\in[a,b].$$

证明：$f\in BV([a,b])$，且 $\bigvee\limits_a^b(f)\leqslant M$.

4. 设 $f\in BV([a,b])$，$f_n\in BV([a,b])$，$n=1,2,\cdots$，且有 $\lim\limits_{n\to+\infty}\bigvee\limits_a^b(f-f_n)=0$. 证明：存在 $\{f_n\}$ 的子列 $\{f_{n_i}\}$，s. t. 在 $[a,b]$ 上有 $\lim\limits_{i\to+\infty}f'_{n_i}(x)\underset{m}{\doteq}f'(x)$.

5. 设 f 为 (a,b) 上的单调增函数，$E\subset(a,b)$. 如果对 $\forall\varepsilon>0$，$\exists(a_i,b_i)\subset(a,b)$，$i=1,2,\cdots$，s. t.

$$\bigcup_{i=1}^{\infty}(a_i,b_i)\supset E,\quad \sum_{i=1}^{\infty}[f(b_i)-f(a_i)]<\varepsilon.$$

证明：在 E 上有 $f'(x)\underset{m}{\doteq}0$.

6. 设 E 为 $\mathbb{R}^1$ 中一族(开、闭、半开闭)区间的并集. 证明：E 为 Lebesgue 可测集.

7. 设 $f\in BV([a,b])$，且点 $x_0\in[a,b]$ 为 $f(x)$ 的连续点. 证明：$\bigvee\limits_a^x(f)$ 在点 x_0 处连续. 进而，证明有界变差的连续函数可用两个连续的增函数之差来表示.

8. 设 $a<c<b$，$f:[a,b]\to\mathbb{R}$ 为有界变差函数. 证明：

(1) $\bigvee\limits_a^{b}{}^{+}(f)=\bigvee\limits_a^{c}{}^{+}(f)+\bigvee\limits_c^{b}{}^{+}(f)$.　　(2) $\bigvee\limits_a^{b}{}^{-}(f)=\bigvee\limits_a^{c}{}^{-}(f)+\bigvee\limits_c^{b}{}^{-}(f)$.

9. 设 f 为 $[a,b]$ 上的有界变差函数，且连续. 证明：对 $\forall\varepsilon>0$，必 $\exists\delta>0$，当 $[a,b]$ 的分割 Δ：$a=x_0<x_1<\cdots<x_n=b$ 的模

$$\|\Delta\| = \max_{1\leqslant i\leqslant n}(x_i - x_{i-1}) < \delta$$

时,总有

$$v_\Delta(f) > \bigvee_a^b (f) - \varepsilon.$$

由此立知 $\lim\limits_{\|\Delta\|\to 0} v_\Delta(f) = \bigvee\limits_a^b (f)$(参阅引理 3.8.4).

10. 试在$[0,1]$上作一严格单调增的函数 $f(x)$,s.t.

$$f'(x) \underset{m}{=} 0, \quad x\in[0,1].$$

11. 设$\{x_n\}\subset[a,b]$.试作$[a,b]$上的单调增函数,其不连续点集恰为$\{x_n\}$.

12. 设 $\alpha>0$,M 为常数.如果

$$|f(y)-f(x)|\leqslant M|y-x|^\alpha \quad \forall x,y\in[a,b],$$

则称 f 满足 **α 次的 Hölder 条件**.证明:

(1) 当 $\alpha>1$ 时,f 恒为常数.

(2) 作一个不满足任何次 Hölder 条件的有界变差函数.

(3) 当 $0<\alpha<1$ 时,作一个函数满足 α 次 Hölder 条件,但不是有界变差的.

(4) 作一个不满足任何 $\alpha\left(\frac{1}{3}<\alpha<+\infty\right)$次 Hölder 条件的绝对连续函数.

3.7 重积分与累次积分、Fubini 定理

Riemann 积分理论是数学分析中最重要的内容之一,其中研究了重积分与累次积分的关系如下:如果 $f(x,y)$在 $I=[a,b]\times[c,d]$上连续,则

$$(R)\int_I f(x,y)\,dx\,dy = \int_a^b\left[\int_c^d f(x,y)\,dy\right]dx = \int_c^d\left[\int_a^b f(x,y)\,dx\right]dy.$$

更一般地,设 $I_1\subset\mathbb{R}^p$ 为 p 维区间,$I_2\subset\mathbb{R}^q$ 为 q 维区间,$f(\boldsymbol{x},\boldsymbol{y})$在 $I=I_1\times I_2$ 上连续,$x\in I_1$,$y\in I_2$,则

$$(R)\int_I f(\boldsymbol{x},\boldsymbol{y})\,d\boldsymbol{x}\,d\boldsymbol{y} = \int_{I_1}\left[\int_{I_2} f(\boldsymbol{x},\boldsymbol{y})\,d\boldsymbol{y}\right]d\boldsymbol{x} = \int_{I_2}\left[\int_{I_1} f(\boldsymbol{x},\boldsymbol{y})\,d\boldsymbol{x}\right]d\boldsymbol{y}.$$

本节目的是要在 Lebesgue 积分理论中也建立反映重积分与累次积分关系的 Fubini 定理.为叙述方便,下面的 Lebesgue 积分前都省略"(L)".

定义 3.7.1 设 $f(\boldsymbol{x},\boldsymbol{y})$为$\mathbb{R}^n=\mathbb{R}^p\times\mathbb{R}^q$ 上的非负广义可测函数,且满足:

(A) 关于 Lebesgue 测度,对几乎所有的 $\boldsymbol{x}\in\mathbb{R}^p$,$f(\boldsymbol{x},\boldsymbol{y})$作为 $\boldsymbol{y}$ 的函数是$\mathbb{R}^q$ 上的非负广义可测函数;

(B) $F_f(\boldsymbol{x}) = \int_{\mathbb{R}^q} f(\boldsymbol{x},\boldsymbol{y})\,d\boldsymbol{y}$ 为$\mathbb{R}^p$ 上的非负广义可测函数;

(C) $\int_{\mathbb{R}^n} f(\boldsymbol{x},\boldsymbol{y})\mathrm{d}\boldsymbol{x}\mathrm{d}\boldsymbol{y} = \int_{\mathbb{R}^p}\mathrm{d}\boldsymbol{x}\int_{\mathbb{R}^q} f(\boldsymbol{x},\boldsymbol{y})\mathrm{d}\boldsymbol{y} = \int_{\mathbb{R}^p} F_f(\boldsymbol{x})\mathrm{d}\boldsymbol{x}$.

我们记满足(A),(B),(C)三条的非负广义可测函数的全体为$\mathscr{F}$. 显然,$f(\boldsymbol{x},\boldsymbol{y})\equiv 0\in\mathscr{F}$. 因此,$\mathscr{F}$是非空的.

引理 3.7.1 (1) 如果 $f\in\mathscr{F}$,实数 $\alpha\geqslant 0$,则 $\alpha f\in\mathscr{F}$.

(2) 如果 $f_1,f_2\in\mathscr{F}$,则 $f_1+f_2\in\mathscr{F}$.

(3) 如果 $f,g\in\mathscr{F}$,$f(\boldsymbol{x},\boldsymbol{y})-g(\boldsymbol{x},\boldsymbol{y})\geqslant 0$ 且 $g\in\mathscr{L}(\mathbb{R}^n)$,则 $f-g\in\mathscr{F}$.

(4) 如果 $f_k\in\mathscr{F}$,$k=1,2,\cdots$; $f_k(\boldsymbol{x},\boldsymbol{y})\leqslant f_{k+1}(\boldsymbol{x},\boldsymbol{y})$,$k=1,2,\cdots$,且有

$$\lim_{k\to+\infty} f_k(\boldsymbol{x},\boldsymbol{y}) = f(\boldsymbol{x},\boldsymbol{y}),$$

则 $f\in\mathscr{F}$.

证明 根据积分的线性性,(1)与(2)是显然成立的.

(3) 因为 $g\in\mathscr{F}$,$g\in\mathscr{L}(\mathbb{R}^n)$,所以由(C)知

$$+\infty > \int_{\mathbb{R}^n} g(\boldsymbol{x},\boldsymbol{y})\mathrm{d}\boldsymbol{x}\mathrm{d}\boldsymbol{y} = \int_{\mathbb{R}^p}\mathrm{d}\boldsymbol{x}\int_{\mathbb{R}^q} g(\boldsymbol{x},\boldsymbol{y})\mathrm{d}y = \int_{\mathbb{R}^p} F_g(\boldsymbol{x})\mathrm{d}\boldsymbol{x} \geqslant 0.$$

根据定理 3.3.13 中(2),$F_g(\boldsymbol{x})$是几乎处处有限的. 由此再根据(B)可知,对几乎所有的 $\boldsymbol{x}\in\mathbb{R}^p$,$g(\boldsymbol{x},\boldsymbol{y})$视作 $\boldsymbol{y}$ 的函数在$\mathbb{R}^q$ 上是几乎处处有限的. 于是,从 $f\in\mathscr{F}$ 与等式

$$[f(\boldsymbol{x},\boldsymbol{y}) - g(\boldsymbol{x},\boldsymbol{y})] + g(\boldsymbol{x},\boldsymbol{y}) \underset{m}{\doteq} f(\boldsymbol{x},\boldsymbol{y})$$

立即推出 $f-g$ 满足(A),(B),(C)三条,即 $f-g\in\mathscr{F}$.

(4) (A)由定理 3.1.4′推出.

(B) $\int_{\mathbb{R}^q} f(\boldsymbol{x},\boldsymbol{y})\mathrm{d}\boldsymbol{y} = \int_{\mathbb{R}^q}\lim_{k\to+\infty} f_k(\boldsymbol{x},\boldsymbol{y})\mathrm{d}\boldsymbol{y} \xlongequal[\text{定理 3.3.4}]{\text{Levi 递增积分}} \lim_{k\to+\infty}\int_{\mathbb{R}^q} f_k(\boldsymbol{x},\boldsymbol{y})\mathrm{d}\boldsymbol{y}$

为$\mathbb{R}^p$ 上的非负广义可测函数.

$$\begin{aligned}
\text{(C)} \int_{\mathbb{R}^n} f(\boldsymbol{x},\boldsymbol{y})\mathrm{d}\boldsymbol{x}\mathrm{d}\boldsymbol{y} &= \int_{\mathbb{R}^n}\lim_{k\to+\infty} f_k(\boldsymbol{x},\boldsymbol{y})\mathrm{d}\boldsymbol{x}\mathrm{d}\boldsymbol{y} \\
&\xlongequal[\text{定理 3.3.4}]{\text{Levi 递增积分}} \lim_{k\to+\infty}\int_{\mathbb{R}^n} f_k(\boldsymbol{x},\boldsymbol{y})\mathrm{d}\boldsymbol{x}\mathrm{d}\boldsymbol{y} \\
&\xlongequal{f_k\in\mathscr{F}} \lim_{k\to+\infty}\int_{\mathbb{R}^p}\mathrm{d}\boldsymbol{x}\int_{\mathbb{R}^q} f_k(\boldsymbol{x},\boldsymbol{y})\mathrm{d}\boldsymbol{y} \\
&\xlongequal[\text{定理 3.3.4}]{\text{Levi 递增积分}} \int_{\mathbb{R}^p}\left[\lim_{k\to+\infty}\int_{\mathbb{R}^q} f_k(\boldsymbol{x},\boldsymbol{y})\mathrm{d}\boldsymbol{y}\right]\mathrm{d}\boldsymbol{x} \\
&\xlongequal[\text{定理 3.3.4}]{\text{Levi 递增积分}} \int_{\mathbb{R}^p}\mathrm{d}\boldsymbol{x}\int_{\mathbb{R}^q}\lim_{k\to+\infty} f_k(\boldsymbol{x},\boldsymbol{y})\mathrm{d}\boldsymbol{y} \\
&= \int_{\mathbb{R}^p}\mathrm{d}\boldsymbol{x}\int_{\mathbb{R}^q} f(\boldsymbol{x},\boldsymbol{y})\mathrm{d}\boldsymbol{y}.
\end{aligned}$$

这就证明了 $f\in\mathscr{F}$. □

定理 3.7.1(非负广义可测函数的 Tonelli 定理) 设 $f(\boldsymbol{x},\boldsymbol{y})$为$\mathbb{R}^n=\mathbb{R}^p\times\mathbb{R}^q$ 上的非负广义可测函数,则 $f\in\mathscr{F}$,即 f 满足定义 3.7.1 中的(A),(B),(C).

证明 (1) 设 $E=I_1\times I_2$,其中 $I_1\subset\mathbb{R}^p$ 为 p 维(开或闭或半开半闭)区间,$I_2\subset\mathbb{R}^q$ 为 q

维(开或闭或半开半闭)区间. 显然,有

$$\int_{\mathbb{R}^n}\chi_E(\boldsymbol{x},\boldsymbol{y})\mathrm{d}\boldsymbol{x}\mathrm{d}\boldsymbol{y}=m(E)=m(I_1)\cdot m(I_2).$$

另一方面,对 $\forall\,\boldsymbol{x}\in\mathbb{R}^p$, $\chi_E(\boldsymbol{x},\boldsymbol{y})$ 显然为 $\mathbb{R}^q$ 上的非负 Lebesgue 可测函数,且

$$F_{\chi_E}(\boldsymbol{x})=\int_{\mathbb{R}^q}\chi_E(\boldsymbol{x},\boldsymbol{y})\mathrm{d}\boldsymbol{y}=\begin{cases}m(I_2), & \boldsymbol{x}\in I_1,\\ 0, & \boldsymbol{x}\notin I_1\end{cases}$$

为 $\mathbb{R}^p$ 上的非负可测函数,以及

$$\int_{\mathbb{R}^p}F_{\chi_E}(\boldsymbol{x})\mathrm{d}\boldsymbol{x}=m(I_1)\cdot m(I_2)=\int_{\mathbb{R}^n}\chi_E(\boldsymbol{x},\boldsymbol{y})\mathrm{d}\boldsymbol{x}\mathrm{d}\boldsymbol{y}.$$

这就证明了 $\chi_E\in\mathscr{F}$.

(2) 设 $E\subset\mathbb{R}^n$ 为开集,根据定理 1.4.5 有 $E=I_1\times I_2=\bigcup\limits_{i=1}^{\infty}J_i$,其中 J_i 为互不相交的左下开右上闭的区间. 令

$$E_k=\bigcup_{i=1}^{k}J_i,$$

由(1)以及引理 3.7.1 中(2)可知

$$\chi_{E_k}=\sum_{i=1}^{k}\chi_{J_i}\in\mathscr{F}.$$

再由

$$\chi_{E_k}=\sum_{i=1}^{k}\chi_{J_i}\leqslant\sum_{i=1}^{k+1}\chi_{J_i}=\chi_{E_{k+1}},$$

$$\lim_{k\to+\infty}\chi_{E_k}(\boldsymbol{x},\boldsymbol{y})=\chi_E(\boldsymbol{x},\boldsymbol{y})$$

以及引理 3.7.1 中(4)知, $\chi_E\in\mathscr{F}$.

(3) 设 $E\subset\mathbb{R}^n$ 为有界闭集,则存在有界开集 $G\supset E$. 于是

$$E=G-(G-E)=G-(G\cap E^c)$$

为两个有界开集 G 与 $G\cap E^c$ 的差集. 从而,由(2)以及引理 3.7.1 中(3)可知

$$\chi_E=\chi_G-\chi_{G\cap E^c}\in\mathscr{F}.$$

(4) 设 $\{E_k\}$ 为 $\mathbb{R}^n$ 中的递减的 Lebesgue 可测集列,且 $m(E_1)<+\infty$. 记

$$E=\bigcap_{k=1}^{\infty}E_k.$$

如果 $\chi_{E_k}\in\mathscr{F}$, $k=1,2,\cdots$,由于 $\chi_{E_k}\searrow\chi_E$($\searrow$表示单调减趋于). 从表达式

$$\int_{\mathbb{R}^n}\chi_{E_1}(\boldsymbol{x},\boldsymbol{y})\mathrm{d}\boldsymbol{x}\mathrm{d}\boldsymbol{y}=1\cdot m(E_1)=m(E_1)<+\infty$$

和 $|\chi_{E_k}|\leqslant\chi_{E_1}$ 知, χ_{E_1} 为 $\{\chi_{E_k}\}$ 的可积的控制函数. 类似引理 3.7.1 中(4)的证法(用 Lebesgue

控制收敛定理代替 Levi 递增积分定理)可推得$\chi_E\in\mathscr{F}$.

(5) 设 $E\subset\mathbb{R}^n$ 为 Lebesgue 零测集,则必有递减的开集列$\{G_k\}$,s. t. $G_k\supset E$,$k=1,2,\cdots$,且 $\lim\limits_{k\to+\infty}m(G_k)=0$.

此外,$H=\bigcap\limits_{k=1}^{\infty}G_k\supset E$. 再由(2)和(4)可知$\chi_H\in\mathscr{F}$. 易见

$$0\leqslant m(H)\leqslant m\Big(\bigcap_{k=1}^{\infty}G_k\Big)\leqslant m(G_l)\to 0\quad(l\to+\infty),$$

从而 $0\leqslant m(H)\leqslant 0$,即 $m(H)=0$. 于是有

$$\int_{\mathbb{R}^p}\mathrm{d}\boldsymbol{x}\int_{\mathbb{R}^q}\chi_H(\boldsymbol{x},\boldsymbol{y})\mathrm{d}\boldsymbol{y}=\int_{\mathbb{R}^n}\chi_H(\boldsymbol{x},\boldsymbol{y})\mathrm{d}\boldsymbol{x}\mathrm{d}\boldsymbol{y}=m(H)=0,$$

$$\int_{\mathbb{R}^n}\chi_E(\boldsymbol{x},\boldsymbol{y})\mathrm{d}\boldsymbol{x}\mathrm{d}\boldsymbol{y}=m(E)=0=\int_{\mathbb{R}^p}\mathrm{d}\boldsymbol{x}\int_{\mathbb{R}^q}\chi_E(\boldsymbol{x},\boldsymbol{y})\mathrm{d}\boldsymbol{y}$$

(其中上式右端是根据 $0\leqslant\chi_E(\boldsymbol{x},\boldsymbol{y})\leqslant\chi_H(\boldsymbol{x},\boldsymbol{y})$及 $\int_{\mathbb{R}^p}\mathrm{d}\boldsymbol{x}\int_{\mathbb{R}^q}\chi_H(\boldsymbol{x},\boldsymbol{y})\mathrm{d}\boldsymbol{y}=0$ 得到). 这就证明了χ_E 满足(C).

实际上,上述等式还指出,对几乎所有的 $\boldsymbol{x}\in\mathbb{R}^p$,有

$$F_{\chi_E}=\int_{\mathbb{R}^q}\chi_E(\boldsymbol{x},\boldsymbol{y})\mathrm{d}\boldsymbol{y}=0.$$

从而立即推出,对几乎所有的 $\boldsymbol{x}\in\mathbb{R}^p$,在$\mathbb{R}^q$ 中有$\chi_E(\boldsymbol{x},\boldsymbol{y})\underset{m}{\doteq}0$. 这就证明了$\chi_E$ 满足(A)与(B),从而$\chi_E\in\mathscr{F}$.

(6) 设 E 为 Lebesgue 可测集,则

$$E=\Big(\bigcup_{k=1}^{\infty}F_k\Big)\cup Z,$$

其中每个 F_k 都为有界闭集,$m(Z)=0$,且 $F_1,F_2,\cdots,F_k,\cdots,Z$ 彼此不相交. 由(3)及类似于(2)中的方法不难证明$\chi_{\bigcup\limits_{k=1}^{\infty}E_k}\in\mathscr{F}$. 再根据

$$\chi_E(\boldsymbol{x},\boldsymbol{y})=\chi_{\bigcup\limits_{k=1}^{\infty}E_k}(\boldsymbol{x},\boldsymbol{y})+\chi_Z(\boldsymbol{x},\boldsymbol{y})$$

和(5)以及引理 3.7.1 中的(2)得到$\chi_E\in\mathscr{F}$.

(7) 由(6)和引理 3.7.1 中的(1)与(2)立知,任何非负可测简单函数 $f\in\mathscr{F}$.

最后,由引理 3.7.1 中的(4),任何非负广义可测函数 f 作为一列递增的非负可测简单函数的极限,必有 $f\in\mathscr{F}$. □

注 3.7.1 (1) 在定理 3.7.1 中,改变 $\boldsymbol{x}\in\mathbb{R}^p$ 与 $\boldsymbol{y}\in\mathbb{R}^q$ 的次序,结论同样是成立的. 因此,对非负广义可测函数,有

$$\int_{\mathbb{R}^q}\mathrm{d}\boldsymbol{y}\int_{\mathbb{R}^p}f(\boldsymbol{x},\boldsymbol{y})\mathrm{d}\boldsymbol{x}=\int_{\mathbb{R}^n}f(\boldsymbol{x},\boldsymbol{y})\mathrm{d}\boldsymbol{x}\mathrm{d}\boldsymbol{y}=\int_{\mathbb{R}^p}\mathrm{d}\boldsymbol{x}\int_{\mathbb{R}^q}f(\boldsymbol{x},\boldsymbol{y})\mathrm{d}\boldsymbol{y}.$$

通常将$\int_{\mathbb{R}^n} f(\boldsymbol{x},\boldsymbol{y})\mathrm{d}\boldsymbol{x}\mathrm{d}\boldsymbol{y}$称为**重积分**,而$\int_{\mathbb{R}^p}\mathrm{d}\boldsymbol{x}\int_{\mathbb{R}^q} f(\boldsymbol{x},\boldsymbol{y})\mathrm{d}\boldsymbol{y}$和$\int_{\mathbb{R}^q}\mathrm{d}\boldsymbol{y}\int_{\mathbb{R}^p} f(\boldsymbol{x},\boldsymbol{y})\mathrm{d}\boldsymbol{x}$称为**累次积分**.

(2) 如果$f(\boldsymbol{x},\boldsymbol{y})$为$E\subset\mathbb{R}^p\times\mathbb{R}^q=\mathbb{R}^{p+q}=\mathbb{R}^n$上的非负广义可测函数,则可以用$f(\boldsymbol{x},\boldsymbol{y})\cdot\chi_E(\boldsymbol{x},\boldsymbol{y})$代替定理3.7.1中的$f(\boldsymbol{x},\boldsymbol{y})$得到

$$\begin{aligned}\int_E f(\boldsymbol{x},\boldsymbol{y})\mathrm{d}\boldsymbol{x}\mathrm{d}\boldsymbol{y}&=\int_{\mathbb{R}^n} f(\boldsymbol{x},\boldsymbol{y})\,\chi_E(\boldsymbol{x},\boldsymbol{y})\mathrm{d}\boldsymbol{x}\mathrm{d}\boldsymbol{y}\\&=\int_{\mathbb{R}^p}\mathrm{d}\boldsymbol{x}\int_{\mathbb{R}^q} f(\boldsymbol{x},\boldsymbol{y})\,\chi_E(\boldsymbol{x},\boldsymbol{y})\mathrm{d}\boldsymbol{y}\\&=\int_{\mathbb{R}^q}\mathrm{d}\boldsymbol{y}\int_{\mathbb{R}^p} f(\boldsymbol{x},\boldsymbol{y})\,\chi_E(\boldsymbol{x},\boldsymbol{y})\mathrm{d}\boldsymbol{x}.\end{aligned}$$

定理3.7.2(可积函数的Fubini定理) 设$f\in\mathscr{L}(\mathbb{R}^n)$,$(\boldsymbol{x},\boldsymbol{y})\in\mathbb{R}^p\times\mathbb{R}^q=\mathbb{R}^n$,则

(A) 关于Lebesgue测度,对几乎所有的$\boldsymbol{x}\in\mathbb{R}^p$,$f(\boldsymbol{x},\boldsymbol{y})$为$\mathbb{R}^q$上的Lebesgue可积函数.

(B) 积分$\int_{\mathbb{R}^q} f(\boldsymbol{x},\boldsymbol{y})\mathrm{d}\boldsymbol{y}$为$\mathbb{R}^p$上的可积函数.

(C) $\int_{\mathbb{R}^n} f(\boldsymbol{x},\boldsymbol{y})\mathrm{d}\boldsymbol{x}\mathrm{d}\boldsymbol{y}=\int_{\mathbb{R}^p}\mathrm{d}\boldsymbol{x}\int_{\mathbb{R}^q} f(\boldsymbol{x},\boldsymbol{y})\mathrm{d}\boldsymbol{y}=\int_{\mathbb{R}^q}\mathrm{d}\boldsymbol{y}\int_{\mathbb{R}^p} f(\boldsymbol{x},\boldsymbol{y})\mathrm{d}\boldsymbol{x}$.

证明 令$f(\boldsymbol{x},\boldsymbol{y})=f^+(\boldsymbol{x},\boldsymbol{y})-f^-(\boldsymbol{x},\boldsymbol{y})$,则根据非负广义可测函数的Tonelli定理,$f^+(\boldsymbol{x},\boldsymbol{y})$,$f^-(\boldsymbol{x},\boldsymbol{y})$都满足上述条件(A),(B),(C).注意到所有的积分值都是有限的,从而可以作减法运算,并立即得到定理的结论. □

例3.7.1 $f(\boldsymbol{x},\boldsymbol{y})$的两个累次积分存在且相等,但$f(\boldsymbol{x},\boldsymbol{y})$在$\mathbb{R}^n$上也可能不是Lebesgue可积的.

令

$$f(x,y)=\begin{cases}\dfrac{xy}{(x^2+y^2)^2}, & (x,y)\in[-1,1]^2-\{(0,0)\},\\0, & (x,y)=(0,0).\end{cases}$$

显然,如果x,y中固定一个,则$f(x,y)$乃是另一个变量的连续函数,所以

$$\int_{-1}^1\frac{xy}{(x^2+y^2)^2}\mathrm{d}y$$

对$[-1,1]$中的所有x是存在有限的.由于被积函数关于y为奇函数,故积分值为0.于是,

$$\int_{-1}^1\mathrm{d}x\int_{-1}^1\frac{xy}{(x^2+y^2)^2}\mathrm{d}y=0=\int_{-1}^1\mathrm{d}y\int_{-1}^1\frac{xy}{(x^2+y^2)^2}\mathrm{d}x.$$

但是,$f(x,y)$在$[-1,1]^2$中不是Lebesgue可积的.(反证)反设$f(x,y)$在$[-1,1]^2$上是Lebesgue可积的,则$f(x,y)$在子集$[0,1]^2\subset[-1,1]^2$上也是Lebesgue可积的.于是,应用Fubini定理,应该存在有限积分

$$\int_0^1\mathrm{d}x\int_0^1\frac{xy}{(x^2+y^2)^2}\mathrm{d}y.$$

但是,函数

$$\int_0^1 \frac{xy}{(x^2+y^2)^2}\mathrm{d}y = \begin{cases} \dfrac{1}{2x} - \dfrac{x}{2(x^2+1)}, & x \neq 0, \\ 0, & x = 0 \end{cases}$$

在$[0,1]$中并非 Lebesgue 可积.

众所周知,积分与测度是相通的.我们将通过 Tonelli 定理和 Fubini 定理来讨论低维 Euclid 空间中点集与高维 Euclid 空间中点集之间的关系,并给出积分的几何意义.

定理 3.7.3 设 $E\subset\mathbb{R}^n=\mathbb{R}^p\times\mathbb{R}^q$ 为 Lebesgue 可测集,对 $\forall\, \boldsymbol{x}\in\mathbb{R}^p$,令 E 在点 $\boldsymbol{x}$ 处的**截集**为

$$E_{\boldsymbol{x}} = \{\boldsymbol{y}\in\mathbb{R}^q \mid (\boldsymbol{x},\boldsymbol{y})\in E\},$$

则关于 Lebesgue 测度对于几乎所有的 $\boldsymbol{x}\in\mathbb{R}^p$,$E_{\boldsymbol{x}}$ 为$\mathbb{R}^q$ 中的 Lebesgue 可测集,$m(E_{\boldsymbol{x}})$为$\mathbb{R}^p$上(几乎处处有定义)的可测函数,且有

$$m(E) = \int_{\mathbb{R}^p} m(E_{\boldsymbol{x}})\mathrm{d}\boldsymbol{x}.$$

证明 在 Tonelli 定理 3.7.1 中,令 $f(\boldsymbol{x},\boldsymbol{y})=\chi_E(\boldsymbol{x},\boldsymbol{y})$,则

$$\begin{aligned} m(E) &= \int_E \chi_E(\boldsymbol{x},\boldsymbol{y})\mathrm{d}\boldsymbol{x}\mathrm{d}\boldsymbol{y} = \int_{\mathbb{R}^n} \chi_E(\boldsymbol{x},\boldsymbol{y})\mathrm{d}\boldsymbol{x}\mathrm{d}\boldsymbol{y} \\ &= \int_{\mathbb{R}^p}\mathrm{d}\boldsymbol{x}\int_{\mathbb{R}^q}\chi_{E_{\boldsymbol{x}}}(\boldsymbol{y})\mathrm{d}\boldsymbol{y} = \int_{\mathbb{R}^p} m(E_{\boldsymbol{x}})\mathrm{d}\boldsymbol{x}. \end{aligned}$$

□

定理 3.7.4 设 $E_1\subset\mathbb{R}^p$ 与 $E_2\subset\mathbb{R}^q$ 为 Lebesgue 可测集,则 $E_1\times E_2\subset\mathbb{R}^p\times\mathbb{R}^q=\mathbb{R}^n$ 也为 Lebesgue 可测集,且有

$$m(E_1\times E_2) = m(E_1)\cdot m(E_2).$$

证明 由于 $E_1\times E_2=\left(\bigcup\limits_{i=1}^{\infty}F_i^1\cup Z_1\right)\times\left(\bigcup\limits_{j=1}^{\infty}F_j^2\cup Z_2\right)$,其中 $F_i^1(i=1,2,\cdots)$,Z_1 互不相交,F_i^1 为有界闭集,Z_1 为 Lebesgue 零测集;$F_j^2(j=1,2,\cdots)$,Z_2 互不相交,F_j^2 为有界闭集,Z_2 为 Lebesgue 零测集,所以 $E_1\times E_2$ 可以表示成可数个两两不相交的形如 $A\times B$ 的并集,其中 A,B 为有界闭集或 Lebesgue 零测集.

(1) 设 A 为 Lebesgue 零测集

此时,对 $\forall\,\varepsilon>0$,可作$\mathbb{R}^p$ 中的开区间列$\{I_i\}$以及$\mathbb{R}^q$ 中的开区间列$\{J_j\}$,s. t.

$$A\subset\bigcup_{i=1}^{\infty}I_i,\quad \sum_{i=1}^{\infty}m(I_i)<\varepsilon,$$

$$B\subset\bigcup_{j=1}^{\infty}J_j,\quad \sum_{j=1}^{\infty}m(J_j)<+\infty$$

(注意 B 为有界闭集或 Lebesgue 零测集).显然,$\mathbb{R}^p\times\mathbb{R}^q$ 中的开区间列$\{I_i\times I_j\}$覆盖了 $A\times B$.因此,有

$$
\begin{aligned}
0 \leqslant m^*(A \times B) &\leqslant m\Big(\bigcup_{i,j=1}^{\infty} I_i \times J_j\Big) \\
&\leqslant \sum_{i,j=1}^{\infty} m(I_i) \cdot m(J_j) \\
&= \sum_{i=1}^{\infty} m(I_i) \sum_{j=1}^{\infty} m(J_j) \\
&< \varepsilon \sum_{j=1}^{\infty} m(J_j).
\end{aligned}
$$

令 $\varepsilon \to 0^+$ 得到

$$m(A \times B) = m^*(A \times B) = 0.$$

即 $A \times B$ 为 $\mathbb{R}^p \times \mathbb{R}^q = \mathbb{R}^n$ 中的 Lebesgue 零测集，当然为 Lebesgue 可测集.

(2) 设 B 为 Lebesgue 零测集，类似(1)中的论证，$A \times B$ 为 $\mathbb{R}^p \times \mathbb{R}^q = \mathbb{R}^n$ 中的 Lebesgue 零测集，当然为 Lebesgue 可测集.

(3) 设 A 与 B 都为有界闭集，则 $A \times B$ 为 $\mathbb{R}^p \times \mathbb{R}^q = \mathbb{R}^n$ 中的有界闭集，它为 Lebesgue 可测集.

综上所述，$E_1 \times E_2$ 为 $\mathbb{R}^p \times \mathbb{R}^q = \mathbb{R}^n$ 中的 Lebesgue 可测集.

再由 Tonelli 定理立知

$$
\begin{aligned}
m(E_1 \times E_2) &= \int_{\mathbb{R}^p \times \mathbb{R}^q} \chi_{E_1 \times E_2}(\boldsymbol{x}, \boldsymbol{y}) \mathrm{d}\boldsymbol{x} \mathrm{d}\boldsymbol{y} \\
&= \int_{\mathbb{R}^p \times \mathbb{R}^q} \chi_{E_1}(\boldsymbol{x}) \chi_{E_2}(\boldsymbol{y}) \mathrm{d}\boldsymbol{x} \mathrm{d}\boldsymbol{y} \\
&= \int_{\mathbb{R}^p} \chi_{E_1}(\boldsymbol{x}) \mathrm{d}\boldsymbol{x} \int_{\mathbb{R}^q} \chi_{E_2}(\boldsymbol{y}) \mathrm{d}\boldsymbol{y} \\
&= m(E_1) \cdot m(E_2).
\end{aligned}
$$

□

定理 3.7.5(Lebesgue 可测函数图形的测度)　设 $f(\boldsymbol{x})$ 为 $E \subset \mathbb{R}^n$ 上的非负实值 Lebesgue 可测函数，作点集

$$G_E(f) = \{(\boldsymbol{x}, f(\boldsymbol{x})) \in \mathbb{R}^{n+1} \mid \boldsymbol{x} \in E\},$$

称它为 $\boldsymbol{f}$ 在 $\boldsymbol{E}$ 上的图形. 则有

$$m(G_E(f)) = 0.$$

证明　不妨设 $m(E) < +\infty$（否则先证 $m(G_{E \cap B(0;l)}(f)) = 0$）. 对$[0, +\infty)$作分割:

$$0 < \delta < 2\delta < \cdots < k\delta < (k+1)\delta < \cdots,$$

并令

$$E_k = \{\boldsymbol{x} \in E \mid k\delta \leqslant f(\boldsymbol{x}) < (k+1)\delta\}, \quad k = 0, 1, 2, \cdots.$$

显然

$$G_E(f) = \bigcup_{k=0}^{\infty} G_{E_k}(f).$$

从而得到

$$\begin{aligned}0 \leqslant m^*(G_E(f)) &= m^*\left(\bigcup_{k=0}^{\infty} G_{E_k}(f)\right)\\ &\leqslant \sum_{k=0}^{\infty} m^*(G_{E_k}(f)) \leqslant \sum_{k=0}^{\infty} \delta \cdot m(E_k)\\ &= \delta \sum_{k=0}^{\infty} m(E_k) = \delta m(E) \to 0 \quad (\delta \to 0^+),\end{aligned}$$

于是 $m(G_E(f)) = m^*(G_E(f)) = 0$. □

例 3.7.2 定理 3.7.5 的逆并不成立.

设 $E \subset [0,1]$ 为 Lebesgue 不可测集,因而 $f(x) = \chi_E(x)$ 不是 $[0,1]$ 上的 Lebesgue 可测函数. 但是, $m(G_{[0,1]}(f)) = 0$.

定理 3.7.6(Lebesgue 积分的几何意义) 设 $f(\boldsymbol{x})$ 为 $E \subset \mathbb{R}^n$ 上的非负实值可测函数,记

$$\underline{G}(f) = \underline{G}_E(f) = \{(\boldsymbol{x}, y) \in \mathbb{R}^{n+1} \mid \boldsymbol{x} \in E, \quad 0 \leqslant y \leqslant f(\boldsymbol{x})\},$$

称它为 f 在 E 上的**下方图形集**.

(1) 设 f 为 E 上的 Lebesgue 可测函数,则 $\underline{G}(f)$ 为 $\mathbb{R}^{n+1}$ 中的 Lebesgue 可测集,且有

$$m(\underline{G}(f)) = \int_E f(\boldsymbol{x}) \mathrm{d}\boldsymbol{x}.$$

(2) 设 $E \subset \mathbb{R}^n$ 为 Lebesgue 可测集, $\underline{G}(f)$ 为 $\mathbb{R}^{n+1}$ 中的 Lebesgue 可测集,则 $f(\boldsymbol{x})$ 为 Lebesgue 可测函数,且有

$$m(\underline{G}(f)) = \int_E f(\boldsymbol{x}) \mathrm{d}\boldsymbol{x}.$$

注意: 上述积分是 Lebesgue 积分. 而该公式是曲边梯形面积用 Riemann 积分表达的推广.

证明 (1) 设 $f(\boldsymbol{x})$ 为 Lebesgue 可测集 E 上的特征函数. 由定理 3.7.4 知, $E \times [0,1]$ 为 $\mathbb{R}^{n+1}$ 中的 Lebesgue 可测集,且

$$\begin{aligned}m(\underline{G}(f)) &= m(E \times [0,1])\\ &= m(E) \cdot m([0,1]) = m(E)\\ &= \int_E \chi_E(\boldsymbol{x}) \mathrm{d}\boldsymbol{x} = \int_E f(\boldsymbol{x}) \mathrm{d}\boldsymbol{x}.\end{aligned}$$

更进一步,对非负可测简单函数

$$f(\boldsymbol{x}) = \sum_{i=1}^{l} c_i \chi_{E_i}(\boldsymbol{x})$$

(其中 $E_i, i = 1, 2, \cdots, l$ 为 $\mathbb{R}^n$ 中两两不相交的 Lebesgue 可测集),有

$$m(\underline{G}(f)) = m\Big(\bigcup_{i=1}^{l} \underline{G}(c_i \chi_{E_i}(\boldsymbol{x}))\Big)$$

$$= \sum_{i=1}^{l} m(\underline{G}(c_i \chi_{E_i}(\boldsymbol{x}))) = \sum_{i=1}^{l} m(E_i \times [0, c_i])$$

$$= \sum_{i=1}^{l} m(E_i) \cdot m([0, c_i]) = \sum_{i=1}^{l} c_i m(E_i)$$

$$= \int_E \sum_{i=1}^{l} c_i \chi_{E_i}(\boldsymbol{x}) \mathrm{d}\boldsymbol{x} = \int_E f(\boldsymbol{x}) \mathrm{d}\boldsymbol{x}.$$

最后，对于一般的 Lebesgue 可测函数 $f(\boldsymbol{x})$，我们可作非负可测简单函数的递增列 $\{\varphi_k(\boldsymbol{x})\}$ 收敛于 $f(\boldsymbol{x})$. 易证

$$\big(\lim_{k\to+\infty} \underline{G}(\varphi_k)\big) \cup G_E(f) = \underline{G}(f),$$

其中 $G_E(f) = \{(\boldsymbol{x}, f(\boldsymbol{x})) \mid \boldsymbol{x} \in E\}$. 因为 f 为 Lebesgue 可测函数，由定理 3.7.5，$G_E(f)$ 为 $\mathbb{R}^{n+1}$ 中的 Lebesgue 零测集. 根据上面已证 $\{\underline{G}(\varphi_k)\}$ 为 $\mathbb{R}^{n+1}$ 中的递增 Lebesgue 可测集，所以，$\lim\limits_{k\to+\infty} \underline{G}(\varphi_k)$ 也为 $\mathbb{R}^{n+1}$ 中的 Lebesgue 可测集，从而 $\underline{G}(f)$ 不仅为 $\mathbb{R}^{n+1}$ 中的 Lebesgue 可测集，而且还有

$$m(\underline{G}(f)) = \lim_{k\to+\infty} m(\underline{G}(\varphi_k)) = \lim_{k\to+\infty} \int_E \varphi_k(\boldsymbol{x}) \mathrm{d}\boldsymbol{x}$$

$$\xlongequal[\text{定理 } 3.3.4]{\text{Levi 递增积分}} \int_E \lim_{k\to+\infty} \varphi_k(\boldsymbol{x}) \mathrm{d}\boldsymbol{x} = \int_E f(\boldsymbol{x}) \mathrm{d}\boldsymbol{x}.$$

(2) 设 $H = \underline{G}(f)$ 为 $\mathbb{R}^{n+1}$ 中的 Lebesgue 可测集. 由定理 3.7.3，关于 Lebesgue 测度对几乎所有的 $y \in \mathbb{R}^1$（即对 $y \in D \subset \mathbb{R}^1$，$m(\mathbb{R}^1 - D) = 0$），**截集**

$$H^y = \{\boldsymbol{x} \in \mathbb{R}^n \mid (\boldsymbol{x}, y) \in H\}$$

对 $\mathbb{R}^n$ 中的 Lebesgue 可测集. 易见，

$$\begin{aligned} H^y &= \{\boldsymbol{x} \in \mathbb{R}^n \mid (\boldsymbol{x}, y) \in H = \underline{G}(f)\} \\ &= \{\boldsymbol{x} \in \mathbb{R}^n \mid \boldsymbol{x} \in E, 0 \leqslant y \leqslant f(\boldsymbol{x})\} \\ &= \{\boldsymbol{x} \in E \mid 0 \leqslant y \leqslant f(\boldsymbol{x})\}. \end{aligned}$$

所以，除一个 Lebesgue 零测集 $\mathbb{R}^1 - D$ 中的 y 外，

$$\{\boldsymbol{x} \in E \mid f(\boldsymbol{x}) \geqslant y\} = \begin{cases} H^y, & y \geqslant 0, \\ E, & y < 0 \end{cases}$$

为 $\mathbb{R}^n$ 中的 Lebesgue 可测集. 显然，D 为 $\mathbb{R}^1$ 中的稠密集. 因此，对 $\forall\, y \in \mathbb{R}^1$，有

$$\{\boldsymbol{x} \in E \mid f(\boldsymbol{x}) \geqslant y\} = \bigcap_{k=1}^{\infty} \{\boldsymbol{x} \in E \mid f(\boldsymbol{x}) \geqslant y_k\},$$

（其中 $y_k \in D$，且 $y_k \uparrow y$）为 $\mathbb{R}^n$ 中的 Lebesgue 可测集. 这就证明了 $f(\boldsymbol{x})$ 为 $E \subset \mathbb{R}^n$ 上的 Lebesgue 可测函数. 再根据(1)推得

$$m(\underline{G}(f)) = \int_E f(\boldsymbol{x}) \mathrm{d}\boldsymbol{x}. \qquad \square$$

上面我们在$\mathbb{R}^n=\mathbb{R}^{p+q}=\mathbb{R}^p\times\mathbb{R}^q$上建立了Fubini定理，值得注意的是，$\mathbb{R}^p$，$\mathbb{R}^q$，$\mathbb{R}^p\times\mathbb{R}^q$的Lebesgue测度是分别定义的，关于测度之间的关系事先是不知道的. 定理3.7.1到定理3.7.6正是反映了测度之间的这种关系.

现在我们从已知的两个测度空间$(X,\mathscr{R}_X,\mu)$，$(Y,\mathscr{R}_Y,\nu)$出发来建立乘积测度空间$(X\times Y,\mathscr{R}_X\times\mathscr{R}_Y,\mu\times\nu)$，使得上述关于$\mathbb{R}^n=\mathbb{R}^{p+q}=\mathbb{R}^p\times\mathbb{R}^q$的定理，特别是Fubini定理在目前的一般乘积测度空间仍成立.

定义3.7.2 设X,Y为任何两个非空集合，称

$$X\times Y=\{(x,y)\mid x\in X,y\in Y\}$$

为空间X,Y的**乘积空间**(又称为**Cartesian积**，即**笛卡儿积**).

设$A\subset X,B\subset Y$为非空集合，称

$$A\times B=\{(x,y)\mid x\in A,y\in B\}$$

为$X\times Y$中的"**矩形**"，A与B称为$A\times B$的"**边**".

设$\mathscr{R}_X$与$\mathscr{R}_Y$分别为X与Y的某些子集构成的环. $\mathscr{R}$为有限个互不相交的矩形$A\times B(A\in\mathscr{R}_X,B\in\mathscr{R}_Y)$的并集所组成的$X\times Y$的子集类. 由下面的引理3.7.2知，$\mathscr{R}$为环，记作$\mathscr{R}=\widehat{\mathscr{R}_X\times\mathscr{R}_Y}$.

定义3.7.3 设$(X,\mathscr{R}_X)$，$(Y,\mathscr{R}_Y)$为两个可测空间(注意$\mathscr{R}_X,\mathscr{R}_Y$为$\sigma$环)，记

$$\mathscr{P}=\{A\times B\mid A\in\mathscr{R}_X,B\in\mathscr{R}_Y\},$$

$$\mathscr{R}_X\times\mathscr{R}_Y=\mathscr{R}_\sigma(\mathscr{P})\text{ 为包含 }\mathscr{P}\text{ 的最小 }\sigma\text{ 环},$$

称$(X\times Y,\mathscr{R}_X\times\mathscr{R}_Y)$为$(X,\mathscr{R}_X)$与$(Y,\mathscr{R}_Y)$的**乘积可测空间**，称$\mathscr{P}$中的$A\times B$为**可测矩形**.

设$E\subset X\times Y$，称集

$$E_x=\{y\in Y\mid (x,y)\in E\}$$

为由x决定的E的截口，简称为**x截口**；同样地，

$$E^y=\{x\in X\mid (x,y)\in E\}$$

为由y决定的E的截口，简称为**y截口**.

设$f\colon E\to\mathbb{R}$为实函数，当固定$x\in X$时，如果$E_x\neq\varnothing$，称

$$f_x\colon E_x\to\mathbb{R},$$

$$f_x(y)=f(x,y)$$

为**f由x决定的截口函数**；类似地，当固定$y\in Y$时，如果$E^y\neq\varnothing$，称

$$f^y\colon E^y\to\mathbb{R},$$

$$f^y(x)=f(x,y)$$

为**f由y决定的截口函数**.

引理3.7.2 $\mathscr{R}=\widehat{\mathscr{R}_X\times\mathscr{R}_Y}$为环.

证明 记$\mathscr{P}=\{A\times B\mid A\in\mathscr{R}_X,B\in\mathscr{R}_Y\}$，对$\forall\, E_i=A_i\times B_i\in\mathscr{P}$，$i=1,2$，从$\mathscr{R}_X,\mathscr{R}_Y$为环立知

$$E_1\cap E_2=(A_1\cap A_2)\times(B_1\cap B_2)\in\mathscr{P}.$$

由此，对 $\forall \bigcup_{i=1}^{m} E_i \in \mathscr{R}$，$\forall \bigcup_{j=1}^{n} F_j \in \mathscr{R}$，由于 $E_i \in \mathscr{P}(i=1,2,\cdots,m)$ 互不相交，$F_j \in \mathscr{P}(j=1,2,\cdots,n)$ 互不相交，故 $E_i \cap F_j (i=1,2,\cdots,m;\ j=1,2,\cdots,n)$ 也互不相交，且 $E_i \cap F_j \in \mathscr{P}$. 因此

$$\left(\bigcup_{i=1}^{m} E_i\right) \cap \left(\bigcup_{j=1}^{n} F_j\right) = \bigcup_{i=1}^{m} \bigcup_{j=1}^{n} (E_i \cap F_j) \in \mathscr{R}.$$

根据归纳法，$\mathscr{R}$ 中有限个集的交也属于 $\mathscr{R}$.

又因为

$$A_1 \times B_1 - A_2 \times B_2 = [(A_1 \cap A_2) \times (B_1 - B_2)] \cup [(A_1 - A_2) \times B_1] \in \mathscr{R},$$

所以，对 $\forall \bigcup_{i=1}^{m} E_i \in \mathscr{R}$，$\bigcup_{j=1}^{n} F_j \in \mathscr{R}(E_i \in \mathscr{P}, F_j \in \mathscr{P}, E_i(i=1,2,\cdots,m)$ 互不相交，$F_j(j=1,2,\cdots,n)$ 互不相交). 由上述可知，$E_i - E_j \in \mathscr{R}$. 因而，有限交集 $\bigcap_{j=1}^{n} (E_i - E_j) \in \mathscr{R}$，并且

$$\left\{\bigcap_{j=1}^{n} (E_i - F_j) \mid i = 1,2,\cdots,n\right\}$$

是互不相交的，所以

$$\bigcup_{i=1}^{m} E_i - \bigcup_{j=1}^{n} F_j = \bigcup_{i=1}^{m} \bigcap_{j=1}^{n} (E_i - E_j) \in \mathscr{R}.$$

由此得到

$$\left(\bigcup_{i=1}^{m} E_i\right) \cup \left(\bigcup_{j=1}^{n} F_j\right) = \left[\left(\bigcup_{i=1}^{m} E_i\right) - \left(\bigcup_{j=1}^{n} F_j\right)\right] \cup \left(\bigcup_{j=1}^{n} F_j\right) \in \mathscr{R}.$$

这就证明了 $\mathscr{R} = \widehat{\mathscr{R}_X \times \mathscr{R}_Y}$ 为环. □

引理 3.7.3 设 $(X, \mathscr{R}_X)$，$(Y, \mathscr{R}_Y)$ 为两个可测空间，则

$$\mathscr{R}_\sigma(\widehat{\mathscr{R}_X \times \mathscr{R}_Y}) = \mathscr{R}_\sigma(\mathscr{P}) \stackrel{\text{def}}{=} \mathscr{R}_X \times \mathscr{R}_Y.$$

证明 由引理 3.7.2，环 $\widehat{\mathscr{R}_X \times \mathscr{R}_Y}$ 为包含 $\mathscr{P}$ 的最小环，故 $\widehat{\mathscr{R}_X \times \mathscr{R}_Y} \subset \mathscr{R}_\sigma(\mathscr{P})$. 因而，$\mathscr{R}_\sigma(\widehat{\mathscr{R}_X \times \mathscr{R}_Y}) \subset \mathscr{R}_\sigma(\mathscr{P})$.

另一方面，由于 $\widehat{\mathscr{R}_X \times \mathscr{R}_Y} \supset \mathscr{P}$，所以又有

$$\mathscr{R}_\sigma(\widehat{\mathscr{R}_X \times \mathscr{R}_Y}) \supset \mathscr{R}_\sigma(\mathscr{P}).$$

综上所述，有

$$\mathscr{R}_\sigma(\widehat{\mathscr{R}_X \times \mathscr{R}_Y}) = \mathscr{R}_\sigma(\mathscr{P}).$$ □

引理 3.7.4 在乘积可测空间 $(X \times Y, \mathscr{R}_X \times \mathscr{R}_Y)$ 上，可测集的截口为可测集. 可测函数的截口函数为可测函数.

证明 首先，“求截口”运算满足下列规则：

(a) 对 $X \times Y$ 中的任一集族 $\{E_\lambda \mid \lambda \in \Gamma\}$，$\forall x_0 \in X$，有

$$\left(\bigcup_{x\in\Gamma} E_\lambda\right)_{x_0} = \bigcup_{\lambda\in\Gamma}(E_\lambda)_{x_0}.$$

(b) 对 $\forall E,F\subset X\times Y$, $\forall x_0\in X$,有

$$(E-F)_{x_0} = E_{x_0} - F_{x_0}.$$

由此立知,集类

$$\mathscr{E} = \{E\subset X\times Y \mid x\text{ 截口 } E_x \text{ 与 } y \text{ 截口 } E^y \text{ 都为可测集}\}$$

为 σ 环. 显然,$\mathscr{P}\subset\mathscr{E}$. 由引理 3.7.3 知

$$\mathscr{R}_X\times\mathscr{R}_Y = \mathscr{R}_\sigma(\mathscr{P})\subset\mathscr{E}.$$

因此,$\mathscr{R}_X\times\mathscr{R}_Y=\mathscr{R}_\sigma(\mathscr{P})$中每个元素的 x 截口与 y 截口都是可测的.

设 $E\in\mathscr{R}_X\times\mathscr{R}_Y=\mathscr{R}_\sigma(\mathscr{P})$,$f$ 为 E 上的可测函数. 对任何数 c 和给定的 $x_0\in X$,

$$\begin{aligned}E_{x_0}(f_{x_0}>c) &= \{y\in E_{x_0} \mid f_{x_0}(y)>c\}\\ &= \{y\mid f(x_0,y)>c,(x_0,y)\in E\}\\ &= \{y\mid (x_0,y)\in E(f>c)\}\\ &= [E(f>c)]_{x_0}.\end{aligned}$$

由于 $E(f>c)$为可测集,所以它的截口$[E(f>c)]_{x_0}$为$(Y,\mathscr{R}_Y)$上的可测集,从而 f_{x_0} 为集 E_{x_0} 上关于 y 的可测函数. 类似可证 f^y 为 E^y 上关于 x 的可测函数. □

设$(X,\mathscr{R}_X,\mu)$与$(Y,\mathscr{R}_Y,\nu)$为测度空间,为建立$(X\times Y,\mathscr{R}_X\times\mathscr{R}_Y)$上的乘积测度 $\mu\times\nu$. 我们先证下面两个引理.

引理 3.7.5 设$(X,\mathscr{R}_X,\mu)$与$(Y,\mathscr{R}_Y,\nu)$为两个全有限的测度空间,E 为$(X\times Y,\mathscr{R}_X\times\mathscr{R}_Y)$的可测子集,则 $\nu(E_x)$与 $\mu(E^y)$分别为$(X,\mathscr{R}_X,\mu)$与$(Y,\mathscr{R}_Y,\nu)$上的可测函数,且

$$\int_X \nu(E_x)\mathrm{d}\mu = \int_Y \mu(E^y)\mathrm{d}y.$$

证明 令

$$\mathscr{M} = \left\{E\in\mathscr{R}_X\times\mathscr{R}_Y \mid \nu(E_x),\mu(E^y)\text{ 为可测函数,且}\int_X\nu(E_x)\mathrm{d}\mu = \int_Y\mu(E^y)\mathrm{d}\nu\right\},$$

现证 $\mathscr{M}=\mathscr{R}_X\times\mathscr{R}_Y$.

当 $E=A\times B\in\mathscr{P}$时,由于

$$E_x = \begin{cases}B, & x\in A,\\ \varnothing, & x\notin A;\end{cases}\qquad E^y = \begin{cases}A, & y\in B,\\ \varnothing, & y\notin B,\end{cases}$$

故 $\nu(E_x)=\nu(B)\chi_A(x)$,$\mu(E^y)=\mu(A)\chi_B(y)$,从而 $\nu(E_x)$,$\mu(E^y)$分别为$(X,\mathscr{R}_X)$,$(Y,\mathscr{R}_Y)$的可测函数.

因为 μ,ν 是全有限的,所以 $\mathscr{R}_X$,$\mathscr{R}_Y$ 必为 σ 代数. 此外,

$$\begin{aligned}\int_X\nu(E_x)\mathrm{d}\mu &= \int_X\nu(B)\chi_A(x)\mathrm{d}\mu = \mu(A)\nu(B)\\ &= \int_Y\mu(A)\chi_B(y)\mathrm{d}\nu = \int_Y\mu(E^y)\mathrm{d}\nu.\end{aligned}$$

这就证明了 $E\subset\mathscr{M}$,从而 $\mathscr{P}\subset\mathscr{M}$.

再证 $\mathscr{M}$ 为包含环 $\mathscr{R}$ 的单调类. 如果 $E_1,E_2,\cdots,E_n\in\mathscr{M}$, $E_j\,(j=1,2,\cdots,n)$互不相交. 记 $E=\bigcup\limits_{j=1}^{n}E_j$,显然,$E_x=\bigcup\limits_{j=1}^{n}(E_j)_x$,$(E_j)_x(j=1,2,\cdots,n)$互不相交. 因此

$$\nu(E_x)=\sum_{j=1}^{n}\nu((E_j)_x)$$

为$(X,\mathscr{R}_X)$上的可测函数. 类似地

$$\mu(E^y)=\sum_{j=1}^{n}\mu((E_j)^y)$$

为$(Y,\mathscr{R}_Y)$上的可测函数. 再由积分的线性性得到

$$\begin{aligned}\int_X\nu(E_x)\mathrm{d}\mu&=\int_X\sum_{j=1}^{n}\nu((E_j)_x)\mathrm{d}\mu\\&=\sum_{j=1}^{n}\int_X\nu((E_j)_x)\mathrm{d}\mu=\sum_{j=1}^{n}\int_Y\mu((E_j)^y)\mathrm{d}\nu\\&=\int_Y\sum_{j=1}^{n}\mu((E_j)^y)\mathrm{d}\nu=\int_Y\mu(E^y)\mathrm{d}\nu,\end{aligned}$$

从而 $E=\bigcup\limits_{j=1}^{n}E_j\in\mathscr{M}$. 再根据 $\mathscr{P}\subset\mathscr{M}$ 以及 $\mathscr{R}=\widehat{\mathscr{R}_X\times\mathscr{R}_Y}$ 中的每个集必可表示为 $\mathscr{P}$ 中有限个互不相交的集的并集,便得到

$$\mathscr{R}=\widehat{\mathscr{R}_X\times\mathscr{R}_Y}\subset\mathscr{M}.$$

下证 $\mathscr{M}$ 为单调类. 设

$$E_1\subset E_2\subset\cdots\subset E_n\subset\cdots$$

为 $\mathscr{M}$ 中的单调增的集列,记 $E=\bigcup\limits_{n=1}^{\infty}E_n$. 由于

$$(E_1)_x\subset(E_2)_x\subset\cdots\subset(E_n)_x\subset\cdots,$$

$$E_x=\bigcup_{n=1}^{\infty}(E_n)_x,$$

所以,$\nu(E_x)=\lim\limits_{n\to+\infty}\nu((E_n)_x)$. 又因为$\{\nu((E_n)_x)\mid n=1,2,\cdots\}$为$(X,\mathscr{R}_X,\mu)$上的非负可积函数的单调增序列,并且

$$\int_X\nu((E_n)_x)\mathrm{d}\mu\leqslant\int_X\nu(Y)\mathrm{d}\mu=\nu(Y)\mu(X)<+\infty.$$

由 Levi 递增积分定理 3.3.4,$\nu(E_x)=\lim\limits_{n\to+\infty}\nu((E_n)_x)$为可积函数,且

$$\lim_{n\to+\infty}\int_X\nu((E_n)_x)\mathrm{d}\mu=\int_X\nu(E_x)\mathrm{d}\mu.$$

类似地,$\mu(E^y)=\lim\limits_{n\to+\infty}\mu((E_n)^y)$为可积函数,且

$$\lim_{n\to+\infty}\int_Y \mu((E_n)^y)\mathrm{d}\nu = \int_Y \mu(E^y)\mathrm{d}\nu.$$

从 $E_n\in\mu$ 知

$$\int_X \nu(E_x)\mathrm{d}\mu = \lim_{n\to+\infty}\int_X \nu((E_n)_x)\mathrm{d}\mu = \lim_{n\to+\infty}\int_Y \mu((E_n)^y)\mathrm{d}\nu = \int_Y \mu(E^y)\mathrm{d}\nu.$$

因此，$E\in\mathscr{M}$. 类似地，当 $E_1\supset E_2\supset\cdots\supset E_n\supset\cdots$ 时，$\bigcap_{n=1}^{\infty} E_n\in\mathscr{M}$（或者考察 $X\times Y-E_n$ 并应用上述结论）.

根据推论 1.3.1，有

$$\mathscr{R}_X\times\mathscr{R}_Y=\mathscr{R}_\sigma(\widehat{\mathscr{R}_X\times\mathscr{R}_Y})=\mathscr{R}_\sigma(\mathscr{R})\subset\mathscr{M}.$$

此外，从 $\mathscr{M}$ 的定义知，$\mathscr{M}\subset\mathscr{R}_X\times\mathscr{R}_Y$，从而 $\mathscr{M}=\mathscr{R}_X\times\mathscr{R}_Y$. 这就推出了 $\mathscr{R}_X\times\mathscr{R}_Y$ 具有引理的结论. □

引理 3.7.6 设 $(X,\mathscr{R}_X,\mu)$，$(Y,\mathscr{R}_Y,\nu)$ 为两个测度空间，$A_0\in\mathscr{R}_X$，$B_0\in\mathscr{R}_Y$，且 $\mu(A_0)<+\infty$，$\nu(B_0)<+\infty$. 则当 $E\in\mathscr{R}_X\times\mathscr{R}_Y$，且 $E\subset A_0\times B_0$ 时，$\nu(E_x)$，$\mu(E^y)$ 分别为 A_0，B_0 上的可测函数，并且

$$\int_{A_0}\nu(E_x)\mathrm{d}\mu=\int_{B_0}\mu(E^y)\mathrm{d}\nu.$$

证明 先证 $(\mathscr{R}_X\times\mathscr{R}_Y)\cap(A_0\times B_0)=(\mathscr{R}_X\cap A_0)\times(\mathscr{R}_Y\cap B_0)$.

记 $\mathscr{R}_X\times\mathscr{R}_Y$ 的可测矩形全体为 $\mathscr{P}$. $(\mathscr{R}_X\cap A_0)\times(\mathscr{R}_Y\cap B_0)$ 的可测矩形的全体为 $\widetilde{\mathscr{P}}$.

因为 $\mathscr{R}_X\cap A_0\subset\mathscr{R}_X$，$\mathscr{R}_Y\cap B_0\subset\mathscr{R}_Y$，显然，当 $A\times B\in\widetilde{\mathscr{P}}$ 时，$A\subset A_0$，$B\subset B_0$，且 $A\in\mathscr{R}_X$，$B\in\mathscr{R}_Y$，所以 $A\times B\in(\mathscr{R}_X\times\mathscr{R}_Y)\cap(A_0\times B_0)$，即 $\widetilde{\mathscr{P}}\subset(\mathscr{R}_X\times\mathscr{R}_Y)\cap(A_0\times B_0)$. 易知，$(\mathscr{R}_X\times\mathscr{R}_Y)\cap(A_0\times B_0)$ 为 $A_0\times B_0$ 上的 σ 代数，所以

$$(\mathscr{R}_X\cap A_0)\times(\mathscr{R}_Y\cap B_0)=\mathscr{R}_\sigma(\widetilde{\mathscr{P}})\subset(\mathscr{R}_X\times\mathscr{R}_Y)\cap(A_0\times B_0).$$

反之，对 $\forall A\times B\in\mathscr{P}$，因为

$$(A\times B)\cap(A_0\times B_0)=(A\cap A_0)\times(B\cap B_0)\in\widetilde{\mathscr{P}},$$

所以

$$\mathscr{P}\cap(A_0\times B_0)\subset(\mathscr{R}_X\cap A_0)\times(\mathscr{R}_Y\cap B_0).$$

记

$$\mathscr{M}=\{M\in\mathscr{R}_X\times\mathscr{R}_Y\mid M\cap(A_0\times B_0)\in(\mathscr{R}_X\cap A_0)\times(\mathscr{R}_Y\cap B_0)\}.$$

显然，$\mathscr{P}\subset\mathscr{M}$，且 $\mathscr{M}$ 为 σ 环. 所以

$$\mathscr{R}_X\times\mathscr{R}_Y=\mathscr{R}_\sigma(\mathscr{T})\subset\mathscr{M}\subset\mathscr{R}_X\times\mathscr{R}_Y,\quad 即\quad \mathscr{M}=\mathscr{R}_X\times\mathscr{R}_Y.$$

于是

$$(\mathscr{R}_X\times\mathscr{R}_Y)\cap(A_0\times B_0)\subset(\mathscr{R}_X\cap A_0)\times(\mathscr{R}_Y\cap B_0).$$

综合上述，得到

$$(\mathscr{R}_X\times\mathscr{R}_Y)\cap(A_0\times B_0)\subset(\mathscr{R}_X\cap A_0)\times(\mathscr{R}_Y\cap B_0).$$

作 $(A_0,\mathscr{R}_X\cap A_0)$，$(B_0,\mathscr{R}_Y\cap B_0)$ 上的测度

$$\mu_{A_0}(A)=\mu(A),\quad A\in\mathscr{R}_X\cap A_0,$$
$$\nu_{B_0}(B)=\nu(B),\quad B\in\mathscr{R}_Y\cap B_0.$$

对$(A_0,\mathscr{R}_X\cap A_0,\mu_{A_0})$，$(B_0,\mathscr{R}_Y\cap B_0,\nu_{B_0})$应用引理3.7.5，对$\forall E\in(\mathscr{R}_X\times\mathscr{R}_Y)\cap(A_0\times B_0)=(\mathscr{R}_X\cap A_0)\times(\mathscr{R}_Y\cap B_0)$，有

$$\int_{A_0}\nu(E_x)\mathrm{d}\mu=\int_{A_0}\nu_{B_0}(E_x)\mathrm{d}\mu_{A_0}=\int_{B_0}\mu_{A_0}(E^y)\mathrm{d}\nu_{B_0}=\int_{B_0}\mu(E^y)\mathrm{d}\nu.\qquad\square$$

下面利用引理3.7.5和引理3.7.6来给出乘积测度的定义.

定义3.7.4　设$(X,\mathscr{R}_X,\mu)$，$(Y,\mathscr{R}_Y,\nu)$为两个σ有限的测度空间，作乘积可测空间$(X\times Y,\mathscr{R}_X\times\mathscr{R}_Y)$上的广义集函数$\lambda$如下：

如果$E\in\mathscr{R}_X\times\mathscr{R}_Y$，且有矩形$A\times B\in\mathscr{R}_X\times\mathscr{R}_Y$，$\mu(A)<+\infty$，$\nu(B)<+\infty$，s.t. $E\subset A\times B$时，令

$$\lambda(E)\overset{\text{def}}{=}\int_A\nu(E_x)\mathrm{d}\mu=\int_B\mu(E^y)\mathrm{d}\nu.$$

对一般的$E\in\mathscr{R}_X\times\mathscr{R}_Y$，由下面定理3.7.7的证明必有一列矩形

$$F_n=A_n\times B_n\in\mathscr{R}_X\times\mathscr{R}_Y,\quad\mu(A_n)<+\infty,\quad\nu(B_n)<+\infty,$$
$$F_1\subset F_2\subset\cdots\subset F_n\subset\cdots,$$

s.t. $E\subset\bigcup\limits_{n=1}^{\infty}F_n$. 我们定义

$$\lambda(E)\overset{\text{def}}{=}\lim_{n\to+\infty}\lambda(E\cap F_n).$$

从定理3.7.7知λ为$(X\times Y,\mathscr{R}_X\times\mathscr{R}_Y)$上的$\sigma$有限测度，称它为$\mu$与$\nu$的**乘积测度**，记为$\lambda=\mu\times\nu$.

定理3.7.7　设$(X,\mathscr{R}_X,\mu)$，$(Y,\mathscr{R}_Y,\nu)$为σ有限测度空间，则由定义3.7.4给出的广义集函数λ: $\mathscr{R}_X\times\mathscr{R}_Y\to\mathbb{R}_*$为$(X\times Y,\mathscr{R}_X\times\mathscr{R}_Y)$上的$\sigma$有限测度. 而且是在$(X\times Y,\mathscr{R}_X\times\mathscr{R}_Y)$上满足条件：

$$\lambda(A\times B)=\mu(A)\nu(B),\quad A\in\mathscr{R}_X,B\in\mathscr{R}_Y$$

的惟一的σ有限测度.

证明　(惟一性)设有两个σ有限测试$\lambda,\tilde{\lambda}$在$\mathscr{P}$上都满足定理中的等式，即

$$\lambda(A\times B)=\mu(A)\nu(B)=\tilde{\lambda}(A\times B),\quad A\times B\in\mathscr{P}.$$

因为$\lambda,\tilde{\lambda}$都具有可数可加性，所以，在

$$\mathscr{R}(\mathscr{P})=\mathscr{R}=\widehat{\mathscr{R}_X\times\mathscr{R}_Y}$$

上$\lambda=\tilde{\lambda}$. 根据σ有限测度惟一性定理2.2.1立即得到在

$$\mathscr{R}_\sigma(\mathscr{R}(\mathscr{P}))=\mathscr{R}_\sigma(\mathscr{R})=\mathscr{R}_\sigma(\widehat{\mathscr{R}_X\times\mathscr{R}_Y})$$

上$\lambda=\tilde{\lambda}$.

(1) 设$\mu(X)<+\infty$，$\nu(Y)<+\infty$(即$(X,\mathscr{R}_X,\mu)$与$(Y,\mathscr{R}_Y,\nu)$都为全有限的测度空间). 我们来证明λ为测度.

显然，$\lambda(\varnothing)=\lambda(\varnothing_X\times\varnothing_Y)=0$；$\lambda$ 在 $\mathscr{R}_X\times\mathscr{R}_Y$ 上是非负的. 余下只要证 λ 具有可数可加性. 为此，设 $E_j\in\mathscr{R}_X\times\mathscr{R}_Y(j=1,2,\cdots)$ 且 $E_j(j=1,2,\cdots)$ 互不相交. 由 $\left(\bigcup\limits_{j=1}^{n}E_j\right)_x=\bigcup\limits_{j=1}^{n}(E_j)_x$ 以及积分的有限可加性得到

$$\lambda\left(\bigcup_{j=1}^{n}E_j\right)=\int_X\nu\left(\left(\bigcup_{j=1}^{n}E_j\right)_x\right)\mathrm{d}\mu=\int_X\sum_{j=1}^{n}\nu((E_j)_x)\mathrm{d}\mu$$
$$=\sum_{j=1}^{n}\int_X\nu((E_j)_x)\mathrm{d}\mu=\sum_{j=1}^{n}\lambda(E_j).$$

进而，有

$$\lambda\left(\bigcup_{j=1}^{\infty}E_j\right)=\int_X\nu\left(\left(\bigcup_{j=1}^{\infty}E_j\right)_x\right)\mathrm{d}\mu=\int_X\sum_{j=1}^{\infty}\nu((E_j)_x)\mathrm{d}\mu$$
$$=\int_X\lim_{n\to+\infty}\sum_{j=1}^{n}\nu((E_j)_x)\mathrm{d}\mu\xlongequal[\text{定理 3.3.4}]{\text{Levi 递增积分}}\lim_{n\to+\infty}\int_X\sum_{j=1}^{n}\nu((E_j)_x)\mathrm{d}\mu$$
$$=\lim_{n\to+\infty}\sum_{j=1}^{n}\int_X\nu((E_j)_x)\mathrm{d}\mu=\lim_{n\to+\infty}\sum_{j=1}^{n}\lambda(E_j)=\sum_{j=1}^{\infty}\lambda(E_j),$$

即 λ 具有可数可加性.

(2) 设 μ,ν 为 σ 有限测度.

设 $E\in\mathscr{R}_X\times\mathscr{R}_Y$，并且存在边为测度有限的矩形 $A\times B,C\times D$，s. t. $E\subset A\times B,E\subset C\times D$. 则对 $\forall(x,y)\in E$，必有 $x\in A\cap C,y\in B\cap D$，从而 $E\subset(A\cap C)\times(B\times D)$. 因为当

$$x\in(A-A\cap C)\cup(C-A\cap C)$$

时，$\nu(E_x)=0$，所以

$$\lambda(E)=\int_A\nu(E_x)\mathrm{d}\mu=\int_{A\cap C}\nu(E_x)\mathrm{d}\mu=\int_C\nu(E_x)\mathrm{d}\mu.$$

同理

$$\lambda(E)=\int_B\mu(E^y)\mathrm{d}\nu=\int_{B\cap D}\mu(E^y)\mathrm{d}\nu=\int_D\mu(E^y)\mathrm{d}\nu.$$

这就证明了对于上述这种 E，$\lambda(E)$不依赖于 $A\times B,C\times D$ 的选取.

对 $\forall E\in\mathscr{R}_X\times\mathscr{R}_Y$，它必包含在边为测度有限的矩形的单调增序列$\{F_n\}$的并中.

事实上，如果 $E\in\mathscr{P},E=A\times B,A\in\mathscr{R}_X,B\in\mathscr{R}_Y$. 由$(X,\mathscr{R}_X,\mu)$，$(Y,\mathscr{R}_Y,\nu)$的 σ 有限性，必有$\{A_n\}\in\mathscr{R}_X,\mu(A_n)<+\infty,\{B_n\}\in\mathscr{R}_Y,\nu(B_n)<+\infty$, s. t. $A\subset\bigcup\limits_{n=1}^{\infty}A_n$，$B\subset\bigcup\limits_{n=1}^{\infty}B_n$. 取 $F_n=\left(\bigcup\limits_{i=1}^{n}A_i\right)\times\left(\bigcup\limits_{i=1}^{n}B_i\right)$，则$\{F_n\}$便是边为测度有限的矩形的单调增序列，且 $E\subset\bigcup\limits_{n=1}^{\infty}F_n$.

对于一般的 $E\in\mathscr{R}_X\times\mathscr{R}_Y=\mathscr{R}_\sigma(\mathscr{P})$，根据例 1.3.11，必有 $\mathscr{P}$ 中的单调增序列$\{M_n\}$，s. t. $E\subset\bigcup\limits_{n=1}^{\infty}M_n=\lim\limits_{n\to+\infty}M_n$. 而每个 M_n，根据上面已经证明，有边为测度有限的矩形的单调增序列

$\{M_{nk}\}$, s. t. $\bigcup\limits_{k=1}^{\infty} M_{nk} \supset M_n$.

记 $M_{nk}=A_{nk}\times B_{nk}$. 如果取

$$F_n=\Big(\bigcup_{i,j=1}^{n} A_{ij}\Big)\times\Big(\bigcup_{i,j=1}^{n} B_{ij}\Big),$$

则$\{F_n\}$便是边为测度有限的矩形的单调增序列，且 $\bigcup\limits_{n=1}^{\infty} F_n\supset E$. 这就说明了定义 3.7.4 中的矩形序列确实是存在的.

易见，对上述$\{F_n\}$，$\{\lambda(E\cap F_n)\}$为单调增数列，因此 $\lim\limits_{n\to+\infty}\lambda(E\cap F_n)$必存在(可以允许$+\infty$).

上述极限与矩形序列的选取无关. 事实上，如果还有一列边为测度有限的矩形的单调增序列$\{\widetilde{F}_l\}$，$\bigcup\limits_{l=1}^{\infty}\widetilde{F}_l\supset E$，$\widetilde{F}_l=C_l\times D_l$，$C_l\in\mathscr{R}_X$，$D_l\in\mathscr{R}_Y$，$l=1,2,\cdots$. 记

$$\tilde{\lambda}(E)=\lim_{l\to+\infty}\lambda(E\cap\widetilde{F}_l).$$

由于 $E\cap\widetilde{F}_l=\lim\limits_{n\to+\infty}(E\cap F_n)\cap\widetilde{F}_l$，所以

$$\lambda(E\cap\widetilde{F}_l)=\lim_{n\to+\infty}\lambda(E\cap F_n\cap\widetilde{F}_l)\leqslant\lim_{n\to+\infty}\lambda(E\cap F_n)=\lambda(E),$$

$$\tilde{\lambda}(E)=\lim_{l\to+\infty}\lambda(E\cap\widetilde{F}_l)\leqslant\lambda(E).$$

如果将$\{F_n\}$与$\{\widetilde{F}_l\}$的位置对调就得到 $\lambda(E)\leqslant\tilde{\lambda}(E)$. 从而

$$\tilde{\lambda}(E)=\lambda(E).$$

再证 λ 具有可数可加性. 因为极限具有有限可加性，所以通过极限定义的 λ 具有有限可加性.

任取$\{E_n\}\subset\mathscr{R}_X\times\mathscr{R}_Y$，$E_n(n=1,2,\cdots)$互不相交. 由于 λ 的非负性和有限可加性立即推出 λ 的单调性. 显然

$$\lambda\Big(\bigcup_{j=1}^{\infty}E_j\Big)\geqslant\lambda\Big(\bigcup_{j=1}^{n}E_j\Big)=\sum_{j=1}^{n}\lambda(E_j),$$

令 $n\to+\infty$得到

$$\lambda\Big(\bigcup_{j=1}^{\infty}E_j\Big)\geqslant\sum_{j=1}^{\infty}\lambda(E_j).$$

另一方面，有

$$\lambda\Big(\Big(\bigcup_{j=1}^{\infty}E_j\Big)\cap F_n\Big)=\lambda\Big(\bigcup_{j=1}^{\infty}(E_j\cap F_n)\Big)=\sum_{j=1}^{\infty}\lambda(E_j\cap F_n)\leqslant\sum_{j=1}^{\infty}\lambda(E_j),$$

$$\lambda\Big(\bigcup_{j=1}^{\infty}E_j\Big)=\lim_{n\to+\infty}\Big(\Big(\bigcup_{j=1}^{\infty}E_j\Big)\cap F_n\Big)\leqslant\sum_{j=1}^{\infty}\lambda(E_j).$$

因此，$\lambda\left(\bigcup_{j=1}^{\infty} E_j\right) = \sum_{j=1}^{\infty}\lambda(E_j)$. 这就证明了$\lambda$具有可数可加性，从而$\lambda$为一个测度. 从$F_n$测度有限立知$\lambda$为$\sigma$有限的测度. □

定义 3.7.5 设$(X,\mathscr{R}_X,\mu)$，$(Y,\mathscr{R}_Y,\nu)$为两个σ有限测度空间，$(X\times Y,\mathscr{R}_X\times\mathscr{R}_Y,\mu\times\nu)$为它们的乘积测度空间，$E\in\mathscr{R}_X\times\mathscr{R}_Y$，$E=A\times B$，$A\in\mathscr{R}_X$，$B\in\mathscr{R}_Y$，$f$：$E\to\mathbb{R}$为实函数. 如果$f$在$E$上关于测度$\mu\times\nu$是可积的，积分

$$\int_E f(x,y)\mathrm{d}(\mu\times\nu)(x,y) = \int_E f(x,y)\mathrm{d}(\mu\times\nu)$$

称为f在E上**重积分**(它不过是乘积测度空间$(X\times Y,\mathscr{R}_X\times\mathscr{R}_Y,\mu\times\nu)$上的积分. 冠以“重”字是表明它相对于下面的“累次积分”而言).

如果存在一个ν零集$B_0\subset B$，当$y\in B-B_0$时，$f^y(x)$在A上关于μ是可积的，记

$$h(y) = \int_A f^y(x)\mathrm{d}\mu(x), \quad y\in B-B_0.$$

如果又存在B上的(关于ν)可积的函数$\tilde{h}(y)$，使得在$B-B_0$上，有$h(y)\underset{\nu}{\doteq}\tilde{h}(y)$，则称$h(y)=\int_A f^y(x)\mathrm{d}\mu(x)$为$B$上的可积函数，并规定

$$\int_B h(y)\mathrm{d}\nu(y) = \int_B \tilde{h}(y)\mathrm{d}\nu(y)$$

(即不区分$h(y)$与$\tilde{h}(y)$). 我们称

$$\begin{aligned}\int_B h(y)\mathrm{d}\nu(y) &= \int_B\left[\int_A f^y(x)\mathrm{d}\mu(x)\right]\mathrm{d}\nu(y)\\ &= \int_B\left[\int_A f(x,y)\mathrm{d}\mu(x)\right]\mathrm{d}\nu(y)\\ &= \int_B \mathrm{d}\nu(y)\int_A f\mathrm{d}\mu(x)\end{aligned}$$

为f在E上的**累次积分**. 类似地，称

$$\begin{aligned}\int_A\left[\int_B f_x(y)\mathrm{d}\nu(y)\right]\mathrm{d}\mu(x) &= \int_A\left[\int_B f(x,y)\mathrm{d}\nu(y)\right]\mathrm{d}\mu(x)\\ &= \int_A \mathrm{d}\mu(x)\int_B f(x,y)\mathrm{d}\nu(y)\\ &= \int_A \mathrm{d}\mu(x)\int_B f\mathrm{d}\nu(y)\end{aligned}$$

为f在E上的另一个**累次积分**.

定理 3.7.8(Fubini) 设E为$(X\times Y,\mathscr{R}_X\times\mathscr{R}_Y,\mu\times\nu)$上的$\sigma$有限的可测矩形，$E=A\times B$，$f$：$E\to\mathbb{R}$为实函数.

(1) 当f为E上关于$\mu\times\nu$为可积函数时，f在E上的两个累次积分存在有限，并且

$$\int_E f\mathrm{d}(\mu\times\nu) = \int_A\mathrm{d}\mu(x)\int_B f\mathrm{d}\nu(y) = \int_B\mathrm{d}\nu(y)\int_A f\mathrm{d}\mu(x).$$

(2) 反之,如果 f 在 E 上关于$(X\times Y,\mathscr{R}_X\times\mathscr{R}_Y)$的可测函数,而且$|f|$的两个累次积分

$$\int_A \mathrm{d}\mu(x)\int_B |f(x,y)|\mathrm{d}\nu(y),\quad \int_B \mathrm{d}\nu(y)\int_A |f(x,y)|\mathrm{d}\mu(x)$$

中有一个存在有限,则另一个累次积分和重积分 $\int_E f\mathrm{d}(\mu\times\nu)$ 也存在有限,且(1)中的公式成立.

证明 设 $\mu(A)<+\infty,\nu(B)<+\infty$,考虑$(A,\mathscr{R}_X\cap A,\mu_A)$与$(B,\mathscr{R}_Y\cap B,\nu_B)$的乘积空间$(A\times B,(\mathscr{R}_X\times A)\times(\mathscr{R}_Y\cap B),\mu_A\times\nu_B)$,其中 μ_A,ν_B 为 μ,ν 分别限制在 A,B 上的测度.

(1) 假设 f 为$(A\times B,(\mathscr{R}_X\cap A)\times(\mathscr{R}_Y\cap B))$上某个可测集 E 的特征函数 χ_E. 根据 $\mu\times\nu$,$\mu_A\times\nu_B$ 的定义,显然

$$\begin{aligned}\int_{A\times B}\chi_E\mathrm{d}(\mu_A\times\nu_B)&=\mu_A\times\nu_B(E)\\&=\int_A\nu_B(E_x)\mathrm{d}\mu_A=\int_A\mathrm{d}\mu_A(x)\int_B\chi_{E_x}(y)\mathrm{d}\nu(y)\\&=\int_A\mathrm{d}\mu_A(x)\int_B\chi_E\mathrm{d}\nu_B(y).\qquad\cdots\cdots\cdots\cdots\quad(*)\end{aligned}$$

同理有

$$\int_{A\times B}\chi_E\mathrm{d}(\mu_A\times\nu_B)=\int_B\mathrm{d}\nu_B(y)\int_A\chi_E\mathrm{d}\mu_A(x).$$

假设 f 为$(A\times B,(\mathscr{R}_X\cap A)\times(\mathscr{R}_Y\cap B),\mu_A\times\nu_B)$上的非负可积函数. 此时,对 $\forall k\in\mathbb{N}$,记

$$E_{kn}=A\times B\left(\frac{n-1}{2^k}\leqslant f<\frac{n}{2^k}\right),\quad n=1,2,\cdots,2^{2k}.$$

显然

$$\varphi_k=\sum_{n=1}^{2^{2k}}\frac{n-1}{2^k}\chi_{E_{kn}}$$

为非负有界递增函数列($\varphi_k\leqslant\varphi_{k+1},k=1,2,\cdots$),$\lim\limits_{k\to+\infty}\varphi_k(x,y)=f(x,y)$. 由 Levi 递增积分定理 3.3.4,有

$$\int_{A\times B}f\mathrm{d}(\mu_A\times\nu_B)=\lim_{k\to+\infty}\int_{A\times B}\varphi_k\mathrm{d}(\mu_A\times\nu_B).\qquad\cdots\cdots\cdots\cdots\quad(**)$$

利用($*$)和积分的线性性,当 x 固定时,$\varphi_{kx}(y)=\varphi_k(x,y)$为$(B,\mathscr{R}_Y\cap B,\nu_B)$上的可积函数

$$\psi_k(x)=\int_B\varphi_k(x,y)\mathrm{d}\nu_B(y)$$

为$(A,\mathscr{R}_X\cap A,\mu_A)$上的可积函数,而且

$$\int_{A\times B}\varphi_k\mathrm{d}(\mu_A\times\nu_B)=\int_A\mathrm{d}\mu_A(x)\int_B\varphi_k\mathrm{d}\nu_B(y)=\int_A\psi_k\mathrm{d}\mu_A(x).\ \cdots\cdots\cdots\quad(***)$$

由于$\{\psi_k\}$为非负有界单调增的函数列，且由(**)，(***)又有

$$\lim_{k\to+\infty}\int_A \psi_k \mathrm{d}\mu_A(x) = \int_{A\times B} f \mathrm{d}(\mu_A \times \nu_B).$$

由 Levi 引理(定理 3.4.2)，$\{\psi_k(x)\}$关于 μ_A 几乎处处收敛于可积函数$\psi(x)$，且

$$\int_A \psi \mathrm{d}\mu_A = \int_{A\times B} f \mathrm{d}(\mu_A \times \nu_B). \quad\cdots\cdots\cdots\cdots\cdots\cdots\cdots\cdots \quad (****)$$

固定 $x\in A(\psi(x)=\lim\limits_{k\to+\infty}\psi_k(x)<+\infty)$时，$\psi_{kx}(y)=\varphi_k(x,y)$，$k=1,2,\cdots$为$(B,\mathscr{R}_Y\cap B,\nu_B)$上的非负可积的单调增函数列，且

$$\int_B \psi_{kx}(y)\mathrm{d}\nu_B(y) = \psi_k(x), \quad k = 1,2,\cdots$$

有上确界 $\psi(x)<+\infty$. 因此，再由 Levi 引理(定理 3.4.2)知$\{\varphi_{kn}(y)\}$的极限函数 $f_x(y)=f(x,y)$为$(B,\mathscr{R}_Y\cap B,\nu_B)$上的可积函数，且

$$\int_B f(x,y)\mathrm{d}\nu_B(y) = \lim_{k\to+\infty}\int_B \varphi_k(x,y)\mathrm{d}\nu_B(y) = \psi(x),$$

所以，$\int_B f(x,y)\mathrm{d}\nu_B(y)$ 几乎处处等于 $(A,\mathscr{R}_X\cap A,\mu_A)$上的可积函数 $\psi(x)$. 而且由(****)得到

$$\int_{A\times B} f \mathrm{d}(\mu_A \times \nu_B) = \int_A \mathrm{d}\mu_A(x)\int_B f \mathrm{d}\nu_B(y)$$

(为清晰地看出上述论证的来龙去脉，我们将上面论证过程简化为

$$\begin{aligned}\int_{A\times B} f \mathrm{d}(\mu_A \times \nu_B) &= \int_{A\times B} \lim_{k\to+\infty}\varphi_k \mathrm{d}(\mu_A \times \nu_B) = \lim_{k\to+\infty}\int_{A\times B}\varphi_k \mathrm{d}(\mu_A \times \nu_B)\\ &= \lim_{k\to+\infty}\int_A \mathrm{d}\mu_A(x)\int_B \varphi_k \mathrm{d}\nu_B(y) = \int_A \mathrm{d}\mu_A(x)\lim_{k\to+\infty}\int_B \varphi_k \mathrm{d}\nu_B(y)\\ &= \int_A \mathrm{d}\mu_A(x)\int_B \lim_{k\to+\infty}\varphi_k \mathrm{d}\nu_B(y) = \int_A \mathrm{d}\mu_A(x)\int_B f(x,y)\mathrm{d}\nu_B(x)\Big).\end{aligned}$$

类似可得

$$\int_{A\times B} f \mathrm{d}(\mu_A \times \nu_B) = \int_B \mathrm{d}\nu_B(y)\int_A f \mathrm{d}\mu_A(x).$$

再假设 f 为$(A\times B,(\mathscr{R}_X\cap A)\times(\mathscr{R}_Y\cap B),\mu_A\times\nu_B)$上的一般可积函数. 应用上述结果和积分的线性性有

$$\begin{aligned}\int_{A\times B} f \mathrm{d}(\mu_A \times \nu_B) &= \int_{A\times B} f^+ \mathrm{d}(\mu_A \times \nu_B) - \int_{A\times B} f^- \mathrm{d}(\mu_A \times \nu_B)\\ &= \int_A \mathrm{d}\mu_A(x)\int_B f^+ \mathrm{d}\nu_B(y) - \int_A \mathrm{d}\mu_A(x)\int_B f^- \mathrm{d}\nu_B(y)\\ &= \int_A \mathrm{d}\mu_A(x)\int_B (f^+ - f^-)\mathrm{d}\nu_B = \int_A \mathrm{d}\mu_A(x)\int_B f \mathrm{d}\nu_B(y).\end{aligned}$$

同理，有

$$\int_{A\times B} f\,\mathrm{d}(\mu_A\times\nu_B)=\int_B \mathrm{d}\nu_B(y)\int_A f\,\mathrm{d}\mu_A(x).$$

(2) 如果非负"二元"可测函数 $f(x,y)$ 的累次积分

$$\int_B \mathrm{d}\nu_B(y)\int_A f\,\mathrm{d}\mu_A(x)$$

存在有限，则对 $\forall N\in\mathbb{N}$，作 f 的截断函数 $[f]_N=\min\{N,f\}$，它是有界的"二元"可测函数，由于 $(\mu_A\times\nu_B)(A\times B)<+\infty$，所以 $[f]_N$ 的重积分存在有限. 由(1)及 $[f]_N\leqslant f$ 便得到

$$\int_{A\times B}[f]_N\,\mathrm{d}(\mu_A\times\nu_B)=\int_B \mathrm{d}\nu_B(y)\int_A [f]_N\,\mathrm{d}\mu_A(x)\leqslant\int_B \mathrm{d}\nu_B(y)\int_A f\,\mathrm{d}\mu_A(x)$$

$$\left(\text{或}\leqslant\int_A \mathrm{d}\mu_A(x)\int_B f\,\mathrm{d}\nu_B(y)\right).$$

由此可看出 $\{[f]_N\}$ 的重积分序列有上界. 对"二元"函数列 $\{[f]_N\}$ 应用 Levi 引理(定理 3.4.2)便得到 $[f]_N(x,y)$ 的极限函数 $f(x,y)$ 的重积分存在. 再由(1)，另一个累次积分 $\int_A \mathrm{d}\mu_A(x)\int_B f\,\mathrm{d}\nu_B(y)$ $\left(\text{或}\int_B \mathrm{d}\nu_B(y)\int_A f\,\mathrm{d}\mu_A(x)\right)$ 也存在，并且两个累次积分都等于重积分.

对于一般的"二元"可积函数 f，分成 f^+，f^- 来讨论. 进而，在 $\mu(A)<+\infty$，$\nu(B)<+\infty$ 情形下证明了(2).

一般情形，即对 $E=A\times B$ 为 σ 有限时，存在 $\{A_n\}\subset\mathscr{R}_X$，$\{B_n\}\subset\mathscr{R}_Y$，$\mu(A_n)<+\infty$，$\nu(B_n)<+\infty$，且 $A_n(n=1,2,\cdots)$ 互不相交，$B_n(n=1,2,\cdots)$ 也互不相交，$\bigcup_{i=1}^{\infty}A_i=A$，$\bigcup_{j=1}^{\infty}B_j=B$. 因此有

$$E=A\times B=\left(\bigcup_{i=1}^{\infty}A_i\right)\times\left(\bigcup_{j=1}^{\infty}B_j\right)=\bigcup_{i=1}^{\infty}\bigcup_{j=1}^{\infty}A_i\times B_j,$$

并且 $A_i\times B_j(i,j=1,2,\cdots)$ 互不相交. 在每个 $A_i\times B_j$ 上 Fubini 定理结论成立. 再利用积分(重积分，累次积分中的每次积分)的可数可加性不难证明定理的结论在 E 上也成立. □

推论 3.7.1 设 E 为 $(X\times Y,\mathscr{R}_X\times\mathscr{R}_Y,\mu\times\nu)$ 的 $\mu\times\nu$ 零集，则对几乎所有的 x，截口 E_x 为 $(Y,\mathscr{R}_Y,\nu)$ 上的 ν 零集；对几乎所有的 y，截口 E^y 为 $(X,\mathscr{R}_X,\mu)$ 上的 μ 零集.

证明 由于 $E\in\mathscr{R}_X\times\mathscr{R}_Y$，所以必有可测矩形 $A\times B$，s. t. $E\subset A\times B$，并且 A,B 分别为 μ，ν 的 σ 有限集. 又由于 E 为 $\mu\times\nu$ 零集，所以它的特征函数 $\chi_E(x,y)$ 在 $A\times B$ 上的重积分为 0. 由 Fubini 定理和

$$\nu(E_x)=\int_B\chi_E(x,y)\mathrm{d}\nu(y),\quad \mu(E^y)=\int_A\chi_E(x,y)\mathrm{d}\mu(x)$$

得到

$$0=\mu\times\nu(E)=\int_{A\times B}\chi_E(x,y)\mathrm{d}(\mu\times\nu)=\int_A\nu(E_x)\mathrm{d}\mu(x)=\int_B\mu(E^y)\mathrm{d}\nu(y).$$

因为被积函数 $\nu(E_x)$，$\mu(E^y)$ 是非负的，所以

$\nu(E_x)$关于μ几乎处处为 0 $\Leftrightarrow \mu\times\nu(E)=0$

$\Leftrightarrow \mu(E^y)$关于ν几乎处处为 0. □

显然，Fubini 定理可以推广到多个测度空间$(X_i,\mathscr{R}_{X_i},\mu_i)$，$i=1,2,\cdots,n$的乘积测度空间$(X_1\times X_2\times\cdots\times X_n,\mathscr{R}_{X_1}\times\mathscr{R}_{X_2}\times\cdots\times\mathscr{R}_{X_n},\mu_1\times\mu_2\times\cdots\times\mu_n)$.

练习题 3.7

1. 设$f(x,y)$在$[0,1]\times[0,1]$上为 Lebesgue 可积函数. 证明：

$$\int_0^1\left[\int_0^x f(x,y)\mathrm{d}y\right]\mathrm{d}x=\int_0^1\left[\int_y^1 f(x,y)\mathrm{d}x\right]\mathrm{d}y.$$

2. 证明：$(\mathrm{L})\iint\limits_{[0,+\infty)^2}\dfrac{\mathrm{d}x\mathrm{d}y}{(1+y)(1+x^2y)}=\dfrac{\pi^2}{2}$.

3. 设$f\in\mathscr{L}((0,+\infty))$为非负函数，令

$$F(x)=\frac{1}{x}\int_0^x f(t)\mathrm{d}t,\quad x>0.$$

证明：$F\notin\mathscr{L}((0,+\infty))$.

4. 设$f(x),g(x)$为$E\subset\mathbb{R}^1$上非负 Lebesgue 可测函数，$fg\in\mathscr{L}(E)$. 令

$$E_y=\{x\in E\mid g(x)\geqslant y\}.$$

证明：对$\forall\, y>0$，有

$$F(y)=(\mathrm{L})\int_{E_y}f(x)\mathrm{d}x$$

均存在有限，且有

$$(\mathrm{L})\int_0^{+\infty}F(y)\mathrm{d}y=(\mathrm{L})\int_E f(x)g(x)\mathrm{d}x.$$

5. 设A,B为$\mathbb{R}^n$中的 Lebesgue 可测集. 证明：

$$(\mathrm{L})\int_{\mathbb{R}^n}m((A-\{\boldsymbol{x}\})\cap B)\mathrm{d}\boldsymbol{x}=m(A)\cdot m(B).$$

6. 设$f(x),g(x)$为$E\subset\mathbb{R}^1$上的 Lebesgue 可测函数，$m(E)<+\infty$. 如果$f(x)+g(y)$在$E\times E$上 Lebesgue 可积. 证明：$f(x),g(x)$都为E上的可积函数.

3.8 变上限积分的导数、绝对(全)连续函数与 Newton-Leibniz 公式

本节的 Lebesgue 积分前都省略“(L)”.

定理 3.8.1 设$f\in\mathscr{L}([a,b])$，令

$$F_h(x)=\frac{1}{h}\int_x^{x+h}f(t)\mathrm{d}t=\frac{1}{h}\left[\int_a^{x+h}f(t)\mathrm{d}t-\int_a^x f(t)\mathrm{d}t\right]$$

(当 $x\notin[a,b]$时,令 $f(x)=0$),则有

$$\lim_{h\to 0}\int_a^b |F_h(x)-f(x)|\,dx=0.$$

此时,称 F_h 平均收敛于 $f(h\to 0)$.

证明　因为 $f\in\mathscr{L}([a,b])$,故对 $\forall\varepsilon>0$,由积分的平均连续性定理 3.5.3,$\exists\delta>0$,s.t. 当$|t|<\delta$时,有

$$\int_{-\infty}^{+\infty}|f(x+t)-f(x)|\,dx<\varepsilon.$$

于是

$$\begin{aligned}\int_a^b |F_h(x)-f(x)|\,dx&=\int_a^b\left|\frac{1}{h}\int_x^{x+h}f(t)\,dt-f(x)\right|dx\\&\xlongequal{\text{定理3.5.2}}\int_a^b\left|\frac{1}{h}\int_0^h f(x+u)\,du-f(x)\right|dx\\&=\int_a^b\left|\frac{1}{h}\int_0^h[f(x+u)-f(x)]\,du\right|dx\\&\leqslant\int_{-\infty}^{+\infty}\left[\frac{1}{h}\int_0^h|f(x+u)-f(x)|\,du\right]dx\\&\xlongequal[\text{定理 3.7.1}]{\text{Tonelli}}\int_0^h\frac{1}{h}du\int_{-\infty}^{+\infty}|f(x+u)-f(x)|\,dx\\&<\frac{\varepsilon}{h}\int_0^h du=\varepsilon,\end{aligned}$$

即

$$\lim_{h\to 0}\int_a^b |F_h(x)-f(x)|\,dx=0.\qquad\square$$

定理 3.8.2　设 $f\in\mathscr{L}([a,b])$,令

$$F(x)=\int_a^x f(t)\,dt,\quad x\in[a,b],$$

则在$[a,b]$上可得

$$F'(x)=\left(\int_a^x f(t)\,dt\right)'\overset{\cdot}{\underset{m}{=}}f(x).$$

证明　令

$$F_h(x)=\frac{1}{h}\int_x^{x+h}f(t)\,dt=\frac{F(x+h)-F(x)}{h}$$

(当 $x\notin[a,b]$时,令 $f(x)=0$). 由定理 3.6.7 有

$$F(x)=\int_a^x f(t)\,dt$$

在$[a,b]$上几乎处处可导,所以在$[a,b]$上,有

$$\lim_{h\to 0}F_h(x)=\lim_{h\to 0}\frac{F(x+h)-F(x)}{h}\overset{\cdot}{\underset{m}{=}}F'(x)=\left(\int_a^x f(t)\,dt\right)'.$$

于是

$$F'(x) \underset{m}{\doteq} \lim_{n\to+\infty} \frac{F\left(x+\dfrac{1}{n}\right)-F(x)}{\dfrac{1}{n}}$$

为$[a,b]$上的 Lebesgue 可测函数. 定理 3.8.1 指出 $F_h(x)$平均收敛于 $f(x)(h\to 0)$,从而有

$$\begin{aligned}
0 &\leqslant \int_a^b |F'(x)-f(x)|\,\mathrm{d}x \\
&= \int_a^b \lim_{n\to+\infty} |F_{\frac{1}{n}}(x)-f(x)|\,\mathrm{d}x \\
&\overset{\substack{\text{Fatou引理}\\ \text{定理3.3.10}}}{\leqslant} \varliminf_{n\to+\infty}\int_a^b |F_{\frac{1}{n}}(x)-f(x)|\,\mathrm{d}x \\
&\overset{\text{定理3.8.1}}{=\!=\!=} 0,
\end{aligned}$$

故 $\int_a^b |F'(x)-f(x)|\,\mathrm{d}x = 0$. 根据定理 3.3.13 中(6)知

$$|F'(x)-f(x)| \underset{m}{\doteq} 0, \quad 即 \quad F'(x) \underset{m}{\doteq} f(x).$$ □

定理 3.8.3 设 $f\in\mathscr{L}([a,b])$,则$[a,b]$中几乎所有的点 x 为 f 的 **Lebesgue 点**,即

$$\begin{aligned}
&\lim_{h\to 0}\frac{1}{h}\int_0^h |f(x+t)-f(x)|\,\mathrm{d}t \\
&\underline{\underline{u=x+t}} \lim_{h\to 0}\frac{1}{h}\int_x^{x+h} |f(u)-f(x)|\,\mathrm{d}u = 0.
\end{aligned}$$

证明 证法 1 在定理 3.8.1 的证明中,有

$$\begin{aligned}
0 &\leftarrow \int_b^a |F_h(x)-f(x)|\,\mathrm{d}x \\
&\leqslant \int_{-\infty}^{+\infty}\left[\frac{1}{h}\int_0^h |f(x+u)-f(x)|\,\mathrm{d}u\right]\mathrm{d}x \\
&= \int_0^h \frac{1}{h}\mathrm{d}u\int_{-\infty}^{+\infty} |f(x+u)-f(x)|\,\mathrm{d}x \to 0 \quad (h\to 0).
\end{aligned}$$

因此

$$\begin{aligned}
&\int_{-\infty}^{+\infty}\left[\lim_{h\to 0}\frac{1}{h}\int_0^h |f(x+t)-f(x)|\,\mathrm{d}t\right]\mathrm{d}x \\
&\overset{\text{Levi引理}}{\underset{\text{定理3.4.2}}{=\!=\!=}} \lim_{h\to 0}\int_{-\infty}^{+\infty}\left[\frac{1}{h}\int_0^h |f(x+t)-f(x)|\,\mathrm{d}t\right]\mathrm{d}x \\
&\overset{\text{夹逼定理}}{=\!=\!=} 0.
\end{aligned}$$

根据定理 3.3.13 中(6),有

$$\lim_{h\to 0}\frac{1}{h}\int_0^h |f(x+t)-f(x)|\,\mathrm{d}t \underset{m}{\doteq} 0.$$

证法 2 设 $r\in\mathbb{Q}$,因 $f(u)-r$ 在$[a,b]$上 Lebesgue 可积,则由定理 3.8.2 知

$$\lim_{h\to 0}\int_x^{x+h}|f(u)-r|\,du=\lim_{h\to 0}\frac{1}{h}\left[\int_a^{x+h}|f(u)-r|\,du-\int_a^x|f(u)-r|\,du\right]$$

$$\dot{\overline{\overline{m}}}\,|f(x)-r|.$$

设 $E(r)$ 为 $[a,b]$ 上不满足上式的点 x 的全体，则 $m(E(r))=0$. 记 $\mathbb{Q}=\{r_n|n\in\mathbb{N}\}$,

$$E=\left(\bigcup_{n=1}^{\infty}E(r_n)\right)\cup E(|f|=+\infty),$$

则 $m(E)=0$. 现证 $[a,b]-E$ 中的点全为 Lebesgue 点.

事实上，对 $\forall x_0\in[a,b]-E$, $\forall\varepsilon>0$, 取 $r_n\in\mathbb{Q}$, s. t.

$$|f(x_0)-r_n|<\frac{\varepsilon}{3},$$

$$||f(u)-r_n|-|f(u)-f(x_0)||\leqslant|[f(u)-r_n]-[f(u)-f(x_0)]|$$

$$=|f(x_0)-r_n|<\frac{\varepsilon}{3}.$$

因此，$\exists\delta>0$, s. t. 当 $|h|<\delta$ 时，有

$$\frac{1}{h}\int_{x_0}^{x_0+h}|f(u)-r_n|\,du<|f(x_0)-r_n|+\frac{\varepsilon}{3},$$

且

$$\left|\frac{1}{h}\int_{x_0}^{x_0+h}|f(u)-f(x_0)|\,du-0\right|$$

$$\leqslant\left|\frac{1}{h}\int_{x_0}^{x_0+h}|f(u)-f(x_0)|\,du-\frac{1}{h}\int_{x_0}^{x_0+h}|f(u)-r_n|\,du\right|$$

$$+\left|\frac{1}{h}\int_{x_0}^{x_0+h}|f(u)-r_n|\,du\right|$$

$$\leqslant\left|\frac{1}{h}\int_{x_0}^{x_0+h}[|f(u)-f(x_0)|-|f(u)-r_n|]du\right|+|f(x_0)-r_n|+\frac{\varepsilon}{3}$$

$$<\frac{\varepsilon}{3}\left|\frac{1}{h}\int_{x_0}^{x_0+h}du\right|+\frac{\varepsilon}{3}+\frac{\varepsilon}{3}=\varepsilon,$$

即 $\lim\limits_{h\to 0}\frac{1}{h}\int_{x_0}^{x_0+h}|f(u)-f(x_0)|\,du=0$.

证法 3 设 $r\in\mathbb{Q}$, 显然 $|f(x)-r|$ 为 $[a,b]$ 上的 Lebesgue 可积函数. 记 $[a,b]$ 中使得

$$\frac{d}{dx}\int_a^x|f(u)-r|\,du=\lim_{h\to 0}\frac{1}{h}\left[\int_a^{x+h}|f(u)-r|\,du-\int_a^x|f(u)-r|\,du\right]$$

$$=\lim_{h\to 0}\frac{1}{h}\int_x^{x+h}|f(u)-r|\,du$$

$$=|f(x)-r|$$

不成立的点 x 的全体为 $E(r)$. 由定理 3. 8. 2, $m(E(r))=0$. 记 $E=\bigcup\limits_{r\in\mathbb{Q}}E(r)$, 显然 $m(E)=0$. 对 $\forall x_0\in[a,b]-E$, $\forall\varepsilon>0$, 取 $r_0\in\mathbb{Q}$, s. t.

$$|f(x_0)-r_0|<\frac{\varepsilon}{2}.$$

因此

$$\frac{1}{h}\int_{x_0}^{x_0+h}|f(u)-f(x_0)|\mathrm{d}u\leqslant\frac{1}{h}\int_{x_0}^{x_0+h}|f(u)-r_0|\mathrm{d}u+|f(x_0)-r_0|,$$

$$0\leqslant\overline{\lim_{h\to 0}}\frac{1}{h}\int_{x_0}^{x_0+h}|f(u)-f(x_0)|\mathrm{d}u\leqslant|f(x_0)-r_0|+|f(x_0)-r_0|<\frac{\varepsilon}{2}+\frac{\varepsilon}{2}=\varepsilon.$$

令 $\varepsilon\to 0^+$ 得到

$$\overline{\lim_{h\to 0}}\frac{1}{h}\int_{x_0}^{x_0+h}|f(u)-f(x_0)|\mathrm{d}u=0,\quad 即\quad \lim_{h\to 0}\frac{1}{h}\int_{x_0}^{x_0+h}|f(u)-f(x_0)|\mathrm{d}u=0.\ \square$$

例 3.8.1 对于[0,1]上的 Dirichlet 函数

$$\chi_{\mathbb{Q}}(x)=\begin{cases}1, & x\in\mathbb{Q},\\ 0, & x\in[0,1]-\mathbb{Q},\end{cases}$$

我们有

$$\begin{aligned}\lim_{h\to 0}\frac{1}{h}\int_0^h|\chi_{\mathbb{Q}}(x+t)-\chi_{\mathbb{Q}}(x)|\mathrm{d}t&=\lim_{h\to 0}\frac{1}{h}\int_x^{x+h}|\chi_{\mathbb{Q}}(u)-\chi_{\mathbb{Q}}(x)|\mathrm{d}u\\&=\begin{cases}\lim\limits_{h\to 0}\frac{1}{h}\int_x^{x+h}[1-\chi_{\mathbb{Q}}(u)]\mathrm{d}u, & x\in\mathbb{Q},\\ \lim\limits_{h\to 0}\frac{1}{h}\int_x^{x+h}\chi_{\mathbb{Q}}(u)\mathrm{d}u, & x\in[0,1]-\mathbb{Q}\end{cases}\\&=\begin{cases}1, & x\in\mathbb{Q},\\ 0, & x\in[0,1]-\mathbb{Q}.\end{cases}\end{aligned}$$

由此得到 $\chi_{\mathbb{Q}}$ 的 Lebesgue 点集为$[0,1]-\mathbb{Q}$,而非 Lebesgue 点集为$\mathbb{Q}$,它是 Lebesgue 零测集.换言之,[0,1]中几乎所有的点为 $\chi_{\mathbb{Q}}$ 的 Lebesgue 点.

回忆微积分基本定理:设 f 在$[a,b]$上 Riemann 可积,x 为 f 的连续点,则在 x 点处有

$$\left((\mathrm{R})\int_a^x f(t)\mathrm{d}t\right)'=f(x).$$

类似地,我们来研究 Lebesgue 积分的基本定理.

定理 3.8.4 设 $f\in\mathscr{L}([a,b])$,则:

(1) x 为 f 的连续点 $\substack{\Rightarrow\\ \not\Leftarrow}$ x 为 f 的 Lebesgue 点.

(2) x 为 f 的 Lebesgue 点 $\substack{\Rightarrow\\ \not\Leftarrow}$ $\left(\int_a^x f(t)\mathrm{d}t\right)'=f(x)$.

(3) Lebesgue 可积函数 f 在$[a,b]$上几乎所有的点为其 Lebesgue 点(定理 3.8.3).因而,f 在$[a,b]$的所有 Lebesgue 点 x 处,有

$$\left(\int_a^x f(t)\mathrm{d}t\right)' = f(x)$$

(它蕴涵着定理 3.8.2,即在$[a,b]$上,

$$\left(\int_a^x f(t)\mathrm{d}t\right)' \mathop{\dot{=}}_{m} f(x)\Big).$$

证明 (1) ($\Rightarrow$)因为 x 为 f 的连续点,则对 $\forall\,\varepsilon>0$, $\exists\,\delta>0$,当$|u-x|<\delta$时,有

$$|f(u)-f(x)|<\varepsilon,$$

故当$|h|<\delta$时,有

$$0\leqslant\frac{1}{h}\int_x^{x+h}|f(u)-f(x)|\,\mathrm{d}u<\varepsilon\,\frac{1}{h}\int_x^{x+h}\mathrm{d}u=\varepsilon,$$

故 $\lim\limits_{h\to0}\frac{1}{h}\int_x^{x+h}|f(u)-f(x)|\,\mathrm{d}u=0$, 即 x 为 f 的 Lebesgue 点.

($\Leftarrow\!\!\!\!/$)在例 3.8.1 中,$[0,1]-\mathbb{Q}$ 中所有的点都是 $f=\chi_{\mathbb{Q}}$ 的 Lebesgue 点,但都不是 $f=\chi_{\mathbb{Q}}$ 的连续点.

(2) 因为 x 为 f 的 Lebesgue 点,故

$$\begin{aligned}\left|\frac{1}{h}\left[\int_a^{x+h}f(t)\mathrm{d}t-\int_a^x f(t)\mathrm{d}t\right]-f(x)\right|&=\left|\frac{1}{h}\int_x^{x+h}[f(t)-f(x)]\mathrm{d}t\right|\\&\leqslant\left|\frac{1}{h}\int_x^{x+h}|f(t)-f(x)|\,\mathrm{d}t\right|\to0\quad(h\to0),\end{aligned}$$

即

$$\frac{\mathrm{d}}{\mathrm{d}x}\int_a^x f(t)\mathrm{d}t=F'(x)=\left(\int_a^x f(t)\mathrm{d}t\right)'=\lim_{h\to0}\frac{1}{h}\left[\int_a^{x+h}f(t)\mathrm{d}t-\int_a^x f(t)\mathrm{d}t\right]=f(x).$$

($\Leftarrow\!\!\!\!/$)见例 3.8.2. □

注 3.8.1 在数学分析中,熟知$[a,b]$上 Riemann 可积的函数 f,几乎所有的点为 f 的连续点.而在每个连续点 x 处,

$$(\mathrm{R})\int_a^x f(t)\mathrm{d}t$$

可导,且

$$\left((\mathrm{R})\int_a^x f(t)\mathrm{d}t\right)'=f(x).$$

而在实变函数中,根据定理 3.8.3 知,$[a,b]$上的 Lebesgue 可积的函数 f,几乎所有的点为 Lebesgue 点.而在每个 Lebesgue 点 x 处.根据定理 3.8.4(2)知

$$(\mathrm{L})\int_a^x f(t)\mathrm{d}t$$

可导,且

$$\left((\mathrm{L})\int_a^x f(t)\,\mathrm{d}t\right)' = f(x).$$

上面两个积分竟有如此惊人的类似性质！

再注意到连续点必为 Lebesgue 点，因此，实变函数中所需条件比数学分析中要弱，但结论仍保持一致.

例 3.8.2 任取一个严格正项的收敛级数 $\sum\limits_{n=1}^{\infty}a_n$，满足

$$\frac{a_n}{\sum\limits_{k=n+1}^{\infty}a_k}\to 0\quad(n\to+\infty)$$

$\Bigg($例如 $a_n=\dfrac{1}{n^2}$，$\sum\limits_{n=1}^{\infty}a_n=\sum\limits_{n=1}^{\infty}\dfrac{1}{n^2}$ 收敛，且有

$$\begin{aligned}0<\frac{a_n}{\sum\limits_{k=n+1}^{\infty}a_k}&=\frac{\frac{1}{n^2}}{\sum\limits_{k=n+1}^{\infty}\frac{1}{k^2}}\\&<\frac{\frac{1}{n^2}}{\sum\limits_{k=n+1}^{\infty}\frac{1}{k(k+1)}}=\frac{\frac{1}{n^2}}{\sum\limits_{k=n+1}^{\infty}\left(\frac{1}{k}-\frac{1}{k+1}\right)}\\&=\frac{\frac{1}{n^2}}{\frac{1}{n+1}}=\frac{n+1}{n^2}\to 0\quad(n\to+\infty),\end{aligned}$$

故 $\dfrac{a_n}{\sum\limits_{k=n+1}^{\infty}a_k}\to 0\quad(n\to+\infty)\Bigg)$. 记 $a=\sum\limits_{n=1}^{\infty}a_n$. 并作 $[0,a]$ 上的函数

$$f(x)=\begin{cases}1, & x\in\left(x_{n+1},\dfrac{x_n+x_{n+1}}{2}\right],\\ -1, & x\in\left(\dfrac{x_n+x_{n+1}}{2},x_n\right],\\ 0, & x=0,\end{cases}$$

其中 $x_1=a$，$x_n-x_{n+1}=a_n$. 然后将 f 按偶函数延拓到 $[-a,a]$ 上.

设 $h\in(x_{n+1},x_n]$，记 $h-x_{n+1}=\eta$，显然 $0<\eta\leqslant x_n-x_{n+1}=a_n$，$x_n=\sum\limits_{k=n}^{\infty}(x_k-x_{k+1})=\sum\limits_{k=n}^{\infty}a_k$. 因此

$$\left|\frac{1}{h}\int_0^h f(t)\mathrm{d}t-0\right|=\left|\frac{1}{\eta+\sum\limits_{k=n+1}^{\infty}a_k}\int_{x_{n+1}}^h f(t)\mathrm{d}t\right|$$

$$<\frac{h-x_{n+1}}{\eta+\sum\limits_{k=n+1}^{\infty}a_k}=\frac{\eta}{\eta+\sum\limits_{k=n+1}^{\infty}a_k}$$

$$<\frac{a_n}{\sum\limits_{k=n+1}^{\infty}a_k}\to 0\quad(n\to+\infty),$$

$$F'_+(0)=\lim_{h\to 0^+}\frac{1}{h}\left[\int_{-a}^{0+h}f(t)\mathrm{d}t-\int_{-a}^{0}f(t)\mathrm{d}t\right]=\lim_{h\to 0^+}\frac{1}{h}\int_0^h f(t)\mathrm{d}t=0.$$

同理可证 $F'_-(0)=0$,从而

$$F'(0)=\left(\int_{-a}^{x}f(t)\mathrm{d}t\right)'\Big|_{x=0}=\lim_{h\to 0}\frac{1}{h}\int_0^h f(t)\mathrm{d}t=0=f(0).$$

另一方面,由

$$\lim_{h\to 0}\frac{1}{h}\int_0^h|f(0+t)-f(0)|\,\mathrm{d}t=\lim_{h\to 0}\frac{1}{h}\int_0^h|f(t)|\,\mathrm{d}t=\lim_{h\to 0}\frac{1}{h}\int_0^h\mathrm{d}t=\lim_{h\to 0}1=1\neq 0$$

知,$x=0$ 不是 f 的 Lebesgue 点.

例 3.8.3 设

$$f(x)=\begin{cases}2^n, & x\in\left(\dfrac{1}{2^n},\dfrac{1}{2^{n-1}}\right], \quad n=1,2,\cdots,\\ 0, & x=0.\end{cases}$$

显然,$[0,1]$中几乎所有的点为 f 的连续点,自然$[0,1]$中几乎所有的点为 f 的 Lebesgue 点.但是

$$\int_0^1 f(x)\mathrm{d}x=\sum_{n=1}^{\infty}\int_{\frac{1}{2^n}}^{\frac{1}{2^{n-1}}}f(x)\mathrm{d}x=\sum_{n=1}^{\infty}2^n\cdot\left(\frac{1}{2^{n-1}}-\frac{1}{2^n}\right)$$

$$=\sum_{n=1}^{\infty}1=+\infty,\quad f\notin\mathscr{L}([0,1]).$$

定义 3.8.1 设 $f:[a,b]\to\mathbb{R}$ 为实函数.如果对 $\forall\,\varepsilon>0$,$\exists\,\delta>0$,s.t. 当$[a,b]$中任意有限个互不相交的开区间(a_i,b_i),$i=1,2,\cdots,n$ 满足

$$\sum_{i=1}^{n}(b_i-a_i)<\delta$$

时,有

$$\sum_{i=1}^{n}|f(b_i)-f(a_i)|<\varepsilon,$$

则称 f 为$[a,b]$上的**绝对(全)连续函数**.

定义 3.8.1′ 设 $f:[a,b]\to\mathbb{R}$ 为实函数. 如果对 $\forall\varepsilon>0$, $\exists\delta>0$, s. t. 当 $[a,b]$ 中任意至多可数个互不相交的开区间 (a_i,b_i), $i\in\mathbb{N}$ 满足

$$\sum_i(b_i-a_i)<\delta$$

时,有

$$\sum_i|f(b_i)-f(a_i)|<\varepsilon,$$

则称 f 为 $[a,b]$ 上的**绝对(全)连续函数** $\left(\text{其中}\sum_i\text{表示有限和或可数和}\right)$.

定义 3.8.1″ 将定义 3.8.1 中的"$\sum_{i=1}^{n}|f(b_i)-f(a_i)|<\varepsilon$"改为"$\left|\sum_{i=1}^{n}[f(b_i)-f(a_i)]\right|<\varepsilon$".

定义 3.8.1‴ 将定义 3.8.1′中的"$\sum_i|f(b_i)-f(a_i)|<\varepsilon$"改为"$\left|\sum_i[f(b_i)-f(a_i)]\right|<\varepsilon$".

读者容易证明上述关于绝对(全)连续函数的四种定义是彼此等价的.

例 3.8.4 设函数 $f:[a,b]\to\mathbb{R}$ 满足 Lipschitz 条件:

$$|f(x)-f(y)|\leqslant M|x-y|,\quad\forall x,y\in[a,b]$$

(特别当 f 在 $[a,b]$ 上可导,且 $|f'(x)|\leqslant M$ 时自动满足),其中 M 为常数,则 f 为 $[a,b]$ 上的绝对连续函数.

证明 对 $\forall\varepsilon>0$,取 $0<\delta<\frac{\varepsilon}{M+1}$,当 $[a,b]$ 中任意有限个互不相交的开区间 (a_i,b_i), $i=1,2,\cdots,n$ 满足

$$\sum_{i=1}^{n}(b_i-a_i)<\delta$$

时,有

$$\sum_{i=1}^{n}|f(b_i)-f(a_i)|\leqslant\sum_{i=1}^{n}M|b_i-a_i|\leqslant M\delta\leqslant M\cdot\frac{\varepsilon}{M+1}<\varepsilon.$$

故 f 为 $[a,b]$ 上的绝对连续函数. □

定理 3.8.5 (1) f 为 $[a,b]$ 上的绝对连续函数

$\substack{\Rightarrow\\ \not\Leftarrow}f$ 为 $[a,b]$ 上的一致连续函数(当然为连续函数).

(2) f 为 $[a,b]$ 上的绝对连续函数 $\substack{\Rightarrow\\ \not\Leftarrow}f$ 为 $[a,b]$ 上的有界变差函数.

(3) $[a,b]$ 上的绝对连续函数的全体构成一个线性空间.

证明 (1) ($\Rightarrow$)设 f 为 $[a,b]$ 上的绝对连续函数,则对 $\forall\varepsilon>0$, $\exists\delta>0$,当 (a_i,b_i), $i=1,2,\cdots,n$ 为 $[a,b]$ 中的任何两两不相交的开区间,且

$$\sum_{i=1}^{n}(b_i-a_i)<\varepsilon$$

时,有

$$\sum_{i=1}^{n} | f(b_i) - f(a_i) | < \varepsilon.$$

特别取 $n=1, a_1=x, b_1=y$,则 $|x-y|=b_1-a_1<\delta$,有

$$| f(x) - f(y) | = | f(b_1) - f(a_1) | < \varepsilon,$$

即 f 为 $[a,b]$ 上的一致连续函数.

($\not\Leftarrow$)在例 3.6.6 中,

$$f:[0,1] \to \mathbb{R}, \qquad f(x) = \begin{cases} x\sin\dfrac{\pi}{x}, & 0 < x \leqslant 1, \\ 0, & x = 0 \end{cases}$$

为 $[0,1]$ 上的一致连续函数. 但 f 不为 $[0,1]$ 上的绝对连续函数. 事实上,(反证)假设 f 为 $[0,1]$ 上的绝对连续函数,则对 $\forall\,\varepsilon>0, \exists\,\delta>0$,当 $(a_i,b_i), i=1,2,\cdots,n$ 为 $[a,b]$ 中的两两不相交的开区间,且 $\sum\limits_{i=1}^{n}(b_i-a_i)<\varepsilon$ 时,有

$$\sum_{i=1}^{n} | f(b_i) - f(a_i) | < \varepsilon.$$

对此固定的 $\varepsilon>0$,取 $r\in\mathbb{N}$, s. t. $\dfrac{2}{2r-1}<\delta$. 再固定 r,取充分大的 $s\in\mathbb{N}$, s. t. $\sum\limits_{i=r}^{s}\dfrac{2}{2i-1}>\varepsilon$. 于是

$$\sum_{i=r}^{s}\left(\frac{2}{2i-1}-\frac{2}{2i+1}\right)<\frac{2}{2r-1}<\delta,$$

$$\varepsilon > \sum_{i=r}^{s}\left|f\left(\frac{2}{2i-1}\right)-f\left(\frac{2}{2i+1}\right)\right| = \sum_{i=r}^{s}\left(\frac{2}{2i-1}+\frac{2}{2i+1}\right) \geqslant \sum_{i=r}^{s}\frac{2}{2i-1} > \varepsilon,$$

矛盾.

或者,(反证)假设 f 为 $[0,1]$ 上的绝对连续函数,由(2)知 f 必为 $[0,1]$ 上的有界变差函数,这与从例 3.6.6 看出的 f 不为 $[0,1]$ 上的有界变差函数相矛盾.

(2) 因为 f 为 $[a,b]$ 上的绝对连续函数,在定义 3.8.1 中,取 $\varepsilon=1, \exists\,\delta>0$,当 $[a,b]$ 中任意有限个互不相交的开区间 $(a_i,b_i), i=1,2,\cdots,n$ 满足

$$\sum_{i=1}^{n}(b_i-a_i)<\delta$$

时,必有

$$\sum_{i=1}^{n} | f(b_i) - f(a_i) | < 1.$$

作分割 Δ: $a=x_0<x_1<\cdots<x_r=b$, s. t.

$$x_{k+1}-x_k<\delta, \quad k=0,1,\cdots,r-1,$$

从而有

$$\bigvee_{x_k}^{x_{k+1}}(f) \leqslant 1, \quad k = 0,1,\cdots,r-1.$$

故

$$\bigvee_a^b(f) = \sum_{k=0}^{r-1}\bigvee_{x_k}^{x_{k+1}}(f) \leqslant \sum_{k=0}^{r-1}1 = r, \quad f \in \mathrm{BV}([a,b]).$$

($\not\Leftarrow$)反例：设

$$f(x) = \begin{cases} 0, & x = 0, \\ x+1, & 0 < x \leqslant 1, \end{cases}$$

则 f 为单调增函数，根据例 3.6.4，f 为 $[0,1]$ 上的有界变差函数. 但它在 $x=0$ 处不连续，由(1)知 f 在 $[0,1]$ 上不为绝对连续函数.

自然会问，连续的有界变差函数必为绝对连续函数吗？回答是否定的，下面例 3.8.5 就是例子.

(3) 设 $\alpha,\beta\in\mathbb{R}$，$f,g$ 为 $[a,b]$ 上的绝对连续函数，则对 $\forall\,\varepsilon>0$，$\exists\,\delta>0$，s. t. 当 $[a,b]$ 中任意有限个互不相交的开区间 (a_i,b_i)，$i=1,2,\cdots,n$ 满足

$$\sum_{i=1}^{n}(b_i - a_i) < \delta$$

时，有

$$\sum_{i=1}^{n}|f(b_i) - f(a_i)| < \frac{\varepsilon}{|\alpha|+|\beta|+1},$$

$$\sum_{i=1}^{n}|g(b_i) - g(a_i)| < \frac{\varepsilon}{|\alpha|+|\beta|+1}.$$

于是

$$\begin{aligned}
&\sum_{i=1}^{n}|(\alpha f+\beta g)(b_i) - (\alpha f+\beta g)(a_i)| \\
\leqslant\,&|\alpha|\sum_{i=1}^{n}|f(b_i) - f(a_i)| + |\beta|\sum_{i=1}^{n}|g(b_i) - g(a_i)| \\
\leqslant\,&|\alpha|\frac{\varepsilon}{|\alpha|+|\beta|+1} + |\beta|\frac{\varepsilon}{|\alpha|+|\beta|+1} \\
=\,&\frac{|\alpha|+|\beta|}{|\alpha|+|\beta|+1}\varepsilon < \varepsilon,
\end{aligned}$$

即 $\alpha f+\beta g$ 为 $[a,b]$ 上的绝对连续函数. 这就证明了 $[a,b]$ 上的绝对连续函数的全体构成一个线性空间. □

定理 3.8.6 设 f 为 $[a,b]$ 上的绝对连续函数.

(1) f 在 $[a,b]$ 上必几乎处处可导，且 f' 为 $[a,b]$ 上的 Lebesgue 可积函数.

(2) 又若在 $[a,b]$ 上，$f'(x) \underset{m}{=} 0$，则 $f(x)=c$(常数)，$\forall\, x\in[a,b]$.

证明 (1) 因为 f 为$[a,b]$上的绝对连续函数,由定理 3.8.5(2)知,它为$[a,b]$上的有界变差函数. 再根据定理 3.6.6,f 在$[a,b]$上几乎处处可导,且 f' 为$[a,b]$上的 Lebesgue 可积函数.

(2) 证法1 (反证)反设 f 在$[a,b]$上不为常值函数,从下面的引理 3.8.1 和定理条件"在$[a,b]$上 $f'(x)\underset{m}{\doteq}0$",必 $\exists\varepsilon_0>0$, s. t. 对 $\forall\delta>0$,$[a,b]$内存在有限个互不相交的开区间(a_i,b_i),$i=1,2,\cdots,n$,满足 $\sum\limits_{i=1}^{n}(b_i-a_i)<\delta$,但

$$\sum_{i=1}^{n}|f(b_i)-f(a_i)|\geqslant\varepsilon_0.$$

这与 f 在$[a,b]$上绝对连续的定义相矛盾.

证法2 先证 $f(a)=f(b)$.

对 $\forall\varepsilon>0$,由 f 为$[a,b]$上的绝对连续函数,$\exists\delta>0$,当(a_i,b_i),$i=1,2,\cdots,n$ 为$[a,b]$中有限个互不相交的开区间,且 $\sum\limits_{i=1}^{n}(b_i-a_i)<\delta$ 时,有

$$\sum_{i}|f(b_i)-f(a_i)|<\varepsilon.$$

记 $E_0=\{x\mid f'(x)=0,x\in(a,b)\}$,由 $f'(x)\underset{m}{\doteq}0$,有 $m([a,b]-E_0)=0$. 所以,由定理 2.3.1 中(2),对上面的 δ,存在开集 $G\supset[a,b]-E_0$,且 $m(G)<\delta$. 记$\{(a_i,b_i)\mid i=1,2,\cdots\}$为 G 的构成区间的全体.

另一方面,当 $y_0\in[a,b]-G\subset E_0$ 时,$f'(y_0)=0$. 所以,$\exists h=h(y_0,\varepsilon)>0$, s. t. 当 $y\in(y_0-h,y_0+h)$时,有

$$\left|\frac{f(y)-f(y_0)}{y-y_0}\right|<\varepsilon.$$

此时,开集族$\{(a_i,b_i)\mid i=1,2,\cdots\}\cup\{(y_0-h,y_0+h)\mid y_0\in[a,b]-G\}$构成了紧集$[a,b]$的一个开覆盖. 根据 Heine-Borel 有限覆盖定理,可以从中选出有限个

$$\{(a_{i_1},b_{i_1}),\cdots,(a_{i_s},b_{i_s}),(y_1-h_1,y_1+h_1),\cdots,(y_l-h_l,y_l+h_l)\}$$

来覆盖$[a,b]$. 显然,可以在集合$\{a_{i_t},b_{i_t},y_j,t=1,2,\cdots,s;\ j=1,2,\cdots,l\}$中再加入适当分点,使其全体构成$[a,b]$的一个分点组:

$$a=x_0<x_1<\cdots<x_n=b.$$

并且使得对任何(x_{k-1},x_k)或者①包含在某个(a_i,b_i)中;或者②$x_{k-1}=y_j$,且$(x_{k-1},x_k)\subset(y_j,y_j+h_j)$;或者③$x_k=y_j$,且$(x_{k-1},x_k)\subset(y_j-h_j,y_j)$. 由此得到

$$\begin{aligned}0&\leqslant|f(b)-f(a)|\\&\leqslant\sum_{k=1}^{n}|f(x_k)-f(x_{k-1})|\\&=\sum{}'|f(x_k)-f(x_{k-1})|+\sum{}''|f(x_k)-f(x_{k-1})|\end{aligned}$$

$$<\varepsilon+\varepsilon\sum{}''(x_k-x_{k-1})\leqslant\varepsilon[1+(b-a)],$$

其中 $\sum{}'$ 表示对①形式的 (x_{k-1},x_k) 求和；$\sum{}''$ 表示对②，③形式的 (x_{k-1},x_k) 求和. 令 $\varepsilon\to 0^+$ 得到

$$0\leqslant|f(b)-f(a)|\leqslant 0,$$

从而 $|f(b)-f(a)|=0$，即 $f(b)=f(a)$. 显然，对 $\forall x\in[a,b]$，用 $[a,x]$ 代替 $[a,b]$ 讨论，便得到

$$f(x)=f(a)(\text{常数}),\quad \forall x\in[a,b].$$ □

引理 3.8.1 设 $f:[a,b]\to\mathbb{R}$ 为**奇异函数**（即 f 在 $[a,b]$ 上几乎处处可导，$f'\overset{\cdot}{\underset{m}{=}}0$，且 f 在 $[a,b]$ 上不恒为 0），则必 $\exists\varepsilon_0>0$，s. t. 对 $\forall\delta>0$，$[a,b]$ 内存在有限个互不相交的区间 (a_i,b_i)，$i=1,2,\cdots,n$，虽有 $\sum\limits_{i=1}^{n}(b_i-a_i)<\delta$，但

$$\sum_{i=1}^{n}|f(b_i)-f(a_i)|\geqslant\varepsilon_0$$

（这表明奇异函数必定不是绝对连续函数）.

证明 因为 f 不为常值函数，所以不妨设 $\exists c\in(a,b]$，s. t. $f(a)\neq f(c)$. 作点集

$$E_c=\{x\in(a,c)\mid f'(x)=0\}.$$

取 $0<\varepsilon_0<\dfrac{|f(c)-f(a)|}{2}$，对于 $\forall x\in E_c$，由于 $f'(x)=0$，对 $0<r<\dfrac{\varepsilon_0}{b-a}$，只要 $h>0$ 充分小，且 $[x,x+h]\subset(a,c)$，就有

$$|f(x+h)-f(x)|<rh.$$

于是，对固定的 r，有

$$\Gamma=\{[x,x+h]\mid x\in E_c\}$$

构成了 E_c 的一个 Vitali 覆盖. 根据 Vitali 覆盖定理 3.6.1，对 $\forall\delta>0$，存在互不相交的闭区间组 $[x_i,x_i+h_i]$，$i=1,2,\cdots,n$，s. t.

$$m\Big(E_c-\bigcup_{i=1}^{n}[x_i,x_i+h_i]\Big)=m\Big([a,c)-\bigcup_{i=1}^{n}[x_i,x_i+h_i]\Big)<\delta.$$

不妨设这些区间的端点排列为

$$a=x_0<x_1<x_1+h_1<x_2<x_2+h_2<\cdots<x_n<x_n+h_n<x_{n+1}=c.$$

令 $h_0=0$，我们有

$$\begin{aligned}2\varepsilon_0&<|f(c)-f(a)|\\&\leqslant\sum_{i=0}^{n}|f(x_{i+1})-f(x_i+h_i)|+\sum_{i=0}^{n}|f(x_i+h_i)-f(x_i)|\\&<\sum_{i=0}^{n}|f(x_{i+1})-f(x_i+h_i)|+r\sum_{i=1}^{n}h_i\end{aligned}$$

$$\leqslant \sum_{i=0}^{n} |f(x_{i+1})-f(x_i+h_i)|+r(b-a)$$

$$< \sum_{i=0}^{n} |f(x_{i+1})-f(x_i+h_i)|+\varepsilon_0.$$

两边消去 ε_0 得到

$$\varepsilon_0 < \sum_{i=0}^{n} |f(x_{i+1})-f(x_i+h_i)|,$$

而且由 $m(E_c)=m([a,c))=c-a$ 得到

$$\sum_{i=0}^{n}[x_{i+1}-(x_i+h_i)]=m\left([a,c)-\bigcup_{i=1}^{n}[x_i,x_i+h_i]\right)$$

$$=m\left(E_c-\bigcup_{i=1}^{n}[x_i,x_i+h_i]\right)<\delta.$$

这就完成了引理的证明. □

例 3.8.5 设 Φ 为例 1.6.4(2)中$[0,1]$上的 Cantor 函数,它为$[0,1]$上单调增的连续函数,且在$[0,1]$上,$\Phi'(x)\underset{m}{\doteq}0$. 但因 $\Phi(0)=0<1=\Phi(1)$,故 Φ 不为常值函数. 这说明了 Φ 为$[0,1]$上的一个奇异函数. 由引理 3.8.1,它不为$[0,1]$上的绝对连续函数. 但 Φ 为$[0,1]$上连续的有界变差函数.

例 3.8.6 存在$[0,1]$上严格增的连续的奇异函数 f.

取定 $\lambda\in(0,1)$,在$[0,1]$上用数学归纳法作如下单调增的连续函数列$\{f_n\}$: 记 $f_0(x)=x$. 假设 f_n 已按下面方式定义好,并且它在区间(称为第 n 级区间)

$$(\alpha_n^k,\beta_n^k)=\left(\frac{k}{2^n},\frac{k+1}{2^n}\right),\quad k=0,1,2,\cdots,2^n-1$$

中为一次函数. 由定义

$$f_{n+1}(\alpha_n^k)=f_n(\alpha_n^k),\quad f_{n+1}(\beta_n^k)=f_n(\beta_n^k).$$

而在 $x=\dfrac{\alpha_n^k+\beta_n^k}{2}$,定义

$$f_{n+1}\left(\frac{\alpha_n^k+\beta_n^k}{2}\right)=\frac{1-\lambda}{2}f_n(\alpha_n^k)+\frac{1+\lambda}{2}f_n(\beta_n^k).$$

再在第 $n+1$ 级区间$\left(\alpha_n^k,\dfrac{\alpha_n^k+\beta_n^k}{2}\right)$,$\left(\dfrac{\alpha_n^k+\beta_n^k}{2},\beta_n^k\right)$上延拓 f_{n+1}分别成为一次函数.

从上述定义方式易知,当 f_n 为单调增函数时,f_{n+1} 也为单调增函数. 由于 $\lambda\in(0,1)$,故有

$$f_{n+1}\left(\frac{\alpha_n^k+\beta_n^k}{2}\right)=\frac{1-\lambda}{2}f_n(\alpha_n^k)+\frac{1+\lambda}{2}f_n(\beta_n^k)\geqslant\frac{f_n(\alpha_n^k)+f_n(\beta_n^k)}{2}=f_n\left(\frac{\alpha_n^k+\beta_n^k}{2}\right).$$

从而

$$f_{n+1}(x)\geqslant f_n(x),\quad x\in(\alpha_n^k,\beta_n^k).$$

由此得到

$$f_0 \leqslant f_1 \leqslant \cdots \leqslant f_n \leqslant \cdots$$

在[0,1]上成立,并且

$$0 \leqslant f_n(x) \leqslant 1, \quad x \in [0,1].$$

所以,$\{f_n\}$处处收敛于单调增函数 f.

现证 f 为严格增的连续的奇异函数.为此,先计算 f 在某个第 n 级区间$(\alpha_n^k,\beta_n^k)=\left(\frac{k}{2^n},\frac{k+1}{2^n}\right)$上的端点取值之差

$$f(\beta_n^k)-f(\alpha_n^k).$$

由定义,知

$$f_{n+1}\left(\frac{\alpha_n^k+\beta_n^k}{2}\right)-f_{n+1}(\alpha_n^k)=\frac{1+\lambda}{2}[f_n(\beta_n^k)-f_n(\alpha_n^k)],$$

$$f_{n+1}(\beta_n^k)-f_{n+1}\left(\frac{\alpha_n^k+\beta_n^k}{2}\right)=\frac{1-\lambda}{2}[f_n(\beta_n^k)-f_n(\alpha_n^k)].$$

记$(\alpha_{n+1}^i,\beta_{n+1}^i)$为第 $n+1$ 级区间

$$\left(\alpha_n^k,\frac{\alpha_n^k+\beta_n^k}{2}\right),\quad \left(\frac{\alpha_n^k+\beta_n^k}{2},\beta_n^k\right)$$

中的某一个.根据上述,有

$$f_{n+1}(\beta_{n+1}^i)-f_{n+1}(\alpha_{n+1}^i)=\frac{1\pm\lambda}{2}[f_n(\beta_n^k)-f_n(\alpha_n^k)].$$

从定义知道,当 $j\geqslant n$ 时,有

$$f_j(\alpha_n^k)=f_n(\alpha_n^k),\quad f_j(\beta_n^k)=f_n(\beta_n^k).$$

所以,令 $j\to+\infty$便得到

$$f(\alpha_n^k)=f_n(\alpha_n^k),\quad f(\beta_n^k)=f_n(\beta_n^k).$$

又可得到

$$\begin{aligned}f(\beta_{n+1}^i)-f(\alpha_{n+1}^i)&=f_{n+1}(\beta_{n+1}^i)-f_{n+1}(\alpha_{n+1}^i)\\&=\frac{1\pm\lambda}{2}[f_n(\beta_n^k)-f_n(\alpha_n^k)]\\&=\frac{1\pm\lambda}{2}[f(\beta_n^k)-f(\alpha_n^k)].\end{aligned}$$

重复应用上式就得到

$$f(\beta_{n+1}^i)-f(\alpha_{n+1}^i)=\prod_{\nu=1}^{n+1}\frac{1+\varepsilon_\nu\lambda}{2},\quad \varepsilon_\nu=\pm1.$$

由此式知,对任何 n 级区间(α_n^k,β_n^k),都有 $f(\beta_n^k)-f(\alpha_n^k)>0$,所以 f 为[0,1]上的严格增函数.再从

$$0<f(\beta_n^i)-f(\alpha_n^i)<\left(\frac{1+\lambda}{2}\right)^n\to 0\quad(n\to+\infty)$$

知 f 为$[0,1]$上的连续函数.

根据定理 3.6.3(1),单调函数 f 在$[0,1]$上几乎处处可导,记 f 的可导点集为 E_0. 又记

$$E=E_0-\{\alpha_n^k,\beta_n^k \mid n\in\mathbb{N},k=0,1,\cdots,2^n-1\},$$

显然,$m(E)=m(E_0)=1$.

任取 $x\in E$,对 $\forall\, n\in\mathbb{N}$,总 $\exists\,(\alpha_n^k,\beta_n^k)$, s. t. $x\in(\alpha_n^k,\beta_n^k)$,则

$$\frac{f(\beta_n^k)-f(\alpha_n^k)}{\beta_n^k-\alpha_n^k}=\frac{\prod\limits_{\nu=1}^{n}\dfrac{1+\varepsilon_\nu\lambda}{2}}{\dfrac{1}{2^n}}=\prod_{\nu=1}^{n}(1+\varepsilon_\nu\lambda),\quad \varepsilon_\nu=\pm 1.$$

当 $n\to+\infty$,上式左边有极限 $f'(x)$,则 $f'(x)=0$.(反证)假设 $f'(x)\neq 0$,由 f 严格增知,$0<f'(x)<+\infty$. 因此,上式右边相应的无穷乘积 $\prod\limits_{\nu=1}^{\infty}(1+\varepsilon_\nu\lambda)$是收敛的. 从而,$\lim\limits_{\nu\to+\infty}(1+\varepsilon_\nu\lambda)=1$,但 $1+\varepsilon_\nu\lambda=1\pm\lambda$,矛盾. 这就证明了在$[0,1]$上,$f'\overset{\cdot}{\underset{m}{=}}0$.

定理 3.8.7 设 $f:[a,b]\to\mathbb{R}$ 为实函数,则

$$f(x)=f(a)+\int_a^x g(t)\,\mathrm{d}t,\quad g\in\mathscr{L}([a,b])\Leftrightarrow f\text{ 为}[a,b]\text{ 上的绝对连续函数}.$$

此时,在$[a,b]$上,$g(x)\overset{\cdot}{\underset{m}{=}}f'(x)$,从而得到(**微积分学基本公式**)**Newton-Leibniz 公式**

$$f(x)=f(a)+\int_a^x f'(t)\,\mathrm{d}t.$$

并且

$$\bigvee_a^x(f)=\int_a^x|f'(t)|\,\mathrm{d}t.$$

证明 ($\Rightarrow$)对 $\forall\,\varepsilon>0$,因为 $g\in\mathscr{L}([a,b])$,所以由积分的绝对连续性知,$\exists\,\delta>0$,当 $e\subset[a,b]$,$m(e)<\delta$ 时,有

$$\int_e|g(t)|\,\mathrm{d}t<\varepsilon.$$

现在对$[a,b]$中任意有限个互不相交的开区间(a_i,b_i),$i=1,2,\cdots,n$,且

$$m\Big(\bigcup_{i=1}^n(a_i,b_i)\Big)=\sum_{i=1}^n(b_i-a_i)<\delta,$$

有

$$\begin{aligned}\sum_{i=1}^n|f(b_i)-f(a_i)|&=\sum_{i=1}^n\left|\left[f(a)+\int_a^{b_i}g(t)\,\mathrm{d}t\right]-\left[f(a)+\int_a^{a_i}g(t)\,\mathrm{d}t\right]\right|\\&=\sum_{i=1}^n\left|\int_{a_i}^{b_i}g(t)\,\mathrm{d}t\right|\leqslant\sum_{i=1}^n\int_{a_i}^{b_i}|g(t)|\,\mathrm{d}t\\&=\int_{\bigcup\limits_{i=1}^n(a_i,b_i)}|g(t)|\,\mathrm{d}t<\varepsilon.\end{aligned}$$

因此，f 为$[a,b]$上的绝对连续函数.

再根据定理 3.8.2，在$[a,b]$上

$$f'(x)=\left[f(a)+\int_a^x g(t)\mathrm{d}t\right]' \underset{m}{\doteq} 0+g(x)=g(x).$$

$(\Leftarrow)$因为 f 在$[a,b]$上为绝对连续函数，则从定理 3.8.6 中(1)知，f 在$[a,b]$上几乎处处可导，且 $f'\in\mathscr{L}([a,b])$. 由上述必要性和 f 绝对连续知

$$f(x)-\int_a^x f'(t)\mathrm{d}t$$

也绝对连续，且在$[a,b]$上，有

$$\left[f(x)-\int_a^x f'(t)\mathrm{d}t\right]' \underset{m}{\doteq} f'(x)-\left[\int_a^x f'(t)\mathrm{d}t\right]' \underset{m}{\doteq} f'(x)-f'(x)=0.$$

根据定理 3.8.6 中的(2)知 $f(x)-\int_a^x f'(t)\mathrm{d}t$ 为常值，从而

$$f(x)-\int_a^x f'(t)\mathrm{d}t=f(a)-\int_a^a f'(t)\mathrm{d}t=f(a)-0=f(a),$$

即 $f(x)=f(a)+\int_a^x f'(t)\mathrm{d}t$. 根据定理 3.6.7，有

$$\bigvee_a^x(f)=\int_a^x |f'(t)|\mathrm{d}t. \qquad \square$$

注 3.8.2 (数学分析中(参阅[13]第一分册 374 页)微积分基本公式：Newton-Leibniz 公式)设 f 在$[a,b]$上连续，最多除有限个点外，在$[a,b]$上 f 有导函数 f'，且 f'在$[a,b]$上 Riemann 可积，则

$$f(x)=f(a)+(\mathrm{R})\int_a^x f'(t)\mathrm{d}t.$$

容易看出，Riemann 可积函数 f'必有界，再根据 Lagrange 中值定理知，f 满足 Lipschitz 条件，因此从例 3.8.4 推得 f 为$[a,b]$上的绝对连续函数. 这就表明 Lebesgue 积分下 Newton-Leibniz 公式中 f 的条件要比 Riemann 积分下 Newton-Leibniz 公式中 f 的条件弱得多.

下面例 3.8.7 表明，Newton-Leibniz 公式关于 Riemann 积分不成立时，仍可能关于 Lebesgue 积分成立.

总之，实变函数中的 Lebesgue 积分比数学分析中的 Riemann 积分所需的条件更弱，适用的范围更广.

例 3.8.7 设 F 为$[a,b]$上的完全疏朗集，且 $m(F)>0$. $a=\inf F$，$b=\sup F$. 记$[a,b]-F=\bigcup_{n=1}^{\infty}(a_n,b_n)$，其中$(a_n,b_n)$，$n\in\mathbb{N}$ 为$[a,b]-F$ 的构成区间. 我们定义

$$f(x)=\begin{cases}(x-a_n)^2(x-b_n)^2\sin\dfrac{1}{(b_n-a_n)(x-a_n)(x-b_n)}, & x\in(a_n,b_n),n\in\mathbb{N},\\ 0, & x\in F.\end{cases}$$

易证 $f'(x)=0, \forall x\in F$. 事实上，对 $x_0\in F$，有

$$\begin{aligned}&\left|\frac{f(x)-f(x_0)}{x-x_0}-0\right|\\ &=\left|\begin{cases}0, & x\in F,\\ \dfrac{(x-a_n)^2(x-b_n)^2\sin\dfrac{1}{(b_n-a_n)(x-a_n)(x-b_n)}}{x-x_0}, & x_0<a_n\leqslant x<b_n\end{cases}\right|\\ &\leqslant (x-a_n)(b-a)^2\leqslant (x-x_0)(b-a)^2\to 0(x\to x_0^+),\end{aligned}$$

即 $f'_+(x_0)=0$. 类似地，$f'_-(x_0)=0$. 从而，$f'(x_0)=0$. 由此得到

$$f'(x)=\begin{cases}0, & 0\in F,\\ 2(x-a_n)(x-b_n)(2x-a_n-b_n)\sin\dfrac{1}{(b_n-a_n)(x-a_n)(x-b_n)} & \\ -\dfrac{2x-a_n-b_n}{b_n-a_n}\cos\dfrac{1}{(b_n-a_n)(x-a_n)(x-b_n)}, & x\in(a_n,b_n), n\in\mathbb{N}.\end{cases}$$

这就表明 f 在 $[a,b]$ 上处处可导，所以 f 在 $[a,b]$ 上连续（或直接从定义知 f 在 $[a,b]$ 上连续），还表明 f' 在 $[a,b]$ 上有界，由例 3.6.5 知，$f\in \mathrm{BV}([a,b])$，再由例 3.8.4 知，f 为 $[a,b]$ 上的绝对连续函数. 根据定理 3.8.7，有

$$f(x)=f(a)+(\mathrm{L})\int_a^x f'(t)\mathrm{d}t.$$

值得注意的是，当 x 在 (a_n,b_n) 中趋于 a_n 或 b_n 时，$f'(x)$ 无极限且在 -1 与 1 之间振荡. 从而，$f'(x)$ 在 $[a,b]$ 上的不连续点集 $D_{f'}$ 恰为完全疏朗集 F. 因此

$$m(D_{f'})=m(F)>0,$$

且 f' 在 $[a,b]$ 的任一子区间上不为 Riemann 可积函数（见定理 3.5.5），当然

$$f(x)=f(a)+(\mathrm{R})\int_a^x f'(t)\mathrm{d}t$$

并不成立.

作为定理 3.8.7 的应用，我们有

定理 3.8.8 设 $u_k(x), k=1,2,\cdots$ 为 $[a,b]$ 上的绝对连续函数列. 如果

(1) $\exists c\in[a,b]$, s. t. 级数 $\sum\limits_{k=1}^{\infty}u_k(c)$ 收敛；

(2) $\sum\limits_{k=1}^{\infty}\int_a^b |u'_k(x)|\mathrm{d}x<+\infty$，则级数 $\sum\limits_{k=1}^{\infty}u_k(x)$ 在 $[a,b]$ 上是收敛的，且其极限函数

$$f(x)=\sum_{k=1}^{\infty}u_k(x)$$

是 $[a,b]$ 上的绝对连续函数，且在 $[a,b]$ 上有

$$f'(x)=\Big(\sum_{k=1}^{\infty}u_k(x)\Big)'\ \underset{m}{\doteq}\ \sum_{k=1}^{\infty}u'_k(x).$$

证明 由定理中条件(2)和定理 3.4.4 知，$\sum_{k=1}^{\infty} u'_k(x)$ 在$[a,b]$上几乎处处收敛于一个 Lebesgue 可积函数，且可逐项积分

$$\begin{aligned}\int_c^x \sum_{k=1}^{\infty} u'_k(t)\mathrm{d}t &= \sum_{k=1}^{\infty}\int_c^x u'_k(t)\mathrm{d}t \\ &\xlongequal[\text{N-L 公式}]{u_k\text{ 绝对连续}} \sum_{k=1}^{\infty}[u_k(x)-u_k(c)] \\ &= \sum_{k=1}^{\infty}u_k(x)-\sum_{k=1}^{\infty}u_k(c).\end{aligned}$$

因此

$$f(x)=\sum_{k=1}^{\infty}u_k(x)=\int_c^x\sum_{k=1}^{\infty}u'_k(t)\mathrm{d}t+\sum_{k=1}^{\infty}u_k(c).$$

根据定理 3.8.7，f 为$[a,b]$上的绝对连续函数，且在$[a,b]$上有

$$\begin{aligned}f'(x) &= \Big(\sum_{k=1}^{\infty}u_k(x)\Big)' \\ &= \Big(\int_c^x\sum_{k=1}^{\infty}u'_k(t)\mathrm{d}t+\sum_{k=1}^{\infty}u_k(c)\Big)' \\ &\underset{m}{\doteq}\sum_{k=1}^{\infty}u'_k(x).\end{aligned}$$

□

最后，我们应用 Lebesgue 积分来建立分部积分公式、积分第一中值公式、积分第二中值公式和积分换元公式.

定理 3.8.9(分部积分公式) 设 f,g 为$[a,b]$上的绝对连续函数，则

$$\int_a^b f(x)g'(x)\mathrm{d}x=f(x)g(x)\Big|_a^b-\int_a^b f'(x)g(x)\mathrm{d}x.$$

证明 设$|f(x)|\leqslant M$，$|g(x)|\leqslant M$，$\forall x\in[a,b]$，则对$\forall x,y\in[a,b]$，有

$$\begin{aligned}|f(x)g(x)-f(y)g(y)| &= |f(x)||g(x)-g(y)|+|g(y)||f(x)-f(y)| \\ &\leqslant M[|g(x)-g(y)|+|f(x)-f(y)|].\end{aligned}$$

由此和 f,g 为$[a,b]$上的绝对连续函数推得 $f(x)g(x)$也为$[a,b]$上的绝对连续函数. 从而，$f(x)g(x)$在$[a,b]$上几乎处处可导，且有

$$[f(x)g(x)]'\underset{m}{\doteq}f(x)g'(x)+f'(x)g(x),$$

其中 f',g'为$[a,b]$上的 Lebesgue 可积函数. 易见，fg'与 $f'g$ 在$[a,b]$上也为 Lebesgue 可积函数. 因此

$$\int_a^b f(x)g'(x)\mathrm{d}x+\int_a^b f'(x)g(x)\mathrm{d}x=\int_a^b[f(x)g(x)]'\mathrm{d}x=f(x)g(x)\Big|_a^b,$$

即

$$\int_a^b f(x)g'(x)\mathrm{d}x=f(x)g(x)\Big|_a^b-\int_a^b f'(x)g(x)\mathrm{d}x.$$

□

例 3.8.8 设 $f\in\mathscr{L}([a,b])$，且

$$\int_a^b x^n f(x)\mathrm{d}x=0,\quad n=0,1,2,\cdots,$$

则在$[a,b]$上，$f(x)\underset{m}{\doteq}0$.

证明 令 $F(x)=\int_a^x f(t)\mathrm{d}t$，因 $F(b)=0=F(a)$，且由分部积分公式有

$$\begin{aligned}0=\int_a^b x^n f(x)\mathrm{d}x&=x^nF(x)\Big|_a^b-n\int_a^b x^{n-1}F(x)\mathrm{d}x\\&=-n\int_a^b x^{n-1}F(x)\mathrm{d}x,\quad n=1,2,\cdots.\end{aligned}$$

因此，我们得到

$$\int_a^b x^nF(x)\mathrm{d}x=0,\quad n=0,1,2,\cdots.$$

根据多项式一致逼近连续函数的定理(参阅[15]第三册 164 页定理 14.3.5)，对 $\forall\,\varepsilon>0$，存在多项式函数 $P(x)$，s. t.

$$|F(x)-P(x)|<\varepsilon,\quad \forall\,x\in[a,b].$$

注意到

$$\begin{aligned}\int_a^b P(x)F(x)\mathrm{d}x&=\int_a^b\Big(\sum_{k=1}^n a_kx^k\Big)F(x)\mathrm{d}x\\&=\sum_{k=1}^n a_k\int_a^b x^kF(x)\mathrm{d}x=\sum_{k=1}^n 0=0.\end{aligned}$$

我们推得

$$\begin{aligned}0\leqslant\int_a^b F^2(x)\mathrm{d}x&=\int_a^b F(x)[F(x)-P(x)]\mathrm{d}x\\&\leqslant\int_a^b|F(x)||F(x)-P(x)|\mathrm{d}x\\&\leqslant\varepsilon\int_a^b|F(x)|\mathrm{d}x\to 0\quad(\varepsilon\to 0^+),\end{aligned}$$

从而 $0\leqslant\int_a^b F^2(x)\mathrm{d}x\leqslant 0$，即$\int_a^b F^2(x)\mathrm{d}x=0$.

因为 F 在$[a,b]$上连续，故 $F^2(x)\equiv 0$，即 $F(x)\equiv 0$. 于是在$[a,b]$上，有

$$f(x)\underset{m}{\doteq}F'(x)=0.$$

□

定理 3.8.10(积分第一中值公式) 设 f 为$[a,b]$上的连续函数，g 为$[a,b]$上的非负 Lebesgue 可积函数，则 $\exists\,\xi\in[a,b]$，s. t.

$$\int_a^b f(x)g(x)\mathrm{d}x=f(\xi)\int_a^b g(x)\mathrm{d}x.$$

证明 记 $f([a,b])=[c,d]$，则有

$$cg(x)\leqslant f(x)g(x)\leqslant dg(x),\quad \text{a. e.}\quad x\in[a,b].$$

将上面各式积分得到

$$c\int_a^b g(x)\mathrm{d}x \leqslant \int_a^b f(x)g(x)\mathrm{d}x \leqslant d\int_a^b g(x)\mathrm{d}x.$$

如果 $\int_a^b g(x)\mathrm{d}x = 0$，由 $g\geqslant 0$ 立知 $g \underset{m}{\doteq} 0$，从而 $\forall \xi\in[a,b]$，有

$$\int_a^b f(x)g(x)\mathrm{d}x = 0 = f(\xi)\cdot 0 = f(\xi)\int_a^b g(x)\mathrm{d}x.$$

如果 $\int_a^b g(x)\mathrm{d}x > 0$，则

$$c \leqslant \frac{\int_a^b f(x)g(x)\mathrm{d}x}{\int_a^b g(x)\mathrm{d}x} \leqslant d.$$

由 f 在 $[a,b]$ 上连续和连续函数的介值定理，$\exists \xi\in[a,b]$，s. t.

$$f(\xi) = \frac{\int_a^b f(x)g(x)\mathrm{d}x}{\int_a^b g(x)\mathrm{d}x},$$

即 $\int_a^b f(x)g(x)\mathrm{d}x = f(\xi)\int_a^b g(x)\mathrm{d}x.$ □

定理 3.8.11（积分第二中值公式） 设 $f\in\mathscr{L}([a,b])$，g 为 $[a,b]$ 上的单调函数，则 $\exists \xi \in[a,b]$，s. t.

$$\int_a^b f(x)g(x)\mathrm{d}x = g(a)\int_a^\xi f(x)\mathrm{d}x + g(b)\int_\xi^b f(x)\mathrm{d}x.$$

证明 不妨设 g 为单调增函数（否则考察 $-g$）. 证明分两步：

(1°) 设 g 为 $[a,b]$ 上单调增的绝对连续函数. 令

$$F(x) = \int_a^x f(t)\mathrm{d}t,\quad x\in[a,b].$$

由分部积分公式和积分第一中值公式（F 连续，$g'(x)\underset{m}{\geqslant}0$）得到

$$\begin{aligned}\int_a^b f(x)g(x)\mathrm{d}x &= F(x)g(x)\Big|_a^b - \int_a^b F(x)g'(x)\mathrm{d}x\\ &= F(b)g(b) - F(a)g(a) - F(\xi)\int_a^b g'(x)\mathrm{d}x\\ &= F(b)g(b) - F(a)g(a) - F(\xi)[g(b)-g(a)]\\ &= g(a)[F(\xi)-F(a)] + g(b)[F(b)-F(\xi)]\\ &= g(a)\int_a^\xi f(x)\mathrm{d}x + g(b)\int_\xi^b f(x)\mathrm{d}x.\end{aligned}$$

(2°) 设 g 为$[a,b]$上的单调增函数,作函数列

$$g_n(x)=\begin{cases}g(x), & x=a+k\dfrac{b-a}{n},\\ \text{线性连接}, & x\in\left[a+(k-1)\dfrac{b-a}{n},a+k\dfrac{b-a}{n}\right],n=1,2,\cdots;\ k=0,1,\cdots,n.\end{cases}$$

显然,$g_n(a)=g(a)$,$g_n(b)=g(b)$,且

$$|g(x)-g_n(x)|\leqslant\left|g\left(a+(k-1)\frac{b-a}{n}\right)-g\left(a+k\frac{b-a}{n}\right)\right|,$$

$$x\in\left[a+(k-1)\frac{b-a}{n},a+k\frac{b-a}{n}\right].$$

由此知,如果 x 为 g 的连续点,则 $\lim\limits_{n\to+\infty}g_n(x)=g(x)$. 而$[a,b]$上的单调增函数 g 几乎处处连续,所以

$$\lim_{n\to+\infty}g_n(x)\doteq_m g(x),\quad \lim_{n\to+\infty}f(x)g_n(x)\doteq_m f(x)g(x).$$

此外

$$|f(x)g_n(x)|\leqslant|f(x)|\cdot\max\{|g(a)|,|g(b)|\},$$

而$|f(x)|\cdot\max\{|g(a)|,|g(b)|\}$为$[a,b]$上可积的控制函数. 根据 Lebesgue 控制收敛定理 3.4.1,并将结论(1°)用于 g_n,$\exists\,\xi_n\in[a,b]$(不妨设$\{\xi_n\}$以 $\xi\in[a,b]$为极限,否则用子列代替),s. t.

$$\begin{aligned}\int_a^b f(x)g(x)\mathrm{d}x&=\lim_{n\to+\infty}\int_a^b f(x)g_n(x)\mathrm{d}x\\&=\lim_{n\to+\infty}\left[g_n(a)\int_a^{\xi_n}f(x)\mathrm{d}x+g_n(b)\int_{\xi_n}^b f(x)\mathrm{d}x\right]\\&=g(a)\int_a^{\xi}f(x)\mathrm{d}x+g(b)\int_{\xi}^b f(x)\mathrm{d}x.\end{aligned}$$

□

引理 3.8.2 设 f 为$[a,b]$上的绝对连续函数.

(1) 如果 $E\subset[a,b]$,$m(E)=0$,则 $m(f(E))=0$.

(2) 如果 $E\subset[a,b]$为 Lebesgue 可测集,则 $f(E)$也为 Lebesgue 可测集.

证明 (1) 因为 f 为$[a,b]$上的绝对连续函数,故对 $\forall\,\varepsilon>0$,$\exists\,\delta>0$,s. t. $[a,b]$中至多可数个互不相交的区间$\{(c_i,d_i)\}$满足 $\sum\limits_i(d_i-c_i)<\delta$ 时,有

$$\sum_i|f(d_i)-f(c_i)|<\varepsilon.$$

由于 $m(E-\{a,b\})=m(E)=0$,故从引理 2.3.3 知存在开集

$$G=\bigcup_i(a_i,b_i)\quad(\text{其中}\{(a_i,b_i)\}\text{为 }G\text{ 的构成区间的全体}),$$

s. t.

$$E-\{a,b\}\subset G\subset(a,b),\quad \text{且 }m(G)<\varepsilon.$$

选 $c_i,d_i\in[a_i,b_i]$,s. t.

$$f([a_i,b_i]) = [f(c_i),f(d_i)],$$

从而可得

$$\begin{aligned}0 \leqslant m^*(f(E)) &= m^*(f(E-\{a,b\}) \leqslant m^*\Big(f\big(\bigcup_i (a_i,b_i)\big)\Big) \\ &\leqslant m^*\Big(\bigcup_i f([a_i,b_i])\Big) \leqslant \sum_i m^*(f([a_i,b_i])) \\ &= \sum_i m([f(c_i),f(d_i)]) = \sum_i |f(d_i)-f(c_i)| < \varepsilon.\end{aligned}$$

令 $\varepsilon \to 0^+$ 得到

$$0 \leqslant m^*(f(E)) \leqslant 0, \quad 故 \quad m(f(E)) = m^*(f(E)) = 0.$$

(2) 由下面引理 3.8.3 的必要性和(1)立即推得. □

引理 3.8.3 设 $f:[a,b]\to\mathbb{R}$ 为连续函数,则:

f 具有性质(N):对 $\forall e\subset[a,b]$,$m(e)=0$,必有 $m(f(e))=0 \Leftrightarrow$ 任何 Lebesgue 可测集 E 的像 $f(E)$ 仍为 Lebesgue 可测集.

证明 $(\Rightarrow)$ 设 f 具有性质(N),$E\subset[a,b]$为 Lebesgue 可测集,则根据定理 2.3.1(5) 知,$E=A\cup e$,其中 A 为 F_σ 集,而 $m(e)=0$. 于是,$m(f(e))=0$. 由于$[a,b]$中的闭子集等价于紧致子集,而紧致子集在连续映射 f 下的像仍为紧致集. 从而,闭集在连续映射 f 下的像仍为闭集. 由此推出 $f(A)$仍为 F_σ 集. 再一次应用定理 2.3.1(5),$f(E)=f(A)\cup f(e)$为 Lebesgue 可测集.

$(\Leftarrow)$ (反证)假设 f 不具有性质(N),则必有 $e_0\subset[a,b]$,虽然 $m(e_0)=0$,但 $m^*(f(e_0))>0$. 今在 $f(e_0)$上取一个 Lebesgue 不可测集 B(见注 2.3.3). 显然

$$A = f^{-1}(B) = \{x\in e_0 \mid f(x)\in B\}\subset e_0.$$

因此 $0\leqslant m^*(A)\leqslant m(e_0)=0$,即 $m(A)=m^*(A)=0$,于是 A 为 Lebesgue 可测集. 但是,$B=f(A)$为 Lebesgue 不可测集,这与 $f(A)$为 Lebesgue 可测集相矛盾. □

综合上述,凡绝对连续函数一定是有界变差的且具有性质(N). 下面证明这些性质实际上是连续函数成为绝对连续函数的特征. 这就是 C. 巴拿哈-M. A. 查列茨基定理 3.8.13.

引理 3.8.4 设 f 为$[a,b]$上的连续函数,Δ: $a=x_0<x_1<\cdots<x_n=b$ 为$[a,b]$上的分割,$\|\Delta\|=\max\limits_{1\leqslant i\leqslant n}\{x_i-x_{i-1}\}$,

$$v_\Delta = \sum_{i=1}^n |f(x_i)-f(x_{i-1})|, \quad \Omega_\Delta = \sum_{i=1}^n \omega_i,$$

其中 ω_i 为 $f(x)$在$[x_{i-1},x_i]$上的振幅. 则

$$\lim_{\|\Delta\|\to 0} v_\Delta = \lim_{\|\Delta\|\to 0}\Omega_\Delta = \bigvee_a^b (f).$$

证明 (1) 当分点加多时,v_Δ 决不减小. 另一方面,于(x_{i-1},x_i)中添加一个新分点,则 v_Δ 的增加不会超过 $f(x)$在$[x_{i-1},x_i]$振幅的两倍.

取任一实数 $A<\bigvee\limits_a^b(f)$,作一个和式 v_{Δ^*} 满足 $v_{\Delta^*}>A$. 设和 v_{Δ^*} 对应的$[a,b]$的分割

为 Δ^*：

$$a = x_0^* < x_1^* < x_2^* < \cdots < x_m^* = b.$$

取 $\delta>0$ 足够小,s. t. 当 $|x''-x'|<\delta$ 时,有(注意：f 在$[a,b]$上一致连续)

$$|f(x'') - f(x')| < \frac{v_\Delta - A}{4m+1}$$

$(m=\min\limits_{a\leqslant x\leqslant b} f(x), M=\max\limits_{a\leqslant x\leqslant b} f(x))$. 于是,对$[a,b]$的任何分割 Δ,只要 $\|\Delta\|<\delta$,便有 $v_\Delta>A$.

事实上,我们造一个新分割 $\Delta\cup\Delta^*$(合并 Δ 与 Δ^* 的分点得到的分割). 假设对应于 $\Delta\cup\Delta^*$ 的和为 $v_{\Delta\cup\Delta^*}$,则

$$v_{\Delta\cup\Delta^*} \geqslant v_{\Delta^*}.$$

另一方面,$\Delta\cup\Delta^*$ 也可从 Δ 每次增加一个分点,共增 m 次而得. 而对于每一个分点之添加,v 之增量小于 $2.\dfrac{v_{\Delta^*}-A}{4m}=\dfrac{v_{\Delta^*}-A}{2m}$,所以

$$v_{\Delta\cup\Delta^*} - v_\Delta < \frac{v_{\Delta^*}-A}{2m}\cdot m = \frac{v_{\Delta^*}-A}{2}.$$

综合上述得到

$$v_\Delta > v_{\Delta\cup\Delta^*} - \frac{v_{\Delta^*}-A}{2} \geqslant v_{\Delta^*} - \frac{v_{\Delta^*}-A}{2} = \frac{v_{\Delta^*}+A}{2} > \frac{A+A}{2} = A.$$

但是,显然有 $v_\Delta \leqslant \bigvee_a^b (f)$,故

$$A < v_\Delta \leqslant \bigvee_a^b (f), \quad \lim_{\|\Delta\|\to 0} v_\Delta = \bigvee_a^b (f).$$

(2) 一方面,显然有 $\Omega_\Delta\geqslant v_\Delta$. 另一方面,对应于 v_Δ 的分割 Δ 加入新分点,使在新分点上函数取下面的数值：

$$m_i = \min_{x_{i-1}\leqslant x\leqslant x_i}\{f(x)\}, \quad M_i = \max_{x_{i-1}\leqslant x\leqslant x_i}\{f(x)\}.$$

对于加入新分点以后的分割 Δ'所对应的和记为 $v_{\Delta'}$,则

$$\Omega_\Delta \leqslant v_{\Delta'} \leqslant \bigvee_a^b (f).$$

于是

$$v_\Delta \leqslant \Omega_\Delta \leqslant \bigvee_a^b (f).$$

由 $\lim\limits_{\|\Delta\|\to 0} v_\Delta = \bigvee_a^b (f)$和夹逼定理得到

$$\lim_{\|\Delta\|\to 0} \Omega_\Delta = \bigvee_a^b (f). \qquad \square$$

例 3.8.9　引理 3.8.4 只限于 f 为连续函数时成立. 例如：

$$f:[-1,1]\to\mathbb{R}, \qquad f(x) = \begin{cases} 1, & x=0, \\ 0, & x\neq 0. \end{cases}$$

但对$[-1,1]$的任意一个不以0为分点的分割Δ,有

$$v_\Delta = 0, \quad \Omega_\Delta = 1, \quad \bigvee_{-1}^{1}(f) = 2.$$

显然

$$\lim_{\|\Delta\|\to 0} v_\Delta = \bigvee_{-1}^{1}(f), \quad \lim_{\|\Delta\|\to 0} \Omega_\Delta = \bigvee_{-1}^{1}(f)$$

未必成立.

巴拿赫(C. Banach)将引理3.8.4用到连续的有界变差函数上去,得到一个非常有趣的结果.

定义3.8.2 设f为$[a,b]$上的连续函数,

$$m = \min_{a\leqslant x\leqslant b}\{f(x)\}, \quad M = \max_{a\leqslant x\leqslant b}\{f(x)\}.$$

于$[m,M]$上定义如下的函数$N: [m,M]\to\mathbb{R}_*$,当$y\in[m,M]$时,$N(y)$为方程

$$f(x) = y$$

的根(解)的个数.如果对某个y,方程的根有无限多个,则定义

$$N(y) = +\infty.$$

我们称$N(y)$为**巴拿赫的指示函数**.

定理3.8.12(巴拿赫) 巴拿赫的指示函数$N(y)$是Lebesgue可测的,且

$$\int_m^M N(y)\mathrm{d}y = \bigvee_a^b(f).$$

证明 将$[a,b]$分成2^n等分,令

$$d_1 = \left[a, a+\frac{b-a}{2^n}\right],$$

$$d_k = \left(a+(k-1)\frac{b-a}{2^n}, a+k\frac{b-a}{2^n}\right], \quad k = 2,3,\cdots,2^n.$$

又定义函数$L_k(y)$,$k=1,2,\cdots,2^n$如下:

$$L_k(y) = \begin{cases} 1, & \text{如果在 } d_k \text{ 中}, f(x) = y \text{ 至少有一个根}, \\ 0, & \text{如果在 } d_k \text{ 中}, f(x) = y \text{ 没有根}. \end{cases}$$

记

$$m_k = \inf_{x\in d_k}\{f(x)\}, \quad M_k = \sup_{x\in d_k}\{f(x)\},$$

则

$$L_k(y) = \begin{cases} 1, & y\in(m_k, M_k), \\ 0, & y\in[m,M]-[m_k,M_k]. \end{cases}$$

因此,$L_k(y)$至多只有两个不连续点,所以它是Lebesgue可测的.并且

$$\int_m^M L_k(y)\mathrm{d}y = M_k - m_k = \omega_k,$$

ω_k 表示 $f(x)$ 在区间 d_k 上的振幅.

再作函数

$$N_n(y)=L_1(y)+L_2(y)+\cdots+L_{2^n}(y),$$

它是包含方程 $f(x)=y$ 的根的区间 d_k 的个数. 显然, 根据定理 1.1.3(2) 和数学归纳法知, $N_n(y)$ 为 Lebesgue 可测函数. 且有

$$\int_m^M N_n(y)\mathrm{d}y=\int_m^M\sum_{k=1}^{2^n}L_k(y)\mathrm{d}y=\sum_{k=1}^{2^n}\int_m^M L_k(y)\mathrm{d}y=\sum_{k=1}^{2^n}\omega_k.$$

应用引理 3.8.4 得到

$$\lim_{n\to+\infty}\int_m^M N_n(y)\mathrm{d}y=\lim_{n\to+\infty}\sum_{k=1}^{2^n}\omega_k=\bigvee_a^b(f).$$

因为

$$N_1(y)\leqslant N_2(y)\leqslant\cdots\leqslant N_n(y)\leqslant\cdots,$$

所以极限

$$N^*(y)=\lim_{n\to+\infty}N_n(y)$$

是存在的(有限或无穷), 且由定理 3.1.4 知 $N^*(y)$ 为一个 Lebesgue 可测函数. 根据 Levi 递增积分定理 3.3.4 有

$$\int_m^M N^*(y)\mathrm{d}y=\int_m^M\lim_{n\to+\infty}N_n(y)\mathrm{d}y=\lim_{n\to+\infty}\int_m^M N_n(y)\mathrm{d}y=\bigvee_a^b(f).$$

下证 $N^*(y)=N(y)$, 从而可得

$$\int_m^M N(y)\mathrm{d}y=\int_m^M N^*(y)\mathrm{d}y=\bigvee_a^b(f).$$

事实上, 从 $N_n(y)\leqslant N(y)$ 得到

$$0\leqslant N^*(y)=\lim_{n\to+\infty}N_n(y)\leqslant N(y).$$

另一方面, 对任一自然数 $q\leqslant N(y)$, 可找到方程 $f(x)=y$ 的两两相异的根:

$$x_1<x_2<\cdots<x_q.$$

取 n 充分大, s.t.

$$\frac{b-a}{2^n}<\min(x_{k+1}-x_k).$$

则 q 个根 x_k 各含在不同的区间 d_k 中, 因此 $N_n(y)\geqslant q$. 从而得到

$$N^*(y)=\lim_{n\to+\infty}N_n(y)\geqslant q.$$

如果 $N(y)=+\infty$ 时, 可取 q 任意大, 因此亦得 $N^*(y)=+\infty$; 如果 $N(y)$ 为有限, 则可取 $q=N(y)$. 于是, 总有 $N^*(y)\geqslant N(y)$.

综合上述得到 $N^*(y)=N(y)$. □

作为巴拿赫定理 3.8.12 的应用, 我们有

推论 3.8.1 设 f 为$[a,b]$上的连续函数,则

f 为有界变差函数$\Leftrightarrow f$ 的巴拿赫的指示函数 $N(y)$是 Lebesgue 可积的.

证明 定理 3.8.12 指出,巴拿赫的指示函数 $N(y)$是 Lebesgue 可测的. 并且

$$\int_m^M N(y)\mathrm{d}y = \bigvee_a^b (f).$$

于是

$$f\text{ 为有界变差函数,即}\int_m^M N(y)\mathrm{d}y = \bigvee_a^b (f) < +\infty \Leftrightarrow N(y)\text{是 Lebesgue 可积的.} \qquad \square$$

推论 3.8.2 设 f 为$[a,b]$上连续的有界变差函数,则使方程 $f(x)=y$ 具有无限个根的 y,其全体

$$\{y \in [m,M] \mid f(x) = y\text{ 具有无限个根}\} = \{y \in [m,M] \mid N(y) = +\infty\}$$

为一个 Lebesgue 零测集.

证明 根据推论 3.8.1,$N(y)$是 Lebesgue 可积的. 再根据定理 3.3.13 中(2),$N(y)$在$[m,M]$上几乎处处有限,即

$$\{y \in [m,M] \mid f(x) = y\text{ 具有无限个根}\} = \{y \in [m,M] \mid N(y) = +\infty\}$$

为 Lebesgue 零测集. $\square$

定理 3.8.13 (C. 巴拿赫-M. A. 查列茨基) 设 f 为$[a,b]$上的连续函数. 则

$f(x)$为绝对连续函数$\Leftrightarrow f(x)$为有界变差函数且具有性质(N).

证明 ($\Rightarrow$) 由定理 3.8.5 中(2)和引理 3.8.2 中(1)即得.

($\Leftarrow$) (反证)假设 $f(x)$不为绝对连续函数,则必 $\exists\,\varepsilon_0 > 0$, $\nexists\,\delta > 0$, s. t. 对任何互不相交的区间组$\{(a_k,b_k) \mid k=1,2,\cdots,n\}$且 $\sum\limits_{k=1}^{n}(b_k - a_k) < \delta$, 有

$$\sum_{k=1}^{n}(M_k - m_k) < \varepsilon_0.$$

现取一个收敛的正项级数 $\sum\limits_{i=1}^{\infty}\delta_i$. 对于每个 δ_i,取一互不相交的区间组$\{(a_k^i,b_k^i) \mid k=1,2,\cdots,n_i\}$满足

$$\sum_{k=1}^{n_i}(b_k^i - a_k^i) < \delta_i,\quad \sum_{k=1}^{n_i}(M_k^i - m_k^i) \geqslant \varepsilon_0,$$

其中 M_k^i, m_k^i 表示 $f(x)$在$[a_k^i,b_k^i]$中之最大值与最小值.

令

$$E_i = \bigcup_{k=1}^{n_i}(a_k^i,b_k^i),\quad A = \bigcap_{n=1}^{\infty}\bigcup_{i=n}^{\infty}E_i.$$

易见

$$0 \leqslant m(A) = m\Big(\bigcap_{n=1}^{\infty}\bigcup_{i=n}^{\infty}E_i\Big) \leqslant m\Big(\bigcup_{i=n}^{\infty}E_i\Big)$$

$$\leqslant \sum_{i=n}^{\infty} m(E_i) = \sum_{i=n}^{\infty}\sum_{k=1}^{n_i}(b_k^i - a_k^i)$$

$$< \sum_{i=n}^{\infty}\delta_i \to 0 \quad (n \to +\infty),$$

从而 $0 \leqslant m(A) \leqslant 0$,即 $m(A)=0$. 因此,由 f 具有性质(N),故 $m(f(A))=0$.

现作函数

$$L_k^i(y) = \begin{cases} 1, & 如果在(a_k^i, b_k^i)中, f(x) = y 至少有一个根, \\ 0, & 如果在(a_k^i, b_k^i)中, f(x) = y 中无根. \end{cases}$$

显然

$$L_k^i(y) = \begin{cases} 1, & y \in (m_k^i, M_k^i), \\ 0, & y \in [m, M] - [m_k^i, M_k^i], \end{cases}$$

所以 $\int_m^M L_k^i(y)\mathrm{d}y = M_k^i - m_k^i$.

令

$$N_i(y) = \sum_{k=1}^{n_i} L_k^i(y),$$

则 $N_i(y)$是使 $f(x)=y$ 至少有一根的区间(a_k^i, b_k^i)的个数. 如果 $N(y)$表示 $f(x)$的巴拿赫的指示函数,则

$$0 \leqslant N_i(y) \leqslant N(y).$$

但是

$$\int_m^M N_i(y)\mathrm{d}y = \int_m^M \sum_{k=1}^{n_i} L_k^i(y)\mathrm{d}y = \sum_{k=1}^{n_i}\int_m^M L_k^i(y)\mathrm{d}y = \sum_{k=1}^{n_i}(M_k^i - m_k^i) \geqslant \varepsilon_0.$$

如果我们能证明:在$[m,M]$中几乎所有的 y 适合

$$\lim_{i \to +\infty} N_i(y) = 0.$$

则由 f 为有界变差的连续函数,根据推论 3.8.1 知,巴拿赫的指示函数 $N(y)$是 Lebesgue 可积的. 它为$\{N_i(y)\}$的控制函数. 再根据 Lebesgue 控制收敛定理 3.4.1 推得

$$0 < \varepsilon_0 \leqslant \lim_{i \to +\infty}\int_m^M N_i(y)\mathrm{d}y = \int_m^M \lim_{i \to +\infty} N_i(y)\mathrm{d}y = \int_m^M 0\mathrm{d}y = 0,$$

矛盾. 于是,定理证毕.

现在欲证 $\lim\limits_{i \to +\infty} N_i(y)=0$ 在$[m,M]$上几乎处处成立. 设

$$B = \{y \in [m,M] \mid \lim_{i \to +\infty} N_i(y) \neq 0\}, \qquad C = \{y \in [m,M] \mid N(y) = +\infty\}.$$

对 $\forall\, y_0 \in B - C$,则可取$\{i_r\}$, s. t.

$$N_{i_r}(y_0) \geqslant 1, \quad r = 1, 2, 3, \cdots.$$

这就表示,对于每个 r 存在着如下的点 x_{i_r}, s. t.

$$f(x_{i_r}) = y_0, \quad x_{i_r} \in E_{i_r}.$$

但是,因为 $N(y_0)<+\infty$,所在在 x_{i_r} 中相异的点只有有限个,因此在其中至少有一个,今记作 x_0,在 $\{x_{i_r}\}$ 中出现过无限次.它属于无限多个 E_i,且满足

$$f(x_0) = y_0.$$

此时,必有 $x_0 \in \bigcap_{n=1}^{\infty}\bigcup_{i=n}^{\infty} E_i = A$,$y_0 = f(x_0) \in f(A)$. $B-C \subset f(A)$.由此得到

$$0 \leqslant m^*(B-C) \leqslant m(f(A)) = 0,$$

故 $m(B-C)=m^*(B-C)=0$.此外,因为 $N(y)$ Lebesgue 可积,故

$$m(C) = m(\{y \in [m,M] \mid N(y) = +\infty\}) = 0.$$

从而

$$m(B) = m(B-C) + m(B \cap C) = 0 + 0 = 0.$$

这就表明,$\lim\limits_{i\to+\infty} N_i(y)=0$ 在 $[m,M]$ 上几乎处处成立. □

定理 3.8.14(Г. М. 菲赫金哥尔茨) 设 $F(y)$ 与 $f(x)$ 为两个绝对连续函数,且 $F(y)$ 是在 $f(x)$ 的函数值所在的区间上定义的.则:

复合函数 $F(f(x))$ 为绝对连续函数 $\Leftrightarrow F(f(x))$ 为有界变差函数.

证明 ($\Rightarrow$) 从定理 3.8.5 中(2)立即得到.

($\Leftarrow$) 设 e 为 Lebesgue 零测集,由 f 为绝对连续函数,根据引理 3.8.2 中(1)知,$m(f(e))=0$.又因 F 也为绝对连续函数,再一次应用引理 3.8.2 中(1)得到 $m(F\circ f(e))=m(F(f(e)))=0$,即复合函数 $F\circ f(x)=F(f(x))$ 具有性质(N).又因为 $F(f(x))$ 为有界变差函数,根据定理 3.8.13,$F(f(x))$ 为绝对连续函数. □

这个定理首先被菲赫金哥尔茨在 1922 年证明.为了给它一个新的证明,1925 年 M. A. 查列茨基与 C. 巴拿哈又建立了定理 3.8.13.

定理 3.8.15 设 $f: [a,b]\to\mathbb{R}$ 为实值函数,$E\subset[a,b]$.如果 f 在 E 上任一点处可导,且 $|f'(x)|\leqslant M$,$\forall x\in E$,则

$$m^*(f(E)) \leqslant M \cdot m^*(E).$$

证明 对 $\forall \varepsilon>0$,$\forall n\in\mathbb{N}$,令

$$E_n = \{x \in E \mid 当\ y \in [a,b],\ |y-x| < \frac{1}{n}\ 时,有\ |f(y)-f(x)| \leqslant (M+\varepsilon)|y-x|\}.$$

显然,$E_n\subset E_{n+1}$,$f(E_n)\subset f(E_{n+1})$ 以及(见习题 2.3.5 中(4))

$$\lim_{n\to+\infty} m^*(E_n) = m^*(E), \qquad \lim_{n\to+\infty} m^*(f(E_n)) = m^*(f(E)).$$

在 (a,b) 中取覆盖 $E_n-\{a,b\}$ 的开区间列 $\{I_{n,k}\}$,s. t.

$$\sum_k m(I_{n,k}) < m^*(E_n) + \varepsilon, \quad m(I_{n,k}) < \frac{1}{n}, k = 1,2,\cdots.$$

易见,如果 $s,t\in E_n\cap I_{n,k}$,则有

$$|f(s)-f(t)| \leqslant (M+\varepsilon)|s-t| < (M+\varepsilon)m(I_{n,k}).$$

于是得到

$$m^*(f(E_n))=m^*\left(f\left(E_n\cap\bigcup_k I_{n,k}\right)\right)\leqslant\sum_k m^*(f(E_n\cap I_{n,k}))$$

$$\leqslant\sum_k \mathrm{diam}(f(E_n\cap I_{n,k}))\leqslant(M+\varepsilon)\sum_k m(I_{n,k})$$

$$<(M+\varepsilon)[m(E_n)+\varepsilon].$$

其中 $\mathrm{diam}A=\sup\{|x'-x''|\,\big|\,x',x''\in A\}$.

令 $n\to+\infty$ 推得

$$m^*(f(E))=\lim_{n\to+\infty}m^*(f(E_n))\leqslant(M+\varepsilon)\lim_{n\to+\infty}[m(E_n)+\varepsilon]$$

$$=(M+\varepsilon)(m^*(E)+\varepsilon).$$

再令 $\varepsilon\to0^+$，有

$$m^*(f(E))\leqslant M\cdot m^*(E).$$ □

定理 3.8.16　设 f 为 $[a,b]$ 上的可测函数，$E\subset[a,b]$ 为可测集且 f 在 E 的任一点处可导，则

$$m^*(f(E))\leqslant\int_E|f'(x)|\,\mathrm{d}x.$$

证明　因为 f 为 $[a,b]$ 上的可测函数，$E\subset[a,b]$ 为可测集，根据定理 3.1.4，有

$$f'(x)=\lim_{n\to+\infty}\frac{f\left(x+\frac{1}{n}\right)-f(x)}{\frac{1}{n}},\quad x\in E$$

为 E 上的可测函数.

对 $\forall\,\varepsilon>0$，作集列

$$E_n=\{x\in E\mid(n-1)\varepsilon\leqslant|f'(x)|<n\varepsilon\},\quad n=1,2,\cdots.$$

由定理 3.8.15，我们有

$$m^*(f(E_n))\leqslant\varepsilon m(E_n)$$

$$=(n-1)\varepsilon m(E_n)+\varepsilon m(E_n)$$

$$\leqslant\int_E|f'(x)|\,\mathrm{d}x+\varepsilon m(E_n).$$

由此推得

$$m^*(f(E))=m^*\left(f\left(\bigcup_{n=1}^{\infty}E_n\right)\right)=m^*\left(\bigcup_{n=1}^{\infty}f(E_n)\right)$$

$$\leqslant\sum_{n=1}^{\infty}m^*(f(E_n))\leqslant\sum_{n=1}^{\infty}\left[\int_{E_n}|f'(x)|\,\mathrm{d}x+\varepsilon m(E_n)\right]$$

$$=\int_{\bigcup\limits_{n=1}^{\infty}E_n}|f'(x)|\,\mathrm{d}x+\varepsilon m\left(\bigcup_{n=1}^{\infty}E_n\right)$$

$$= \int_E |f'(x)| \mathrm{d}x + \varepsilon m(E).$$

令 $\varepsilon \to 0^+$ 得到 $m^*(f(E)) \leqslant \int_E |f'(x)| \mathrm{d}x$. □

定理 3.8.17 设 f 在$[a,b]$上处处可导,且 $f' \in \mathscr{L}([a,b])$,则 Newton-Leibniz 公式

$$f(x) = f(a) + \int_a^x f'(t)\mathrm{d}t$$

成立.

证明 因为 $f' \in \mathscr{L}([a,b])$,所以根据积分的绝对连续性,对 $\forall \varepsilon > 0$, $\exists \delta > 0$,当 $e \subset [a,b]$,$m(e) < \delta$ 时,有

$$\int_e |f'(x)| \mathrm{d}x < \varepsilon.$$

从而,对$[a,b]$中任意互不相交的开区间(a_i,b_i),$i=1,2,\cdots,n$,当

$$\sum_{i=1}^n (b_i - a_i) < \delta$$

时,由定理 3.8.16,有

$$\begin{aligned}\sum_{i=1}^n |f(b_i) - f(a_i)| &\leqslant \sum_{i=1}^n m^*(f([a_i,b_i])) \\ &\leqslant \sum_{i=1}^n \int_{[a_i,b_i]} |f'(x)| \mathrm{d}x = \int_{\bigcup\limits_{i=1}^n [a_i,b_i]} |f'(x)| \mathrm{d}x < \varepsilon.\end{aligned}$$

这说明 f 为$[a,b]$上的绝对连续函数,故 Newton-Leibniz 公式成立. □

定理 3.8.18 设实函数 f: $[a,b] \to \mathbb{R}$ 在 $E \subset [a,b]$的任一点处可导,则:

(1) 如果在 E 上,$f'(x) \underset{m}{\doteq} 0$,则 $m(f(E)) = 0$.

(2) 如果 $m(f(E)) = 0$,则在 E 上 $f'(x) \underset{m}{\doteq} 0$.

证明 (1) 令

$$E_0 = \{x \in E \mid f'(x) = 0\},$$

$$E_n = \{x \in E \mid n-1 < |f'(x)| \leqslant n\}, \quad n = 1,2,\cdots.$$

则由定理 3.8.15,有

$$0 \leqslant m^*(f(E_0)) \leqslant 0 \cdot m^*(E_0) = 0, \quad \text{即} \quad m^*(f(E_0)) = 0;$$

$$\begin{aligned}0 \leqslant m^*(f(E)) &= m^*\left(f\left(\bigcup_{n=0}^\infty E_n\right)\right) = m^*\left(\bigcup_{n=0}^\infty f(E_n)\right) \\ &\leqslant \sum_{n=0}^\infty m^*(f(E_n)) \leqslant \sum_{n=0}^\infty n \cdot m^*(E_n) = 0 \cdot m^*(E_0) + \sum_{n=1}^\infty n \cdot 0 \\ &= 0 \cdot m^*(E_0) + \sum_{n=1}^\infty n \cdot 0 = 0,\end{aligned}$$

故 $m(f(E)) = m^*(f(E)) = 0$.

(2) 作点集

$$B_n=\left\{x\in E\,\middle|\,\text{当}\ |y-x|<\frac{1}{n}\ \text{时},\ |f(y)-f(x)|\geqslant\frac{|y-x|}{n}\right\}.$$

显然,有

$$B=\left\{x\in E\,\middle|\,|f'(x)|>0\right\}=\bigcup_{n=1}^{\infty}B_n.$$

从而,如果证明了 $m(B_n)=0$, $\forall n\in\mathbb{N}$,则

$$0\leqslant m(B)=m\Big(\bigcup_{n=1}^{\infty}B_n\Big)\leqslant\sum_{n=1}^{\infty}m(B_n)=\sum_{n=1}^{\infty}0=0,$$

从而 $m(B)=0$,即在 E 上

$$f'(x)\ \dot{\underset{m}{=}}\ 0.$$

为证 $m(B_n)=0$,记 $A=I\cap B_n$,其中 I 为任一长度小于 $\frac{1}{n}$ 的区间. 由

$$0\leqslant m^*(f(A))\leqslant m^*(f(B_n))\leqslant m(f(E))=0$$

知 $m(f(A))=m^*(f(A))=0$. 所以,对 $\forall\varepsilon>0$,存在区间列 $\{I_k\}$, s. t.

$$\bigcup_k I_k\supset f(A),\quad \sum_k m(I_k)<\varepsilon.$$

现令 $A_k=A\cap f^{-1}(I_k)$. 因为

$$A=\bigcup_k A_k,\quad \text{且}\ A_k\subset A=I\cap B_n,$$

$$f(A_k)=f(A\cap f^{-1}(I_k))\subset f(f^{-1}(I_k))\subset I_k,$$

所以,我们有

$$\begin{aligned}0&\leqslant m^*(A)=m^*\Big(\bigcup_k A_k\Big)\leqslant\sum_k m^*(A_k)\\&\leqslant\sum_k\operatorname{diam}(A_k)\leqslant\sum_k n\cdot\operatorname{diam}(f(A_k))\\&\leqslant n\sum_k m(I_k)<n\varepsilon.\end{aligned}$$

令 $\varepsilon\to0^+$ 得到 $0\leqslant m^*(A)\leqslant0$, $m^*(A)=0$. 于是

$$m(I\cap B_n)=m(A)=m^*(A)=0.$$

取 $l\in\mathbb{N}$, s. t. $\frac{b-a}{l}<\frac{1}{n}$,则

$$\begin{aligned}m^*(B_n)&=m^*([a,b]\cap B_n)\\&=m^*\Big(\bigcup_{i=0}^{l-1}\Big[a+i\frac{b-a}{l},a+(i+1)\frac{b-a}{l}\Big]\cap B_n\Big)\\&\leqslant\sum_{i=0}^{l-1}m^*\Big(\Big[a+i\frac{b-a}{l},a+(i+1)\frac{b-a}{l}\Big]\cap B_n\Big)\\&=\sum_{i=0}^{l-1}0=0.\end{aligned}$$

□

定理 3.8.19(复合函数的导数) 设 $g:[a,b]\to[c,d]$, $F:[c,d]\to\mathbb{R}$, $F\circ g:[a,b]\to\mathbb{R}$ 都是关于 Lebesgue 测度几乎处处可导的,且在$[c,d]$上,有

$$F'(x)\overset{\cdot}{\underset{m}{=}}f(x).$$

如果对$[c,d]$中的任一 Lebesgue 零测集 Z,总有 $m(F(Z))=0$,则在$[a,b]$上有

$$[F(g(t))]'\overset{\cdot}{\underset{m}{=}}f(g(t))\cdot g'(t).$$

证明 令

$$Z=\{x\in[c,d]\mid F\text{ 在 }x\text{ 处不可导}\},$$
$$A=g^{-1}(Z),\quad B=[a,b]-A.$$

对于 B 中使 g 可导的点 t,根据 g 在 t 点处的连续性以及 $F'(g(t))=f(g(t))$,我们有

$$\begin{aligned}[F(g(t))]'&=\lim_{h\to 0}\frac{F(g(t+h))-F(g(t))}{h}\\&=\lim_{h\to 0}\varphi(h)\cdot\frac{g(t+h)-g(t)}{h}\\&=f(g(t))\cdot g'(t),\end{aligned}$$

其中

$$\varphi(h)=\begin{cases}\dfrac{F(g(t+h))-F(g(t))}{g(t+h)-g(t)}, & \text{当 }g(t+h)-g(t)\neq 0,\\ f(g(t)), & \text{当 }g(t+h)-g(t)=0,\end{cases}$$
$$\lim_{h\to 0}\varphi(h)=f(g(t)).$$

这就证明了在 B 上,有

$$[F(g(t))]'\overset{\cdot}{\underset{m}{=}}f(g(t))g'(t).$$

因为 $0\leqslant m^*(g(A))\leqslant m(Z)=0$, 所以

$$m(g(A))=m^*(g(A))=0.$$

故由定理对 F 的假定得到 $m(F(g(A)))=0$. 从而,根据定理 3.8.18 中(2)可知,在 A 上,有

$$g'(t)\overset{\cdot}{\underset{m}{=}}0,\quad [F(g(t))]'\overset{\cdot}{\underset{m}{=}}=0.$$

此时,在 A 上有

$$[F(g(t))]'\overset{\cdot}{\underset{m}{=}}0=f(g(t))\cdot 0\overset{\cdot}{\underset{m}{=}}f(g(t))\cdot g'(t).$$

综合上述结果得到,在$[a,b]$上

$$[F(g(t))]'\overset{\cdot}{\underset{m}{=}}f(g(t))\cdot g'(t).$$ □

推论 3.8.3 设 $g:[a,b]\to[c,d]$, $F:[c,d]\to\mathbb{R}$,且 g 和 $F\circ g$ 关于 Lebesgue 测度都几乎处处可导,而 F 在$[c,d]$上绝对连续.则在$[a,b]$上,有

$$[F(g(t))]'\overset{\cdot}{\underset{m}{=}}F'(g(t))\cdot g'(t).$$

证明 因为 F 在$[c,d]$上绝对连续,由定理 3.8.6 中(1)知,F 在$[c,d]$上几乎处处可导.又由引理 3.8.2 中(1),对$[c,d]$中任一 Lebesgue 零测集 Z,总有 $m(F(Z))=0$. 根据定理 3.8.19

得到,在$[a,b]$上,有

$$[F(g(t))]' \underset{m}{\doteq} F'(g(t)) \cdot g'(t). \qquad \square$$

例 3.8.10 在定理 3.8.19 中,F 将 Lebesgue 零测集映为 Lebesgue 零测集这一条件不能删去.

设 g 为$[0,1]$上严格增的连续函数,且 $g'(t) \underset{m}{\doteq} 0$(见例 3.8.6). 而令 $F=g^{-1}$. 易知 F 严格增且几乎处处可导,且

$$[F(g(t))]' = [g^{-1}(g(t))]' = (t)' = 1, \quad t \in [0,1].$$

因此,在 $[0,1]$上,

$$[F(g(t))]' = 1 \underset{m}{\doteq} 0 = F'(g(t)) \cdot g'(t)$$

不成立.

定理 3.8.20(积分换元(变量代换)公式) 设 $g:[a,b]\to[c,d]$为关于 Lebesgue 测度几乎处处可导的函数,$f:[c,d]\to\mathbb{R}$ 为 Lebesgue 可积函数. 记

$$F(x) = \int_c^x f(t)\mathrm{d}t,$$

则:

(1) $F(g(t))$为$[a,b]$上的绝对连续函数$\Leftrightarrow$(2) $f(g(t))g'(t)$为$[a,b]$上的 Lebesgue 可积函数,且有

$$\int_{g(\alpha)}^{g(\beta)} f(x)\mathrm{d}x = \int_\alpha^\beta f(g(t))g'(t)\mathrm{d}t,$$

其中$[\alpha,\beta]\subset[a,b]$.

证明 ($\Leftarrow$) 设(2)成立,则对$\forall [\alpha,\beta]\subset[a,b]$,有

$$F(g(\beta)) - F(g(\alpha)) = \int_{g(\alpha)}^{g(\beta)} f(x)\mathrm{d}x = \int_\alpha^\beta f(g(t))g'(t)\mathrm{d}t,$$

$$F(g(t)) - F(g(a)) = \int_a^t f(g(t))g'(t)\mathrm{d}t.$$

于是,根据定理 3.8.7,有

$$F(g(t)) = F(g(a)) + \int_a^t f(g(t))g'(t)\mathrm{d}t$$

为$[a,b]$上的绝对连续函数.

($\Rightarrow$) 设(1)成立,由于 $F(g(t))$为$[a,b]$上的绝对连续函数,故它在$[a,b]$上关于 Lebesgue 测度几乎处处可导,且$[F(g(t))]'$为$[a,b]$上的 Lebesgue 可积函数. 又因 $F(x) = \int_c^x f(t)\mathrm{d}t$ 为绝对连续函数,故从引理 3.8.2 中(1)知,对$[c,d]$上的任一 Lebesgue 零测集 Z,总有 $m(F(Z))=0$. 根据定理 3.8.19,在$[a,b]$上,

$$[F(g(t))]' \underset{m}{\doteq} f(g(t))g'(t).$$

所以,$f(g(t))g'(t)$也为$[a,b]$上的 Lebesgue 可积函数. 从而得到

$$\int_{g(\alpha)}^{g(\beta)} f(x)\mathrm{d}x = F(g(\beta)) - F(g(\alpha)) = \int_\alpha^\beta [F(g(t))]'\mathrm{d}t = \int_\alpha^\beta f(g(t))g'(t)\mathrm{d}t. \qquad \square$$

例 3.8.11 设

$$F(x) = x^2, \quad g(t) = \begin{cases} t\sin\frac{1}{t}, & t \neq 0, \\ 0, & t = 0, \end{cases}$$

则

$$F'(x) = 2x = f(x),$$

$$g'(t) = \sin\frac{1}{t} - \frac{1}{t}\cos\frac{1}{t}, \quad t \neq 0,$$

$$\lim_{t\to 0}\frac{t\sin\frac{1}{t} - 0}{t - 0} = \lim_{t\to 0}\sin\frac{1}{t}$$

不存在. 因此, g 在 $[0,1]$ 上关于 Lebesgue 测度几乎处处可导, $g([0,1]) \subset [0,1]$, f 为 $[0,1]$ 上的 Lebesgue 可积函数, 且

$$F(x) = (\mathrm{L})\int_0^x f(t)\mathrm{d}t.$$

又因

$$[F(g(t))]' = \begin{cases} 2t\sin^2\frac{1}{t} - \sin\frac{2}{t}, & t \neq 0, \\ 0, & t = 0, \end{cases}$$

$$|[F(g(t))]'| \leqslant 3, \quad \forall t \in [0,1],$$

故从例 3.8.4 知, $F(g(t))$ 为 $[0,1]$ 上的绝对连续函数. 根据定理 3.8.20, 相应的积分换元公式成立.

但是, 从例 3.6.6 和定理 3.8.5 中(2)知, g 不为 $[0,1]$ 上的绝对连续函数.

不过我们有下面结论.

推论 3.8.4 设 g: $[a,b] \to [c,d]$ 为绝对连续函数, $f \in \mathscr{L}([c,d])$. 如果

(1) $g(t)$ 为 $[a,b]$ 上的单调函数;

(2) $f(x)$ 为 $[c,d]$ 上的有界函数;

(3) $f(g(t))g'(t)$ 为 $[a,b]$ 上的 Lebesgue 可积函数

三个条件之一成立, 则对 $[\alpha,\beta] \subset [a,b]$ 有

$$\int_{g(\alpha)}^{g(\beta)} f(x)\mathrm{d}x = \int_\alpha^\beta f(g(t))g'(t)\mathrm{d}t.$$

证明 令

$$F(x) = \int_c^x f(t)\mathrm{d}t, \quad x \in [c,d].$$

(1) $\forall \varepsilon > 0$, 因为 $f \in \mathscr{L}([c,d])$, 故由积分的绝对连续性, $\exists \eta > 0$, 当 $e \subset [c,d]$, $m(e) < \eta$

时,有

$$\int_e |f(x)| \mathrm{d}x < \varepsilon.$$

对上述固定的 $\eta>0$,由 g 为$[a,b]$上的绝对连续函数,$\exists\delta>0$,当(a_i,b_i),$i=1,2,\cdots,n$ 为$[a,b]$中互不相交的开区间,且 $\sum\limits_{i=1}^n(b_i-a_i)<\delta$ 时,有

$$\left|\sum_{i=1}^n[g(b_i)-g(a_i)]\right|<\eta.$$

于是,当 g 单调增时,有

$$\begin{aligned}\left|\sum_{i=1}^n[F(g(b_i))-F(g(a_i))]\right| &= \left|\sum_{i=1}^n\int_{g(a_i)}^{g(b_i)}f(t)\mathrm{d}t\right| \\ &= \left|\sum_{i=1}^n\int_{[g(a_i),g(b_i)]}f(t)\mathrm{d}t\right| = \left|\int_{\bigcup\limits_{i=1}^n[g(a_i),g(b_i)]}f(t)\mathrm{d}t\right| \\ &\leqslant \int_{\bigcup\limits_{i=1}^n[g(a_i),g(b_i)]}|f(t)|\mathrm{d}t<\varepsilon;\end{aligned}$$

当 g 单调减时,有

$$\begin{aligned}\left|\sum_{i=1}^n[F(g(b_i))-F(g(a_i))]\right| &= \left|\sum_{i=1}^n\int_{g(a_i)}^{g(b_i)}f(t)\mathrm{d}t\right| \\ &= \left|\sum_{i=1}^n\int_{[g(b_i),g(a_i)]}f(t)\mathrm{d}t\right| = \left|\int_{\bigcup\limits_{i=1}^n[g(b_i),g(a_i)]}f(t)\mathrm{d}t\right| \\ &\leqslant \int_{\bigcup\limits_{i=1}^n[g(b_i),g(a_i)]}|f(t)|\mathrm{d}t<\varepsilon.\end{aligned}$$

这就证明了 $F(g(t))$为$[a,b]$上的绝对连续函数. 根据定理 3.8.20,有

$$\int_{g(\alpha)}^{g(\beta)}f(x)\mathrm{d}x=\int_\alpha^\beta f(g(t))g'(t)\mathrm{d}x,$$

$\forall\,[\alpha,\beta]\subset[a,b]$.

(2) 设 f 为$[c,d]$上的有界函数,$|f(x)|<M$,$\forall\,x\in[c,d]$. 对$\forall\,\varepsilon>0$,由 g 为$[a,b]$上的绝对连续函数,故$\exists\delta>0$,当(a_i,b_i),$i=1,2,\cdots,n$ 为$[a,b]$中互不相交的区间,且

$$\sum_{i=1}^n(b_i-a_i)<\delta$$

时,有

$$\sum_{i=1}^n|g(b_i)-g(a_i)|<\frac{\varepsilon}{M},$$

则

$$\left|\sum_{i=1}^n[F(g(b_i))-F(g(a_i))]\right| = \left|\sum_{i=1}^n\int_{g(a_i)}^{g(b_i)}f(t)\mathrm{d}t\right|$$

$$\leqslant \sum_{i=1}^{n}\left|\int_{g(a_i)}^{g(b_i)} |f(t)|\,\mathrm{d}t\right| \leqslant M\sum_{i=1}^{n} |g(b_i)-g(a_i)|$$

$$< M\cdot\frac{\varepsilon}{M} = \varepsilon,$$

这就证明了 $F(g(t))$ 为 $[a,b]$ 上的绝对连续函数. 根据定理 3.8.20，有

$$\int_{g(\alpha)}^{g(\beta)} f(x)\mathrm{d}x = \int_{\alpha}^{\beta} f(g(t))g'(t)\mathrm{d}t.$$

(3) 设 $f(g(t))g'(t)$ 为 $[a,b]$ 上的 Lebesgue 可积函数，它等价于 $|f(g(t))g'(t)|$ 为 $[a,b]$ 上的 Lebesgue 可积函数. 令

$$f_N(x) = \begin{cases} f(x), & |f(x)| < N, \\ N, & f(x) \geqslant N, \\ -N, & f(x) \leqslant -N, \end{cases}$$

则

$$|f_N(x)| \leqslant |f(x)|,$$
$$\lim_{N\to+\infty} f_N(x) = f(x), \quad \forall x \in [c,d],$$
$$|f_N(g(t))g'(t)| \leqslant |f(g(t))g'(t)|,$$
$$\lim_{N\to+\infty} f_N(g(t))g'(t) = f(g(t))g'(t), \quad \forall t \in [a,b].$$

因此，$|f(g(t))g'(t)|$ 为 $\{f_N(g(t))g'(t)\}$ 的 Lebesgue 可积的控制函数. 将(2)应用于 f_N，并根据 Lebesgue 控制收敛定理 3.4.1 得到

$$\begin{aligned}\int_{g(\alpha)}^{g(\beta)} f(x)\mathrm{d}x &= \int_{g(\alpha)}^{g(\beta)} \lim_{N\to+\infty} f_N(x)\mathrm{d}x \\ &= \lim_{N\to+\infty}\int_{g(\alpha)}^{g(\beta)} f_N(x)\mathrm{d}x = \lim_{N\to+\infty}\int_{\alpha}^{\beta} f_N(g(t))g'(t)\mathrm{d}t \\ &= \int_{\alpha}^{\beta}\lim_{N\to+\infty} f_N(g(t))g'(t)\mathrm{d}t = \int_{\alpha}^{\beta} f(g(t))g'(t)\mathrm{d}t. \end{aligned}$$ □

$\mathbb{R}^n$ 中有关定理的推广可参阅[3]中 202～218 页.

练习题 3.8

1. 证明：绝对连续函数四种定义是等价的.

2. 设 $f:[a,b]\to[f(a),f(b)]$ 为绝对连续的严格增函数，$g(y)$ 为 $[f(a),f(b)]$ 上的绝对连续函数. 证明：$g\circ f(x) = g(f(x))$ 为 $[a,b]$ 上的绝对连续函数.

3. 设 $g(x)$ 为 $[a,b]$ 上的绝对连续函数，f 在 $\mathbb{R}^1$ 上满足 Lipschitz 条件. 证明：

$$f\circ g(x) = f(g(x))$$

为 $[a,b]$ 上的绝对连续函数.

4. 设 f 为$[a,b]$上的非负绝对连续函数. 证明：$f^p(x)(p>1)$为$[a,b]$上的绝对连续函数.

5. 设 f 为$[a,b]$上的有界变差函数，则 $\frac{\mathrm{d}}{\mathrm{d}x}\bigvee_a^x(f) \doteq_m |f'(x)|$.

6. (1) 设 f 为$[a,b]$上的绝对连续函数. 证明：$\bigvee_a^b(f)=(\mathrm{L})\int_a^b |f'(x)|\,\mathrm{d}x$.

(2) 设 f 在$[a,b]$上可导，且 $f'\in\mathscr{R}([a,b])$，即 f'在$[a,b]$上是 Riemann 可积的. 证明：

$$\bigvee_a^b(f)=(\mathrm{R})\int_a^b |f'(x)|\,\mathrm{d}x.$$

(3) 设 f 在$[a,b]$上可导，且 f'在$[a,b]$上是广义 Riemann 可积的. 证明：

$$\bigvee_a^b(f)=(\mathrm{R})\int_a^b |f'(x)|\,\mathrm{d}x.$$

7. 设 f 为$[a,b]$上的有界变差函数，则

$$p(x)=\frac{1}{2}\Big[\bigvee_a^x(f)+f(x)-f(a)\Big]\text{与 }n(x)=\frac{1}{2}\Big[\bigvee_a^x(f)-f(x)+f(a)\Big]$$

分别称为 f 的**正变差函数与负变差函数**. 我们还称

$$\begin{cases}\bigvee_a^x(f)=p(x)+n(x),\\ f(x)-f(a)=p(x)-n(x)\end{cases}$$

为 $f(x)$的**正规分解**. 证明：

(1) $p(x),n(x)$为$[a,b]$上的单调增的函数.

(2) f 与 $\bigvee_a^x(f)$有相同的右(左)连续点，有相同的连续点.

(3) x_0 为 f 的连续点$\Leftrightarrow x_0$ 同时为 p,n 两个函数的连续点.

(4) 惟一地存在(a,b)上右连续的有界变差函数 g，s. t.

(a) 在(a,b)中 f 的连续点上 $g(x)=f(x)$；

(b) $g(a)=f(a),g(b)=f(b)$；

(c) $\bigvee_a^b(g)\leqslant\bigvee_a^b(f)$ （考察 $g(x)=f(x^+)$）.

(5) 设$\{x_n\}$为 f 的不连续点的全体(至多可数). 易见，

$$\sum_k\big[|f(x_k^+)-f(x_k)|+|f(x_k)-f(x_k^-)|\big]\leqslant\bigvee_a^b(f)<+\infty.$$

作 f 的跳跃函数

$$\varphi(x)=\sum_k[f(x_k^+)-f(x_k)]\theta(x-x_k)+\sum_k[f(x_k)-f(x_k^-)]\theta_1(x-x_k),$$

则 $g=f-\varphi$ 为连续的有界变差函数. 换言之，任何一个有界变差函数总可以表示为一个连

续的有界变差函数与一个跳跃函数之和,即 $f=(f-\varphi)+\varphi$. 其中

$$\theta(x)=\begin{cases}1, & x>0,\\ 0, & x\leqslant 0,\end{cases}$$

并称它为 **Heaviside 函数**. 它是单调增函数,且在 $x=0$ 左连续,但非右连续. 再设

$$\theta_1(x)=\begin{cases}1, & x\geqslant 0,\\ 0, & x<0,\end{cases}$$

它也是单调增函数,且在 $x=0$ 右连续,但非左连续,且 $\theta_1(x)=1-\theta(-x)$.

8. 设 f 为$[a,b]$上的绝对连续函数. 证明: $\bigvee\limits_a^x(f)$, $p(x)$, $n(x)$都为绝对连续函数.

9. (Lebesgue 分解定理)设 f 为$[a,b]$上的有界变差函数. 证明: f 可分解为

$$f=f_c+f_s+\varphi,$$

其中 φ 为 f 在$[a,b]$上的跳跃函数, f_c 为$[a,b]$上的绝对连续函数, f_s 为奇异的有界变差函数(当然, f_c, f_s, φ 三个函数可以在上述分解中不全出现). 在相差一个常数意义下,三个函数 f_c, f_s, φ 均由 f 惟一决定.

10. 设 f 为$\mathbb{R}^1$ 上的有界可测函数,且对 $\forall\, t\in\mathbb{R}^1$,关于 $x\in\mathbb{R}^1$,有

$$f(x)\underset{m}{\doteq}f(x-t).$$

证明:存在常数 c, s. t. 在$\mathbb{R}^1$ 上, $f(x)\underset{m}{\doteq}c$.

11. 设 f 为$\mathbb{R}^1$ 上的有界增函数,且在$\mathbb{R}^1$ 上可导. 记

$$\lim_{x\to-\infty}f(x)=A,\quad \lim_{x\to+\infty}f(x)=B.$$

证明: $\int_{\mathbb{R}^1}f'(x)\mathrm{d}x=B-A$.

12. 设 f 在$\mathbb{R}^1$ 上可导,且 f 与 f'都为$\mathbb{R}^1$ 上的 Lebesgue 可积函数. 证明:

$$\int_{\mathbb{R}^1}f'(x)\mathrm{d}x=0.$$

13. 设 f 为$[a,b]$上的单调函数. 证明:

f 为$[a,b]$上的绝对连续函数$\Leftrightarrow$对 $\forall\, E\subset[a,b]$, $E\in\mathscr{R}_\sigma(\mathscr{P})=\mathscr{R}(\mathscr{T})=\mathscr{B}$(Borel 集类), $m(E)=0$,必有 $m(f(E))=m(\{f(x)\mid x\in E\})=0$.

14. (1) 设 f: $\mathbb{R}^1\to\mathbb{R}$ 为 C^1 映射, E 为 Lebesgue 可测集,且 $m(E)=0$,则 $m(f(E))=0$.

(2) 若 f 只是可导函数,上述结论仍成立.

15. 证明: $[a,b]$上导数处处存在且有限的单调函数(或有界变差函数) f 必为绝对连续函数.

16. 设 $f\in\mathscr{L}([0,1])$, g 为定义在$[0,1]$上的单调增函数. 如果对 $\forall\,[a,b]\subset[0,1]$,有

$$\left|(\mathrm{L})\int_a^b f(x)\mathrm{d}x\right|^2\leqslant[g(b)-g(a)](b-a).$$

证明: f^2 为$[0,1]$上的 Lebesgue 可积函数.

17. 证明：f 在$[a,b]$上满足 Lipschitz 条件⇔存在$[a,b]$上有界的 Lebesgue 可测函数 g（此时，$g\in\mathscr{L}([a,b])$），s. t.

$$f(x)=f(a)+\int_a^x g(t)\mathrm{d}t.$$

充分性中，"有界"条件能否删去？$[a,b]$上的绝对连续函数是否必满足 Lipschitz 条件？

18. 设 f 为$[a,b]$上的凸函数，即对任何 $a\leqslant x_1<x_2\leqslant b$，$\forall\lambda\in(0,1)$，总有

$$f(\lambda x_1+(1-\lambda)x_2)\leqslant\lambda f(x_1)+(1-\lambda)f(x_2).$$

它等价于，对任何 $a\leqslant x_1<x_2<x_3\leqslant b$，有

$$\frac{f(x_2)-f(x_1)}{x_2-x_1}\leqslant\frac{f(x_3)-f(x_1)}{x_3-x_1}\leqslant\frac{f(x_3)-f(x_2)}{x_3-x_2}$$

（参阅[13]222 页定理 3.6.1）. 证明：凸函数 f 必为(a,b)上的连续函数. 如果 f 在 a，b 两点连续，则 f 为$[a,b]$上的绝对连续函数. f'_+（右导数）在$[a,b)$上处处存在有限，且为单调增函数.

19. 构造$\mathbb{R}^1$ 上具有连续导数的严格增函数，使其导函数在一个已给定的完全疏朗集 C 上恒为零.

*3.9 Lebesgue-Stieltjes 积分，Riemann-Stieltjes 积分

本节我们来建立 Stieltjes 积分理论.

前面在一般测度理论和积分理论的基础上，对于$\mathbb{R}^1$ 上的单调增右连续函数 g，定义了 Lebesgue-Stieltjes 测度 m_g，使得$(\mathbb{R}^1,\mathscr{L}^g,m_g)$成为 Lebesgue-Stieltjes 测度空间. 当 $g(x)=x$ 时，它就是 Lebesgue 测度空间$(\mathbb{R}^1,\mathscr{L},m)$.

Lebesgue-Stieltjes 积分(L-S)$\int_E f\mathrm{d}m_g$ 简称为 **L-S 积分**. 如果(L-S)$\int_E f^+\,\mathrm{d}m_g<+\infty$，(L-S)$\int_E f^-\,\mathrm{d}m_g<+\infty$，则称 f 在 E 上 **Lebesgue-Stieltjes 可积**，简称为 **L-S 可积**. 一般测度理论与一般积分理论中的各个定理自然对 L-S 测度与 L-S 积分也是成立的，不再赘述.

现在我们来引进另一种类型的 Stieltjes 积分.

定义 3.9.1 设 $f,g:[a,b]\to\mathbb{R}$ 为实函数. 对$[a,b]$的任何分割 Δ：$a=x_0<x_1<\cdots<x_n=b$，$\forall\xi_i\in[x_{i-1},x_i]$，$i=1,2,\cdots,n$，作 **Riemann-Stieltjes** 和（简称为 **R-S** 和）：

$$S_\Delta=S_\Delta(f,\xi,g)=\sum_{i=1}^n f(\xi_i)[g(x_i)-g(x_{i-1})],$$

$$\xi=(\xi_1,\xi_2,\cdots,\xi_n),\quad \xi_i\in[x_{i-1},x_i],i=1,2,\cdots,n.$$

如果

$$\lim_{\|\Delta\|\to0}S_\Delta=\lim_{\|\Delta\|\to0}S_\Delta(f,\xi,g)=A\in\mathbb{R},$$

其中 $\|\Delta\|=\max\limits_{1\leqslant i\leqslant n}(x_i-x_{i-1})$，即对 $\forall\varepsilon>0$，$\exists\delta>0$，使当 $\|\Delta\|<\delta$ 时，有

$$|S_\Delta - A| < \varepsilon,$$

则称 A 为 f 关于 g 在 $[a,b]$ 上的 **Riemann-Stieltjes 积分**，简称为 **R-S 积分**. 并记为

$$A=(\text{R-S})\int_a^b f\,\mathrm{d}m_g=(\text{R-S})\int_a^b f\,\mathrm{d}g=(\text{R-S})\int_a^b f(x)\,\mathrm{d}g(x).$$

也称 f 关于 g 在 $[a,b]$ 上是 **R-S 可积的**.

特别地，当 $g(x)=x$ 时，则 $\int_a^b f(x)\,\mathrm{d}g(x)$ 正是 Riemann 积分 $(\text{R})\int_a^b f(x)\,\mathrm{d}x$.

定理 3.9.1（R-S 积分的简单性质）

(1) 设 $x_*\in[a,b]$ 既为 f 又为 g 的不连续点，则 f 关于 g 在 $[a,b]$ 上不是 R-S 可积的.

(2) 设 f_1,f_2 关于 g 在 $[a,b]$ 上都是 R-S 可积的，则 f_1 与 f_2 的线性组合关于 g 在 $[a,b]$ 上也是 R-S 可积的，并且

$$(\text{R-S})\int_a^b(\alpha f_1+\beta f_2)\,\mathrm{d}g=\alpha(\text{R-S})\int_a^b f_1\,\mathrm{d}g+\beta(\text{R-S})\int_a^b f_2\,\mathrm{d}g,$$

其中 $\alpha,\beta\in\mathbb{R}$ 为常数.

(3) f 关于 g 在 $[a,b]$ 上 R-S 可积

$\Leftrightarrow$ 对 $\forall\varepsilon>0$，$\exists\delta>0$，s. t. 当 $[a,b]$ 的任何两个分割 Δ' 与 Δ'' 满足 $|\Delta'|<\delta$，$\|\Delta''\|<\delta$ 时，有

$$|S_{\Delta'}(f,\xi',g)-S_{\Delta''}(f,\xi'',g)|<\varepsilon.$$

(4) 当 f 关于 g 在 $[a,b]$ 上 R-S 可积时，对 $\forall c\in(a,b)$，f 关于 g 在 $[a,c]$，$[c,d]$ 上都 R-S 可积，并且

$$(\text{R-S})\int_a^b f\,\mathrm{d}g=(\text{R-S})\int_a^c f\,\mathrm{d}g+(\text{R-S})\int_c^b f\,\mathrm{d}g.$$

(5)（分部积分公式）如果 f 关于 g 在 $[a,b]$ 上 R-S 可积，则 g 关于 f 在 $[a,b]$ 上必然 R-S 可积，并且

$$(\text{R-S})\int_a^b f\,\mathrm{d}g=f(x)g(x)\Big|_a^b-(\text{R-S})\int_a^b g\,\mathrm{d}f.$$

(6) 如果 f 关于 g_1,g_2 在 $[a,b]$ 上都是 R-S 可积的，则 f 关于 g_1,g_2 的线性组合在 $[a,b]$ 上也是R-S 可积的，并且

$$(\text{R-S})\int_a^b f\,\mathrm{d}(\alpha g_1+\beta g_2)=\alpha(\text{R-S})\int_a^b f\,\mathrm{d}g_1+\beta(\text{R-S})\int_a^b f\,\mathrm{d}g_2.$$

证明 (1) 因为 x_* 同时为 f,g 的不连续点，故 $\exists c_k^i,d_k^i\in[a,b]$，$i=1,2$；$k=1,2,\cdots$，s. t. $x_*\in[c_k^2,d_k^2]$，$c_k^1,d_k^1\in[c_k^2,d_k^2]$，$\lim\limits_{k\to+\infty}[d_k^2-c_k^2]=0$，$\lim\limits_{k\to+\infty}|f(c_k^1)-f(d_k^1)|=\sigma>0$，$\lim\limits_{k\to+\infty}|g(c_k^2)-g(d_k^2)|=\eta>0$.

（反证）假设 f 关于 g 在 $[a,b]$ 上 R-S 可积，则对 $\varepsilon\in\left(0,\dfrac{\sigma\eta}{4}\right)$，必有 $\delta>0$，当 $[a,b]$ 的分割 Δ：$a=x_0<x_1<\cdots<x_n=b$ 的 $\|\Delta\|<\delta$ 时，有

$$|S_\Delta(f,\xi,g)-A|=\left|\sum_{i=1}^n f(\xi_i)[g(x_i)-g(x_{i-1})]-A\right|<\varepsilon<\frac{\sigma\eta}{4},$$

$$\xi=(\xi_1,\xi_2,\cdots,\xi_n),\quad \xi_i\in[x_{i-1},x_i],$$

$$|S_\Delta(f,\tilde{\xi},g)-A|=\left|\sum_{i=1}^n f(\tilde{\xi}_i)[g(x_i)-g(x_{i-1})]-A\right|<\varepsilon<\frac{\sigma\eta}{4},$$

$$\tilde{\xi}=(\tilde{\xi}_1,\tilde{\xi}_2,\cdots,\tilde{\xi}_n),\quad \tilde{\xi}_i\in[x_{i-1},x_i].$$

所以

$$|S_\Delta(f,\xi,g)-S_\Delta(f,\tilde{\xi},g)|\leqslant|S_\Delta(f,\xi,g)-A|+|A-S_\Delta(f,\tilde{\xi},g)|$$

$$<\frac{\sigma\eta}{4}+\frac{\sigma\eta}{4}=\frac{\sigma\eta}{2}.$$

选$[a,b]$的一个分割Δ,使c_k^2与d_k^2恰为Δ的两个相邻的分点,当k充分大时,

$$0<d_k^2-c_k^2\leqslant\|\Delta\|<\delta,$$

$$|[f(c_k^1)-f(d_k^1)][g(c_k^2)-g(d_k^2)]|>\frac{\sigma\eta}{2}.$$

记$[x_{i_0-1},x_{i_0}]=[c_k^2,d_k^2]$,再选$\xi,\tilde{\xi}$,s. t. $\tilde{\xi}_i=\xi_i(i\neq i_0)$,$\tilde{\xi}_{i_0}=d_k^1$,$\xi_{i_0}=c_k^1$. 于是

$$\frac{\sigma\eta}{2}>|S_\Delta(f,\xi,g)-S_\Delta(f,\tilde{\xi},g)|$$

$$=|[f(c_k^1)-f(d_k^1)][g(x_{i_0})-g(x_{i_0-1})]|>\frac{\sigma\eta}{2},$$

矛盾.

(2) 由定义 3.9.1 和

$$S_\Delta(\alpha f_1+\beta f_2,\xi,g)=\sum_{i=1}^n[\alpha f_1(\xi_i)+\beta f_2(\xi_i)][g(x_i)-g(x_{i-1})]$$

$$=\alpha\sum_{i=1}^n f_1(\xi_i)[g(x_i)-g(x_{i-1})]+\beta\sum_{i=1}^n f_2(\xi_i)[g(x_i)-g(x_{i-1})]$$

立即推出$\alpha f_1+\beta f_2$关于g在$[a,b]$是 R-S 可积的,且

$$\begin{aligned}(\text{R-S})\int_a^b(\alpha f_1+\beta f_2)\mathrm{d}g&=\lim_{\|\Delta\|\to0}S_\Delta(\alpha f_1+\beta f_2,\xi,g)\\&=\alpha\lim_{\|\Delta\|\to0}S_\Delta(f_1,\xi,g)+\beta\lim_{\|\Delta\|\to0}S_\Delta(f_2,\xi,g)\\&=\alpha(\text{R-S})\int_a^b f_1\mathrm{d}g+\beta(\text{R-S})\int_a^b f_2\mathrm{d}g.\end{aligned}$$

(3) ($\Rightarrow$) 因为f关于g在$[a,b]$上 R-S 可积,由定义 3.9.1,对$\forall\varepsilon>0$,$\exists\delta>0$,s. t. 当$[a,b]$的分割Δ满足$\|\Delta\|<\delta$时,有

$$|S_\Delta(f,\xi,g)-A|<\frac{\varepsilon}{2}.$$

于是,对$[a,b]$的任意两个分割Δ',Δ'',只要$|\Delta'|<\delta,|\Delta''|<\delta$,必有

$$|S_{\Delta'}(f,\xi',g)-S_{\Delta''}(f,\xi'',g)|\leqslant|S_{\Delta'}(f,\xi',g)-A|+|A-S_{\Delta''}(f,\xi'',g)|$$

$$<\frac{\varepsilon}{2}+\frac{\varepsilon}{2}=\varepsilon.$$

($\Leftarrow$) 设$\forall\varepsilon>0,\exists\delta>0$,使当$[a,b]$的任何两个分割$\Delta'$与$\Delta''$满足$\|\Delta'\|<\delta,\|\Delta''\|<\delta$时,有

$$|S_{\Delta'}(f,\xi',g)-S_{\Delta''}(f,\xi'',g)|<\varepsilon.$$

令Δ^k为$[a,b]$的一串分割,且$\lim\limits_{k\to+\infty}\|\Delta^k\|=0$,则$\{S_{\Delta^k}(f,\xi^k,g)\}$为Cauchy数列,因而它为收敛数列.

如果$\widetilde{\Delta}^k$为$[a,b]$的另一个分割,且$\lim\limits_{k\to+\infty}\|\widetilde{\Delta}^k\|=0$,则$\{S_{\widetilde{\Delta}^k}(f,\widetilde{\xi}^k,g)\}$也为收敛数列.由于

$$\{\|\Delta^1\|,\|\widetilde{\Delta}^1\|,\|\Delta^2\|,\|\widetilde{\Delta}^2\|,\cdots,\|\Delta^k\|,\|\widetilde{\Delta}^k\|,\cdots\}$$

收敛于0,故

$$\{S_{\Delta^1}(f,\xi^1,g),S_{\widetilde{\Delta}^1}(f,\widetilde{\xi}^1,g),S_{\Delta^2}(f,\xi^2,g),S_{\widetilde{\Delta}^2}(f,\widetilde{\xi}^2,g),\cdots,$$
$$S_{\Delta^k}(f,\xi^k,g),S_{\widetilde{\Delta}^k}(f,\widetilde{\xi}^k,g),\cdots\}$$

为收敛数列.从而,它的奇子列极限与偶子列极限相等,即

$$\lim_{k\to+\infty}S_{\Delta^k}(f,\xi^k,g)=\lim_{k\to+\infty}S_{\widetilde{\Delta}^k}(f,\widetilde{\xi}^k,g).$$

由此得到这个极限与$\{\Delta^k\}$的选取无关,记此极限为

$$A=\lim_{k\to+\infty}S_{\Delta^k}(f,\xi^k,g).$$

现证f关于g在$[a,b]$上R-S可积,并且

$$A=(\text{R-S})\int_a^b f\,\mathrm{d}g.$$

(反证)假设$(\text{R-S})\int_a^b f\,\mathrm{d}g\neq A$,则$\exists\varepsilon_0>0$,对$\forall k\in\mathbb{N}$,必有$[a,b]$的分割$\Delta^k$,s.t. $\|\Delta^k\|<\frac{1}{k}$,但

$$|S_{\Delta^k}(f,\xi^k,g)-A|\geqslant\varepsilon_0.$$

显然,$\lim\limits_{k\to+\infty}\|\Delta^k\|=0$,但$\lim\limits_{k\to+\infty}S_{\Delta^k}(f,\xi^k,g)\neq A$,这与上述结论

$$\lim_{k\to+\infty}S_{\Delta^k}(f,\xi^k,g)=A$$

相矛盾.

(4) 对$\forall\varepsilon>0$,因f关于g在$[a,b]$上R-S可积和(3),$\exists\delta>0$,当$[a,b]$的任意两分割Δ',Δ''满足$\|\Delta'\|<\delta,\|\Delta''\|<\delta$时,必有

$$|S_{\Delta'}(f,\xi',g)-S_{\Delta''}(f,\xi'',g)|<\varepsilon.$$

对于$[a,c]$的任意两分割$\widetilde{\Delta}',\widetilde{\Delta}''$,且满足$|\widetilde{\Delta}'|<\delta,|\widetilde{\Delta}''|<\delta$,作$[a,b]$相应的分割$\Delta',\Delta''$,

使得$\widetilde{\Delta}'$的分点恰为Δ'在$[a,c]$上的分点，而$\widetilde{\Delta}''$的分点恰为Δ''为$[a,c]$上的分点，并且要求Δ'与Δ''在$[c,b]$上的分点完全相同，以及$|\Delta'|<\delta$，$|\Delta''|<\delta$. 根据上述则有

$$\begin{aligned}&|S_{\widetilde{\Delta}'}(f|_{[a,c]},\widetilde{\xi}',g|_{[a,c]})-S_{\widetilde{\Delta}''}(f|_{[a,c]},\widetilde{\xi}'',g|_{[a,c]})|\\=&|S_{\Delta'}(f,\xi',g)-S_{\Delta''}(f,\xi'',g)|<\varepsilon.\end{aligned}$$

这里在$[c,b]$上，$\xi_i'=\xi_i''$. 再由(3)知，$f|_{[a,c]}$关于$g|_{[a,c]}$是R-S可积的. 同理，f关于g在$[c,d]$上也是R-S可积的. 于是，

$$\begin{aligned}(\text{R-S})\int_a^b f\,\mathrm{d}g&=\lim_{\|\widetilde{\Delta}\cup\widetilde{\widetilde{\Delta}}\|\to0}S_{\widetilde{\Delta}\cup\widetilde{\widetilde{\Delta}}}(f,\xi,g)\\&=\lim_{\|\widetilde{\Delta}\|\to0}S_{\widetilde{\Delta}}(f|_{[a,c]},\widetilde{\xi},g|_{[a,c]})+\lim_{\|\widetilde{\widetilde{\Delta}}\|\to0}S_{\widetilde{\widetilde{\Delta}}}(f|_{[c,b]},\widetilde{\widetilde{\xi}},g|_{[c,b]})\\&=(\text{R-S})\int_a^c f\,\mathrm{d}g+(\text{R-S})\int_c^b f\,\mathrm{d}g.\end{aligned}$$

其中$\widetilde{\Delta}$，$\widetilde{\widetilde{\Delta}}$分别为$[a,c]$，$[c,b]$上的分割，而$\xi$的分点集是$\widetilde{\xi}$与$\widetilde{\widetilde{\xi}}$分点集的并.

(5) 对$[a,b]$的分割

$$\Delta:a=x_0<x_1<\cdots<x_n=b$$

以及

$$x_{i-1}\leqslant\xi_i\leqslant x_i,\quad i=1,2,\cdots,n.$$

对应的，有$[a,b]$的另一分割

$$\widetilde{\Delta}:a=\xi_0\leqslant\xi_1\leqslant\cdots\leqslant\xi_n\leqslant\xi_{n+1}=b$$

以及

$$\xi_i\leqslant x_i\leqslant\xi_{i+1},\quad i=0,1,\cdots,n.$$

显然

$$\|\Delta\|\to0\Leftrightarrow\|\widetilde{\Delta}\|\to0.$$

于是，由f关于g在$[a,b]$上R-S可积，故

$$\begin{aligned}S_\Delta(g,\xi,f)&=\sum_{i=1}^n g(\xi_i)[f(x_i)-f(x_{i-1})]\\&=-\sum_{i=1}^{n-1}f(x_i)[g(\xi_{i+1})-g(\xi_i)]+[g(\xi_n)f(b)-g(\xi_1)f(a)]\\&=-\sum_{i=0}^{n}f(x_i)[g(\xi_{i+1})-g(\xi_i)]+f(a)[g(\xi_1)-g(a)]+f(b)[g(b)-g(\xi_n)]\\&\quad+[g(\xi_n)f(b)-g(\xi_1)f(a)]\\&=-S_{\widetilde{\Delta}}(f,x,g)+[f(b)g(b)-f(a)g(a)]\\&\to-(\text{R-S})\int_a^b f\,\mathrm{d}g+f(x)g(x)\Big|_a^b\quad(\|\Delta\|\to0,\text{即}\ \|\widetilde{\Delta}\|\to0).\end{aligned}$$

这就证明了

$$(\text{R-S})\int_a^b g\,\mathrm{d}f = \lim_{\|\Delta\|\to 0} S_\Delta(g,\xi,f) = -(\text{R-S})\int_a^b f\,\mathrm{d}g + f(x)g(x)\Big|_a^b$$

$$= f(x)g(x)\Big|_a^b - (\text{R-S})\int_a^b f\,\mathrm{d}g.$$

即

$$(\text{R-S})\int_a^b f\,\mathrm{d}g = f(x)g(x)\Big|_a^b - (\text{R-S})\int_a^b g\,\mathrm{d}f.$$

(6) 因为 f 关于 g_1, g_2 在 $[a,b]$ 上都是 R-S 可积的，则

$$\sum_{i=1}^n f(\xi_i)[(\alpha g_1+\beta g_2)(x_i)-(\alpha g_1+\beta g_2)(x_{i-1})]$$

$$=\alpha\sum_{i=1}^n f(\xi_i)[g_1(x_i)-g_1(x_{i-1})]+\beta\sum_{i=1}^n f(\xi_i)[g_2(x_i)-g_2(x_1)]$$

$$\to\alpha(\text{R-S})\int_a^b f\,\mathrm{d}g_1+\beta(\text{R-S})\int_a^b f\,\mathrm{d}g_2 \quad (\|\Delta\|\to 0).$$

因此，f 关于 $\alpha g_1+\beta g_2$ 在 $[a,b]$ 上也是(R-S)可积的，且

$$(\text{R-S})\int_a^b f\,\mathrm{d}(\alpha g_1+\beta g_2) = \alpha(\text{R-S})\int_a^b f\,\mathrm{d}g_1+\beta(\text{R-S})\int_a^b f\,\mathrm{d}g_2.$$ □

引理 3.9.1 设 f 为 $[a,b]$ 上的有界函数，g 为 $[a,b]$ 上的单调增函数. 令 $[a,b]$ 的分割为

Δ: $a = x_0 < x_1 < \cdots < x_n = b$,

$m_i = \inf\{f(x) \mid x_{i-1}\leqslant x\leqslant x_i\}$, $M_i = \sup\{f(x) \mid x_{i-1}\leqslant x\leqslant x_i\}$,

$$\underline{S}_\Delta(f) = \sum_{i=1}^n m_i[g(x_i)-g(x_{i-1})],$$

$$\overline{S}_\Delta(f) = \sum_{i=1}^n M_i[g(x_i)-g(x_{i-1})].$$

显然

$$\underline{S}_\Delta(f)\leqslant S_\Delta(f,\xi,g)\leqslant \overline{S}_\Delta(f).$$

且有

(1) 如果 $[a,b]$ 的分割 Δ' 为 Δ 的加细，即 Δ 的分点都为 Δ' 的分点，则

$$\underline{S}_{\Delta'}(f)\geqslant \underline{S}_\Delta(f),\quad \overline{S}_{\Delta'}(f)\leqslant \overline{S}_\Delta(f).$$

(2) 如果 Δ' 与 Δ'' 为 $[a,b]$ 的任何两个分割，则

$$\underline{S}_{\Delta'}(f)\leqslant \overline{S}_{\Delta''}(f).$$

证明 (1) 设 $[x_{i-1},x_i]$ 中 Δ' 的分点为

$$x_{i-1} = y_j, y_{j+1}, \cdots, y_{j+l} = x_i.$$

则由

$$\inf\{f(x) \mid y_k\leqslant x\leqslant y_{k+1}\}\geqslant \inf\{f(x) \mid x_{i-1}\leqslant x\leqslant x_i\},$$

$$\sup\{f(x) \mid y_k\leqslant x\leqslant y_{k+1}\}\leqslant \sup\{f(x) \mid x_{i-1}\leqslant x\leqslant x_i\}$$

立即推出

$$\underline{S}_{\Delta'}(f) \geqslant \underline{S}_{\Delta}(f),\quad \overline{S}_{\Delta'}(f) \leqslant \overline{S}_{\Delta}(f).$$

(2) 记$\Delta' \cup \Delta''$为$[a,b]$的一个分割,它的分点恰由Δ'与Δ''的分点组成,则$\Delta' \cup \Delta''$既为Δ'又为Δ''的加细. 由(1)得到

$$\underline{S}_{\Delta'}(f) \leqslant \underline{S}_{\Delta' \cup \Delta''}(f) \leqslant \overline{S}_{\Delta' \cup \Delta''}(f) \leqslant \overline{S}_{\Delta''}(f).$$ □

定理 3.9.2(R-S 可积的一个充分条件) 如果 f 在$[a,b]$上连续,g 在$[a,b]$上单调增(或单调减),则 f 关于 g 在$[a,b]$上是 R-S 可积的,并且

$$\left|(\text{R-S})\int_a^b f\,\mathrm{d}g\right| \leqslant \sup_{x\in[a,b]} |f(x)|\,|g(b)-g(a)|.$$

更一般地,如果 f 在$[a,b]$上连续,g 为$[a,b]$上的有界变差函数,则 f 关于 g 在$[a,b]$上是 R-S 可积的,并且

$$\left|(\text{R-S})\int_a^b f\,\mathrm{d}g\right| \leqslant \sup_{x\in[a,b]} |f(x)| \bigvee_a^b (g).$$

证明 证法1 设 g 在$[a,b]$上单调增. 先证

$$\lim_{\|\Delta\|\to 0} \underline{S}_{\Delta}(f) \quad 与 \quad \lim_{\|\Delta\|\to 0} \overline{S}_{\Delta}(f)$$

都存在,且

$$\lim_{\|\Delta\|\to 0} \underline{S}_{\Delta}(f) = \lim_{\|\Delta\|\to 0} \overline{S}_{\Delta}(f) = A.$$

由 f 在$[a,b]$上连续,故$|f(x)|\leqslant M, \forall x\in[a,b]$. 又由 g 在$[a,b]$上单调增,故

$$\begin{aligned}
-M[g(b)-g(a)] &\leqslant \sum_{i=1}^n m_i[g(x_i)-g(x_{i-1})] \\
&\leqslant \sum_{i=1}^n f(\xi_i)[g(x_i)-g(x_{i-1})] \\
&\leqslant \sum_{i=1}^n M_i[g(x_i)-g(x_{i-1})] \leqslant M[g(b)-g(a)],
\end{aligned}$$

即

$$-M[g(b)-g(a)] \leqslant \underline{S}_{\Delta}(f) \leqslant S_{\Delta}(f,\xi,g) \leqslant \overline{S}_{\Delta}(f) \leqslant M[g(b)-g(a)].$$

因此,上述 A 为实数,根据夹逼定理立即有

$$\lim_{\|\Delta\|\to 0} S_{\Delta}(f,\xi,g) = A.$$

如果 $g(x)=c$(常数),$\forall x\in[a,b]$,则

$$\underline{S}_{\Delta}(f) = S_{\Delta}(f,\xi,g) = \overline{S}_{\Delta}(f) = 0,$$

$$\lim_{\|\Delta\|\to 0} \underline{S}_{\Delta}(f) = \lim_{\|\Delta\|\to 0} S_{\Delta}(f,\xi,g) = \lim_{\|\Delta\|\to 0} \overline{S}_{\Delta}(f) = 0.$$

如果 $g(x)$不为常数,由 g 单调增知,$g(b)-g(a)>0$. 再由 f 在$[a,b]$上连续,f 在$[a,b]$上必一致连续,即$\forall \varepsilon>0, \exists \delta>0$,当$[a,b]$的分割$\Delta$满足$\|\Delta\|<\delta$时,就有

$$M_i - m_i < \frac{\varepsilon}{g(b)-g(a)},\quad i=1,2,\cdots,n.$$

因此，当$\|\Delta\|<\delta$时，得到

$$0\leqslant \overline{S}_\Delta(f)-\underline{S}_\Delta(f)=\sum_{i=1}^n(M_i-m_i)[g(x_i)-g(x_{i-1})]$$

$$<\frac{\varepsilon}{g(b)-g(a)}\sum_{i=1}^n[g(x_i)-g(x_{i-1})]=\frac{\varepsilon}{g(b)-g(a)}[g(b)-g(a)]=\varepsilon.$$

从而 $\lim\limits_{\|\Delta\|\to 0}(\overline{S}_\Delta(f)-\underline{S}_\Delta(f))=0.$

现证 $\lim\limits_{\|\Delta\|\to 0}\overline{S}_\Delta(f)$存在有限（只须证存在性，再由此及上述论证过程知该极限为实数）.（反证）假设 $\lim\limits_{\|\Delta\|\to 0}\overline{S}_\Delta(f)$不存在，则$\exists\,\varepsilon_0>0$以及$[a,b]$的分割序列$\{\Delta^k\}$与$\{\widetilde{\Delta}^k\}$，s. t. $\|\Delta^k\|\to 0(k\to+\infty)$，$\|\widetilde{\Delta}^k\|\to 0(k\to+\infty)$，且

$$\overline{S}_{\Delta^k}(f)-\overline{S}_{\widetilde{\Delta}^k}(f)\geqslant\varepsilon_0.$$

再由 $\lim\limits_{\|\Delta\|\to 0}(\overline{S}_\Delta(f)-\underline{S}_\Delta(f))=0$ 知，$\exists\,K\in\mathbb{N}$，当$k>K$时，有

$$\overline{S}_{\Delta^k}(f)-\underline{S}_{\Delta^k}(f)<\frac{\varepsilon_0}{2}.$$

于是

$$\begin{aligned}0&\geqslant \underline{S}_{\Delta^k}(f)-\overline{S}_{\widetilde{\Delta}^k}(f)\\&=[\underline{S}_{\Delta^k}(f)-\overline{S}_{\Delta^k}(f)]+[\overline{S}_{\Delta^k}(f)-\overline{S}_{\widetilde{\Delta}^k}(f)]\\&\geqslant\varepsilon_0-\frac{\varepsilon_0}{2}=\frac{\varepsilon_0}{2}>0,\end{aligned}$$

矛盾.

从以上结果立即可推出

$$\begin{aligned}\lim_{\|\Delta\|\to 0}\underline{S}_\Delta(f)&=\lim_{\|\Delta\|\to 0}\{\overline{S}_\Delta(f)-[\overline{S}_\Delta(f)-\underline{S}_\Delta(f)]\}\\&=\lim_{\|\Delta\|\to 0}\overline{S}_\Delta(f)-\lim_{\|\Delta\|\to 0}[\overline{S}_\Delta(f)-\underline{S}_\Delta(f)]\\&=\lim_{\|\Delta\|\to 0}\overline{S}_\Delta(f)-0=\lim_{\|\Delta\|\to 0}\overline{S}_\Delta(f).\end{aligned}$$

这就完成了f关于g在$[a,b]$上 R-S 可积的证明.

如果g在$[a,b]$上单调减，则由

$$S_\Delta(f,\xi,g)=-S_\Delta(f,\xi,-g)$$

以及上面关于单调增的结果推得f关于g在$[a,b]$上是 R-S 可积的.

更一般地，如果g为$[a,b]$上的有界变差函数，根据 Jordan 分解定理 3.6.5，$g=g_1-g_2$，其中g_1,g_2都为$[a,b]$上的增函数，再由

$$\begin{aligned}S_\Delta(f,\xi,g)&=S_\Delta(f,\xi,g_1-g_2)\\&=S_\Delta(f,\xi,g_1)-S_\Delta(f,\xi,g_2)\end{aligned}$$

和上面关于单调增的结果推得f关于$g=g_1-g_2$在$[a,b]$上也是 R-S 可积的.

最后来证明定理中关于 R-S 积分的不等式. 事实上, 有

$$\begin{aligned}|S_\Delta(f,\xi,g)| &= \left|\sum_{i=1}^{n} f(\xi_i)[g(x_i)-g(x_{i-1})]\right| \\ &\leqslant \sup_{x\in[a,b]}|f(x)|\sum_{i=1}^{n}|g(x_i)-g(x_{i-1})| \\ &\leqslant \sup_{x\in[a,b]}|f(x)|\bigvee_a^b(g).\end{aligned}$$

因此

$$\left|(\text{R-S})\int_a^b f\mathrm{d}g\right| = \left|\lim_{\|\Delta\|\to 0} S_\Delta(f,\xi,g)\right| \leqslant \sup_{x\in[a,b]}|f(x)|\bigvee_a^b(g).$$

证法 2 不妨设 g 为 $[a,b]$ 上的单调增函数. 记

$$A = \sup_{\Delta,\xi}\{\underline{S}_\Delta(f)\}.$$

对 $\forall\,\varepsilon>0$, 因为 f 在 $[a,b]$ 上连续, 所以 $\exists\,\delta>0$, 当 $x',x''\in[a,b]$, $|x'-x''|<\delta$ 时, 有

$$|f(x')-f(x'')| < \frac{\varepsilon}{g(b)-g(a)+1}.$$

于是, 当 $[a,b]$ 的分割

$$\Delta:\ a = x_0 < x_1 < \cdots < x_n = b$$

满足 $\|\Delta\|<\delta$ 时, 有

$$\underline{S}_\Delta(f) \leqslant A \leqslant \overline{S}_\Delta(f)$$

(从引理 3.9.1 中的(2)知). 又因为

$$\underline{S}_\Delta(f) \leqslant S_\Delta(f,\xi,g) \leqslant \overline{S}_\Delta(f),$$

所以有

$$\begin{aligned}|S_\Delta(f,\xi,g)-A| &\leqslant \overline{S}_\Delta(f)-\underline{S}_\Delta(f) \\ &= \sum_i (M_i-m_i)[g(x_i)-g(x_{i-1})] \\ &< \frac{\varepsilon}{g(b)-g(a)+1}\sum_{i=1}^{n}[g(x_i)-g(x_{i-1})] \\ &= \frac{\varepsilon}{g(b)-g(a)+1}[g(b)-g(a)] < \varepsilon,\end{aligned}$$

故 $\lim\limits_{\|\Delta\|\to 0} S_\Delta(f,\xi,g)=A$. 从而, f 关于 g 在 $[a,b]$ 上 R-S 可积.

其余证明参阅证法 1. □

例 3.9.1 定理 3.9.1 中(4)的逆不一定成立, 即 $a<c<b$, 从 f 关于 g 在 $[a,c]$ 上与 f 关于 g 在 $[c,b]$ 上都 R-S 可积并不能推出 f 关于 g 在 $[a,b]$ 上是 R-S 可积的.

设 $f(x)=\chi_{(0,1]}$, $g(x)=\chi_{[0,1]}$. 由定义 3.9.1 易知

$$(\text{R-S})\int_0^1 f\mathrm{d}g = 0,\quad (\text{R-S})\int_{-1}^0 f\mathrm{d}g = 0.$$

但由于 f,g 在点 0 处都不连续，根据定理 3.9.1 中(1)，f 关于 g 在$[-1,1]$上不是 R-S 可积的.

不过，我们有下面的结论.

例 3.9.2 (1) 设 f 在$[a,b]$上为有界函数，g 在 $x=c$ 点处连续($a<c<b$)，则当 f 关于 g 在$[a,c]$上 R-S 可积，f 关于 g 在$[c,b]$上 R-S 可积时，必有 f 关于 g 在$[a,b]$上 R-S 可积，且有

$$(\text{R-S})\int_a^b f\,\mathrm{d}g = (\text{R-S})\int_a^c f\,\mathrm{d}g + (\text{R-S})\int_c^b f\,\mathrm{d}g.$$

(2) 设 f 在 $x=c$ 点处连续($a<c<b$)，g 在$[a,b]$上为有界函数，则当 f 关于 g 在$[a,c]$上 R-S 可积，f 关于 g 在$[c,b]$上 R-S 可积时，必有 f 关于 g 在$[a,b]$上 R-S 可积，且有

$$(\text{R-S})\int_a^b f\,\mathrm{d}g = (\text{R-S})\int_a^c f\,\mathrm{d}g + (\text{R-S})\int_c^b f\,\mathrm{d}g.$$

证明 (1) 因 f 为$[a,b]$上的有界函数，故 $\exists M>0$，s. t.

$$|f(x)|<M, \quad \forall x\in[a,b].$$

又因 g 在点 $x=c(a<c<b)$处连续，所以对 $\forall\varepsilon>0$，$\exists\delta_1>0$，当 $x\in[a,b]$，$|x-c|<\delta_1$ 时，有

$$|g(x)-g(c)|<\frac{\varepsilon}{12M}.$$

由 f 关于 g 在$[a,c]$上 R-S 可积，$\exists\delta_2>0$，当$[a,c]$上的分割 Δ'满足 $\|\Delta'\|<\delta_2$ 时，有

$$|S_{\Delta'}(f|_{[a,c]},\xi',g|_{[a,c]})-A|<\frac{\varepsilon}{3}.$$

从 f 关于 g 在$[c,b]$上 R-S 可积，$\exists\delta_3>0$，当$[c,b]$上的分割 Δ''满足 $\|\Delta''\|<\delta_3$ 时，有

$$|S_{\Delta''}(f|_{[c,b]},\xi'',g|_{[c,b]})-B|<\frac{\varepsilon}{3}.$$

其中 $A=(\text{R-S})\int_a^c f\,\mathrm{d}g, B=(\text{R-S})\int_c^b f\,\mathrm{d}g$.

令 $\delta=\min\{\delta_1,\delta_2,\delta_3\}$，显然，$\delta>0$. 设$[a,b]$的分割

$$\Delta:\ a=x_0<x_1<\cdots<x_n=b$$

满足 $\|\Delta\|<\delta$，并记 $\Delta\cup\{c\}=\Delta'\cup\Delta''$，其中 Δ'为 $[a,c]$的分割，Δ''为$[c,b]$的分割. 易见，$\|\Delta'\|\leqslant\|\Delta\|<\delta\leqslant\delta_2$，$\|\Delta''\|\leqslant\|\Delta\|<\delta\leqslant\delta_3$，于是

$$\begin{aligned}|S_\Delta(f,\xi,g)-(A+B)| &\leqslant |S_{\Delta'}(f|_{[a,c]},\xi',g|_{[a,c]})-A|+|S_{\Delta''}(f|_{[c,b]},\xi'',g|_{[c,b]})-B|\\ &\quad +|f(\xi_{i_0})[g(x_{i_0})-g(x_{i_0-1})]|+|f(\xi'_{i_0-1})[g(c)-g(x_{i_0-1})]|\\ &\quad +|f(\xi''_0)[g(x_{i_0})-g(c)]|\\ &<\frac{\varepsilon}{3}+\frac{\varepsilon}{3}+M\cdot\frac{2\varepsilon}{12M}+2M\cdot\frac{\varepsilon}{12M}=\varepsilon,\end{aligned}$$

其中 $c\in[x_{i_0-1},x_{i_0}]$. 由此推出 f 关于 g 在$[a,b]$上 R-S 可积，且

$$(\text{R-S})\int_a^b f\,\mathrm{d}g=\lim_{\|\Delta\|\to 0}S_\Delta(f,\xi,g)=A+B=(\text{R-S})\int_a^c f\,\mathrm{d}g+(\text{R-S})\int_c^b f\,\mathrm{d}g.$$

(2) 因为 f 关于 g 在$[a,c]$上 R-S 可积，f 关于 g 在$[c,b]$上 R-S 可积，根据定理 3.9.1 中(5)知，g 关于 f 在$[a,c]$上 R-S 可积，g 关于 f 在$[c,b]$上 R-S 可积. 由于 f 在 $x=c$ 点处连续($a<c<b$)，g 在$[a,b]$上有界，根据(1)，g 关于 f 在$[a,b]$上 R-S 可积. 再一次应用定理 3.9.1 中的(5)，得到 f 关于 g 在$[a,b]$上 R-S 可积. 从而，由定理 3.9.1 中(5)，有

$$\text{(R-S)}\int_a^b f\,\mathrm{d}g = \text{(R-S)}\int_a^c f\,\mathrm{d}g + \text{(R-S)}\int_c^b f\,\mathrm{d}g. \qquad \square$$

例 3.9.3 设 $g(x)$在球壳$\{\boldsymbol{x}\in\mathbb{R}^n\,|\,a\leqslant|\boldsymbol{x}|\leqslant b\}$上是 Lebesgue 可积的，$f(|\boldsymbol{x}|)=f(r)$为 $r\in[a,b]$的连续函数，其中 $0\leqslant a<b<+\infty$. 令

$$G(r) = \text{(L)}\int_{a\leqslant|x|\leqslant r} g(x)\,\mathrm{d}x,\quad a\leqslant r\leqslant b,$$

则有公式

$$\text{(L)}\int_{a\leqslant|x|\leqslant b} g(x)f(|x|)\,\mathrm{d}x = \text{(R-S)}\int_a^b f(r)\,\mathrm{d}G(r).$$

证明 因为 f 为$[a,b]$上的连续函数，而

$$G(r) = \text{(L)}\int_{a\leqslant|x|\leqslant r} g^+(x)\,\mathrm{d}x - \text{(L)}\int_{a\leqslant|x|\leqslant r} g^-(x)\,\mathrm{d}x$$

为两个单调增函数之差，根据 Jordan 分解定理 3.6.5，$G(r)$为有界变差函数. 由定理 3.9.2 知 f 关于G 在$[a,b]$上是 R-S 可积的. 这就证明了上面等式右边为有限数.

不失一般性，设 $g\geqslant0$. 作$[a,b]$的分割

$$\Delta:\ a=r_0<r_1<\cdots<r_k=b,$$

我们有

$$I = \text{(L)}\int_{a\leqslant|x|\leqslant b} g(x)f(|x|)\,\mathrm{d}x = \sum_{i=1}^k \text{(L)}\int_{r_{i-1}\leqslant|x|\leqslant r_i} g(x)f(|x|)\,\mathrm{d}x.$$

令

$$\begin{aligned} m_i &= \inf\{f(r)\mid r_{i-1}\leqslant r\leqslant r_i\},\\ M_i &= \sup\{f(r)\mid r_{i-1}\leqslant r\leqslant r_i\}, \end{aligned}\qquad i=1,2,\cdots,k.$$

则由 $g\geqslant0$ 可知

$$\sum_{i=1}^k m_i\int_{r_{i-1}\leqslant|x|\leqslant r_i} g(x)\,\mathrm{d}x \leqslant I \leqslant \sum_{i=1}^k M_i\int_{r_{i-1}\leqslant|x|\leqslant r_i} g(x)\,\mathrm{d}x,$$

从而有

$$\sum_{i=1}^k m_i[G(r_i)-G(r_{i-1})] \leqslant \sum_{i=1}^k M_i[G(r_i)-G(r_{i-1})].$$

根据 R-S 积分定义 3.9.1 有

$$\lim_{\|\Delta\|\to0}\sum_{i=1}^k m_i[G(r_i)-G(r_{i-1})] = \text{(R-S)}\int_a^b f(r)\,\mathrm{d}G(r) = \lim_{\|\Delta\|\to0}\sum_{i=1}^k M_i[G(r_i)-G(r_{i-1})],$$

即得

$$(\mathrm{L})\int_{a\leqslant|x|\leqslant b} g(x)f(|x|)\mathrm{d}x = I = (\text{R-S})\int_a^b f(r)\mathrm{d}G(r).$$ □

定理 3.9.1 中的(3)给出了 f 关于 g 在$[a,b]$上 R-S 可积的一个充要条件.现在我们来给出另外两个充要条件.

定理 3.9.3(R-S 可积的另外两个充要条件) 设 f 为$[a,b]$上的有界函数,g 为$[a,b]$上的单调函数,

$$\omega_i = \sup_{x\in[x_{i-1},x_i]} f(x) - \inf_{x\in[x_{i-1},x_i]} f(x) = M_i - m_i$$

为 f 在$[x_{i-1},x_i]$上的振幅,从 f 有界知,ω_i 为非负实数,则

(1) f 关于 g 在$[a,b]$上 R-S 可积$\Leftrightarrow$(2) $\lim\limits_{\|\Delta\|\to 0}\sum\limits_{i=1}^n \omega_i[g(x_i)-g(x_{i-1})]=0$,

即$\forall\,\varepsilon>0$,$\exists\,\delta>0$,当$\|\Delta\|<\delta$时,有

$$\left|\sum_{i=1}^n \omega_i[g(x_i)-g(x_{i-1})]\right| < \varepsilon$$

$\Leftrightarrow$(3) 对$\forall\,\eta>0$,有

$$\lim_{\|\Delta\|\to 0}\sum_{\omega_i>\eta} |g(x_i)-g(x_{i-1})| = 0.$$

证明 不妨设 g 为$[a,b]$上的单调增函数(如果 g 为单调减函数类似证明,或者用$-g$代替 g).

(1)$\Rightarrow$(2) 设 f 关于 g 在$[a,b]$上 R-S 可积,则对$\forall\,\varepsilon>0$,$\exists\,\delta>0$,对$[a,b]$的分割

$$\Delta:\ a = x_0 < x_1 < \cdots < x_n = b,$$

当$\|\Delta\|<\delta$时,有

$$|S_\Delta(f,\xi,g)-A| = \left|\sum_{i=1}^n f(\xi_i)[g(x_i)-g(x_{i-1})]-A\right| < \frac{\varepsilon}{4},$$

$$\xi = (\xi_1,\xi_2,\cdots,\xi_n),\quad \xi_i\in[x_{i-1},x_i].$$

f 分别对 ξ 取下确界与上确界,得到

$$|\underline{S}_\Delta(f)-A| = \left|\sum_{i=1}^n m_i[g(x_i)-g(x_{i-1})]-A\right| \leqslant \frac{\varepsilon}{4},$$

$$|\overline{S}_\Delta(f)-A| = \left|\sum_{i=1}^n M_i[g(x_i)-g(x_{i-1})]-A\right| \leqslant \frac{\varepsilon}{4},$$

$$\begin{aligned}\left|\sum_{i=1}^n \omega_i[g(x_i)-g(x_{i-1})]\right| &= \left|\sum_{i=1}^n (M_i-m_i)[g(x_i)-g(x_{i-1})]\right|\\ &= |\overline{S}_\Delta(f)-\underline{S}_\Delta(f)| \leqslant |\overline{S}_\Delta(f)-A| + |\underline{S}_\Delta(f)-A|\\ &\leqslant \frac{\varepsilon}{4}+\frac{\varepsilon}{4} = \frac{\varepsilon}{2} < \varepsilon.\end{aligned}$$

(1)$\Leftarrow$(2) 由引理 3.9.1 知

$$\underline{S}_\Delta(f) \leqslant S_\Delta(f,\xi,g) \leqslant \overline{S}_\Delta(f), \qquad \underline{S}_{\Delta'}(f) \leqslant \overline{S}_{\Delta''}(f).$$

令 $\underline{A}=\sup\limits_{\Delta'}\underline{S}_{\Delta'}(f)$，$\overline{A}=\inf\limits_{\Delta''}\overline{S}_{\Delta''}(f)$，则

$$\underline{S}_\Delta(f) \leqslant \underline{A} \leqslant \overline{A} \leqslant \overline{S}_\Delta(f).$$

由(2)，对 $\forall\,\varepsilon>0$，$\exists\,\delta>0$，当 $\|\Delta\|<\delta$ 时，有

$$|\overline{A}-\underline{A}| \leqslant |\overline{S}_\Delta(f)-\underline{S}_\Delta(f)| = \left|\sum_{i=1}^n \omega_i[g(x_i)-g(x_{i-1})]\right| < \varepsilon.$$

令 $\varepsilon\to 0^+$ 立知 $\overline{A}=\underline{A}=A$，$\underline{S}_\Delta(f)\leqslant A\leqslant \overline{S}_\Delta(f)$，所以

$$|S_\Delta(f,\xi,g)-A| \leqslant |\overline{S}_\Delta(f)-\underline{S}_\Delta(f)| = \left|\sum_{i=1}^n \omega_i[g(x_i)-g(x_{i-1})]\right| < \varepsilon,$$

故 $\lim\limits_{\|\Delta\|\to 0} S_\Delta(f,\xi,g)=A$. 这就证明了 f 关于 g 在$[a,b]$上是 R-S 可积的.

(2)⇒(3) 对 $\forall\,\eta>0$，$\forall\,\varepsilon>0$，由(2)，$\exists\,\delta>0$，当 $\|\Delta\|<\delta$ 时，有

$$\begin{aligned}\eta\sum_{\omega_i>\eta}|g(x_i)-g(x_{i-1})| &\leqslant \sum_{\omega_i>\eta}\omega_i[g(x_i)-g(x_{i-1})] \\ &\leqslant \sum_{i=1}^n \omega_i[g(x_i)-g(x_{i-1})] < \varepsilon\eta\end{aligned}$$

从而得 $\sum\limits_{\omega_i>\eta}|g(x_i)-g(x_{i-1})|<\varepsilon$，即 $\lim\limits_{\|\Delta\|\to 0}\sum\limits_{\omega_i>\eta}|g(x_i)-g(x_{i-1})|=0$.

(2)⇐(3) $\forall\,\varepsilon>0$，取 $0<\eta<\dfrac{\varepsilon}{2[g(b)-g(a)+1]}$，对固定的 η，由(3)，$\exists\,\delta>0$，当 $\|\Delta\|<\delta$ 时，有

$$\sum_{\omega_i>\eta}|g(x_i)-g(x_{i-1})| < \frac{\varepsilon}{2[g(b)-g(a)+1]}.$$

于是

$$\begin{aligned}0 &\leqslant \sum_{i=1}^n \omega_i[g(x_i)-g(x_{i-1})] \\ &= \sum_{\omega_i\leqslant\eta}\omega_i[g(x_i)-g(x_{i-1})] + \sum_{\omega_i>\eta}\omega_i[g(x_i)-g(x_{i-1})] \\ &\leqslant \eta\sum_{\omega_i\leqslant\eta}[g(x_i)-g(x_{i-1})] + [g(b)-g(a)]\sum_{\omega_i>\eta}|g(x_i)-g(x_{i-1})| \\ &< \frac{\varepsilon}{2[g(b)-g(a)+1]}[g(b)-g(a)] + [g(b)-g(a)]\frac{\varepsilon}{2[g(b)-g(a)+1]} \\ &< \frac{\varepsilon}{2}+\frac{\varepsilon}{2}=\varepsilon.\end{aligned}$$

□

定理 3.9.4(R-S 积分号下取极限) 设$\{f_n\}$为关于 g 在$[a,b]$上的 R-S 可积的函数列，且$\{f_n\}$在$[a,b]$上一致收敛于 f. 又设 g 为$[a,b]$上的有界变差函数，则

$$\lim_{n\to+\infty}(\text{R-S})\int_a^b f_n\,\mathrm{d}g = (\text{R-S})\int_a^b \lim_{n\to+\infty} f_n\,\mathrm{d}g = (\text{R-S})\int_a^b f\,\mathrm{d}g.$$

证明 $\forall \varepsilon>0$,因为$\{f_n\}$在$[a,b]$上一致收敛于f,所以$\exists N\in\mathbb{N}$,当$n>N$时,有

$$\sup_{x\in[a,b]}|f_n(x)-f(x)|<\frac{\varepsilon}{\bigvee_a^b(f)+1}.$$

于是,从定理3.9.2得到

$$\begin{aligned}\left|(\text{R-S})\int_a^b f_n\mathrm{d}g-(\text{R-S})\int_a^b f\mathrm{d}g\right|&=\left|(\text{R-S})\int_a^b(f_n-f)\mathrm{d}g\right|\\&\leqslant\sup_{x\in[a,b]}|f_n(x)-f(x)|\cdot\bigvee_a^b(g)\\&\leqslant\frac{\varepsilon}{\bigvee_a^b(g)+1}\bigvee_a^b(g)<\varepsilon,\end{aligned}$$

即

$$\lim_{n\to+\infty}(\text{R-S})\int_a^b f_n\mathrm{d}g=(\text{R-S})\int_a^b f\mathrm{d}g.$$ □

定理3.9.5(R-S积分号下取极限,Э.赫利) 设f为$[a,b]$上的连续函数,在$[a,b]$上的有界变差函数列$\{g_n\}$收敛于有限函数g,并存在常数$K>0$. s. t.

$$\bigvee_a^b(g_n)\leqslant K<+\infty,\quad n=1,2,\cdots.$$

则g必为$[a,b]$上的有界变差函数,而且

$$\lim_{n\to+\infty}(\text{R-S})\int_a^b f\mathrm{d}g_n=(\text{R-S})\int_a^b f\mathrm{d}g.$$

证明 对$[a,b]$的任何分割

$$\Delta:\ a=x_0<x_1<\cdots<x_m=b,$$

有

$$\sum_{i=1}^m|g_n(x_i)-g_n(x_{i-1})|\leqslant\bigvee_a^b(g_n)\leqslant K<+\infty,\quad n=1,2,\cdots.$$

令$n\to+\infty$得到

$$v_\Delta(g)=\sum_{i=1}^m|g(x_i)-g(x_{i-1})|\leqslant K,$$

$$\bigvee_a^b(g)=\sup_\Delta v_\Delta(g)\leqslant K,$$

即g也为$[a,b]$上的有界变差函数.

对$\forall\varepsilon>0$,作分割

$$\Delta:\ a=x_0<x_1<\cdots<x_m=b,$$

使得连续函数(当然也是一致连续函数)f在每个小区间$[x_{i-1},x_i]$上的振幅$\omega_i=M_i-m_i<$

$\frac{\varepsilon}{3K}$. 因此

$$|f(x)-f(x_{i-1})|<\frac{\varepsilon}{3K},\quad \forall x\in[x_{i-1},x_i],$$

$$\left|(\text{R-S})\int_{x_{i-1}}^{x_i}[f(x)-f(x_i)]\mathrm{d}g(x)\right|\leqslant\frac{\varepsilon}{3K}\bigvee_{x_{i-1}}^{x_i}(g).$$

所以

$$\left|\sum_{i=1}^{m}(\text{R-S})\int_{x_{i-1}}^{x_i}[f(x)-f(x_i)]\mathrm{d}g(x)\right|$$

$$\leqslant\frac{\varepsilon}{3K}\sum_{i=1}^{m}\bigvee_{x_{i-1}}^{x_i}(g)=\frac{\varepsilon}{3K}\bigvee_{a}^{b}(g)\leqslant\frac{\varepsilon}{3K}\cdot K=\frac{\varepsilon}{3};$$

$$\begin{aligned}(\text{R-S})\int_a^b f(x)\mathrm{d}g(x)&=\sum_{i=1}^{m}(\text{R-S})\int_{x_{i-1}}^{x_i}f(x)\mathrm{d}g(x)\\&=\sum_{i=1}^{m}(\text{R-S})\int_{x_{i-1}}^{x_i}[f(x)-f(x_{i-1})]\mathrm{d}g(x)+\sum_{i=1}^{m}f(x_{i-1})(\text{R-S})\int_{x_{i-1}}^{x_i}\mathrm{d}g(x)\\&=\theta\cdot\frac{\varepsilon}{3}+\sum_{i=1}^{m}f(x_{i-1})[g(x_i)-g(x_{i-1})],\quad|\theta|\leqslant 1.\end{aligned}$$

同理,有

$$(\text{R-S})\int_a^b f(x)\mathrm{d}g_n(x)=\theta_n\cdot\frac{\varepsilon}{3}+\sum_{i=1}^{m}f(x_{i-1})[g_n(x_i)-g_n(x_{i-1})],\quad|\theta_n|\leqslant 1.$$

由于$\{g_n\}$在$[a,b]$上收敛于g,所以对固定的分割Δ: $a=x_0<x_1<\cdots<x_m=b$ (即对固定的分点$a=x_0,x_1,\cdots,x_m=b$),$\exists N\in\mathbb{N}$,当$n>N$时,有

$$\left|\sum_{i=1}^{m}f(x_{i-1})[g_n(x_i)-g_n(x_{i-1})]-\sum_{i=1}^{m}f(x_{i-1})[g(x_i)-g(x_{i-1})]\right|<\frac{\varepsilon}{3}.$$

于是,我们得到

$$\begin{aligned}&\left|(\text{R-S})\int_a^b f(x)\mathrm{d}g_n(x)-(\text{R-S})\int_a^b f(x)\mathrm{d}g(x)\right|\\&=\left|\theta_n\cdot\frac{\varepsilon}{3}+\sum_{i=1}^{m}f(x_{i-1})[g_n(x_i)-g_n(x_{i-1})]-\theta\cdot\frac{\varepsilon}{3}-\sum_{i=1}^{m}f(x_{i-1})[g(x_i)-g(x_{i-1})]\right|\\&\leqslant\left|\sum_{i=1}^{m}f(x_{i-1})[g_n(x_i)-g_n(x_{i-1})]-\sum_{i=1}^{m}f(x_{i-1})[g(x_i)-g(x_{i-1})]\right|\\&\quad+\left|\theta_n\cdot\frac{\varepsilon}{3}\right|+\left|\theta\cdot\frac{\varepsilon}{3}\right|\\&<\frac{\varepsilon}{3}+\frac{\varepsilon}{3}+\frac{\varepsilon}{3}=\varepsilon,\end{aligned}$$

故$\lim\limits_{n\to+\infty}(\text{R-S})\int_a^b f\mathrm{d}g_n=(\text{R-S})\int_a^b f(x)\mathrm{d}g(x)$. □

下面将给出Э.赫利定理3.9.5的一个应用(例3.9.4).为此,先证以下引理.

引理3.9.2 设 f 为$[a,b]$上的连续函数,Δ: $a=c_0<c_1<\cdots<c_n<c_{n+1}=b$ 为$[a,b]$的一个分割.如果 g 在区间$(c_0,c_1),(c_1,c_2),\cdots,(c_{n-1},c_n),(c_n,c_{n+1})$中取常数值,则

$$(\text{R-S})\int_a^b f\mathrm{d}g=f(a)[g(a^+)-g(a)]+\sum_{i=1}^n f(c_i)[g(c_i^+)-g(c_i^-)]+f(b)[g(b)-g(b^-)].$$

证明 因为

$$\bigvee_a^b(g)=|g(a^+)-g(a)|+\sum_{i=1}^n\{|g(c_i)-g(c_i^-)|+|g(c_i^+)-g(c_i)|\}+|g(b)-g(b^-)|,$$

所以,g 在$[a,b]$上为有界变差函数,从而 g 在$[a,b]$的每段区间上为有界变差函数.因此,有

$$(\text{R-S})\int_a^b f\mathrm{d}g=\sum_{i=1}^{n+1}(\text{R-S})\int_{c_{i-1}}^{c_i}f\mathrm{d}g.$$

作$[c_{i-1},c_i]$的分割

$$\Delta_1:\ c_{i-1}=\xi_0<\xi_1<\cdots<\xi_l=c_i,$$

所对应的和为(别的项都为0)

$$f(\xi_0)[g(c_{i-1}^+)-g(c_{i-1})]+f(\xi_{l-1})[g(c_i)-g(c_i^-)].$$

取极限,即得

$$(\text{R-S})\int_{c_{i-1}}^{c_i}f\mathrm{d}g=f(c_{i-1})[g(c_{i-1}^+)-g(c_{i-1})]+f(c_i)[g(c_i)-g(c_i^-)].$$

从而,有

$$\begin{aligned}(\text{R-S})\int_a^b f\mathrm{d}g&=\sum_{i=1}^{n+1}(\text{R-S})\int_{c_{i-1}}^{c_i}f\mathrm{d}g\\&=\sum_{i=1}^{n+1}\{f(c_{i-1})[g(c_{i-1}^+)-g(c_{i-1})]+f(c_i)[g(c_i)-g(c_i^-)]\}\\&=f(a)[g(a^+)-g(a)]+\sum_{i=1}^n f(c_i)[g(c_i^+)-g(c_i^-)]\\&\quad+f(b)[g(b)-g(b^-)].\end{aligned}$$

□

例3.9.4 当 f 为$[a,b]$上的连续函数,g 为$[a,b]$上的有界变差函数时,定理3.9.2表明 f 关于 g 在$[a,b]$上是R-S可积的.我们应用Э.赫利定理3.9.5和引理3.9.2的结论,要计算$(\text{R-S})\int_a^b f\mathrm{d}g$,可归结到 g 为连续有界变差函数的情形.

解 设 g 为$[a,b]$上的有界变差函数,作 g 的跳跃函数

$$\begin{aligned}\varphi(x)&=\sum_i[g(x_i^+)-g(x_i)]\theta(x-x_i)+\sum_i[g(x_i)-g(x_i^-)]\theta_1(x-x_i)\\&=[g(a^+)-g(a)]+\sum_{x_i<x}[g(x_i^+)-g(x_i^-)]+[g(x)-g(x^-)],\end{aligned}$$

$$\varphi(a)=0,$$

其中$\{x_i\}$为 g 的不连续点的全体.

$$\theta(x)=\begin{cases}1, & x>0,\\ 0, & x\leqslant 0,\end{cases}\qquad \theta_1(x)=\begin{cases}1, & x\geqslant 0,\\ 0, & x<0.\end{cases}$$

根据下面的引理 3.9.3,g 可分解为

$$g(x)=\varphi(x)+r(x),$$

其中 $r(x)$为一个连续的有界变差函数.从而得到

$$(\text{R-S})\int_a^b f\mathrm{d}g=(\text{R-S})\int_a^b f\mathrm{d}\varphi+(\text{R-S})\int_a^b f\mathrm{d}r.$$

现在,要指出积分(R-S) $\int_a^b f\mathrm{d}\varphi$ 是容易算出的,因而积分(R-S) $\int_a^b f\mathrm{d}g$ 的计算归结为(R-S) $\int_a^b f\mathrm{d}r$ 的计算,而 r 为一个连续的有界变差函数.

为计算(R-S) $\int_a^b f\mathrm{d}\varphi$, 我们先注意到有界变差函数

$$g=\pi(x)-\nu(x),$$

其中,π,ν 为单调增的函数.因为

$$\begin{aligned}&\sum_{i=1}^{n}\left[\,|g(x_i^+)-g(x_i)|+|g(x_i)-g(x_i^-)|\,\right]\\ \leqslant&\sum_{i=1}^{\infty}\left[\pi(x_i^+)-\pi(x_i^-)+\nu(x_i^+)-\nu(x_i^-)\right]\\ \leqslant&\,\pi(b)-\pi(a)+\nu(b)-\nu(a)<+\infty,\end{aligned}$$

所以,级数

$$\sum_{i=1}^{\infty}\left[\,|g(x_i^+)-g(x_i)|+|g(x_i)-g(x_i^-)|\,\right]$$

是收敛的.

令

$$\varphi_n(x)=\begin{cases}0, & x=a,\\ [g(a^+)-g(a)]+\sum\limits_{\substack{x_i<x\\ i\leqslant n}}[g(x_i^+)-g(x_i^-)]+[g(x)-g(x^-)], & a<x\leqslant b.\end{cases}$$

容易看出,$\lim\limits_{n\to+\infty}\varphi_n(x)=\varphi(x)$.

另一方面,有

$$\begin{aligned}\bigvee_a^b(\varphi_n)=&\,|g(a^+)-g(a)|+\sum_{i=1}^{n}\left[\,|g(x_i^+)-g(x_i)|\right.\\ &\left.+|g(x_i)-g(x_i^-)|\,\right]+|g(b)-g(b^-)|.\end{aligned}$$

因此，对 $\forall n\in\mathbb{N}$，有

$$\begin{aligned}\bigvee_a^b(\varphi_n)&\leqslant|g(a^+)-g(a)|+\sum_{i=1}^{\infty}[|g(x_i^+)-g(x_i)|\\&\qquad+|g(x_i)-g(x_i^-)|]+|g(b)-g(b^-)|\\&=K<+\infty\end{aligned}$$

根据Э.赫利定理3.9.5，有

$$(\text{R-S})\int_a^b f\mathrm{d}\varphi=\lim_{n\to+\infty}(\text{R-S})\int_a^b f\mathrm{d}\varphi_n.$$

但是，φ_n 在 $(a,x_1),(x_1,x_2),\cdots,(x_n,b)$ 中取常值，并且在点 $a,x_1,x_2,\cdots,x_n,b$ 上的跳跃与 φ 在这些点的跳跃相同. 所以从引理3.9.2立即得到

$$\begin{aligned}(\text{R-S})\int_a^b f\mathrm{d}\varphi&=\lim_{n\to+\infty}(\text{R-S})\int_a^b f\mathrm{d}\varphi_n\\&=\lim_{n\to+\infty}\left\{f(a)[g(a^+)-g(a)]+\sum_{i=1}^{n}f(x_i)[g(x_i^+)-g(x_i^-)]+f(b)[g(b)-g(b^-)]\right\}\\&=f(a)[g(a^+)-g(a)]+\sum_{i=1}^{\infty}f(x_i)[g(x_i^+)-g(x_i^-)]+f(b)[g(b)-g(b^-)].\end{aligned}$$

□

引理3.9.3 (1) $[a,b]$上的单调增函数 g 为其跳跃函数 φ_g 与单调增的连续函数 $g-\varphi_g$ 之和.

(2) $[a,b]$上的有界变差函数 g 为其跳跃函数 φ_g 与连续的有界变差函数 $g-\varphi_g$ 之和.

证明 (1) 设 $a\leqslant x\leqslant y\leqslant b$，则

$$(g-\varphi_g)(y)-(g-\varphi_g)(x)=[g(y)-g(x)]-[\varphi_g(y)-\varphi_g(x)]\geqslant 0,$$
$$(g-\varphi_g)(x)\leqslant(g-\varphi_g)(y),$$

所以，$g-\varphi_g$ 为单调增函数. 由上面的不等式得到

$$\varphi_g(y)-\varphi_g(x)\leqslant g(y)-g(x),$$

令 $y\to x^+$，有

$$\varphi_g(x^+)-\varphi_g(x)\leqslant g(x^+)-g(x).$$

另一方面，由 φ_g 的定义，对固定的 $x<y$，有

$$g(y)-g(x)\leqslant\varphi_g(y)-\varphi_g(x),$$

令 $y\to x^+$，有

$$g(x^+)-g(x)\leqslant\varphi_g(x^+)-\varphi_g(x).$$

综上所述得到

$$g(x^+)-g(x)=\varphi_g(x^+)-\varphi_g(x),$$

即

$$g(x^+)-\varphi_g(x^+)=g(x)-\varphi_g(x).$$

同理可得

$$g(x^-)-\varphi_g(x^-)=g(x)-\varphi_g(x).$$

从而，$g-\varphi_g$ 在 x 连续. 由 x 是任取的，所以，$g-\varphi_g$ 为$[a,b]$上的连续函数.

(2) 设

$$\pi(x)=\begin{cases}0, & x=a,\\ \bigvee_a^x(g), & a<x\leqslant b,\end{cases}$$

显然，$\pi(x)$为$[a,b]$上的单调增函数. 令

$$\nu(x)=\pi(x)-g(x),$$

则 $\nu(x)$也为$[a,b]$上的单调增函数. 事实上，当 $a\leqslant x<y\leqslant b$ 时，

$$\nu(y)-\nu(x)=[\pi(y)-g(y)]-[\pi(x)-g(x)]=\bigvee_x^y(g)-[g(y)-g(x)]\geqslant 0,$$

故 $\nu(x)\leqslant\nu(y)$. 于是，$g(x)=\pi(x)-\nu(x)$为两个单调增函数之差.

设 $\pi(x)$与 $\nu(x)$在$(a,b]$中的不连续点的全体为 $x_1,x_2,\cdots,x_k,\cdots,a<x_k\leqslant b$. 显然，$(a,b]$中$\{x_k\}$以外的点都为 $\pi(x)$与 $\nu(x)$的连续点，因而也为 $g(x)=\pi(x)-\nu(x)$的连续点，所以 g 在$(a,b]$中的不连续点全在$\{x_k\}$中. 分别作 π 与 ν 的跳跃函数：

$$\varphi_\pi(x)=\begin{cases}0, & x=a,\\ [\pi(a^+)-\pi(a)]+\sum\limits_{x_i<x}[\pi(x_i^+)-\pi(x_i^-)]+[\pi(x)-\pi(x^-)], & x\in(a,b],\end{cases}$$

$$\varphi_\nu(x)=\begin{cases}0, & x=a,\\ [\nu(a^+)-\nu(a)]+\sum\limits_{x_i<x}[\nu(x_i^+)-\nu(x_i^-)]+[\nu(x)-\nu(x^-)], & x\in(a,b].\end{cases}$$

如果 x_i 为$\pi(x)$或$\nu(x)$的连续点，则相应的项化为 0. 显然，φ_π 与 φ_ν 仍为单调增的函数. 而有界变差函数 g 的跳跃函数为

$$\varphi_g(x)=\begin{cases}0, & x=a,\\ [g(a^+)-g(a)]+\sum\limits_{x_i<x}[g(x_i^+)-g(x_i^-)]+[g(x)-g(x^-)], & a<x\leqslant b.\end{cases}$$

而 $\varphi_g(x)=\varphi_\pi(x)-\varphi_\nu(x)$. 因此，$\varphi_g$ 为$[a,b]$上的有界变差函数. 如果 x_i 为 g 的连续点，则 $\varphi_g(x)$的右边和式中相应于 x_i 的项为 0，除去该连续点 x_i，$\varphi_g(x)$的值不改变. 进而，易证 $g(x)$的连续点必为 $\pi(x)$的连续点，因而也为 $\nu(x)=\pi(x)-g(x)$的连续点. 实际上，$g(x)$的连续点并不在$\{x_i\}$中. 于是

$$\begin{aligned}g(x)&=\pi(x)-\nu(x)\\&=\{\varphi_\pi(x)+[\pi(x)-\varphi_\pi(x)]\}-\{\varphi_\nu(x)[\nu(x)-\varphi_\nu(x)]\}\\&=[\varphi_\pi(x)-\varphi_\nu(x)]+\{[\pi(x)-\varphi_\pi(x)]+[\nu(x)-\varphi_\nu(x)]\}\\&=\varphi_g(x)+\{[\pi(x)-\varphi_\pi(x)]+[\nu(x)-\varphi_\nu(x)]\}.\end{aligned}$$

再由(1)知

$$g(x)-\varphi_g(x)=[\pi(x)-\varphi_\pi(x)]+[\nu(x)-\varphi_\nu(x)]$$

为连续的有界变差函数. □

最后,我们来研究 R-S 积分与 R 积分,L-S 积分与 L 积分,R-S 积分与 L-S 测度、L-S 积分之间的关系.

定理 3.9.6(化 R-S 积分为 R 积分) 设 f 在$[a,b]$中连续,而 g 在$[a,b]$上处处可导,且 g'为$[a,b]$上的 Riemann 可积函数,则

$$(\text{R-S})\int_a^b f(x)\mathrm{d}g(x)=(\text{R})\int_a^b f(x)g'(x)\mathrm{d}x.$$

证明 因为 g'在$[a,b]$上 Riemann 可积,故$|g'(x)|\leqslant M$(常数),$\forall x\in[a,b]$. 从而,g 在$[a,b]$上满足 Lipschitz 条件,它为有界变差函数(例 3.6.5). 再由 f 在$[a,b]$中连续并应用定理 3.9.2,f 关于 g 在$[a,b]$上 R-S 可积,即等式左边的 R-S 积分存在有限.

另一方面,因$[a,b]$上 Riemann 可积函数 g'必在$[a,b]$上有界且几乎处处连续,所以 fg' 在$[a,b]$上有界且几乎处处连续. 从而,上面等式右边的 Riemann 积分存在.

设 Δ: $a=x_0<x_1<\cdots<x_n=b$ 为$[a,b]$的任一分割,根据 Lagrange 中值定理,$\exists\,\xi_i\in(x_{i-1},x_i)$, s. t.

$$g(x_i)-g(x_{i-1})=g'(\xi_i)(x_i-x_{i-1}).$$

于是

$$\begin{aligned}(\text{R-S})\int_a^b f\mathrm{d}g&=\lim_{\|\Delta\|\to 0}\sum_{i=1}^n f(\xi_i)[g(x_i)-g(x_{i-1})]\\&=\lim_{\|\Delta\|\to 0}\sum_{i=1}^n f(\xi_i)g'(\xi_i)(x_i-x_{i-1})\\&=(\text{R})\int_a^b f(x)g'(x)\mathrm{d}x.\end{aligned}$$ □

例 3.9.5 设 g 为$[a,b]$上的单调增的绝对连续函数,m_g 为相应于 g 在$[a,b]$上的 L-S 测度,则:

(1) $[a,b]$中的任何 Lebesgue 可测集 E 都为 m_g 可测集,且

$$m_g(E)=(\text{L})\int_E g'(x)\mathrm{d}x.$$

(2) 定义在 Borel 集 E 上的 Borel 可测函数 f 必为 m_g 可测函数.

(3) Lebesgue 可测集 $E\subset[a,b]$上的 Lebesgue 可测函数必为 m_g 可测函数.

(4) 如果 Lebesgue 可测函数 f 关于 g 在$[a,b]$上 L-S 可积或者 $f(x)\cdot g'(x)$在$[a,b]$上 L 可积,则有

$$(\text{L-S})\int_a^b f\mathrm{d}m_g=(\text{L})\int_a^b f(x)g'(x)\mathrm{d}x.$$

证明 (1) 因为 g 为$[a,b]$上的单调增函数,根据定理 3.6.3,g'在$[a,b]$上 L 可积. 此外,熟知 Borel 集必为 m_g 可测集,再由 m_g 定义和 g 绝对连续以及 Newton-Leibniz 公式,有

$$m_g((\alpha,\beta]) = g(\beta) - g(\alpha) = (\mathrm{L})\int_\alpha^\beta g'(x)\,\mathrm{d}x.$$

从 g 的连续性立即可知

$$\begin{aligned} m_g((\alpha,\beta)) &= \lim_{n\to+\infty} m_g\left(\left(\alpha,\beta-\frac{1}{n}\right]\right) \\ &= \lim_{n\to+\infty}\left[g\left(\beta-\frac{1}{n}\right)-g(\alpha)\right] \\ &= g(\beta)-g(\alpha) = (\mathrm{L})\int_\alpha^\beta g'(x)\,\mathrm{d}x. \end{aligned}$$

类似地

$$\begin{aligned} m_g([\alpha,\beta]) &= \lim_{n\to+\infty} m_g\left(\left(\alpha-\frac{1}{n},\beta\right]\right) \\ &= \lim_{n\to+\infty}\left[g(\beta)-g\left(\alpha-\frac{1}{n}\right)\right] \\ &= g(\beta)-g(\alpha) \\ &= (\mathrm{L})\int_\alpha^\beta g'(x)\,\mathrm{d}x. \end{aligned}$$

如果 $G=\bigcup\limits_n(\alpha_n,\beta_n)$ 为 $[a,b]$ 中的开集，(α_n,β_n) 为 G 的构成区间，彼此两两不相交，则

$$\begin{aligned} m_g(G) &= m_g\left(\bigcup_n(\alpha_n,\beta_n)\right) = \sum_n m_g((\alpha_n,\beta_n)) \\ &= \sum_n(\mathrm{L})\int_{(\alpha_n,\beta_n)} g'(x)\,\mathrm{d}x = (\mathrm{L})\int_{\bigcup\limits_n(\alpha_n,\beta_n)} g'(x)\,\mathrm{d}x \\ &= (\mathrm{L})\int_G g'(x)\,\mathrm{d}x. \end{aligned}$$

如果 F 为 $[a,b]$ 中的闭集，则

$$\begin{aligned} m_g(F) &= m_g([0,1]-([0,1]-F)) \\ &= m_g([0,1]) - m_g([0,1]-F) \\ &= (\mathrm{L})\int_{[0,1]} g'(x)\,\mathrm{d}x - (\mathrm{L})\int_{[0,1]-F} g'(x)\,\mathrm{d}x \\ &= (\mathrm{L})\int_F g'(x)\,\mathrm{d}x. \end{aligned}$$

设 E 为 $[a,b]$ 中的 Lebesgue 零测集，则存在开集 $G_n\supset E$，s. t.

$$\lim_{n\to+\infty} m(G_n) = 0.$$

于是

$$0\leqslant m_g^*(E)\leqslant m_g^*(G_n) = m_g(G_n) = (\mathrm{L})\int_{G_n} g'(x)\,\mathrm{d}x \xrightarrow{\text{积分绝对连续性}} 0 \quad (n\to+\infty),$$

故 $0\leqslant m_g^*(E)\leqslant 0$，即 $m_g(E)=m_g^*(E)=0$，从而 E 为 m_g 零测集. 所以

$$m_g(E) = 0 = (\mathrm{L})\int_E g'(x)\mathrm{d}x.$$

设 E 为 $[a,b]$ 中的 Lebesgue 可测集，根据定理 2.3.1 中(5)有

$$E = \left(\bigcup_{n=1}^{\infty} F_n\right) \cup Z,$$

其中 F_n 为闭集，$F_n \subset F_{n+1}(n=1,2,\cdots)$，$Z$ 为 Lebesgue 零测集. 由上述知 E 为 m_g 可测集，并且

$$\begin{aligned}(\mathrm{L})\int_{F_n} g'(x)\mathrm{d}x &= m_g(F_n) \leqslant m_g(E) = m_g\left(\left(\bigcup_{n=1}^{\infty} F_n\right) \cup Z\right) \\ &\leqslant m_g\left(\bigcup_{n=1}^{\infty} F_n\right) + m_g(Z) = m_g\left(\bigcup_{n=1}^{\infty} F_n\right) \\ &= m_g\left(\lim_{n\to+\infty} F_n\right) = \lim_{n\to+\infty} m_g(F_n) \\ &= \lim_{n\to+\infty} (\mathrm{L})\int_{F_n} g'(x)\mathrm{d}x.\end{aligned}$$

再令 $n\to+\infty$ 得到

$$\lim_{n\to+\infty}(\mathrm{L})\int_{F_n} g'(x)\mathrm{d}x \leqslant m_g(E) \leqslant \lim_{n\to+\infty}(\mathrm{L})\int_{F_n} g'(x)\mathrm{d}x,$$

$$\begin{aligned}m_g(E) &= \lim_{n\to+\infty}(\mathrm{L})\int_{F_n} g'(x)\mathrm{d}x = \lim_{n\to+\infty}(\mathrm{L})\int_E \chi_{F_n}(x)\cdot g'(x)\mathrm{d}x \\ &\xlongequal[\text{积分定理}]{\text{Levi 递增}} (\mathrm{L})\int_E \chi_{\bigcup\limits_{n=1}^{\infty} F_n}(x)\cdot g'(x)\mathrm{d}x = (\mathrm{L})\int_{\bigcup\limits_{n=1}^{\infty} F_n} g'(x)\mathrm{d}x \\ &= (\mathrm{L})\int_E g'(x)\mathrm{d}x.\end{aligned}$$

(2) $\forall c\in\mathbb{R}$，$E(f>c)\in\mathscr{B}\subset\mathscr{L}^g$，故 f 为 m_g 可测函数.

(3) $\forall c\in\mathbb{R}$，由(1)知 $E(f>c)\in\mathscr{L}\subset\mathscr{L}^g$，故 f 为 m_g 可测函数.

(4) 设 $E\subset[a,b]$ 为 Lebesgue 可测集，由(1)知 E 应为 m_g 可测集. 显然再由(1)得到

$$(\mathrm{L\text{-}S})\int_a^b \chi_E \mathrm{d}m_g = m_g(E) = (\mathrm{L})\int_E g'(x)\mathrm{d}x = (\mathrm{L})\int_a^b \chi_E(x) g'(x)\mathrm{d}x.$$

根据积分的线性性，对 Lebesgue 简单可测函数 $\sum\limits_{i=1}^{n} c_i\chi_{E_i}$，有

$$(\mathrm{L\text{-}S})\int_a^b \sum_{i=1}^{n} c_i\chi_{E_i}(x)\mathrm{d}m_g = (\mathrm{L})\int_a^b \sum_{i=1}^{n} c_i\chi_{E_i}(x)\cdot g'(x)\mathrm{d}x.$$

如果 Lebesgue 可测函数 f 关于 g 在 $[a,b]$ 上 L-S 可积或者 $f(x)\cdot g'(x)$ 在 $[a,b]$ 上 L 可积，则 f^+，f^- 关于 g 在 $[a,b]$ 上 L-S 可积或者 $f^+(x)\cdot g'(x)$，$f^-(x)\cdot g'(x)$ 在 $[a,b]$ 上 L 可积. 取 Lebesgue 非负可测简单函数列 $\{f_n^1\}$，$\{f_n^2\}$，s. t.

$$\lim_{n\to+\infty} f_n^1(x) = f^+(x), \quad \lim_{n\to+\infty} f_n^2(x) = f^-(x).$$

根据 Levi 递增积分定理 3.3.4 和(3),有

$$\begin{aligned}(\text{L-S})\int_a^b f^+ \, \mathrm{d}m_g &= \lim_{n\to+\infty}(\text{L-S})\int_a^b f_n^1 \mathrm{d}m_g \\ &= \lim_{n\to+\infty}(\text{L})\int_a^b f_n^1(x)g'(x)\mathrm{d}x \\ &= (\text{L})\int_a^b f^+(x)g'(x)\mathrm{d}x.\end{aligned}$$

同理,有

$$(\text{L-S})\int_a^b f^- \mathrm{d}m_g = (\text{L})\int_a^b f^-(x)g'(x)\mathrm{d}x.$$

由此和定理中(4)的条件知,上述积分都为非负实数.因此,有

$$\begin{aligned}(\text{L-S})\int_a^b f\mathrm{d}m_g &= (\text{L-S})\int_a^b f^+\mathrm{d}m_g - (\text{L-S})\int_a^b f^-\mathrm{d}m_g \\ &= (\text{L})\int_a^b f^+(x)g'(x)\mathrm{d}x - (\text{L})\int_a^b f^-(x)g'(x)\mathrm{d}x \\ &= (\text{L})\int_a^b f(x)g'(x)\mathrm{d}x.\end{aligned}$$

□

定理 3.9.7(R-S 积分与 L-S 积分) 设 g 为$[a,b]$上单调增的右连续函数,f 为$[a,b]$上的有界 Lebesgue 可测函数.如果 f 关于 g 在$[a,b]$上 R-S 可积,则 f 关于 m_g L-S 可积,且满足

$$(\text{R-S})\int_a^b f\mathrm{d}g = (\text{L-S})\int_a^b f\mathrm{d}m_g.$$

证明 作区间$[a,b]$的渐细分割序列$\{\Delta^k\}$("渐细"指的是 Δ^{k+1} 的分点必为 Δ^k 的分点),且当 $k\to+\infty$时,$\|\Delta^k\|\to 0(k\to+\infty)$.令

$$m_i^k = \inf_{x_{i-1}^k\leqslant x\leqslant x_i^k} f(x),\quad M_i^k = \sup_{x_{i-1}^k\leqslant x\leqslant x_i^k} f(x),\quad i=1,2,\cdots,n_k.$$

并作函数列

$$\varphi_k(x) = \sum_{i=1}^{n_k} m_i^k \chi_{(x_{i-1},x_i]}(x),\qquad \psi_k(x) = \sum_{i=1}^{n_k} M_i^k \chi_{(x_{i-1},x_i]}(x)$$

其中 $k=1,2,\cdots$.于是

$$\begin{aligned}\underline{S}_{\Delta^k}(f) &= \sum_{i=1}^{n_k} m_i^k[g(x_i^k)-g(x_{i-1}^k)] = \sum_{i=1}^{n_k} m_i^k m_g((x_{i-1},x_i]) \\ &= \sum_{i=1}^{n_k}(\text{L-S})\int_a^b m_i^k \chi_{(x_{i-1},x_i]}(x)\mathrm{d}m_g \\ &= (\text{L-S})\int_a^b \varphi_k(x)\mathrm{d}m_g.\end{aligned}$$

同理,有

$$\overline{S}_{\Delta^k}(f) = (\mathrm{L})\int_a^b \psi_k(x)\mathrm{d}m_g.$$

显然

$$\psi_k(x) \geqslant \psi_{k+1}(x) \geqslant \cdots \geqslant f(x) \geqslant \cdots \geqslant \varphi_{k+1}(x) \geqslant \varphi_k(x).$$

如果令

$$\lim_{k\to+\infty}\varphi_k(x) = \varphi(x), \quad \lim_{k\to+\infty}\psi_k(x) = \psi(x),$$

则

$$\psi(x) \geqslant f(x) \geqslant \varphi(x).$$

由于有界 Lebesgue 可测函数 f 是 Lebesgue 可积的以及 Lebesgue 控制收敛定理 3.4.1(设 $|f(x)|\leqslant M, \forall x\in[a,b]$,则 $|\varphi_k(x)|\leqslant M, |\psi_k(x)|\leqslant M, \forall x\in[a,b]$,故 M 为$[a,b]$上的控制函数),可知

$$\begin{aligned}
(\text{L-S})\int_a^b \varphi(x)\mathrm{d}m_g &= (\text{L-S})\int_a^b \lim_{k\to+\infty}\varphi_k(x)\mathrm{d}m_g \\
&= \lim_{k\to+\infty}(\text{L-S})\int_a^b \varphi_k(x)\mathrm{d}m_g = \lim_{k\to+\infty}\underline{S}_{\Delta^k}(f) \\
&\leqslant \lim_{k\to+\infty}\overline{S}_{\Delta^k}(f) = \lim_{k\to+\infty}(\text{L-S})\int_a^b \psi_k(x)\mathrm{d}m_g \\
&= (\text{L-S})\int_a^b \lim_{k\to+\infty}\psi_k(x)\mathrm{d}m_g = (\text{L-S})\int_a^b \psi(x)\mathrm{d}m_g.
\end{aligned}$$

显然,如果 f 关于 g 在$[a,b]$上 R-S 可积,则

$$\begin{aligned}
\lim_{k\to+\infty}\underline{S}_{\Delta^k}(f) &= \lim_{k\to+\infty}\sum_{i=1}^{n_k} m_i^k[g(x_i^k) - g(x_{i-1}^k)] \\
&= \lim_{k\to+\infty}\sum_{i=1}^{n_k} f(\xi_i^k)[g(x_i^k) - g(x_{i-1}^k)] = \lim_{k\to+\infty} S_{\Delta^k}(f,\xi,g) \\
&= \lim_{k\to+\infty}\sum_{i=1}^{n_k} M_i^k[g(x_i^k) - g(x_{i-1}^k)] = \lim_{k\to+\infty}\overline{S}_{\Delta^k}(f),
\end{aligned}$$

$$(\text{R-S})\int_a^b f\mathrm{d}g = (\text{L-S})\int_a^b \varphi\mathrm{d}m_g = (\text{L-S})\int_a^b f\mathrm{d}m_g = (\text{L-S})\int_a^b \psi\mathrm{d}m_g. \qquad \square$$

定义 3.9.2 设$\{\Delta^k\}$为$[a,b]$的一个渐细分割序列,且 $\|\Delta^k\|\to 0(k\to+\infty)$,$g$ 为$[a,b]$上的单调增的右连续函数,f 为$[a,b]$上的有界函数.如果

$$\lim_{k\to+\infty}\underline{S}_{\Delta^k}(f) = \lim_{k\to+\infty}\overline{S}_{\Delta^k}(f) = A \in \mathbb{R},$$

则称 ***f* 关于 *g* 和渐细分割序列$\{\boldsymbol{\Delta}^k\}$是 R-S 可积的**.记为

$$(\underline{\text{R-S}})\int_a^b f\mathrm{d}g.$$

显然,f 关于 g R-S 可积,必有 f 关于 g 和渐细分割序列$\{\Delta^k\}$是 R-S 可积的,且

$$(\text{R-S})\int_a^b f\mathrm{d}g = (\underline{\text{R-S}})\int_a^b f\mathrm{d}g.$$

定理 3.9.8(R-S可积与关于 m_g 几乎处处连续的关系) 设 g 为$[a,b]$上的单调增的右连续函数,f 为$[a,b]$上的有界 Lebesgue 可测函数. $\{\Delta^k\}$为$[a,b]$的渐细分割序列,并且 $\|\Delta^k\|\to 0(k\to+\infty)$,所有$\{\Delta^k\}$的分点都为 g 的连续点,则

f 关于 g 和$\{\Delta^k\}$是 R-S 可积的$\Leftrightarrow f$ 在$[a,b]$上关于 m_g 是几乎处处连续的.

此时,f 关于 m_g 在$[a,b]$上是 L-S 可积的,且有

$$(\text{R-S})\int_a^b f\mathrm{d}g = (\text{L-S})\int_a^b f\mathrm{d}m_g.$$

证明 $(\Rightarrow)$ 设 f 关于 g 和$\{\Delta^k\}$是 R-S 可积的. 从定理 3.9.7 的证明,有

$$\int_a^b[\psi(x)-\varphi(x)]\mathrm{d}m_g = 0.$$

由此与 $\psi(x)-\varphi(x)\geqslant 0$ 知,$\varphi(x)\underset{m_g}{\doteq}\psi(x)$. 设 $x\in[a,b]$,x 不属于一切分割 Δ^k 的分点集,且 $\varphi(x)=f(x)=\psi(x)$. 则对 $\forall\,\varepsilon>0$,$\exists\, k$,s. t.

$$\psi_k(x)-\varphi_k(x)<\varepsilon.$$

因为 x 为某个开区间 (x_{i-1}^k,x_i^k)的内点,所以$\exists\,\delta>0$,s. t. $(x-\delta,x+\delta)\subset(x_{i-1}^k,x_i^k)$. 当 $y\in(x-\delta,x+\delta)$时,有

$$m_i^k=\varphi_k(x)\leqslant f(x)\leqslant\psi_k(x)=M_i^k,\qquad m_i^k=\varphi_k(y)\leqslant f(y)\leqslant\psi_k(y)=M_i^k,$$

$$|f(y)-f(x)|\leqslant\psi_k(x)-\varphi_k(x)=M_i^k-m_i^k<\varepsilon.$$

这说明了 f 在点 x 处连续. 因为$[a,b]$的分割序列$\{\Delta^k\}$的分点的全体为至多可数集,且这些分点都为 g 的连续点,故它为 m_g 零测集. 由此推得 f 在$[a,b]$关于 m_g 是几乎处处连续的.

$(\Leftarrow)$ 设 f 在$[a,b]$上关于 m_g 几乎处处连续. 如果 $x\neq a$ 为 f 的连续点,则对 $\forall\,\varepsilon>0$,$\exists\,\delta>0$,s. t.

$$\sup f((x-\delta,x+\delta))-\inf f((x-\delta,x+\delta))<\varepsilon.$$

考虑渐细分割序列$\{\Delta^k\}$,必有 k 及 Δ^k 的分点 x_{i-1}^k,x_i^k,s. t.

$$x\in[x_{i-1}^k,x_i^k]\subset(x-\delta,x+\delta).$$

由此可知

$$0\leqslant\psi(x)-\varphi(x)\leqslant\psi_k(x)-\varphi_k(x)<\varepsilon.$$

令 $\varepsilon\to 0^+$,得到 $\varphi(x)=f(x)=\psi(x)$. 从而,关于 m_g,有

$$\varphi(x)=f(x)=\psi(x),\quad \text{a. e. }[a,b].$$

由定理 3.9.7 证明可知,φ_k,ψ_k 关于 m_g 可测,推出

$$\varphi=\lim_{k\to+\infty}\varphi_k,\quad \psi=\lim_{k\to+\infty}\psi_k$$

与 $f\underset{m_g}{\doteq}\varphi$ 都是m_g 可测的. 再由 f 在$[a,b]$上有界立知,f 关于 m_g L-S 可积,从而 f 关于 g 和$\{\Delta^k\}$是 R-S 可积的,且

$$(\text{R-S})\int_a^b f\mathrm{d}g = (\text{L-S})\int_a^b f\mathrm{d}m_g. \qquad \square$$

为了进一步清楚定义 3.9.1 与定义 3.9.2 之间的关系,我们给出下面两个定理.

定理 3.9.9(R-S 可积的充要条件) 设 g 为$[a,b]$上的单调增的连续函数，f 为$[a,b]$上的有界 Lebesgue 可测函数. 则：

(1) f 关于 g 在$[a,b]$上 R-S 可积

$\Leftrightarrow$(2) 对$\forall\,\varepsilon>0$，存在$[a,b]$的分割 Δ_ε，s. t.

$$\sum_{i=1}^{n}\omega_i[g(x_i)-g(x_{i-1})]=\sum_{i=1}^{n}(M_i-m_i)[g(x_i)-g(x_{i-1})]$$

$$=\overline{S}_{\Delta_\varepsilon}(f)-\underline{S}_{\Delta_\varepsilon}(f)<\varepsilon.$$

$\Leftrightarrow$(3) $\underline{A}=\overline{A}$，其中 $\underline{A}=\sup\limits_{\Delta}\underline{S}_{\Delta}(f)$，$\overline{A}=\inf\limits_{\Delta}\overline{S}_{\Delta}(f)$

$\Leftrightarrow$(4) $\lim\limits_{\|\Delta\|\to 0}\sum\limits_{i=1}^{n}\omega_i[g(x_i)-g(x_{i-1})]=\lim\limits_{\|\Delta\|\to 0}[\overline{S}_{\Delta}(f)-\underline{S}_{\Delta}(f)]=0$

$\Leftrightarrow$(5) 存在$[a,b]$的分割序列$\{\Delta^k\}$，s. t.

$$\lim_{k\to+\infty}[\overline{S}_{\Delta^k}(f)-\underline{S}_{\Delta^k}(f)]=0$$

$\Leftrightarrow$(6) 对$\forall\,\varepsilon>0$，存在$[a,b]$的分割 Δ_ε，s. t.

$$|\,S_{\Delta_\varepsilon}(f,\xi,g)-A\,|<\varepsilon$$

对$\forall\,\xi=(\xi_1,\xi_2,\cdots,\xi_n)$成立，其中 $\xi_i\in[x_{i-1},x_i]$，$i=1,2,\cdots,n$

$\Leftrightarrow$(7) f 在$[a,b]$上关于 m_g 是几乎处处连续的.

证明 (1)$\Rightarrow$(2) 设 f 关于 g 在$[a,b]$上 R-S 可积，则对$\forall\,\varepsilon>0$，存在$[a,b]$的分割 Δ_ε 和$\forall\,\xi_i\in[x_{i-1},x_i]$，$i=1,2,\cdots,n$，有

$$\left|\sum_{i=1}^{m}f(\xi_i)[g(x_i)-g(x_{i-1})]-A\right|<\frac{\varepsilon}{3},$$

$$A-\frac{\varepsilon}{3}<\sum_{i=1}^{n}f(\xi_i)[g(x_i)-g(x_{i-1})]<A+\frac{\varepsilon}{3}.$$

由 ξ_i 的任意性，得到

$$A-\frac{\varepsilon}{3}\leqslant\overline{S}_{\Delta_\varepsilon}(f)\leqslant A+\frac{\varepsilon}{3},$$

$$A-\frac{\varepsilon}{3}\leqslant\underline{S}_{\Delta_\varepsilon}(f)\leqslant A+\frac{\varepsilon}{3},$$

$$0\leqslant\overline{S}_{\Delta_\varepsilon}(f)-\underline{S}_{\Delta_\varepsilon}(f)\leqslant\left(A+\frac{\varepsilon}{3}\right)-\left(A-\frac{\varepsilon}{3}\right)=\frac{2}{3}\varepsilon<\varepsilon.$$

(2)$\Rightarrow$(3) 由(2)，对$\forall\,\varepsilon>0$，存在$[a,b]$的分割 Δ_ε，s. t.

$$\overline{S}_{\Delta_\varepsilon}(f)-\underline{S}_{\Delta_\varepsilon}(f)<\varepsilon.$$

根据引理 3.9.1 中(2)有

$$\underline{S}_{\Delta_\varepsilon}(f)\leqslant\underline{A}\leqslant\overline{A}\leqslant\overline{S}_{\Delta_\varepsilon}(f).$$

于是

$$0\leqslant\overline{A}-\underline{A}\leqslant\overline{S}_{\Delta_\varepsilon}(f)-\underline{S}_{\Delta_\varepsilon}(f)<\varepsilon,$$

令 $\varepsilon\to 0^+$，即得 $\overline{A}=\underline{A}$.

(3)$\Leftrightarrow$(4) 由下面的 Darboux 定理 3.9.10 即得.

(4)$\Leftrightarrow$(5) 对 $\forall k\in\mathbb{N}$，由(4)，$\exists\delta_k>0$，当$[a,b]$的分割 Δ^k，$\|\Delta^k\|<\delta_k$ 时，有

$$|\overline{S}_{\Delta^k}(f)-\underline{S}_{\Delta^k}(f)|<\frac{1}{k},$$

从而

$$\lim_{k\to+\infty}[\overline{S}_{\Delta^k}(f)-\underline{S}_{\Delta^k}(f)]=0.$$

(2)$\Leftarrow$(5) $\forall\varepsilon>0$，由(5)，存在$[a,b]$的分割序列$\{\Delta^k\}$，s. t.

$$\lim_{k\to+\infty}[\overline{S}_{\Delta^k}(f)-\underline{S}_{\Delta^k}(f)]=0$$

推得，$\exists K\in\mathbb{N}$，当 $k>K$ 时，有

$$\overline{S}_{\Delta^k}(f)-\underline{S}_{\Delta^k}(f)<\varepsilon.$$

取 $\Delta_\varepsilon=\Delta_{K+1}$.

(2)$\Rightarrow$(6) 由(2)$\Rightarrow$(3)得到 $\overline{A}=\underline{A}=A$，则

$$\underline{S}_{\Delta_\varepsilon}(f)\leqslant\underline{A}=A=\overline{A}\leqslant\overline{S}_{\Delta_\varepsilon}(f),$$

$$\underline{S}_{\Delta_\varepsilon}(f)\leqslant S_{\Delta_\varepsilon}(f,\xi,g)\leqslant\overline{S}_{\Delta_\varepsilon}(f)$$

$$|S_{\Delta_\varepsilon}(f,\xi,g)-A|\leqslant\overline{S}_{\Delta_\varepsilon}(f)-\underline{S}_{\Delta_\varepsilon}(f)<\varepsilon,$$

$$\forall\xi=(\xi_1,\xi_2,\cdots,\xi_n),\quad \xi_i\in[x_{i-1},x_i],i=1,2,\cdots,n.$$

(2)$\Leftarrow$(6) 对 $\forall\varepsilon>0$，由(6)，存在$[a,b]$的分割 Δ_ε，s. t.

$$|S_{\Delta_\varepsilon}(f,\xi,g)-A|<\frac{\varepsilon}{3},\quad \forall\xi=(\xi_1,\xi_2,\cdots,\xi_n),\quad \xi_i\in[x_{i-1},x_i],i=1,2,\cdots,n.$$

于是

$$|\underline{S}_{\Delta_\varepsilon}(f)-A|\leqslant\frac{\varepsilon}{3},\qquad |\overline{S}_{\Delta_\varepsilon}(f)-A|\leqslant\frac{\varepsilon}{3},$$

$$|\overline{S}_{\Delta_\varepsilon}(f)-\underline{S}_{\Delta_\varepsilon}(f)|\leqslant|\overline{S}_{\Delta_\varepsilon}(f)-A|+|\underline{S}_{\Delta_\varepsilon}(f)-A|\leqslant\frac{\varepsilon}{3}+\frac{\varepsilon}{3}=\frac{2}{3}\varepsilon<\varepsilon.$$

(1)$\Leftarrow$(2) 由(2)$\Rightarrow$(3)知 $\overline{A}=\underline{A}=A$. 下证 f 在$[a,b]$上是 R-S 可积的，且积分值为 A. 由(2)可知，存在$[a,b]$的分割 $\Delta_{\frac{\varepsilon}{2}}$：$a=y_0<y_1<\cdots<y_m=b$，s. t.

$$\overline{S}_{\Delta_{\frac{\varepsilon}{2}}}(f)-\underline{S}_{\Delta_{\frac{\varepsilon}{2}}}(f)<\frac{\varepsilon}{2}.$$

因为 g 在$[a,b]$上连续，故它在$[a,b]$上必一致连续，故 $\exists\delta\in(0,\min\limits_{1\leqslant k\leqslant m}(y_k-y_{k-1}))$，s. t. 当 $x',x''\in[a,b]$，$|x'-x''|<\delta$ 时，有

$$|g(x')-g(x'')|<\frac{\varepsilon}{4mM},$$

其中 $|f(x)|<M$，$\forall x\in[a,b]$.

显然，对$[a,b]$的任何分割

$$\Delta: a = x_0 < x_1 < \cdots < x_n = b,$$

当 $\|\Delta\| < \delta$ 时，任何开区间 (x_{i-1}, x_i) 或者为第一种区间，即含有惟一的一个 y_j；或者为第二种区间，即不含任何 y_j. 如果是后者，则 (x_{i-1}, x_i) 包含于某个 $[y_{k-1}, y_k]$ 中. 于是，有

$$\underline{S}_\Delta(f) \leqslant \underline{A} = A = \overline{A} \leqslant \overline{S}_\Delta(f), \qquad \underline{S}_\Delta(f) \leqslant S_\Delta(f,\xi,g) \leqslant \overline{S}_\Delta(f),$$

$$\begin{aligned} |S(f,\xi,g) - A| &\leqslant \overline{S}_\Delta(f) - \underline{S}_\Delta(f) \\ &= \sum_{i=1}^{n} \omega_i[g(x_i) - g(x_{i-1})] \\ &= \sum{}^1 \omega_i[g(x_i) - g(x_{i-1})] + \sum{}^2 \omega_i[g(x_i) - g(x_{i-1})] \\ &< \frac{\varepsilon}{2} + \frac{\varepsilon}{2} = \varepsilon. \end{aligned}$$

所以，f 关于 g 在 $[a,b]$ 上 R-S 可积，且积分值为 A.

上述不等式中，第一种振幅和

$$\sum{}^1 \omega_i[g(x_i) - g(x_{i-1})] \leqslant 2M \sum{}^1 [g(x_i) - g(x_{i-1})] < 2mM \cdot \frac{\varepsilon}{4mM} = \frac{\varepsilon}{2}.$$

第二种振幅和

$$\begin{aligned} &\sum{}^2 \omega_i[g(x_i) - g(x_{i-1})] \\ &\leqslant \sum_{k=1}^{m} \{\sup f([y_{k-1}, y_k]) - \inf f([y_{k-1}, y_k])\}[g(y_k) - g(y_{k-1})] \\ &= \overline{S}_{\Delta_{\frac{\varepsilon}{2}}}(f) - \underline{S}_{\Delta_{\frac{\varepsilon}{2}}}(f) < \frac{\varepsilon}{2}. \end{aligned}$$

(5)⇐(7) 设 f 满足(7)，即 f 在 $[a,b]$ 上关于 m_g 是几乎处处连续的. 根据定理 3.9.8，取定 $[a,b]$ 的一个渐细分割序列 $\{\Delta^k\}$，则 f 关于 g 和 $\{\Delta^k\}$ 是 R-S 可积的，f 关于 m_g 是 L-S 可积的，且

$$(\text{R-S})\int_a^b f\,\mathrm{d}g = (\text{L-S})\int_a^b f\,\mathrm{d}m_g.$$

此时，有

$$\lim_{k\to+\infty} [\overline{S}_{\Delta^k}(f) - \underline{S}_{\Delta^k}(f)] = 0.$$

这就证明了(5)是成立的.

(2)⇒(7) 设(2)成立. 则对 $\varepsilon = \dfrac{1}{k}$，必有 $[a,b]$ 的分割 Δ^k, s. t.

$$\overline{S}_{\Delta^k}(f) - \underline{S}_{\Delta^k}(f) < \frac{1}{k},$$

且 $\|\Delta^k\| < \dfrac{1}{k}$（否则加进新分点）. 还可要求 $\{\Delta^k\}$ 为渐细的分割序列（否则用 $\{\Delta^1, \Delta^1 \cup \Delta^2, \Delta^1 \cup \Delta^2 \cup \Delta^3, \cdots\}$ 代替 $\{\Delta^k\}$）. 显然，

$$\lim_{k\to+\infty}[\overline{S}_{\Delta^k}(f)-\underline{S}_{\Delta^k}(f)]=0.$$

再由(2)⇒(3)推得

$$\lim_{k\to+\infty}\overline{S}_{\Delta^k}(f)=\lim_{k\to+\infty}\underline{S}_{\Delta^k}(f)=A,$$

从而 f 关于 g 和 $\{\Delta^k\}$ 是 R-S 可积的. 根据定理 3.9.8, f 在 $[a,b]$ 上关于 m_g 是几乎处处连续的.

此外,我们还有

(2)⇐(3) 设(3)成立,则 $\overline{A}=\underline{A}=A$. 由上、下确界定义,对 $\forall\,\varepsilon>0$,存在 $[a,b]$ 的分割 Δ^1, Δ^2, s. t.

$$A-\frac{\varepsilon}{2}=\underline{A}-\frac{\varepsilon}{2}<\underline{S}_{\Delta^1}(f),$$

$$\overline{S}_{\Delta^2}(f)<\overline{A}+\frac{\varepsilon}{2}=A+\frac{\varepsilon}{2}.$$

于是

$$A-\frac{\varepsilon}{2}<\underline{S}_{\Delta^1}(f)\leqslant\underline{S}_{\Delta^1\cup\Delta^2}(f)\leqslant\overline{S}_{\Delta^1\cup\Delta^2}(f)\leqslant\overline{S}_{\Delta^2}(f)<A+\frac{\varepsilon}{2},$$

$$\overline{S}_{\Delta^1\cup\Delta^2}(f)-\underline{S}_{\Delta^1\cup\Delta^2}(f)<\left(A+\frac{\varepsilon}{2}\right)-\left(A-\frac{\varepsilon}{2}\right)=\varepsilon$$

取 $\Delta_\varepsilon=\Delta^1\cup\Delta^2$ 就证明了(2).

(3)⇐(4) 因为

$$\underline{S}_{\Delta}(f)\leqslant\underline{A}\leqslant\overline{A}\leqslant\overline{S}_{\Delta}(f),$$

所以

$$0\leqslant\overline{A}-\underline{A}\leqslant\overline{S}_{\Delta}(f)-\underline{S}_{\Delta}(f)\xrightarrow{\text{由(4)}}0\quad(\|\Delta\|\to0),$$

故 $\overline{A}-\underline{A}=0$,即 $\overline{A}=\underline{A}$. 这就证明了(3)是成立的.

(2)⇒(5) 设(2)成立,对 $\varepsilon=\frac{1}{k}$, $k\in\mathbb{N}$,必有 $[a,b]$ 的分割 Δ^k, s. t.

$$\overline{S}_{\Delta^k}(f)-\underline{S}_{\Delta^k}(f)=\sum_{i=1}^{n}\omega_i[g(x_i)-g(x_{i-1})]<\frac{1}{k}.$$

从而 $\lim\limits_{k\to+\infty}[\overline{S}_{\Delta^k}(f)-\underline{S}_{\Delta^k}(f)]=0$. 这就证明了(5)是成立的.

(1)⇒(5),(1)⇒(6)与(1)⇒(4)都是显然的. □

定理 3.9.9 中(3)⇒(4)也可用下面的 Darboux 定理立即推出.

定理 3.9.10(Darboux) 设 g 为 $[a,b]$ 上的单调增的连续函数, f 为 $[a,b]$ 上的有界函数,则

$$\underline{A}=\lim_{\|\Delta\|\to0}\underline{S}_{\Delta}(f),\quad\overline{A}=\lim_{\|\Delta\|\to0}\overline{S}_{\Delta}(f).$$

证明 只证第二式,第一式的证明是类似的或用 $-f$ 代 f.

由 $\overline{A}=\inf\limits_{\Delta}\overline{S}_{\Delta}(f)$ 和下确界的定义,对 $\forall\,\varepsilon>0$,存在 $[a,b]$ 的分割 Δ', s. t.

$$\overline{S}_{\Delta'}(f) < \overline{A} + \frac{\varepsilon}{2}.$$

设Δ'含m'个内部的分点. 由g在$[a,b]$上连续知，$\exists\delta\in(0,|\Delta'|)$，且当$x',x''\in[a,b]$，$|x'-x''|<\delta$时，有

$$|g(x')-g(x'')| < \frac{\varepsilon}{2m'\Omega},$$

其中$\Omega>\sup f([a,b])-\inf([a,b])\geqslant 0$.

对于$[a,b]$的任何分割Δ，$\|\Delta\|<\delta$,则有

$$\overline{S}_{\Delta\cup\Delta'}(f) \leqslant \overline{S}_{\Delta'}(f) < \overline{A} + \frac{\varepsilon}{2}.$$

另一方面，有

$$\overline{S}_{\Delta}(f) - \overline{S}_{\Delta\cup\Delta'}(f) \leqslant m'\Omega\,\frac{\varepsilon}{2m'\Omega} = \frac{\varepsilon}{2},$$

$$\overline{S}_{\Delta}(f) \leqslant \overline{S}_{\Delta\cup\Delta'}(f) + \frac{\varepsilon}{2} < \left(\overline{A} + \frac{\varepsilon}{2}\right) + \frac{\varepsilon}{2} = \overline{A} + \varepsilon,$$

从而$0\leqslant\overline{S}_{\Delta}(f)-\overline{A}<\varepsilon$. 因此，$\lim\limits_{\|\Delta\|\to 0}\overline{S}_{\Delta}(f)=\overline{A}$. □

复习题 3

1. 设$\{f_k\}$在$[a,b]$上依 Lebesgue 测度收敛于f,g为$\mathbb{R}^1$上的连续函数. 证明：$\{g(f_k(x))\}$在$[a,b]$上依测度收敛于$g(f(x))$.

2. (定理 3.2.10 的逆定理)设f为 Lebesgue 可测集$E\subset\mathbb{R}^n$上的实函数，且对$\forall\delta>0$，存在E中的闭集F,$m(E-F)<\delta$, s. t. f在F上连续. 证明：f为E上的 Lebesgue 可测函数.

3. 设$f:\mathbb{R}^1\to\mathbb{R}$为有界函数. 证明：存在$\mathbb{R}^1$上几乎处处连续的函数$g$, s. t. $f(x)\overset{\cdot}{\underset{m}{=}}g(x)$ $\Leftrightarrow\exists E\subset\mathbb{R}^1$, s. t. $m(\mathbb{R}^1-E)=0$, f在E上连续.

4. 设$\{f_{k,i}\}$为$[0,1]$上的 Lebesgue 可测函数列，且满足：

(1) $\lim\limits_{i\to+\infty}f_{k,i}(x)\overset{\cdot}{\underset{m}{=}}f_k(x)$；

(2) $\lim\limits_{k\to+\infty}f_k(x)\overset{\cdot}{\underset{m}{=}}g(x)$.

证明：$\exists\{k_j\},\{i_j\}$, s. t.

$$\lim_{j\to+\infty}f_{k_j,i_j}\overset{\cdot}{\underset{m}{=}}g(x).$$

5. 设$E\subset\mathbb{R}^1$为 Lebesgue 可测集，f为E上的 Lebesgue 可测函数. 证明：对任一 Borel 可测集B, $f^{-1}(B)=\{x\,|\,f(x)\in B\}$为 Lebesgue 可测集.

6. 设$E\subset\mathbb{R}^1$为 Lebesgue 可测集，$\{f_k\}$为E上依 Lebesgue 测度的收敛列，且存在常数M,对$\forall k\in\mathbb{N}$,有

$$|f_k(x_1)-f_k(x_2)|\leqslant M|x_1-x_2|,\quad \forall x_1,x_2\in E.$$

问：$\{f_k\}$为 E 上的几乎处处收敛列吗？

7. 设$(X,\mathscr{R})$为可测空间，$E\in\mathscr{R}$，f 为 E 上的有界可测函数. 证明：必存在可测集的特征函数线性组合构成的函数列$\{f_n\}$在 E 上一致收敛于 f，并且

$$|f_n(x)|\leqslant\sup_{x\in E}|f(x)|,\quad n\in\mathbb{N}.$$

8. 设 $f(x)$为 E 上的实值 Lebesgue 可测函数，$g(x)$为$\mathbb{R}^1$ 上的实值 Borel 可测函数. 证明：$h(x)=g(f(x))$为 E 上的 Lebesgue 可测函数.

9. 设$\{f_n\}$为$\mathbb{R}^1$ 上的 Lebesgue 可测函数，$\{\lambda_n\}$为正数列. 如果

$$\sum_{n=1}^{\infty}m\left(\left\{x\,\middle|\,\frac{|f_n(x)|}{\lambda_n}>1\right\}\right)<+\infty,$$

证明：$\varlimsup\limits_{n\to+\infty}\dfrac{|f_n(x)|}{\lambda_n}\overset{\cdot}{\underset{m}{\leqslant}}1$.

10. 设 $f\in\mathscr{L}((0,+\infty))$，$[a_\lambda,b_\lambda]$为$(0,+\infty)$上的与正数 λ 有关的区间. 证明：

$$\lim_{\lambda\to+\infty}(\mathrm{L})\int_{a_\lambda}^{b_\lambda}f(t)\cos\lambda t\,\mathrm{d}t=0.$$

11. (1) 设 f 为$[a,b]$上的凸函数，$(X,\mathscr{R},\mu)$为测度空间，$E\in\mathscr{R}$，p 为 E 上非负可积函数. 又设 φ 为 E 上的可测函数，且对$\forall x\in E$，$\varphi(x)\in[a,b]$. 证明：Jensen 不等式

$$f\left(\frac{\int_E\varphi(x)p(x)\mathrm{d}\mu}{\int_E p(x)\mathrm{d}\mu}\right)\leqslant\frac{\int_E f(\varphi(x))p(x)\mathrm{d}\mu}{\int_E p(x)\mathrm{d}\mu}.$$

它等价于：$\int_E p(x)\mathrm{d}\mu=1$，

$$f\left(\int_E\varphi(x)p(x)\mathrm{d}\mu\right)\leqslant\int_E f(\varphi(x))p(x)\mathrm{d}\mu.$$

(2) 设 $\varphi(x)$，$p(x)$为$[0,1]$上的正值 Lebesgue 可测函数. 如果

$$\varphi(x)p(x)\geqslant1,\quad\forall x\in[0,1].$$

证明：

$$(\mathrm{L})\int_0^1\varphi(x)\mathrm{d}x\cdot(\mathrm{L})\int_0^1 p(x)\mathrm{d}x\geqslant1.$$

12. (Riemann-Lebesgue)设 g 为$\mathbb{R}^1$ 上的有界 Lebesgue 可测的周期函数，周期为 $T>0$. 证明：对 $f\in\mathscr{L}(\mathbb{R}^1)$，有 $\lim\limits_{|\lambda|\to+\infty}\int_{\mathbb{R}^1}f(x)g(\lambda x)\mathrm{d}x=\left(\dfrac{1}{T}\int_0^T g(x)\mathrm{d}x\right)\left(\int_{\mathbb{R}^1}f(x)\mathrm{d}x\right)$.

13. 设$\{a_n\}$为实数列，并令 $E=\{x\in\mathbb{R}^1\mid\lim\limits_{n\to+\infty}\mathrm{e}^{\mathrm{i}a_nx}$ 存在有限$\}$，若 $m(E)>0$. 证明：$\{a_n\}$为收敛列.

14. 设 $E_k\subset[a,b]$，$m(E_k)\geqslant\delta>0(k=1,2,\cdots)$，$\{a_k\}$为一实数列，且在$[a,b]$上满足 $\sum\limits_{k=1}^{\infty}|a_k|\chi_{E_k}(x)\underset{m}{<}+\infty$. 证明：$\sum\limits_{k=1}^{\infty}|a_k|<+\infty$.

15. 设$\{f_n\}$为$[0,1]$上的 Lebesgue 可测函数列，且存在实数列$\{t_n\}$，s. t. $\sum\limits_{n=1}^{\infty}|t_n|=+\infty$，而$\sum\limits_{n=1}^{\infty}t_nf_n(x)$在$[0,1]$上几乎处处绝对收敛. 证明：$\exists\{n_k\}$，s. t. $\{f_{n_k}(x)\}$在$[0,1]$上几乎处处收敛于 0.

16. 设$\{n_k\}$为自然数子列，$n_1<n_2<\cdots<n_k<\cdots$，且令$E=\{x\in[0,2\pi]\mid\{\sin n_kx\}$为收敛列$\}$. 证明：$m(E)=0$.

17. 设$f,g\in\mathscr{L}(\mathbb{R}^1)$，且满足：

$$(\mathrm{L})\int_{\mathbb{R}^1}f(x)\mathrm{d}x=(\mathrm{L})\int_{\mathbb{R}^1}g(x)\mathrm{d}x=1.$$

证明：对$\forall\lambda\in(0,1)$，$\exists E\subset\mathbb{R}^1$，s. t.

$$(\mathrm{L})\int_Ef(x)\mathrm{d}x=(\mathrm{L})\int_Eg(x)\mathrm{d}x=\lambda.$$

18. 证明：不存在$g\in\mathscr{L}(\mathbb{R}^n)$，s. t. 对$\forall f\in\mathscr{L}(\mathbb{R}^n)$，在$\mathbb{R}^n$上有$(g*f)(\boldsymbol{x})\underset{m}{=}f(\boldsymbol{x})$，其中

$$(g*f)(\boldsymbol{x})=\int_{\mathbb{R}^n}g(\boldsymbol{x}-\boldsymbol{y})f(\boldsymbol{y})\mathrm{d}\boldsymbol{y}.$$

19. 设f为$\mathbb{R}^1$上的 Lebesgue 可测函数，并且它在任何有限区间(a,b)上 Lebesgue 可积，而h在$\mathbb{R}^1$上有n阶连续导数，在$[-M,M]$外为零. 证明：函数

$$(f*h)(t)=(\mathrm{L})\int_{\mathbb{R}^1}f(t-x)h(x)\mathrm{d}x$$

为对t具有n阶导数的函数.

20. 设$f(x)$为$E\subset\mathbb{R}^1$上的 Lebesgue 可测函数. 对$\forall\lambda>0$，作点集$\{x\in E\,\big|\,|f(x)|>\lambda\}$，它是 Lebesgue 可测集. 显然

$$f_*(\lambda)=m(\{x\in E\,\big|\,|f(x)|>\lambda\})$$

为$(0,+\infty)$上的单调减函数. 我们有

$$\int_E|f(x)|^p\mathrm{d}x=p\int_0^{+\infty}\lambda^{p-1}f_*(\lambda)\mathrm{d}\lambda,$$

其中$1\leqslant p<+\infty$.

21. 设f为$E\subset\mathbb{R}^1$上的有界 Lebesgue 可测函数，且$\exists M>0$以及$\alpha<1$，s. t. 对$\forall\lambda>0$，有

$$m(\{x\in E\,\big|\,|f(x)|>\lambda\})<\frac{M}{\lambda^\alpha}.$$

证明：$f\in\mathscr{L}(E)$.

22. 设f在$\mathbb{R}^n$中的任一具有有限测度的 Lebesgue 可测集上都是 Lebesgue 可积的. 证明：f可分解为两部分$f(x)=f_1(x)+f_2(x)$，其中$f_1\in\mathscr{L}(\mathbb{R}^n)$，$f_2$在$\mathbb{R}^n-B$上为有界函数，而$m(B)=0$.

23. 设 f 在$[a,b+\delta](\delta>0)$上 Lebesgue 可积,则

$$\lim_{h\to0^+}\int_a^b|f(x+h)-f(x)|\,\mathrm{d}x=0,\qquad \lim_{h\to0^+}\int_a^b f(x+h)\,\mathrm{d}x=\int_a^b f(x)\,\mathrm{d}x.$$

24. 设 f 为$[a,b+\delta](\delta>0)$上的 Lebesgue 可积函数. $E\subset[a,b]$为 Lebesgue 可测集. 则

$$\lim_{h\to0^+}\int_E|f(x+h)-f(x)|\,\mathrm{d}x=0,\qquad \lim_{h\to0^+}\int_E f(x+h)\,\mathrm{d}x=\int_E f(x)\,\mathrm{d}x.$$

25. 设有界的非负 Lebesgue 可测函数 f 在$\mathbb{R}^1$ 上具有可任意小的周期. 证明:在$\mathbb{R}^1$ 上, $f(x)\underset{m}{\doteq}\lambda$,其中 λ 为常数. 试具体给出两个此类函数.

26. 设 f 在$[0,+\infty)$上 Lebesgue 可积,并且一致连续. 证明: $\lim\limits_{x\to+\infty}f(x)=0$. 举例说明"一致连续"条件不可删去.

27. 设 f 为$\mathbb{R}^1$ 上的 Lebesgue 可积函数. 证明: $\sum\limits_{n=-\infty}^{\infty}f(n^2x)$ 在$\mathbb{R}^1$ 上关于 Lebesgue 测度几乎处处等于一个 Lebesgue 可积函数.

28. 设 f: $[a,b]\to\mathbb{R}$ 为增函数.

(1) 如果 f 具有性质(N): 对 $\forall e\subset[a,b]$, $m(e)=0$,必定有 $m(f(e))=0$. 且对 $\forall x\in E\subset[a,b]$,至少有一个导出数 $\mathrm{D}f(x)\leqslant p(0\leqslant p<+\infty)$,则 $m^*(f(E))\leqslant pm^*(E)$.

(2) 如果对 $\forall x\in E\subset[a,b]$,至少有一个导出数 $\mathrm{D}f(x)\geqslant q(q\geqslant0)$,则

$$m^*(f(E))\geqslant qm^*(E).$$

29. 设 $f\in \mathrm{BV}([a,b])$. 证明: $\exists M>0,\delta>0$, s. t. 当 $0<|h|<\delta$ 时,有

$$\frac{1}{|h|}(\mathrm{L})\int_a^b|f(x+h)-f(x)|\,\mathrm{d}x\leqslant M.$$

30. 设 f 在(a,b)上 Lebesgue 可积,且对 $\forall[\alpha,\beta]\subset(a,b)$, $\exists\delta>0$, s. t. 当$|h|<\delta$ 时,有

$$(\mathrm{L})\int_\alpha^\beta|f(x+h)-f(x)|\,\mathrm{d}x\leqslant M|h|.$$

证明:在(a,b)上, $f(x)\underset{m}{\doteq}g(x)$,其中 $g\in\mathrm{BV}([\alpha,\beta])$.

31. 设 f: $[a,b]\to[c,d]$为连续函数,且对 $\forall y\in[c,d]$,点集 $f^{-1}(y)$至多有 20 个点. 证明: $\bigvee\limits_a^b(f)\leqslant 20(d-c)$.

32. 设 f 为$[a,b]$上单调增的函数,且有

$$(\mathrm{L})\int_a^b f'(x)\,\mathrm{d}x=f(b)-f(a).$$

证明: f 为$[a,b]$上的绝对连续函数.

33. 设 $f_k(k=1,2,\cdots)$为定义在$[a,b]$上的单调增且绝对连续的函数列,级数 $\sum\limits_{k=1}^{\infty}f_k(x)$ 在$[a,b]$上处处收敛. 证明:和函数 $\sum\limits_{k=1}^{\infty}f_k(x)$ 在$[a,b]$上为绝对连续函数.

34. 设 $f(x,y)$为定义在$[a,b]\times[c,d]$上的二元函数,且 $\exists y_0\in(c,d)$, s. t. $f(x,y_0)$在

$[a,b]$上是 Lebesgue 可积的；又对$\forall x\in[a,b]$，$f(x,y)$是$[c,d]$上关于 y 的绝对连续函数，$f'_y(x,y)$在$[a,b]\times[c,d]$上是 Lebesgue 可积的. 证明：

$$F(y) = (\mathrm{L})\int_a^b f(x,y)\mathrm{d}y$$

是定义在$[c,d]$上的绝对连续函数，且关于 Lebesgue 测度对几乎所有的 $y\in[c,d]$有

$$F'(y) = (\mathrm{L})\int_a^b f'_y(x,y)\mathrm{d}x.$$

35. 设 f 为$[a,b]$上的单调增函数. 证明：f 可分解为

$$f(x) = g(x) + h(x), \quad x \in [a,b],$$

其中 g 为单调增的绝对连续函数，h 为单调增函数，且在$[a,b]$上，有 $h'(x) \doteq_m 0$.

36. 设 f 在任一区间$[a,b]\subset\mathbb{R}^1$ 上都绝对连续. 证明：对$\forall y\in\mathbb{R}^1$，有

$$\frac{\mathrm{d}}{\mathrm{d}y}\int_a^b f(x+y)\mathrm{d}x = \int_a^b \frac{\mathrm{d}}{\mathrm{d}y}f(x+y)\mathrm{d}x.$$

其中上式左右两端的积分均为 Lebesgue 积分.

37. 举例说明绝对连续函数关于 Lebesgue 测度几乎处处可导这个结论一般是不能改进的.

38. 设$\{g_k\}$为$[a,b]$上的绝对连续函数列，又在$[a,b]$上，有

$$|g'_k(x)| \underset{m}{\dot{\leqslant}} F(x), \quad k = 1,2,\cdots,$$

且 $F\in\mathscr{L}([a,b])$，如果在$[a,b]$上，有

$$\lim_{k\to+\infty} g_k(x) \doteq_m g(x), \quad \lim_{k\to+\infty} g'_k(x) \doteq_m f(x),$$

证明：

$$g'(x) \doteq_m f(x), \quad x \in [a,b].$$

39. (1) 设 f 为$[a,b]$上的绝对连续函数，则$|f(x)|$在$[a,b]$上也为绝对连续函数.

(2) 举例说明：$|f(x)|$为$[a,b]$上的绝对连续函数，但 $f(x)$却未必为$[a,b]$上的绝对连续函数.

(3) 设 f 为$[a,b]$上的连续函数，$|f(x)|$为$[a,b]$上的绝对连续函数. 问：$f(x)$为$[a,b]$上的绝对连续函数吗？

40. 设 $f(x)$为$[a,b]$上的连续函数. 如果 $f(x)$为有界变差函数，且具有性质(N)，则 $f(x)$为$[a,b]$上的绝对连续函数.

41. 设 f 为$[a,b]$上严格增的连续函数，$E=\{x\in[a,b]\mid f'(x)=\infty\}$ 证明：

$$f \text{ 为}[a,b]\text{上的绝对连续函数}\Leftrightarrow m(f(E))=0.$$

42. 试作$[0,1]$上的绝对连续函数 $f(x)$，$g(x)$，s. t.

(1) $f(x)$严格递增，且 $f'(x)=0(x\in E)$，$m(E)>0$.

(2) $g(x)$不在任一区间上单调.

43. 设 f 在 x_0 的开邻域中，存在有限的极限

$$\lim_{\substack{x_1 \neq x_2 \\ (x_1, x_2) \to (x_0, x_0)}} \frac{f(x_2) - f(x_1)}{x_2 - x_1} \stackrel{\text{def}}{=} \overset{\triangledown}{f}(x_0),$$

则称 f 在点 x_0 处**强可导**. 证明：如果 f 在$[a,b]$中每一点上均强可导，则 f 在$[a,b]$上为绝对连续函数.

44. 证明：

f 在$[a,b]$上绝对连续

$\Leftrightarrow$对 $\forall\, \varepsilon>0$，$\exists\, A>0$，s. t. 对$[a,b]$中的任何有限个互不相交的子区间$\{[x_i,y_i] \mid i=1,2,\cdots,n\}$，有

$$\sum_{i=1}^{n} |f(x_i) - f(y_i)| \leqslant A\sum_{i=1}^{n} |x_i - y_i| + \varepsilon.$$

45. 设 f 为$\mathbb{R}^1$ 上非负实值 Lebesgue 可测函数，φ 在$[0,+\infty)$上单调增，且在任一区间$[0,a]$ $(a>0)$上绝对连续，又 $\varphi(0)=0$. 令

$$G_t = \{x \mid f(x) > t\}, \quad t > 0.$$

证明：对$\mathbb{R}^1$ 中任何 Lebesgue 可测集 E，有

$$(\mathrm{L})\int_E \varphi(f(x))\mathrm{d}x = (\mathrm{L})\int_0^{+\infty} m(E \cap G_t)\varphi'(t)\mathrm{d}t.$$

46. 设$\{f_n\}$为支集含于(a,b)的连续可导函数列，且满足

$$\lim_{n\to+\infty}(\mathrm{L})\int_a^b |f_n(x) - f(x)|\,\mathrm{d}x = 0 = \lim_{n\to+\infty}(\mathrm{L})\int_a^b |f_n'(x) - F(x)|\,\mathrm{d}x,$$

其中 f 在$[a,b]$上连续. 证明：

$$F(x) \doteq_m f'(x), \quad x \in [a,b].$$

47. 设 f 为$\mathbb{R}^1$ 上的函数，在任何有限子区间上 Lebesgue 可积，且满足

$$f(x+y) = f(x)f(y), \quad \forall\, x,y \in \mathbb{R}^1.$$

证明：$f(x)=\mathrm{e}^{Bx}$，其中 B 为常数.

48. 设 f 为$[a,b]$上的单调增函数. 令 $E = (x \in [a,b] \mid f'(x)$ 存在有限). 证明：

$$(\mathrm{L})\int_a^b f'(x)\mathrm{d}x = m^*(f(E)).$$

49. 设 f 为定义在$[a,b]$上的连续函数，除一至多可数集外，$f'(x)$存在有限，且 f'在$[a,b]$上为 Lebesgue 可积函数. 证明：

$$f(x) - f(a) = (\mathrm{L})\int_a^x f'(t)\mathrm{d}t, \quad x \in [a,b]$$

(对照[13]374 页定理 6.3.4，本题条件比它弱. 因此，它是本题之推广).

50. 设 f 为$[a,b]$上单调增的连续函数. 如果 $\exists\, E\subset[a,b]$，s. t. $m(E)=0$，且 $m(f(E))=f(b)-f(a)$. 证明：在$[a,b]$上，$f'(x) \doteq_m 0$.

51. 构造$[0,1]$上的绝对连续函数 f，使得 f 不在$[0,1]$的任何子区间上单调.

52. 设 $f\in C^0([a,b])$，记 $E=\{x\in[a,b] \mid D^+ f(x)\leqslant 0\}$. 如果 $f(E)$无内点，证明：$f(x)$

单调递增.

53. 设 $f\in\mathscr{L}(\mathbb{R}^1)$，如果对$\mathbb{R}^1$上的任一具有紧支集的连续函数 $g(x)$，都有

$$(\mathrm{L})\int_{\mathbb{R}^1} f(x)g(x)\mathrm{d}x = 0.$$

证明：在$\mathbb{R}^1$上，$f(x)\underset{m}{\doteq}0$.

如果"连续"改为"C^∞"，上述结论是否仍成立？

54. 设 $f\in\mathscr{L}((0,1))$，如果对任意支集

$$\mathrm{supp}\varphi = \overline{\{x\in(0,1)\mid f(x)\neq 0\}}\subset(0,1)$$

的函数 $\varphi\in C^1((0,1))$，有

$$(\mathrm{L})\int_0^1 f(x)\varphi'(x)\mathrm{d}x = 0.$$

证明：在$(0,1)$上，$f'(x)\underset{m}{\doteq}c$.

若将"$\varphi\in C^1((0,1))$"改为"$\varphi\in C^\infty((0,1))$"结论是否仍成立？

55. 设 $E\subset[a,b]$. 证明：

$$\lim_{h\to 0^+}\frac{m^*(E\cap[x-h,x+h])}{2h}\underset{m}{\doteq}1,\quad x\in E.$$

56. 设$\{r_n\}$为$[0,1]$中有理数的全体. 试用两种不同的方法证明：$\sum\limits_{n=1}^{\infty}\dfrac{\cos nx}{n^2\mid x-r_n\mid^{\frac{1}{2}}}$在$\mathbb{R}$中几乎处处收敛.

57. 设$(\mathrm{L})\int_0^1\mid f(x)\mid\mathrm{d}x<+\infty$，$(\mathrm{L})\int_1^{+\infty}|f(x)|x^{-2}\mathrm{d}x<+\infty$，证明：

$$\int_0^{+\infty}\sin ax\,\mathrm{d}x\int_0^{+\infty}f(y)\mathrm{e}^{-xy}\mathrm{d}y = a\int_0^{+\infty}\frac{f(y)}{a^2+y^2}\mathrm{d}y,\quad a>0.$$

58. 设 $f(x)$的所有导出数都满足不等式$|\mathrm{D}f(x)|\leqslant K$. 证明：$f(x)$满足 Lipschitz 条件.

59. (菲赫金哥尔茨)设 $F(x)$是$(-\infty,+\infty)$上定义的函数. 如果对$(-\infty,+\infty)$上任何绝对连续函数 $f(x)$，$F(f(x))$是绝对连续的. 证明：$F(x)$满足 Lipschitz 条件.

60. (菲赫金哥尔茨)设 $f(x)$为在$[a,b]$上定义的函数. 如果对$\forall\,\varepsilon>0$，$\exists\,\delta>0$，当有限个区间$\{(a_k,b_k)\mid k=1,2,\cdots,n\}$(可以彼此相交)的全长满足$\sum\limits_{k=1}^{n}(b_k-a_k)<\delta$时，有

$$\left|\sum_{k=1}^{n}[f(b_k)-f(a_k)]\right|<\varepsilon.$$

证明：$f(x)$必满足 Lipschitz 条件.

61. 如果$\exists\,\delta_0>0$，$\forall\,x\in(x_0-\delta_0,x_0+\delta_0)$，当 $x<x_0$ 时，$f(x)<f(x_0)$，而当 $x>x_0$ 时，$f(x)>f(x_0)$，则称 **$f(x)$在点 x_0 处是严格增的**.

现设 $f(x)$在$[a,b]$上每点处均严格增. 证明：$f(x)$在$[a,b]$上严格增.

62. 设 $f(x)$是在$[a,b]$上定义的有限函数.

(1) 如果 $f(x)$在每一点的一切导出数都为正数,则 $f(x)$为一个严格增函数.

(2) 如果 $f(x)$在每一点的一切导出数都大于或等于 0,则 $f(x)$为一个增函数.

63. (1) 设 $f(x)$在$[a,b]$上绝对连续,且$|f'(x)|\leqslant M$,a. e. $x\in[a,b]$,则

$$|f(y)-f(x)|\leqslant M|y-x|,\quad \forall x,y\in[a,b],$$

即 $f(x)$在$[a,b]$上满足 Lipschitz 条件.

(2) 设 $f(x)$定义在$[a,b]$上满足 Lipschitz 条件,即

$$|f(y)-f(x)|\leqslant M|y-x|,\quad x,y\in[a,b].$$

则$|f'(x)|\leqslant M$,a. e. $x\in[a,b]$.

(3) 设 $f(x)$的所有导出数都满足$|\mathrm{D}f(x)|\leqslant M$,则 $f(x)$满足 Lipschitz 条件.

第 4 章

函数空间$\mathscr{L}^p(p\geqslant 1)$

20 世纪初，Hilbert 以有限线性方程组的解去逼近无限线性方程组的解，研究了具有性质 $\sum\limits_{i=1}^{\infty}|x_i|^2<+\infty$ 的数列 $\{x_i\}_{i=1}^{\infty}$. 后来，Schmidt 和 Fréchet 将 Hilbert 理论与 Euclid 空间相比较，并称 $x=(x_1,x_2,\cdots,x_n,\cdots)$ 为空间中的点，而对于两个点 $x=(x_1,x_2,\cdots,x_n,\cdots)$ 与 $y=(y_1,y_2,\cdots,y_n,\cdots)$（注意 $\sum\limits_{i=1}^{\infty}x_i^2<+\infty$，$\sum\limits_{i=1}^{\infty}y_i^2<+\infty$），定义它们的距离为

$$\rho(x,y)=\Big[\sum_{i=1}^{\infty}(x_i-y_i)^2\Big]^{\frac{1}{2}}.$$

这就产生了 l^2 空间的概念. 也许受了 Fredholm 理论的影响，在 1907 年 F. Riesz 和 Fréchet 同时提出将 l^2 中的点改为区间 $[0,1]$ 上的函数 $f(t)$，原来加在序列上的条件 $\sum\limits_{i=1}^{\infty}x_i^2<+\infty$ 自然变成 (L) $\int_0^1|f(t)|^2\mathrm{d}t<+\infty$，而得到函数空间 $\mathscr{L}^2$. 后来，人们又进一步推广这一思想而考虑 $|f(t)|^p$ 可积的函数 $f(t)$，引进空间 $\mathscr{L}^p([0,1])(p\geqslant 1)$.

本章介绍的 $\mathscr{L}^p$ 空间理论就是研究各种可积函数类的整体性质及其相互关系. F. Riesz 引入 $\mathscr{L}^p$ 空间所使用的主要工具是下面叙述的 Hölder 不等式以及 Minkowski 不等式. 这些不等式最初是用数列形式给出的. F. Riesz 将它们推广到积分形式. Riesz 以及 Fischer 等人所研究的 $\mathscr{L}^p$ 空间的完备性结果，不仅在应用中占重要地位，而且还为分析数学理论开辟了新道路. 本章内容将有助于学习泛函分析的基本原理.

全章的积分都为 Lebesgue 积分，为方便记号省略“(L)”.

4.1 $\mathscr{L}^p$ 空间

定义 4.1.1 设 f 为 $E\subset\mathbb{R}^n$ 的 Lebesgue 可测函数，

(1) 记

$$\|f\|_p=\Big[\int_E|f(x)|^p\mathrm{d}x\Big]^{\frac{1}{p}},\quad 1\leqslant p<+\infty,$$

并称

$$\mathscr{L}^p(E)=\{f\,\big|\,\|f\|_p<+\infty\}$$

为$\mathscr{L}^p$**空间**$(1\leqslant p<+\infty)$，显然，$\mathscr{L}^1(E)=\mathscr{L}(E)$为$E$上的 Lebesgue 可积函数的全体.

(2) $m(E)>0$，如果$\exists M_0\in\mathbb{R}$，s. t.

$$|f(x)|\underset{m}{\dot{\leqslant}}M_0,$$

则称

$$\|f\|_\infty=\inf\{M\,\big|\,|f(x)|\underset{m}{\dot{\leqslant}}M\}$$

为$|f(x)|$的**本性上界**. 此时，称$f(x)$为**本性有界**的. 并记

$$\mathscr{L}^\infty(E)=\{f\mid f\text{ 为 }E\text{ 上本性有界函数}\}.$$

显然，$|f(x)|\underset{m}{\dot{\leqslant}}\|f\|_\infty$.

如果$m(E)=0$，按上面叙述知$f(x)$是本性有界的，且$\|f\|_\infty=0$.

我们称$\mathscr{L}^\infty(E)$为 $\mathscr{L}^\infty$ **空间**.

定理 4.1.1 设$m(E)<+\infty$，$f\in\mathscr{L}^\infty(E)$，则

$$\lim_{p\to+\infty}\|f\|_p=\|f\|_\infty.$$

证明 对$\forall M<\|f\|_\infty$，根据定义 4.1.1 中下确界的定义，点集

$$A=\{x\in E\mid |f(x)|>M\}=\{x\in E\mid f(x)<-M\}\cup\{x\in E\mid f(x)>M\}$$

有正测度，即$m(A)>0$. 由不等式

$$\|f\|_p=\left[\int_E|f(x)|^p\mathrm{d}x\right]^{\frac{1}{p}}\geqslant\left[\int_A|f(x)|^p\mathrm{d}x\right]^{\frac{1}{p}}\geqslant M[m(A)]^{\frac{1}{p}}$$

可知

$$\varliminf_{p\to+\infty}\|f\|_p\geqslant M\lim_{p\to+\infty}[m(A)]^{\frac{1}{p}}=M[m(A)]^0=M.$$

再令$M\to\|f\|_\infty$得到

$$\varliminf_{p\to+\infty}\|f\|_p\geqslant\|f\|_\infty.$$

另一方面，总有

$$\|f\|_p=\left[\int_E|f|^p\mathrm{d}x\right]^{\frac{1}{p}}\leqslant\left[\int_E\|f\|_\infty^p\mathrm{d}x\right]^{\frac{1}{p}}=\|f\|_\infty[m(E)]^{\frac{1}{p}},$$

从而又得

$$\varlimsup_{p\to+\infty}\|f\|_p\leqslant\|f\|_\infty\lim_{p\to+\infty}[m(E)]^{\frac{1}{p}}=\|f\|_\infty[m(E)]^0=\|f\|_\infty.$$

所以

$$\|f\|_\infty\leqslant\varliminf_{p\to+\infty}\|f\|_p\leqslant\varlimsup_{p\to+\infty}\|f\|_p\leqslant\|f\|_\infty,$$

$$\lim_{p\to+\infty}\|f\|_p=\varliminf_{p\to+\infty}\|f\|_p=\varlimsup_{p\to+\infty}\|f\|_p=\|f\|_\infty.$$ □

例 4.1.1 设 $E=(0,1)$，则有：

(1) $\ln\frac{1}{x}\in\mathscr{L}^p(E)$，$\ln\frac{1}{x}\notin\mathscr{L}^\infty(E)$.

(2) $x^{-\frac{1}{p}}\in\mathscr{L}^{p-\alpha}(E)(0<\alpha<p)$，$x^{-\frac{1}{p}}\notin\mathscr{L}^p(E)$.

(3) $x^{-\frac{1}{p}}\left(\ln\frac{1}{x}\right)^{-\frac{2}{p}}\notin\mathscr{L}^{p+\alpha}(E)\ (\alpha>0)$， $x^{-\frac{1}{p}}\left(\ln\frac{1}{x}\right)^{-\frac{2}{p}}\notin\mathscr{L}^p(E)$.

证明 (1) 取 $0<q<1$，由

$$\lim_{x\to0^+}\frac{\left(\ln\frac{1}{x}\right)^p}{\left(\frac{1}{x}\right)^q}=\lim_{y\to+\infty}\frac{(\ln y)^p}{y^q}=0$$

和 $\int_0^1\left(\frac{1}{x}\right)^q\mathrm{d}x<+\infty$ 知，$\int_0^1\left(\ln\frac{1}{x}\right)^p\mathrm{d}x<+\infty$，故 $\ln\frac{1}{x}\in\mathscr{L}^p(E)$.

再由

$$\begin{aligned}m\left(\left\{x\in(0,1)\,\middle|\,\left|\ln\frac{1}{x}\right|>M\right\}\right)&=m\left(\left\{x\in(0,1)\,\middle|\,-\ln x=\ln\frac{1}{x}>M\right\}\right)\\&=m(\{x\in(0,1)\mid 0<x<\mathrm{e}^{-M}\})=\mathrm{e}^{-M}>0,\end{aligned}$$

得到 $\left|\ln\frac{1}{x}\right|\underset{m}{\dot{\not\leqslant}}M$. 因此，$\ln\frac{1}{x}\notin\mathscr{L}^\infty(E)$.

(2) 从

$$\int_0^1(x^{-\frac{1}{p}})^{p-\alpha}\mathrm{d}x=\int_0^1x^{-\left(1-\frac{\alpha}{p}\right)}\mathrm{d}x<+\infty\left(0<1-\frac{\alpha}{p}<1\right)$$

推出 $x^{-\frac{1}{p}}\in\mathscr{L}^{p-\alpha}(E)$. 从表达式

$$\int_0^1(x^{-\frac{1}{p}})^p\mathrm{d}x=\int_0^1\frac{\mathrm{d}x}{x}=\ln x\Big|_0^1=+\infty$$

可知 $x^{-\frac{1}{p}}\notin\mathscr{L}^p(E)$.

(3) 由

$$\begin{aligned}\int_0^1\left[x^{-\frac{1}{p}}\left(\ln\frac{1}{x}\right)^{-\frac{2}{p}}\right]^p\mathrm{d}x&=\int_0^1x^{-1}\left(\ln\frac{1}{x}\right)^{-2}\mathrm{d}x\\&\xlongequal{y=\frac{1}{x}}\int_1^{+\infty}\frac{\mathrm{d}y}{y(\ln y)^2}=\int_1^{+\infty}\frac{\mathrm{d}\ln y}{(\ln y)^2}\\&=-\frac{1}{\ln y}\Big|_1^{+\infty}=+\infty,\end{aligned}$$

或者在 $x=1$ 处由

$$\lim_{x\to1^-}\frac{\left[x^{-\frac{1}{p}}\left(\ln\frac{1}{x}\right)^{-\frac{2}{p}}\right]^p}{\frac{1}{x-1}}=\lim_{x\to1^-}x^{-1}\frac{x-1}{(\ln x)^2}$$

$$=\lim_{x\to1^-}\frac{x-1}{(\ln x)^2}=\lim_{x\to1^-}\frac{1}{2(\ln x)\cdot\frac{1}{x}}$$

$$=\lim_{x\to1^-}\frac{x}{2\ln x}=-\infty$$

和$\int_{\frac{1}{2}}^{1}\frac{\mathrm{d}x}{x-1}$发散立知，$\int_{\frac{1}{2}}^{1}\left[x^{\frac{1}{p}}\left(\ln\frac{1}{x}\right)^{-\frac{2}{p}}\right]^p\mathrm{d}x$发散，从而$\int_0^1\left[x^{\frac{1}{p}}\left(\ln\frac{1}{x}\right)^{-\frac{2}{p}}\right]^p\mathrm{d}x$也发散. 因而得到$x^{-\frac{1}{p}}\left(\ln\frac{1}{x}\right)^{-\frac{2}{p}}\notin\mathscr{L}^p(E)$.

同理，从

$$\lim_{x\to1^-}\frac{\left[x^{-\frac{1}{p}}\left(\ln\frac{1}{x}\right)^{-\frac{2}{p}}\right]^{p+\alpha}}{\frac{1}{x-1}}=\lim_{x\to1^-}x^{-\frac{p+\alpha}{p}}\lim_{x\to1^-}\frac{x-1}{(-\ln x)^{2\left(1+\frac{\alpha}{p}\right)}}$$

$$=\lim_{x\to1^-}\frac{1}{-2\left(1+\frac{\alpha}{p}\right)(-\ln x)^{2\left(1+\frac{\alpha}{p}\right)}\cdot\frac{1}{x}}=-\infty$$

得到$\int_0^1\left[x^{-\frac{1}{p}}\left(\ln\frac{1}{x}\right)^{-\frac{2}{p}}\right]^{p+\alpha}\mathrm{d}x$发散，从而$x^{-\frac{1}{p}}\left(\ln\frac{1}{x}\right)^{-\frac{2}{p}}\notin\mathscr{L}^{p+\alpha}(E)$. □

定理 4.1.2 $\mathscr{L}^p(E)(1\leqslant p\leqslant+\infty)$构成一个线性空间.

证明 (1) 当$1\leqslant p<+\infty$时，设$f,g\in\mathscr{L}^p(E)$，$\alpha,\beta\in\mathbb{R}$，则从

$$\begin{aligned}|\alpha f(x)+\beta g(x)|^p&\leqslant[2\max\{|\alpha f(x)|,|\beta g(x)|\}]^p\\&\leqslant 2^p[|\alpha f(x)|^p+|\beta g(x)|^p]\\&=2^p[|\alpha|^p|f(x)|^p+|\beta|^p|g(x)|^p],\end{aligned}$$

立知$\alpha f+\beta g\in\mathscr{L}^p(E)$.

(2) 当$p=+\infty$时，设$f,g\in\mathscr{L}^\infty(E)$，$\alpha,\beta\in\mathbb{R}$，则从

$$\begin{aligned}|\alpha f(x)+\beta g(x)|&\leqslant|\alpha||f(x)|+|\beta||g(x)|\\&\underset{m}{\overset{\cdot}{\leqslant}}|\alpha|\,\|f\|_\infty+|\beta|\,\|g\|_\infty\end{aligned}$$

推出

$$\|\alpha f+\beta g\|_\infty\leqslant|\alpha|\,\|f\|_\infty+|\beta|\,\|g\|_\infty<+\infty.$$

$$\alpha f+\beta g\in\mathscr{L}^\infty(E).$$ □

综上所述，$\mathscr{L}^p(E)(1\leqslant p\leqslant+\infty)$构成一个线性空间.

定义 4.1.2 设$p,q>1$，且$\frac{1}{p}+\frac{1}{q}=1$，则称$p$与$q$为**共轭指标**. 显然，$q=\frac{p}{p-1}$；且当$p=2$时，$q=2$.

如果$p=1$，规定$q=+\infty$；如果$p=+\infty$，规定$q=1$.

定理 4.1.3(Hölder 不等式) 设p与q为共轭指标，如果$f\in\mathscr{L}^p(E)$，$g\in\mathscr{L}^q(E)$，则有

$$\|f\cdot g\|_1\leqslant\|f\|_p\cdot\|g\|_q,\quad 1\leqslant p\leqslant+\infty.$$

即当 $1<p<+\infty$ 时,有

$$\int_E|f(x)g(x)|\,\mathrm{d}x\leqslant\left(\int_E|f(x)|^p\mathrm{d}x\right)^{\frac{1}{p}}\cdot\left(\int_E|g(x)|^q\mathrm{d}x\right)^{\frac{1}{q}}.$$

当 $p=1,q=+\infty$ 时,有

$$\int_E|f(x)g(x)|\,\mathrm{d}x\leqslant\|g\|_\infty\int_E|f(x)|\,\mathrm{d}x.$$

当 $p=+\infty,q=1$ 时,有

$$\int_E|f(x)g(x)|\,\mathrm{d}x\leqslant\|f\|_\infty\int_E|g(x)|\,\mathrm{d}x.$$

证明 当 $q=+\infty$ 时,$p=1$,由 $|g(x)|\underset{m}{\dot{\leqslant}}\|g\|_\infty$,则

$$\begin{aligned}\int_E|f(x)g(x)|\,\mathrm{d}x&\leqslant\int_E\|g\|_\infty|f(x)|\,\mathrm{d}x\\&=\|g\|_\infty\int_E|f(x)|\,\mathrm{d}x=\|f\|_1\cdot\|g\|_\infty\\&=\|f\|_p\cdot\|g\|_q.\end{aligned}$$

同理,当 $p=+\infty,q=1$ 时,有

$$\int_E|f(x)g(x)|\,\mathrm{d}x\leqslant\|f\|_\infty\cdot\|g\|_1=\|f\|_p\cdot\|g\|_q.$$

当 $p,q<+\infty$ 时,如果 $\|f\|_p=0(\Leftrightarrow f\underset{m}{\dot{=}}0)$ 或 $\|g\|_q=0(\Leftrightarrow g\underset{m}{\dot{=}}0)$,则 $f(x)g(x)\underset{m}{\dot{=}}0$,且

$$\|fg\|_1=0=\|f\|_p\|g\|_q.$$

如果 $\|f\|_p>0$,$\|g\|_q\geqslant0$,则在公式

$$a^{\frac{1}{p}}b^{\frac{1}{q}}\leqslant\frac{a}{p}+\frac{b}{q},\quad a>0,b>0$$

中$\Big($令 $f(x)=-\ln x$,则 $f''(x)=\dfrac{1}{x^2}>0$,$\forall x\in(0,+\infty)$,从而 f 为下凸函数,即

$$-\ln[\theta a+(1-\theta)b]\leqslant-\theta\ln a-(1-\theta)\ln b=\ln a^{-\theta}b^{-(1-\theta)}$$

$$[\theta a+(1-\theta)b]^{-1}\leqslant a^{-\theta}b^{-(1-\theta)},$$

$$a^\theta b^{1-\theta}\leqslant\theta a+(1-\theta)b,$$

取 $\theta=\dfrac{1}{p}$,$1-\theta=\dfrac{1}{q}$,并将它们代入上述不等式,有

$$a^{\frac{1}{p}}b^{\frac{1}{q}}\leqslant\frac{a}{p}+\frac{b}{q},\quad a>0,b>0\Big),$$

令

$$a=\frac{|f(x)|^p}{\|f\|_p^p},\quad b=\frac{|g(x)|^q}{\|g\|_q^q},$$

则有

$$\frac{|f(x)g(x)|}{\|f\|_p\cdot\|g\|_q}=a^{\frac{1}{p}}b^{\frac{1}{q}}\leqslant\frac{a}{p}+\frac{b}{q}$$
$$=\frac{1}{p}\frac{|f(x)|^p}{\|f\|_p^p}+\frac{1}{q}\frac{|g(x)|^q}{\|g\|_q^q}.$$

将上边不等式两边积分得到

$$\int_E\frac{|f(x)g(x)|}{\|f\|_p\cdot\|g\|_q}\mathrm{d}x\leqslant\frac{1}{p}\int_E\frac{|f(x)|^p}{\|f\|_p^p}\mathrm{d}x+\frac{1}{q}\int_E\frac{|g(x)|^q}{\|g\|_q^q}\mathrm{d}x=\frac{1}{p}+\frac{1}{q}=1,$$

即

$$\int_E|f(x)g(x)|\,\mathrm{d}x\leqslant\|f\|_p\cdot\|g\|_q.$$ □

注 4.1.1　(1) 显然，Hölder 不等式对 $\|f\|_p=+\infty$ 或 $\|g\|_q=+\infty$ 时也成立.

(2) Hölder 不等式的一个重要特例是 Cauchy-Schwarz 不等式，即

$$\int_E|f(x)g(x)|\,\mathrm{d}x\leqslant\left[\int_E f^2(x)\mathrm{d}x\right]^{\frac{1}{2}}\left[\int_E g^2(x)\mathrm{d}x\right]^{\frac{1}{2}}.$$

例 4.1.2　设 $m(E)<+\infty$，且 $1\leqslant p_1<p_2\leqslant+\infty$，则 $\mathscr{L}^{p_2}(E)\subset\mathscr{L}^{p_1}(E)$，且有

$$\|f\|_{p_1}\leqslant[m(E)]^{\frac{1}{p_1}-\frac{1}{p_2}}\|f\|_{p_2}.$$

证明　当 $p_2=+\infty$，$f\in\mathscr{L}^{\infty}(E)=\mathscr{L}^{p_2}(E)$ 时，

$$\|f\|_{p_1}=\left[\int_E|f(x)|^{p_1}\mathrm{d}x\right]^{\frac{1}{p_1}}$$
$$\leqslant\left[\int_E\|f\|_{\infty}^{p_1}\mathrm{d}x\right]^{\frac{1}{p_1}}=[m(E)]^{\frac{1}{p_1}}\|f\|_{\infty}=[m(E)]^{\frac{1}{p_1}}\|f\|_{p_2}.$$

由此知，$\mathscr{L}^{p_2}(E)=\mathscr{L}^{\infty}(E)\subset\mathscr{L}^{p_1}(E)$.

当 $p_2<+\infty$ 时，令 $r=\dfrac{p_2}{p_1}$，则 $r>1$. 记 r' 为 r 的共轭指标，则对 $f\in\mathscr{L}^{p_1}(E)$，应用 Hölder 不等式，有

$$\int_E|f(x)|^{p_1}\mathrm{d}x=\int_E[|f(x)|^{p_1}\cdot 1]\mathrm{d}x$$
$$\leqslant\left[\int_E|f(x)|^{p_1\cdot r}\mathrm{d}x\right]^{\frac{1}{r}}\left[\int_E 1^{r'}\mathrm{d}x\right]^{\frac{1}{r'}}$$
$$=[m(E)]^{\frac{1}{r'}}\left[\int_E|f(x)|^{p_2}\mathrm{d}x\right]^{\frac{1}{r}}$$

于是

$$\|f\|_{p_1}=\left[\int_E|f(x)|^{p_1}\mathrm{d}x\right]^{\frac{1}{p_1}}$$
$$\leqslant[m(E)]^{\frac{1}{p_1}\cdot\frac{1}{r'}}\left[\int_E|f(x)|^{p_2}\mathrm{d}x\right]^{\frac{1}{p_1 r}}$$
$$=[m(E)]^{\frac{1}{p_1}-\frac{1}{p_2}}\left[\int_E|f(x)|^{p_2}\mathrm{d}x\right]^{\frac{1}{p_2}}$$
$$=[m(E)]^{\frac{1}{p_1}-\frac{1}{p_2}}\|f\|_{p_2}.$$

由此知，$\mathscr{L}^{p_2}(E)\subset\mathscr{L}^{p_1}(E)$. □

例 4.1.3 设 $f\in\mathscr{L}^r(E)\cap\mathscr{L}^s(E)$，$0<\lambda<1$，$\frac{1}{p}=\frac{\lambda}{r}+\frac{1-\lambda}{s}$，则

$$\|f\|_p\leqslant\|f\|_r^{\lambda}\|f\|_s^{1-\lambda}.$$

由此，有

$$\|f\|_p\leqslant\max\{\|f\|_r,\|f\|_s\}.$$

证明 当 $r\leqslant s<+\infty$ 时，$\frac{\lambda p}{r}+\frac{(1-\lambda)p}{s}=1$，应用 Hölder 不等式，有

$$\begin{aligned}\int_E|f(x)|^p\mathrm{d}x&=\int_E|f(x)|^{\lambda p}\cdot|f(x)|^{(1-\lambda)p}\mathrm{d}x\\&\leqslant\left\{\int_E[|f(x)|^{\lambda p}]^{\frac{r}{\lambda p}}\mathrm{d}x\right\}^{\frac{\lambda p}{r}}\cdot\left\{\int_E[|f(x)|^{(1-\lambda)p}]^{\frac{s}{(1-\lambda)p}}\mathrm{d}x\right\}^{\frac{(1-\lambda)p}{s}}\\&=\left[\int_E|f(x)|^r\mathrm{d}x\right]^{\frac{\lambda p}{r}}\cdot\left[\int_E|f(x)|^s\mathrm{d}x\right]^{\frac{(1-\lambda)p}{s}}\\&=\|f\|_r^{\lambda p}\cdot\|f\|_s^{(1-\lambda)p},\end{aligned}$$

即

$$\|f\|_p\leqslant\|f\|_r^{\lambda}\|f\|_s^{1-\lambda}.$$

当 $r<s=+\infty$ 时，因为 $p=\frac{r}{\lambda}$，所以有

$$\begin{aligned}\int_E|f(x)|^p\mathrm{d}x&=\int_E|f(x)|^{p-r}\cdot|f(x)|^r\mathrm{d}x\\&\leqslant\|f\|_\infty^{p-r}\int_E|f(x)|^r\mathrm{d}x\\&=\|f\|_\infty^{p-r}\cdot\|f\|_r^r=\|f\|_r^{p\lambda}\cdot\|f\|_\infty^{p(1-\lambda)},\\\|f\|_p&\leqslant\|f\|_r^{\lambda}\cdot\|f\|_\infty^{1-\lambda}.\end{aligned}$$

□

应用 Hölder 不等式就可得到 Minkowski 不等式.

定理 4.1.4（Minkowski 不等式） 设 $f,g\in\mathscr{L}^p(E)$，$1\leqslant p\leqslant+\infty$，则

$$\|f+g\|_p\leqslant\|f\|_p+\|g\|_p.$$

证明 当 $p=1$ 时，显然有

$$\begin{aligned}\|f+g\|_1&=\int_E|f(x)+g(x)|\mathrm{d}x\\&\leqslant\int_E[|f(x)|+|g(x)|]\mathrm{d}x=\|f\|_1+\|g\|_1.\end{aligned}$$

当 $p=+\infty$ 时，因为

$$|f(x)|\underset{m}{\dot{\leqslant}}\|f\|_\infty,\quad|g(x)|\underset{m}{\dot{\leqslant}}\|g\|_\infty,$$

所以有

$$|f(x)+g(x)|\leqslant|f(x)|+|g(x)|\overset{\cdot}{\underset{m}{\leqslant}}\|f\|_\infty+\|g\|_\infty,$$

从而

$$\|f+g\|_\infty\leqslant\|f\|_\infty+\|g\|_\infty.$$

当$1<p<+\infty$时,应用Hölder不等式,令$\frac{1}{p}+\frac{1}{q}=1$,得到

$$\begin{aligned}
\|f+g\|_p^p&=\int_E|f(x)+g(x)|^p\mathrm{d}x\\
&=\int_E|f(x)+g(x)|^{p-1}\cdot|f(x)+g(x)|\mathrm{d}x\\
&\leqslant\int_E|f(x)+g(x)|^{p-1}\cdot|f(x)|\mathrm{d}x+\int_E|f(x)+g(x)|^{p-1}\cdot|g(x)|\mathrm{d}x\\
&\leqslant\left[\int_E|f(x)+g(x)|^{q(p-1)}\mathrm{d}x\right]^{\frac{1}{q}}\left[\int_E|f(x)|^p\mathrm{d}x\right]^{\frac{1}{p}}\\
&\quad+\left[\int_E|f(x)+g(x)|^{q(p-1)}\mathrm{d}x\right]^{\frac{1}{q}}\left[\int_E|g(x)|^p\mathrm{d}x\right]^{\frac{1}{p}}\\
&=\left[\int_E|f(x)+g(x)|^p\mathrm{d}x\right]^{\frac{1}{q}}\left[\int_E|f(x)|^p\mathrm{d}x\right]^{\frac{1}{p}}\\
&\quad+\left[\int_E|f(x)+g(x)|^p\mathrm{d}x\right]^{\frac{1}{q}}\left[\int_E|g(x)|^p\mathrm{d}x\right]^{\frac{1}{p}}\\
&=\|f+g\|_p^{\frac{p}{q}}\|f\|_p+\|f+g\|_p^{\frac{p}{q}}\|g\|_p\\
&=\|f+g\|_p^{p-1}(\|f\|_p+\|g\|_p).
\end{aligned}$$

如果$\|f+g\|_p\neq 0$,则在上式两端用$\|f+g\|_p^{p-1}$除之,得到

$$\|f+g\|_p\leqslant\|f\|_p+\|g\|_p.$$

如果$\|f+g\|_p=0$,显然有

$$\|f+g\|_p=0\leqslant\|f\|_p+\|g\|_p.$$ □

作为Minkowski不等式的应用,我们有

定理4.1.5 设$1\leqslant p\leqslant+\infty$.如果$f_k\in\mathscr{L}^p(E)$,$k=1,2,\cdots$,且级数$\sum\limits_{k=1}^{\infty}f_k(x)$在$E$上几乎处处收敛,则

$$\left\|\sum_{k=1}^{\infty}f_k\right\|_p\leqslant\sum_{k=1}^{\infty}\|f_k\|_p.$$

证明 当$p=+\infty$时,由

$$\left|\sum_{k=1}^{\infty}f_k(x)\right|\leqslant\sum_{k=1}^{\infty}|f_k(x)|\overset{\cdot}{\underset{m}{\leqslant}}\sum_{k=1}^{\infty}\|f_k\|_\infty$$

知

$$\left\|\sum_{k=1}^{\infty}f_k\right\|_{\infty}\leqslant\sum_{k=1}^{\infty}\|f\|_{\infty}.$$

当 $1\leqslant p<+\infty$ 时，有

$$\begin{aligned}
\left\|\sum_{k=1}^{\infty}f_k\right\|_p &= \left[\int_E\left|\sum_{k=1}^{\infty}f_k(x)\right|^p\mathrm{d}x\right]^{\frac{1}{p}}\\
&\leqslant\left[\int_E\left(\sum_{k=1}^{\infty}|f_k(x)|\right)^p\mathrm{d}x\right]^{\frac{1}{p}}\\
&=\left[\int_E\lim_{n\to+\infty}\left(\sum_{k=1}^{n}|f_k(x)|\right)^p\mathrm{d}x\right]^{\frac{1}{p}}\\
&\xlongequal[\text{积分定理}]{\text{Levi 递增}}\left[\lim_{n\to+\infty}\int_E\left(\sum_{k=1}^{n}|f_k(x)|\right)^p\mathrm{d}x\right]^{\frac{1}{p}}\\
&=\lim_{n\to+\infty}\left[\int_E\left(\sum_{k=1}^{n}|f_k(x)|\right)^p\mathrm{d}x\right]^{\frac{1}{p}}=\lim_{n\to+\infty}\left\|\sum_{k=1}^{n}|f_k|\right\|_p\\
&\underset{\text{不等式}}{\overset{\text{Minkowski}}{\leqslant}}\lim_{n\to+\infty}\left[\left\|\sum_{k=1}^{n-1}|f_k|\right\|_p+\|f_n\|_p\right]\\
&\overset{\text{归纳}}{\leqslant}\lim_{n\to+\infty}\sum_{k=1}^{n}\|f_k\|_p=\sum_{k=1}^{\infty}\|f_k\|_p.
\end{aligned}$$

或用 Fatou 引理推出

$$\begin{aligned}
\left\|\sum_{k=1}^{\infty}f_k\right\|_p &\leqslant\left[\int_E\lim_{n\to+\infty}\left(\sum_{k=1}^{n}|f_k(x)|\right)^p\mathrm{d}x\right]^{\frac{1}{p}}\\
&\overset{\text{Fatou引理}}{\leqslant}\left[\varliminf_{n\to+\infty}\int_E\left(\sum_{k=1}^{n}|f_k(x)|\right)^p\mathrm{d}x\right]^{\frac{1}{p}}\\
&=\varliminf_{n\to+\infty}\left\|\sum_{k=1}^{n}|f_k|\right\|_p\\
&\leqslant\varliminf_{n\to+\infty}\sum_{k=1}^{n}\|f_k\|_p=\sum_{k=1}^{\infty}\|f_k\|_p.
\end{aligned}$$

□

以下我们来讨论 $\mathscr{L}^p(E)$ 空间的性质.

定义 4.1.3 如果 $f,g\in\mathscr{L}^p(E)$，且 $f\overset{\cdot}{\underset{m}{=}}g$，则视 f,g 为 $\mathscr{L}^p(E)$ 中的同一元素. 换言之，用几乎处处相等作为 $\mathscr{L}^p(E)$ 中的一个等价关系，将 $\mathscr{L}^p(E)$ 中的元素分成若干等价类.

$$f\sim g\Leftrightarrow f\overset{\cdot}{\underset{m}{=}}g,$$

并记商空间为

$$\mathscr{L}^p(E)/_{\sim}=\{[f]\mid f\in\mathscr{L}^p(E)\},$$

其中 $[f]=\{g\in\mathscr{L}^p(E)\mid g\sim f\}=\{g\in\mathscr{L}^p(E)\mid g\overset{\cdot}{\underset{m}{=}}f\}$.

在 $\mathscr{L}^p(E)/_{\sim}$ 中引进：

$$\text{加法：}[f]+[g]\overset{\text{def}}{=\!=}[f+g]；\qquad \text{数乘：}\lambda[f]\overset{\text{def}}{=\!=}[\lambda f].$$

显然，加法与数乘的定义与等价类中的代表元的选取无关. 容易看出

$$\{\mathscr{L}^p(E)/_\sim,+,\text{数乘}\}$$

为一个向量空间，$[0]=\{f\in\mathscr{L}^p(E)\mid f\underset{m}{\doteq}0\}$为$\mathscr{L}^p(E)/_\sim$中的零元. 为方便，我们将$\mathscr{L}^p(E)/_\sim$仍记为$\mathscr{L}^p(E)$，$[f]$仍记为$f$. 特别要注意的是在商空间的向量空间中，几乎处处相等的函数视作同一个元素.

如果$f\sim g(\Leftrightarrow f\underset{m}{\doteq}g\Leftrightarrow g\in[f])$，则$\|f\|_p=\|g\|_p(1\leqslant p\leqslant+\infty)$.

定理 4.1.6 设$1\leqslant p\leqslant+\infty$，则$(\mathscr{L}^p(E),\|\cdot\|_p)$为一个模空间. 因而$(\mathscr{L}^p(E),d)$为一个距离(度量)空间，其中距离函数定义为

$$d：\mathscr{L}^p(E)\times\mathscr{L}^p(E)\to\mathbb{R},$$
$$(f,g)\mapsto d(f,g)\overset{\text{def}}{=\!=}\|f-g\|_p.$$

证明 从定义 4.1.1 立知，如果$f\in\mathscr{L}^p(E)$，则：

(1) $\|f\|_p\geqslant 0$，且$\|f\|_p=0\Leftrightarrow f\underset{m}{\doteq}0$.

(2) $\|\lambda f\|_p=|\lambda|\,\|f\|_p$.

此外，由定理 4.1.4(Minkowski 不等式)，有

(3) $\|f+g\|_p\leqslant\|f\|_p+\|g\|_p$.

所以，$(\mathscr{L}^p(E),\|\cdot\|_p)$为模空间或赋范空间，其中$\|f\|_p$为$f$的模. 于是，对$\forall f,g,h\in\mathscr{L}^p(E)$，有

(i) $d(f,g)=\|f-g\|_p\overset{(1)}{\geqslant}0$，且

$$d(f,g)=\|f-g\|_p=0\overset{(1)}{\Leftrightarrow}f-g\underset{m}{\doteq}0\Leftrightarrow f\underset{m}{\doteq}g\text{(正定性)}.$$

(ii)
$$\begin{aligned}d(f,g)&=\|f-g\|_p=\|-(g-f)\|_p\overset{(2)}{=}|-1|\,\|g-f\|_p\\&=\|g-f\|_p=d(g,f)\text{(对称性)}.\end{aligned}$$

(iii)
$$\begin{aligned}d(f,g)&=\|f-g\|_p=\|(f-h)+(h-g)\|_p\\&\overset{(3)}{\leqslant}\|f-h\|_p+\|h-g\|_p\\&=d(f,h)+d(h,g)\text{(三点(角)不等式)}.\end{aligned}$$

由(i),(ii),(iii)知，$(\mathscr{L}^p(E),d)$为一个距离空间. □

定义 4.1.4 设$1\leqslant p\leqslant+\infty$，$f_k\in\mathscr{L}^p(E)$，$k=1,2,\cdots$. 如果$\exists f\in\mathscr{L}^p(E)$，s. t.

$$\lim_{k\to+\infty}d(f_k,f)=\lim_{k\to+\infty}\|f_k-f\|_p=0,$$

则称$\{f_k\}$**依$\mathscr{L}^p(E)$的意义下收敛于(或p次幂平均收敛于)f**，并称$\{f_k\}$为**$\mathscr{L}^p(E)$中的收敛列**，f为$\{f_k\}$的**极限**. 记

$$(\mathscr{L}^p)\lim_{k\to+\infty}f_k=f.$$

(注意：不要与$\lim\limits_{k\to+\infty}f_k(x)=f(x)$相混淆!)当$p=1$时，$\mathscr{L}^1(E)=\mathscr{L}(E)$，1次幂平均收敛就是

通常的平均收敛(参阅定义 3.3.2),即

$$\lim_{k\to+\infty}\int_E |f_k(x)-f(x)|\,\mathrm{d}x=0.$$

定理 4.1.7 (极限的惟一性)

(1) 设 $f_k,f,g\in\mathscr{L}^p(E)$,$k=1,2,\cdots$,且

$$(\mathscr{L}^p)\lim_{k\to+\infty}f_k=f,\quad(\mathscr{L}^p)\lim_{k\to+\infty}g_k=g,$$

则 $f\overset{\cdot}{\underset{m}{=}}g$,即$[f]=[g]$.

(2) 设$(\mathscr{L}^p)\lim\limits_{k\to+\infty}f_k=f$,则$\lim\limits_{k\to+\infty}\|f_k\|_p=\|f\|_p$.

证明 (1) 因为

$$\begin{aligned}0\leqslant\|f-g\|_p&=\|f-f_k+f_k-g\|_p\\&\leqslant\|f-f_k\|_p+\|f_k-g\|_p\to0\quad(k\to+\infty),\end{aligned}$$

从而 $0\leqslant\|f-g\|_p\leqslant0$,即 $\|f-g\|_p=0$,故得 $f\overset{\cdot}{\underset{m}{=}}g$.

(2) 由模空间性质(2),有

$$|\,\|f_k\|_p-\|f\|_p\,|\leqslant\|f_k-f\|_p\to0\quad(k\to+\infty),$$

由此得到

$$\lim_{k\to+\infty}\|f_k\|_p=\|f\|_p.$$

□

定义 4.1.5 设$\{f_k\}\subset\mathscr{L}^p(E)$.如果

$$\lim_{k,j\to+\infty}\|f_k-f_j\|_p=0,$$

即对 $\forall\varepsilon>0$,$\exists N\in\mathbb{N}$,当 $k,j>N$ 时,有

$$\|f_k-f_j\|_p<\varepsilon,$$

则称$\{f_k\}$为 $\mathscr{L}^p(E)$中的**基本(或 Cauchy)列**.

定理 4.1.8 设$\{f_k\}\subset\mathscr{L}^p(E)$,则$\{f_k\}$在 $\mathscr{L}^p(E)$中依 $\mathscr{L}^p(E)$意义下收敛(或依 p 次幂平均收敛)$\Leftrightarrow\{f_k\}$为 $\mathscr{L}^p(E)$中的基本(或 Cauchy 列).

证明 ($\Rightarrow$)设$\{f_k\}$在 $\mathscr{L}^p(E)$中依 $\mathscr{L}^p(E)$意义下收敛(或依 p 次幂平均收敛)于 f,则对 $\forall\varepsilon>0$,$\exists N\in\mathbb{N}$,当 $n>N$ 时,有

$$\|f_n-f\|_p<\frac{\varepsilon}{2}.$$

于是,当 $k,j>N$ 时,有

$$\|f_k-f_j\|_p\leqslant\|f_k-f\|_p+\|f_j-f\|_p<\frac{\varepsilon}{2}+\frac{\varepsilon}{2}=\varepsilon,$$

即$\{f_k\}$为 $\mathscr{L}^p(E)$中的基本(或 Cauchy)列.

($\Leftarrow$)(($\mathscr{L}^p(E)$,d)为完备的距离空间)

当 $1\leqslant p<+\infty$时,如果$\{f_k\}\subset\mathscr{L}^p(E)$为基本(或 Cauchy)列,即

$$\lim_{k,j\to+\infty}\|f_k-f_j\|_p=0.$$

则对$\forall\,\sigma>0$，就有

$$\begin{aligned}0&\leqslant m\left(\{x\in E\,\big|\,|f_k(x)-f_j(x)|\geqslant\sigma\}\right)\\&\leqslant\frac{1}{\sigma}\left[\int_{\{x\in E\,|\,|f_k(x)-f_j(x)|\geqslant\sigma\}}|f_k(x)-f_j(x)|^p\mathrm{d}x\right]^{\frac{1}{p}}\\&\leqslant\frac{1}{\sigma}\left[\int_E|f_k(x)-f_j(x)|^p\mathrm{d}x\right]^{\frac{1}{p}}\\&=\frac{1}{\sigma}\|f_k-f_j\|_p\to 0\quad(k,j\to+\infty).\end{aligned}$$

所以

$$\lim_{k,j\to+\infty}m(\{x\in E\,|\,|f_k(x)-f_j(x)|\geqslant\sigma\})=0,$$

即$\{f_k\}$为E上的依测度基本(或Cauchy)列.根据定理3.2.1,存在E上的几乎处处有限的可测函数f,使得$\{f_k\}$在E上依测度收敛(或度量收敛)于f.于是,由Riesz定理,又可选出$\{f_k\}$的一个子列$\{f_{k_i}\}$,s.t.

$$\lim_{i\to+\infty}f_{k_i}(x)\overset{\cdot}{\underset{m}{=}}f(x),\quad x\in E.$$

因为

$$\begin{aligned}0&\leqslant\int_E|f_k(x)-f(x)|^p\mathrm{d}x\\&=\int_E\lim_{i\to+\infty}|f_k(x)-f_{k_i}(x)|^p\mathrm{d}x\\&\overset{\text{Fatou引理}}{\leqslant}\varliminf_{i\to+\infty}\int_E|f_k(x)-f_{k_i}(x)|^p\mathrm{d}x,\end{aligned}$$

所以$\lim\limits_{k\to+\infty}\int_E|f_k(x)-f(x)|^p\mathrm{d}x=0$，即$\lim\limits_{k\to+\infty}\|f_k-f\|_p=0$.

最后,由

$$\|f\|_p\leqslant\|f-f_k\|_p+\|f_k\|_p<+\infty$$

可知,$f\in\mathscr{L}^p(E)$.因此,$\{f_k\}$在E上依$\mathscr{L}^p(E)$意义下(或依p次幂平均)收敛于f.

当$p=+\infty$时,设$\{f_k\}\subset\mathscr{L}^\infty(E)$满足

$$\lim_{k,j\to+\infty}\|f_k-f_j\|_\infty=0.$$

因为对$\forall\,k,j\in\mathbb{N}$,有

$$|f_k(x)-f_j(x)|\overset{\cdot}{\underset{m}{\leqslant}}\|f_k-f_j\|_\infty,$$

所以存在零测集Z,s.t.对$\forall\,k,j\in\mathbb{N}$,有

$$|f_k(x)-f_j(x)|\leqslant\|f_k-f_j\|_\infty,\quad x\in E-Z.$$

即对$\forall\,x\in E-Z$,$\{f_k(x)\}$为基本(或Cauchy)数列,从而存在$f(x)$,s.t.

$$\lim_{k\to+\infty}f_k(x)=f(x),\quad x\in E-Z.$$

易知

$$\| f \|_\infty \leqslant \| f - f_k \|_\infty + \| f_k \|_\infty < +\infty$$

(下面当 $k > N$ 时，$\| f - f_k \|_\infty < \varepsilon$)，故 $f \in \mathscr{L}^\infty(E)$.

现对 $\forall \varepsilon > 0$，由 $\{f_k\}$ 为 $\mathscr{L}^\infty(E)$ 中的基本(或 Cauchy)列，故 $\exists N \in \mathbb{N}$，当 $k, j \in N$ 时，有

$$\| f_k - f_j \|_\infty < \frac{\varepsilon}{2}.$$

由于当 $k, j > N$，且 $x \in E - Z$ 时，有

$$| f_k(x) - f_j(x) | \leqslant \| f_k - f_j \|_\infty < \frac{\varepsilon}{2},$$

$$| f_k(x) - f(x) | \leqslant \lim_{j \to +\infty} | f_k(x) - f_j(x) | \leqslant \frac{\varepsilon}{2} < \varepsilon,$$

故当 $k > N$ 时，有 $\| f_k - f \|_\infty \leqslant \varepsilon$，即 $\lim\limits_{k \to +\infty} \| f_k - f \|_\infty = 0$. 这就证明了 $\{f_k\}$ 依 $\mathscr{L}^\infty(E)$ 意义下收敛于 f. □

注 4.1.2 定理 4.1.8 中充分性证明也可参阅[4]228～230 页，定理 7.

定理 4.1.9 (1) 在 $\mathscr{L}^p(E)$ 中，

(i) 当 $1 \leqslant p < +\infty$ 时，$(\mathscr{L}^p)\lim\limits_{k \to +\infty} f_k = f \overset{\Rightarrow}{\not\Leftarrow}$ 在 E 上，$f_k \Rightarrow f$；

(ii) $(\mathscr{L}^\infty)\lim\limits_{k \to +\infty} f_k = f \overset{\Rightarrow}{\not\Leftarrow}$ 在 E 上，$f_k \Rightarrow f$.

(2) 在 $\mathscr{L}^p(E)$ 中，

(i) 当 $1 \leqslant p < +\infty$ 时，$(\mathscr{L}^p)\lim\limits_{k \to +\infty} f_k = f \overset{\not\Rightarrow}{\not\Leftarrow}$ 在 E 上，$\lim\limits_{k \to +\infty} f_k(x) \underset{m}{\doteq} f(x)$；

(ii) $(\mathscr{L}^\infty)\lim\limits_{k \to +\infty} f_k = f \overset{\Rightarrow}{\not\Leftarrow}$ 在 E 上，$\lim\limits_{k \to +\infty} f_k(x) \underset{m}{\doteq} f(x)$.

证明 (1) (i)在 $\mathscr{L}^p(E)(1 \leqslant p < +\infty)$ 中，对 $\forall \sigma > 0$，由

$$\sigma^p m(\{x \in E \,\big|\, | f_k(x) - f(x) | \geqslant \sigma\}) \leqslant \int_{\{x \in E \,|\, | f_k(x) - f(x) | \geqslant \sigma\}} | f_k(x) - f(x) |^p \mathrm{d}x$$

$$\leqslant \int_E | f_k(x) - f(x) |^p \mathrm{d}x,$$

$$0 \leqslant m(\{x \in E \,\big|\, | f_k(x) - f(x) | \geqslant \sigma\})$$

$$\leqslant \frac{1}{\sigma^p} \int_E | f_k(x) - f(x) |^p \mathrm{d}x \xrightarrow{(\mathscr{L}^p)\lim\limits_{k \to +\infty} f_k = f} 0 \quad (k \to +\infty),$$

故 $\lim\limits_{k \to +\infty} m(\{x \in E \,\big|\, | f_k(x) - f(x) | \geqslant \sigma\}) = 0$，即在 E 上，$f_k \Rightarrow f$.

$(\not\Leftarrow)$(参阅例 4.1.4)$E = [0,1]$，$f(x) \equiv 0$，

$$f_k(x) = \begin{cases} k^2, & x \in \left(0, \dfrac{1}{k}\right), \\ 0, & x \in [0,1] - \left(0, \dfrac{1}{k}\right). \end{cases}$$

显然，在 $E = [0,1]$ 上，$f_k \Rightarrow f$，但 $(\mathscr{L}^p)\lim\limits_{k \to +\infty} f_k \neq f$.

(ii) 当 $p=+\infty$,在 $\mathscr{L}^\infty(E)$中,

($\Rightarrow$)显然

$$d(f_k,f)=\|f_k-f\|_\infty=\inf\{M\,\big|\,|f_k(x)-f(x)|\underset{m}{\dot{\leqslant}}M\},$$

$$|f_k(x)-f(x)|\underset{m}{\dot{\leqslant}}d(f_k,f).$$

于是,对$\forall\sigma>0$,由于$(\mathscr{L}^\infty)\lim\limits_{k\to+\infty}f_k=f$,故$\exists K\in\mathbb{N}$,当$k>K$时,有

$$|f_k(x)-f(x)|\underset{m}{\dot{\leqslant}}d(f_k,f)<\sigma,$$

$$m(\{x\in E\,\big|\,|f_k(x)-f(x)|\geqslant\sigma\})=0.$$

从而,在E上,有

$$f_k\Rightarrow f.$$

($\not\Leftarrow$)(参阅例 4.1.4)在$E=[0,1]$上,$f_k\Rightarrow f$,但$(\mathscr{L}^\infty)\lim\limits_{k\to+\infty}f_k\neq f$.

(2) 在$\mathscr{L}^p(E)$中,

(i) 当$1\leqslant p<+\infty$时,

($\not\Rightarrow$)(参阅例 4.1.5)显然,$(\mathscr{L}^p)\lim\limits_{k\to+\infty}f_k=f$,但$f_k(x)$在$E=[0,1]$上处处不收敛于$f$.

($\not\Leftarrow$)(参阅例 4.1.14)在$E=[0,1]$上,$\lim\limits_{k\to+\infty}f_k(x)=0=f(x)$,但

$$(\mathscr{L}^p)\lim_{k\to+\infty}f_k\neq f.$$

(ii) ($\Rightarrow$)因为

$$|f_k(x)-f(x)|\underset{m}{\dot{\leqslant}}d(f_k,f),\quad k=1,2,\cdots,$$

所以,存在 Lebesgue 零测集E_0, s. t.

$$|f_k(x)-f(x)|\leqslant d(f_k,f),\quad x\in E-E_0.$$

由于$(\mathscr{L}^\infty)\lim\limits_{k\to+\infty}f_k=f$,即$\lim\limits_{k\to+\infty}d(f_k,f)=0$,故

$$\lim_{k\to+\infty}f_k(x)=f(x),\quad\forall x\in E-E_0.$$

因此,在E上,有

$$\lim_{k\to+\infty}f_k(x)\underset{m}{\dot{=}}f(x).$$

($\not\Leftarrow$)(参阅例 4.1.4)在$E=[0,1]$上,$\lim\limits_{k\to+\infty}f_k(x)=0=f(x)$,但

$$(\mathscr{L}^\infty)\lim_{k\to+\infty}f_k\neq f.$$

□

例 4.1.4　在$E=[0,1]$上,令$f(x)\equiv 0$,

$$f_k(x)=\begin{cases}k^2, & x\in\left(0,\dfrac{1}{k}\right).\\ 0, & x\in[0,1]-\left(0,\dfrac{1}{k}\right).\end{cases}$$

显然,在$E=[0,1]$上,$\lim\limits_{k\to+\infty}f_k(x)=0=f(x)$,且$f_k\Rightarrow f$.

但将它们视作 $\mathscr{L}^p([0,1])(1\leqslant p<+\infty)$ 中的元素时，有

$$d(f_k,f)=\left[\int_0^1 |f_k(x)-f(x)|^p\mathrm{d}x\right]^{\frac{1}{p}}=\left[\int_0^{\frac{1}{k}} |k^2|^p\mathrm{d}x\right]^{\frac{1}{p}}=k^{2-\frac{1}{p}}\to+\infty\quad(k\to+\infty).$$

因此，在 $\mathscr{L}^p([0,1])$ 中，$(\mathscr{L}^p)\lim\limits_{k\to+\infty}f_k\neq f$.

如果将 f_k,f 视作 $\mathscr{L}^\infty([0,1])$ 中的元素，有

$$d(f_k,f)=\inf\{M\,\big|\,|f_k(x)-f(x)|=f_k(x)\underset{m}{\dot{\leqslant}}M\}=k^2\to+\infty\quad(k\to+\infty).$$

因此，在 $\mathscr{L}^\infty([0,1])$ 中，$(\mathscr{L}^\infty)\lim\limits_{k\to+\infty}f_k\neq 0=f$.

例 4.1.5 设 $\{f_k\}$ 为例 3.2.3 中所作的那列函数，记为

$$\{f_k\}=\{f_1^1,f_2^1,f_1^2,f_2^2,f_3^2,f_4^2,\cdots,f_1^n,\cdots,f_n^n,\cdots\}.$$

又设 $f(x)=0,\forall x\in[0,1]$. 根据例 3.2.3，在 $E=[0,1]$ 上，有 $f_k\Rightarrow 0$，且 $\{f_k\}$ 处处不收敛于 f（因为 $\{f_k\}$ 处处无极限）.

当 $1\leqslant p<+\infty$ 时，在 $\mathscr{L}^p([0,1])$ 中，

$$\begin{aligned}d(f_k,f)&=\left[\int_0^1 |f_k(x)-f(x)|^p\mathrm{d}x\right]^{\frac{1}{p}}\\&=\left(1^p\cdot\frac{1}{n}\right)^{\frac{1}{p}}=\frac{1}{n^{\frac{1}{p}}}\to 0\quad(k\to+\infty,\text{即 }n\to+\infty),\end{aligned}$$

所以，$(\mathscr{L}^p)\lim\limits_{k\to+\infty}f_k=f$.

注意，当 $p=+\infty$ 时，在 $\mathscr{L}^\infty([0,1])$ 中，

$$d(f_k,f)=\inf\left\{M\,\Big|\,|f_k(x)-f(x)|\underset{m}{\dot{\leqslant}}M\right\}=1\to 1\neq 0\quad(k\to+\infty).$$

因此，$(\mathscr{L}^\infty)\lim\limits_{k\to+\infty}f_k\neq f$.

例 4.1.6 前面已注明在 Minkowski 不等式中要求 $p\geqslant 1$. 应该指出，当 $0<p<1$ 时，该不等式一般说来是不成立的.

如 $p=\dfrac{1}{2}$，$E=[0,2]$，

$$f(x)=\begin{cases}1, & 0\leqslant x\leqslant 1,\\0, & 1<x\leqslant 2;\end{cases}\qquad g(x)=\begin{cases}0, & 0\leqslant x\leqslant 1,\\1, & 1<x\leqslant 2,\end{cases}$$

则 $|f|^{\frac{1}{2}},|g|^{\frac{1}{2}}$ 在 $E=[0,2]$ 上都是 Lebesgue 可积的，即 $f,g\in\mathscr{L}^{\frac{1}{2}}([0,2])$，但是

$$\left[\int_0^2 |f(x)+g(x)|^{\frac{1}{2}}\mathrm{d}x\right]^2=\left[\int_0^2 1^{\frac{1}{2}}\mathrm{d}x\right]^2=4,$$

而

$$\left[\int_0^2 |f(x)|^{\frac{1}{2}}\mathrm{d}x\right]^2=\left[\int_0^1 1^{\frac{1}{2}}\mathrm{d}x\right]^2=1,\qquad\left[\int_0^2 |g(x)|^{\frac{1}{2}}\mathrm{d}x\right]^2=\left[\int_1^2 1^{\frac{1}{2}}\mathrm{d}x\right]^2=1.$$

所以

$$\begin{aligned}\| f+g \|_{\frac{1}{2}} &= \left[\int_0^2 | f(x)+g(x) |^{\frac{1}{2}}\mathrm{d}x\right]^2 = 4 \\ &> 2 = 1+1 = \left[\int_0^2 | f(x) |^{\frac{1}{2}}\mathrm{d}x\right]^2 + \left[\int_0^2 | g(x) |^{\frac{1}{2}}\mathrm{d}x\right]^2 \\ &= \| f \|_{\frac{1}{2}} + \| g \|_{\frac{1}{2}}.\end{aligned}$$

由此表明在 $\mathscr{L}^p(E)$ $(0<p<1)$ 中 Minkowski 不等式不一定成立，所以不能用 $\left[\int_E |f(x)-g(x)|^p\mathrm{d}x\right]^{\frac{1}{p}}$ 来定义 f 与 g 之间的距离.

由于当 $0<p<1$ 时，$f(x)=(1+x)^p-1-x^p$ 的导数

$$f'(x) = p(1+x)^{p-1} - px^{p-1} = p\left[\frac{1}{(1+x)^{1-p}} - \frac{1}{x^{1-p}}\right] < 0,$$

所以，$f(x)$在$[0,+\infty)$上严格减，故

$$(1+x)^p - 1 - x^p = f(x) \leqslant f(0) = 0, \quad \forall\, x \in [0,+\infty).$$

于是，用 $x=\dfrac{b}{a}(a>0,b\geqslant 0)$代入上面不等式得到

$$\left(1+\frac{b}{a}\right)^p - 1 - \left(\frac{b}{a}\right)^p \leqslant 0,$$

$$(a+b)^p \leqslant a^p + b^p.$$

自然，当 $a,b\geqslant 0$ 时仍有

$$(a+b)^p \leqslant a^p + b^p.$$

如果 f,g 在 E 上都为 Lebesgue 可测函数，$|f|^p,|g|^p$ 在 E 上都 Lebesgue 可积，则

$$\int_E | f(x)+g(x) |^p\mathrm{d}x \leqslant \int_E | f(x) |^p\mathrm{d}x + \int_E | g(x) |^p\mathrm{d}x.$$

这就说明对 $\mathscr{L}^p(E)$，$0<p<1$ 应该用

$$d(f,g) \stackrel{\text{def}}{=} \int_E | f(x)-g(x) |^p\mathrm{d}x$$

来定义 f 与 g 之间的距离. 这时距离性质(i)、(ii)、(iii)都具备. 可是，当 $|\alpha|\neq 1$ 且 $\int_E | f(x) |^p\mathrm{d}x \neq 0$ 时，有

$$d(\alpha f,0) = \int_E | \alpha f(x) |^p\mathrm{d}x = | \alpha |^p\int_E | f(x) |^p\mathrm{d}x \neq | \alpha | \int_E | f(x) |^p\mathrm{d}x,$$

所以此时

$$\| f \|_p = d(f,0) = \int_E | f(x) |^p\mathrm{d}x$$

不是 $\mathscr{L}^p(E)$上的一个模(或范数)，因为它不具有模的性质(2)，即不是恒有

$$\| \alpha f \|_p = | \alpha | \cdot \| f \|_p.$$

正是由于当 $0<p<1$ 时的 $\mathscr{L}^p(E)$与 $p\geqslant 1$ 时的 $\mathscr{L}^p(E)$之间的这种性质的差异，我们才总限定 $p\geqslant 1$.

例 4.1.7 $[0,1]$上全体 Riemann 可积函数 $\mathscr{R}([0,1])$按距离

$$d(f,g)=\left[\int_0^1 |f(x)-g(x)|^2\mathrm{d}x\right]^{\frac{1}{2}}$$

构成的空间不是完备的.

证明 记$(0,1)\cap\mathbb{Q}=\{r_1,r_2,\cdots,r_n,\cdots\}$. 对$\forall n\in\mathbb{N}$,作含于$[0,1]$内的开区间 I_n, s. t. $r_n\in I_n$ 且$|I_n|<\frac{1}{2^n}$. 然后,作函数

$$f(x)=\begin{cases}1, & x\in\bigcup\limits_{k=1}^{\infty}I_k,\\ 0, & x\in E_0=[0,1]-\bigcup\limits_{k=1}^{\infty}I_k\end{cases}$$

及函数列$\{f_n\}$:

$$f_n(x)=\begin{cases}1, & x\in\bigcup\limits_{k=1}^{n}I_k,\\ 0, & x\in[0,1]-\bigcup\limits_{k=1}^{n}I_k.\end{cases}$$

易见,在$[0,1]$上处处有$\lim\limits_{n\to+\infty}f_n(x)=f(x)$. 注意,当 $m>n$ 时,有

$$0\leqslant f_m(x)-f_n(x)\begin{cases}\leqslant 1, & x\in\bigcup\limits_{k=n+1}^{m}I_k,\\ =0, & x\in[0,1]-\bigcup\limits_{k=n+1}^{m}I_k\end{cases}$$

及

$$m\Big(\bigcup_{k=n+1}^{m}I_k\Big)\leqslant\sum_{k=n+1}^{m}m(I_k)<\sum_{k=n+1}^{m}\frac{1}{2^k}\to 0\quad(n,m\to+\infty).$$

便知

$$\begin{aligned}0\leqslant d(f_m,f_n)&=\left[\int_0^1|f_m(x)-f_n(x)|^2\mathrm{d}x\right]^{\frac{1}{2}}\\&\leqslant\left[\int_{\bigcup\limits_{k=n+1}^{m}I_k}1^2\mathrm{d}x\right]^{\frac{1}{2}}=\left[m\Big(\bigcup_{k=n+1}^{m}I_k\Big)\right]^{\frac{1}{2}}\\&\to 0\quad(n,m\to+\infty),\end{aligned}$$

故$\lim\limits_{m,n\to+\infty}d(f_m,f_n)=0$,即$\{f_n\}$为$\mathscr{R}([0,1])$中的基本(Cauchy)列. 由定理 4.1.8,应该有 $g\in\mathscr{L}^2([0,1])$, s. t. $(\mathscr{L}^2)\lim\limits_{n\to+\infty}f_n=g$. 根据定理 4.1.7,这样的 g 是惟一的. 下面可证,任何这样的 g 都不可能在$[0,1]$上 Riemann 可积. 因而$\mathscr{R}([0,1])$在上述距离 d 下不是完备的.

首先由定理 4.1.10,应有 $g(x)\overset{\cdot}{\underset{m}{=}}f(x)$. 设 E_1 为$[0,1]$中 Lebesgue 测度为 0 的子集, s. t.

$$g(x)=f(x),\quad \forall x\in[0,1]-E_1.$$

则 $m(E_0-E_1)>0$. 现设 $x_0\in E_0-E_1$. 对 $\forall n\in\mathbb{N}$,取充分大的 k_n, s. t.

$$|x_0-r_{k_n}|<\frac{1}{2^{n+1}},$$

$$m(I_{k_n})<\frac{1}{2^{k_n}}<\frac{1}{2^{n+1}}.$$

由于 $m(E_1)=0$, $I_{k_n}-E_1\neq\varnothing$,我们可取 $x_n\in I_{k_n}-E_1$. 于是,

$$|x_n-x_0|\leqslant|x_n-r_{k_n}|+|r_{k_n}-x_0|<\frac{1}{2^{n+1}}+\frac{1}{2^{n+1}}=\frac{1}{2^n}.$$

这说明 $\lim\limits_{n\to+\infty}x_n=x_0$. 注意, $x_n\in I_{k_n}$, $x_n\notin E_1$,所以

$$g(x_n)=f(x_n)=1,$$

而 $x_0\in E_0-E_1$,故 $g(x_0)=f(x_0)=0$. 可见

$$\lim_{n\to+\infty}g(x_n)=1\neq 0=g(x_0).$$

这表明 $g(x)$在点 x_0 处不连续. 由于 $x_0\in E_0-E_1$ 任取, $m(E_0-E_1)>0$,根据定理 3.1.5, g 在$[0,1]$上不是 Riemann 可积的. □

定理 4.1.10　在 $\mathscr{L}^p(E)(1\leqslant p\leqslant+\infty)$中,设

$$(\mathscr{L}^p)\lim_{k\to+\infty}f_k=f,$$

又在 E 上, $\lim\limits_{k\to+\infty}f_k(x)\overset{\cdot}{\underset{m}{=}}g(x)$,则 $f\overset{\cdot}{\underset{m}{=}}g$.

证明　由定理 4.1.9, $f_k\Rightarrow f$. 再由 F. Riesz 定理,有$\{f_k\}$的子列$\{f_{k_i}\}$,它在 E 上有 $\lim\limits_{i\to+\infty}f_{k_i}(x)\overset{\cdot}{\underset{m}{=}}f(x)$. 从已知 $\lim\limits_{i\to+\infty}f_{k_i}(x)\overset{\cdot}{\underset{m}{=}}g(x)$,所以在 E 上, $f(x)\overset{\cdot}{\underset{m}{=}}g(x)$. □

定义 4.1.6　设 $\mathscr{A}$ 为 $\mathscr{L}^p(E)$中的子集,如果对 $\forall f\in\mathscr{L}^p(E)$, $\forall\varepsilon>0$, $\exists g\in\mathscr{A}$, s. t.

$$d(f,g)=\|f-g\|_p<\varepsilon,$$

即 $\mathscr{A}$ 在$(\mathscr{L}^p(E),d)$中的闭包 $\overline{\mathscr{A}}=\mathscr{L}^p(E)$,则称 $\mathscr{A}$ 在 $\mathscr{L}^p(E)$中是**稠密**的. 若 $\mathscr{L}^p(E)$中存在可数稠密子集,则称 $\mathscr{L}^p(E)$是**可分**的.

例如: $\mathbb{Q}^n$ 为通常的$\mathbb{R}^n$ 中的可数稠密子集,故$\mathbb{R}^n$ 是可分的.

引理 4.1.1　设 $f\in\mathscr{L}^p(E)$, $1\leqslant p<+\infty$,则对 $\forall\varepsilon>0$,有:

(1) 存在$\mathbb{R}^n$ 上具有紧支集的连续函数 $h(\boldsymbol{x})$, s. t.

$$\int_E|f(\boldsymbol{x})-h(\boldsymbol{x})|^p\mathrm{d}\boldsymbol{x}<\varepsilon,$$

则 E 上连续函数全体 $C(E)=C(E,\mathbb{R})$在 $\mathscr{L}^p(E)$中稠密.

(2) 存在$\mathbb{R}^n$ 上具有紧支集的阶梯函数

$$\psi(\boldsymbol{x})=\sum_{i=1}^n c_i\chi_{I_i}(\boldsymbol{x}),$$

其中每个 I_i 都为方体，s. t.

$$\int_E |f(\boldsymbol{x})-\psi(\boldsymbol{x})|^p \mathrm{d}\boldsymbol{x}<\varepsilon,$$

即对$\mathbb{R}^n$ 上具有紧支集的阶梯函数全体 $\mathscr{A}$，$\{\psi|_E \,\big|\, \psi\in\mathscr{A}\}$在 $\mathscr{L}^p(E)$ 中稠密.

证明 类似定理 3.5.1 和定理 3.5.4 的证明. 我们有

(1) 由于 $f\in\mathscr{L}^p(E)$，故对 $\forall\,\varepsilon>0$，易知存在$\mathbb{R}^n$ 上具有紧支集的 Lebesgue 可测简单函数 $\varphi(x)$，s. t.

$$(\mathrm{L})\int_E |f(\boldsymbol{x})-\varphi(\boldsymbol{x})|^p \mathrm{d}\boldsymbol{x}<\frac{\varepsilon}{2^p}.$$

不妨设$|\varphi(\boldsymbol{x})|<M$, $\forall\,\boldsymbol{x}\in\mathbb{R}^n$. 根据 Лузин 定理 3.2.11 的推论 3.2.2，存在$\mathbb{R}^n$ 上具有紧支集的连续函数 h，s. t. $|h(\boldsymbol{x})|<M$, $\forall\,\boldsymbol{x}\in\mathbb{R}^n$，且有

$$m(\{\boldsymbol{x}\in E \,\big|\, |\varphi(\boldsymbol{x})-h(\boldsymbol{x})|>0\})<\frac{\varepsilon}{(2M)^p\cdot 2^p}.$$

从而可得

$$\begin{aligned}(\mathrm{L})\int_E |\varphi(\boldsymbol{x})-h(\boldsymbol{x})|^p \mathrm{d}\boldsymbol{x} &=(\mathrm{L})\int_{\{x\in E \,|\, |\varphi(x)-h(x)|>0\}} |\varphi(\boldsymbol{x})-h(\boldsymbol{x})|^p \mathrm{d}\boldsymbol{x}\\ &\leqslant(2M)^p\cdot m(\{\boldsymbol{x}\in E \,\big|\, |\varphi(\boldsymbol{x})-h(\boldsymbol{x})|>0\})\\ &<(2M)^p\cdot\frac{\varepsilon}{(2M)^p\cdot 2^p}=\frac{\varepsilon}{2^p}.\end{aligned}$$

最后，有

$$\begin{aligned}\left[(\mathrm{L})\int_E |f(\boldsymbol{x})-h(\boldsymbol{x})|^p \mathrm{d}\boldsymbol{x}\right]^{\frac{1}{p}} &\leqslant\left[(\mathrm{L})\int_E |f(\boldsymbol{x})-\varphi(\boldsymbol{x})|^p \mathrm{d}\boldsymbol{x}\right]^{\frac{1}{p}}\\ &\quad+\left[(\mathrm{L})\int_E |\varphi(\boldsymbol{x})-h(\boldsymbol{x})|^p \mathrm{d}\boldsymbol{x}\right]^{\frac{1}{p}}\\ &<\frac{\varepsilon^{\frac{1}{p}}}{2}+\frac{\varepsilon^{\frac{1}{p}}}{2}=\varepsilon^{\frac{1}{p}},\end{aligned}$$

故 $(\mathrm{L})\int_E |f(\boldsymbol{x})-h(\boldsymbol{x})|^p \mathrm{d}\boldsymbol{x}<\varepsilon$.

(2) 根据(1)，对 $\forall\,\varepsilon>0$，存在$\mathbb{R}^n$ 上具有紧支集的连续函数 h，s. t.

$$\int_E |f(\boldsymbol{x})-h(\boldsymbol{x})|^p \mathrm{d}\boldsymbol{x}<\frac{\varepsilon}{2^p}.$$

不妨设 h 的支集

$$\overline{\{x\subset\mathbb{R}^n \,|\, h(\boldsymbol{x})\neq 0\}}$$

含于某个闭方体

$I=\{\boldsymbol{x}=(x_1,x_2,\cdots,x_n)\,|\,-k_0\leqslant x_i\leqslant k_0, i=1,2,\cdots,n, k_0$ 为固定的自然数$\}$内. 由 h 的一致连续性，$\exists\,\delta>0$，当 $\boldsymbol{x}',\boldsymbol{x}''\in I$, $\rho_0^n(\boldsymbol{x}',\boldsymbol{x}'')=\|\boldsymbol{x}'-\boldsymbol{x}''\|<\delta$ 时，

$$|h(\boldsymbol{x}')-h(\boldsymbol{x}'')|<\frac{\varepsilon^{\frac{1}{p}}}{2\cdot[m(I)]^{\frac{1}{p}}}.$$

将 I 划分为 N 个等分，使得每一等分 I_i 都有 $\operatorname{diam}I_i<\delta$. 在 I_i 中任取 $\boldsymbol{p}_i\in I_i$，令 $c_i=h(\boldsymbol{p}_i)$，且

$$\psi(\boldsymbol{x})=\sum_{i=1}^{N}c_i\chi_{I_i}(\boldsymbol{x})=\sum_{i=1}^{N}h(\boldsymbol{p}_i)\chi_{I_i}(\boldsymbol{x}),$$

则 ψ 为支集含于 I 中的阶梯函数，且

$$\begin{aligned}\int_E|h(\boldsymbol{x})-\psi(\boldsymbol{x})|^p\mathrm{d}\boldsymbol{x}&\leqslant\int_I\left|h(\boldsymbol{x})-\sum_{i=1}^{N}h(\boldsymbol{p}_i)\chi_{I_i}(\boldsymbol{x})\right|^p\mathrm{d}\boldsymbol{x}\\&\leqslant\sum_{i=1}^{N}\int_{I_i}|h(\boldsymbol{x})-h(\boldsymbol{p}_i)|^p\mathrm{d}\boldsymbol{x}\\&<\frac{\varepsilon}{2^p\cdot m(I)}\cdot\sum_{i=1}^{N}m(I_i)=\frac{\varepsilon}{2^p\cdot m(I)}\cdot m(I)=\frac{\varepsilon}{2^p}.\end{aligned}$$

由此可得

$$\begin{aligned}\left[\int_E|f(\boldsymbol{x})-\psi(\boldsymbol{x})|^p\mathrm{d}\boldsymbol{x}\right]^{\frac{1}{p}}&\leqslant\left[\int_E|f(\boldsymbol{x})-h(\boldsymbol{x})|^p\mathrm{d}\boldsymbol{x}\right]^{\frac{1}{p}}+\left[\int_E|h(\boldsymbol{x})-\psi(\boldsymbol{x})|^p\mathrm{d}\boldsymbol{x}\right]^{\frac{1}{p}}\\&<\frac{\varepsilon^{\frac{1}{p}}}{2}+\frac{\varepsilon^{\frac{1}{p}}}{2}=\varepsilon^{\frac{1}{p}},\end{aligned}$$

即 $\int_E|f(\boldsymbol{x})-\psi(\boldsymbol{x})|^p\mathrm{d}\boldsymbol{x}<\varepsilon$. □

定理 4.1.11 (1) 当 $1\leqslant p<+\infty$ 时，$\mathscr{L}^p(E)$ 为可分空间.

(2) 当 $m(E)=0$ 时，$\mathscr{L}^\infty(E)$ 为可分空间；

当 $m(E)>0$ 时，$\mathscr{L}^\infty(E)$ 不为可分空间.

证明 (1) 首先，设 $E=\mathbb{R}^n$，$f\in\mathscr{L}^p(\mathbb{R}^n)$. 对 $\forall\,\varepsilon>0$，由引理 4.1.1，存在 $\mathbb{R}^n$ 上的阶梯函数 φ，s. t.

$$\|f-\varphi\|_p<\frac{\varepsilon}{2},$$

其中

$$\varphi(\boldsymbol{x})=\sum_{i=1}^{k}c_i\chi_{I_i}(\boldsymbol{x}).$$

不妨设 $|c_i|<M$，$m(I_i)\leqslant M^p$，$i=1,2,\cdots,k$. 并要求

$$I_i=[a_1,b_1]\times\cdots\times[a_n,b_n]$$

中的 $a_j,b_j\in\mathbb{Q}$，$j=1,2,\cdots,n$. 现对每个 i，选有理数 r_i，s. t. $|r_i|<M$，且有

$$|c_i-r_i|<\frac{\varepsilon}{2kM},\quad i=1,2,\cdots,k.$$

并令

$$\psi(\boldsymbol{x}) = \sum_{i=1}^{k} r_i \chi_{I_i}(\boldsymbol{x}).$$

于是

$$\begin{aligned}\|\varphi-\psi\|_p &= \left\| \sum_{i=1}^{k} c_i\chi_{I_i} - \sum_{i=1}^{k} r_i\chi_{I_i} \right\|_p \leqslant \sum_{i=1}^{k} \|(c_i-r_i)\chi_{I_i}\|_p \\ &= \sum_{i=1}^{k} |c_i-r_i| \, \|\chi_{I_i}\|_p \leqslant \frac{\varepsilon}{2kM}\sum_{i=1}^{k}\left[\int_E |\chi_{I_i}(\boldsymbol{x})|^p \mathrm{d}\boldsymbol{x}\right]^{\frac{1}{p}} \\ &\leqslant \frac{\varepsilon}{2kM}\sum_{i=1}^{k}\left(\int_{I_i}\mathrm{d}\boldsymbol{x}\right)^{\frac{1}{p}} = \frac{\varepsilon}{2kM}\sum_{i=1}^{k}[m(I_i)]^{\frac{1}{p}} \\ &\leqslant \frac{\varepsilon}{2kM}kM = \frac{\varepsilon}{2}.\end{aligned}$$

从而可得

$$\|f-\psi\|_p \leqslant \|f-\varphi\|_p + \|\varphi-\psi\|_p < \frac{\varepsilon}{2} + \frac{\varepsilon}{2} = \varepsilon.$$

因为形如 ψ 的阶梯函数的全体 $\mathscr{A}$ 为至多可数集，它为 $\mathscr{L}^p(\mathbb{R}^n)$ 中的可数稠密集. 这就证明了 $\mathscr{L}^p(\mathbb{R}^n)$ 为可分空间.

其次，考虑 $\mathbb{R}^n$ 中的 Lebesgue 可测集 E. 设 $f\in\mathscr{L}^p(E)$，作

$$f_1(\boldsymbol{x}) = \begin{cases} f(\boldsymbol{x}), & \boldsymbol{x}\in E, \\ 0, & \boldsymbol{x}\in\mathbb{R}^n - E. \end{cases}$$

显然 $f_1\in\mathscr{L}^p(\mathbb{R}^n)$，从而由上述知，对 $\forall\,\varepsilon>0$，$\exists\,\psi\in\mathscr{A}$，s. t.

$$\left[\int_{\mathbb{R}^n} |f_1(\boldsymbol{x})-\psi(\boldsymbol{x})|^p \mathrm{d}\boldsymbol{x}\right]^{\frac{1}{p}} < \varepsilon.$$

于是

$$\left[\int_E |f(\boldsymbol{x})-\psi(\boldsymbol{x})|^p \mathrm{d}\boldsymbol{x}\right]^{\frac{1}{p}} \leqslant \left[\int_{\mathbb{R}^n} |f_1(\boldsymbol{x})-\psi(\boldsymbol{x})|^p \mathrm{d}\boldsymbol{x}\right]^{\frac{1}{p}} < \varepsilon.$$

这就证明了 $\mathscr{A}' = \{\psi|_E \,|\, \psi\in\mathscr{A}\}$ 为 $\mathscr{L}^p(E)$ 中的可数稠密子集，而 $\mathscr{L}^p(E)$ 为可分空间.

(2) 当 $m(E)=0$ 时，$\mathscr{L}^\infty(E)$ 中只有一个元素 $[0]$（几乎处处为 0 的函数所对应的等价类），当然 $\mathscr{L}^\infty(E)$ 为可分空间.

当 $m(E)>0$，令

$$f_t(\boldsymbol{x}) = \chi_{E\cap\overline{B(\boldsymbol{0};t)}}(\boldsymbol{x}), \quad t\in(0,+\infty).$$

显然

$$m(E\cap\overline{B(\boldsymbol{0};\,t)})$$

为 t 的连续函数，且从 0 单调增至 $m(E)>0$. 于是，存在不可数集 $A\subset(0,+\infty)$，s. t.

$$m(E\cap\overline{B(\boldsymbol{0};\,t)}) \neq m(E\cap\overline{B(\boldsymbol{0};\,t')}), \forall\, t,t'\in A, t\neq t'.$$

由 $\|\cdot\|_\infty$ 的定义，有

$$\begin{aligned}\|f_t-f_{t'}\|_\infty&=\inf\left\{M\,\middle|\,|f_t(\boldsymbol{x})-f_{t'}(\boldsymbol{x})|\underset{m}{\dot{\leqslant}}M\right\}\\&=\inf\left\{M\,\middle|\,|\chi_{E\cap\overline{B(0,t)}}(\boldsymbol{x})-\chi_{E\cap\overline{B(0,t')}}(\boldsymbol{x})|\underset{m}{\dot{\leqslant}}M\right\}\\&=1.\end{aligned}$$

(反证)反设$\mathscr{L}^\infty(E)$是可分的,则存在$\mathscr{L}^\infty(E)$中的可数稠密族

$$\mathscr{J}=\{\varphi_n\mid n\in\mathbb{N}\}.$$

因此,对$\varepsilon=\frac{1}{2}$,$\forall t\in A$,$\exists\varphi_{n(t)}\in\mathscr{J}$,s. t.

$$\|f_t-\varphi_{n(t)}\|_\infty<\varepsilon=\frac{1}{2}.$$

由于

$$\|f_t-f_{t'}\|_\infty=1,\quad t\neq t',$$

立知$\varphi_{n(t)}\neq\varphi_{n(t')}$(否则,有

$$\begin{aligned}1=\|f_t-f_{t'}\|_\infty&\leqslant\|f_t-\varphi_{n(t)}\|_\infty+\|\varphi_{n(t)}-f_{t'}\|_\infty\\&=\|f_t-\varphi_{n(t')}\|_\infty+\|\varphi_{n(t)}-f_{t'}\|_\infty<\frac{1}{2}+\frac{1}{2}=1,\end{aligned}$$

矛盾).因此

$$\{\varphi_{n(t)}\mid t\in A\}$$

为不可数族,从而

$$\mathscr{J}=\{\varphi_n\mid n\in\mathbb{N}\}\supset\{\varphi_{n(t)}\mid t\in A\}$$

为不可数族,这与所取$\{\varphi_n|n\in\mathbb{N}\}$为可数族相矛盾. □

练习题 4.1

1. 设$R_1,R_2,\cdots,R_n,\cdots$为一列模空间,$x=(x_1,x_2,\cdots,x_n,\cdots)$,其中$x_n\in R_n$,$n=1,2,\cdots$,而且$\sum\limits_{n=1}^{\infty}\|x_n\|^p<+\infty$.这种元素的全体记作$R$.定义:

加法:$x+y=(x_1,x_2,\cdots,x_n,\cdots)+(y_1,y_2,\cdots,y_n,\cdots)$
$\qquad=(x_1+y_1,x_2+y_2,\cdots,x_n+y_n,\cdots)$;

数乘:$\lambda x=(\lambda x_1,\lambda x_2,\cdots,\lambda x_n,\cdots)$,$\lambda$为实数.

证明:(R,+,数乘)为一个线性空间.如果定义模

$$\|x\|=\left(\sum_{n=1}^{\infty}\|x_n\|^p\right)^{\frac{1}{p}},\quad 1\leqslant p<+\infty,$$

则$(R,\|\cdot\|)$为一个模空间.

2. 设$l^p=\{x=(x_1,x_2,\cdots,x_n,\cdots)\,|\,x_n\in\mathbb{R},n=1,2,\cdots,\sum\limits_{n=1}^{\infty}|x_n|^p<+\infty,1\leqslant p<+\infty\}$.

定义：

加法：$x+y=(x_1,x_2,\cdots,x_n,\cdots)+(y_1,y_2,\cdots,y_n,\cdots)$
$=(x_1+y_1,x_2+y_2,\cdots,x_n+y_n,\cdots)$；

数乘：$\lambda x=(\lambda x_1,\lambda x_2,\cdots,\lambda x_n,\cdots),\lambda\in\mathbb{R}$.

证明：(1) $(l^p,+,$数乘$)$为一个线性空间.

(2) 设 $\|\cdot\|:l^p\to\mathbb{R}$,

$$x\mapsto \|x\|_p=\left[\sum_{n=1}^{\infty}|x_n|^p\right]^{\frac{1}{p}},$$

则$(l^p,\|\cdot\|)$为模空间.

(3) 设 d: $l^p\times l^p\to\mathbb{R}$,

$$d(x,y)=\|x-y\|_p=\left[\sum_{n=1}^{\infty}|x_n-y_n|^p\right]^{\frac{1}{p}},$$

则(l^p,d)为完备度量空间. 因而，$(l^p,\|\cdot\|)$为 Banach 空间.

3. 证明：当 $m(E)<+\infty,p'>p$ 时，$\mathscr{L}^{p'}(E)\subset\mathscr{L}^p(E)$. 并就 $E=(0,1)$举例说明 $\mathscr{L}^{p'}(E)\neq\mathscr{L}^p(E)$.

4. 就 $E=\mathbb{R}^1$ 举例说明：当 $m(E)=+\infty$时，$\mathscr{L}^p(E)$与 $\mathscr{L}^{p'}(E)$互不包含，此处 $p'>p\geqslant 1$.

5. 设 $1\leqslant p<r<p'$，$f\in\mathscr{L}^p(E)\cap\mathscr{L}^{p'}(E)$. 证明：$f\in\mathscr{L}^r(E)$.

6. 设 $1\leqslant p<+\infty$，$g\in\mathscr{L}^p(E)$，$f_n\in\mathscr{L}^p(E)$，$|f_n(x)|\leqslant g(x)$，$n=1,2,3,\cdots$. 在 E 上，$\lim\limits_{n\to+\infty}f_n(x)\doteq_m f(x)$. 证明：$(\mathscr{L}^p)\lim\limits_{n\to+\infty}f_n=f$.

7. 设 $f\in\mathscr{L}^2([0,1])$. 令

$$g(x)=\int_0^1\frac{f(t)}{|x-t|^{\frac{1}{2}}}\mathrm{d}t,\quad 0<x<1.$$

证明：$\left[\int_0^1 g^2(x)\mathrm{d}x\right]^{\frac{1}{2}}\leqslant 2\sqrt{2}\left[\int_0^1 f^2(x)\mathrm{d}x\right]^{\frac{1}{2}}$.

8. 设 $f(x)$为$[a,b]$上正值 Lebesgue 可测函数. 证明：

$$\left(\frac{1}{b-a}\int_a^b f(x)\mathrm{d}x\right)\left(\frac{1}{b-a}\int_a^b\frac{\mathrm{d}x}{f(x)}\right)\geqslant 1.$$

9. 设 $f\in\mathscr{L}^\infty(E)$，$w(x)>0$ 且 $\int_E w(x)\mathrm{d}x=1$. 证明：

$$\lim_{p\to+\infty}\left[\int_E|f(x)|^p w(x)\mathrm{d}x\right]^{\frac{1}{p}}=\|f\|_\infty.$$

10. 设 $f\in\mathscr{L}^\infty(E)$，$m(E)<+\infty$，且$\|f\|_\infty>0$. 证明：$\lim\limits_{n\to+\infty}\dfrac{\|f\|_{n+1}^{n+1}}{\|f\|_n^n}=\|f\|_\infty$.

11. 设 $f\in\mathscr{L}^2((0,\pi))$. 证明：

(1) $\int_0^\pi[f(x)-\sin x]^2\mathrm{d}x\leqslant\frac{4}{9}$；　　(2) $\int_0^\pi[f(x)-\cos x]^2\mathrm{d}x\leqslant\frac{1}{9}$

两式不相容.

12. 设$0<p,q<+\infty$.证明：$\mathscr{L}^p(E)\cdot\mathscr{L}^q(E)=\mathscr{L}^{\frac{pq}{p+q}}(E)$,其中

$$\mathscr{L}^p(E)\cdot\mathscr{L}^q(E)=\{f\cdot g\mid f\in\mathscr{L}^p(E),g\in\mathscr{L}^q(E)\}.$$

13. 设$f(x),g(x)$为E上非负可测函数.$1\leqslant p<+\infty,1\leqslant q<+\infty,1\leqslant r\leqslant+\infty,\frac{1}{r}=\frac{1}{p}+\frac{1}{q}-1$.证明：

$$\int_E f(x)g(x)\mathrm{d}x\leqslant \|f\|_p^{1-\frac{p}{r}}\|g\|_q^{1-\frac{q}{r}}\left(\int_E f^p(x)g^q(x)\mathrm{d}x\right)^{\frac{1}{r}}.$$

14. 设$f\in\mathscr{L}^p(\mathbb{R}^n),g\in\mathscr{L}^q(\mathbb{R}^n),1\leqslant p,q<+\infty,\frac{1}{p}+\frac{1}{q}-1>0$,令$h(x)=\int_{\mathbb{R}^n}f(t)g(x-t)\mathrm{d}t$.证明：

$$\|h\|_r\leqslant\|f\|_p\|g\|_q,\quad 其中\frac{1}{r}=\frac{1}{p}+\frac{1}{q}-1.$$

15. 设$0<p_0<q_0<+\infty$,若$\mathscr{L}^{p_0}(E)\subset\mathscr{L}^{q_0}(E)$.证明：对$0<p<q$,有$\mathscr{L}^p(E)\subset\mathscr{L}^q(E)$.

16. 设$0<m(E)<+\infty$,令

$$N_p(f)=\left[\frac{1}{m(E)}\int_E|f(x)|^p\mathrm{d}x\right]^{\frac{1}{p}},\quad 1\leqslant p<+\infty.$$

证明：当$p_1<p_2$时,有$N_{p_1}(f)\leqslant N_{p_2}(f)$.

4.2　$\mathscr{L}^2$空间

我们来仔细研究$\mathscr{L}^p$中最重要、性质最好的$\mathscr{L}^2$空间.

定义 4.2.1　设$p=2$,其共轭指标$q=2$,$E\subset\mathbb{R}^n$为Lebesgue可测集,记

$$\mathscr{L}^2(E)=\{f\mid f在E上为Lebesgue可测函数,且\int_E|f(x)|^2\mathrm{d}\boldsymbol{x}=\int_E f^2(\boldsymbol{x})\mathrm{d}\boldsymbol{x}<+\infty\}.$$

又设$f,g\in\mathscr{L}^2(E)$,即f,g为E上平方Lebesgue可积函数.由于

$$\int_E|f(\boldsymbol{x})g(\boldsymbol{x})|\mathrm{d}\boldsymbol{x}\leqslant\int_E\frac{f^2(\boldsymbol{x})+g^2(\boldsymbol{x})}{2}\mathrm{d}\boldsymbol{x}<+\infty$$

知$fg\in\mathscr{L}^1(E)=\mathscr{L}(E)$.由此我们定义

$$\langle,\rangle:\mathscr{L}^2(E)\times\mathscr{L}^2(E)\to\mathbb{R},$$

$$(f,g)\mapsto\langle f,g\rangle\overset{\text{def}}{=}\int_E f(\boldsymbol{x})g(\boldsymbol{x})\mathrm{d}\boldsymbol{x}.$$

易见,对$\forall f,g,f_1,f_2\in\mathscr{L}^2(E),\lambda\in\mathbb{R}$,有

$$\text{(a)}\ \langle f,f\rangle=\int_E f^2(\boldsymbol{x})\mathrm{d}\boldsymbol{x}\geqslant 0;$$

$$\langle f,f\rangle=\int_E f^2(\boldsymbol{x})\mathrm{d}\boldsymbol{x}=0\Leftrightarrow f^2(\boldsymbol{x})\underset{m}{\dot{=}}0$$

$$\Leftrightarrow f\underset{m}{\dot{=}}0,\text{即}[f]\text{为}\mathscr{L}^2(E)\text{中的零元(正定性)}.$$

$$\text{(b)}\ \langle f,g\rangle=\int_E f(\boldsymbol{x})g(\boldsymbol{x})\mathrm{d}\boldsymbol{x}=\int_E g(x)f(x)\mathrm{d}x=\langle g(\boldsymbol{x}),f(\boldsymbol{x})\rangle\text{(对称性)}.$$

$$\left.\begin{aligned}\text{(c)}\ \langle f_1+f_2,g\rangle&=\int_E[f_1(\boldsymbol{x})+f_2(\boldsymbol{x})]g(\boldsymbol{x})\mathrm{d}\boldsymbol{x}\\&=\int_E f_1(\boldsymbol{x})g(\boldsymbol{x})\mathrm{d}\boldsymbol{x}+\int_E f_2(\boldsymbol{x})g(\boldsymbol{x})\mathrm{d}\boldsymbol{x}=\langle f_1,g\rangle+\langle f_2,g\rangle,\\\langle\lambda f,g\rangle&=\int_E(\lambda f)(\boldsymbol{x})g(\boldsymbol{x})\mathrm{d}\boldsymbol{x}=\lambda\int_E f(\boldsymbol{x})g(\boldsymbol{x})\mathrm{d}\boldsymbol{x}\\&=\lambda\langle f,g\rangle=\langle f,\lambda g\rangle.\end{aligned}\right\}\text{(双线性)}$$

我们称$\langle f,g\rangle$为 f 与 g 的内积. $(\mathscr{L}^2(E),\langle,\rangle)$为内积空间. 由$\langle,\rangle$自然导出模(或范数)

$$\|\cdot\|_2:\mathscr{L}^2(E)\to\mathbb{R},$$

$$f\mapsto\|f\|_2\overset{\text{def}}{=}\langle f,f\rangle^{\frac{1}{2}}=\left[\int_E f^2(\boldsymbol{x})\mathrm{d}\boldsymbol{x}\right]^{\frac{1}{2}},$$

其中$\|f\|_2$为 f 的长度. 由内积条件(a),(b),(c)可推出,模(或范数)$\|\cdot\|_2$满足:对$\forall f,g\in\mathscr{L}^2(E),\lambda\in\mathbb{R}$,有

(1) $\|f\|_2\geqslant 0$, $\|f\|_2=0\Leftrightarrow f\underset{m}{\dot{=}}0$.

(2) $\|\lambda f\|_2=|\lambda|\,\|f\|_2$.

(3) $\|f+g\|_2\leqslant\|f\|_2+\|g\|_2$.

从而$(\mathscr{L}^2(E),\|\cdot\|_2)$为一个模(或赋范)空间,称它为由内积空间$(\mathscr{L}^2(E),\langle,\rangle)$诱导的模(或赋范)空间. 再由

$$\begin{aligned}d(f,g)&\overset{\text{def}}{=}\|f-g\|_2=[\langle f-g,f-g\rangle]^{\frac{1}{2}}\\&=\left\{\int_E[f(\boldsymbol{x})-g(\boldsymbol{x})]^2\mathrm{d}\boldsymbol{x}\right\}^{\frac{1}{2}}\end{aligned}$$

定义了一个距离(或度量)空间$(\mathscr{L}^2(E),d)$,它是由上述内积空间或模(赋范)空间诱导的距离(或度量)空间.

完备的内积空间称为 **Hilbert 空间**;完备的模空间称为 **Banach 空间**. 显然,Hilbert 空间必为 Banach 空间.

定理 4.1.8 指出,$\mathscr{L}^p(E)(p\geqslant 1)$为 Banach 空间,而 $\mathscr{L}^2(E)$为 Hilbert 空间.

注 4.2.1 (1) 设 $m(E)<+\infty$, $f\in\mathscr{L}^2(E)$,则

$$\begin{aligned}\int_E|f(\boldsymbol{x})|\mathrm{d}\boldsymbol{x}&=\int_{E(\{\boldsymbol{x}\in E\,\mid\,|f(\boldsymbol{x})|\leqslant 1\})}|f(\boldsymbol{x})|\mathrm{d}\boldsymbol{x}+\int_{E(\{\boldsymbol{x}\in E\,\mid\,|f(\boldsymbol{x})|>1\})}|f(\boldsymbol{x})|\mathrm{d}\boldsymbol{x}\\&\leqslant 1\cdot m(E)+\int_E f^2(\boldsymbol{x})\mathrm{d}\boldsymbol{x}<+\infty;\end{aligned}$$

或者应用下面的 Cauchy-Schwarz 不等式，有

$$\int_E |f(\boldsymbol{x})|\,\mathrm{d}\boldsymbol{x}=\int_E |f(\boldsymbol{x})\cdot 1|\,\mathrm{d}\boldsymbol{x}\leqslant\int_E f^2(\boldsymbol{x})\mathrm{d}\boldsymbol{x}\cdot\int_E 1^2\mathrm{d}\boldsymbol{x}$$

$$=\int_E f^2(\boldsymbol{x})\mathrm{d}\boldsymbol{x}\cdot m(E)<+\infty.$$

从而，$|f|$，f 均为 Lebesgue 可积函数.

(2) 取 $E=[1,+\infty)$，$f(x)=\dfrac{1}{x}$. 则

$$\int_1^{+\infty} f^2(x)\mathrm{d}x=\int_1^{+\infty}\frac{\mathrm{d}x}{x^2}=-\frac{1}{x}\bigg|_1^{+\infty}=1<+\infty,$$

$$\int_1^{+\infty}|f(x)|\,\mathrm{d}x=\int_1^{+\infty}\frac{\mathrm{d}x}{x}=\ln x=\bigg|_1^{+\infty}=+\infty.$$

因此，$f(x)=\dfrac{1}{x}\in\mathscr{L}^2([1,+\infty))$，但$|f|$，$f$ 不为 Lebesgue 可积函数.

注 4.2.2　根据[10]第 3 页定理 3，模$\|\cdot\|$由内积$\langle,\rangle$诱导$\Leftrightarrow\|\cdot\|$满足平行四边形法则：

$$\|\boldsymbol{x}+\boldsymbol{y}\|^2+\|\boldsymbol{x}-\boldsymbol{y}\|^2=2[\|\boldsymbol{x}\|^2+\|\boldsymbol{y}\|^2].$$

例 4.2.1　Banach 空间未必为 Hilbert 空间.

考虑 $\mathscr{L}^1(E)=\mathscr{L}(E)$，$E=[0,2]$，

$$f(x)=\begin{cases}1, & 0\leqslant x\leqslant 1,\\ 0, & 1<x\leqslant 2;\end{cases}\qquad g(x)=\begin{cases}0, & 0\leqslant x\leqslant 1,\\ 1, & 1\leqslant x\leqslant 2,\end{cases}$$

则 $f,g\in\mathscr{L}^1(E)=\mathscr{L}(E)$.

$$\|f\|_1=\int_0^2|f(x)|\,\mathrm{d}x=\int_0^1 1\mathrm{d}x=1,$$

$$\|g\|_1=\int_0^2|g(x)|\,\mathrm{d}x=\int_1^2 1\mathrm{d}x=1,$$

$$\|f+g\|_1=\int_0^2|f(x)+g(x)|\,\mathrm{d}x=\int_0^2 1\mathrm{d}x=2,$$

$$\|f-g\|_1=\int_0^2|f(x)-g(x)|\,\mathrm{d}x=\int_0^2 1\mathrm{d}x=2.$$

于是

$$\|f+g\|_1^2+\|f-g\|_1^2=2^2+2^2=8\neq 4=2(1+1)=2(\|f\|_1^2+\|g\|_1^2).$$

这表明$(\mathscr{L}^1(E),\|\cdot\|)$不满足平行四边形法则，根据注 4.2.2，$\|\cdot\|_1$ 不是由某个内积$\langle,\rangle$所诱导. 另外，由定理 4.1.8 知，$(\mathscr{L}^1(E),\|\cdot\|_1)$所导出的距离空间$(\mathscr{L}^1(E),d)$为完备空间. 因此$(\mathscr{L}^1(E),\|\cdot\|_1)$为 Banach 空间，但不为 Hilbert 空间.

定理 4.2.1　设 $f,g\in\mathscr{L}^2(E)$，则有 Cauchy-Schwarz 不等式

$$|\langle f,g\rangle|\leqslant\|f\|_2\|g\|_2.$$

且等号成立$\Leftrightarrow f \overset{\cdot}{\underset{m}{=}} \lambda g$ 或 $g \overset{\cdot}{\underset{m}{=}} \lambda f, \lambda \in \mathbb{R}$.

证明 证法 1 定理 4.1.3 中 Hölder 不等式的特例.

($\Leftarrow$)
$$\begin{aligned} |\langle f,g\rangle| &= |\langle \lambda g, g\rangle| = |\lambda| \langle g,g\rangle = |\lambda| \; \|g\|_2^2 \\ &= \|\lambda g\|_2 \|g\|_2 = \|f\|_2 \|g\|_2. \end{aligned}$$

当 $g \overset{\cdot}{\underset{m}{=}} \lambda f$ 时,类似可证.

($\Rightarrow$)如果$\langle g,g\rangle = 0$,则 $g \overset{\cdot}{\underset{m}{=}} 0 = 0 \cdot f$.

如果$\langle g,g\rangle \neq 0$,由判别式
$$\Delta = [2\langle f,g\rangle]^2 - 4\langle g,g\rangle\langle f,f\rangle = 4[\langle f,g\rangle^2 - \|f\|_2^2 \|g\|_2^2] = 0$$
推出 $\exists \lambda \in \mathbb{R}$, s. t.
$$0 = \langle f,f\rangle - 2\langle f,g\rangle\lambda + \langle g,g\rangle\lambda^2 = \langle f-\lambda g, f-\lambda g\rangle,$$
所以,$f - \lambda g \overset{\cdot}{\underset{m}{=}} 0, f \overset{\cdot}{\underset{m}{=}} \lambda g$.

证法 2 显然,关于 t 的二次三项式
$$\langle f,f\rangle - 2\langle f,g\rangle t + \langle g,g\rangle t^2 = \langle f - tg, f - tg\rangle \geqslant 0.$$

如果 $\int_E g^2(\boldsymbol{x})\mathrm{d}\boldsymbol{x} = \langle g,g\rangle = 0$,则 $g(\boldsymbol{x}) \overset{\cdot}{\underset{m}{=}} 0$,故 $f(\boldsymbol{x})g(\boldsymbol{x}) \overset{\cdot}{\underset{m}{=}} 0$ 及
$$\begin{aligned} |\langle f,g\rangle| &= \left|\int_E f(\boldsymbol{x})g(\boldsymbol{x})\mathrm{d}\boldsymbol{x}\right| = 0 \\ &= \left[\int_E f^2(\boldsymbol{x})\mathrm{d}\boldsymbol{x}\right]^{\frac{1}{2}} \cdot 0 \\ &= \left[\int_E f^2(\boldsymbol{x})\mathrm{d}\boldsymbol{x}\right]^{\frac{1}{2}} \cdot \left[\int_E g^2(\boldsymbol{x})\mathrm{d}\boldsymbol{x}\right]^{\frac{1}{2}} \\ &= \|f\|_2 \|g\|_2. \end{aligned}$$

如果$\langle g,g\rangle > 0$,则判别式
$$\Delta = 4\langle f,g\rangle^2 - 4\langle f,f\rangle\langle g,g\rangle \leqslant 0 \Leftrightarrow |\langle f,g\rangle| \leqslant \|f\|_2 \|g\|_2.$$
其他类似证法 1. □

定义 4.2.2 设 $f,g \in \mathscr{L}^2(E)$, $\|f\|_2 \neq 0$, $\|g\|_2 \neq 0$,令
$$\cos\theta = \frac{\langle f,g\rangle}{\|f\|_2 \|g\|_2} \in [-1,1],$$
称 θ 为 f 与 g 的**夹角**.

如果$\langle f,g\rangle = 0$,则称 f 与 g **正交**(**或垂直**),记作 $f \perp g$.

如果$\{\varphi_\alpha \mid \alpha \in \Gamma\} \subset \mathscr{L}^2(E)$中任意两个元都正交,则称$\{\varphi_\alpha \mid \alpha \in \Gamma\}$为**正交系**.

如果正交系$\{\varphi_\alpha \mid \alpha \in \Gamma\}$还有 $\|\varphi_\alpha\|_2 = 1$ ($\forall \alpha \in \Gamma$),则称$\{\varphi_\alpha \mid \alpha \in \Gamma\}$为**规范(归一化或标准)正交系**.

例 4.2.2 $\mathscr{L}^2([-\pi,\pi])$中的三角函数列:
$$\frac{1}{\sqrt{2\pi}}, \frac{1}{\sqrt{\pi}}\cos x, \frac{1}{\sqrt{\pi}}\sin x, \cdots, \frac{1}{\sqrt{\pi}}\cos kx, \frac{1}{\sqrt{\pi}}\sin kx, \cdots$$

为规范正交系.

定理 4.2.2(内积的连续性) 如果在 $\mathscr{L}^2(E)$ 中,$\{f_k\}$ 2 次幂平均收敛(依 $\mathscr{L}^2(E)$ 收敛)于 f,即

$$\lim_{k\to+\infty}\|f_k-f\|_2=\lim_{k\to+\infty}\left\{\int_E[f_k(\boldsymbol{x})-f(\boldsymbol{x})]^2\mathrm{d}\boldsymbol{x}\right\}^{\frac{1}{2}}=0,$$

则 $\{f_k\}$ **弱收敛于** f,即对 $\forall\, g\in\mathscr{L}^2(E)$,有

$$\lim_{k\to+\infty}\langle f_k,g\rangle=\langle f,g\rangle\Leftrightarrow\lim_{k\to+\infty}\int_E f_k(\boldsymbol{x})g(\boldsymbol{x})\mathrm{d}\boldsymbol{x}=\int_E f(\boldsymbol{x})g(\boldsymbol{x})\mathrm{d}\boldsymbol{x}.$$

证明 由 Cauchy-Schwarz 不等式和 $\lim\limits_{k\to+\infty}\|f_k-f\|_2=0$ 得到

$$\begin{aligned}|\langle f_k,g\rangle-\langle f,g\rangle|&=|\langle f_k-f,g\rangle|\\&\leqslant\|f_k-f\|_2\cdot\|g\|_2\to 0\quad(k\to+\infty),\end{aligned}$$

所以 $\lim\limits_{k\to+\infty}\langle f_k,g\rangle=\langle f,g\rangle$. □

例 4.2.3 在 $\mathscr{L}^2(E)$ 中弱收敛未必 2 次幂平均收敛,未必几乎处处收敛,未必依测度(度量)收敛.

解 考虑 $\mathscr{L}^2([-\pi,\pi])$ 中的规范正交系

$$\frac{1}{\sqrt{2\pi}},\frac{1}{\sqrt{\pi}}\cos x,\frac{1}{\sqrt{\pi}}\sin x,\cdots,\frac{1}{\sqrt{\pi}}\cos nx,\frac{1}{\sqrt{\pi}}\sin nx,\cdots.$$

根据定理 4.2.5 或定理 4.2.8,对 $f\in\mathscr{L}^2([-\pi,\pi])$,有

$$\|f\|_2^2=a_0^2+\sum_{n=1}^{\infty}(a_n^2+b_n^2)<+\infty,$$

其中 $a_0=\left\langle f,\frac{1}{\sqrt{2\pi}}\right\rangle=\frac{1}{\sqrt{2\pi}}\int_{-\pi}^{\pi}f(x)\mathrm{d}x$,而

$$a_n=\left\langle f,\frac{\cos nx}{\sqrt{\pi}}\right\rangle=\frac{1}{\sqrt{\pi}}\int_{-\pi}^{\pi}f(x)\cos nx\,\mathrm{d}x,$$

$$b_n=\left\langle f,\frac{\sin nx}{\sqrt{\pi}}\right\rangle=\frac{1}{\sqrt{\pi}}\int_{-\pi}^{\pi}f(x)\sin nx\,\mathrm{d}x,\quad n=1,2,\cdots.$$

必有 $a_n\to 0,b_n\to 0(n\to+\infty)$,即对 $\forall\, f\in\mathscr{L}^2([-\pi,\pi])$,有

$$\int_{-\pi}^{\pi}f(x)\cos nx\,\mathrm{d}x=\langle f,\cos nx\rangle\to 0\quad(n\to+\infty);$$

$$\int_{-\pi}^{\pi}f(x)\sin nx\,\mathrm{d}x=\langle f,\sin nx\rangle\to 0\quad(n\to+\infty).$$

这说明 $\{\cos nx\}$ 与 $\{\sin nx\}$ 均弱收敛于 0. 但并没有依测度(度量)收敛于 0,即

$$\cos nx\not\Rightarrow 0\quad(n\to+\infty);\qquad\sin nx\not\Rightarrow 0\quad(n\to+\infty).$$

(反证)反设 $\cos nx\Rightarrow 0(n\to+\infty)$,则由定理 3.2.6 中(5),有 $\cos^2 nx\Rightarrow 0(n\to+\infty)$. 又 $|\cos^2 nx|\leqslant 1$(有界控制函数),应用有界控制收敛定理 3.4.1″得到

$$\pi = \frac{1}{2}\cdot 2\pi = \int_{-\pi}^{\pi}\frac{1+\cos 2nx}{2}\mathrm{d}x = \int_{-\pi}^{\pi}\cos^2 nx\,\mathrm{d}x,$$

$$\pi = \lim_{n\to+\infty}\int_{-\pi}^{\pi}\cos^2 nx\,\mathrm{d}x = \int_{-\pi}^{\pi}0\mathrm{d}x = 0,$$

矛盾，这就证明了 $\cos nx \not\Rightarrow 0(n\to+\infty)$.

同理可证 $\sin nx \not\Rightarrow 0(n\to+\infty)$.

根据定理 3.2.4 中(1)与 $\cos nx\not\Rightarrow 0(n\to+\infty)$，$\sin nx\not\Rightarrow 0(n\to+\infty)$立知，$\cos nx$ 与 $\sin nx$ 在$[-\pi,\pi]$上均不是几乎处处收敛于 0.

根据定理 4.1.9 与 $\cos nx\not\Rightarrow 0(n\to+\infty)$，$\sin nx\not\Rightarrow 0(n\to+\infty)$立知

$$(\mathscr{L}^p)\lim_{n\to+\infty}\cos nx \neq 0,\quad (\mathscr{L}^p)\lim_{n\to+\infty}\sin nx \neq 0.$$

我们也可直接证明这两个结论. 事实上

$$\int_{-\pi}^{\pi}(\cos nx - 0)^2\mathrm{d}x = \int_{-\pi}^{\pi}\cos^2 nx\,\mathrm{d}x = \int_{-\pi}^{\pi}\frac{1+\cos 2nx}{2}\mathrm{d}x = \pi \not\to 0\quad (n\to+\infty),$$

故$(\mathscr{L}^p)\lim\limits_{n\to+\infty}\cos nx\neq 0$. 同理，$(\mathscr{L}^p)\lim\limits_{n\to+\infty}\sin nx\neq 0$.

此外，对 $\forall x\in(-\pi,0)\cup(0,\pi)$，取 $\alpha>0$，s. t. $0<|x|<\pi-2\alpha$. 于是有 $n_k', n_k''\in\mathbb{N}$，s. t. $n_k'x$ 落在劣弧 AB 上，$n_k''x$ 落在劣弧 CD 上(图 4.2.1). 于是

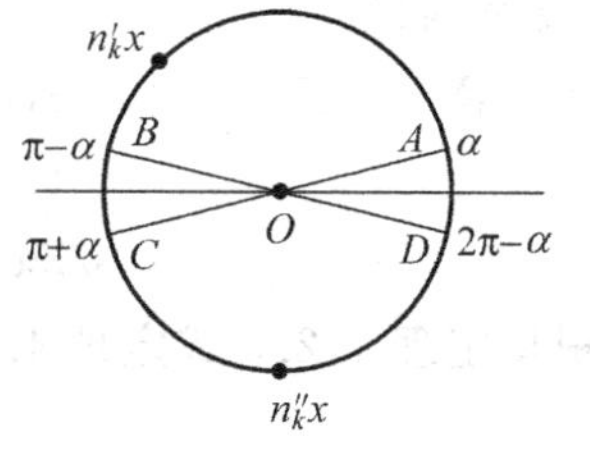

图 4.2.1

$$\sin n_k'x \geqslant \sin\alpha > 0,$$
$$\sin n_k''x \leqslant \sin(2\pi-\alpha) = -\sin\alpha < 0,$$

因此

$$\lim_{k\to+\infty}\sin n_k'x \neq \lim_{k\to+\infty}\sin n_k''x.$$

这就说明了 $\lim\limits_{n\to+\infty}\sin nx$ 不存在. 同理，$\lim\limits_{n\to+\infty}\cos nx$ 不存在. 因而，$\{\sin nx\}$与$\{\cos nx\}$均非几乎处处收敛于 0. □

定理 4.2.3 $\mathscr{L}^2(E)$中任一规范正交系都是至多可数的.

证明 设$\{\varphi_\alpha|\alpha\in\Lambda\}$为 $\mathscr{L}^2(E)$中的规范正交系，则对 $\forall\alpha,\beta\in\Lambda,\alpha\neq\beta$，有

$$\|\varphi_\alpha-\varphi_\beta\|_2^2 = \langle\varphi_\alpha-\varphi_\beta,\varphi_\alpha-\varphi_\beta\rangle = \langle\varphi_\alpha,\varphi_\alpha\rangle + \langle\varphi_\beta,\varphi_\beta\rangle = 1+1 = 2.$$

又因 $\mathscr{L}^2(E)$为可分空间，所以有至多可数稠密集 $\mathscr{J}\subset\mathscr{L}^2(E)$. 易见，对 $\forall\alpha\in\Lambda$，$\exists f_\alpha\in\mathscr{J}$，s. t. $f_\alpha\in B\left(\varphi_\alpha,\frac{1}{\sqrt{2}}\right)$. 显然

$$\{\varphi_\alpha\}\to\mathscr{J},$$
$$\varphi_\alpha\mapsto f_\alpha$$

为单射.(反证)对 $\varphi_\alpha\neq\varphi_\beta$，反设 $f_\alpha=f_\beta$，则有

$$\begin{aligned}\sqrt{2} &= \|\varphi_\alpha-\varphi_\beta\|_2 \leqslant \|\varphi_\alpha-f_\alpha\|_2 + \|f_\alpha-\varphi_\beta\|_2\\ &= \|\varphi_\alpha-f_\alpha\|_2 + \|f_\beta-\varphi_\beta\|_2 < \frac{1}{\sqrt{2}}+\frac{1}{\sqrt{2}} = \frac{2}{\sqrt{2}} = \sqrt{2},\end{aligned}$$

矛盾.

从而

$$\overline{\overline{\{\varphi_\alpha\}}} = \overline{\overline{\{f_\alpha\}}} \leqslant \bar{\bar{\mathscr{J}}} \leqslant \aleph_0,$$

$\{\varphi_\alpha\}$为至多可数集. □

定义 4.2.3 设$\{\varphi_i \mid i \in \mathbb{N}\}$为$\mathscr{L}^2(E)$中的规范正交系,$f\in\mathscr{L}^2(E)$.我们称

$$c_i = \langle f,\varphi_i\rangle = \int_E f(\boldsymbol{x})\varphi_i(\boldsymbol{x})\mathrm{d}\boldsymbol{x}, \quad i=1,2,\cdots$$

为f关于$\{\varphi_i\}$的**广义 Fourier 系数**,称$\sum\limits_{i=1}^{\infty}c_i\varphi_i(\boldsymbol{x})$为$f$关于$\{\varphi_i\}$的**广义 Fourier 级数**.简记为$f\sim\sum\limits_{i=1}^{\infty}c_i\varphi_i$.

定理 4.2.4 设$\{\varphi_i\}$为$\mathscr{L}^2(E)$中的规范正交系,$f\in\mathscr{L}^2(E)$,取定k,作

$$f_k(\boldsymbol{x}) = \sum_{i=1}^{k}a_i\varphi_i(\boldsymbol{x}),$$

其中$a_i(i=1,2,\cdots,k)$为实数,则当$a_i=c_i=\langle f,\varphi_i\rangle(i=1,2,\cdots,k)$时,$\|f-f_k\|$达到最小值.

证明 由$\{\varphi_i\}$为规范正交系,故

$$\|f_k\|_2^2 = \langle f_k,f_k\rangle = \left\langle\sum_{i=1}^{k}a_i\varphi_i,\sum_{j=1}^{k}a_j\varphi_j\right\rangle = \sum_{i,j=1}^{k}a_ia_j\langle\varphi_i,\varphi_j\rangle = \sum_{i,j=1}^{k}a_ia_j\delta_{ij} = \sum_{i=1}^{k}a_i^2.$$

从而可得

$$\begin{aligned}\|f-f_k\|_2^2 &= \left\langle f-\sum_{i=1}^{k}a_i\varphi_i, f-\sum_{j=1}^{k}a_j\varphi_j\right\rangle \\ &= \|f\|_2^2 - 2\sum_{i=1}^{k}a_ic_i + \sum_{i=1}^{k}a_i^2 \\ &= \|f\|_2^2 + \sum_{i=1}^{k}(c_i-a_i)^2 - \sum_{i=1}^{k}c_i^2 \\ &\geqslant \|f\|_2^2 - \sum_{i=1}^{k}c_i^2.\end{aligned}$$

由此可见,当$a_i=c_i(i=1,2,\cdots,k)$时,$\|f-f_k\|_2^2$达到最小值

$$\|f\|_2^2 - \sum_{i=1}^{k}c_i^2.$$

此外,如果令

$$S_k(\boldsymbol{x}) = \sum_{i=1}^{k}c_i\varphi_i(\boldsymbol{x}),$$

则有

$$\| f - S_k(\boldsymbol{x}) \|_2^2 = \| f \|_2^2 - \sum_{i=1}^{k} c_i^2. \qquad \square$$

定理 4.2.5(Bessel 不等式) 设$\{\varphi_i\}$为$\mathscr{L}^2(E)$中的规范正交系，且$f \in \mathscr{L}^2(E)$，则f的广义 Fourier 系数$\{c_i\}$满足：

$$\sum_{i=1}^{\infty} c_i^2 \leqslant \| f \|_2^2.$$

证明 从定理 4.2.4 的证明知，对$\forall\, k \in \mathbb{N}$，有

$$\| f \|_2^2 - \sum_{i=1}^{k} c_i^2 = \| f - S_k \|_2^2 \geqslant 0.$$

从而，有

$$\sum_{i=1}^{k} c_i^2 \leqslant \| f \|_2^2.$$

令$k \to +\infty$即得

$$\sum_{i=1}^{\infty} c_i^2 \leqslant \| f \|_2^2. \qquad \square$$

定义 4.2.4 设$\{\varphi_i\}$为$\mathscr{L}^2(E)$中的规范正交系，$f \in \mathscr{L}^2(E)$，$c_i = \langle f, \varphi_i \rangle$，则称

$$\| f \|_2^2 = \sum_{i=1}^{\infty} c_i^2$$

为f的**封闭公式**，也称为 **Parseval 等式**. 如果对$\forall\, f \in \mathscr{L}^2(E)$封闭公式成立，则称$\{\varphi_i\}$是**封闭的**.

定义 4.2.5 设$\{\varphi_i\}$为$\mathscr{L}^2(E)$中的正交系，如果$\mathscr{L}^2(E)$中不存在非零元素与一切φ_i正交，则称此$\{\varphi_i\}$为$\mathscr{L}^2(E)$中的**完全系**. 换言之，如果$f \in \mathscr{L}^2(E)$，且$\langle f, \varphi_i \rangle = 0$，$i = 1, 2, \cdots$，则必有$f(x) \underset{m}{\doteq} 0$.

定理 4.2.6(Riesz-Fischer) 设$\{\varphi_i\}$为$\mathscr{L}^2(E)$中的规范正交系. 如果$\{c_i\}$为满足

$$\sum_{i=1}^{\infty} c_i^2 < +\infty$$

的任一实数列，则$\exists\, f \in \mathscr{L}^2(E)$，s. t.

$$\langle f, \varphi_i \rangle = c_i, \quad i = 1, 2, \cdots,$$

即$f \sim \sum\limits_{i=1}^{\infty} c_i \varphi_i$.

令$S_k = \sum\limits_{i=1}^{k} c_i \varphi_i$，则在$\mathscr{L}^2(E)$中，$S_k$收敛于$f$，即

$$(\mathscr{L}^2) \lim_{k \to} S_k = f$$

或

$$\left\| \sum_{i=1}^{k} c_i \varphi_i - f \right\|_2 = \| S_k - f \|_2 \to 0 \quad (k \to +\infty),$$

且有封闭公式 $\|f\|_2^2=\sum_{i=1}^{\infty}c_i^2$.

证明　作函数

$$S_k(\boldsymbol{x})=\sum_{i=1}^{k}c_i\varphi_i(\boldsymbol{x}),$$

显然,有

$$\|S_{k+j}-S_k\|_2^2=\left\|\sum_{i=k+1}^{k+j}c_i\varphi_i\right\|_2^2=\sum_{i=k+1}^{k+j}c_i^2.$$

从 $\sum_{i=1}^{\infty}c_i^2<+\infty$ 立知,$\{S_k\}$为$\mathscr{L}^2(E)$中的基本列. 根据定理 4.1.8($\mathscr{L}^2(E)$的完备性),$\exists f\in\mathscr{L}^2(E)$, s. t.

$$\lim_{k\to+\infty}\|f-S_k\|_2=0.$$

于是,由 Cauchy-Schwarz 不等式,有

$$\begin{aligned}0\leqslant|\langle f,\varphi_i\rangle-c_i|&=\langle f-S_k,\varphi_i\rangle\\&\leqslant\|f-S_k\|_2\cdot\|\varphi_i\|_2\\&=\|f-S_k\|_2\to 0\quad(k\to+\infty).\end{aligned}$$

所以,$0\leqslant|\langle f,\varphi_i\rangle-c_i|\leqslant 0$,故$\langle f,\varphi_i\rangle=c_i$.

根据下面定理 4.2.7 中(2)⇒(3)知,$\forall f\in\mathscr{L}^2(E)$,封闭公式 $\|f\|_2^2=\sum_{i=1}^{\infty}c_i^2$ 成立,其中 $c_i=\langle f,\varphi_i\rangle$. □

定理 4.2.7　设$\{\varphi_i\}$为$\mathscr{L}^2(E)$中的规范正交系.

(1) $\{\varphi_i\}$为$\mathscr{L}^2(E)$中的完全系.

⇔(2) 对$\forall f\in\mathscr{L}^2(E)$,记 $c_i=\langle f,\varphi_i\rangle$, $i=1,2,\cdots$,有

$$\lim_{k\to+\infty}\left\|f-\sum_{i=1}^{k}c_i\varphi_i\right\|_2=\lim_{k\to+\infty}\|f-S_k\|_2=0.$$

⇔(3) 对$\forall f\in\mathscr{L}^2(E)$,封闭公式

$$\|f\|_2^2=\sum_{i=1}^{\infty}c_i^2$$

成立,其中 $c_i=\langle f,\varphi_i\rangle$,即$\{\varphi_i\}$是封闭的.

证明　(1)⇒(2)由定理 4.2.6,$\exists g\in\mathscr{L}^2(E)$, s. t.

$$\lim_{k\to+\infty}\left\|\sum_{i=1}^{k}c_i\varphi_i-g\right\|_2=0,$$

且

$$\langle g,\varphi_i\rangle=c_i,\quad i=1,2,\cdots.$$

从而，有

$$\langle f-g,\varphi_i\rangle=\langle f,\varphi_i\rangle-\langle g,\varphi_i\rangle=c_i-c_i=0,\quad i=1,2,\cdots.$$

因为 φ_i 为完全系，所以由定义 4.2.5 知

$$f(\boldsymbol{x})-g(\boldsymbol{x})\underset{m}{\doteq}0,$$

即 $f\underset{m}{\doteq}g$. 这就证明了

$$\lim_{k\to+\infty}\left\|f-\sum_{i=1}^{k}c_i\varphi_i\right\|_2=\lim_{k\to+\infty}\left\|\sum_{i=1}^{k}c_i\varphi_i-f\right\|_2=\lim_{k\to+\infty}\left\|\sum_{i=1}^{k}c_i\varphi_i-g\right\|_2=0.$$

(1)⇐(2) 如果 $f\in\mathscr{L}^2(E)$，且 $c_i=\langle f,\varphi_i\rangle=0,i=1,2,\cdots$，则

$$\|f\|_2=\lim_{k\to+\infty}\|f\|_2=\lim_{k\to+\infty}\left\|\sum_{i=1}^{k}c_i\varphi_i-f\right\|_2\overset{(2)}{=}0,$$

所以，$f\underset{m}{\doteq}0$，从而 $\{\varphi_i\}$ 为完全系.

(2)⇔(3)

$$\begin{aligned}\lim_{k\to+\infty}\left\|\sum_{i=1}^{k}c_i\varphi_i-f\right\|_2^2&=\lim_{k\to+\infty}\left\langle\sum_{i=1}^{k}c_i\varphi_i-f,\sum_{j=1}^{k}c_j\varphi_j-f\right\rangle\\&=\lim_{k\to+\infty}\left[\sum_{i=1}^{k}c_i^2-2\sum_{i=1}^{k}c_i\langle\varphi_i,f\rangle+\|f\|_2^2\right]\\&=\lim_{k\to+\infty}\left[\|f\|_2^2-\sum_{i=1}^{k}c_i^2\right]\\&=\|f\|_2^2-\sum_{i=1}^{\infty}c_i^2.\end{aligned}$$

因此

$$\lim_{k\to+\infty}\left\|\sum_{i=1}^{k}c_i\varphi_i-f\right\|_2=0\Leftrightarrow\|f\|_2^2=\sum_{i=1}^{\infty}c_i^2.$$

(1)⇐(3) 如果 $f\in\mathscr{L}^2(E)$，$c_i=\langle f,\varphi_i\rangle=0,i=1,2,\cdots$，由(3)，有

$$\|f\|_2^2=\sum_{i=1}^{\infty}c_i^2=\sum_{i=1}^{\infty}0^2=0,$$

所以，$f(x)\underset{m}{\doteq}0$，这就证明了 $\{\varphi_i\}$ 为完全系. □

Parseval 等式还可推广到两个不同的函数.

定理 4.2.8（推广的 Parseval 等式） 设 $f,g\in\mathscr{L}^2(E)$，$\{\varphi_i\}$ 为 $\mathscr{L}^2(E)$ 上的规范正交的完全系. 而 a_i,b_i 分别为 f,g 关于 $\{\varphi_i\}$ 的广义 Fourier 系数，则

$$\int_E f(\boldsymbol{x})g(\boldsymbol{x})\mathrm{d}\boldsymbol{x}=\sum_{i=1}^{\infty}a_ib_i.$$

证明 由 $f+g$，$f-g$ 的 Parseval 等式得到

$$\begin{aligned}\int_E f(\boldsymbol{x})g(\boldsymbol{x})\mathrm{d}\boldsymbol{x} &= \frac{1}{4}\left\{\int_E [f(\boldsymbol{x})+g(\boldsymbol{x})]^2\mathrm{d}\boldsymbol{x} - \int_E [f(\boldsymbol{x})-g(\boldsymbol{x})]^2\mathrm{d}\boldsymbol{x}\right\} \\ &= \frac{1}{4}\left[\sum_{i=1}^{\infty}(a_i+b_i)^2 - \sum_{i=1}^{\infty}(a_i-b_i)^2\right] \\ &= \sum_{i=1}^{\infty}a_ib_i.\end{aligned}$$

□

作为定理 4.2.8 的应用,下面来证明 Fourier 级数的逐项积分定理.

定理 4.2.9　设$\{\varphi_i\}$为$\mathscr{L}^2(E)$的规范正交系,$f\in\mathscr{L}^2(E)$的广义 Fourier 级数为

$$f(\boldsymbol{x}) \sim \sum_{i=1}^{\infty}a_i\varphi_i(\boldsymbol{x}),$$

则对任何 Lebesgue 可测集 $E_1\subset E, m(E_1)<+\infty$,有

$$\int_{E_1} f(\boldsymbol{x})\mathrm{d}\boldsymbol{x} = \sum_{i=1}^{\infty}a_i\int_{E_1}\varphi_i(\boldsymbol{x})\mathrm{d}\boldsymbol{x}.$$

证明　证法 1　任取 $g\in\mathscr{L}^2(E)$,其广义 Fourier 级数为

$$g(\boldsymbol{x}) \sim \sum_{i=1}^{\infty}\alpha_i\varphi_i(\boldsymbol{x}).$$

将 $g(\boldsymbol{x})$的广义 Fourier 系数

$$\alpha_i = \int_E g(\boldsymbol{x})\varphi_i(\boldsymbol{x})\mathrm{d}\boldsymbol{x},\quad i=1,2,\cdots$$

代入推广的 Parseval 等式,即得

$$\int_E f(\boldsymbol{x})g(\boldsymbol{x})\mathrm{d}\boldsymbol{x} = \sum_{i=1}^{\infty}a_i\alpha_i = \sum_{i=1}^{\infty}a_i\int_E g(\boldsymbol{x})\varphi_i(\boldsymbol{x})\mathrm{d}\boldsymbol{x}.$$

上式对 $\forall\, g\in\mathscr{L}^2(E)$都成立. 今取 g 为 E_1 的特征函数

$$\chi_{E_1}(\boldsymbol{x}) = \begin{cases}1, & \boldsymbol{x}\in E_1,\\ 0, & \boldsymbol{x}\in E-E_1,\end{cases}$$

则上式就变成

$$\begin{aligned}\int_{E_1} f(\boldsymbol{x})\mathrm{d}\boldsymbol{x} &= \int_E f(\boldsymbol{x})\chi_{E_1}(\boldsymbol{x})\mathrm{d}\boldsymbol{x} \\ &= \sum_{i=1}^{\infty}a_i\alpha_i = \sum_{i=1}^{\infty}a_i\int_E \chi_{E_1}(\boldsymbol{x})\varphi_i(\boldsymbol{x})\mathrm{d}\boldsymbol{x} \\ &= \sum_{i=1}^{\infty}a_i\int_{E_1}\varphi_i(\boldsymbol{x})\mathrm{d}\boldsymbol{x}.\end{aligned}$$

证法 2　参阅复习题 25.　□

值得注意的是,不论 $f(\boldsymbol{x})$关于$\{\varphi_i\}$的广义 Fourier 级数

$$f(\boldsymbol{x}) \sim \sum_{i=1}^{\infty}a_i\varphi_i(\boldsymbol{x})$$

是否收敛，是否收敛于 $f(\boldsymbol{x})$，但永远可以逐项积分. 这是广义 Fourier 级数在很弱条件下特有的性质.

定理 4.2.10(惟一性定理) 设 $f,g\in\mathscr{L}^2(E)$，且它们关于规范正交的完全系$\{\varphi_k\}$有相同的广义 Fourier 级数(即有相同的广义 Fourier 系数)，则在 E 上，有 $f \underset{m}{\doteq} g$.

证明 由 f,g 有相同的广义 Fourier 级数，即它们有相同的广义 Fourier 系数. 从而，$f-g$ 的广义 Fourier 系数为 0. 应用定理 4.2.7，在 E 上有 $f-g \underset{m}{\doteq} 0$，即 $f \underset{m}{\doteq} g$. □

定理 4.2.11 设 $E=[-\pi,\pi]$，则三角函数系

$$1,\cos x,\sin x,\cdots,\cos kx,\sin kx,\cdots$$

为 $\mathscr{L}^2([-\pi,\pi])$ 中的完全系，因而

$$\frac{1}{\sqrt{2\pi}},\frac{1}{\sqrt{\pi}}\cos x,\frac{1}{\sqrt{\pi}}\sin x,\cdots,\frac{1}{\sqrt{\pi}}\cos kx,\frac{1}{\sqrt{\pi}}\sin kx,\cdots$$

为 $\mathscr{L}^2([-\pi,\pi])$ 中规范正交的完全系.

证明 (1) 设 f 为$[-\pi,\pi]$上的连续函数. 若其一切 Fourier 系数为 0，则 $f(x)\equiv 0$.(反证)假设 $f(x)\not\equiv 0$，则 $\exists\, x_0\in[-\pi,\pi]$, s. t. $|f(x_0)|$ 为 $|f(x)|$ 在$[-\pi,\pi]$上的最大值. 显然，$|f(x_0)|\neq 0$，不妨设 $f(x_0)=M>0$，从而 $\exists\,\delta>0$, s. t.

$$f(x)>f(x_0)-\frac{M}{2}=M-\frac{M}{2}=\frac{M}{2},\quad \forall\, x\in(x_0-\delta,x_0+\delta)\cap[-\pi,\pi].$$

现在，考虑三角多项式

$$t(x)=1+\cos(x-x_0)-\cos\delta.$$

因为 $t^n(x)$ 仍为一个三角多项式，所以根据假定，我们有

$$\int_{-\pi}^{\pi} f(x)t^n(x)\mathrm{d}x=0,\quad n=1,2,\cdots.$$

但一方面，因为当 $x\in[-\pi,\pi]-(x_0-\delta,x_0+\delta)=[-\pi,x_0-\delta]\cup[x_0+\delta,\pi]$时，有 $|t^n(x)|\leqslant 1$，所以

$$\left|\int_{[-\pi,\pi]-(x_0-\delta,x_0+\delta)} f(x)t^n(x)\mathrm{d}x\right|\leqslant M\cdot 1\cdot 2\pi=2M\pi.$$

另一方面，$\exists\, r>1$, s. t.

$$t(x)\geqslant r>1,\quad \forall\, x\in[-\pi,\pi]\cap\left(x_0-\frac{\delta}{2},x_0+\frac{\delta}{2}\right),$$

所以

$$\int_{[-\pi,\pi]\cap(x_0-\delta,x_0+\delta)} f(x)t^n(x)\mathrm{d}x\geqslant\int_{[-\pi,\pi]\cap\left(x_0-\frac{\delta}{2},x_0+\frac{\delta}{2}\right)} f(x)t^n(x)\mathrm{d}x\geqslant\frac{M}{2}\cdot r^n\cdot\frac{\delta}{2}.$$

合并上面两个不等式，得到

$$\int_{-\pi}^{\pi} f(x)t^n(x)\mathrm{d}x\geqslant\frac{M}{2}\cdot r^n\cdot\frac{\delta}{2}-2M\pi,\quad n=1,2,\cdots,$$

$$\lim_{n\to+\infty}\int_{-\pi}^{\pi} f(x)t^n(x)\mathrm{d}x=+\infty.$$

这与 $\lim\limits_{n\to+\infty}\int_{-\pi}^{\pi}f(x)t^n(x)\mathrm{d}x=\lim\limits_{n\to+\infty}0=0$ 相矛盾.

(2) 设 $f\in\mathscr{L}^2([-\pi,\pi])$，根据注 4.2.1 中(1)可知，$|f|$ 与 f 在$[-\pi,\pi]$上均为 Lebesgue 可积函数. 作函数

$$g(x)=\int_{-\pi}^{x}f(t)\mathrm{d}t.$$

因为 g 为$[-\pi,\pi]$上的绝对连续函数，且 $g(-\pi)=0=g(\pi)$（注意 f 的一切 Fourier 系数为 0），所以通过分部积分公式得到

$$\begin{aligned}\int_{-\pi}^{\pi}g(x)\begin{pmatrix}\cos kx\\ \sin kx\end{pmatrix}\mathrm{d}x&=\frac{1}{k}g(x)\begin{pmatrix}\sin kx\\ -\cos kx\end{pmatrix}\Bigg|_{-\pi}^{\pi}-\frac{1}{k}\int_{-\pi}^{\pi}f(x)\begin{pmatrix}\sin kx\\ -\cos kx\end{pmatrix}\mathrm{d}x\\&=0-0=0,\quad k=1,2,\cdots.\end{aligned}$$

再令

$$B=\frac{1}{2\pi}\int_{-\pi}^{\pi}g(x)\mathrm{d}x,\quad G(x)=g(x)-B,$$

则

$$\int_{-\pi}^{\pi}G(x)\begin{pmatrix}\cos kx\\ \sin kx\end{pmatrix}\mathrm{d}x=0,\quad k=0,1,2,\cdots.$$

即连续函数 $G(x)$ 的一切 Fourier 系数为 0，由(1)知 $G(x)\equiv 0$，即 $g(x)=B$. 从而

$$f(x)\underset{m}{\dot{=}}g'(x)=\left(\int_{-\pi}^{x}f(t)\mathrm{d}t\right)'\underset{m}{\dot{=}}0.$$ □

注 4.2.3 关于$[-\pi,\pi]$上 Riemann 可积的函数全体 $\mathrm{R}([-\pi,\pi])$，相应于定理 4.2.11，参阅[14]275～278 页定理 16.2.7 和推论 16.2.2.

定义 4.2.6 设 $\psi_1(x),\psi_2(x),\cdots,\psi_k(x)$ 为定义在 Lebesgue 可测集 E 上的函数. 如果从

$$a_1\psi_1(x)+a_2\psi_2(x)+\cdots+a_k\psi_k(x)\underset{m}{\dot{=}}0$$

蕴涵着 $a_1=a_2=\cdots=a_k=0$，则称 $\psi_1(x),\psi_2(x),\cdots,\psi_k(x)$ 是**线性无关的**；否则称为**线性相关的**.

如果一个函数组中任意有限个都是线性无关的，则称该函数组为**线性无关的**.

显然，如果 $\psi_i(x)\underset{m}{\dot{=}}0$，则 $\psi_1(x),\psi_2(x),\cdots,\psi_k(x)$ 是线性相关的. 事实上，因为

$$0\cdot\psi_1(x)+\cdots+0\cdot\psi_{i-1}(x)+1\cdot\psi_i(x)+0\cdot\psi_{i+1}(x)+\cdots+0\cdot\psi_k(x)\underset{m}{\dot{=}}0,$$

所以，$\psi_1(x),\psi_2(x),\cdots,\psi_k(x)$ 是线性相关的.

由上述和反证法立即可推出，线性无关的函数组中不存在几乎处处等于 0 的函数.

定理 4.2.12 $\mathscr{L}^2(E)$ 中的规范正交系$\{\varphi_i\}$一定是线性无关的. □

证明 在$\{\varphi_i\}$中任取有限个$\{\varphi_{i_1},\varphi_{i_2},\cdots,\varphi_{i_k}\}$. 如果

$$a_1\varphi_{i_1}+a_2\varphi_{i_2}+\cdots+a_k\varphi_{i_k}\underset{m}{\dot{=}}0,$$

则在上式两端乘以 φ_{i_1}，且在 E 上对 x 作 Lebesgue 积分，由$\{\varphi_i\}$的规范正交性可知

$$0=\int_E 0\cdot\varphi_{i_1}(x)\mathrm{d}x=\int_E[a_1\varphi_{i_1}(x)+a_2\varphi_{i_2}(x)+\cdots+a_k\varphi_{i_k}(x)]\cdot\varphi_{i_1}(x)\mathrm{d}x$$
$$=a_1\cdot 1+a_2\cdot 0+\cdots+a_k\cdot 0=a_1.$$

同理可证 $a_2=a_3=\cdots=a_k=0$. 这就证明了$\{\varphi_{i_1},\varphi_{i_2},\cdots,\varphi_{i_k}\}$是线性无关的. 因此,$\{\varphi_i\}$是线性无关的. □

定理 4.2.13(Gram-Schmidt 正交化) 设$\{\psi_i\}$为 $\mathscr{L}^2(E)$中的线性无关的函数系. 令

$$\begin{cases}\varphi_1(x)=\psi_1(x),\\ \varphi_2(x)=-\dfrac{\langle\psi_2,\varphi_1\rangle}{\|\varphi_1\|_2^2}\varphi_1(x)+\psi_2(x),\\ \vdots\\ \varphi_i(x)=-\dfrac{\langle\psi_i,\varphi_1\rangle}{\|\varphi_1\|_2^2}\varphi_1(x)-\cdots-\dfrac{\langle\psi_i,\varphi_{i-1}\rangle}{\|\varphi_{i-1}\|_2^2}\varphi_{i-1}(x)+\psi_i(x),\\ \vdots\end{cases}$$

则$\{\varphi_i\}$为 $\mathscr{L}^2(E)$上的线性无关的正交系. 而 $\left\{\dfrac{\varphi_i}{\|\varphi_i\|_2}\right\}$ 为 $\mathscr{L}^2(E)$的规范正交系.

证明 显然,对 $\forall j<i$,有

$$\langle\varphi_j,\varphi_i\rangle=\left\langle\varphi_j,-\sum_{l=1}^{i-1}\frac{\langle\psi_i,\varphi_l\rangle}{\|\varphi_l\|_2^2}\varphi_l+\psi_i\right\rangle=-\frac{\langle\psi_i,\varphi_j\rangle}{\|\varphi_j\|_2^2}\langle\varphi_j,\varphi_j\rangle+\langle\varphi_j,\psi_i\rangle=0.$$

这就证明了$\{\varphi_i\}$是正交系.

另外,设

$$\begin{pmatrix}\varphi_1\\ \varphi_2\\ \vdots\\ \varphi_i\end{pmatrix}=\boldsymbol{A}\begin{pmatrix}\psi_1\\ \psi_2\\ \vdots\\ \psi_i\end{pmatrix},\quad \boldsymbol{A}=\begin{pmatrix}1&&&\\ *&1&&\\ \vdots&\vdots&\ddots&\\ *&*&\cdots&1\end{pmatrix}\text{为非异矩阵.}$$

于是,如果

$$0=\sum_{j=1}^{i}a_j\varphi_j=(a_1,a_2,\cdots,a_i)\begin{pmatrix}\varphi_1\\ \varphi_2\\ \vdots\\ \varphi_i\end{pmatrix}=(a_1,a_2,\cdots,a_i)\begin{pmatrix}1&&&\\ *&1&&\\ \vdots&\vdots&\ddots&\\ *&*&\cdots&1\end{pmatrix}\begin{pmatrix}\psi_1\\ \psi_2\\ \vdots\\ \psi_i\end{pmatrix},$$

则由$\{\psi_1,\psi_2,\cdots,\psi_i\}$线性无关立知

$$(a_1,a_2,\cdots,a_i)\begin{pmatrix}1&&&\\ *&1&&\\ \vdots&\vdots&\ddots&\\ *&*&\cdots&1\end{pmatrix}=(0,0,\cdots,0),$$

$$(a_1,a_2,\cdots,a_i)=(0,0,\cdots,0)\begin{pmatrix}1 & & & \\ * & 1 & & \\ \vdots & \vdots & \ddots & \\ * & * & \cdots & 1\end{pmatrix}^{-1}=(0,0,\cdots,0).$$

因此，$\{\varphi_1,\varphi_2,\cdots,\varphi_i\}$也线性无关. 从而，$\{\varphi_i\}$线性无关，它为 $\mathscr{L}^2(E)$上的线性无关的正交系.

□

定理 4.2.14　设$\{\varphi_i\}$为 $\mathscr{L}^2(E)$中的规范正交系. 如果对$\forall f\in\mathscr{L}^2(E)$及$\forall\varepsilon>0$，$\exists\{\varphi_i\}$中的有限线性组合 $\sum\limits_{j=1}^{k}a_j\varphi_{i_j}$，s. t.

$$\left\|f-\sum_{j=1}^{k}a_j\varphi_{i_j}\right\|_2<\varepsilon,$$

则$\{\varphi_i\}$为 $\mathscr{L}^2(E)$的完全系.

证明　(反证)反设$\{\varphi_i\}$不为完全系，则存在非零元(非几乎处处为 0)$f\in\mathscr{L}^2(E)$，s. t. $\langle f,\varphi_i\rangle=0$，$i=1,2,\cdots$. 因为$\|f\|_2>0$，所以，根据题设，$\exists a_1,a_2,\cdots,a_k\in\mathbb{R}$，s. t.

$$\left\|f-\sum_{j=1}^{k}a_j\varphi_{i_j}\right\|<\varepsilon=\frac{\|f\|_2}{2}.$$

从而，由 Cauchy-Schwarz 不等式得到

$$\begin{aligned}\|f\|_2^2&=\left|\langle f,f\rangle-\sum_{j=1}^{k}a_j\langle f,\varphi_{i_j}\rangle\right|=\left\|\left\langle f,f-\sum_{j=1}^{k}a_j\varphi_{i_j}\right\rangle\right\|_2\\&\leqslant\|f\|_2\left\|f-\sum_{j=1}^{k}a_j\varphi_{i_j}\right\|_2<\|f\|_2\cdot\frac{\|f\|_2}{2}=\frac{\|f\|_2^2}{2},\\0&<\frac{\|f\|_2^2}{2}<0,\end{aligned}$$

矛盾.

□

定理 4.2.15　当 $m(E)=0$ 时，$\mathscr{L}^2(E)$只含一个[0](几乎处处为 0 所对应的等价类).

当 $m(E)>0$ 时，$\mathscr{L}^2(E)$中必有规范正交的完全系.

证明　设 $m(E)>0$，根据定理 4.1.11(1)知，$\mathscr{L}^2(E)$为可分空间，即 $\mathscr{L}^2(E)$中存在可数稠密集 $\mathscr{A}$. 若将 $\mathscr{A}$ 中线性无关的向量挑选出来(设 $\mathscr{A}=\{f_1,f_2,\cdots,f_n,\cdots\}$，在 $\mathscr{A}$ 中首先选取第 1 个 $f_{n_1}=\varphi_1$，s. t. $\psi_1=f_{n_1}\underset{m}{\not=}0$. 然后，从 f_{n_1+1} 开始，向右看，将与 $\psi_1=f_{n_1}$ 线性相关的 $f_j(j\geqslant n_1+1)$删去，留下第 2 个 $f_{n_2}=\psi_2$，s. t. $\{f_{n_1},f_{n_2}\}=\{\psi_1,\psi_2\}$线性无关. 如此继续下去)得到 $\mathscr{B}=\{\psi_1,\psi_2,\cdots,\psi_k,\cdots\}=\{f_{n_1},f_{n_2},\cdots,f_{n_k},\cdots\}$. 再根据定理 4.2.13 对 $\mathscr{B}$ 进行 Gram-Schmidt 正交化过程，就可得到一个正交系. 将其规范化使得$\{\varphi_1,\varphi_2,\cdots,\varphi_k,\cdots\}=\left\{\frac{\psi_1}{\|\psi_1\|_2},\frac{\psi_2}{\|\psi_2\|_2},\cdots,\frac{\psi_k}{\|\psi_k\|_2},\cdots\right\}$成为规范正交系. 因为 $\mathscr{A}$ 为 $\mathscr{L}^2(E)$中的可数稠密集，所以由$\{\varphi_1,\varphi_2,\cdots,\varphi_k,\cdots\}$张成的 $\mathscr{L}^2(E)$中的线性子空间必包含 $\mathscr{A}$ 的所有元素，这个线性子空间在 $\mathscr{L}^2(E)$中也稠密. 根据定理 4.2.14，$\{\varphi_1,\varphi_2,\cdots,\varphi_k,\cdots\}$为 $\mathscr{L}^2(E)$中的一个规范正交完全系.　□

练习题 4.2

1. 在 $\mathscr{L}^2([-\pi,\pi])$ 中，证明：

$$\left\{\frac{1}{\sqrt{\pi}}\cos x,\frac{1}{\sqrt{\pi}}\sin x,\cdots,\frac{1}{\sqrt{\pi}}\cos kx,\frac{1}{\sqrt{\pi}}\sin kx,\cdots\right\}$$

不是完全系.

2. 证明：如果 $\{\varphi_i\}_{i=1}^n$ 为 $\mathscr{L}^2(E)$ 中的规范正交系，则由 $\{\varphi_i\}_{i=1}^n$ 张成的线性子空间 $\mathscr{L}(\{\varphi_i\}_{i=1}^n)$ 为 $\mathscr{L}^2(E)$ 中的一个 n 维闭线性子空间.

3. 设 $\{\psi_i\}_{i=1}^m\subset\mathscr{L}^2(E)$，则由 $\{\psi_i\}_{i=1}^m$ 张成的线性子空间 $\mathscr{L}(\{\psi_i\}_{i=1}^m)$ 为 $\mathscr{L}^2(E)$ 中的一个 $n(\leqslant m)$ 维闭线性子空间.

4. 证明：在 $\mathscr{L}^2(E)$ 中，规范正交完全系就是最大的规范正交系.

5. 在练习题 4.1 题 2 中，令

$$\langle\,,\rangle: l^2\times l^2\to\mathbb{R},$$

$$(x,y)\mapsto\langle x,y\rangle=\sum_{i=1}^{\infty}x_iy_i.$$

证明：$(l^2,\langle\,,\rangle)$ 为 Hilbert 空间. 并写出诱导的 x 的模 $\|x\|$，诱导的 x 与 y 的距离 $d(x,y)$，相应的 Cauchy-Schwarz 不等式.

6. l^2 中任何线性基(它的任何有限个元素都线性无关，且 l^2 中任一元素可惟一表示为该线性基中有限个元素的线性组合)是不可数的.

7. 证明：Chebyshev-Hermite 函数列

$$\varphi_k(x)=(-1)^k e^{\frac{x^2}{2}}\frac{d^k}{dx^k}e^{-x^2},\quad k=1,2,3,\cdots$$

为 $\mathscr{L}^2(\mathbb{R}^1)$ 中的正交系，但不是规范的.

8. 证明：Legendre 多项式函数列

$$P_n(x)=\frac{1}{2^n n!}\frac{d^n}{dx^n}(x^2-1)^n,\quad n=0,1,2,\cdots$$

为 $\mathscr{L}^2([-1,1])$ 中的正交系，但不是规范的.

复习题 4

1. 设 $\{f_n(x)\}$ 为 $(0,+\infty)$ 上可导函数列，且有

$$\int_0^{+\infty}|f_n'(x)|^2dx\leqslant M,\quad |f_n(x)|\leqslant\frac{1}{x},\quad x\in(0,+\infty),\quad n=1,2,\cdots.$$

证明：$\{f_n(x)\}$ 是一致有界的，且对 $\forall\,\varepsilon>0$，$\exists\,\delta>0$，当 $|x-y|<\delta$ 时，有

$$|f_n(x)-f_n(y)|<\varepsilon,\quad x,y\in(0,+\infty);\ n=1,2,\cdots.$$

2. 设$1\leqslant q<p$，$m(E)<+\infty$，$f\in\mathscr{L}^p(E)$且$f_k\in\mathscr{L}^p(E)(k=1,2,\cdots)$. 如果

$$\lim_{k\to+\infty}\|f_k-f\|_p=0,$$

证明：$\lim\limits_{k\to+\infty}\|f_k-f\|_q=0$.

3. 设$f\in\mathscr{L}^p([a,b])$，$f_k\in\mathscr{L}^p([a,b])(k=1,2,\cdots)$，$1\leqslant p<+\infty$，且有$\|f_k-f\|_p\to 0$ $(k\to+\infty)$. 证明：

$$\lim_{k\to+\infty}\int_a^t f_k(x)\mathrm{d}x=\int_a^t f(x)\mathrm{d}x,\quad a\leqslant t\leqslant b.$$

4. 设$f_k(x)\to f(x)(k\to+\infty)$，$x\in[a,b]$，且有

$$(\mathrm{L})\int_a^b|f_k(x)|^r\mathrm{d}x\leqslant M,\quad k=1,2,\cdots,\quad 0<r<+\infty.$$

证明：

$$\lim_{k\to+\infty}(\mathrm{L})\int_a^b|f_k(x)-f(x)|^p\mathrm{d}x=0,\quad 0<p<r.$$

5. 设$1\leqslant p<+\infty$，$f\in\mathscr{L}^p(E)$，$f_k\in\mathscr{L}^p(E)(k=1,2,\cdots)$，且有

$$\lim_{k\to+\infty}f_k(x)\ \dot{\underset{m}{=}}\ f(x),\quad x\in E,$$

$$\lim_{k\to+\infty}\|f_k\|_p=\|f\|_p.$$

证明：$\lim\limits_{k\to+\infty}\|f_k-f\|_p=0$.

6. 设$1<p<+\infty$，$f_k\in\mathscr{L}^p(E)(k=1,2,\cdots)$，且有

$$\lim_{k\to+\infty}f_k(x)=f(x),\qquad \sup_{1\leqslant k<+\infty}\|f_k\|_p\leqslant M.$$

证明：$\{f_k\}$弱收敛于f，即对$\forall\, g\in\mathscr{L}^{p'}(E)$($p'$为$p$的共轭指标)，有

$$\lim_{k\to+\infty}\int_E f_k(x)g(x)\mathrm{d}x=\int_E f(x)g(x)\mathrm{d}x.$$

此时，简记为$f_k\xrightarrow{\text{Weakly(弱的)}}f(k\to+\infty)$或$f_k\xrightarrow{w}f(k\to+\infty)$.

7. 设g为E上的可测函数，若对$\forall\, f\in\mathscr{L}^2(E)$，有$\|g\cdot f\|_2\leqslant M\|f\|_2$. 证明：$|g(x)|\ \dot{\underset{m}{\leqslant}}\ M$，$x\in E$.

8. 设$f\in\mathscr{L}^p(\mathbb{R}^n)$，$p>1$，而且对任意具有紧支集的$\varphi\in C^0(\mathbb{R}^n)$，有$\int_{\mathbb{R}^n}f(\boldsymbol{x})\varphi(\boldsymbol{x})\mathrm{d}\boldsymbol{x}=0$.

证明：

$$f(\boldsymbol{x})\ \dot{\underset{m}{=}}\ 0,\quad \boldsymbol{x}\in\mathbb{R}^n.$$

9. 试说明在 Riemann 积分意义下平方可积的函数类不是完备空间.

10. 设$m(E)=1$，且$\exists\, r>0$，s.t. $f\in\mathscr{L}^r(E)$. 证明：

$$\lim_{p\to 0^+}\|f\|_p=\exp\left(\int_E\ln|f|\,\mathrm{d}m\right)=\mathrm{e}^{\int_E\ln|f|\mathrm{d}m}.$$

11. 设 $m(E)>0$.

(1) 若 $f\in\mathscr{L}^p(E)$，$1\leqslant p<+\infty$，则 $\exists\, g\in\mathscr{L}^{p'}(E)$（$p'$ 为 p 的共轭指标），且 $\|g\|_{p'}=1$，s. t.

$$\|f\|_p=\int_E f(x)g(x)\mathrm{d}x.$$

(2) 若 $f\in\mathscr{L}^\infty(E)$，则有 $\|f\|_\infty=\sup\limits_{\|g\|_1=1}\left\{\left|\int_E f(x)g(x)\mathrm{d}x\right|\right\}$.

(3) 举例说明，对 $f\in C^\infty(E)$，不一定 $\exists\, g\in\mathscr{L}^1(E)$，且 $\|g\|_1=1$，s. t.

$$\|f\|_\infty=\int_E f(x)g(x)\mathrm{d}x,\qquad \|f\|_\infty=\left|\int_E f(x)g(x)\mathrm{d}x\right|.$$

12. 设 $f(x)$ 为 E 上的可测函数. 若对 $\forall\, g\in\mathscr{L}^p(E)$ $(1\leqslant p\leqslant+\infty)$，必有 $f\cdot g\in\mathscr{L}(E)$. 证明：$f\in\mathscr{L}^{p'}(E)$（$p'$ 为 p 的共轭指标）.

13. 设 $f\in\mathscr{L}^p(\mathbb{R}^n)$ $(1\leqslant p<+\infty)$. 令

$$f_*(\lambda)=m(\{\boldsymbol{x}\mid |f(\boldsymbol{x})|>\lambda\}),\quad \lambda>0.$$

证明：

$$\lim_{\lambda\to+\infty}\lambda^p f_*(\lambda)=0,\quad \lim_{\lambda\to0^+}\lambda^p f_*(\lambda)=0.$$

14. 设 $\{\varphi_k\}$ 为 $\mathscr{L}^2(\mathbb{R}^n)$ 中的规范正交系. 令

$$E=\{x\mid \lim_{k\to+\infty}\varphi_k(\boldsymbol{x})\text{ 存在}\},$$

$$f(x)=\begin{cases}\lim\limits_{k\to+\infty}\varphi_k(\boldsymbol{x}), & \boldsymbol{x}\in E,\\ 0, & \boldsymbol{x}\notin E.\end{cases}$$

证明：$f(x)\underset{m}{\dot{=}}0$，$\boldsymbol{x}\in\mathbb{R}^n$.

15. 设 $f_k\in\mathscr{L}^p(E)$，$k=1,2,\cdots$，$1\leqslant p<+\infty$，且有 $\sum\limits_{k=1}^\infty\|f_k\|_p<+\infty$. 证明：

$$\sum_{k=1}^\infty|f_k(x)|\underset{m}{\dot{<}}+\infty,\quad x\in E.$$

若记 $f(x)=\sum\limits_{k=1}^\infty f_k(x)$，则有

$$\|f\|_p\leqslant\sum_{k=1}^\infty\|f_k\|_p,$$

$$\lim_{N\to+\infty}\left\|\sum_{k=1}^N f_k-f\right\|_p=0.$$

16. 设 $f_k\in\mathscr{L}^1(E)\cap\mathscr{L}^\infty(E)$，$f\in\mathscr{L}^1(E)$. 若有

$$\lim_{k\to+\infty}\|f_k-f\|_1=0,\quad \sup_k\|f_k\|_\infty<+\infty.$$

证明：对 $1<p<+\infty$，有

$$f\in\mathscr{L}^p(E)\cap\mathscr{L}^\infty(E),\quad \lim_{k\to+\infty}\|f_k-f\|_p=0.$$

17. 设$\{f_n(x)\}$为$\mathscr{L}^2([0,1])$中的绝对连续函数列，且$f'_n\in\mathscr{L}^2([0,1])$. 又$\exists f,g\in\mathscr{L}^2([0,1])$，满足：

$$\lim_{n\to+\infty}\|f_n-f\|_2=0,\quad \lim_{n\to+\infty}\|f'_n-g\|_2=0.$$

证明：$f(x)$在$[0,1]$上关于Lebesgue测度几乎处处等于一个绝对连续函数. 如果f在$[0,1]$上几乎处处可导，则

$$f'(x)\underset{m}{\doteq}g(x),\quad x\in[0,1].$$

18. 设$\{\varphi_i(x)\}$为$\mathscr{L}^2(A)$上规范正交的完全系，而$\{\psi_k(y)\}$为$\mathscr{L}^2(B)$上规范正交的完全系. 证明：$\{f_{i,k}(x,y)\}=\{\varphi_i(x)\cdot\psi_k(y)\}$为空间$\mathscr{L}^2(A\times B)$上的规范正交的完全系.

19. 设$\{\varphi_n\}$为$\mathscr{L}^2([a,b])$上的规范正交的完全系. 证明：对于$[a,b]$中任一正测子集E，有$\displaystyle\sum_{n=1}^{\infty}\int_E\varphi_n^2(x)\mathrm{d}x\geqslant 1$.

20. 设$\{\varphi_n\}$为$\mathscr{L}^2([a,b])$中的规范正交的完全系. 若$\{\psi_n\}$为$\mathscr{L}^2([a,b])$中满足

$$\sum_{n=1}^{\infty}\int_a^b[\varphi_n(x)-\psi_n(x)]^2\mathrm{d}x<1$$

的正交系. 证明：$\{\psi_n\}$为$\mathscr{L}^2([a,b])$中的完全系.

21. 证明：$\{\sin kx\}$为$\mathscr{L}^2([0,\pi])$中的正交的完全系.

22. 设$\{\varphi_k\}$为$\mathscr{L}^2([a,b])$中的规范正交系，$|\varphi_k(x)|\leqslant M,k=1,2,\cdots$. 若有数列$\{a_k\}$，s. t. 级数$\displaystyle\sum_{k=1}^{\infty}a_k\varphi_k(x)$在$[a,b]$上关于Lebesgue测度几乎处处收敛. 证明：$\displaystyle\lim_{k\to+\infty}a_k=0$.

23. 设$\{\varphi_k\}$为$\mathscr{L}^2([a,b])$中的规范正交的完全系. 令

$$f\in\mathscr{L}^2([a,b]),\quad c_k=\langle f,\varphi_k\rangle,\quad f(x)\sim\sum_{k=1}^{\infty}c_k\varphi_k(x).$$

根据定理4.2.7和内积的连续性定理4.2.2(对照定理4.2.9证法)，对$[a,b]$中的任何可测子集E，证明：

$$\int_E f(x)\mathrm{d}x=\sum_{k=1}^{\infty}c_k\int_E\varphi_k(x)\mathrm{d}x,$$

即$f(x)$的广义Fourier级数可以逐项积分.

24. 设$X=\left\{f\in C^\infty([0,1])\,\middle|\,f(0)=0,\int_0^1\frac{f(x)}{x}\mathrm{d}x=0\right\}$. 证明：$X$在$\mathscr{L}^2([0,1])$中稠密.

25. 设$K(x,y)$为$\mathbb{R}^n\times\mathbb{R}^n$上的可测函数，且$\exists M$，s. t.

$$\int_{\mathbb{R}^n}|K(\boldsymbol{x},\boldsymbol{y})|\,\mathrm{d}\boldsymbol{y}\underset{m}{\dot{\leqslant}}M,\quad \boldsymbol{x}\in\mathbb{R}^n,$$

$$\int_{\mathbb{R}^n}|K(\boldsymbol{x},\boldsymbol{y})|\,\mathrm{d}\boldsymbol{x}\underset{m}{\dot{\leqslant}}M,\quad \boldsymbol{y}\in\mathbb{R}^n,$$

$f\in\mathscr{L}^p(\mathbb{R}^n)$，$1<p<+\infty$. 令

$$Tf(\boldsymbol{x})=\int_{\mathbb{R}^n}K(\boldsymbol{x},\boldsymbol{y})f(\boldsymbol{y})\mathrm{d}\boldsymbol{y}.$$

证明：$\|Tf\|_p\leqslant M\|f\|_p$.

26. 在 $\mathscr{L}^2(E)$ 中弱收敛于 $f(x)$ 的函数列 $\{f_n(x)\}$ 未必是度量收敛的.

考察 $\mathscr{L}^2([-\pi,\pi])$ 中的规范正交系组成的函数列：

$$\left\{\frac{1}{\sqrt{2\pi}},\frac{1}{\sqrt{\pi}}\cos x,\frac{1}{\sqrt{\pi}}\sin x,\cdots,\frac{1}{\sqrt{\pi}}\cos nx,\frac{1}{\sqrt{\pi}}\sin nx,\cdots\right\}.$$

27. 设 $\{f_n(x)\}$ 在 $\mathscr{L}^2([a,b])$ 中弱收敛于 $f(x)$，且 $\|f_n\|\to\|f\|$ $(n\to+\infty)$. 证明：$\{f_n(x)\}$ 平均收敛于 $f(x)$.

将此结论推广到 $\mathscr{L}^p([a,b])$ $(p>1)$ 空间上.

28. 证明：有限函数系在 $\mathscr{L}^2$ 中不可能是完全的.

29. (B. 奥尔里奇)设 $\{w_k(x)\}$ 为 $[a,b]$ 上封闭的规范正交系. 证明：

(1) 在 $[a,b]$ 上，$\sum\limits_{k=1}^{\infty}w_k^2(x)\underset{m}{\doteq}+\infty$.

(2) 对于任何 Lebesgue 可测集 e，其测度 $m(e)>0$，有

$$\sum_{k=1}^{\infty}\int_e w_k^2(x)\mathrm{d}x=+\infty.$$

30. (И. П. 那汤松)设 $f(x)\in\mathscr{L}^2([-\pi,\pi])$，$f(x+2\pi)=f(x)$. 令

$$g_n(x)=\int_{\frac{1}{n}}^{\pi}\frac{f(x+t)-f(x-t)}{t}\mathrm{d}t,$$

则函数列 $\{g_n(x)\}$ 在 $\mathscr{L}^2([-\pi,\pi])$ 中平均收敛于 $g(x)\in\mathscr{L}^2([-\pi,\pi])$，且

$$\|g\|_2\leqslant\|f\|_2\cdot\int_{-\pi}^{\pi}\frac{\sin t}{t}\mathrm{d}t,$$

其中乘数 $\int_{-\pi}^{\pi}\frac{\sin t}{t}\mathrm{d}t$ 不能再减小.

31. (A. N. 柯尔莫戈洛夫)设 $f\in\mathscr{L}^2([a,b])$，在 $[a,b]$ 外，$f(x)=0$. 令

$$f_h(x)=\frac{1}{2h}\int_{x-h}^{x+h}f(t)\mathrm{d}t.$$

证明：(1) $\|f_h\|_2\leqslant\|f\|_2$.

(2) $\lim\limits_{h\to0^+}\|f_h-f\|_2=0$，即当 $h\to0^+$ 时，f_h 在 $\mathscr{L}^2([a,b])$ 中平均收敛于 f.

32. 设 $-\infty\leqslant a\leqslant b\leqslant+\infty$，$f(x)$ 为 (a,b) 上关于 Lebesgue 测度几乎处处不为 0 的可测函数，且满足：

$$|f(x)|\leqslant c\mathrm{e}^{-\delta|x|},\quad \delta>0,\quad x\in(a,b).$$

证明：若有 $g\in\mathscr{L}^2((a,b))$，使得

$$\int_a^b x^n f(x)g(x)\mathrm{d}x = 0, n = 0,1,\cdots,$$

则 $g(x)=0$, a. e. $x\in(a,b)$.

33. 设 $g\in\mathscr{L}(\mathbb{R}^1)$，且 $\lim\limits_{k\to+\infty}\|f_k-f\|_2=0$. 证明：

$$\lim_{k\to+\infty}\int_{-\infty}^{+\infty} f_k(x-y)g(y)\mathrm{d}y = \int_{-\infty}^{+\infty} f(x-y)g(y)\mathrm{d}y.$$

参 考 文 献

[1] И. П. 那汤松. 实变函数论(上、下册). 北京：高等教育出版社，1958.

[2] 夏道行，严绍宗，吴卓人，舒五昌. 实变函数论与泛函分析(上册). 第2版. 北京：高等教育出版社，1984.

[3] 周民强. 实变函数. 第2版. 北京：北京大学出版社，1995.

[4] 江泽坚，吴智泉. 实变函数论. 第2版. 北京：高等教育出版社，1994.

[5] 郑维行，王声望. 实变函数与泛函分析概要(第一册). 第2版. 北京：高等教育出版社，1989.

[6] 陈建功. 实函数论. 北京：科学出版社，1978.

[7] 汪林. 实分析中的反例. 北京：高等教育出版社，1989.

[8] 程民德，邓东皋，龙瑞麟. 实分析. 北京：高等教育出版社，1993.

[9] 程极泰. 集合论. 北京：国防工业出版社，1985.

[10] 徐森林. 流形和 Stokes 定理. 北京：高等教育出版社，1981.

[11] 徐森林，薛春华. 流形. 北京：高等教育出版社，1991.

[12] 徐利治，冯克勤，方兆本，徐森林. 大学数学解题法诠释. 合肥：安徽教育出版社，1999.

[13] 徐森林，薛春华. 数学分析(第一册). 北京：清华大学出版社，2005.

[14] 徐森林，薛春华. 数学分析(第二册). 北京：清华大学出版社，2006.

[15] 徐森林，金亚东，薛春华. 数学分析(第三册). 北京：清华大学出版社，2007.

[16] 徐森林，胡自胜，金亚东，薛春华. 点集拓扑学. 北京：高等教育出版社，2007.

[17] 国防科技大学应用数学教研室. 实变函数论习题解答. 长沙：湖南科学技术出版社，1980.

[18] Graves L M. The Theory of Functions of Real Variables. New York：McGraw-Hill, New York：1946.

[19] de Barra G. Measure Theory and Integration. New York：Halsled Press，1981.

[20] Zaanen A C. An Introduction to the Theory of Integration. Amsterdam：North-Holland，1958.

[21] Halmos P K. Measure Theory. New York：D. van Nostrand，1950(中译本：测度论. 北京：科学出版社，1965).

[22] Bohnenblust H F. Theory of Functions of Real Variables. Princeton Univ. Press，1937.